Technikzukünfte, Wissenschaft und Gesellschaft / Futures of Technology, Science and Society

Reihe herausgegeben von
Armin Grunwald, Karlsruhe, Deutschland
Reinhard Heil, Karlsruhe, Deutschland
Christopher Coenen, Karlsruhe, Deutschland
Martin Sand, Delft, Niederlande

Diese interdisziplinäre Buchreihe ist Technikzukünften in ihren wissenschaftlichen und gesellschaftlichen Kontexten gewidmet. Der Plural „Zukünfte" ist dabei Programm. Denn erstens wird ein breites Spektrum wissenschaftlich-technischer Entwicklungen beleuchtet, und zweitens sind Debatten zu Technowissenschaften wie u.a. den Bio-, Informations-, Nano- und Neurotechnologien oder der Robotik durch eine Vielzahl von Perspektiven und Interessen bestimmt. Diese Zukünfte beeinflussen einerseits den Verlauf des Fortschritts, seine Ergebnisse und Folgen, z.B. durch Ausgestaltung der wissenschaftlichen Agenda. Andererseits sind wissenschaftlich-technische Neuerungen Anlass, neue Zukünfte mit anderen gesellschaftlichen Implikationen auszudenken. Diese Wechselseitigkeit reflektierend, befasst sich die Reihe vorrangig mit der sozialen und kulturellen Prägung von Naturwissenschaft und Technik, der verantwortlichen Gestaltung ihrer Ergebnisse in der Gesellschaft sowie mit den Auswirkungen auf unsere Bilder vom Menschen.

This interdisciplinary series of books is devoted to technology futures in their scientific and societal contexts. The use of the plural "futures" is by no means accidental: firstly, light is to be shed on a broad spectrum of developments in science and technology; secondly, debates on technoscientific fields such as biotechnology, information technology, nanotechnology, neurotechnology and robotics are influenced by a multitude of viewpoints and interests. On the one hand, these futures have an impact on the way advances are made, as well as on their results and consequences, for example by shaping the scientific agenda. On the other hand, scientific and technological innovations offer an opportunity to conceive of new futures with different implications for society. Reflecting this reciprocity, the series concentrates primarily on the way in which science and technology are influenced social and culturally, on how their results can be shaped in a responsible manner in society, and on the way they affect our images of humankind.

Silvia Woll

Gesundheitsaktivismus am Beispiel des Typ-1-Diabetes: #WeAreNotWaiting

Silvia Woll (Verstorben)
Institut für Technikfolgenabschätzung
und Systemanalyse
Karlsruher Institut für Technologie
Karlsruhe, Deutschland

ISSN 2524-3764　　　　　　ISSN 2524-3772　(electronic)
Technikzukünfte, Wissenschaft und Gesellschaft / Futures of Technology, Science and Society
ISBN 978-3-658-43096-2　　　ISBN 978-3-658-43097-9　(eBook)
https://doi.org/10.1007/978-3-658-43097-9

Die Deutsche Nationalbibliothek verzeichnet diese Publikation in der Deutschen Nationalbibliografie; detaillierte bibliografische Daten sind im Internet über http://dnb.d-nb.de abrufbar.

© Der/die Herausgeber bzw. der/die Autor(en), exklusiv lizenziert an Springer Fachmedien Wiesbaden GmbH, ein Teil von Springer Nature 2024

Das Werk einschließlich aller seiner Teile ist urheberrechtlich geschützt. Jede Verwertung, die nicht ausdrücklich vom Urheberrechtsgesetz zugelassen ist, bedarf der vorherigen Zustimmung des Verlags. Das gilt insbesondere für Vervielfältigungen, Bearbeitungen, Mikroverfilmungen und die Einspeicherung und Verarbeitung in elektronischen Systemen.
Die Wiedergabe von allgemein beschreibenden Bezeichnungen, Marken, Unternehmensnamen etc. in diesem Werk bedeutet nicht, dass diese frei durch jedermann benutzt werden dürfen. Die Berechtigung zur Benutzung unterliegt, auch ohne gesonderten Hinweis hierzu, den Regeln des Markenrechts. Die Rechte des jeweiligen Zeicheninhabers sind zu beachten.
Der Verlag, die Autoren und die Herausgeber gehen davon aus, dass die Angaben und Informationen in diesem Werk zum Zeitpunkt der Veröffentlichung vollständig und korrekt sind. Weder der Verlag noch die Autoren oder die Herausgeber übernehmen, ausdrücklich oder implizit, Gewähr für den Inhalt des Werkes, etwaige Fehler oder Äußerungen. Der Verlag bleibt im Hinblick auf geografische Zuordnungen und Gebietsbezeichnungen in veröffentlichten Karten und Institutionsadressen neutral.

Planung/Lektorat: Frank Schindler
Springer VS ist ein Imprint der eingetragenen Gesellschaft Springer Fachmedien Wiesbaden GmbH und ist ein Teil von Springer Nature.
Die Anschrift der Gesellschaft ist: Abraham-Lincoln-Str. 46, 65189 Wiesbaden, Germany

Das Papier dieses Produkts ist recyclebar.

Vorwort

Diese Arbeit wurde als Dissertation von Silvia Woll am Institut für Technikfolgenabschätzung und Systemanalyse (ITAS) des Karlsruher Institut für Technologie verfasst. Leider konnte Silvia aufgrund ihres unerwarteten Todes wenige Wochen vor der geplanten Abgabe ihre Dissertation nicht mehr selbst einreichen. Um die erarbeiteten Forschungsergebnisse zu bewahren und Silvias Engagement auf ihrem Forschungsgebiet zu würdigen, haben wir in ihrem Andenken die Arbeit finalisiert. Mögen die gewonnenen Erkenntnisse weitere Ideen und Forschungen inspirieren.

Lebenspartner und Freunde:
Dr. Patrick Lenhardt
Dr. Sarah Müller
Dr. Anastasia Loktev
Inge Böhm
Jan Straube

Zusammenfassung

Typ-1-Diabetes (T1D) ist eine gravierende chronische Erkrankung mit potenziell schwerwiegenden Folgen, bei der die Bauchspeicheldrüse keinerlei Insulin mehr produziert. Das benötigte Insulin muss von außen verabreicht und der individuelle Bedarf rechnerisch ermittelt werden. T1D bedeutet eine lebenslange konstante Selbstkontrolle und führt potenziell zu massiven gesundheitlichen Belastungen sowie zu Einschränkungen der Lebensqualität.

Trotz großer Verbesserungen in der Versorgung von Menschen mit Typ-1-Diabetes (MmT1D) in der jüngeren Vergangenheit werden von MmT1D auch bei hoher Motivation und hohem Wissensstand zu den Grundlagen und therapeutischen Handlungsbedarfen der Erkrankung die angestrebten Blutglukose-Werte (BG-Werte) häufig nicht erreicht.

Daher hat sich aus der Gruppe der MmT1D und ihrer Angehörigen eine Gemeinschaft zusammengefunden, deren Hashtag *#WeAreNotWaiting* zum Ausdruck bringt, dass die Community Lösungen für ihre spezifischen Bedarfe entwickeln kann, die das Gesundheitswesen nicht zur Verfügung stellt. Auf Basis kommerzieller Technologien innoviert die Community sogenannte Open-Source-Closed-Loop-Systeme (OSCLS), welche eine durch Algorithmen gesteuerte Insulinabgabe ermöglichen. Solche Systeme haben das Potenzial, das Management der Erkrankung zu erleichtern und normnähere BG-Werte zu erzielen. Die Community stellt die OSCLS allen Interessierten frei zur Verfügung. Die OSCLS sind weder offiziell geprüfte noch zugelassene Systeme. Trotz des Fehlens einer Zulassung als Medizinprodukt und mit den Systemen einhergehenden technologischen Hürden finden OSCLS immer mehr Anwendung.

Aus dem Blickwinkel der Technikfolgenabschätzung befasst sich die vorliegende Arbeit mittels der Methode der leitfadengestützten qualitativen Interviews mit Nutzenden und Fachkräften vorrangig mit der Frage, warum sich die Nutzenden der OSCLS für die Systeme entscheiden und wie sich diese auf das Leben der Nutzenden auswirken. Weiter werden Auswirkungen der OSCLS-Bewegung auf das Gesundheitswesen untersucht. Darüber hinaus ordnet die vorliegende Arbeit die OSCLS-Bewegung ein in vergleichbare aktivistische Bewegungen in Medizin und Gesundheit sowie in den Kontext der derzeit immer stärker werdenden Bewegung der Patient Innovation.

Zur Beantwortung der Forschungsfragen schafft Kapitel 2 ein Verständnis für die Gründe, Herangehensweise und Motivationen aktivistischer Bewegungen im medizinischen und Gesundheitsbereich. Es setzt sich mit bestehenden relevanten Konzepten wie *Health Social Movements*, *Embodied Health Movements* und anderen (vorwiegend nach Brown *et al.*, 2004) in Kapitel 2.1 sowie mit der Bewegung der Patient Innovation in Kapitel 2.2 auseinander.

Um sich den Bedingungen der OSCLS, der Nutzenden der OSCLS und der dahinterstehenden Community zu nähern, befasst sich Kapitel 3 mit dem Krankheitsbild T1D und Kapitel 4 mit den (technologischen) therapeutischen Optionen für T1D, die kommerziell zur Verfügung stehen. Kapitel 5 erläutert die Methode der leitfadengestützten Interviews mit Nutzenden der OSCLS und Fachkräften und stellt die Interviewten vor.

Kapitel 6 bildet mit der Darstellung und Diskussion der OSCLS und der dahinterstehenden Community sowie mit der Auswertung der Interviews den Hauptteil der Arbeit. Nach einer Einführung in die Systeme werden die mit den OSCLS verbundenen Erwartungen, die Voraussetzungen der Nutzung, die Auswirkungen der Systeme und die Grundlagen des Vertrauens der Nutzenden in die Systeme und in die Community diskutiert. Weitere Ausführungen befassen sich mit Sicherheit, Risiko/Risiken und Effektivität der OSCLS. Zudem finden die spezifische Situation von Kindern mit T1D und ihren Eltern, die OSCLS-Community sowie das Fehlen der Zulassung Beachtung.

Ein weiterer Themenblock beleuchtet die OSCLS und die Community im Kontext des Gesundheitswesens. Hier spielen vor allem Erfahrungen der Nutzenden mit dem Gesundheitswesen, aber auch die Perspektive des Gesundheitswesens auf die OSCLS und die Nutzenden und die Auswirkungen der OSCLS auf das Gesundheitswesen eine Rolle. Schließlich erfolgen eine gesellschaftliche und politische Einordnung und ein Blick auf die Zukunft der Systeme und der Community.

In Kapitel 7 werden mit Diskussion und Fazit die wichtigsten Aspekte der Arbeit vertieft. Handlungsempfehlungen und Ausblick liefern in Kapitel 8 Vorschläge für den Umgang mit den OSCLS und für den Umgang mit den zunehmenden gesundheitsaktivistischen und Patient-Innovation-Bewegungen.

Abstract

Type 1 diabetes (T1D) is a severe chronic disease with potentially serious consequences in which the pancreas no longer produces any insulin. The required insulin must be administered externally and the individual need calculated. T1D means lifelong constant self-monitoring and potentially leads to massive health burdens as well as limitations in quality of life.

Despite major improvements in the medical care of people with type 1 diabetes (MmT1D) in the recent past, MmT1D often fail to achieve target blood glucose (BG) levels, even with high motivation and knowledge of the basics and therapeutic actions needed for the disease.

Therefore, a community has come together from the group of MmT1D and their relatives, whose *#WeAreNotWaiting* expresses that the community can develop solutions for their specific needs, which the healthcare system does not provide. Based on commercial technologies, the community is innovating so-called open-source-closed-loop-systems (OSCLS) that enable insulin delivery controlled by algorithms. Such systems have the potential to facilitate management of the disease and achieve BG values closer to the norm. The community makes OSCLS freely available to all interested parties. OSCLS are neither officially tested nor approved systems. Despite the lack of medical device approval and technological hurdles associated with the systems, OSCLS are finding increasing use.

From a technology assessment perspective, this paper uses the method of guided qualitative interviews with users and professionals to primarily address the question of why OSCLS users choose the systems and how they affect users' lives. Further, implications of the OSCLS movement for the health care system are explored. In addition, this paper situates the OSCLS movement within comparable activist movements in medicine and health, as well as within the context of the currently growing patient innovation movement.

To answer the research questions, chapter 2 creates an understanding of the rationale, approach, and motivations of activist movements in the medical and health fields and engages with existing relevant concepts such as *Health Social Movements*, *Embodied Health Movements*, and others (predominantly after Brown *et al.*, 2004) in chapter 2.1 and the patient innovation movement in chapter 2.2.

In order to approach the conditions of the OSCLS, the OSCLS users and the community behind them, chapter 3 deals with the clinical picture of T1D and chapter 4 with the (technological) therapeutic options for T1D that are commercially available. Chapter 5 explains the method of the guided interviews with OSCLS users and professionals and introduces the interviewees.

Chapter 6 forms the main part of the thesis with the presentation and discussion of the OSCLS and the community behind them as well as with the analysis of the interviews. After an introduction to the systems, the expectations associated with the OSCLS, the prerequisites for their use, the effects of the systems, and the foundations of the users' trust in the systems and in the community are discussed. Further elaboration addresses safety, risks and effectiveness of OSCLS. Further, the specific situation of children with T1D and their parents, the OSCLS community, and the lack of accreditation receive attention.

Another block of topics highlights OSCLS and the community in the context of the health care system. Here, the experiences of the users with the health care system play a role, but also the perspective of the health care system on the OSCLS and the users and the effects of the OSCLS on the health care system. Finally, there is a social and political classification and a look at the future of the systems and the community.

In chapter 7, discussion and conclusion provide more in-depth coverage of the most important aspects of the work. Recommendations for action and outlook provide suggestions for dealing with OSCLS and for dealing with the growing health activist and patient innovation movements in chapter 8.

Danksagung

Für die vielfältige Unterstützung während meiner Promotion möchte ich mich bei meiner Familie, meinen Freunden und Kollegen herzlich bedanken. Insbesondere möchte ich danken:

- Prof. Dr. Armin Grunwald für die fachliche Betreuung und Prüfung der Arbeit
- Prof. Dr. Klaus Wiegerling für Prüfung der Arbeit (Zweitprüfer)
- Meinen Kolleg:innen Dr. Bettina-Johanna Krings für die Hilfe bei der Konzeption der Interviewleitfäden; Torsten Fleischer, Christopher Coenen und Constanze Scherz für die Begleitung und Unterstützung in meiner gesamten Zeit am ITAS sowie Nora Weinberger für den fachlichen Austausch und viele gute Gespräche.
- Meinen Freunden, die mich auf unterschiedlichste Weise bei der Erstellung dieser Arbeit unterstützt haben – sei es mit fachlichem Input, Korrekturen oder technischem und emotionalem Support. Namentlich möchte ich hier Helga Woll (für Fragen rund um Diabetes), Dr. Anastasia Loktev, Dr. Sarah Müller, Inge Böhm und Jan Straube (vor allem für Korrekturen), Katja Oehler und Thomas Söhner (für das offene Ohr und die feste Schulter in schwierigen Zeiten).
- Meiner Familie für ihre Unterstützung – allen voran meinen Eltern Verena Eisele und Wolfgang Woll sowie ihren jeweiligen Partnern.
- Meinem Lebenspartner Dr. Patrick Lenhardt, dessen konstante und liebevolle Unterstützung mir auch in herausfordernden Momenten Halt gegeben hat. Ich danke dir von ganzem Herzen.
- Allen Interviewpartner:innen, die diese Arbeit mit ihren unterschiedlichen Perspektiven bereichert haben.

Abbildungen

Abbildung 1: Schematischer Glukoseverlauf, Zielbereich
70mg/dl-180mg/dl. (Quelle: Danne et al., 2018) 55
Abbildung 2: Insulinspritze (unten) und Ampulle für Insulinpen (oben)
im Vergleich. Foto: Helga Woll 72
Abbildung 3: Humalog® 100 Einheiten/ml KwikPen® (Injektionslösung
in einem Fertigpen) der Firma Lilly. Foto: Helga Woll 72
Abbildung 4: Stechhilfe (links), Teststreifen (mittig) und Messgerät
(rechts) zur Ermittlung des BG-Wertes. Foto: Helga Woll 78
Abbildung 5: FreeStyle Libre 1 (mittig) und FreeSytle Libre 2 (rechts)
im Vergleich zusammen mit FreeStyle Libre 2 Lesegerät.
Foto: Helga Woll 83
Abbildung 6: Schematische Darstellung eines Closed-Loop-Systems
mit CGM, steuerndem Algorithmus auf z.B. Smartphone
und Insulinpumpe 90
Abbildung 7: Entwicklung von CLS in sechs Stufen, Darstellung der JDRF.
Quelle: Trevitt, Simpson & Wood (2016) 92
Abbildung 8: Anzeige der BG-Werte in CamAPS FX auf dem
Sperrbildschirm (links), im Steuerfeld (mittig) und in
der App (rechts). Quelle: CamAPS FX Handbuch 97
Abbildung 9: Omnipod 5 mit Dexcom G6 ohne Klebe-Pad (links) und
mit Klebe-Pad am Körper (rechts). Quelle: Insulet 100
Abbildung 10: Accu-Chek Spirit Combo und Accu-Chek Insight mit
jeweiligem Steuergerät. Quelle: Roche Diabetes Care 101
Abbildung 11: Dana Insulinpumpen im Vergleich (von links nach rechts):
Dana Diabecare R, Dana Dana Diabecare RS, Dana-i.
Quelle: IME-DC GmbH 102
Abbildung 12: Überblick über Komponenten von (OS)CLS 111

Tabellen

Tabelle 1:	Übersicht zu Open-Source-APS und kompatiblen CGMs und Insulinpumpen (‡Kompatibel mit Firmware 2·4A oder niedriger; §Kompatibel mit Firmware 2.6 oder niedriger, kanadische und australische Modelle bis 2.7 oder niedriger; vgl. Braune et al., 2021)	103
Tabelle 2:	Übersicht zu kommerziellen APS und kompatiblen CGMs und Insulinpumpen (vgl. Braune et al., 2021)	104
Tabelle 3:	Interviewte Nutzende	116
Tabelle 4:	Interviewte Fachkräfte	118

Abkürzungsverzeichnis

ACE	Alternate-Controller-Enabled
ADHS	Aufmerksamkeits-Defizit-Hyperaktivitäts-Störung
AID	Automatic Insulin Delivery
AIDS	Akquirierten Immun-Defizienz-Syndrom
APS	Artificial Pancreas System
BE	Broteinheit
BG	Blutglukose
BGSM	Blutglukoseselbstmessung
CGM	Continuous Glucose Monitor
CLS	Closed-Loop-System
CPAP	Conitinuous Positive Airway Pressure
CSII	Continuous subcutaneous insulin infusion (kontinuierliche subkutane Insulininfusion)
DIY	Do-It-Yourself
EU	Europäische Union
FDA	U.S. Food and Drug Administration
FGM	Flash Glucose Monitoring
G-BA	Gemeinsamer Bundesausschuss
GPS	Global Positioning System
HbA1c	Hämoglobin A1c
HIV	Humanes Immundefizienz-Virus
iCGM	Integrierte CGM
ICT	Intensified conventional insulin therapy (intensivierte konventionelle Insulintherapie)
iscGM	Intermittently Scanned CGM

JDRF	Juvenile Diabetes Research Foundation
MDI	Multiple daily injections (mehrere Injektionen am Tag)
mg/dl	Milligramm pro Deziliter
mmol/l	Millimol pro Liter
MmT1D	Menschen mit Typ-1-Diabetes
OSCLS	Open-Source-Closed-Loop-Systeme
PEARS	Personalised external aortic root support (personalisierte externe Aortenwurzelunterstützung)
rtCGM	Real-Time CGM
SMB	Super Micro Bolus
T1D	Typ-1-Diabetes
USA	United States of America / Vereinigte Staaten von Amerika
WHO	World Health Organisation / Weltgesundheitsorganisation

Inhaltsverzeichnis

Vorwort	v
Zusammenfassung	vii
Abstract	ix
Danksagung	xi
Abbildungen	xiii
Tabellen	xv
Abkürzungsverzeichnis	xvii
Inhaltsverzeichnis	xix

1	**Einleitung**	**3**
1.1	Forschungsinteresse und Forschungsfragen	5
1.1.1	Auswirkungen des T1D & (erwartete) Auswirkungen der OSCLS-Nutzung	5
1.1.2	Voraussetzungen & Anforderungen der OSCLS-Nutzung	6
1.1.3	Effektivität, Sicherheit & Risiken	6
1.1.4	OSCLS-Community	7
1.1.5	Kinder mit T1D & deren Eltern	7
1.1.6	Gesundheitswesen	7
1.1.7	Gesellschaftlich-politische Einordnung & Zukunft der OSCLS	8
1.1.8	Einordnung der OSCLS-Bewegung in vergleichbare Bewegungen	8
1.2	Aufbau der Arbeit	8
2	**Aktivismus in Medizin und Gesundheitsbereich**	**11**
2.1	Aktivistische Bewegungen in Medizin und Gesundheitsbereich	11
2.1.1	Aktivismus in Medizin & Gesundheit	11
2.1.2	Evidenzbasierter Aktivismus	12
2.1.3	Health Social Movements & Embodied Health Movements	12
2.1.3.1	Health Social Movements	13
2.1.3.2	Embodied Health Movements	14

2.1.3.2.1	Politisierte kollektive Krankheitsidentität	15
2.1.3.2.2	Bezug der *Embodied Health Movements* zur Wissenschaft	17
2.1.4	Expertise, Wissen & Glaubwürdigkeit	17
2.1.4.1	Wissen & Expertise	18
2.1.4.2	Glaubwürdigkeit	19
2.1.5	Die Rollen von Lai:innen & Expert:innen	19
2.1.6	Beispiele für Bewegungen in Medizin & Gesundheitsbereich	20
2.1.6.1	Aktivistische Bewegung ohne Bezug zu Digitalisierung & digitalen Daten: Die Bewegung des AIDS-Aktivismus	20
2.1.6.1.1	Herangehensweise der Aktivist:innen	21
2.1.6.1.2	Zugang zu experimentellen Behandlungen	22
2.1.6.1.3	Auswirkungen	23
2.1.6.2	Aktivistische Bewegungen mit Bezug zu Digitalisierung & digitalen Daten	23
2.1.6.2.1	Datennutzung & Therapieanpassung von CPAP-Geräten durch Schlafapnoe-Patient:innen	24
2.2	Patient-Innovation	27
2.2.1	Innovationskompetenz im Gesundheitswesen	28
2.2.2	Patient-Innovation & Patient-Innovators	29
2.2.2.1	User-Innovation	30
2.2.2.2	Patient-Innovators	30
2.2.2.3	Ursachen von Patient-Innovation	31
2.2.2.3.1	Seltenheit der Erkrankung	31
2.2.2.3.2	Mangelnde Integration der Patient:innenperspektive	32
2.2.2.3.3	Minimierung der Risiken & Gewährleistung höchstmöglicher Qualität	33
2.2.2.3.4	Profitabilität der angestrebten Lösung	33
2.2.2.3.5	Kosten der & Zugang zu den Innovationen	34
2.2.2.3.6	Aktualität & Ausschöpfen der technologischen Möglichkeiten	34
2.2.2.4	Bedingungen für Patient-Innovation	34
2.2.3	Patient-Innovation im Gesundheitswesen	35
2.2.4	Unterschiede zwischen kommerzieller & Patient-Innovation-Produktentwicklung	36
2.2.5	Patient-Innovation in Zahlen	36
2.2.6	Legalität & Sicherheit von Patient-Innovation	38
2.2.6.1	Legalität von Patient-Innovation	38
2.2.6.2	Sicherheit von Patient-Innovation	39
2.2.7	Beispiele	40
2.2.7.1	Komplexitätsgrad 1 – technisch einfach (nicht technologisch)	41

2.2.7.1.1	Weiße Teller bei Demenz	41
2.2.7.1.2	Heliumballons bei Angelmann-Syndrom	41
2.2.7.2	Komplexitätsgrad 2 – technisch komplex (technologisch)	42
2.2.7.2.1	Vibrationen bei Mukoviszidose	42
2.2.7.2.2	Stoma-Beutel bei künstlichem Darmausgang	42
2.2.7.3	Komplexitätsgrad 3 – invasive chirurgische Ansätze	43
2.2.7.3.1	Aorta-Operation bei Marfan-Syndrom	43
2.2.7.3.2	Bildgebung bei Hirntumoren	44

3 Typ-1-Diabetes   **47**

3.1	Diabetes mellitus	47
3.1.1	Begriffsherkunft & Verbreitung des Diabetes mellitus	47
3.1.2	Klassifikation des Diabetes mellitus	48
3.2	Das Pankreas & die Rolle von Insulin & Glukagon	49
3.2.1	Das Pankreas	49
3.2.2	Glukose	49
3.2.3	Insulin & Glukagon	50
3.3	Beschreibung des Typ-1-Diabetes	51
3.3.1	Ernährung bei Typ-1-Diabetes	52
3.3.2	Kontrollen der Blutglukoseeinstellung	52
3.3.2.1	Blutglukoseselbstmessung & kontinuierliche Glukosemessung	52
3.3.2.2	HbA1c & Time in Range	53
3.3.2.2.1	HbA1c	53
3.3.2.2.2	Time in Range	54
3.4	Akutkomplikationen, Folgekomplikationen sowie psychische & soziale Aspekte	55
3.4.1	Akutkomplikationen	55
3.4.1.1	Hypoglykämie	56
3.4.1.1.1	Klassifizierung von Hypoglykämien	57
3.4.1.2	Diabetische Ketoazidose	58
3.4.2	Folgekomplikationen	59
3.4.3	Psychische & soziale Aspekte sowie Lebensqualität	60
3.5	Therapie des Typ-1-Diabetes	61
3.5.1	Insulintherapie	62
3.5.1.1	Intensivierte Insulintherapie	63
3.5.1.2	Spritz-Ess-Abstand	63
3.5.2	Neue Ansätze zur Behandlung des Typ-1-Diabetes	64
3.6	Typ-1-Diabetes bei Kindern & Jugendlichen	64

3.6.1	Psychiatrische Begleiterkrankungen bei Kindern & Jugendlichen	66
3.7	Schulung bei Typ-1-Diabetes	66
3.7.1	Schulung zu Technologien für Typ-1-Diabetes	66

4 Kommerzielle Technologien für T1D   **69**

4.1	Technologien zur Insulinabgabe	70
4.1.1	Insulinspritzen & Insulinpens	71
4.1.1.1	Insulinspritzen	71
4.1.1.2	Insulinpens	72
4.1.2	Insulinpumpen	73
4.1.2.1	Studienlage zu Insulinpumpen	74
4.1.2.2	Kriterien für die Nutzung von Insulinpumpen	75
4.1.2.3	Limitationen der Insulinpumpentherapie	75
4.2	Technologien zur Messung der Blutglukose	77
4.2.1	Blutglukoseselbstmessung (BGSM)	77
4.2.1.1	Messgenauigkeit der BGSM	78
4.2.1.2	Limitationen der BGSM	79
4.2.2	Continuous-Glucose-Monitoring (CGM)	79
4.2.2.1	Differenzierung der CGM-Systeme	81
4.2.2.1.1	Real-Time CGM	81
4.2.2.1.2	Intermittent Scanning CGM bzw. Flash Glucose Monitoring	82
4.2.2.1.3	Retrospective CGM	84
4.2.2.1.4	Implantierbare CGM	84
4.2.2.1.5	Integrierte CGM	84
4.2.2.2	Studienlage zu CGM	84
4.2.2.3	Kriterien für die Nutzung von CGM	86
4.2.2.4	Limitationen der CGM	86
4.2.2.5	Sensor-Verlängerung	87
4.2.2.6	Genehmigungsprozess für CGM in Deutschland	87
4.2.2.7	Blick in die Zukunft der CGM	88
4.2.2.8	Verwendung von CGM in Closed-Loop-Systemen	88
4.3	Kommerzielle Closed-Loop-Systeme	89
4.3.1	Entwicklungsstufen der Closed-Loop-Systeme	92
4.3.1.1	Vor dem Closed Loop: Sensor-unterstützte Insulinpumpentherapie	92
4.3.1.2	Stufe 1: Very-Low-Glucose-Insulin-Off-Pump	93
4.3.1.3	Stufe 2: Hypoglycemia-Minimizer	93
4.3.1.4	Stufe 3: Hypoglycemia-/Hyperglycemia-Minimizer	94

4.3.1.5	Stufe 4: Automated-Basal/Hybrid-Closed-Loop	94
4.3.1.6	Stufe 5: Fully-Automated-Insulin-Closed-Loop	95
4.3.1.7	Stufe 6: Fully-Automated-Multi-Hormone-Closed-Loop	96
4.3.2	Hersteller & Insulinpumpen-Modelle mit Bezug zu Closed-Loop-Systemen	96
4.3.2.1	Medtronic: MiniMed	96
4.3.2.2	CamDiab: CamAPS FX	97
4.3.2.3	Tandem Diabetes Care: t:slim	98
4.3.2.4	Diabeloop: DBLG1	98
4.3.2.5	Insulet: OmniPod	99
4.3.2.6	Roche Diagnostics: Accu-Chek	100
4.3.2.7	SOOIL: Dana	101
4.3.2.8	Interoperable Insulinpumpen	102
4.3.2.9	Closed-Loop-Systeme in der Entwicklung	104
4.3.3	Studienlage zu den Closed-Loop-Systemen	104
4.3.4	Limitationen der Closed-Loop-Systeme	106
4.3.5	Voraussetzungen für die Nutzung von Closed-Loop-Systemen	107
4.3.6	Management von Typ-1-Diabetes & Closed-Loop-Systemen	107
4.3.7	Zugangsgerechtigkeit bei & Zugang zu Closed-Loop-Systemen	108
4.3.8	Relevanz der Interoperabilität der Komponenten von Closed-Loop-Systemen	109
4.3.9	Einbezug von Nutzenden in die Entwicklung von Closed-Loop-Systemen	109
4.4	Zusammenfassung der Technologien für Typ-1-Diabetes	110

5 Methode — **113**

5.1	Expert:inneninterviews	113
5.2	Auswahl der Interviewpartner:innen	114
5.3	Die Interviewten	114
5.3.1	Nutzende	115
5.3.2	Fachkräfte	117
5.4	Die Interviews	118

6 Die Open-Source-Closed-Loop-Systeme, die Community und die Auswertung der Interviews — **121**

6.1	Die Geschichte der Open-Source-Closed-Loop-Systeme	123
6.2	Die Open-Source-Closed-Loop-Systeme	124

6.2.1	OpenAPS	125
6.2.1.1	Sicherheit bei OpenAPS	126
6.2.1.2	Funktionsweise von OpenAPS	127
6.2.2	AndroidAPS	128
6.2.2.1	Sicherheit bei AndroidAPS	129
6.2.3	Loop	130
6.2.4	Unterschiede zwischen den verschiedenen Open-Source-Closed-Loop-Systemen aus Sicht der Nutzenden	130
6.3	Erwartungen, Hoffnungen und Visionen im Kontext der Open-Source-Closed-Loop-Systeme	133
6.3.1	Visionen & Beweggründe der aktiv an der Entwicklung der Open-Source-Closed-Loop-Systeme oder anderen technischen Strukturen beteiligten Loopenden	133
6.3.2	Gründe für die Nutzung der Open-Source-Closed-Loop-Systeme: Erwartungen & Hoffnungen der Nutzenden	135
6.3.2.1	Blutglukose-Werte	136
6.3.2.1.1	Time in Range & Zeiten in Hypo- und Hyperglykämie	136
6.3.2.1.2	HbA1c	138
6.3.2.2	Schlaf	138
6.3.2.3	Folgekomplikationen & Lebenserwartung	139
6.3.2.4	Sicherheit, Freiheit & Erleichterung des Alltags	140
6.3.2.5	Social-Media & berufliches Umfeld	142
6.3.3	Beweggründe für die Nutzung aus fachlicher Sicht	143
6.4	Voraussetzungen und Anforderungen	144
6.4.1	Grundlagenwissen	145
6.4.2	Motivation & Wille	149
6.4.3	Verständnis für konventionelle Therapien	150
6.4.4	Ausschlusskriterien – wer kann bzw. sollte nicht loopen?	151
6.4.5	Technikaffinität	153
6.4.6	Erstellen der App bzw. Browser-Anwendung	155
6.5	Auswirkungen der Nutzung der Open-Source-Closed-Loop-Systeme	158
6.5.1	Auswirkungen auf Blutglukose-Werte	160
6.5.2	Auswirkungen auf Lebensqualität, Freiheit & Entspanntheit	162
6.5.3	Auswirkungen auf die Belastung durch Schuldgefühle	168
6.5.4	Auswirkungen auf Nächte & Schlaf	169
6.5.5	Auswirkungen auf die Abhängigkeit von Technik & fehlendes Verständnis für Technik	173
6.5.6	Auswirkungen auf Zeit & Aufwand	174

6.5.6.1	Auswirkungen auf Zeit & Aufwand im Vorfeld der OSCLS-Nutzung	175
6.5.6.2	Auswirkungen der konkreten OSCLS-Nutzung auf Zeit & Aufwand	176
6.5.6.3	Auswirkungen auf Zeit & Aufwand für A1 & A2	179
6.5.7	Auswirkungen auf die Beschäftigung mit Typ-1-Diabetes	180
6.5.7.1	Nutzung der Open-Source-Closed-Loop-Systeme als Motivation	181
6.5.7.2	Nutzung der Open-Source-Closed-Loop-Systeme & der Auseinandersetzung mit Typ-1-Diabetes (insbesondere Verbesserung der glykämischen Situation)	182
6.5.7.3	Fokus auf Typ-1-Diabetes durch die Nutzung der Open-Source-Closed-Loop-Systeme	184
6.5.8	Auswirkungen der Nutzung der Open-Source-Closed-Loop-Systeme aus fachlicher Sicht	185
6.5.9	Erfüllung & Nicht-Erfüllung der Erwartungen & Hoffnungen	188
6.5.9.1	Beendigung der Nutzung der Open-Source-Closed-Loop-Systeme	189
6.6	Effektivität der Open-Source-Closed-Loop-Systeme	191
6.6.1	Effektivität der Open-Source-Closed-Loop-Systeme im Vergleich zu verfügbaren kommerziellen Systemen	192
6.6.2	Effektivität der Open-Source-Closed-Loop-Systeme im Vergleich zu kommerziellen Closed-Loop-Systemen in Forschung, Entwicklung & Zulassung	193
6.7	Die Community	196
6.7.1	Open-Source-Entwicklung	198
6.7.2	Stellenwert der Community für die interviewten Nutzenden der OSCLS	199
6.7.3	Kritik an der Community	200
6.7.3.1	Umgehen von Aufwand oder Objectives	201
6.7.3.2	Aufbau von Druck & Erwartungen	201
6.7.3.3	Ideologisierung	202
6.7.4	Forderung nach Interoperabilität & Wahlfreiheit	204
6.7.4.1	Fachliche Sicht auf Interoperabilität & Wahlfreiheit	206
6.8	Vertrauen in die Open-Source-Closed-Loop-Systeme und in die Community	207
6.8.1	Vertrauen durch Objectives & Erfahrung	208
6.8.2	Vertrauen in die Community	209
6.8.2.1	Die Entwickler:innen	209

6.8.2.2	Die gleiche Situation	210
6.8.2.3	Persönlicher Austausch	211
6.8.3	Kein vollumfängliches Vertrauen	212
6.8.4	Mehr Vertrauen in Community als in konventionelles Gesundheitswesen	213
6.9	Sicherheit im Kontext der Open-Source-Closed-Loop-Systeme	215
6.9.1	Sicherheit der Open-Source-Closed-Loop-Systeme aufgrund kommerzieller Technologien	219
6.9.1.1	Sicherheit der Open-Source-Closed-Loop-Systeme aufgrund kommerzieller Technologien	219
6.9.1.2	Sicherheit durch Open-Source-Entwicklung	221
6.9.1.3	Sicherheit durch Erfahrungswerte	222
6.9.1.4	Sicherheit durch die Objectives	224
6.9.1.5	Sicherheit durch Limitierungen	225
6.9.2	Sicherheit der OSCLS im Vergleich zur zuvor angewandten Therapie	226
6.9.2.1	Sicherheit der OSCLS im Vergleich zur zuvor angewandten Therapie	226
6.9.2.2	Sicherheit der OSCLS im Vergleich zu verfügbaren kommerziellen Systemen	228
6.10	Risiko im Kontext der Open-Source-Closed-Loop-Systeme	232
6.10.1	Typ-1-Diabetes als Risiko bzw. das Risiko, die Open-Source-Closed-Loop-Systeme nicht zu nutzen	232
6.10.2	Risiko von Software-Fehlern in Open-Source-Closed-Loop-Systemen	235
6.10.3	Risiko durch kommerzielle Technologien	237
6.10.4	Weitere Risiken, Befürchtungen & Nachteile	238
6.10.4.1	„Luxusprobleme"	240
6.10.4.2	Das Risiko, auf das Open-Source-Closed-Loop-System wieder verzichten zu müssen / es nicht weiternutzen zu dürfen	241
6.11	Das Fehlen der Zulassung	242
6.11.1	Rechtliche Aspekte	242
6.11.2	Haftungsrechtliche Aspekte	244
6.11.3	Getestete bzw. geprüfte Open-Source-Closed-Loop-Systeme?	246
6.12	Kinder mit Typ-1-Diabetes und ihre Eltern	248
6.12.1	Alltag für Kinder & Eltern ohne Open-Source-Closed-Loop-System	250
6.12.2	Alltag für Kinder & Eltern mit Open-Source-Closed-Loop-System	252

6.12.3 Beginn der Nutzung des Open-Source-Closed-Loop-Systems durch
       Eltern   254
6.13   Perspektive auf und Umgang mit den Open-Source-Closed-Loop-
       Systemen durch das Gesundheitswesen   256
6.13.1 Adäquate Unterstützung der Nutzenden & die Rolle der
       medizinischen Fachkräfte   257
6.13.2 Erfahrung mit & Umgang von Ärzt:innen im Kontext der
       Open-Source-Closed-Loop-Systeme   258
6.13.2.1   Umgang von Ärzt:innen mit Loopenden bzw. mit Menschen
           mit Typ-1-Diabetes aus der Perspektive der Nutzenden   258
6.13.2.2   Umgang der interviewten Ärztinnen mit Loopenden   262
6.13.3 Empfehlungen & Standpunkte aus wissenschaftlicher Literatur &
       Positionspapieren   263
6.14   Die Perspektive der Interviewten auf das und Erfahrungen
       mit dem Gesundheitswesen   266
6.14.1 Ignoriert vom Gesundheitswesen?   266
6.14.2 „Kampf" um Behandlungsoptionen   268
6.14.3 Finanzielle Motivation   269
6.14.4 Frustration mit kommerziellen Optionen   270
6.14.4.1   Zugangsgerechtigkeit & Wahlfreiheit   271
6.14.4.2   Langsamkeit der Zulassungs- & Entwicklungsprozesse im
           Gesundheitswesen   273
6.14.5 Verständnis & Unverständnis für Hersteller   277
6.14.6 Neue Technologien in der Therapie des Typ-1-Diabetes –
       die Geschichte wiederholt sich   278
6.14.7 Wünsche an das Gesundheitswesen   280
6.15   Auswirkungen der Open-Source-Closed-Loop-Bewegung auf das
       Gesundheitswesen   283
6.15.1 Auswirkung der Open-Source-Closed-Loop-Bewegung auf die
       Arbeit der Ärzt:innen   284
6.15.2 Auswirkung der Open-Source-Closed-Loop-Bewegung auf
       Zulassungsprozesse   285
6.15.3 Auswirkung der Open-Source-Closed-Loop-Bewegung auf
       kommerzielle Hersteller   285
6.15.4 Expertise, Autonomie & Veränderung der Hierarchie –
       die Rolle der Patient:innen   289
6.15.4.1   Ablehnung & Hindernisse in der Veränderung hin zu mehr
           Patient:innenautonomie   293
6.16   Gesellschaftliche und politische Einordnung   295

6.17	Die Zukunft der Open-Source-Closed-Loop-Bewegung	296
6.17.1	Die Zukunft der Open-Source-Closed-Loop-Systeme	296
6.17.2	Die Zukunft der Open-Source-Closed-Loop-Community	298

7 Diskussion und Fazit 301

7.1	Einordnung der Open-Source-Closed-Loop-Bewegung in die aktivistischen Bewegungen in Medizin und Gesundheitsbereich	301
7.1.1	Einordnung der Open-Source-Closed-Loop-Bewegung in den evidenzbasierten Aktivismus	301
7.1.2	Einordnung der Open-Source-Closed-Loop-Bewegung in Health Social Movements & Embodied Health Movements	303
7.1.2.1	Einordnung der Open-Source-Closed-Loop-Bewegung in die Health Social Movements	303
7.1.2.2	Einordnung der Open-Source-Closed-Loop-Bewegung in die Embodied Health Movements	303
7.1.3	Wissen, Expertise & Glaubwürdigkeit im Kontext der Open-Source-Closed-Loop-Bewegung	305
7.1.4	Einordnung der Open-Source-Closed-Loop-Bewegung in die Bewegung der Patient-Innovation	306
7.2	Auswirkungen der Open-Source-Closed-Loop-Systeme auf Blutglukose-Werte & Lebensqualität	307
7.3	Sicherheit & Risiko im Kontext der Open-Source-Closed-Loop-Systeme	309
7.4	Eltern & Kinder mit Typ-1-Diabetes	312
7.5	Perspektive des Gesundheitswesens & Auswirkungen auf dieses	313
7.5.1	Verständnis für die Nutzenden	313
7.5.2	Einordnung der Forderungen & aktivistischen Handlungen der Community & die Auswirkungen auf das Gesundheitswesen	314
7.5.3	Einbezug in die Strukturen des Gesundheitswesens	316
7.5.4	Die Rollen von Lai:innen & Expert:innen sowie das Verhältnis Patient:innen – Ärzt:innen	317
7.5.4.1	Die Rollen von Lai:innen & Expert:innen	317
7.5.4.2	Das Verhältnis Ärzt:in – Patient:in	318
7.5.5	Autonomie & Wahlfreiheit im Kontext der Open-Source-Closed-Loop-Systeme	319
7.5.6	Die Entstehung von digital divides	320
7.6	Open-Source-Closed-Loop-Systeme als kausales Element einer Kette aus intersubjektiven Erfahrungen	321

8 Handlungsempfehlungen und Ausblick 323

8.1	Handlungsempfehlungen zum Umgang mit Open-Source-Closed-Loop-Systemen	323
8.2	Handlungsempfehlungen hinsichtlich Menschen mit Typ-1-Diabetes	325
8.2.1	Handlungsempfehlungen für kommerzielle Technologien für Typ-1-Diabetes für Kinder	325
8.2.2	Handlungsempfehlungen für mehr Wahlfreiheit & Lebensqualität	325
8.2.3	Handlungsempfehlungen gegen die Entstehung von digital divide	326
8.3	Zunahme von & Umgang mit aktivistischen Bewegungen & Patient-Innovation	327
8.4	Einbezug von Patient:innen in Forschung & Entwicklung	328
8.5	Weiterer Forschungsbedarf	329
8.5.1	Forschungsbedarf zu den Open-Source-Closed-Loop-Systemen	329
8.5.2	Forschungsbedarf zum Einbezug von aktivistischen Ansätzen & Patient:innen	329

9 Referenzen 331

10 Anhang: Interview-Leitfäden 357

10.1	Leitfaden L – Loopende	357
10.2	Leitfaden F – Menschen mit Typ-F-Diabetes	358
10.3	Leitfaden E – Eltern	359
10.4	Leitfaden Z – Ehemals Loopende	361
10.5	Leitfaden A – Aktiv an der Entwicklung der OSCLS beteiligte Loopende	362
10.6	Leitfaden D – Ärztinnen	363
10.7	Leitfaden H – Hersteller	364
10.8	Leitfaden M – Medizininformatikerin	366

Nachwort 367
von Christopher Coenen und Constanze Scherz

„[Typ-1-]Diabetes ist eine außergewöhnliche Erkrankung. Sie ist schwierig. Sie ist schwerwiegend. Und sie ist manchmal unfair. Und sie wirkt massiv in das Leben der Erkrankten ein und kein Mensch sieht es. Aber jede Erkrankung, die was mit Essen zu tun hat und bei der so ein wichtiges zentrales Steuerungshormon ausfällt, ist per se eine Erkrankung, wo Patienten mehr mitreden müssen. Sie müssen entscheiden, welches Hilfsmittel sie bekommen. Und sie müssen entscheiden, welches Insulin ihnen guttut. Und ob sie lieber eine Pumpe oder Pens oder eine sensorunterstütze Pumpe oder eine Patch-Pumpe haben wollen, da haben sie, wie ich finde, ein wichtiges Wort mitzureden. Ich kenne keine vergleichbare Erkrankung, die so viel Engagement von Patienten über ihre ganze Lebensspanne erfordert. Nie ruht. Mit so gemeinen Folgeschäden belastet ist." (D3:81)

1 Einleitung

Typ-1-Diabetes (T1D) ist eine schwere chronische Erkrankung mit potenziell schwerwiegenden akuten und langfristigen Folgen, bei der die Bauchspeicheldrüse (das Pankreas) keinerlei Insulin mehr produziert. Das benötigte Insulin muss mehrmals täglich subkutan (unter die Haut) von außen verabreicht und der individuelle Bedarf rechnerisch ermittelt werden. Von T1D betroffen zu sein, bedeutet eine lebenslange konstante Selbstkontrolle, bei der auch bei hoher Motivation und hohem Wissensstand zu den Grundlagen und therapeutischen Handlungsbedarfen der Erkrankung die angestrebten Blutglukose-Werte (BG-Werte) häufig nicht erreicht werden können. Dies führt potenziell zu massiven gesundheitlichen Belastungen sowie zu Einschränkungen der Lebensqualität. Im Extremfall kann sich eine Fehldosierung von Insulin tödlich auswirken.

Die Versorgung von Menschen mit Typ-1-Diabetes (MmT1D; die Abkürzung findet auch Verwendung für den Singular, Mensch mit Typ-1-Diabetes) hat sich in der jüngeren Vergangenheit durch die Nutzung und Weiterentwicklung etablierter Medizintechnologien und durch die Entwicklung neuer Technologien deutlich verbessert, jedoch gibt es bislang kein System, das die Funktion der Bauchspeicheldrüse vollständig ersetzt. Insulinpumpen sowie Messsensoren, die kontinuierlich den Blutglukosespiegel messen (*Continuous Glucose Monitors*, CGM), sind in den Industrienationen verbreitet. Seit einigen Jahren beschäftigt sich die Forschung zudem mit der Entwicklung von *Closed-Loop-Systemen* (CLS; die Abkürzung findet auch Verwendung für den Singular, Closed-Loop-System), welche eine algorithmengesteuerte automatisierte und an die jeweiligen BG-Werte angepasste Abgabe von Insulin ermöglichen. Solche Systeme haben das Potenzial, den Umgang mit bzw. das Management der Erkrankung zu erleichtern und normnähere BG-Werte zu erzielen.

Obwohl MmT1D seit ca. 40 Jahren die baldige Verfügbarkeit von CLS angekündigt wird (Heinemann und Lange 2019) und die Forschung und Entwicklung der CLS seit einigen Jahren von klinischer bzw. kommerzieller Seite betrieben werden (De Bock *et al.*, 2018), sind solche Systeme in den *United States of America* (USA) erst seit 2016 (Castle, DeVries & Kovatchev, 2017), in der Europäischen Union (EU) seit 2018 (Beck *et al.*, 2019) und in Deutschland seit Ende 2019 (Hohmann-Jeddi, 2019)

© Der/die Autor(en), exklusiv lizenziert an
Springer Fachmedien Wiesbaden GmbH, ein Teil von Springer Nature 2024
S. Woll, *Gesundheitsaktivismus am Beispiel des Typ-1-Diabetes: #WeAreNot
Waiting*, Technikzukünfte, Wissenschaft und Gesellschaft / Futures of Technology,
Science and Society, https://doi.org/10.1007/978-3-658-43097-9_1

kommerziell erhältlich. Die technischen Möglichkeiten zur Entwicklung von CLS sind jedoch bereits seit der Verfügbarkeit von CGM gegeben. Daher hat sich ab dem Jahr 2013 aus der Gruppe der MmT1D und ihrer Angehörigen eine Gemeinschaft zusammengefunden, deren Hashtag *#WeAreNotWaiting* zum Ausdruck bringt, dass die Community Lösungen für ihre spezifischen Bedarfe entwickeln kann, die das Gesundheitswesen bislang nicht zur Verfügung stellt. Die Community innoviert auf Basis der kommerziellen Technologien (Insulinpumpe und CGM) sogenannte *Open-Source-Closed-Loop-Systeme* (OSCLS; die Abkürzung findet auch Verwendung für den Singular Open-Source-Closed-Loop-System), die sie allen Interessierten frei zur Verfügung stellt. Laut Aussagen der Community ist die Therapie mit OSCLS „[...] far safer than standard pump/CGM therapy [...]" und führt zu „[...] remarkable improvements in quality of life due to increased time in range, uninterrupted sleep, and peace of mind" (Lewis, Leibrand & #OpenAPS-Community, 2016).

Die OSCLS sind weder offiziell geprüfte noch zugelassene Systeme. Die Nutzung ist zulässig, solange man das System nur für sich selbst betreibt, ein kommerzieller Vertrieb wäre jedoch ebenso illegal wie das kostenfreie Bereitstellen der Software oder das Aufsetzen der Anwendung für andere. Daher müssen angehende Nutzende den zur Verfügung gestellten Source-Code für die Anwendung selbst kompilieren. Online finden sich hierfür Anleitungen und weitere Unterstützungsstrukturen der Community. Trotz dieser technologischen Hürde und dem Fehlen einer Zulassung als Medizinprodukt finden OSCLS immer mehr Anwendung: Derzeit (Mai 2022) nutzen über 2.500 Personen weltweit ein OSCLS (Lewis & OpenAPS Community, 2022b), die Zahl der Nutzenden steigt stetig.

Die Herangehensweise und der Einfluss der Community um die OSCLS gehen jedoch über die Entwicklung und Bereitstellung der Open-Source-Systeme hinaus. Durch ihr aktivistisches Bestreben, die eigene medizinische Versorgung zu einem relevanten Teil selbst in die Hand zu nehmen, zeigt sie auf, dass Patient:innen dazu in der Lage sind, die eigene, individuelle Krankheitserfahrung in Verbindung mit Expertise im technologischen bzw. IT-Bereich zur Innovation zu nutzen, um eine Verbesserung von medizinischer Versorgung und Lebensqualität zu erreichen (Petersen, 2018). Im Zuge der intensiven Auseinandersetzung mit den Bedingungen der eigenen Erkrankung und den auch über das kommerzielle Maß hinausgehenden therapeutischen Optionen verändert die Community traditionelle Strukturen im Gesundheitsbereich und nimmt darüber hinaus konkreten Einfluss auf Forschung und Entwicklung, was sich unter anderem an ihrer Präsenz in wissenschaftlichen Journals und auf wissenschaftlichen Konferenzen zeigt (z.B. Collins *et al.*, 2013; Birnbaum *et al.*, 2015; Lewis & Leibrand, 2016; Lewis *et al.*, 2018b; Melmer *et al.*, 2019; Lewis, 2020; Burnside *et al.*, 2022).

1. Einleitung

Die hinter den OSCLS stehende Community ist in ihrer Herangehensweise, ihre Gesundheitsversorgung selbst in die Hand zu nehmen, nicht die erste Bewegung in der Geschichte, die sich aktiv und aktivistisch für ihre eigenen Belange und die Adressierung ihrer eigenen Bedarfe in einem medizinischen Bereich einbringt. Bewegungen im Bereich des Gesundheitsaktivismus gehen zurück bis in die 80er Jahre des 20. Jahrhunderts (Brown et al., 2004), und in der jüngeren Vergangenheit werden Innovationen im medizinischen Bereich immer häufiger von *Patient Innovators* entwickelt, also von nicht-professionellen Personen, die für ihre eigenen medizinischen Bedarfe bzw. die Bedarfe von Nahestehenden innovieren (Habicht, Oliveira & Shcherbatiuk, 2012). Dies verweist auf die Relevanz der vorliegenden Untersuchung nicht nur für das Verständnis der OSCLS, sondern auf einer allgemeineren Ebene auch für die größere Gruppe der Betroffenen von chronischen Erkrankungen, deren Bedarfe nicht ausreichend vom Gesundheitswesen adressiert werden.

1.1 Forschungsinteresse und Forschungsfragen

Bislang gibt es vergleichsweise wenige Studien, die sich mit den Auswirkungen der OSCLS sowie den Motivationen der dahinterstehenden Community befassen. Jennings & Hussain (2019) weisen darauf hin, dass sich die Auswirkung der OSCLS-Nutzung auf die BG-Werte und Langzeitwerte konsistent als positiv erweisen, jedoch relevante Forschungsfragen wie die nach den Auswirkungen auf Lebensqualität und Belastung durch den T1D sowie nach den Motivationen der Nutzung bislang nicht adressiert sind.

Der Fokus der vorliegenden Dissertation liegt auf den OSCLS und der wachsenden und überzeugt hinter den Systemen stehenden Community. Aus dem Blickwinkel der Technikfolgenabschätzung befasst sich die Arbeit vorrangig mit der Frage, warum sich die Nutzenden der OSCLS für die Systeme entscheiden und wie sich diese auf das Leben der Nutzenden auswirken. Mittels der Methode der leitfadengestützten qualitativen Interviews mit Nutzenden und Fachkräften wird untersucht, warum den OSCLS Vertrauen entgegengebracht wird, obwohl diese nicht von offizieller Seite geprüft sind und im Fall von Fehlfunktionen niemand haftbar gemacht werden kann (Jansky & Woll, 2019). Zudem werden Auswirkungen der OSCLS-Bewegung auf das Gesundheitswesen untersucht.

1.1.1 Auswirkungen des T1D & (erwartete) Auswirkungen der OSCLS-Nutzung

Um sich diesem Themenkomplex zu nähern, stellt sich zunächst die Frage nach den Auswirkungen des T1D auf das Leben der Betroffenen und (insbesondere im Fall von Kindern mit T1D) auch das der Angehörigen. Was sind die Gründe und Motivationen für die Nutzung eines OSCLS, mit welchen Erwartungen und Hoffnungen beginnen die interviewten Nutzenden die Auseinandersetzung mit den Systemen und deren Nutzung? Welche Auswirkungen der Nutzung auf Aspekte wie die BG-Werte, Lebensqualität, Schlafqualität sowie Folgekomplikationen und Lebenserwartung werden angenommen? Welche Vision verfolgen die Entwickler:innen der Systeme bzw. die Nutzenden, die sich aktiv an der Entwicklung der OSCLS oder anderer technischer Strukturen beteiligen? In welchem Verhältnis stehen die Erwartungen und Hoffnungen zu den tatsächlichen Auswirkungen der OSCLS-Nutzung, welche Erwartungen erfüllen sich und welche nicht? Führen die OSCLS zu einer signifikanten Verbesserung der Stoffwechselkontrolle und haben sie Auswirkungen auf die Lebensqualität der Nutzenden? Wieviel Zeit und Aufwand müssen in die OSCLS investiert werden? Welche weiteren Auswirkungen hat die Nutzung der Systeme? Und was sind die Gründe dafür, dass manche der Interviewten die Nutzung der OSCLS beenden und wieder auf die Therapie mit konventionellen Optionen zurückgehen?

1.1.2 Voraussetzungen & Anforderungen der OSCLS-Nutzung

Eine weitere relevante Forschungsfrage bezieht sich auf die Voraussetzungen und Anforderungen, die bei den Nutzenden vorliegen sollten, damit das Aufsetzen und die Nutzung der OSCLS erfolgreich gelingen können. Inwiefern ist eine gewisse Technikaffinität vonnöten, welche Art von Grundlagenwissen wird benötigt? Welche Personengruppen können oder sollten kein OSCLS nutzen?

1.1.3 Effektivität, Sicherheit & Risiken

Von großer Relevanz für die Beurteilung der OSCLS ist die Einschätzung der Effektivität, der Sicherheit und der Risiken der Systeme. Sind die OSCLS effektiv in ihrer Auswirkung auf die Therapie des T1D, auch im Vergleich zu anderen therapeutischen Optionen, die kommerziell erhältlich sind? Können die OSCLS, wie von Lewis, Leibrand & #OpenAPS-Community (2016) beschrieben, als sicher eingestuft werden, obwohl sie weder offiziell geprüft noch zugelassen sind, und welche Bedingungen tragen zu ihrer (wahrgenommenen) Sicherheit bei? Inwiefern lassen sich die Systeme als sicher im Vergleich zu anderen therapeutischen Optionen einstufen? Welche Risiken, aber auch welche Nachteile und nicht-intendierten Folgen sowie empfundene Sorgen und Befürchtungen gehen mit der Nutzung der OSCLS einher? Welche Rolle spielen die mit den OSCLS genutzten kommerziellen Technologien für T1D für Sicherheit und Risiko? Und besteht überhaupt Einigkeit hinsichtlich der Aussage, die OSCLS seien nicht geprüft bzw. getestet?

1. Einleitung

1.1.4 OSCLS-Community

Weitere relevante Forschungsfragen behandeln die Rolle der Community. Welchen Stellenwert nimmt die Community für die Nutzenden der OSCLS ein? Wie wird von den Interviewten der Ansatz der Open-Source-Entwicklung eingeschätzt? Wird der Community und den OSCLS Vertrauen entgegengebracht und falls ja, woraus generiert sich dieses Vertrauen? Was sind Gründe dafür, falls der Community kein oder kein vollumfängliches Vertrauen entgegengebracht wird? Äußern die Interviewten Kritik an der OSCLS-Community bzw. Teilen dieser und falls ja, warum? Was sind die Forderungen der Community, die sie an das Gesundheitswesen adressiert?

1.1.5 Kinder mit T1D & deren Eltern

Eine besondere Situation liegt vor, wenn ein OSCLS von Eltern für ihr Kind mit T1D genutzt wird, zumal es hier nicht möglich ist, dass das OSCLS eigenverantwortlich von der nutzenden Person aufgesetzt und betrieben wird. Insofern adressiert eine Forschungsfrage die spezifischen Bedingungen von Kindern mit T1D und ihren Eltern. Was sind hier die Motivationen und Gründe der Nutzung und wie wirkt sich die Nutzung sowohl auf die Kinder als auch auf die Eltern aus? Inwiefern spielen vor allem für die Eltern rechtliche und haftungsrechtliche Aspekte eine Rolle, aber auch für Personen, die erwachsene MmT1D in ihrem nahen Umfeld bei der Nutzung eines OSCLS unterstützen? Tun sich diese Personengruppen (initial) schwer damit aufgrund der Sorge, es könnten nicht intendierte Folgen auftreten?

1.1.6 Gesundheitswesen

Ein weiterer Teil der vorliegenden Arbeit befasst sich (vorwiegend) mit dem (deutschen) Gesundheitswesen im Kontext der OSCLS und fragt nach dessen Perspektive auf und Umgang mit den OSCLS und ihren Nutzenden. Wie stehen die interviewten Fachkräfte zu den OSCLS, welche Potenziale und welche Risiken sehen sie darin? Wie gehen Ärzt:innen mit den Nutzenden der OSCLS um? Fühlen sich die Nutzenden vom Gesundheitswesen ignoriert und welche Wünsche bringen sie diesem entgegen? Wie wird die Langsamkeit der Zulassungsprozesse bewertet und gehen Frustrationen mit den kommerziellen Behandlungsoptionen einher? Auch die Auswirkungen der OSCLS bzw. der Community und ihrer Forderungen auf das Gesundheitswesen sind von Relevanz: Besteht ein Einfluss auf die (Arbeit der) interviewten Ärzt:innen, auf die Zulassungsbehörden bzw. -prozesse und die Hersteller von Medizinprodukten? Inwiefern verändert eine solche Herangehensweise wie die der OSCLS-Community die Rolle der Patient:innen, welche Veränderungen in der Hierarchie des Verhältnisses Ärzt:in – Patient:in lassen sich feststellen und zeigen sich Auswirkungen auf die Expertise und die Autonomie von Patient:innen?

1.1.7 Gesellschaftlich-politische Einordnung & Zukunft der OSCLS

Weitere Forschungsfragen befassen sich mit der gesellschaftlichen und politischen Einordnung der Aktivitäten der Nutzenden sowie mit der Zukunft der OSCLS und der OSCLS-Bewegung.

1.1.8 Einordnung der OSCLS-Bewegung in vergleichbare Bewegungen

Darüber hinaus ordnet die vorliegende Arbeit die OSCLS-Bewegung ein in vergleichbare frühere aktivistische Bewegungen in Medizin und Gesundheit sowie in den Kontext der derzeit immer stärker werdenden Bewegung der Patient Innovation. Wie erlangen aktivistische Bewegungen und die OSCLS-Bewegung Wissen, Expertise und Glaubwürdigkeit und welche Beeinflussung der traditionellen Strukturen des Gesundheitswesens findet statt? Welche Bedingungen und Motivationen der OSCLS-Community decken sich mit Bedingungen und Motivationen der Patient Innovation?

1.2 Aufbau der Arbeit

Zur Beantwortung der Forschungsfragen ist die vorliegende Arbeit wie folgt gegliedert:

Um in Kapitel 2 ein Verständnis für die Gründe, Herangehensweise und Motivationen aktivistischer Bewegungen im medizinischen und Gesundheitsbereich zu schaffen, wird in Kapitel 2.1 eine theoretisch-wissenschaftliche Grundlage auf Basis bestehender relevanter Konzepte wie *Health Social Movements*, *Embodied Health Movements* und anderer (vorwiegend nach Brown *et al.*, 2004) unter Bezugnahme auf Beispiele der Vergangenheit und Gegenwart erschlossen.

Darauf aufbauend stellt Kapitel 2.2 die im Zuge zunehmender technischer Möglichkeiten für Privatpersonen immer stärker werdende Bewegung der Patient Innovation dar, die aufzeigt, dass Patient:innen und deren Umfeld dazu in der Lage sind, innovative und teilweise durchaus technologisch komplexe Lösungen für ihre spezifischen Bedarfe zu entwickeln, die das Gesundheitswesen nicht zur Verfügung stellt.

Um sich den Bedingungen der OSCLS, der Nutzenden der OSCLS und der dahinterstehenden Community zu nähern, ist es unabdingbar, sich zuerst mit den Bedingungen und Auswirkungen der Erkrankung T1D zu beschäftigen. Über eine Einführung in die medizinischen Gegebenheiten (Kapitel 3.1, 3.2, 3.3) und relevanten Parameter zur Beurteilung der Glukoseeinstellung (Kapitel 3.3.2) hinaus gewährt daher Kapitel 3 Einblick in potenzielle Akut- und Folgekomplikationen (Kapitel 3.4), therapeutische Maßnahmen (Kapitel 3.5) sowie die spezifische Situation von Kindern mit T1D und

1. Einleitung

ihren Eltern (Kapitel 3.6), aber auch in die Wichtigkeit von Schulungen zu T1D (Kapitel 3.7). Daran anschließend erklärt Kapitel 4 die (technologischen) Optionen, die zur Therapie des T1D kommerziell zur Verfügung stehen. Kapitel 4.1 erläutert die Technologien zur Insulinabgabe, Kapitel 4.2 die Technologien zur Messung der BG und Kapitel 4.3 schließlich die kommerziellen Ansätze der CLS bzw. Vorläufer der CLS.

Kapitel 5 stellt die Methode dar, mit welcher die Forschungsfragen adressiert wurden. Um Motivationen, Erwartungen sowie die tatsächlichen Auswirkungen und Umstände der Nutzung von OSCLS möglichst detailliert und tiefgehend verstehen zu können, wurde die Herangehensweise der qualitativen leitfadengestützten Interviews gewählt. Kapitel 5.1 erläutert die Methode der Expert:inneninterviews, Kapitel 5.2 die Auswahl der Interviewten. Kapitel 5.3 stellt die Interviewten vor. In 5.4 werden die formalen Details der geführten Interviews und der Auswertung beschrieben.

Den Hauptteil der vorliegenden Arbeit bildet Kapitel 0 mit der Darstellung und Diskussion der OSCLS und der dahinterstehenden Community sowie mit der Auswertung der Interviews. Beginnend mit ihrer Entstehungsgeschichte (Kapitel 6.1), werden die drei in der Community verbreiteten OSCLS vorgestellt (Kapitel 6.2). Kapitel 6.3 diskutiert die Erwartungen, Hoffnungen und Visionen, die mit der Entwicklung und Nutzung der OSCLS einhergehen, Kapitel 6.4 geht auf die Voraussetzungen und Anforderungen der Nutzung ein. Mit den Auswirkungen der Nutzung befasst sich Kapitel 6.5, mit der Effektivität der Systeme Kapitel 6.6. Einen Einblick in die Community gewährt Kapitel 6.7. Eine Diskussion der Grundlagen des Vertrauens der Nutzenden in die Systeme und in die Community finden sich in Kapitel 6.8. Weitere Ausführungen befassen sich mit der Sicherheit (Kapitel 6.9) und den Risiken (Kapitel 6.10) der OSCLS sowie mit dem Fehlen der Zulassung (Kapitel 6.11) und der spezifischen Situation von Kindern mit T1D und ihren Eltern (Kapitel 6.12). Ein weiterer Themenblock beleuchtet die Perspektive und den Umgang des Gesundheitswesens mit den OSCLS und den Nutzenden (Kapitel 6.13), die Perspektive der Interviewten auf das und Erfahrungen mit dem Gesundheitswesen (Kapitel 6.14) und die Auswirkungen auf das Gesundheitswesen (Kapitel 6.15). Das Kapitel schließt mit einer gesellschaftlichen und politischen Einordnung (Kapitel 6.16) und einem Blick auf die Zukunft der Systeme und der Community (Kapitel 6.17).

Diskussion und Fazit in Kapitel 7 greifen die wichtigsten Aspekte der Arbeit nochmals auf. Somit erfolgt in 7.1 eine Einordnung der OSCLS-Bewegung in die in Kapitel 2 dargestellten aktivistischen Bewegungen im medizinischen und Gesundheitsbereich und die Bewegung der Patient Innovation. Als besonders relevante Aspekte der OSCLS und ihrer Nutzung diskutiert Kapitel 7.2 die Auswirkungen der OSCLS-Nutzung auf die BG-Werte und die Lebensqualität, Kapitel 7.3 resümiert Sicherheit und Risiken der Systeme. Kapitel 7.4 beleuchtet die besondere Situation von Kindern mit T1D und ihren Eltern. Mit der Perspektive des Gesundheitswesens und Auswirkungen auf dieses setzt sich Kapitel 7.5 auseinander und beleuchtet dabei die Rollen von Lai:innen und Expert:innen, das Verhältnis Patient:in – Ärzt:in sowie die potenzielle Dynamik des *digital divide*. Kapitel 7.6 diskutiert das Verständnis der OSCLS als kausales Element einer Kette aus intersubjektiven Erfahrungen.

Handlungsempfehlungen und Ausblick liefern in Kapitel 8 Vorschläge für den rechtlichen bzw. regulatorischen Umgang mit den OSCLS (Kapitel 8.1) und legen dar, was dies für MmT1D bedeutet (Kapitel 8.2). Weiter werden Möglichkeiten für den Umgang mit den zunehmenden gesundheitsaktivistischen und Patient-Innovation-Bewegungen (Kapitel 8.3) sowie für den stärkeren Einbezug von Patient:innen und Aktivist:innen in die Forschung (Kapitel 8.4) eröffnet. Weiterer Forschungsbedarf findet sich schließlich in Kapitel 8.5.

2 Aktivismus in Medizin und Gesundheitsbereich

Dieses Kapitel befasst sich mit aktivistischen Bewegungen im medizinischen und Gesundheitsbereich. Kapitel 2.1 erschließt eine theoretisch-wissenschaftliche Grundlage auf Basis bestehender Konzepte wie *Health Social Movements*, *Embodied Health Movements* und anderer (vorwiegend nach Brown *et al.*, 2004). Exemplarisch werden historische und aktuelle Bewegungen in den Blick genommen. Hiermit soll ein Verständnis für die Gründe, Herangehensweisen und Motivationen aktivistischer Bewegungen im medizinischen und Gesundheitsbereich geschaffen werden.

Kapitel 2.2 befasst sich mit der Bewegung der Patient Innovation. Durch immer leichter zugängliche technische Möglichkeiten und andere Gegebenheiten sind Patient:innen und deren Umfeld zunehmend dazu in der Lage, für ihre eigenen Bedarfe selbst zu innovieren. Sie zeigen somit ihre Fähigkeit auf, teilweise durchaus komplexe Lösungen für ihre spezifischen Situationen verfügbar zu machen, die durch das Gesundheitswesen nicht bereitgestellt werden.

2.1 Aktivistische Bewegungen in Medizin und Gesundheitsbereich

Die OSCLS-Bewegung ist mit ihrer regen Community nicht die erste, die sich aktiv und aktivistisch für ihre eigenen Belange und die Adressierung ihrer eigenen Bedarfe in einem medizinischen Bereich einbringt. Von Patient:innen oder deren Angehörigen initiierte Bewegungen, die die Hierarchie des medizinischen Systems nicht länger anerkennen und ihre Gesundheit in die eigene Hand nehmen, gehen zurück bis in die 80er Jahre des 20. Jahrhunderts (Brown *et al.*, 2004). Im Folgenden soll eine theoretisch-wissenschaftliche Grundlage auf Basis bestehender relevanter Konzepte wie *Health Social Movements*, *Embodied Health Movements* (Brown *et al.*, 2004) und anderer unter Bezugnahme auf Beispiele der Vergangenheit und Gegenwart erschlossen werden.

2.1.1 Aktivismus in Medizin & Gesundheit

Aktivismus ist Aktion im Namen einer Sache und geht über das hinaus, was konventionell ist oder der Routine entspricht. Was als Aktivismus gilt, hängt daher davon ab, was als konventionell gilt (Martin, 2007; Laverack, 2012).

Laut Laverack (2012) adressiert Aktivismus in den Bereichen Medizin und Gesundheit etablierte soziale Ungerechtigkeit bzw. gesundheitliche Ungleichheit und ergreift Maßnahmen, um die Gerechtigkeit bzw. Gleichheit (wieder) herzustellen. Eine aktivistische Bewegung definiert sich somit über die Bereitschaft ihrer *Health Activists* (Gesundheitsaktivist:innen) zu Herangehensweisen, die über das hinausgehen, was als konventionell angesehen wird.

2.1.2 Evidenzbasierter Aktivismus

Rabeharisoa et al. (2013; identisch Rabeharisoa, Moreira & Akrich, 2014) führen den Begriff *evidenzbasierter Aktivismus* ein. Evidenz ist hier zu verstehen als ein Vermittlungsinstrument zwischen Wissen und Expertise (zu Wissen und Expertise siehe 2.1.4.1) und zielt darauf ab, Wissen darüber zu vermitteln, wie die Situation von Patient:innen und *Health Activists* verstanden und behandelt werden sollte.

Rabeharisoa, Moreira & Akrich (2014) erläutern evidenzbasierten Aktivismus anhand des folgenden Modells:
1) Aktivistische Bewegungen, die evidenzbasierten Aktivismus betreiben, sammeln Erfahrungen, bauen Erfahrungswissen auf und definieren dadurch ihre Identität (siehe Kapitel 2.1.3.2.1) und legen ihre Anliegen dar;
2) sie verbinden beglaubigtes Wissen mit Erfahrungswissen (siehe Kapitel 2.1.4.1), um letzteres politisch relevant zu machen;
3) durch diesen Prozess stoßen sie Reformen an und identifizieren Bereiche *unerledigter Wissenschaft*[1];
4) die Ergebnisse dieser Aktivitäten werden von den aktivistischen Bewegungen dargestellt in Form von Wissen über Ursachen und Bedingungen ihrer Kondition;
5) und um ihre Ziele zu erreichen, arbeiten *Health Activists* bis zu einem gewissen Grad mit medizinischen Fachkräften und dem Gesundheitswesen zusammen, womit ihr Ansatz reformorientiert und nicht rein konfrontativ ist.

2.1.3 *Health Social Movements & Embodied Health Movements*

Im Folgenden werden die *Health Social Movements* und ihre spezifische Kategorie der *Embodied Health Movements* nach Brown et al. (2004) erläutert. Anhand dieser Kate-

---

[1] Der Begriff *unerledigte Wissenschaft* (*undone science*) meint Themen und Sachverhalte, zu denen es noch keine (ausreichende) wissenschaftliche Forschung gibt. Diese Forschungslücken stehen häufig im Zentrum des Fokus von Aktivist:innen und werden von diesen adressiert mit dem Ziel, sie zu schließen und/oder die Wissenschaft dazu zu bringen, sie zu schließen. Die Identifizierung von Bereichen unerledigter Wissenschaft kann auch zu neuen Forschungsfragen führen (Hess, 2009; Frickel et al., 2010; Rabeharisoa, Moreira & Akrich, 2014).

gorisierungen soll ein Verständnis geschaffen werden für Beweggründe und Herangehensweisen von aktivistischen Bewegungen, die sich auf Medizin und Gesundheitsbereich fokussieren.

2.1.3.1 Health Social Movements

In ihrem bedeutenden Paper „Embodied Health Movements: New Approaches to Social Movements in Health" prägen Brown *et al.* (2004) den Begriff der *Health Social Movements* (soziale, sich mit Themen der Medizin und Gesundheit befassende Bewegungen) und weisen diesen Bewegungen relevante Einflüsse auf das Gesundheitswesen sowie eine treibende Kraft für die Gesellschaft als Ganze zu. Thematisch befassen sich *Health Social Movements* u. a. mit:

1) Zugang zu oder Bereitstellung von Gesundheitsleistungen
2) Gesundheitlicher Ungerechtigkeit und Ungleichheit basierend auf Herkunft, Ethnizität, Gender, Klasse und/oder Sexualität
3) Krankheit, Krankheitserfahrung, Behinderung sowie sog. *contested illnesses* (Krankheiten, die als solche nicht anerkannt sind)

Orsini & Smith (2010; vgl. Brown & Zavestoski, 2004; Epstein, 2008) beschreiben *Health Social Movements* als sich zunehmend mobilisierend und Einfluss nehmend auf die Leitlinien der Gesundheitspolitik, die medizinische und wissenschaftliche Praxis und das konventionelle Verständnis dessen, was als Wissen oder Expertise gilt. *Health Social Movements* stellen politische Macht, fachliche Autorität sowie individuelle und kollektive Identität in Frage (Brown *et al.*, 2004). Dies betrifft insbesondere Identitäten (siehe Kapitel 2.1.3.2.1), die von Anhänger:innen der jeweiligen Bewegungen (häufig aufgrund ihrer potenziell stigmatisierenden Wirkung) nicht immer akzeptiert werden (Orsini & Smith, 2010).

Laut Brown *et al.* (2004) gehen die ersten Fälle von sich mit Gesundheitsaspekten befassenden aktivistischen Bewegungen zurück bis mindestens auf Zeiten der Industriellen Revolution und einer ersten Beschäftigung mit der Gesundheit am Arbeitsplatz. Sie diskutieren jedoch auch Beispiele aus jüngerer Zeit. So haben *Health Activists* in den 1980er und 1990er Jahren vorwiegend in den USA die Veränderung der Leitlinien für die medizinische Versorgung für Frauen durchgesetzt sowie deren Persönlichkeitsrechte und deren Rechte über die Selbstbestimmung der Fortpflanzung gestärkt. In diesem Zuge veränderten sich medizinische Dienstleistungen und Behandlungsformen (z. B. für Brustkrebs) sowie die medizinische Forschungspraxis (vgl. Morgen, 2002).

Auch *Health Activists* für die Rechte psychisch Kranker haben bedeutende Veränderungen herbeigeführt, darunter die Gewährung vieler Bürger:innenrechte, die diesem Personenkreis lange Zeit vorenthalten wurden. Sie haben sowohl das Recht auf bessere Behandlung als auch das Recht auf die Verweigerung bestimmter Behandlungen erreicht (vgl. u. a. Brown, 1984).

Health Activists für die Rechte von Menschen mit Behinderung haben bedeutende Fortschritte in der Politik für die Rechte dieser Personengruppe bezüglich Barrierefreiheit und Diskriminierung am Arbeitsplatz erzielt und gleichzeitig der Stigmatisierung von Menschen mit Behinderung entgegengewirkt (vgl. u. a. Shapiro, 1993). In ähnlicher Weise haben Aktivist:innen des Akquirierten Immun-Defizienz-Syndroms (AIDS) eine größere medizinische Anerkennung verschiedener Behandlungsansätze und deutliche Veränderungen in der Art und Weise erreicht, wie klinische Studien durchgeführt werden (vgl. Epstein, 1996; siehe ausführlich Kapitel 2.1.6.1).

Diese und weitere Bewegungen haben bei medizinischen Fachkräften zu der Erkenntnis geführt, dass Lai:innen die Fähigkeit besitzen können, aktiv mit den Konditionen ihrer eigenen Gesundheit und/oder Erkrankung umzugehen (vgl. Goldstein, 1999; zur Rolle der Lai:innen in der Medizin und Forschung siehe Kapitel 2.1.5).

Brown et al. (2004) unterteilen die *Health Social Movements* in drei Kategorien: *Health Access Movements* streben einen gerechten Zugang zur Gesundheitsversorgung und eine verbesserte Bereitstellung von Gesundheitsdiensten an; *Constituency-Based Health Movements* befassen sich mit gesundheitlicher Ungleichheit im Allgemeinen sowie aufgrund von Unterschieden in ethnischer Zugehörigkeit, Geschlecht, Klasse und/oder Sexualität; *Embodied Health Movements* befassen sich mit Krankheiten, Behinderungen oder Krankheitserfahrungen, indem sie den Stand der Forschung bzw. die Wissenschaft zu Ätiologie, Diagnose, Behandlung und Prävention hinterfragen. Im Folgenden liegt der Fokus auf den *Embodied Health Movements*.

2.1.3.2 Embodied Health Movements

Brown et al. (2004) beleuchten *Embodied Health Movements* (also Bewegungen, die körperliche Erkrankungen adressieren) in den USA: *Embodied Health Movements* hinterfragen Wissen und Praxis bezüglich der Ätiologie, Behandlung und Prävention von Krankheiten mit dem Ziel, das *Empowerment* (die Handlungskompetenz) von Patient:innen zu stärken und eine aktive Beteiligung der Patient:innen an ihrer medizinischen Versorgung zu erreichen. Hierfür setzen sich die *Embodied Health Movements* sowohl mit politischen als auch mit wissenschaftlich-medizinischen Strukturen auseinander. *Embodied Health Movements* sind stark verwurzelt in der Krankheitserfahrung und entstehen in der Regel, wenn Menschen, die ihre Erwartungen hinsichtlich ihrer gesundheitlichen Situation nicht erfüllen können, diesbezüglich eine gemeinsame Erfahrung machen und in Folge kollektiv handeln. Die *Health Activists* solcher Bewegungen agieren, indem sie Probleme identifizieren, Lösungen definieren, zum Handeln motivieren und Aktionsagenden aufstellen in einer Weise, die mit den persönlichen

Erfahrungen, Werten und Erwartungen anderer Betroffener der jeweiligen Krankheit konsistent ist (vgl. Benford & Snow, 2000). Nach Brown *et al.* (2004) ist der Bedarf an adäquater medizinischer Versorgung dabei unmittelbar: Diejenigen, die von einer Krankheit betroffen sind und/oder nur begrenzten Zugang zu den benötigten medizinischen Leistungen haben, können es sich nicht leisten, auf potenziell noch kommende (gesundheits-) politische Entscheidungen zu warten.

Laut Brown *et al.* (2004) werden die *Embodied Health Movements* durch drei Merkmale charakterisiert:
1) Sie befassen sich mit dem biologischen Körper, insbesondere im Hinblick auf die Erfahrungen von Menschen mit der jeweiligen Krankheit;
2) sie befassen sich typischerweise mit den Herausforderungen oder Wissenslücken der bestehenden medizinisch-wissenschaftlichen Kenntnisse und Praktiken; und
3) sie beziehen oft *Health Activists* ein, die mit Forschenden und Fachkräften des Gesundheitswesens zusammenarbeiten, um Behandlung, Prävention, Forschung und Finanzierung voranzutreiben oder selbst zu betreiben.

2.1.3.2.1 Politisierte kollektive Krankheitsidentität

Weiter hängen *Embodied Health Movements* laut Brown *et al.* (2004) ab von der Entstehung einer *kollektiven Identität*. Polletta & Jasper (2001) definieren kollektive Identität als „an individual's cognitive, moral, and emotional connection with a broader community. It is a perception of a shared status or relation, which may be imagined rather than experienced directly, and it is distinct from personal identities, although it may form part of a personal identity" (vgl. Brown *et al.* 2004).

Brown *et al.* (2004) beschreiben, dass Betroffene im Krankheitsfall in aller Regel zuerst innerhalb eines Netzes bestehender Institutionen versorgt werden. Wenn diese Institutionen der Wissenschaft und Medizin jedoch keine Krankheitsdefinitionen und Lösungen anbieten, die mit den Krankheitserfahrungen der Einzelnen übereinstimmen, oder wenn Wissenschaft und Medizin Krankheitsdefinitionen und Lösungen anbieten, die die Einzelnen nicht zu akzeptieren bereit sind, kann es passieren, dass Personen eine Identität annehmen, die sich nicht mit den etablierten Zuweisungen deckt, und zu kollektivem Handeln übergehen.

Laut Brown *et al.* (2004) ist *Krankheitsidentität* das individuelle Selbstgefühl, das durch die physischen Gegebenheiten der Krankheit und durch die sozialen Reaktionen anderer auf diese Krankheit geprägt ist (vgl. Charmaz, 1991). Wenn Individuen durch die aufgrund ihres Krankheitszustandes erworbene Krankheitsidentität eine kognitive, moralische und emotionale Bindung zu anderen Betroffenen entwickeln, entsteht eine *kollektive Krankheitsidentität*. In erster Linie generiert sich diese aus dem biologischen Krankheitsprozess und stellt die Schnittmenge der sozialen Konstruktionen von

Krankheit und der persönlichen Krankheitserfahrung dieses biologischen Krankheitsprozesses dar. Personen, die von der jeweiligen Krankheit betroffen sind, machen eine einzigartige Erfahrung: Sie leben mit den biologischen Krankheitsprozessen, der persönlichen Krankheitserfahrung, den interpersonellen Auswirkungen und den sozialen Implikationen. Nahestehende wie Familienangehörige, Partner:innen und Freund:innen, die auch an der aktivistischen Bewegung beteiligt sein können, teilen einige dieser Erfahrungen. Diese persönlichen Erfahrungen verleihen eine Perspektive, die andere niemals einnehmen können. Die Identität der *Health Activists* wird oft durch diese Erfahrungen geprägt. Sie gelangen häufig durch diese direkte, gefühlte Erfahrung von Krankheit zu ihrem Aktivismus. Diese für Außenstehende unerreichbare Perspektive und Expertise in Bezug auf das eigene Krankheitsbild verleiht der aktivistischen Bewegung auch in der Öffentlichkeit und in der wissenschaftlichen Welt Glaubwürdigkeit (Brown et al., 2004; zu Glaubwürdigkeit siehe auch 2.1.4.2).

Eine kollektive Krankheitsidentität allein kann ausreichend sein, um eine Unterstützungs- oder Selbsthilfegruppe zu bilden. Damit sich jedoch eine *politisierte kollektive Krankheitsidentität* bilden kann, muss die kollektive Krankheitsidentität mit einer breiteren Kritik verknüpft werden, die strukturelle Ungleichheiten bzw. Ungerechtigkeiten als verantwortlich für die Ursachen und/oder Auslöser der Erkrankung, den Umgang mit der Erkrankung oder die medizinische Versorgung im Kontext der Erkrankung ansieht. Menschen, die nicht von der Krankheit betroffen sind, können Teil der kollektiven Identität sein, entweder als Nahestehende der Betroffenen oder weil sie Grund zu der Befürchtung haben, dass sie die Krankheit in Zukunft bekommen könnten (Brown et al., 2004).

Ein Teil dessen, was Individuen mit einer spezifischen Krankheit zu einer politisierten kollektiven Krankheitsidentität bringt, ist ihre gemeinsame Erfahrung innerhalb von staatlichen, medizinischen und wissenschaftlichen Institutionen. Diese Institutionen schaffen, was Brown et al. (2004) als *vorherrschendes epidemiologisches Paradigma* beschreiben (vgl. Brown et al., 2001). Das vorherrschende epidemiologische Paradigma besteht aus Überzeugungen über Krankheiten und die Entstehung dieser Überzeugungen durch Medizin, Wissenschaft und Gesundheitswesen. Die bereits bestehenden institutionellen Überzeugungen und Praktiken, die das Verständnis einer Krankheit prägen, prägen auch das Krankheitserlebnis für die von der Krankheit Betroffenen. Wenn jedoch mehrere von einer Krankheit betroffene Personen bzw. eine Gruppe dieser Personen ihre Krankheit in einer Weise erleben, die wissenschaftlichen und medizinischen Erklärungen widerspricht, kann eine politisierte kollektive Krankheitsidentität entstehen. Durch die gelebte Erfahrung, dominanten Gruppen und/oder Überzeugungen untergeordnet zu sein, entwickelt sich nun kausal häufig, was Brown *et al.* (2004) *oppositionelles Bewusstsein* nennen: Betroffene Menschen sehen gruppierungsbezogene Ungleichheiten als strukturell und ungerecht an und beschließen, der wahrgenommenen Ungerechtigkeit durch kollektives Handeln entgegenzutreten (vgl. u. a. Groch, 1994).

2.1.3.2.2 Bezug der *Embodied Health Movements* zur Wissenschaft

Laut Brown *et al.* (2004) stellen die *Health Activists* der *Embodied Health Movements* sowohl das gegenwärtig bestehende medizinisch-wissenschaftliche Wissen als auch die gegenwärtig bestehende medizinisch-wissenschaftliche Praxis in Frage. Sie suchen jedoch gleichzeitig auch wissenschaftliche Unterstützung für die Forderungen, die sie in Bezug auf ihre Erkrankung stellen. Daher sind *Embodied Health Movements* untrennbar mit der Produktion wissenschaftlicher Erkenntnisse und mit Veränderungen in der medizinisch-wissenschaftlichen Praxis verbunden.

Darüber hinaus müssen viele *Embodied Health Movement*-Aktivist:innen auch deshalb mit der Wissenschaft zusammenarbeiten, weil sie für eine wirksame Behandlung in aller Regel von wissenschaftlichem Verständnis und kontinuierlicher medizinischer Innovation abhängig sind. Dies gilt selbst für *Embodied Health Movements* zu bereits verstandenen und behandelbaren Krankheiten: Auch wenn sie vielleicht nicht auf mehr Forschung drängen müssen, so müssen sie doch in der Regel auf wissenschaftliche Beweise für die von ihnen dargelegten Kausalitäten verweisen können, um größere Aussicht auf Erfolg für ihre Forderungen zu haben (Brown *et al.*, 2004).

Brown *et al.* (2004) beschreiben, dass die Abhängigkeit der *Embodied Health Movements* von der Wissenschaft eine Zusammenarbeit der *Health Activists* mit Forschenden und medizinischen Fachkräften zur Folge hat. *Health Activists* streben danach, sich aktiv an wissenschaftlichen Prozessen zu beteiligen, um ihre Krankheitserfahrungen und ihre Forderungen in das Forschungsdesign miteinfließen lassen zu können (vgl. Epstein, 1996). Selbst wenn *Health Activists* sich nicht selbst an der wissenschaftlichen Arbeit beteiligen können, ist ihnen oft klar, dass sich der Erfolg ihrer Bewegung über den wissenschaftlichen Fortschritt oder über die Transformation wissenschaftlicher Prozesse definieren wird. Je mehr Forschende ihre Bedarfe bestätigen, desto stärker sind die Ansprüche von *Health Activists* und Patient:innen und desto relevanter erscheinen sie gegenüber Politik und Öffentlichkeit. Die Wissenschaft ist somit ein untrennbarer Bestandteil der *Embodied Health Movements*.

2.1.4 Expertise, Wissen & Glaubwürdigkeit

Unter *Expertise* im Bereich Gesundheit und Medizin ist die Fähigkeit von Einzelnen oder einer Gruppe zu verstehen, Vorschläge zu allen Aspekten der jeweiligen medizinischen bzw. gesundheitlichen Herausforderungen und der Art und Weise ihrer Behandlung zu unterbreiten. Diese Vorschläge gehen in der Regel mit einer *Glaubwürdigkeit* einher, die durch das anerkannte Vorliegen einer bestimmten Form von *Wissen* untermauert wird (Rabeharisoa *et al.*, 2013).

2.1.4.1 Wissen & Expertise

Die aktivistischen Bewegungen beinhalten eine Vielfalt von Wissensformen. Hierzu zählt u. a. medizinisches Wissen, aber auch Wissen zur Bewertung von Medizintechnologien, zu Forschung im Bereich von Medizin und Gesundheit oder zu juristischen Fragen (Rabeharisoa *et al.*, 2013; Rabeharisoa, Moreira & Akrich, 2014).

Wissen (sowie die kollektive Aushandlung, was als solches zählt) ist ein zentraler Bestandteil der Entscheidungsfindung des Gesundheitswesens (Rabeharisoa *et al.*, 2013). Epstein (1995) stellt mit Bezug auf die AIDS-Bewegung (siehe 2.1.6.1) heraus, dass sich Wissensgenerierung nicht nur durch medizinische Fachkräfte und Gesundheitsbehörden vollzieht, sondern auch durch weitere Expert:innen, die Medien und die Pharmaindustrie sowie die aktivistische Bewegung einschließlich der der Bewegung eigenen Publikationskanäle. Die Überzeugungen über die Sicherheit und Effektivität bestimmter Therapien und das Verständnis darüber, welche Forschungspraktiken zu erfolgreichen Resultaten führen, sind somit das Ergebnis von Interaktionen zwischen diesen verschiedenen Akteur:innen (vgl. Epstein, 1993).

Laut Orsini & Smith (2010) nutzen die aktivistischen Bewegungen in vielen Fällen Expert:innenwissen wie etwa medizinische Forschungsergebnisse. Diese Nutzung kann stattfinden, indem die *Health Activists* der Bewegungen die Expert:innenrolle selbst einnehmen oder die Unterstützung von Expert:innen in Anspruch nehmen, um ihre Ansprüche zu untermauern. Dies kann entweder direkt oder indirekt durch die Nutzung von Forschungsergebnissen geschehen. In diesem Fall ist das Wissen selbst kein Produkt des Aktivismus oder der Mobilisierung der Bewegung, sondern von Expert:innen, die nicht unbedingt mit den Zielen der Bewegung verbunden sind oder sympathisieren.

Jedoch kann es ebenso vorkommen, dass aktivistische Bewegungen wissenschaftliches, medizinisches, juristisches Wissen oder andere Formen der Expertise als falsch oder falsch verstanden in Frage stellen und Ansprüche erheben, die im Gegensatz zu den Annahmen dieser etablierten Formen der Expertise stehen. In diesem Fall stellen *Health Activists* die Forschungsergebnisse in Frage, etwa indem sie eigene Forschungsergebnisse gegenüberstellen. Oft entsteht hieraus eine Art Wettstreit um Expertise, aber trotzdem wird das bestehende wissenschaftliche Modell, auf dem Forschung und Evidenz basieren, dabei häufig intakt gelassen bzw. nicht angefochten (Orsini & Smith, 2010).

2.1.4.2 Glaubwürdigkeit

Aufgrund der Glaubwürdigkeit der Wissenschaft wird diese von den *Health Activists* meist als ein höchst wünschenswerter Einfluss angesehen. Die Fähigkeit, sich eine wissenschaftlich fundierte Sprache anzueignen, verstärkt die Glaubwürdigkeit der *Health Activists* gegenüber politischen Entscheidungstragenden, den Medien und der Öffentlichkeit (Orsini & Smith, 2010).

Laut Epstein (1995) können aktivistische Bewegungen durch die Generierung von Glaubwürdigkeit unter bestimmten Umständen zu echten Teilhaberinnen bei der Konstruktion wissenschaftlicher Erkenntnis werden. Hierdurch können sie bis zu einem gewissen Grad Veränderungen sowohl in der Praxis der medizinischen Forschung als auch in den therapeutischen Herangehensweisen der medizinischen Versorgung bewirken.

Glaubwürdigkeit kann auf einer Reihe von Merkmalen wie akademischen Abschlüssen, Qualifizierungsnachweisen, institutionellen Zugehörigkeiten etc. beruhen. Im Kontext aktivistischer Bewegungen definiert Epstein (1995) wissenschaftliche Glaubwürdigkeit als die Fähigkeit von *Health Activists*, Unterstützung für ihre Behauptungen zu gewinnen, ihre Argumente als relevantes Wissen zu legitimieren und sich als Personen zu präsentieren, die der Wissenschaft eine Stimme geben können.

2.1.5 Die Rollen von Lai:innen & Expert:innen

Epstein (1995) bezeichnet es als fehlerhaft, die Rolle von Lai:innen in wissenschaftlichen Prozessen als eine nur passive zu verstehen. Ähnlich wie Brown *et al.* (2004) beschreibt auch Epstein (1995) die zunehmende Bildung von aktivistischen Bewegungen, die teilweise ein gewisses Misstrauen gegenüber die Bewegung betreffenden wissenschaftlichen Behauptungen zu medizinischen Sachverhalten teilen. Ihnen gemeinsam sind zudem eine Betonung von *Empowerment* und die Ablehnung des sogenannten *Opfer*-Status, ein Drängen auf mehr Gleichberechtigung in der Ärzt:in-Patient:in-Beziehung und die Forderung nach einer größeren Rolle von Patient:innen bei der Festlegung von Forschungsprioritäten, bei der Bewertung von Forschungsergebnissen oder bei regulatorischen bzw. politischen Entscheidungen. Diese Bewegungen stellen häufig die hierarchischen Beziehungen zwischen Expert:innen und Lai:innen in Frage und bestehen auf den Rechten der von der medizinischen Wissenschaft Betroffenen auf Beteiligung an wissenschaftlichen Prozessen.

Die aktivistischen Bewegungen verwischen die Grenzen zwischen Lai:innen und Expert:innen, indem sie die Wissenschaft in neue Richtungen zu leiten versuchen oder indem sie sich an wissenschaftlichen Prozessen beteiligen, um den Forschenden bisher nicht-adressierte Fragen und Anliegen (*undone science*, siehe 2.1.2) nahe zu bringen. Auch kann eine wissenschaftliche Methode von den *Health Activists* einer *Embodied*

Health Movement eingesetzt werden, um wissenschaftliche Daten zur Unterstützung von Forschenden, aber auch zur Befähigung von *Health Activists* zu generieren (Brown et al., 2004).

Darüber hinaus eignen sich einige *Health Activists* medizinisches und wissenschaftliches Wissen an, das bei Streitpunkten mit den sie betreuenden medizinischen Fachkräften eingesetzt werden kann und wodurch sie informell zu Expert:innen werden. Andere arbeiten mit Forschenden und medizinischen Fachkräften zusammen, um ein besseres Verständnis für die ihrer Krankheit zugrunde liegende Wissenschaft zu erlangen. Auch hierdurch verwischt die Grenze zwischen Expert:innen und Lai:innen (Brown et al., 2004).

Auch Rabeharisoa, Moreira & Akrich (2014; identisch Rabeharisoa et al., 2013) führen aus, dass die Nähe zwischen Expert:innen und aktivistischen Bewegungen zu einer Verwischung der konventionellen Rollen und Positionierung der beteiligten Akteur:innen führen kann. Am Beispiel der Aufmerksamkeits-Defizit-Hyperaktivitäts-Störung (ADHS) erläutern sie, dass manche Expert:innen eine enge Beziehung zu Elterngruppen entwickeln, mit ihnen dasselbe Verständnis der Erkrankung teilen und die Anliegen der Familien genauso verteidigen wie die Familien selbst. Haas (1992) bezeichnet dieses Phänomen als *epistemische Gemeinschaften*, d.h. als ein „[...] network of people with recognised expertise and competence in a particular domain and an authoritative claim to policy-relevant knowledge within that domain or issue-area" (vgl. Rabeharisoa, Moreira & Akrich, 2014).

2.1.6 Beispiele für Bewegungen in Medizin & Gesundheitsbereich

Im Folgenden werden zwei relevante Beispiele der Vergangenheit und Gegenwart für aktivistische Bewegungen im medizinischen Bereich dargestellt. Diese wurden bewusst gewählt, um zwei Gruppen zu repräsentieren: aktivistische Bewegungen ohne Bezug zu Digitalisierung und digitalen Daten sowie aktivistische Bewegungen mit Bezug zu Digitalisierung und digitalen Daten. Diese Unterscheidung ist von Relevanz, da sich im Zuge der Digitalisierung eine neue Fokussierung vieler Bewegungen auftat, nämlich auf den Zugriff auf die eigenen digitalen medizinischen bzw. Gesundheitsdaten sowie auf das Recht auf das Management der eigenen Gesundheit unter Verwendung dieser Daten.

2.1.6.1 Aktivistische Bewegung ohne Bezug zu Digitalisierung & digitalen Daten: Die Bewegung des AIDS-Aktivismus

In seinem vielzitierten und für die Bewegung des medizinischen bzw. Gesundheitsaktivismus äußerst relevanten Paper „The Construction of Lay Expertise: AIDS Activism and the Forging of Credibility in the Reform of Clinical Trials" beschreibt Epstein

2. Aktivismus in Medizin und Gesundheitsbereich 21

(1995) den außergewöhnlichen Fall der Lai:innenpartizipation an der medizinischen Forschung durch US-amerikanische AIDS-Aktivist:innen in den 1980er und 1990er Jahren und wie diese Aktivist:innen zu Teilnehmenden am Prozess der Wissenskonstruktion wurden und somit Veränderungen in der Praxis der medizinischen Forschung herbeiführten. Im Folgenden werden beispielhaft einige bedeutsame Aspekte dieser aktivistischen Bewegung herausgestellt. Laut Epstein (1995) ist die AIDS-Bewegung die erste aktivistische Bewegung in den USA, die maßgeblich die Umwandlung von sogenannten Krankheitsopfern in aktivistische Expert:innen erreicht hat.

Epstein (1995) beschreibt, dass die AIDS-Bewegung auf dem Fundament der Bewegung von homosexuellen Menschen aufbaute, in der es bereits bestehende Organisationen gab, die gegen die neue Bedrohung durch AIDS bzw. HIV (Humanes Immundefizienz-Virus) mobilisieren konnten. Zudem war es von Vorteil für die Bewegung, dass sie zu einem maßgeblichen Teil aus weißen Männern aus der Mittelschicht bestand, die ein für eine unterdrückte Gruppierung ungewöhnliches Maß an politischem Einfluss und finanziellen Mitteln besaßen. Von entscheidender Bedeutung war auch, dass homosexuelle Gemeinschaften über ein relativ hohes Maß an spezifischer Fachbildung verfügen: In diesen Gemeinschaften leben viele Menschen, die selbst Mediziner:innen, Forschende, Fachkräfte der Pflegeberufe oder Intellektuelle sind. Dies ermöglichte es der AIDS-Bewegung, konventionellen Expert:innen in deren eigenem Fachbereich entgegenzutreten und erleichterte die Vermittlung und Kommunikation zwischen Expert:innen und Öffentlichkeit.

Die Aktivist:innen richteten sich weitgehend gegen die *U.S. Food and Drug Administration* (FDA), deren Politik der Arzneimittelregulierung so wahrgenommen wurde, dass sie den Patient:innen das Recht nahm, das Risiko einer experimentellen Behandlung selbst zu verantworten (Epstein, 1995).

2.1.6.1.1 Herangehensweise der Aktivist:innen

Um Glaubwürdigkeit für ihre eigenen Bedarfe zu erlangen, setzten sich die *Health Activists* mit einem Forschungsprotokoll auseinander und machten sich davon ausgehend über Arzneimittelwirkung, Grundlagenwissenschaft, Arzneimittelprüfung und -regulierung sowie die Rolle der pharmazeutischen Unternehmen und der relevanten Regierungsbehörden kundig. Dabei eigneten sich die *Health Activists* auch die Sprache der Wissenschaft und Medizin im Bereich der AIDS-Forschung an und etablierten sich als Vertreter:innen ihrer Bewegung, wodurch sie ihre Glaubwürdigkeit erhöhen konnten. Ein grundlegender Beleg von Glaubwürdigkeit bestand in der Fähigkeit der Aktivist:innen, sich als die legitime, organisierte Stimme von Menschen mit einer AIDS-Erkrankung oder HIV-Infektion zu präsentieren (Epstein, 1995).

Epstein (1995) fasst zusammen, dass den *Health Activists* die Erlangung von Glaubwürdigkeit durch ihre Fähigkeit gelang, die medizinischen Zusammenhänge in einer Weise zu beherrschen, die selbst ausgewiesene Expert:innen beeindruckend fanden; dass sie in der Lage waren, bestehende Meinungsverschiedenheiten zwischen ausgewiesenen Expert:innen effektiv zu nutzen; und dass sie erkenntnistheoretische, methodologische, politische und ethische Belange berücksichtigten, konstruktiv diskutierten und daraus Argumente konstruierten, die sich sowohl gegenüber konventionellen Expert:innen als auch gegenüber der Öffentlichkeit als wirksam erwiesen.

2.1.6.1.2 Zugang zu experimentellen Behandlungen

Epstein (1995) erklärt den Erfolg der Aktivist:innen sowohl mit ihrer Fähigkeit, das medizinische Establishment davon zu überzeugen, dass sie für den größeren Kreis der Betroffenen sprachen, aber auch mit ihrer Fähigkeit zur Umsetzung ihres Standpunkts, dass der Zugang zu experimentellen Behandlungen ein soziales Gut sei, das gerecht verteilt werden müsse. Die meisten Debatten zu ethischen Leitlinien klinischer Versuche in den USA im späten 20. Jahrhundert konzentrierten sich auf Fragen der informierten Einwilligung und auf den Schutz vor ungebührlichen Risiken. Der AIDS-Aktivismus verschob den Diskurs auf das Recht der Proband:innen, selbst und selbstbestimmt die Risiken zu verantworten, die mit der Erprobung von Therapien mit unbekannten Resultaten verbunden sind (vgl. Edgar & Rothman, 1990).

Laut Epstein (1995) war für die *Health Activists* der Zugang zu ansonsten unerreichbaren und potenziell hilfreichen Therapien eine Hauptmotivation für die Teilnahme an klinischen Studien zu neuen AIDS-Medikamenten. Die Forschenden führten die in der medizinischen Forschung üblichen randomisierten und kontrollierten klinischen Studien nach sorgfältig ausgewählten Methoden durch. Die Wahrnehmung der *Health Activists* war hierbei jedoch, dass mit der Begründung der Generierung sauberer Daten Personen von Studienprotokollen ausgeschlossen wurden aufgrund von ungeeigneten Blutwerten, demografischen Merkmalen oder der Einnahme anderer Medikamente. In der Sichtweise der *Health Activists* spiegelte die Konzeption dieser Studien mit ihrer Betonung auf methodologische Reinheit eine gefährliche Abstraktion von den drängenden sozialen Realitäten wider.

Schlussendlich teilten die meisten *Health Activists* aber doch mit Mediziner:innen und Forschenden die Überzeugung, dass valide Resultate durch wissenschaftliche Methoden erbracht werden sollten. Zeitweilig plädierten zwar viele Aktivist:innen der AIDS-Bewegung dafür, Unsicherheit als notwendigen Kompromiss für den Zugang zu experimentellen Medikamenten zu tolerieren. Letztlich waren aber doch nur wenige

2. Aktivismus in Medizin und Gesundheitsbereich 23

Health Activists überzeugt, dass sie mit der daraus resultierenden Unsicherheit hinsichtlich der Effektivität der Medikamente dauerhaft umgehen könnten (Epstein, 1995).

2.1.6.1.3 Auswirkungen

Epstein (1995) zählt beeindruckende Auswirkungen auf, die der AIDS-Bewegung zuzurechnen sind: Ihre Argumente und Ergebnisse wurden in wissenschaftlichen Zeitschriften veröffentlicht und auf wissenschaftlichen Konferenzen präsentiert (vgl. u. a. Delaney, 1989); ihre Veröffentlichungen haben neue Wege für die Verbreitung medizinischer Informationen geschaffen (vgl. Indyk & Rier, 1993); es wurden Veränderungen in der Definition von AIDS selbst erreicht, um auch Kriterien einzubeziehen, die konkret Frauen betreffen (vgl. Corea, 1992); es kam zur Etablierung neuer Regulierungs- und Interpretationsmechanismen durch staatliche Behörden (vgl. u. a. Edgar & Rothman, 1990); und ihre Argumente haben eine nachhaltige wissenschaftliche Debatte über die Herangehensweise an klinische Studien initiiert.

2.1.6.2 Aktivistische Bewegungen mit Bezug zu Digitalisierung & digitalen Daten

Greshake Tzovaras *et al.* (2019) beschreiben, dass in der jüngeren Zeit im Zuge einer immer stärkeren Digitalisierung zunehmend eine Fokussierung der medizinischen Forschung auf die Generierung und Analyse digitaler Daten stattfindet. Sowohl Patient:innen als auch gesunde Personen generieren und sammeln immer mehr gesundheitsbezogene Daten, z.B. durch Smartphones und Wearables (vgl. u. a. Gay & Leijdekkers, 2015). Dies bringt jedoch eine Reihe von Herausforderungen mit sich, wie etwa den Umgang von (Medizinprodukte-) Herstellern mit diesen Daten, die Möglichkeiten der Verwertung und des Austauschs dieser Daten sowie die Einbeziehung der Nutzenden bzw. Patient:innen in den Umgang mit ihren Daten und deren Verwertung.

Greshake Tzovaras *et al.* (2019) erläutern weiter, dass ein großer Teil dieser Daten in Datensilos gespeichert wird, die von Institutionen verwaltet werden (vgl. The Global Alliance for Genomics and Health, 2016), ohne dass die Einzelpersonen, die die Daten generieren, darauf Zugriff haben. Dies hindert diese Einzelpersonen daran, ihre eigenen Daten selbst intensiver zu nutzen oder andere bewusst zur Nutzung zu autorisieren, obwohl Artikel 20 der Datenschutz-Grundverordnung der EU Einzelpersonen das Recht garantiert, Zugriff auf die eigenen Daten zu erhalten und sie anderen zur Verfügung zu stellen[2].

---

[2] Art. 20 Abs. 1-4 DSGVO (Datenschutz-Grundverordnung)

Aus diesen Gründen haben sich in jüngerer Zeit zunehmend aktivistische Bewegungen formiert, initiiert durch Einzelpersonen oder Communities, deren Fokus auf dem Zugang zu ihren eigenen medizinischen digitalen Daten bzw. dem Recht auf das selbstbestimmte Management dieser Daten liegt. Im Folgenden soll eine dieser Bewegungen exemplarisch dargestellt werden.

2.1.6.2.1 Datennutzung & Therapieanpassung von CPAP-Geräten durch Schlafapnoe-Patient:innen

Schlafapnoe (bzw. das Schlafapnoe-Syndrom) ist eine Erkrankung, bei der im Schlaf die Atmung aufgrund verengter Atemwege aussetzt. Etwa 2-3% der deutschen Bevölkerung sind davon betroffen, die meisten davon sind Männer. Mit zunehmendem Alter steigt die Wahrscheinlichkeit einer Schlafapnoe (Lungenärzte im Netz, 2020c).

Durch die nächtlichen Atemstillstände und die daraus resultierende Unterversorgung an Sauerstoff entstehen erhebliche gesundheitliche Belastungen und Einschränkungen der Lebensqualität für die Betroffenen, u. a. durch eine starke Müdigkeit über Tag, da der nächtliche Schlaf nicht erholsam ist. Weitere potenzielle Auswirkungen sind Durchblutungsstörungen des Herzmuskels, Herzrhythmusstörungen und Bluthochdruck sowie weitere Herzmuskelerkrankungen. Auch haben die Betroffenen aufgrund der starken Müdigkeit über Tag ein erhöhtes Unfallrisiko (Lungenärzte im Netz, 2020a).

In schweren Fällen der Schlafapnoe, die sich nicht durch Ansätze wie beispielsweise Gewichtsabnahme oder Veränderungen der Schlafgewohnheiten beeinflussen lassen, kommt eine Atemwegsüberdrucktherapie (CPAP-Therapie; *Conitinuous Positive Airway Pressure*) zum Einsatz. Diese besteht aus einem nicht-invasiven Beatmungsgerät (CPAP-Gerät) und einer auf der Nase oder auf Mund und Nase sitzenden Maske, mittels derer durch einen konstanten Luftstrom bzw. Überdruck die Atemwege offengehalten werden. Bei mindestens 70% der Betroffenen verbessern sich die gesundheitliche Situation sowie die Lebensqualität dadurch deutlich (Lungenärzte im Netz, 2020b).

CPAP-Geräte erzeugen durch ihre Nutzung große Datenmengen. So werden etwa der durchschnittliche Luftdruck, die Dauer der Nutzung oder die Atemaussetzer erfasst sowie weitere Daten, aus denen sich Rückschlüsse auf Funktion des Geräts und Schlafqualität der Nutzenden ziehen lassen. Die Daten werden im Gerät auf einer SD-Karte gespeichert. Diese wird regelmäßig im Rahmen medizinischer Untersuchungen durch eine:n Schlafmediziner:in ausgewertet und daraufhin die Intensität des konstanten Luftstroms individuell für die betreffende Person am CPAP-Gerät eingestellt (Koebler, 2018).

2. Aktivismus in Medizin und Gesundheitsbereich

In dem Artikel „'I'm Possibly Alive Because It Exists:' Why Sleep Apnea Patients Rely on a CPAP Machine Hacker" des US-amerikanischen online-Magazins *Vice.com* beschreibt Koebler (2018), dass diese Versorgungsleistung jedoch nicht immer gewährleistet ist. In den USA und in Ländern mit vergleichbarem Gesundheitswesen wie etwa Australien sind zwar die benötigten Medizintechnologien verfügbar, die Leistungen müssen aber häufig privat bezahlt werden. Daher kommt es für Schlafapnoe-Patient:innen ohne staatliche Gesundheitsversorgung häufig vor, dass sie zwar die CPAP-Geräte zur Verfügung gestellt bekommen, jedoch nicht in ausreichender Form die entsprechenden medizinischen Untersuchungen, auf Basis derer die Geräte eingestellt werden. Auch berichten etliche Patient:innen, dass viele der Mediziner:innen die Daten nur oberflächlich ansehen und keine Veränderungen an den Einstellungen des CPAP-Geräts vornehmen. Grund hierfür ist wahrscheinlich, dass es nicht ausreichend qualifizierte Schlafmediziner:innen gibt, um einer rapide wachsenden Zahl an Menschen mit Schlafapnoe gerecht zu werden, und es diesen Mediziner:innen somit sowohl an Zeit als auch an Expertise fehlt, um sich adäquat um die Einstellung der CPAP-Geräte zu kümmern. Dies geht aus Studien hervor, die sich mit der Situation in den USA befassen (Phillips, Gozal & Malhotra, 2015; Shamim-Uzzaman *et al.*, 2021).

In dem genannten Artikel schreibt Koebler (2018) über die Software *SleepyHead* und die dahinterstehende Community. Diese frei verfügbare Open-Source-Software ohne offizielle Zulassung wurde von dem australischen Entwickler Mark Wattkins entwickelt. Mit SleepyHead lassen sich die Nutzungsdaten aus den CPAP-Geräten durch die Nutzenden der Geräte auslesen, was sonst nur durch medizinische Fachkräfte mit der Software des Herstellers geschehen kann. Mit SleepyHead und den von der Community betriebenen Foren CPAPtalk.com (*CPAP Talk*, 2020) und ApneaBoard.com (*ApneaBoard*, 2020) wurde es für Patient:innen möglich, die Hersteller, die Ärzteschaft und deren Vorgaben zu umgehen, laut denen Patient:innen keinen Zugriff auf die Daten und Einstellungen der Geräte haben sollen.

Im Interview mit Koebler (2018) äußert sich der Schlafmediziner Thomas Penzel der Charité in Berlin und Vorsitzender des Sleep Medicine Committee der European Sleep Research Society. Penzel glaubt, „any bright patient can do what they want". Die Patient:innen würden jedoch auf ihr eigenes Risiko handeln und könnten bei Fehleinstellungen sterben. Auch Penzel geht davon aus, dass Schlafapnoe-Patient:innen weltweit unterversorgt sind: „Doctors don't listen and don't have time anywhere in the world."

Mark Wattkins begann im Jahr 2011 damit, CPAP-Geräte zu entschlüsseln und SleepyHead zu entwickeln, da auch er zu den unterversorgten Patient:innen mit Schlafapnoe gehört. Im Interview mit Koebler (2018) beschreibt er seine Situation: „As time progressed, I became increasingly disgusted at how the CPAP industry is using and abusing people, and it became apparent there was a serious need for a freely available, data focused, all-in-one CPAP analysis tool." Ähnlich äußern im Interview mit Koebler zwei weitere Nutzende die Kritik an der Ärzteschaft. Dieser ginge es nicht wirklich um die Behandlung und das Wohlergehen der Patient:innen, sondern vorwiegend um die Einhaltung der Versicherungsrichtlinien und um die Abrechnung (Koebler, 2018).

Wattkins' Ansatz war der Beginn einer aktivistischen Bewegung. Er veröffentlicht seine Ergebnisse online und fügt jedes neu entschlüsselte CPAP-Gerät einer Liste hinzu, die dann in der entsprechenden Facebook-Gruppe sowie in den Foren CPAPtalk und ApneaBoard geteilt wird. In den Foren helfen die dort vertretenen erfahrenen Nutzenden neuen Nutzenden, die Informationen zu verstehen und möglichst risikoarm umzusetzen. Eine weitere Funktion von ApneaBoard ist das kostenlose Bereitstellen von CPAP-Handbüchern, die sonst dem medizinischen Fachpersonal vorbehalten sind. Im Interview mit Koebler (2018) sagt der Gründer von ApneaBoard, das Hauptziel des Forums sei die Förderung des Patient:innen-*Empowerments* hinsichtlich der aktiven Rolle in der eigenen Schlafapnoe-Behandlung.

Nutzende von SleepyHead berichten, dass die Software in Kombination mit den dazugehörigen Foren sowohl ihre Behandlung als auch ihr Leben und ihre Lebensqualität massiv verändert habe. So sagt eine Interviewte: „I cannot tell you enough how different my CPAP experience is with this software. It's the difference between night and day […] I'm possibly alive because it exists." Sie geht davon aus, dass diese eigenmächtige Behandlung ihre einzige Option ist: „I'm 62 years old and I don't have health insurance because I can't afford it and I'm self employed […] I would be devastated if I lost the software. If it quit working, I don't know what I would do." (Koebler, 2018)

Laut Koebler (2018) geben die interviewten Nutzenden von SleepyHead an, dass es keinen Grund zu der Sorge gebe, die durch sie vorgenommenen Veränderungen könnten zu einer Selbstgefährdung führen. Solche Äußerungen seien Panikmache von Ärzt:innen und Geräteherstellern. Sie würden niemals Änderungen an ihren Therapieeinstellungen vornehmen, ohne vollständig die Funktionsweise der Geräte und die Aussage der Daten verstanden zu haben.

Auf ApneaBoard.com, das im Jahr 2018 etwa 71.000 Mitglieder hatte (Koebler, 2018), findet sich das Selbstverständnis der Community:

"On Apnea Board we believe *patients are their own best primary care provider* - that *nobody else* is looking out for the *patient's* health and wellbeing as much as the *patient*. We think Sleep Apnea patients *should* be trusted with the knowledge of how to adjust the pressure settings on their own CPAP machine. Of course, we always recommend consulting with a qualified sleep doctor before making any changes to sleep apnea therapy - that's simply common sense." (ApneaBoard Wiki contributors 2020, Kursivsetzung im Original)

Wissenschaftliche Untersuchungen zu der Community und den Auswirkungen der Anwendung von SleepyHead sind bislang kaum vorhanden. Rada (2011) kann in einer Einzelfallstudie aufzeigen, dass „[t]he case study patient substantially benefits from the guidance of other online patients about obtaining and interpreting monitoring and treatment data.".

Beachtlich ist jedoch, dass die Mediziner Thomas & Bianchi (2017) in einer Studie die Software SleepyHead zur Datenauswertung von CPAP-Geräten verwenden, da SleepyHead die Visualisierung von „a rich stream of data" ermöglicht und somit zusätzliche Parameter aufzeigt, die mit der kommerziellen Software der Hersteller der CPAP-Geräte nicht einsehbar sind.

2.2 Patient-Innovation

Eine spezifische Form von Aktivismus in Medizin und Gesundheitsbereich ist Patient-Innovation. Patient-Innovation meint die Innovation von therapeutischen oder unterstützenden Optionen für Patient:innen durch Patient:innen bzw. denen Nahestehende und wird in diesem Kapitel näher betrachtet. Im Folgenden werden mit *Patient-Innovators* sowohl innovierende Patient:innen als auch deren innovierende Angehörige bzw. Betreuende bezeichnet.

Diesem Kapitel sei vorausgestellt, dass die Patient-Innovation-Bewegung keinesfalls beabsichtigt, die bestehenden Strukturen von Medizin und klinischer Forschung zu ersetzen. Vielmehr wird die Befähigung der *Patient-Innovators* und das konstruktive Zusammenarbeiten von *Patient-Innovators* und medizinischen Fachkräften mit dem Ziel der gegenseitigen Bereicherung angestrebt. Die dadurch entstehenden Resultate sind zu verstehen als eine Ergänzung des Wissens, das durch die anerkannten Methoden von Medizin und Wissenschaft erzeugt wird (DeMonaco, Rosenman & von Hippel, 2017).

Aufgrund einiger systemischer Bedingungen innerhalb des Gesundheitswesens fehlt es für viele Personen mit (häufig seltenen, chronischen) Erkrankungen an adäquaten therapeutischen Optionen, weshalb manche der Betroffenen eigene, teils technologische, Lösungen für ihre spezifischen Probleme entwickeln. Im Gegensatz zu kommerziellen Innovierenden (z. B. Pharmafirmen und Herstellern von medizinischen Geräten), die typischerweise von der Kommerzialisierung ihrer Innovation profitieren, entwickeln *Patient-Innovators* in erster Linie, um die Innovation direkt an sich selbst bzw. ihnen Nahestehenden anzuwenden. Doch es gibt auch Innovationen, die von einer größeren Gruppe von Betroffenen genutzt werden (Habicht, Oliveira & Shcherbatiuk, 2012).

So beschreibt Lewis (2018a), die Initiatorin des ersten OSCLS (siehe Kapitel 0), in ihrem Paper „Opening Up To Patient-Innovation" ihre Motivation für ihren Aktivismus und warum sie das maßgeblich von ihr mitentwickelte System nicht nur selbst nutzen, sondern auch anderen Menschen in der gleichen Situation zugänglich machen will – und auch die moralische Verpflichtung sieht, dies zu tun:

> „If you were on a plane about to make an emergency water landing, and you had the knowledge to MacGyver life jackets for everyone else with materials readily available, you might feel obligated to do everything you could to quickly share your insights with everyone in need. It would feel immoral not to. That might seem like a straightforward scenario: You have information and the ability to help teach other people how to help themselves. What could be the problem with that?" (Lewis, 2018a)

Doch zunächst stellt sich die Frage, warum es häufig an adäquaten kommerziellen Innovationen für Patient:innen fehlt und warum und unter welchen Bedingungen die *Patient-Innovators* zu innovieren beginnen. Um sich der Antwort anzunähern, ist zunächst ein Blick auf das Gesundheitswesen in Hinblick auf seine Innovationskompetenzen hilfreich.

2.2.1 Innovationskompetenz im Gesundheitswesen

In einem Modell nach Habicht, Oliveira & Shcherbatiuk (2012) umfasst das Gesundheitswesen fünf zentrale Akteur:innen:

1) Die *Patient:innen* sind die Nutzenden von Gesundheitsdienstleistungen und -produkten;
2) *medizinische Fachkräfte und Forschende* bieten medizinische und Gesundheitsdienstleistungen an und sind mit für die Verbesserung bestehender sowie die Entwicklung neuer Therapien zuständig;
3) die medizinischen Fachkräfte und Forschenden stützen sich wiederum auf die *Hersteller von medizinischen Produkten*, z.B. von medizinischen Geräten und Arzneimitteln, die auch die notwendigen Hilfsmittel für die Durchführung von Therapien zur Verfügung stellen und somit einen relevanten Teil der medizinischen Versorgung ermöglichen;
4) die meisten finanziellen Aspekte der Gesundheitsversorgung werden von den *Versicherungen* geregelt, die unter anderem die Einstufung vornehmen, welche medizinischen Dienstleistungen und Produkte als förderungswürdig gelten;
5) die *nationalen Gesundheitsbehörden* gestalten und kontrollieren die Standards für die Entwicklung von medizinischen Geräten, Arzneimitteln und Behandlungen und stellen diese Qualitätsstandards durch die Prozesse der Zulassung sicher.

Diesem Modell entsprechend kommen die fachkundigen Innovierenden aus Medizin und Medizinforschung. Für Behandlungen und Therapien sind dies vor allem die medizinischen Fachkräfte und Forschenden, in Bezug auf die Mittel der medizinischen Versorgung sind dies die Hersteller von vor allem Medizintechnologien und Arzneimitteln (Habicht, Oliveira & Shcherbatiuk, 2012; DeMonaco, Rosenman & von Hippel, 2017). Patient:innen spielen hierbei eine passive Rolle: Sie werden von den medizinischen Fachkräften beraten, befolgen deren Anweisungen und lassen sich durch von Expert:innen entworfene und durchgeführte Interventionen zu gesundheitsfördernden Entscheidungen und Anwendungen verhelfen (Petersen, 2018; von Hippel, 2018). Somit ist es auch Teil der fachlichen Diagnose, herauszufinden, was die betroffenen Personen tatsächlich brauchen (Habicht, Oliveira & Shcherbatiuk, 2012).

Von Hippel (2018) spricht hier von einem Defizit-Modell, das Angehörige vulnerabler Bevölkerungsgruppen lediglich als Klient:innen mit – adressierten oder nichtadressierten – medizinischen Bedarfen betrachtet. In diesem traditionellen Modell werden die Nutzenden von medizinischen Innovationen selbst nicht als Problemlösende oder Innovator:innen effektiver Lösungen angesehen. Sie tragen auch nicht wesentlich zur Weiterentwicklung in diesem Bereich bei. Dies wird begründet mit der ihnen unterstellten Unfähigkeit, komplexe Technologien zu verstehen, und dem ihnen unterstellten Desinteresse an der Innovation medizinischer Produkte (Habicht, Oliveira & Shcherbatiuk, 2012).

Dieser Ansatz, der eine Expertise der Nutzenden nicht oder nicht ausreichend integriert, begrenzt jedoch laut Habicht, Oliveira & Shcherbatiuk (2012) die Möglichkeit, den Betroffenen nützliche Mittel zur Verfügung zu stellen oder überhaupt ihre grundlegenden Bedarfe zu erkennen. Denn Personen mit chronischen Erkrankungen erlangen durch ihre unvermeidliche konstante Beschäftigung mit der eigenen Erkrankung sowohl ein vertieftes Wissen über die Krankheit selbst als auch über den Umgang mit der Erkrankung und darüber, welche Mittel ihnen tatsächlich helfen können.

2.2.2 Patient-Innovation & Patient-Innovators

Das oben beschriebene Top-Down-Modell wird in einigen Bereichen der Medizin zunehmend in Frage gestellt: Die Rolle der Patient:innen im Gesundheitswesen wandelt sich immer stärker von passiven Konsumierenden zu sachkundigen und kritischen Nutzenden von Gesundheitsprodukten und –dienstleistungen (vgl. u. a. Oliveira *et al.*, 2015; Goeldner *et al.*, 2019). Einige dieser kritischen Patient:innen gehen einen Schritt weiter und werden zu befähigten und effektiven Innovator:innen – zu *Patient-Innovators* (DeMonaco, Rosenman & von Hippel, 2017).

Im Folgenden sollen aufbauend auf dem Phänomen der *User-Innovation* die Ursachen und Bedingungen für Patient-Innovation erläutert werden.

2.2.2.1 User-Innovation

Patient-Innovators lassen sich als eine Untergruppe der *User-Innovators* verstehen. Die Motivationen und Beweggründe für Innovation sind in beiden Gruppen sehr ähnlich. Die weiter gefasste Gruppe der *User-Innovators* innoviert auch im nicht-medizinischen Bereich. Während kommerzielle Hersteller vom Verkauf eines Produkts oder einer Dienstleistung profitieren möchten, erhoffen sich *User-Innovators* (ebenso wie *Patient-Innovators*), selbst von der Nutzung ihrer Innovation zu profitieren (u. a. Habicht, Oliveira & Shcherbatiuk, 2012; Goeldner *et al.*, 2019). Die Wahrscheinlichkeit, dass Nutzende innovieren, ist umso höher, je stärker ihr (unbefriedigter) Bedarf ist (vgl. u. a. Habicht, Oliveira & Shcherbatiuk, 2012; Oliveira *et al.*, 2015; DeMonaco, Rosenman & von Hippel, 2017).

Das Phänomen der *User-Innovators* ist in der wissenschaftlichen Literatur etabliert und ausführlich diskutiert. Zejnilovic, Oliveira & Canhao (2016) beschreiben ein umfassendes Vorkommen von *User-Innovators* in verschiedenen Bereichen, die von Industrie- und Konsumgütern über Ausrüstungen für Extremsportarten wie Mountainbiking, Kitesurfen oder Kajakfahren bis hin zu Software sowie Bankdienstleistungen reichen (vgl. u. a. Van Der Boor, Oliveira & Veloso, 2014).

2.2.2.2 Patient-Innovators

User-Innovators im medizinischen Bereich werden als *Patient-Innovators* bezeichnet (Zejnilovic, Oliveira & Canhao, 2016). Innovation durch *Patient-Innovators* unterliegt im Prinzip demselben Muster wie Innovation durch *User-Innovators*: Um einen von kommerzieller Seite unbefriedigten Bedarf an Lösungen zur Verbesserung der eigenen Lebensqualität zu adressieren, beginnen Nutzende für sich selbst zu innovieren. Patient:innen sind in zunehmendem Maße in der Lage, hochentwickelte medizinische Produkte und Dienstleistungen zu konzipieren und umzusetzen, oft ohne jegliche Hilfe von Unternehmen. So profitieren sie von wichtigen Entwicklungen, die kommerziell nicht verfügbar sind und auf die sie daher sonst verzichten müssten (DeMonaco *et al.*, 2020).

Patient-Innovators reagieren somit weniger auf das Gesundheitswesen, das ihre Bedarfe nicht ausreichend erfasst und adressiert, sondern adressieren selbst lösungsorientiert die konkreten Bedarfe, die sie bei sich erkennen. Die Verbindung der eigenen, individuellen Krankheitserfahrung mit (in manchen Fällen) Expertise etwa im technologischen Bereich wird zur Innovation genutzt, um eine Verbesserung von Gesundheit, medizinischer Versorgung und/oder Lebensqualität zu erreichen (Petersen, 2018).

Der Großteil der Innovationen durch *Patient-Innovators* hat zum Ziel, Autonomie und Lebensqualität der Nutzenden zu erhöhen, wobei manche Innovationen keine vollständigen Neuentwicklungen, sondern Weiterentwicklungen oder Modifizierungen bereits bestehender Produkte darstellen. Einige der Innovationen setzen sich durch und durchlaufen die Genehmigungsprozesse bis zum zugelassenen Medizinprodukt (Zejnilovic, Oliveira & Canhao, 2016).

2.2.2.3 Ursachen von Patient-Innovation

Innovation ist ein wesentlicher Motor für die Gesundheitsversorgung. Unser heutiges Gesundheitswesen ist so konzipiert, dass es vor allem Innovationen mit lebensverlängernder Auswirkung belohnt. Dieses Konzept war angebracht, als die großen medizinischen Herausforderungen vorwiegend aus der Bekämpfung von Infektionen und anderen akut lebensbedrohlichen Erkrankungen bestanden, ist jedoch mittlerweile nicht mehr ausreichend. Heute sind es hauptsächlich chronische Krankheiten, die die Medizin adressieren muss. Die Herausforderung besteht nun darin, Behandlungen und Technologien zu entwickeln, die die Lebensqualität der Patient:innen verbessern (Habicht, Oliveira & Shcherbatiuk, 2012).

Chronische Erkrankungen gehen mit starken Einschränkungen im Leben der betroffenen Personen einher. Für die Betroffenen bzw. deren Betreuende oder nahestehende Personen ist der konstante Umgang mit der Krankheit nicht zu vermeiden. Laut Habicht, Oliveira & Shcherbatiuk (2012) entspricht die derzeitige Gesundheitsversorgung jedoch häufig nicht den Bedarfen dieser Patient:innen mit chronischen Erkrankungen. Ist ein Medizinprodukt kommerziell verfügbar, das den Bedarfen der Patient:innen entspricht, so ziehen diese die Nutzung des kommerziellen Produkts in der Regel selbstentwickelten oder von *Patient-Innovators* frei zugänglich gemachten Lösungen vor. Wenn jedoch eine Lösung kommerziell nicht verfügbar ist und ein dringender Bedarf besteht, findet Innovation potenziell statt (DeMonaco *et al.*, 2020).

Das Fehlen von ausreichend auf die Bedarfe von Menschen mit seltenen chronischen Erkrankungen ausgerichteten medizinischen Produkten und Dienstleistungen hat mehrere systemische Ursachen, die die kommerzielle Bereitstellung entsprechender Innovationen verhindern und somit die Triebkraft für *Patient-Innovators* bilden können (DeMonaco *et al.*, 2020).

2.2.2.3.1 Seltenheit der Erkrankung

Es gibt weltweit 5.000 bis 8.000 seltene Krankheiten, von denen insgesamt 6% bis 8% der Weltbevölkerung betroffen sind (u. a. Rodwell & Aymé, 2014). Die meisten davon sind genetisch bedingt und chronisch. In der EU werden seltene Krankheiten als Krankheiten definiert, von denen nicht mehr als eine von zweitausend Personen in der

EU betroffen sind. Dies entspricht etwa 30 Millionen Menschen (European Commission, 2022; vgl. u. a. Habicht, Oliveira & Shcherbatiuk, 2012; Oliveira *et al.*, 2015). Patient:innen mit seltenen Erkrankungen erfahren häufig nicht ausreichend Beachtung von klinischer bzw. medizinischer Seite (vgl. u. a. Griggs *et al.*, 2009). Seltene Erkrankungen oder auch seltene Ausprägungen häufiger Erkrankungen gehen einher mit relativ geringen Gewinnaussichten für die Hersteller von Medizinprodukten, weshalb diese nur unzureichend in Forschung und Entwicklung investieren. Gleichzeitig erregen seltene Erkrankungen weniger öffentliche Aufmerksamkeit und es werden auch vonseiten des Gesundheitswesens als Ganzes weniger Ressourcen für therapeutische Ansätze zur Verfügung gestellt. Dies liegt auch an dem vorrangigen Ziel der öffentlichen Gesundheitsversorgung, mit einem bestimmten Einsatz von finanziellen Mitteln so viele Personen wie möglich zu versorgen. Somit kommt es zu einer Fokussierung auf die Erkrankungen, die viele Personen betreffen (vgl. u. a. Habicht, Oliveira & Shcherbatiuk, 2012; Oliveira *et al.*, 2015; DeMonaco *et al.*, 2020).

Weiter führt die Seltenheit einer Erkrankung häufig dazu, dass nicht ausreichend fundiertes Fachwissen über das Krankheitsbild etabliert wird. Medizinische Fachkräfte begegnen in ihrem Arbeitsleben nur selten einer genügenden Anzahl an Patient:innen mit derselben seltenen Erkrankung, um ein solches Fachwissen aufzubauen. Infolgedessen tun sich medizinische Fachkräfte häufig schwer mit der Diagnose und dem Auffinden der am besten geeigneten Therapie sowie der am besten geeigneten Medizinprodukte – sofern letztere überhaupt existieren. Auch bereits existierende Produkte und therapeutische Ansätze erfüllen aufgrund dieses Mangels an Fachwissen oft nicht ausreichend die Bedarfe der Patient:innen (Habicht, Oliveira & Shcherbatiuk, 2012).

2.2.2.3.2 Mangelnde Integration der Patient:innenperspektive

Im medizinischen Bereich ist das System der Wissensgenerierung in den Naturwissenschaften verankert, die stark für eine klare Trennung zwischen den Produzierenden von Wissen (wie Forschende, medizinische Fachkräfte etc.) und den Untersuchungsobjekten (Patient:innen, Krankheiten etc.) argumentieren. Jedoch kann aus diesem Ansatz eine Diskrepanz zwischen den kommerziell entwickelten medizinischen Innovationen und den tatsächlichen Bedarfen der Patient:innen entstehen. Selbst bei relativ häufigen Erkrankungen, bei denen es eine Vielzahl von aus medizinischer Sicht validen (technologischen) therapeutischen Optionen gibt und daher der Bedarf nach einer Verbesserung dieser Optionen nicht oder nicht wesentlich zu bestehen scheint, sind Aspekte wie beispielsweise die Nutzungsfreundlichkeit oder Individualisierbarkeit oft nicht ausreichend adressiert (Habicht, Oliveira & Shcherbatiuk, 2012).

2. Aktivismus in Medizin und Gesundheitsbereich

Darüber hinaus besteht eine Diskrepanz zwischen dem, was viele Patient:innen als ihre angemessene Rolle bei der Durchführung klinischer Forschung verstehen, und der diesbezüglichen Wahrnehmung von Forschung, Medizin und Industrie: In jedem Schritt eines Patient:innen involvierenden Forschungsprozesses, einschließlich der Forschungsentwicklung, des Studiendesigns, der Studiendurchführung und der Verbreitung der Ergebnisse, legen Patient:innen einen höheren Wert auf ihre Teilnahme als dies Industrie und Wissenschaft tun (Vodicka *et al.*, 2015; DeMonaco, Rosenman & von Hippel, 2017). Laut Petersen (2018) werden Patient:innen in der Regel in die Forschung selbst dann nur oberflächlich einbezogen, wenn das Forschungsdesign einen Einbezug der Patient:innen konkret vorsieht: Sie haben kein Mitspracherecht hinsichtlich der Forschungsfragen und des Forschungsdesigns und treffen keine wichtigen Entscheidungen im Forschungsprozess.

2.2.2.3.3 Minimierung der Risiken & Gewährleistung höchstmöglicher Qualität

Medizinische Innovationsprozesse sind streng reguliert und nehmen viel Zeit in Anspruch, was gute Gründe hat: die Gewährleistung von therapeutischer Wirksamkeit und gleichzeitiger Sicherheit für die Nutzenden. In manchen Fällen mangelt es den Betroffenen jedoch an der Zeit, um auf Innovationen aus dem Gesundheitswesen zu warten. In diesen spezifischen Situationen können die Regularien, die insgesamt von hohem Wert und gut begründbar sind, den Möglichkeiten der Verbesserung von medizinischer Versorgung und Lebensqualität entgegenstehen. Beispielhaft zu nennen ist hier die Innovation von Tal Golesworthy, der kurz vor einer Operation mit unerwünschten Konsequenzen stand (siehe ausführlich Kapitel 2.2.7.3.1), sowie die Innovationen der OSCLS-Community. Letztere zeigte auf, dass *Patient-Innovators* auch ohne die Zusammenarbeit mit Medizin und Forschung innerhalb wesentlich kürzerer Zeit als das Gesundheitswesen Innovationen entwickeln und allen Betroffenen zur Verfügung stellen können (siehe ausführlich Kapitel 0; Habicht, Oliveira & Shcherbatiuk, 2012; DeMonaco *et al.*, 2020).

2.2.2.3.4 Profitabilität der angestrebten Lösung

Selbst wenn eine große Zahl von Patient:innen den gleichen Bedarf hat, haben Hersteller oft keinen ausreichenden Anreiz zur Innovation, weil sie von der Art der benötigten Lösung nicht unbedingt profitieren. Beispielsweise kann Menschen mit der Darmerkrankung Morbus Crohn eine bestimmte Ernährungsform dabei helfen, ihre Symptome zu lindern und ihre Lebensqualität zu verbessern. Allerding investieren Firmen kaum in Studien, an deren Ende nicht die Entwicklung eines gewinnbringenden Produkts steht (DeMonaco *et al.*, 2020).

2.2.2.3.5 Kosten der & Zugang zu den Innovationen

Manche Produkte und therapeutischen Ansätze sind kommerziell in guter Qualität erhältlich und auf die Bedarfe der Betroffenen abgestimmt. Jedoch bedeutet das nicht, dass auch alle Betroffenen Zugang dazu haben. So wurde das Open Insulin Project (Gallegos *et al.*, 2018) ins Leben gerufen, welches sich die Produktion von Insulin durch Privatpersonen zur Aufgabe gemacht hat, weil sich in manchen Teilen der Welt viele Menschen das lebensnotwendige Insulin nicht leisten können. Auch in Deutschland, wo ein solides Gesundheitswesen den Zugang zu Insulin für alle MmT1D gewährleistet, stehen Closed-Loop-Systeme selbst nach ihrer kommerziellen Einführung nicht allen MmT1D zur Verfügung, da die Kosten dafür nicht für alle Betroffenen übernommen werden. Gleiches gilt für den Zugang zu Insulinpumpen (siehe Kapitel 4.1.2).

2.2.2.3.6 Aktualität & Ausschöpfen der technologischen Möglichkeiten

Patient:innen haben durch immer leichteren Zugang zu Wissen, Technologien und IT-Tools verstärkt die Möglichkeit, Geräte, Werkzeuge oder Systeme selbst zu entwickeln, die aufgrund des Nichtzutreffens regulatorischer Auflagen die Möglichkeiten der traditionellen Entwicklung für Medizintechnologien übertreffen: In manchen Fällen ist die selbstgebaute Technologie dem, was kommerziell verfügbar ist oder sein könnte, um einige Jahre voraus (Lewis, 2018a). Dies trifft wie im Fall der OSCLS (siehe Kapitel 0) auf Technologien zu, die kommerziell noch nicht auf dem Markt sind. Für kommerziell bereits erhältliche Technologien kann es bedeuten, dass von *Patient-Innovators* entwickelte Innovationen dem Stand der Technik entsprechen, während das kommerzielle Produkt aufgrund der Langsamkeit der Zulassungsprozesse oft schon bei Marktzulassung technisch veraltet ist (siehe Kapitel 6.14.4.2).

2.2.2.4 Bedingungen für Patient-Innovation

Es ist anzunehmen, dass es aufgrund des technologischen Fortschritts zu immer mehr Innovationen durch Patient:innen, denen Nahestehende und nicht-professionelle Betreuende kommen wird. Die Gründe dafür liegen unter anderem in der bereits genannten immer besseren Verfügbarkeit von Technologien, Materialien und Werkzeugen, die für die Innovationen durch *Patient-Innovators* vonnöten sind und die immer kostengünstiger und leistungsstärker werden. Viele Anwendungen laufen auf in den meisten Privathaushalten verfügbaren PCs und Smartphones. Hinzu kommt die Fähigkeit, Technologien selbst zu entwickeln und professionell anzuwenden, welche auch unter Privatpersonen immer stärker zunimmt (Canhao, Zejnilovic & Oliveira, 2017; DeMonaco *et al.*, 2020).

Ein weiterer relevanter Aspekt betrifft das Internet, das die weltweite Vernetzung und den Austausch von Patient:innen sowohl zu Erkrankungen und ihren Auswirkungen, aber auch zu den angestrebten Innovationen ermöglicht. Hierdurch kann ein spezifisches Wissen entstehen, das medizinische Fachkräfte nicht erlangen können. Diese können zwar die Patient:innen hinsichtlich Pathophysiologie und Therapie einer Erkrankung beraten, haben jedoch eine deutlich geringere Expertise im Umgang mit der Krankheit im Alltag. Genau dieses Erfahrungswissen ist jedoch für viele Betroffene von sehr hohem Wert und sollte als Ergänzung zu dem von medizinischen Fachkräften vermittelten Wissen betrachtet werden (DeMonaco, Rosenman & von Hippel, 2017; DeMonaco *et al.*, 2020).

Hinzu kommt eine stetig wachsende Anzahl an digitalen Gesundheitsdiensten, die online verfügbare gesundheitsbezogene Informationen bereitstellen. Auch patient:innenzentrierte und -initiierte Online-Communities und -Dienste ermöglichen den Patient:innen Zugang zu Informationen sowie teilweise auch Kontrolle über ihre eigenen Daten (vgl. u. a. Amann, Zanini & Rubinelli, 2016; Goeldner *et al.*, 2019).

2.2.3 Patient-Innovation im Gesundheitswesen

In den letzten Jahren wurde Patient:innen hinsichtlich ihrer Therapie und generell des Umgangs mit ihrer Erkrankung ein immer größeres Mitspracherecht zugesprochen. Laut Petersen (2018) erkennen Forschende und Mediziner:innen zunehmend den Wert des Einbezugs von Patient:innen als Mitforschende, akzeptieren vermehrt von durch Patient:innen initiierte und innovierte Maßnahmen und eröffnen Möglichkeiten der Forschungsbeteiligung (vgl. u. a. Anderson & McCleary, 2016; DelNero & McGregor, 2017).

Im Zuge dieser Entwicklung hat sich laut DeMonaco, Rosenman & von Hippel (2017; vgl. Canhao, Oliveira & Zejnilovic, 2016) in den vergangenen zwei Jahrzehnten auch die Betrachtungsweise von und der Umgang mit Innovationen von *Patient-Innovators* verändert. *Patient-Innovators* haben die Fähigkeit bewiesen, Lösungen für ihre spezifischen Probleme zu entwickeln, wobei ihre Effektivität mit der großer Unternehmen konkurriert. Aus der Forschung der *Patient-Innovators* sind klinisch nutzbare Daten hervorgegangen (siehe Kapitel 2.2.7 und 0). Laut Habicht, Oliveira & Shcherbatiuk (2012) gehen etwa 50% aller neuen Behandlungen, Therapien und medizinischen Geräte für Mukoviszidose auf Entwicklungen von Patient:innen zurück (zu Innovationen im Bereich Mukoviszidose siehe Kapitel 2.2.7.2.1).

Auch in der wissenschaftlichen Literatur findet sich immer stärker die Forderung nach einer aktiveren Rolle der Patient:innen sowie diesen nahestehender Personen in Medizin und Forschung (vgl. u. a. Hibbard *et al.*, 2004; Rozenblum & Bates, 2013; Oliveira *et al.*, 2015; Canhao, Zejnilovic & Oliveira, 2017). Ebenso befasst sich die wissenschaftliche Literatur immer stärker mit der Rolle der Patient:innen in der Gesundheitsversorgung als Quelle relevanter neuer Ansätze, da davon auszugehen ist, dass medizinische Innovationen von Patient:innen zur Verbesserung des Wohlergehens der Patient:innen sowie des Gesundheitswesens beitragen können. Daher sollten laut Zejnilovic, Oliveira & Canhao (2016) in der patient:innenzentrierten medizinischen Versorgung die Integration und Weiterentwicklung der Innovationsfähigkeit von *Patient-Innovators* diskutiert werden.

2.2.4 Unterschiede zwischen kommerzieller & Patient-Innovation-Produktentwicklung

Die Entwicklungsprozesse von Medizinprodukten durch *Patient-Innovators* unterscheiden sich deutlich von denen kommerzieller Hersteller, wie DeMonaco et al. (2018) veranschaulichen:

Kommerzielle Firmen identifizieren, was auf dem Markt gewinnbringend umgesetzt werden kann, und erforschen und entwickeln im nächsten Schritt das entsprechende Produkt. Dieses wird durch ein Patent geschützt und durchläuft die üblichen Zulassungsprozesse für Medizintechnologien (siehe ausführlich in Kapitel 2.2.6.1). Nach der Zulassung wird das Produkt mit Gewinn produziert und verkauft.

Der Prozess der PI-Innovation folgt einem gänzlich anderen Muster: Eine Person (in der Regel ein:e Patient:in) erkennt an sich einen Bedarf nach einem medizinischen Produkt, das auf dem Markt nicht erhältlich ist. Liegen bei dieser Person die entsprechenden Fähigkeiten vor, wendet sie ihre eigenen (finanziellen) Mittel und ihre eigene freie Zeit zur Entwicklung dieses Produkts auf. Häufig machen *Patient-Innovators* das Design anderen betroffenen Personen frei zugänglich. Durch diese Peer-to-Peer-Verbreitung können Interessierte kostenlos ihre eigenen, nicht-kommerziellen Kopien für sich selbst anfertigen und nutzen. In manchen Fällen setzen sie sich dann selbst für das Produkt ein und beteiligen sich ggf. an der Weiterentwicklung und/oder Verbreitung. Laut DeMonaco et al. (2018) ist unter solchen Umständen weder eine Prüfung noch eine Zulassung durch die FDA notwendig, da diese für nicht-kommerzielle Aktivitäten nicht zuständig ist. Ein ähnliches Verständnis ist für die EU und die in der EU zuständigen Benannten Stellen anzunehmen (siehe ausführlich in Kapitel 2.2.6.1). Sollte es jedoch zu einer Kommerzialisierung des Produkts kommen, müssen Prüfung und Zulassung durch die genannten Einrichtungen erfolgen.

2.2.5 Patient-Innovation in Zahlen

Schätzungen gehen davon aus, dass 4% bis 6% der Bürger:innen in den USA, Japan, Finnland, Kanada, Südkorea und dem Vereinigten Königreich in der jüngeren Vergangenheit neue Produkte (ohne Dienstleistungen) für den persönlichen Gebrauch modifizieren oder innovieren, was Millionen von Bürger:innen entspricht. 2% bis 8% dieser Innovationen werden als medizinische Innovationen klassifiziert (vgl. u. a. Ogawa & Pongtanalert, 2012; von Hippel, de Jong & Flowers, 2012; DeMonaco, Rosenman & von Hippel, 2017; von Hippel, 2018).

Eine der relevantesten Studien im Bereich der Patient-Innovation wurde von Oliveira *et al.* (2015) durchgeführt mit dem Ziel, herauszufinden, inwieweit Patient:innen innovative Lösungen entwickeln, wie viele dieser Lösungen wirklich neu sind und ob diese Innovationen einen positiven wahrgenommenen Einfluss auf die allgemeine Lebensqualität der Patient:innen haben. Eine Stichprobe von 500 Patient:innen mit seltenen Erkrankungen, diesen Nahestehende und nicht-professionelle Betreuende wurde interviewt: 263 (53%) der Befragten gaben an, eine ihrer Meinung nach neuartige Lösung zur Bewältigung der eigenen Erkrankung entwickelt zu haben. 182 (36%) der potenziell neuartigen Lösungen wurden durch das Forschungsteam als tatsächlich selbst entwickelt beurteilt. Die Lösungen von 8% (40) der Interviewten konnten als tatsächlich neu bewertet werden, die übrigen Innovationen (142, 28%) wurden als bereits bestehende Innovationen bewertet – neu für die/den jeweilige:n *Patient-Innovators*, aber der Medizin bereits bekannt.

Die meisten Innovationen waren technisch nicht komplex und nur bei wenigen handelte es sich um Produktinnovationen. Fast alle berichteten Lösungen wurden als relativ sicher eingestuft: Von 182 wurden nur 4 (2%) der Innovationen durch *Patient-Innovators* als potenziell riskant für die Gesundheit der Patient:innen beurteilt. 73 (40%) der Entwicklungen der Patient:innen wurden unabhängig von ihrer Neuartigkeit als nützlich beurteilt.

Die Mehrheit der Befragten, die über eine Innovation berichteten, beschrieb erhebliche Verbesserungen ihrer allgemeinen Lebensqualität als Ergebnis der Anwendung dieser Innovation. Goeldner *et al.* (2019) bezeichnen dies als auffällig, da Menschen mit chronischen Krankheiten tendenziell eine geringere Lebensqualität haben als die Allgemeinbevölkerung (vgl. u. a. Wikman, Wardle & Steptoe, 2011).

Interessant ist der Vergleich der Einschätzung der *Patient-Innovators* und der medizinischen Fachkräfte hinsichtlich der Auswirkung auf die Lebensqualität: Die medizinischen Fachkräfte beurteilten 68 (59%) von 115 Lösungen, die die Patient:innen als vorteilhaft für ihre Lebensqualität empfanden, als nicht hilfreich. 23 (44%) von 52 Lösungen, für die die Patient:innen keine Verbesserungen berichteten, wurden von den Fachkräften als nützlich beurteilt. Nach Oliveira *et al.* (2015) ist es möglich, dass medizinische Fachkräfte den Nutzen von Innovationen in erster Linie danach beurteilen, ob sie den klinischen Verlauf einer Krankheit positiv beeinflussen. Im Gegensatz dazu könnten Patient:innen den Nutzen von Innovationen höher bewerten, die sich vor allem auf ihre Lebensqualität auswirken. Es könnte jedoch auch darauf hinweisen, dass der

Einblick in den Alltag der von chronischen Erkrankungen Betroffenen durch medizinische Fachkräfte nicht ausreichend umfangreich ist und es ihnen somit an Expertise mangeln könnte, das Design von Innovationen für die Betroffenen adäquat anzulegen bzw. zu beurteilen.

2.2.6 Legalität & Sicherheit von Patient-Innovation

Im Zuge der Überlegungen zu Innovationen durch *Patient-Innovators*, die keiner Prüfung und Zulassung durch offizielle Stellen des Gesundheitswesens unterliegen, ist die Frage naheliegend, ob Legalität und Sicherheit der Innovationen gewährleistet sind.

2.2.6.1 Legalität von Patient-Innovation

Laut DeMonaco, Rosenman & von Hippel (2017; vgl. Torrance & von Hippel, 2015) ist im Allgemeinen Innovation sowie deren nicht-kommerzielle Verbreitung von und für Einzelpersonen in den USA legal. Lewis (2018a) führt ebenfalls für die USA aus, dass es im Gegensatz zur landläufigen Meinung durchaus gesetzeskonform ist, wenn Patient:innen eigene Medizingeräte bauen oder Veränderungen an ihren eigenen kommerziellen Medizingeräten bzw. deren Wirkweise vornehmen.

In Deutschland regulieren das Bundesinstitut für Arzneimittel und Medizinprodukte (BfArM) sowie die Benannten Stellen der EU den Handel mit Medizinprodukten. Medizinprodukte dürfen in Europa und entsprechend auch in Deutschland „nur dann in Verkehr gebracht oder in Betrieb genommen werden, wenn sie mit der CE-Kennzeichnung versehen sind. Die CE-Kennzeichnung darf angebracht werden, wenn die Medizinprodukte die Allgemeinen Sicherheits- und Leistungsanforderungen erfüllen und das vorgeschriebene Konformitätsbewertungsverfahren durchgeführt wurde." (Bundesinstitut für Arzneimittel und Medizinprodukte, 2022b). Die Allgemeinen Sicherheits- und Leistungsanforderungen finden sich in den Anhängen der Verordnung EU 2017/745 (Medical Device Regulation, MDR) bzw. der Richtlinie 98/79/EG über In-vitro-Diagnostika (IVDD). Vom potenziellen Risiko des Medizinprodukts hängt ab, welches Konformitätsbewertungsverfahren (umgangssprachlich auch Zulassungsverfahren genannt) „durchzuführen und in welchem Umfang dabei eine unabhängige Prüf- und Zertifizierungsstelle (Benannte Stelle) zu beteiligen ist [...]" (Bundesinstitut für Arzneimittel und Medizinprodukte, 2022b). Unter Benannten Stellen versteht man „staatlich autorisierte Stellen, die – abhängig von der Risikoklasse der Medizinprodukte – Prüfungen und Bewertungen im Rahmen der vom Hersteller durchzuführenden Konformitätsbewertung durchführen und deren Korrektheit nach einheitlichen Bewertungsmaßstäben bescheinigen" (Bundesinstitut für Arzneimittel und Medizinprodukte, 2022a).

In den USA ist die FDA für die Zulassung von Medizinprodukten zuständig. Die Modifikation oder der Bau eines medizinischen Geräts für den Eigengebrauch von Privatpersonen fällt jedoch nicht in die Zuständigkeit der FDA. DeMonaco *et al.* (2020) und Lewis (2018a) beschreiben, dass Innovationen von *Patient-Innovators* in der Regel von der Regulierung durch öffentliche Behörden ausgenommen sind, sofern diese nicht kommerziell verbreitet werden. Gesetze, die solche Vorhaben verbieten und unter Strafe stellen, beziehen sich nicht auf Einzelpersonen. Auch der Austausch von Informationen über Bau und Modifikation von Medizingeräten ist legal. Stellt die Innovation jedoch nach rechtlicher Definition ein Medizinprodukt dar, ist auch das nichtkommerzielle Inverkehrbringen der Innovation in ihrer Gesamtheit untersagt. In diesen Fällen müssen Personen, die diese Innovationen nutzen möchten, aus frei zur Verfügung gestellten Vorlagen bzw. Designs selbst das gewünschte Produkt fertigen.

Für Deutschland findet sich in einem Rechtsgutachten, das die Situation der OS-CLS beleuchtet (siehe dazu ausführlich Kapitel 6.11.1), ein vergleichbares Verständnis. Demnach finden das Medizinproduktegesetz und sein „Schutzzweck" nur Anwendung, wenn ein Medizinprodukt in den Verkehr gebracht wird. Im Fall der OSCLS findet jedoch kein Inverkehrbringen statt, solange das System nur von der Person genutzt wird, die es auch aufgesetzt hat:

> „Nach § 1 MPG ist Zweck des Gesetzes, den *Verkehr* mit Medizinprodukten zu regeln und dadurch für die Sicherheit, Eignung und Leistung der Medizinprodukte sowie die Gesundheit und den erforderlichen Schutz der Patienten, Anwender und Dritter zu sorgen. Es geht also in erster Linie um die Regelung der Verkehrsfähigkeit von Medizinprodukten. Dieser Schutzzweck wird jedoch nicht berührt, wenn das umgebaute (und somit nicht CE-zertifizierte) Medizinprodukt im Herrschaftsbereich des ‚Loopers' [Person, die die Modifikation vorgenommen hat, Anmerkung der Autorin] bleibt." (Moeck & Warntjen, 2018; kursiv im Original)

Für die Zwecke der vorliegenden Arbeit ist das hier dargelegte Grundverständnis der juristischen Aspekte von Patient-Innovation ausreichend, weshalb nicht tiefergehend auf diese eingegangen wird.

2.2.6.2 Sicherheit von Patient-Innovation

Bei Innovationen durch *Patient-Innovators* übernimmt kein Hersteller in Folge eines Prüfverfahrens die Verantwortung für die Sicherheit einer Innovation. Die Sicherheit des Produkts kann nicht garantiert werden. Im Falle der Modifizierung eines kommerziellen Produkts sind Haftungsansprüche gegenüber den kommerziellen Herstellern sowohl in den USA als auch in der EU bzw. Deutschland ausgeschlossen (Moeck & Warntjen, 2018; DeMonaco *et al.*, 2020).

Ob im Umkehrschluss alle geprüften und zugelassenen Innovationen von absoluter Sicherheit sind, ist eine andere Frage (siehe Kapitel 6.10.2 und 6.11.3).

Es gibt allerdings nur wenige Innovationen durch *Patient-Innovators*, die in die höheren Risikoklassen von Medizinprodukten fallen. Doch selbst in Fällen, in denen erhebliche Sicherheitsrisiken bestehen, würden es DeMonaco *et al.* (2020) nicht für angebracht halten, wenn das Innovationspotential von *Patient-Innovators* beschränkt würde: Innovationen durch *Patient-Innovators* dürfen nicht außerhalb ihres Anwendungskontexts hinsichtlich ihrer potenziellen Risiken bewertet werden, sondern müssen den Risiken gegenübergestellt werden, die die entsprechende Erkrankung mit sich bringt. Es muss also der potenziell durch die Innovation entstehende Schaden ins Verhältnis gesetzt werden zu dem Schaden, den die Erkrankung verursacht ohne eine intervenierende Innovation (DeMonaco *et al.*, 2020); oder anders formuliert, das Risiko eines potenziellen Schadens durch Handeln muss im Verhältnis zum potenziellen Risiko als Folge von Nicht-Handeln beurteilt werden (Lewis, 2018a).

Weiter haben Patient:innen ein Recht darauf, ihre eigenen Entscheidungen zu treffen. DeMonaco *et al.* (2020) ziehen an dieser Stelle den Vergleich zu den äußerst risikoreichen Extremsportarten: Wer solche betreibt, kann sich verletzen oder sogar sterben, aber aufgrund der Gewährung der persönlichen Freiheit ist diese Selbstgefährdung zulässig. DeMonaco *et al.* (2020) plädieren daher dafür, dass das Argument der potenziellen Gefährdung nicht zu einem Verbot der Innovationen durch *Patient-Innovators* führen sollte, selbst wenn diese als riskant eingestuft werden.

Aufgrund der beschriebenen Zusammenhänge ist es also gut möglich, dass Innovationen durch *Patient-Innovators* insgesamt eher einen Gewinn an Gesundheit und Lebensqualität als einen Verlust an Sicherheit für andere von der entsprechenden Erkrankung Betroffene darstellen (DeMonaco *et al.*, 2020).

2.2.7 Beispiele

Im Folgenden werden einige Beispiele von Innovationen durch *Patient-Innovators* vorgestellt. Die meisten dieser Beispiele finden sich auf der gemeinnützigen Online-Plattform Patient-Innovation.com (*Patient-Innovation*, 2020). Diese wurde in 2014 von dem Team um die Forschenden Canhao, Zejnilovic und Oliveira ins Leben gerufen, damit *Patient-Innovators* ihre Innovationen mit anderen teilen können und um das Auffinden und die Verbreitung von Innovationen durch *Patient-Innovators* zu erleichtern (Canhao, Zejnilovic & Oliveira, 2017). Oliveira *et al.* (2015) sehen in einem verstärkten Aufkommen dieser und ähnlicher Initiativen[3] ein stärkeres Bewusstsein für die Innovationsfähigkeit von Patient:innen.

---

[3] Zum Beispiel https://hacking-health.org/

2. Aktivismus in Medizin und Gesundheitsbereich 41

Das Spektrum der Komplexität der Innovationen durch *Patient-Innovators* ist sehr groß. Daher finden sich auf Patient-Innovation.com viele Innovationen, die (technisch) einfach, aber trotzdem für die Anwendenden von hohem Wert sind, ebenso wie komplexe Technologien und auch chirurgische Eingriffe und weitere invasive Behandlungsmethoden (vgl. u. a. Canhao, Zejnilovic & Oliveira, 2017).

Dem Rechnung tragend, wird die im Folgenden aufgeführte Auswahl von Innovationen nach dem Grad ihrer Komplexität gegliedert. Nicht aufgeführt sind Innovationen durch *Patient-Innovators* von und für MmT1D, da diese in Kapitel 0 ausführlich dargestellt werden.

2.2.7.1 Komplexitätsgrad 1 – technisch einfach (nicht technologisch)

Die folgenden Beispiele zeigen zwei eher methodische Innovationen auf, die auf einfache Weise und ohne den Einsatz von Technologie zu Verbesserungen der Situation der Betroffenen führen.

2.2.7.1.1 Weiße Teller bei Demenz

Ein an Demenz erkrankter Mann tat sich sehr schwer mit seinen Mahlzeiten und brauchte lange, um das Essen vom Teller aufzunehmen. Seine Tochter beobachtete dies und stellte fest, dass die im Haushalt verwendeten farbig illustrierten Teller ihren Vater ablenkten. Er hatte Schwierigkeiten, das Essen unter den bunten Illustrationen zu finden. Die Tochter sorgte dafür, dass nur noch weiße Teller zu den Mahlzeiten genutzt wurden, woraufhin sich die Situation deutlich verbesserte. Der Vater konnte durch diese einfache Veränderung das Essen auf dem Teller wesentlich leichter finden (Canhao, Zejnilovic & Oliveira, 2017).

2.2.7.1.2 Heliumballons bei Angelmann-Syndrom

Das Angelmann-Syndrom ist eine genetisch bedingte Erkrankung, die zu einer Einschränkung der Bewegungs- und Gleichgewichtsfähigkeit führt. Kleinkinder mit Angelmann-Syndrom unternehmen ohne Anreize von außen keine Bemühungen, gehen oder stehen zu üben, da es ihnen sehr schwerfällt. Eltern von betroffenen Kindern erhalten in der medizinischen Praxis häufig den Rat, sie sollten ihr Kind zum Stehen und Gehen motivieren. Dieser Rat ist jedoch nicht hilfreich, solange keine Option zur Motivation mitgegeben wird, und führt daher oft zu unglücklichen Interaktionen zwischen Eltern und widerwilligen Kindern. Die Mutter eines Sohnes mit Angelmann-Syndrom bemerkte jedoch auf einer Geburtstagsfeier, dass ihr Sohn immer wieder nach den bunten Heliumballons griff, die im Raum unter der Decke schwebten. Sie verteilte daraufhin bei sich zuhause solche Heliumballons und stellte die Länge der Schnüre an den Ballons so ein, dass ihr Sohn sie im Stehen fassen konnte. Dies motivierte das Kind derart, dass sich innerhalb relativ kurzer Zeit seine Steh- und Gehfähigkeiten deutlich verbesserten (DeMonaco, Rosenman & von Hippel, 2017).

2.2.7.2 Komplexitätsgrad 2 – technisch komplex (technologisch)

An den folgenden zwei Beispielen für technisch komplexe Innovationen zeigt sich die Fähigkeit von *Patient-Innovators*, effektive Medizintechnologien zu entwickeln. Beide Innovationen haben eine Marktzulassung erhalten und stehen somit einer größeren Gruppe von Betroffenen zur Verfügung.

2.2.7.2.1 Vibrationen bei Mukoviszidose

Mukoviszidose ist eine genetisch bedingte Stoffwechselerkrankung, die starke Auswirkungen auf die Lunge hat. Die Lunge der Betroffenen produziert eine verdickte Flüssigkeit, die zu Infektionen führen kann und durch spezifische Klopftechniken gelöst werden muss. Dies kann bis zu vier Stunden pro Tag in Anspruch nehmen.

Louis Plante ist von Mukoviszidose betroffen und musste ein Konzert verlassen, weil die starken Vibrationen der Lautsprecher bei ihm einen Hustenreiz auslösten und somit einen vergleichbaren Effekt erzielten wie die Klopftechniken. Durch sein Vorwissen als Elektrotechniker konnte er auf Basis dieser Erfahrung ein Gerät entwickeln, das niederfrequente Vibrationen erzeugt und die manuellen Klopftechniken ersetzen kann. Sein vorrangiges Ziel war die Anwendung an sich selbst. Diese mündete jedoch in die Gründung der Firma *Dymedso*[4], über die Plante nach vier Jahren Forschung, Entwicklung und klinischen Versuchen begann, seine Innovation zu vermarkten (Habicht, Oliveira & Shcherbatiuk, 2012; Canhao, Oliveira & Zejnilovic, 2016).

2.2.7.2.2 Stoma-Beutel bei künstlichem Darmausgang

Im Falle einer Dünndarmtransplantation mit anschließender Legung eines künstlichen Darmausgangs muss bei betroffenen Patient:innen ein Stomabeutel genutzt werden, in den der Stuhl ausgeleitet wird. Über die Menge des Stuhlabgangs und somit die Füllmenge des Stoma-Beutels haben die Patient:innen jedoch keine Kontrolle und müssen lernen, dies zu überwachen. Selbst bei sorgfältiger Platzierung und Handhabung können Stomabeutel undicht werden, was zu für die Betroffenen sehr unangenehmen Situationen und potenziell auch zu gesundheitlichen Problemen führen kann. Der Patient Michael Seres entwickelte daher mit Hilfe einer Handy-Batterie und eines Sensors aus einer Videospielkonsole das Gerät *Ostom-i Alert*, das an jeden Stomabeutel angebracht werden kann und über Bluetooth Nachrichten an eine Smartphone-App sendet. Diese

---

[4] https://www.dymedso.com/

warnt, wenn der Beutel fast voll ist und gewechselt werden muss. Das Gerät ist mittlerweile über die von Michael Seres gegründete Firma *11 Health*[5] im Handel erhältlich (Canhao, Oliveira & Zejnilovic, 2016; Petersen, 2018).

Allerdings beschreibt Seres den Weg zur Marktzulassung als hart und kritisiert, dass Patient:innen bei Weitem nicht die Möglichkeiten zur Innovation offenstehen, wie sie medizinische Fachkräfte haben (Thornton, 2019). Ohne Unterstützung von medizinischen Fachkräften ist eine solche Umsetzung äußerst schwierig bis unmöglich, wie auch das folgende Beispiel von Tal Golesworthy zeigt.

2.2.7.3 Komplexitätsgrad 3 – invasive chirurgische Ansätze

Die Innovationsfähigkeit von *Patient-Innovators* geht so weit, dass selbst Operationsmethoden, -werkzeuge und Implantate aus den Bestrebungen der *Patient-Innovators* hervorgehen. Die folgenden beiden Beispiele stellen große Erfolge für die betroffenen Personengruppen dar, aber auch für Medizin und Forschung.

2.2.7.3.1 Aorta-Operation bei Marfan-Syndrom

Ein besonders beeindruckendes und erfolgreiches Beispiel ist die Innovation von Tal Golesworthy, die ihm die Bezeichnung „the ultimate patient innovator" (Thornton, 2019) einbrachte. Golesworthy ist betroffen von einem Gendefekt namens Marfan-Syndrom, bei dem ein typisches Symptom die Ausdehnung (Dilatation) der Aortenwurzel ist. Bleibt dies unerkannt, kann diese reißen (Ruptur), was akut lebensbedrohlich ist. Ab einem bestimmten Grad der Dilatation ist daher eine Operation unumgänglich, bei der die gesamte Aortenwurzel ersetzt wird und in Folge lebenslang Medikamente zur Blutgerinnung eingenommen werden müssen. Als Golesworthy von der ihm bevorstehenden Operation erfuhr, nutzte er sein Wissen als Ingenieur und entwickelte die Operationsmethode der personalisierten externen Aortenwurzelunterstützung (PEARS, *personalised external aortic root support*). Hierbei wird das ebenfalls von Golesworthy entwickelte Implantat zur externen Aortenwurzelunterstützung (*External Aortic Root Support*, ExoVasc) eingesetzt. Es unterstützt die eigene Aorta und Aortenklappe der Patient:innen und verhindert somit die Vergrößerung und in Folge die Ruptur der Aorta, ohne die Aortenwurzel zu ersetzen (Habicht, Oliveira & Shcherbatiuk, 2012; Thornton, 2019).

Zu den Vorteilen von PEARS gehören eine kürzere Operation ohne Notwendigkeit eines kardiopulmonalen Bypasses, kürzere Aufenthalte auf der Intensivstation und eine sehr niedrige Reoperationsrate. Im Jahr 2004 war Golesworthy der erste Patient, an dem PEARS vollzogen wurde. Stand 2019 haben sich 200 Menschen in 23 speziali-

---

[5] https://www.11health.com/

sierten Zentren weltweit der Operation unterzogen. 2011 wurde PEARS in der Kategorie Medizin und Gesundheitsfürsorge von *The Engineer's Technology and Innovation Awards 2011* ausgezeichnet (Habicht, Oliveira & Shcherbatiuk, 2012; Thornton, 2019).

Allerdings war es für Golesworthy, ähnlich wie für Seres, ein weiter Weg bis zu diesem Erfolg, der nur möglich wurde durch verständnisvolle und offene Ärzte, die ihn unterstützten. Zuerst konnte Golesworthy einen Herz-Thorax-Chirurgen für seine Idee gewinnen. Der wiederum überzeugte einen Professor für Herz-Thorax-Chirurgie vom Nationalen Herz- und Lungeninstitut am Imperial College London, die erste PEARS-Operation an Golesworthy durchzuführen (Thornton, 2019). Golesworthy sagt selbst:

„For me it's a massive milestone. If I'd known it was going to be this hard, I really wouldn't have bothered: the other 200 patients are big winners, as is the NHS [National Health Service, Nationaler Britischer Gesundheitsdienst, Anmerkung der Autorin], which has saved a lot of money." (Thornton, 2019)

Ein medizinisches Paper hält die Daten der ersten 27 PEARS-Patient:innen in einer sechsjährigen Nachbeobachtung für ermutigend (Borger, 2018). Allerdings gibt es keine randomisierten kontrollierten Studien zu PEARS. Das britische *National Institute for Health Research* arbeitete 2015 an einem Studiendesign, hielt jedoch das Scheitern einer randomisierten Studie nahezu für sicher. Dies sei auch auf die Seltenheit der Krankheit und die daher wenigen Fälle zurückzuführen (Treasure & Pepper, 2015). Die Chirurgen der ersten PEARS-Operationen weisen jedoch darauf hin, dass aus diesen Gründen auch andere Methoden nicht Gegenstand randomisierter Studien waren (Treasure *et al.*, 2016). (vgl. Thornton, 2019)

2.2.7.3.2 Bildgebung bei Hirntumoren

Ein weiteres Beispiel für invasive, chirurgische Innovation durch einen Patienten ist eine dreidimensionale Kamera mit der Bezeichnung *Insect Eye*, die für die Aufnahme von Bildern in tiefen Hirnregionen eingesetzt wird. Sie besteht aus einem Teleskop, das das Facettenauge einer Biene nachahmt und klein genug ist, um im Gehirn angewendet zu werden. Das Teleskop enthält einen Miniatursensor mit hunderttausenden von mikroskopischen Elementen, die jeweils in leicht unterschiedliche Richtungen schauen und das Operationsfeld von vielen verschiedenen Perspektiven aus abbilden. Mit *Insect Eye* können Hirntumore sowohl adäquat abgebildet als auch operiert werden. Die Kamera wurde von dem Ingenieur Avi Yaron entwickelt, bei dem ein Hirntumor diagnostiziert worden war. Ihm wurde mitgeteilt, dass es keine dreidimensionalen Kameras gab, die klein genug waren, um in die tiefen Hirnregionen vorzudringen. Er gründete die Firma *Visionsense*, die die Kamera produzierte und mittlerweile von dem Medizinproduktehersteller *Medtronic* aufgekauft wurde (Canhao, Zejnilovic & Oliveira, 2017; Solomon, 2018).

3 Typ-1-Diabetes

Dieses Kapitel befasst sich mit den Bedingungen und Auswirkungen des Krankheitsbilds T1D. Nach einem Blick auf die biologischen und medizinischen Gegebenheiten des Diabetes mellitus und spezifisch auf die Gegebenheiten des T1D erfolgt eine Beschreibung der relevanten medizinischen Kontrollen und der Parameter zur Beurteilung der Glukoseeinstellung. Nach der Beschreibung potenzieller Akut- und Folgekomplikationen wird auf die therapeutischen Maßnahmen bei T1D eingegangen, anschließend auf die besondere Situation von Kindern und Jugendlichen mit T1D. Zuletzt wird die Relevanz von Schulungen bei T1D erläutert.

3.1 Diabetes mellitus

Diabetes mellitus ist ein Sammelbegriff für verschiedene Typen des Diabetes. Der Begriff, die Verbreitung sowie die Klassifikation werden im Folgenden erläutert.

3.1.1 Begriffsherkunft & Verbreitung des Diabetes mellitus

Der Begriff Diabetes ist dem Griechischen entlehnt und bedeutet ‚Durchfluss', ‚Durchlaufen' bzw. ‚Durchströmen', was sich auf das typische Symptom der Polyurie (vermehrte Urinausscheidung) bezieht. Mellitus leitet sich aus dem lateinischen wie griechischen Begriff für Honig ab und wurde dem Begriff Diabetes aufgrund des süßen Geschmacks von diabetischem Urin hinzugefügt. Bereits in alten Kulturen war Diabetes mellitus bekannt, etwa in der ägyptischen oder ayurvedischen Medizin (vgl. u. a. Anjana *et al.*, 2011; Sen, Chakraborty & De, 2016b).

Diabetes mellitus, umgangssprachlich auch Zuckerkrankheit genannt, ist ein Überbegriff für mehrere Störungen des BG-Stoffwechsels im Körper mit dauerhaft erhöhten BG-Werten. Ursache ist ein Mangel an Insulin und/oder die Unfähigkeit des Körpers, das vorhandene Insulin effektiv zu verwerten (Sen, Chakraborty & De, 2016b; Weltgesundheitsorganisation, 2019).

In Deutschland sind aktuell mehr als 6 Mio. Menschen von Diabetes mellitus betroffen, davon über 90% von Typ-2-Diabetes. Ca. 300.000 Menschen leben in Deutschland mit T1D, darunter über 30.000 Kinder und Jugendliche (siehe Kapitel 3.6). Weltweit hat sich die Zahl der Menschen mit Diabetes mellitus nach Daten der

Weltgesundheitsorganisation (WHO) seit 1980 von 108 Millionen auf etwa 422 Millionen im Jahr 2014 nahezu vervierfacht (Deutsche Diabetes Hilfe, 2019; Weltgesundheitsorganisation, 2019). Diabetes mellitus gilt als die global am weitesten verbreitete chronische Krankheit, die sich seit dem 21. Jahrhundert durch alle Teile der Welt zieht. Diabetes mellitus ist somit eines der größten gesundheitsbezogenen Probleme weltweit und betrifft Menschen allen Alters, einschließlich Kindern, Jugendlichen und Schwangeren (Sen, Chakraborty & De, 2016b, 2016d, 2016e).

Diabetes mellitus kann zu mannigfaltigen Komplikationen führen, die potenziell alle Bereiche des Körpers betreffen. Es ist die weltweite Hauptursache für Erblindung, Nierenversagen, Schlaganfälle, Herzinfarkte und Beinamputationen (siehe Kapitel 3.4.2). Die Folgen des Diabetes mellitus sind jedoch nicht nur körperlicher Art. Die Erkrankung bestimmt als substanzielle Belastung den Alltag der Betroffenen und der Angehörigen (siehe Kapitel 3.4.3; Sen, Chakraborty & De, 2016d, 2016e; Weltgesundheitsorganisation, 2019).

Die Symptome eines unbehandelten Diabetes mellitus sind Durst, Gewichtsverlust, Polyurie, Einschränkungen des Sehvermögens sowie wiederkehrende Infektionen. Im weiteren Verlauf können Komplikationen wie Ketoazidose (Stoffwechselübersäuerung) zu Benommenheit und schließlich, sofern keine effektive Behandlung erfolgt, zu Koma und Tod führen (siehe Kapitel 3.4.1 und 3.4.2). Das relevanteste Kriterium zur Diagnose des Diabetes mellitus ist die Untersuchung des akuten BG-Werts und die Bestimmung des Hämoglobin A1c (HbA1c), das eine Aussage über den durchschnittlichen BG-Wert der vergangenen acht bis zwölf Wochen trifft (siehe Kapitel 3.3.2.2.1; vgl. u. a. True, 2009; Sen, Chakraborty & De, 2016b, 2016c).

3.1.2 Klassifikation des Diabetes mellitus

Das Krankheitsbild des Diabetes mellitus wird in vier Hauptkategorien bzw. Typen unterteilt (vgl. u. a. American Diabetes Association, 2017; Haak *et al.*, 2018; American Diabetes Association, 2019c):

1) Typ-1-Diabetes: Ein (in der Regel) absoluter Insulinmangel, ausgelöst durch die Zerstörung der Betazellen der Langerhans'schen Inseln durch eine körpereigene Autoimmunreaktion;
2) Typ-2-Diabetes: Ein Insulinmangel aufgrund eines fortschreitenden Verlusts der Aufnahme (Sekretion) von Insulin durch die Betazellen, häufig ausgelöst durch eine Insulinresistenz (verminderte Wirkung von Insulin);
3) andere spezifische Diabetes-Subtypen: Etwa durch genetische Defekte oder Erkrankungen der Bauchspeicheldrüse ausgelöst;

4) Gestationsdiabetes: Glukosetoleranzstörung, die erstmals in der Schwangerschaft diagnostiziert wird.
Sobald chronisch erhöhte BG-Werte eintreten, besteht jedoch bei allen Menschen mit Diabetes mellitus die Gefahr der Entstehung der gleichen chronischen Folgekomplikationen, wenn auch ggf. unterschiedlich fortschreitend (American Diabetes Association, 2019c).

3.2 Das Pankreas & die Rolle von Insulin & Glukagon

Das Pankreas bzw. die Bauchspeicheldrüse ist im menschlichen Körper für die Produktion von Insulin und Glukagon zuständig und reguliert somit maßgeblich den Glukosehaushalt. Im Folgenden soll ein Verständnis der zugrundeliegenden Stoffwechselprozesse geschaffen werden.

3.2.1 Das Pankreas

Das Pankreas ist eine Drüse mit einer Länge von 12cm bis 15cm und einer Dicke von ca. 2,5cm, welche beim Menschen hinter dem Magen liegt. Die Arterie der Bauchspeicheldrüse transportiert die von der Bauchspeicheldrüse abgegebenen Hormone in die Pfortader, die von dort direkt in die Leber gelangen. Die Langerhans'schen Inseln sind über das Pankreas verteilt. In ihnen sind u. a. die Insulin produzierenden Betazellen sowie die Glukagon (siehe Kapitel 3.2.3) produzierenden Alphazellen zu finden (Sen, Chakraborty & De, 2016d).

3.2.2 Glukose

Glukose ist die maßgebliche Energiequelle des menschlichen Körpers und kann in den Zellen direkt in Energie umgewandelt werden. Glukose ist auch ein wichtiger Nährstoff für das Gehirn. Dieses ist nicht dazu in der Lage, Glukose selbst zu produzieren oder zu speichern und muss somit konstant aus dem Blutplasma versorgt werden. Der Kohlenhydrat-Anteil einer Mahlzeit wird vom Körper nahezu vollständig direkt in Glukose umgewandelt, wodurch die Konzentration der BG steigt. Die Umwandlung von Fetten und Proteinen in Glukose ist deutlich langsamer und führt zu einem langsameren, aber auch längeren Anstieg der BG. Die Leber speichert die nicht direkt umgewandelten Kohlenhydrate, Fette und Eiweiße und gibt diese in Form von Glukose bei Bedarf in den Blutkreislauf ab (Thurm & Gehr, 2013; Reiter, Kirchsteiger & Freckmann, 2016; Sen, Chakraborty & De, 2016d).

Die Konzentration der BG kann in zwei Einheiten angegeben werden: mg/dl (Milligramm pro Deziliter) und mmol/l (Millimol pro Liter). Die Einheit mg/dl entspricht der Masse der gelösten Glukoseteile pro Volumen und ist u. a. in Deutschland und den

USA gängig. Die Einheit mmol/l entspricht der Stoffmenge pro Volumen und findet international am häufigsten Verwendung(Diabetes Ratgeber, 2015).

Im nüchternen Zustand liegt im nicht-diabetischen menschlichen Körper der normale BG-Wert bei 60-100mg/dl. Zwei Stunden nach einer Mahlzeit (*postprandial*) liegt der BG-Wert bei unter 140mg/dl, im nicht-nüchternen Zustand mit einem zeitlichen Abstand zur letzten Mahlzeit von mehr als zwei Stunden bei 80-100mg/dl. Nach einer Mahlzeit übersteigt der BG-Wert normalerweise nicht 165mg/dl und sinkt nach sportlichen Aktivitäten oder längeren Phasen ohne Nahrungsaufnahme nicht unter 55mg/dl. Liegt die Konzentration der BG unter 55mg/dl, kann es zu Funktionsbeeinträchtigungen des Gehirns kommen (Sen, Chakraborty & De, 2016d).

3.2.3 Insulin & Glukagon

Im nicht-diabetischen menschlichen Körper erfolgt die Ausschüttung des Hormons Insulin durch die Betazellen der Bauchspeicheldrüse als Reaktion auf Nahrungsaufnahme und den damit verbundenen Anstieg der BG. Das ausgeschüttete Insulin sorgt für die Aufnahme der BG in die Zellen, wodurch wiederum die BG-Konzentration sinkt. Insulin ist somit ein elementar wichtiger Regulator des Kohlenhydrat-, Fett- und Eiweißstoffwechsels (Reiter, Kirchsteiger & Freckmann, 2016; Sen, Chakraborty & De, 2016d).

In vielen Schulungen und Schulungsunterlagen für MmD wird dieser Prozess über die Allegorie des „Schlüssel-Schloss-Prinzips" erklärt, „nach dem das Insulin die Zellen für die Aufnahme von Glukose öffnet" (DiaExpert, 2014).

Glukagon ist ein Peptidhormon und der Gegenspieler von Insulin. Es wird von den Alphazellen der Langerhans'schen Inseln produziert und freigesetzt, sobald der BG-Spiegel fällt. Es reguliert den Kohlenhydratstoffwechsel durch die Anhebung der BG-Konzentration, indem es die Leber zur Ausschüttung von gespeicherter Glukose anregt (Sen, Chakraborty & De, 2016d; European Medicines Agency, 2019).

Das Zusammenspiel von Insulin und Glukagon ist dafür verantwortlich, das Glukoseniveau im Blut auf 80-110mg/dl (bzw. 4,5-6,2mmol/l) zu regulieren. Eine stabile Glukosekonzentration innerhalb der richtigen Grenzwerte ist unerlässlich, um Überleben und Funktion von Gewebe, Organen und Zellen zu gewährleisten. Ist das Glukoseniveau auf über 180mg/dl erhöht, spricht man von Hyperglykämie (zu Deutsch Überzucker), ist das Glukoseniveau unter 70mg/dl, spricht man von Hypoglykämie (zu Deutsch Unterzucker (siehe Kapitel 3.4 zu den Auswirkungen der Zustände; vgl. u. a. Aronoff *et al.*, 2004; Sen, Chakraborty & De, 2016d; Singh *et al.*, 2016a; Alsahli, Shrayyef & Gerich, 2017; Danne *et al.*, 2017; American Diabetes Association, 2019g).

3.3 Beschreibung des Typ-1-Diabetes

T1D, früher auch juveniler Diabetes mellitus genannt, tritt vorwiegend in Kindheit oder Jugend auf, kann jedoch auch im Erwachsenenalter entstehen. Ursache ist ein vollständiger Mangel an Insulin in Folge einer Autoimmunreaktion, bei der die Betazellen der Langerhans'schen Inseln von körpereigenen Autoantigenen vollständig zerstört werden. Bislang ist nicht bekannt, warum das menschliche Immunsystem die Betazellen als Fremdkörper identifiziert und eine Immunreaktion gegen sie auslöst. Genetische und ökologische Faktoren spielen jedoch eine kausale Rolle beim Auslösen der Autoimmunreaktion (vgl. u. a. Atkinson, 2012; Singh *et al.*, 2016a, 2016b, 2016d; Haak *et al.*, 2018; American Diabetes Association, 2019c).

Die Entwicklung des T1D kann sich relativ schnell innerhalb weniger Monate, aber auch über mehrere Jahre vollziehen. Klassische Symptome eines unbehandelten T1D sind Polyurie (vermehrte Urinausscheidung), Polydipsie (verstärktes Durstempfinden) und ein trockener Mund, starke Müdigkeit, starker Hunger, schlecht und langsam verheilende Wunden sowie wiederkehrende Infektionen, verschwommenes Sehen, Ketoazidose (Übersäuerung des Körpers durch Ketonkörper, siehe Kapitel 3.4.1.2) und Gewichtsverlust. Im letzten Stadium der Erkrankung findet wenig bis gar keine Insulinsekretion mehr statt. Dauerhaft unbehandelt führt T1D zum Tod (vgl. u. a. Sen, Chakraborty & De, 2016b; Haak *et al.*, 2018; American Diabetes Association, 2019c).

T1D bedeutet eine lebenslange Insulinabhängigkeit. Es erfordert von den Betroffenen, bei Kindern von deren Eltern, eine ständige Überwachung ihrer Ernährung sowie ihrer sich auf den BG-Wert auswirkenden Aktivitäten. Dies bildet die Grundlage, um den BG-Wert durch die Verabreichung angepasster Insulindosen langfristig im Rahmen halten zu können. Nach Absprache mit und Einstellung durch die Ärztin bzw. den Arzt übernehmen dies die Betroffenen selbst (vgl. u. a. Beck *et al.*, 2017; Haak *et al.*, 2018).

Die Inzidenz (Anzahl der neu auftretenden Erkrankungen) von T1D sowohl bei Erwachsenen als auch bei Kindern steigt global rapide an. 5%-10% der Menschen mit Diabetes mellitus sind MmT1D. Das entsprach im Jahr 2017 ca. 9 Millionen Menschen, wovon die Mehrzahl in Industrienationen lebt. 2016 waren ca. 497.000 unter ihnen Kinder (Sen, Chakraborty & De, 2016b, 2016e; World Health Organization, 2022).

Das generelle Risiko eines Kindes, an T1D zu erkranken, liegt bei 0,4%. Kinder mit Geschwistern oder Elternteilen mit T1D haben ein Risiko von 2-6%. Bei ca. 10% der Betroffenen kommt T1D in der Familie vor (vgl. u. a. Singh *et al.*, 2016d; Haak *et al.*, 2018).

In Deutschland leben ca. 300.000 MmT1D, davon ca. 32.000 Kinder und Jugendliche (Deutsche Diabetes Hilfe, 2019).

3.3.1 Ernährung bei Typ-1-Diabetes

Für MmT1D sind keine spezifischen Ernährungsformen erforderlich, ebenso keine Diätlebensmittel oder die Vermeidung bestimmter Lebensmittel. Allerdings ist das Wissen über die Glukosewirksamkeit der Nahrung (genauer von Kohlenhydraten, Fetten und Eiweißen) von entscheidender Bedeutung, um das adäquate Insulinäquivalent berechnen zu können. Die flexible Anpassung der Insulindosis an die Mahlzeiten ist ein relevanter Aspekt der Therapie bei T1D, sowohl hinsichtlich der Zusammensetzung als auch hinsichtlich der Größe der Mahlzeiten (Haak et al., 2018).

3.3.2 Kontrollen der Blutglukoseeinstellung

Bei MmT1D ist die Kontrolle der BG- bzw. Stoffwechseleinstellung sowohl hinsichtlich der akuten BG-Werte als auch hinsichtlich der mittel- bis langfristigen Einstellung relevant. Eine möglichst normnahe BG-Einstellung ist wichtig, um die Entstehung von Akut- und Langzeitkomplikationen (siehe Kapitel 3.4) unterbinden bzw. begrenzen zu können (Danne et al., 2018).

Die Kontrolle der akuten BG-Werte wird mittels der *Blutglukoseselbstmessung* (BGSM) umgesetzt, die langfristige Stoffwechselkontrolle durch das Bestimmen des HbA1c. Zusätzlich sind in jüngster Zeit durch die CGM die Möglichkeiten der kontinuierlichen Glukosemessung zur Ermittlung des akuten BG-Werts sowie der *Time in Range* für die Beurteilung der kurz- bis mittelfristigen Glukosekontrolle entstanden (Danne et al., 2018, 2019).

3.3.2.1 Blutglukoseselbstmessung & kontinuierliche Glukosemessung

Bei der BGSM entnehmen MmT1D selbst eine kleine Menge Blut an der eigenen Fingerkuppe und bestimmen mit dieser den aktuellen BG-Wert (siehe ausführlich Kapitel 4.2.1). Laut Haak et al. (2018) ist die BGSM mindestens vier Mal täglich empfohlen und unerlässlich, etwa vor den Mahlzeiten zur „Ermittlung der erforderlichen Insulindosis, zur Insulindosisanpassung, zur Vermeidung von Hypo- und Hyperglykämien sowie zur Bewältigung von speziellen Situationen wie Sport und Reisen und Sondersituationen wie Krankheit oder auch krankheitsbedingte Krankenhausaufenthalte". Häufigere Messungen können in einer Verbesserung der glykämischen Kontrolle resultieren, sofern ihnen adäquate Konsequenzen hinsichtlich Glukose- und Insulinzufuhr folgen. Insbesondere in spezifischen Situationen können häufigere Messungen empfohlen sein, etwa in der Schwangerschaft oder bei längerer Teilnahme am Straßenverkehr. Die BGSM wird bei MmT1D mittlerweile jedoch häufig durch die kontinuierliche Glukosemessung (siehe ausführlich Kapitel 4.2.2) ersetzt, bei der mit einem in der Bindegewebsflüssigkeit (*interstitiell*) liegenden Sensor der BG-Wert kontinuierlich (in der Regel ca. alle ein bis fünf Minuten) gemessen wird (Haak *et al.*, 2018).

3.3.2.2 HbA1c & Time in Range

HbA1c und *Time in Range* sind wichtige Parameter der Stoffwechselkontrolle bei MmT1D. Im Folgenden werden sie einander gegenübergestellt sowie ihre Relevanz für das Management des T1D näher erläutert.

3.3.2.2.1 HbA1c

Der HbA1c hat sich als der beste Parameter für die Beurteilung der Qualität der Blutglukoseeinstellung eines Patienten sowie als der „Goldstandard im Diabetesmanagement" über viele Jahre international etabliert (Reinauer & Scherbaum, 2009). Als solcher wird der HbA1c auch zur Beurteilung des Risikos von diabetesspezifischen Folgekomplikationen herangezogen und ist relevant für Diagnose und Therapie des T1D (Adolfsson *et al.*, 2018; Danne *et al.*, 2018).

Bei Menschen ohne Diabetes liegt der HbA1c zwischen 4% und 6%. Der HbA1c ist ein Durchschnittswert, der die Blutglukosekonzentration der vergangenen acht bis zwölf Wochen im Mittel darstellt und eine Aussage trifft über den Anteil des glykierten Hämoglobins im Blut. Glykiertes Hämoglobin entsteht während der 120-tägigen Lebensdauer der Erythrozyten (roten Blutkörperchen), indem sich die Glukose an das *Hämoglobin* (HbA1) anlagert (Sen, Chakraborty & De, 2016b; Danne *et al.*, 2018; Haak *et al.*, 2018).

Bei MmT1D ist ein niedriger HbA1c-Wert mit einem niedrigeren Risiko für T1D-typische Folgekomplikationen assoziiert, ein hoher Wert mit einem höheren Risiko (Reinauer & Scherbaum, 2009; American Diabetes Association, 2019g).

Der HbA1c sollte regelmäßig ca. alle drei Monate kontrolliert werden. Die American Diabetes Association (2019f) bestimmt einen allgemeinen Zielwert von 7%. Allerdings sollte dieser bei Bedarf anhand individueller Charakteristiken angepasst werden. Insbesondere schwere oder regelmäßige Hypoglykämien sind eine eindeutige Indikation für das Heraufsetzen des HbA1c-Zielwerts. Bei manchen MmT1D empfiehlt sich daher möglicherweise eine weniger strikte Kontrolle mit einem HbA1c von bis zu 8%. Für andere Personen kann ein Zielwert von 6,5% ratsam sein, sofern er sicher und risikofrei ohne vermehrte Hypoglykämien erreicht werden kann und dies die Therapie für den MmT1D nicht übermäßig erschwert (American Diabetes Association, 2019g).

Allerdings ist der HbA1c in vielerlei Hinsicht in seiner Aussagekraft begrenzt und somit für MmT1D nur bedingt für das tägliche Selbstmanagement nützlich. Als reiner Durchschnittswert zeigt er keine Glukoseschwankungen auf und somit auch keine Hypo- oder Hyperglykämien. Aufgrund dieser Beschränkungen der Aussagekraft könnten sich andere Parameter als geeigneter erweisen, um Risiken für Komplikationen abzuschätzen (Adolfsson *et al.*, 2018; Danne *et al.*, 2018; Haak *et al.*, 2018; Kröger & Kulzer, 2018; American Diabetes Association, 2019g).

Der relevanteste dieser Parameter ist die *Time in Range*.

3.3.2.2.2 Time in Range

In der jüngeren Vergangenheit ist es durch die interstitielle kontinuierliche Glukosemessung möglich geworden, den Verlauf der BG darzustellen und darauf aufbauend den Parameter der *Time in Range* (Zeit im Zielbereich) als Indikator für die Stoffwechselkontrolle zu etablieren.

Unter *Time in Range* oder auch *Time in Target Range* wird die Zeit verstanden, „in der sich die Glukose in einem vorab definierten Zielkorridor befindet" (Danne *et al.*, 2018). Die *Time in Range* wird in Prozent oder Stunden pro Tag (bei Hypoglykämien Minuten pro Tag) angegeben. Der Zielbereich ist definiert zwischen 70mg/dl und 180mg/dl bzw. zwischen 3,9 und 10,0mmol/l. Ein Über- bzw. Unterschreiten des Zielbereichs bedeutet ein erhöhtes Risiko für Hyper- bzw. Hypoglykämien (vgl. u. a. Bergenstal *et al.*, 2013; Danne *et al.*, 2017, 2018; Kröger & Kulzer, 2018).

Aufbauend auf der *Time in Range* kann auch von der *Time out of Range* (Zeit außerhalb des Zielbereichs) gesprochen werden, die den Zeiten von Hypo- und Hyperglykämien entspricht (Danne *et al.*, 2017, 2018).

Die *Time in Range* zeigt somit die *Glukosevariabilität* auf, also die Schwankungen der BG bzw. den Wechsel zwischen unerwünscht hohen und unerwünscht niedrigen Werten. Je höher die *Time in Range* ist, umso niedriger ist die Glukosevariabilität und umso niedriger ist entsprechend auch die Gefahr für Hypo- und Hyperglykämien. Bei einer niedrigen *Time in Range* liegen stark schwankende BG-Werte und eine hohe Glukosevariabilität vor. Bei MmT1D sollte die *Time in Range* mindestens bei 70% liegen (Gandhi *et al.*, 2011; Sartore *et al.*, 2012; Danne *et al.*, 2018, 2019; Kröger & Kulzer, 2018).

Stark schwankende BG-Werte werden durch die *Time in Range* also aufgezeigt, können jedoch durchaus zu einem normnahen HbA1c führen und durch die ausschließliche Erhebung des HbA1c unentdeckt bleiben. Ein normnaher HbA1c muss somit nicht unbedingt auch eine hohe *Time in Range* bedeuten. (Danne *et al.*, 2018) Dies veranschaulicht Abbildung 1, die drei unterschiedliche Glukosevariabilitäten bei einem identischem HbA1c von 5,6% zeigt.

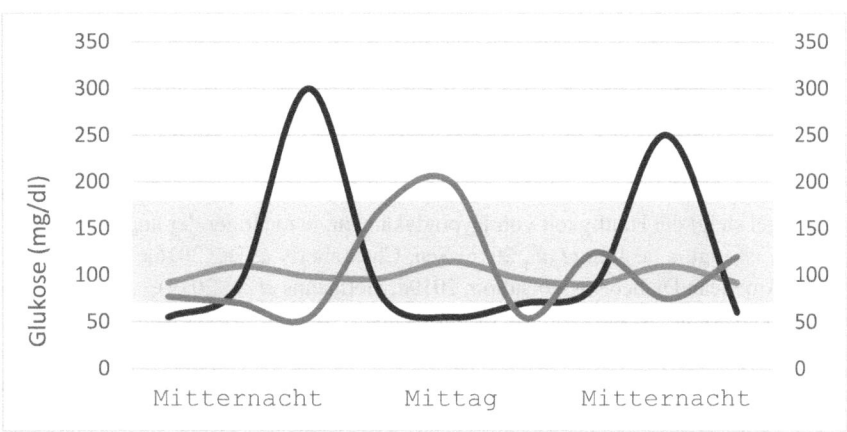

Abbildung 1: Abbildung 1: Schematischer Glukoseverlauf, Zielbereich 70mg/dl-180mg/dl. (Quelle: Danne et al., 2018)

Mehrere Studien verweisen auf eine Kausalität von verringerter *Time in Range* und diabetesassoziierten Komplikationen (vgl. u. a. Sartore *et al.*, 2013; Smith-Palmer *et al.*, 2014; Šoupal *et al.*, 2014; Danne *et al.*, 2018; Kröger & Kulzer, 2018).

3.4 Akutkomplikationen, Folgekomplikationen sowie psychische & soziale Aspekte

T1D geht potenziell mit etlichen Akut- und Folgekomplikationen einher, die sowohl die körperliche Gesundheit als auch die Lebensqualität sowie psychische und soziale Aspekte betreffen können. Um die Auswirkungen des T1D auf das Leben der MmT1D im Ganzen einordnen zu können, ist ein Überblick über diese Komplikationen unerlässlich.

3.4.1 Akutkomplikationen

Akute Notfallsituationen im Zusammenhang mit T1D entstehen entweder durch ein erhöhtes BG-Level in Folge von Insulinmangel (Hyperglykämie) oder durch ein niedriges BG-Level in Folge einer Insulinüberdosierung (Hypoglykämie). Beides kann sich akut lebensbedrohend auswirken. (Haak *et al.*, 2018)

3.4.1.1 Hypoglykämie

Hypoglykämie, zu Deutsch Unterzucker, zeichnet sich aus durch ein Abfallen des BG-Spiegels. Es ist die am häufigsten auftretende und am stärksten mit Sorge und Angst assoziierte Nebenwirkung sowie der am stärksten limitierende Faktor in der Therapie des T1D. Die Prävention von Hypoglykämien stellt einen Schwerpunkt der T1D-Behandlung beim Ziel des Erreichens eines möglichst normnahen BG-Spiegels dar. In der Regel steigt die Häufigkeit von Hypoglykämien, je niedriger der angestrebte BG-Bereich ist (vgl. u. a. Juhl *et al.*, 2016; Sen, Chakraborty & De, 2016a; Danne *et al.*, 2018; American Diabetes Association, 2019d; Hermanns *et al.*, 2019).

Hypoglykämie ist definiert als BG-Wert unter 70mg/dl bzw. 3,9mmol/l. Fällt der BG-Wert weiter ab, kann im Falle einer ernsten bzw. schweren Hypoglykämie Fremdhilfe nötig werden. Betroffene können Hypoglykämien bewusst wahrnehmen oder auch nicht (Banck-Petersen *et al.*, 2007; Juhl *et al.*, 2016).

Die Diagnose einer Hypoglykämie basiert auf der *Whipple Trias*, dem zeitgleichen Auftreten von „typischen Symptomen, einer niedrigen Blutglukosekonzentration und der Verbesserung der Symptomatik infolge der Anhebung der Blutglukosekonzentration" durch die Zufuhr von Kohlenhydraten (Haak *et al.*, 2018).

Zu den hypoglykämischen Symptomen zählen Zittern, Gereiztheit, Verwirrung, Tachykardie (Herzrasen) und Hunger. Hypoglykämien können sich unangenehm und/oder beängstigend für Betroffene auswirken. Schwere Hypoglykämien können zu Bewusstlosigkeit, Krampfanfällen, Koma und Tod führen, da die konstante Glukoseversorgung des Gehirns nicht ausreichend stattfindet. Hypoglykämie gefährdet akut die betroffene Person sowie unter Umständen auch weitere Personen, insbesondere wenn sie Stürze, Verkehrsunfälle oder andere Verletzungen zur Folge hat (Fisher & Heller, 2007; Frier, 2014; Juhl *et al.*, 2016; American Diabetes Association, 2019e; Hermanns *et al.*, 2019).

Auf Hypoglykämie sollte ab einem BG-Wert von 70mg/dl oder weniger durch die Einnahme von Glukose oder Kohlenhydraten reagiert werden. Können oder wollen Betroffene oral keine Kohlenhydrate zu sich nehmen, muss Glukagon subkutan (unter die Haut gespritzt) oder intravenös verabreicht werden. Dieser Fall kann etwa eintreten, wenn bei einer schweren Hypoglykämie die MmT1D nicht mehr dazu in der Lage sind, selbstständig Kohlenhydrate zu sich zu nehmen und Fremdhilfe benötigen. Von besonderer Relevanz ist hier die Schulung der Personen, die mit den MmT1D in Kontakt stehen. Familienmitgliedern, Freund:innen, Mitbewohner:innen, Mitarbeiter:innen oder auch Betreuenden sollte die Angst vor dem Einsatz der Glukagonspritze genommen werden (Haak *et al.*, 2018; American Diabetes Association, 2019g).

Hypoglykämien unterbrechen das tägliche Leben und können jederzeit vorkommen. Vermehrt treten sie auf u. a. während Sport, Autofahren und anspruchsvollen

Aufgaben, im Schlaf sowie während und nach dem Konsum von Alkohol. Das potenzielle Auftreten von Hypoglykämien kann zu Berufsverboten und Versicherungsproblemen führen. Durch Hypoglykämie verursachte emotionale und Verhaltensänderungen können einen negativen Einfluss auf das soziale Leben von MmT1D haben und zwischenmenschliche Konflikte verursachen. Häufig sind auch Familienmitglieder mitbeeinträchtigt. Hypoglykämien und die Angst vor Hypoglykämien wirken sich somit stark auf die Lebensqualität von MmT1D aus (vgl. u. a. Clarke *et al.*, 1999; Hermanns *et al.*, 2003, 2019; Holt *et al.*, 2013; Frier, 2014; American Diabetes Association, 2019f, 2019d).

MmT1D sind oft sehr vertraut mit hypoglykämischen Situationen. Sie erleben durchschnittlich bis zu zehn hypoglykämische Episoden pro Woche und mehr als eine ernste Hypoglykämie pro Jahr (Sen, Chakraborty & De, 2016a). Hypoglykämie ist ein Risikofaktor für frühe Mortalität (u. a. Cryer, 2012; Hermanns *et al.*, 2019), etwa 2-4% der durch T1D verursachten Todesfälle sind Hypoglykämien geschuldet (Sen, Chakraborty & De, 2016a). Allerdings ist das Risiko für schwere Hypoglykämien nicht gleichmäßig verteilt: Während die meisten MmT1D keinerlei schwere Hypoglykämien erleben, benötigen einige MmT1D mehrmals im Jahr Fremdhilfe (vgl. u. a. Pedersen-Bjergaard, 2009; Haak *et al.*, 2018).

Ein relevanter Risikofaktor für schwere Hypoglykämien ist die Hypoglykämiewahrnehmungsstörung, definiert durch das Ausbleiben der Wahrnehmung der Symptome einer Hypoglykämie. Diese entsteht durch die Anpassung des Körpers an sich häufig wiederholende bzw. dauerhaft bestehende Hypoglykämien. Die besondere Gefährlichkeit liegt darin, dass der unbemerkte hypoglykämische Zustand übergangslos und ohne vorherige Anzeichen in eine Bewusstlosigkeit münden kann. Durch eine konsequente Vermeidung von Hypoglykämien ist es möglich, die Hypoglykämiewahrnehmung zu verbessern bzw. wiederherzustellen (vgl. u. a. Cranston *et al.*, 1994; Clarke *et al.*, 1999; Fritsche *et al.*, 2001; Haak *et al.*, 2018).

Für MmT1D ist das Wissen um Situationen und Bedingungen mit erhöhtem Risiko für eine Hypoglykämie relevant. Eine hierfür wichtige Grundlage ist das Verständnis von Wirkweise und adäquater Verabreichung von Insulin und Kohlenhydraten. Jedoch ist dieses Wissen nicht immer ausreichend, um Hypoglykämien zu verhindern (American Diabetes Association, 2019e).

3.4.1.1.1 Klassifizierung von Hypoglykämien

Es existieren verschiedene Definitionen zur Klassifizierung von Hypoglykämien. Laut Danne *et al.* (2017, 2018) sowie American Diabetes Association (2019d) unterteilen sich Hypoglykämien in mehrere Schweregrade:
- Level 1, relevante Hypoglykämie: 54 bis 70mg/dl (3,0 bis 3,9mmol/l)

- Level 2, ernste Hypoglykämie: unter 54mg/dl (<3,0mmol/l)

Level 1-Hypoglykämien mit geringfügigen oder keinen Symptomen können durch die orale Einnahme von Kohlenhydraten behandelt werden. Bei Level 2-Hypoglykämien mit Werten unter 40 mg/dl und neurologischen Störungen wird unter Umständen Fremdhilfe benötigt (Sen, Chakraborty & De, 2016a).

Die American Diabetes Association (2019d) nennt zusätzlich den Schweregrad der Level 3-Hypoglykämie. Diese ist nicht definiert durch ein bestimmtes BG-Werteintervall, sondern charakterisiert durch geistige und/oder körperliche Funktionsbeeinträchtigungen und die Notwendigkeit von Fremdhilfe.

Laut Haak *et al.* (2018) werden Hypoglykämien international in milde und schwere Hypoglykämien unterteilt. Diese Unterscheidung orientiert sich nicht an bestimmten BG-Werten, sondern an den Fähigkeiten zur Selbsttherapie. Milde Hypoglykämien können durch MmT1D selbstständig durch Einnahme von Kohlenhydraten therapiert werden. Bei schweren Hypoglykämien sind MmT1D auf Fremdhilfe angewiesen (vgl. u. a. DCCT Research Group, 1997).

3.4.1.2 Diabetische Ketoazidose

Bei der *diabetischen Ketoazidose* handelt es sich um eine Stoffwechselentgleisung, die durch eine Hyperglykämie bzw. einen relativen oder absoluten Insulinmangel zustande kommt. Die diabetische Ketoazidose kann zum Koma führen, ist potenziell lebensbedrohlich und kann durch akute Glukosewerte von über 200mg/dl ausgelöst werden. Personen mit T1D sollten im Besitz von Teststreifen sein, mit denen Ketonkörper im Urin oder im Blut gemessen werden können. Der Umgang damit und die Interpretation der Messwerte sollten geschult werden (Sen, Chakraborty & De, 2016a; Haak *et al.*, 2018).

Die diabetische Ketoazidose tritt typischerweise auf bei nicht diagnostiziertem T1D, bei Unterbrechung der Insulintherapie sowie bei akuten Erkrankungen, die zu einem erhöhten Insulinbedarf führen. Auch durch die Einnahme mancher Medikamente kann eine diabetische Ketoazidose ausgelöst werden. Häufige Symptome sind Bauchschmerzen, Übelkeit und Erbrechen sowie eine spezifische tiefe Atmung (Kussmaul-Atmung) und Azeton-Geruch im Atem (vgl. u. a. Kitabchi *et al.*, 2009; Sen, Chakraborty & De, 2016a; Haak *et al.*, 2018).

Bei diabetischer Ketoazidose schweren Grades sind Krankenhausaufenthalt und eine intravenöse Verabreichung von Insulin die wichtigsten Therapieansätze. Aufklärung bzw. Schulung zu T1D und regelmäßige BG-Messungen können dazu beitragen, die Häufigkeit solcher Komplikationen und damit verbundener Krankenhausaufenthalte zu reduzieren (vgl. u. a. Sen, Chakraborty & De, 2016a).

3.4.2 Folgekomplikationen

Mit T1D sind zahlreiche Folgekomplikationen bzw. -erkrankungen assoziiert, von denen sich viele negativ auf die Lebenserwartung auswirken. Folgekomplikationen nehmen mit dem Alter deutlich zu. Drei Viertel der MmT1D über 60 Jahren weisen Komorbiditäten (zusätzlich zu T1D vorliegende Erkrankungen) auf. Durch die Verbesserung der therapeutischen Möglichkeiten konnte in den vergangenen 20 Jahren jedoch ein deutlicher Rückgang von Folgekomplikationen bei MmT1D verzeichnet werden (vgl. u. a. Haak *et al.*, 2018).

Zu den typischen Folgekomplikationen gehören *Erkrankungen der Augen* wie etwa die Retinopathie, die durch die Schädigung der kleinen Blutgefäße in der Netzhaut als Folge eines dauerhaft erhöhten BG-Spiegels entsteht und zu Erblindung führen kann. Besteht der T1D bereits seit mehr als zehn Jahren, liegt eine erhöhte Wahrscheinlichkeit für die Entstehung von Retinopathie vor. Verluste des Sehvermögens durch Retinopathie sind nicht wiederherstellbar, jedoch kann der Verlauf durch Behandlung und ein verbessertes Management des T1D positiv beeinflusst werden. Auch die potenziell zu Erblindung führenden Erkrankungen Katarakt (Grauer Star), Glaukom (Grüner Star) und Makulaödem (Schwellung der Netzhaut) können in Folge von T1D auftreten (vgl. u. a. Sakata *et al.*, 2000; Sen, Chakraborty & De, 2016a; American Diabetes Association, 2019a).

Die *Nephropathie* ist eine der typischen, häufigen und lebensbedrohlichen Folgekomplikationen des T1D. Die chronische Nierenerkrankung entwickelt sich in der Regel nach einer T1D-Dauer von mindestens 10 Jahren und erhöht das Risiko kardiovaskulärer Folgekomplikationen deutlich. Diagnostiziert wird die chronische Nierenerkrankung u. a. durch die anhaltend erhöhte Ausscheidung von Albumin im Urin (Albuminurie). Die diabetische Nephropathie reduziert die Filtrationsrate der Niere und erhöht den Blutdruck. Eine intensive BG-Kontrolle mit normnaher Einstellung kann den Ausbruch und das Fortschreiten der Albuminurie verzögern und die Filtrationsrate der Niere verbessern (vgl. u. a. Fox *et al.*, 2012; DCCT/EDIC Research Group, 2014; Sen, Chakraborty & De, 2016a, 2016c; American Diabetes Association, 2019a).

Ebenso typisch ist die diabetische *Neuropathie*, eine heterogene Gruppe an Nervenstörungen, die jeden Teil des Körpers betreffen kann. Die Neuropathie findet sich vermehrt bei älteren Menschen in Form der *Polyneuropathie*, die sowohl motorische als auch sensorische Nerven betrifft. Derzeit sind über die glykämische Kontrolle hinaus keine therapeutischen Maßnahmen verfügbar. Eine gute BG-Kontrolle kann bei MmT1D neuropathische Entwicklungen wirksam verhindern, den neuronalen Verlust aber nicht rückgängig machen (vgl. u. a. Ang *et al.*, 2014; Sen, Chakraborty & De, 2016a; American Diabetes Association, 2019a).

T1D ist weiter eine häufige Ursache für die *Amputation der unteren Extremitäten*. Infektionen und Durchblutungsstörungen können zu Fußgeschwüren führen, die schlecht heilen, potenziell zu chronischen Wunden werden und schließlich eine Amputation der unteren Gliedmaße notwendig machen. Der Eingriff ist allerdings riskant, da die Heilungschancen aufgrund der vorliegenden Problematik ungewiss sind. Eine effektive Prävention umfasst das T1D-Management sowie die adäquate Versorgung von Fußgeschwüren (Sen, Chakraborty & De, 2016a; American Diabetes Association, 2019d).

Für eine erhöhte Sterblichkeit bei MmT1D sind maßgeblich *Herz-Kreislauf-Erkrankungen* verantwortlich, die als Folge des T1D entstehen können. Zu diesen zählen Bluthochdruck, Arteriosklerose, Schlaganfall und Herzinfarkt (Sen, Chakraborty & De, 2016a).

Weitere mit T1D assoziierte Folgeerkrankungen beinhalten u. a. Zöliakie (Glutenunverträglichkeit), Gastropathie und Gastroparese (Erkrankungen des Magens), Hautkomplikationen, Mund- und Zahnkomplikationen, sexuelle Komplikationen, Schilddrüsenerkrankungen sowie Komplikationen in der Schwangerschaft bis hin zu angeborenen Fehlbildungen des Kindes (Sen, Chakraborty & De, 2016a).

3.4.3 Psychische & soziale Aspekte sowie Lebensqualität

Auch über die physischen Auswirkungen hinaus ist die Belastung durch T1D hoch. MmT1D haben oft eine eingeschränkte Lebensqualität und leiden deutlich häufiger als andere Personengruppen an Ängsten, Depressionen und anderen psychischen Erkrankungen. Eine häufige Folge von T1D ist unzureichende Schlafqualität, die wiederum zu weiteren körperlichen und psychischen Begleiterkrankungen führen und rekursiv das Diabetes-Management negativ beeinflussen kann. Dies gilt nicht nur für MmT1D, sondern auch für Eltern von Kindern mit T1D (vgl. u. a. Jauch-Chara *et al.*, 2008; Ducat *et al.*, 2015; Kowalski, 2015; De Bock *et al.*, 2018; Cobry & Jaser, 2019; Cobry, Hamburger & Jaser, 2020).

Laut Haak *et al.* (2018) wurden diese relevanten Aspekte im Rahmen klinischer Studien bislang nur selten mitbetrachtet, „obwohl es auf der Hand liegt, dass eine Therapie eine besonders nachhaltige Wirkung erzielt, wenn ein Patient sich unter dieser besser, wohler oder sicherer fühlt." Ebenso bleibe unklar, „ob eine bessere Stoffwechselkontrolle zu einer besseren Lebensqualität führt".

Emotionales Wohlbefinden ist ein wichtiger Bestandteil der Diabetesversorgung und des Selbstmanagements. Psychologische und soziale Probleme können die Fähigkeit der MmT1D oder die ihrer Familien beeinträchtigen, die Aufgaben des T1D-Managements zu erfüllen. Dies kann wiederum zu Gesundheitsgefährdungen führen.

Kulzer (2018) zählt auf, inwiefern das Leben mit T1D eine „lebenslange Anpassungsleistung" bedeutet: „um die Krankheit zu akzeptieren und deren möglicherweise negativen Folgen zu bewältigen [...], den Diabetes bestmöglich in das Leben zu integrieren und eine gute Lebensqualität zu bewahren, und [...] sich immer wieder zu motivieren, möglichst gut die notwendigen Therapiemaßnahmen im Alltag umzusetzen".

Diese Anpassungsleistung wird jedoch erschwert nicht nur durch die Bedingungen des T1D an sich, sondern auch durch die mit T1D verbundenen sozialen Auswirkungen. Finck, Holl & Ebert (2018) beschreiben diese u. a. in folgenden Bereichen:

„Sonderstellung und Sonderbehandlung der Kinder und Jugendlichen mit Diabetes mellitus in Familie, Schule und Freizeit, [...] Diskriminierung bei der Erteilung oder Verlängerung der Fahrerlaubnis, Schlechterstellung der Menschen mit Diabetes beim Abschluss von Versicherungen [...], sozioökonomische Belastungen, psychosoziale Belastungen, negatives Image in den Medien und Fehlinformationen in der Öffentlichkeit mit Beeinträchtigungen des Selbstwertgefühls der Betroffenen."

Erschwerend wirken sich außerdem Faktoren aus wie der „Konflikt zwischen persönlichen Bedürfnissen und Erfordernissen der Therapie, die ein hohes Maß an Selbstdisziplin und Selbststeuerung erfordert" sowie „[p]sychische Erkrankungen (z.B. Depressionen, Ängste, Essstörungen, Zwänge), die sehr häufig eine wichtige Barriere bei der Umsetzung der Therapie darstellen", aber auch „[s]oziale Probleme (z.B. finanzielle Probleme, Arbeitslosigkeit) oder akute Lebensprobleme (z.B. Partnerschaftskonflikte, berufliche Probleme), die die Umsetzung der Therapie erschweren" und „[m]angelnde soziale Unterstützung bei der Therapie und dem Umgang mit dem Diabetes" (Kulzer, 2018).

Zu den Faktoren, die das Leben mit T1D positiv beeinflussen, zählt Kulzer (2018) die Teilnahme an spezifischen Schulungen, Fähigkeiten zum Umgang mit und Wissen über das Krankheitsbild, Unterstützung in Familie und Umfeld, gute diabetologische Betreuung und eine stabile psychische Gesundheit.

Laut Kulzer (2018) ist „der Erhalt einer guten Lebensqualität [...] das wichtigste Ziel der Diabetestherapie".

3.5 Therapie des Typ-1-Diabetes

Kennzeichnend für T1D ist, dass aufgrund der fehlenden (oder nahezu fehlenden) Funktion der Betazellen keine (oder nahezu keine) Produktion von Insulin mehr stattfindet und die Behandlung mit subkutan verabreichtem Insulin existenziell ist. Steht dem Körper keine ausreichende Menge an Insulin zur Verfügung, führt dies zu Hyperglykämie und in der Folge zu metabolischen Störungen wie Ketoazidose und Gewebeabbau. Somit ist die lebenslange und konstante subkutane Verabreichung von Insulin der Hauptpfeiler der Behandlung des T1D (Singh et al., 2016b; American Diabetes Association, 2019g).

Laut der Leitlinie zur T1D-Therapie des Deutsche Diabetes Gesellschaft e. V. besteht das Therapiekonzept des T1D „aus den Komponenten Insulintherapie, Ernährungserkenntnisse, Glukoseselbstkontrolle und psychosoziale Betreuung" (Haak et al., 2018). Siegel (2018) macht einen weiteren relevanten Aspekt der Behandlung des T1D deutlich:

> „Die erfolgreiche Behandlung des Diabetes bedeutet, **dass die Betroffenen ihre Therapie weitgehend selbst in die Hand nehmen**, unterstützt durch gute Schulung und Betreuung. Selbstbestimmung und Patienten-Autonomie sind wesentlich in der Therapie – und bei einer intensivierten Insulintherapie oder Insulinpumpentherapie Grundvoraussetzung für den langfristigen Therapieerfolg!" (Hervorhebungen im Original)

3.5.1 Insulintherapie

Ein Bedarf an Insulin besteht bei MmT1D ebenso wie bei Menschen ohne T1D sowohl ohne Nahrungszufuhr (*basaler Insulinbedarf*) als auch bei Nahrungszufuhr (*prandialer Insulinbedarf*) (Haak et al., 2018).

Für MmT1D ist es wichtig, sowohl den eigenen Insulinbedarf als auch die Wirkweise des verwendeten Insulins bzw. der verwendeten Insuline zu kennen. Der individuelle Insulinbedarf lässt sich anhand des Gewichts des MmT1D schätzen, wobei ein höheres Gewicht zu einem höheren Insulinbedarf führt. Größere Mengen von Insulin werden in der Regel während Pubertät, Schwangerschaft und Krankheit benötigt, geringere Mengen bei körperlicher Aktivität. Empfohlen für die erste Einstellung sind 0,5 Insulineinheiten pro Kilogramm Körpergewicht pro Tag für MmT1D mit stabiler Stoffwechsellage. Etwa die Hälfte des verabreichten Insulins wird als sog. *Bolusinsulin* zur Mahlzeit (für den prandialen Insulinbedarf) und die andere Hälfte als sog. *Basalinsulin* für die Zeiten zwischen den Mahlzeiten (für den basalen Insulinbedarf) gegeben. Für die meisten MmT1D müssen jedoch sowohl die basale als auch die prandiale Insulindosis individuell angepasst werden (Haak et al., 2018; American Diabetes Association, 2019g).

Die für MmT1D lebensnotwendige Verabreichung von Insulin führt immer zum sog. *Diabetologischen Dilemma*: In aller Regel wird „ein Plus an Therapiewirkung mit einem Minus bei der Therapiesicherheit (Neigung zu Unterzucker) erkauft" (Haak et al., 2018). Eine normnahe BG-Einstellung führt zwar zur Vermeidung diabetischer

Komplikationen, erhöht jedoch die Rate an schweren Hypoglykämien (DCCT Research Group, 1997; Haak et al., 2018).

3.5.1.1 Intensivierte Insulintherapie

Bei MmT1D stellt die *intensivierte Insulintherapie* den Behandlungsstandard dar. Ziel der Therapie ist immer die nahe-normoglykämische BG-Einstellung, um ein Entstehen oder Fortschreiten diabetesassoziierter Spätkomplikationen weitestmöglich zu unterbinden und Akutkomplikationen zu verhindern. Die intensivierte Insulintherapie kann sowohl mit Insulinpens oder Insulinspritzen als auch mit Insulinpumpen umgesetzt werden und ist definiert durch mindestens drei Insulininjektionen pro Tag (Haak et al., 2018).

Die Verabreichung von Insulin in Form von Insulinpens oder, mittlerweile weniger üblich, Insulinspritzen (siehe Kapitel 4.1.1) mit mehreren subkutanen Injektionen am Tag nennt sich *MDI* (multiple daily injections, mehrere Injektionen am Tag). Zur Therapie von T1D werden hierbei zwei unterschiedliche Insuline verabreicht: ein kurzwirksames Insulin für den prandialen Bedarf zu den Mahlzeiten oder zur Korrektur bei erhöhtem BG-Wert (*Bolus*) und ein langwirksames Verzögerungsinsulin für den basalen Bedarf unabhängig von den Mahlzeiten. Diese spezifische Therapieform nennt sich *ICT* (*intensified conventional insulin therapy*, intensivierte konventionelle Insulintherapie; vgl. Haak et al., 2018; American Diabetes Association, 2019g).

Die Insulinpumpentherapie wird auch *CSII* (*continuous subcutaneous insulin infusion*, kontinuierliche subkutane Insulininfusion) genannt (siehe auch Kapitel 4.1.2). Hier wird nur kurzwirksames Insulin eingesetzt, das sowohl punktuell als Bolus als auch kontinuierlich für den basalen Bedarf abgegeben wird (Haak et al., 2018; American Diabetes Association, 2019g).

Das Basalinsulin ist bei beiden Therapieformen dann korrekt dosiert, wenn sich der BG-Spiegel im nüchternen Zustand konstant zeigt. Dies kann z. B. durch das Auslassen von Mahlzeiten (*Basalratentest*) überprüft werden (Haak et al., 2018).

3.5.1.2 Spritz-Ess-Abstand

Ein zeitlicher Abstand zwischen der Injektion des Bolusinsulins vor der Mahlzeit und dem Beginn der Aufnahme der Kohlenhydrate nennt sich Spritz-Ess-Abstand. Dieser bewirkt einen geringeren Anstieg des BG-Spiegels nach der Mahlzeit als bei Nahrungsaufnahme ohne Zeitverzögerung direkt nach der Injektion. In vielen Fällen können somit insgesamt weniger erhöhte BG-Werte erzielt werden. Allerdings gibt es etliche weitere Aspekte, die den Anstieg des BG-Spiegels nach der Mahlzeit beeinflussen, wie Fett- und Eiweißanteil der Mahlzeit, die Art der Kohlenhydrate bzw. ihr glykämischer Index (der aussagt, wie schnell Kohlenhydrate in BG umgewandelt werden), der Ausgangs-BG-Wert, die Wirkgeschwindigkeit des Insulins oder vorausgegangene körperliche Aktivität. Eine generelle Empfehlung für einen Spritz-Ess-Abstand kann daher nicht gegeben werden, sondern muss individuell bestimmt werden. Bei manchen MmT1D kann jedoch nicht sichergestellt werden, dass die geplante Aufnahme von Kohlenhydraten tatsächlich stattfindet, etwa bei Kindern oder älteren Personen. Dies kann in schweren Hypoglykämien enden (Haak et al., 2018).

3.5.2 Neue Ansätze zur Behandlung des Typ-1-Diabetes

Jüngere und neue Ansätze, T1D ohne die Verabreichung von Insulin zu behandeln oder der Entstehung von T1D vorzubeugen, sind derzeit noch nicht ausgereift und alle noch in der Forschung befindlich. Zu den relevantesten Forschungsansätzen zählen etwa Gentherapien zur Heilung von T1D und T2D; die Betazellersatztherapie, worunter eine Transplantation der Langerhans'schen Zellen oder des Pankreas zu verstehen ist; die Inselregeneration, die die Wiederherstellung der Betazellmasse anstrebt; die Stammzelltherapie; sowie die Entwicklung von Impfstoffen gegen T1D (Sen, Chakraborty & De, 2016f; Singh et al., 2016e).

Auch injizierbare und orale glukosesenkende Medikamente werden aktuell als Ergänzung zur Insulinbehandlung von T1D untersucht. Derzeit ist *Pramlintid* der einzige Wirkstoff außer Insulin, der zur Therapie von T1D in den USA zugelassen ist, jedoch nicht in Europa (American Diabetes Association, 2019g).

Für die vorliegende Arbeit sind diese Ansätze nicht von weiterer Bedeutung.

3.6 Typ-1-Diabetes bei Kindern & Jugendlichen

Von den ca. 300.000 in Deutschland lebenden MmT1D sind etwa 32.000 Kinder und Jugendliche. Die Zahl jährlicher Neuerkrankungen bei Kindern liegt ca. bei 3.100 (Deutsche Diabetes Hilfe, 2019).

T1D ist in Deutschland die häufigste Stoffwechselerkrankung bei Kindern und Jugendlichen. Die Fallzahlen nehmen sowohl in Deutschland als auch weltweit deutlich zu. Bis zum Jahr 2026 ist in Deutschland mit einer Verdoppelung der Prävalenz seit 2006 zu rechnen, was auch der Lage anderer europäischer Länder entspricht. Es ist davon auszugehen, dass eines von 300 Neugeborenen in Mitteleuropa bis zum Alter von 18 Jahren T1D entwickeln wird (Danne, Ziegler & Kapellen, 2018).

Die Behandlung von T1D bei Kindern oder Jugendlichen kann nicht entsprechend der Behandlung von T1D bei Erwachsenen einfach übernommen werden. Sie muss sehr individuell erfolgen, u. a. weil die Insulinempfindlichkeit durch Faktoren wie

Wachstum, hormonelle Schwankungen bzw. Veränderungen, differierende Tagesabläufe und, vor allem bei Kleinkindern, Infektionserkrankungen variiert. Erschwerend hinzu kommen spontane körperliche Aktivitäten und Unregelmäßigkeiten bei der Nahrungsaufnahme. Eine normnahe BG-Einstellung ist in diesen Altersgruppen schwieriger zu erreichen als bei Erwachsenen (DCCT Research Group, 1997; Danne, Ziegler & Kapellen, 2018; American Diabetes Association, 2019b).

Die Eltern eines Kindes mit T1D müssen bis ins Jugendalter für die Therapie des Kindes Verantwortung übernehmen, was weitreichende Folgen nicht nur für die betroffenen Kinder, sondern auch für die Eltern und in vielen Fällen besonders für die Mütter haben kann. Danne, Ziegler & Kapellen (2018) beschreiben die Ergebnisse einer Umfrage unter 500 Familien mit einem Kind mit Diabetes mellitus, laut der

„nahezu alle Mütter der jüngeren Kinder und die Hälfte der Mütter älterer Kinder ihre Berufstätigkeit nach der Diagnose eines Diabetes aufgeben oder nicht wieder aufnehmen. Nicht unerwartet berichteten daher 47 Prozent von negativen finanziellen Folgen der Diabeteserkrankung des Kindes für die Familie. 4 Prozent der Mütter gaben an, dass sie aus finanziellen Gründen weiterarbeiten mussten, obwohl nach ihrer Einschätzung die Gesundheit des Kindes dadurch vernachlässigt wird. Besorgniserregend ist der Anteil der Mütter, die in dieser Situation so überfordert sind, dass ihre seelische Gesundheit bedroht ist, vor allem durch depressive Störungen."

Danne, Ziegler & Kapellen (2018) weisen weiter darauf hin, dass sich diese stark belastende Situation für Familien in den letzten Jahren nicht verändert hat, obwohl hinsichtlich der Therapieoptionen für T1D große Fortschritte gemacht wurden. Maßnahmen zu Inklusion und Integration in Kindergarten und Schule seien unzureichend und führten zu „große[n], auch finanzielle[n] Belastungen der Familien".

Jedoch nicht nur die Eltern, sondern das gesamte betreuende Umfeld eines Kindes mit T1D muss geschult werden und Verantwortung für die Therapie übernehmen. Die therapeutischen Maßnahmen können, egal wie gut sie sind, nur von Erfolg sein, wenn die Familie bzw. Betreuenden in der Lage sind, diese auch adäquat umzusetzen. Der Einbezug der ganzen Familie bzw. aller Betreuenden ist daher eine notwendige Komponente des Umgangs mit dem T1D während der gesamten Kindheit und Jugend. Die Schulung verfolgt vorrangig das Ziel, die Fähigkeit zum Selbstmanagement sowohl der Kinder als auch der Familien bzw. Betreuenden zu unterstützen (Danne, Ziegler & Kapellen, 2018; American Diabetes Association, 2019b).

3.6.1 Psychiatrische Begleiterkrankungen bei Kindern & Jugendlichen

Ebenso wie bei Erwachsenen besteht auch bei Kindern und Jugendlichen mit T1D ein erhöhtes Risiko für psychiatrische Begleiterkrankungen. Die Untersuchung auf psychosoziale Belastung und psychische Gesundheitsprobleme ist daher ein relevanter Bestandteil der Versorgung. Auswirkungen von T1D auf die Lebensqualität sowie die Entwicklung von psychischen Problemen müssen beobachtet werden. Hierzu zählen etwa durch T1D ausgelöster Stress, Angst vor Hypoglykämie und Hyperglykämie, andere Angstsymptome, Essstörungen sowie Depressionen. Psychosoziale Faktoren stehen auch bei Kindern und Jugendlichen in signifikantem Zusammenhang mit Schwierigkeiten im Selbstmanagement, suboptimaler BG-Einstellung, verminderter Lebensqualität und höheren Raten von akuten und chronischen gesundheitlichen Komplikationen (Lawrence *et al.*, 2012; American Diabetes Association, 2019b).

3.7 Schulung bei Typ-1-Diabetes

Für die Therapie des T1D ist es essenziell, dass MmT1D in Eigenverantwortung und in Hinblick auf ihre Therapieziele die relevanten Therapiemaßnahmen selbst vollziehen. Der Erfolg der Therapie und die weitere Prognose sind somit stark abhängig von den Fähigkeiten der MmT1D zur Selbstbehandlung. Das Wissen für die Umsetzung einer adäquaten Selbstbehandlung bei T1D wird in strukturierten Schulungen gelehrt und die MmT1D zum Selbstmanagement ermächtigt (ein hier gebräuchlicher Terminus ist auch das *Empowerment* von MmT1D). Ziel der Schulungen ist es, dass MmT1D selbstbestimmt den T1D und die Therapie in ihr Leben integrieren, ihre Lebensqualität erhalten und negative Konsequenzen vermeiden können (vgl. u. a. Kulzer *et al.*, 2013; Haak *et al.*, 2018).

Schulungen für T1D richten sich nicht nur an MmT1D selbst, sondern auch an ihre Angehörigen und an Personen aus ihrem näheren Umfeld. Die Schulungen sollten direkt nach der Diagnose sowie nach Bedarf stattfinden. Haak *et al.* (2018) plädieren dafür, dass die Schulung Bestandteil der Behandlung des T1D sein soll.

3.7.1 Schulung zu Technologien für Typ-1-Diabetes

Auch für die Nutzung der T1D-spezifischen Technologien wie CGM-Systeme und Insulinpumpen werden Schulungen empfohlen. Heinemann (2018) merkt kritisch an, dass etliche der heute bereits verfügbaren Technologien für T1D nicht optimal eingesetzt werden, obwohl viele dieser Systeme leicht bedienbar seien. Dies liege an einem Mangel an adäquater Schulung und Fortbildung, sowohl seitens der Fachkräfte als auch seitens der nutzenden MmT1D. Relevant sei jedoch nicht nur die Kenntnis bezüglich des Umgangs mit der Technologie selbst, sondern auch das Wissen über den Umgang mit den Werten, die von den Systemen ausgegeben werden, also deren Interpretation und die daraus folgenden Therapieentscheidungen. Ansonsten könne kaum eine Verbesserung der Stoffwechselkontrolle erfolgen.

4 Kommerzielle Technologien für T1D

Unter Technologien für T1D bzw. unter Diabetes-Technologien sind Geräte und Mittel sowie Soft- und Hardware zu verstehen, die MmT1D nutzen, um ihre Situation besser handhaben zu können. Dies bezieht sich sowohl auf das Management der BG als auch auf das Management des Alltags (Zimmerman, Albanese-O'Neill & Haller, 2019; American Diabetes Association, 2020).

Historisch lassen sich Technologien für T1D in zwei Hauptkategorien unterscheiden: Technologien zur Insulinabgabe (wie Spritzen, Insulinpens und Insulinpumpen) und Technologien zur Messung der BG (wie Geräte zur BGSM sowie Geräte zur kontinuierlichen Messung der Glukose in der Bindegewebsflüssigkeit). In der jüngeren Vergangenheit kamen darüber hinaus hybride Technologien für T1D auf den Markt, die die Möglichkeiten der Messung und Insulinabgabe kombinieren, sowie Software, die selbst als Medizinprodukt zu verstehen ist oder das T1D-Management unterstützt (Beck *et al.*, 2019; American Diabetes Association, 2020).

Es ist davon auszugehen, dass bei keiner anderen chronischen Krankheit Technologien eine derart große Bedeutung haben wie bei T1D. Der potenzielle Einfluss von Technologie auf das Management von T1D ist massiv (Beck *et al.*, 2019; Reznik, 2019).

In den vergangenen 25 Jahren hat sich die Versorgung von MmT1D bereits stark verbessert, vor allem in Folge der Etablierung von ICT (siehe Kapitel 3.5.1.1) als Versorgungsstandard und durch technischen Fortschritten bei Glukosemessung und Insulinabgabe. Doch insbesondere in den letzten ca. zehn Jahren sind in der Entwicklung der Technologien für T1D mit enormer Geschwindigkeit technologische Neuerungen entstanden. Diese tragen ein hohes Potenzial, das Leben von MmT1D zu verbessern und zu vereinfachen hinsichtlich der glykämischen Kontrolle, der Reduzierung der Belastung durch T1D und der Verbesserung der Lebensqualität. Neuere Technologien für T1D bringen verstärkt die Möglichkeit der Individualisierung mit sich und führen wesentlich mehr als die älteren Technologien zu einem *Empowerment* der Nutzenden, da mit ihnen mehr Kontrolle und mehr Verständnis über die individuellen Auswirkungen des T1D möglich sind (Alcántara-Aragón, 2019; Beck *et al.*, 2019; Zimmerman,

Albanese-O'Neill & Haller, 2019; American Diabetes Association, 2020; Dove & Battelino, 2020b). Entsprechend hat die Nutzung von Technologien für T1D in den vergangenen zehn Jahren deutlich zugenommen, vor allem in Europa und den USA (Alcántara-Aragón, 2019). Allerdings können die zunehmende Komplexität und schnelle Entwicklung der Technologien für T1D auch Schwierigkeiten mit sich bringen, insbesondere hinsichtlich der Übernahme in den Erstattungskatalog der Krankenkassen (Zimmerman, Albanese-O'Neill & Haller, 2019; American Diabetes Association, 2020).

Die American Diabetes Association (2020) betont, dass die wichtigste Komponente der Technologien für T1D der MmT1D ist. Daher kann es keine Universal-Technologien geben, mit der sich die Bedarfe aller MmT1D erfüllen lassen. Hier spielen Kosten und Erstattung eine maßgebliche Rolle, aber insbesondere auch die individuellen Anforderungen der MmT1D und deren (vorhandene oder eben nicht vorhandene) Wünsche nach einer Veränderung der Therapie. Welche Technologien MmT1D anwenden sollten, hängt von diesen Aspekten ab sowie von der Verfügbarkeit der Technologien und der Fähigkeit der MmT1D, die Technologie adäquat anzuwenden. Eine gute Technologie zu besitzen, führt per se noch zu keinerlei Verbesserungen für MmT1D, sofern diese nicht damit umgehen möchten oder können. Um eine adäquate Nutzung neuerer Technologien für T1D zu gewährleisten, ist daher sowohl die Motivation der Nutzenden als auch deren Schulung von großer Bedeutung (Alcántara-Aragón, 2019; Zimmerman, Albanese-O'Neill & Haller, 2019; American Diabetes Association, 2020).

Aber auch für medizinische Fachkräfte war es noch nie zuvor so relevant, sich der Vor- aber auch der Nachteile der Technologien für T1D bewusst zu sein und zu wissen, welche MmT1D mit welchen Technologien die individuell beste Therapie erzielen können (Reznik, 2019).

Im Folgenden wird ein Überblick gegeben über die relevantesten Technologien für T1D. Hierzu zählen die Technologien zur Insulinabgabe, die Technologien zur Messung der BG und die kommerziellen Ansätze von Closed-Loop-Systemen bzw. deren Vorläufern.

4.1 Technologien zur Insulinabgabe

Die drei gängigsten und aktuell wie historisch relevantesten Technologien zur subkutanen Abgabe bzw. Applikation von Insulin sind Insulinspritze, Insulinpen und Insulinpumpe. Diese werden im Folgenden besprochen.[6]

---

[6] Über die vergangenen ca. 100 Jahre wurden noch einige weitere Ansätze zur Verabreichung von Insulin entwickelt und in den Einsatz gebracht. Hierzu zählen u. a. inhalierbares Insulin, Insulinpflaster

4.1.1 Insulinspritzen & Insulinpens

Die Injektion von Insulin mittels Spritzen oder sog. *Pens* (Pens aufgrund ihres an einen Stift erinnernden Erscheinungsbilds) ist weltweit die gängigste Form der Insulinapplikation. Sowohl mit Spritzen als auch mit Pens kann Insulin sicher und effektiv verabreicht werden (vgl. u. a. Holmes *et al.*, 2011; American Diabetes Association, 2019f; Dovc & Battelino, 2020b).

Die ICT-Therapie kann mit beiden durchgeführt werden und wird weltweit von 70%-99% der MmT1D angewandt (Faber-Heinemann *et al.*, 2018). Die Wahl zwischen Spritze und Pen sowie zwischen den jeweils verfügbaren Modellen ist teilweise abhängig von der Wahl des zu verwendenden Insulins und den Kosten, vor allem aber von den individuellen Präferenzen der Nutzenden (vgl. u. a. American Diabetes Association, 2019f; Morera, 2019).

4.1.1.1 Insulinspritzen

Die Spritze war die erste Technologie zur Verabreichung von Insulin (Abbildung 2). 1954 kam die erste Einmal-Glasspritze auf den Markt und wurde bereits kurz darauf durch eine Plastikspritze ersetzt. Seit dem Aufkommen des Pens wurde die Spritze mehr und mehr durch diesen abgelöst, lediglich in den USA werden Spritzen immer noch von ca. 40% der Menschen mit Diabetes genutzt. Der Rückgang der Spritzennutzung begründet sich vorwiegend in der Notwendigkeit, mehrere Utensilien mit sich zu führen (die Spritze selbst sowie die Ampulle mit Insulin), die Spritzen vor der Verwendung zu füllen, einer im Vergleich zur Pennutzung höheren Fehleranfälligkeit für Falschdosierungen sowie psychologischen und sozialen Auswirkungen, die generell mit der Nutzung von Spritzen verbunden sind (vgl. u. a. Perez-Nieves, Jiang & Eby, 2015; Haak *et al.*, 2018; Morera, 2019).

---

und orale Darreichungsformen, aber auch Vorrichtungen mit versteckter Nadel oder andere Formen der Hautpenetration, die bei einer Nadelphobie hilfreich sein können (Singh *et al.*, 2016c; Morera, 2019; Zimmerman, Albanese-O'Neill & Haller, 2019). In Fällen, in denen die glykämischen Zielwerte besonders schwer zu erreichen sind, kann auch eine implantierbare Insulinpumpe in Erwägung gezogen werden (Schaepelynck, 2019). Diese Ansätze sind für die vorliegende Arbeit jedoch nicht von Bedeutung.

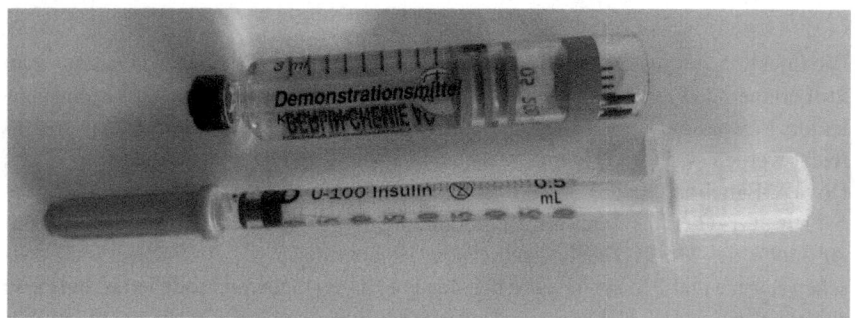

Abbildung 2: Insulinspritze (unten) und Ampulle für Insulinpen (oben) im Vergleich. Foto: Helga Woll

4.1.1.2 Insulinpens

Insulinpens kombinieren die Eigenschaften von Spritze und Ampulle mit austauschbaren Kanülen (Abbildung 3). Es gibt sowohl Einmal-Pens mit vorgefüllten Kartuschen als auch wiederverwendbare Pens mit austauschbaren Kartuschen (Morera, 2019; American Diabetes Association, 2020; Dovc & Battelino, 2020b).

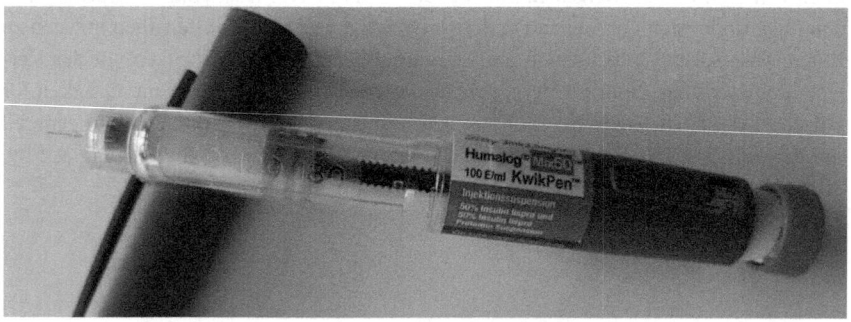

Abbildung 3: Humalog® 100 Einheiten/ml KwikPen® (Injektionslösung in einem Fertigpen) der Firma Lilly. Foto: Helga Woll

Der erste Insulinpen wurde 1985 hergestellt. Seitdem wurden die Pens kontinuierlich verbessert, etwa durch kürzere und dünnere Kanülen, geringeren Widerstand bei der Injektion oder farbliche Kennzeichnungen zur besseren Unterscheidbarkeit der Insuline. Hierdurch wurde die Handhabung immer einfacher, sicherer und schmerzfreier (Heinemann, 2018; Morera, 2019; Dovc & Battelino, 2020b).

In Deutschland wird 95% des Insulins mit Pens gespritzt (Haak et al., 2018). Die Therapie mit Pens ist pro Einheit Insulin teurer als die Therapie mit Spritzen, allerdings halten Menschen mit Diabetes die Therapie mit Pens stringenter durch, was letztlich Kosten reduziert (vgl. u. a. Asche, Shane-McWhorter & Raparla, 2010; Morera, 2019). Einige neuere Varianten von wiederverwendbaren Insulinpens, sog. *Smartpens*, haben eine Erinnerungsfunktion und können Dosis und Uhrzeit der Injektion speichern. Weitere Funktionen können je nach Model etwa die Berechnung von Insulindosen, das Anzeigen des im Körper noch wirksamen Insulins oder die Übermittlung der Daten an eine Smartphone-App und an medizinische Fachkräfte sein (vgl. u. a. Beck et al., 2019; Morera, 2019; American Diabetes Association, 2020; Dovc & Battelino, 2020b).

4.1.2 Insulinpumpen

Die erste Insulinpumpe wurde in den 1960er Jahren entwickelt und hatte die Größe eines Rucksacks. Weitere Modelle folgten in den 1970er Jahren. Allerdings waren bis dato sämtliche Modelle nicht nur groß und unhandlich, sondern auch schwierig zu bedienen. Sie wurden daher nur in Ausnahmesituationen während Krankenhausaufenthalten eingesetzt. In den 1980er Jahren wurde mit der *MiniMed 502* der Firma *Medtronic* die erste kommerzielle Insulinpumpe auf den Markt gebracht (Selam & Charles, 1990; Allen & Gupta, 2019; Zimmerman, Albanese-O'Neill & Haller, 2019).

Heutige Insulinpumpen sind kleine batteriebetriebene Technologien, die geringe und individuell einprogrammierte Dosen kurzwirksamen Insulins (sog. *Micro Boluses*) subkutan und kontinuierlich abgeben, wobei die Wirkweise der physiologischen Insulinproduktion imitiert wird. Angepasst für Tages- bzw. Uhrzeit können Basalraten angelegt werden, die die Menge des kontinuierlich abzugebenden Insulins festlegen. Diese können auch in verschiedenen Profilen in Abhängigkeit von bestimmten Situationen (wie etwa Sport oder Krankheit) angelegt werden. Weitere individuell festzulegende Einstellungsmöglichkeiten umfassen etwa Essensfaktoren (die individuell benötigte Menge Insulin pro Einheiten Kohlenhydrate), die Wirkdauer des Insulins oder die individuelle Sensitivität auf das Insulin. Zu den Mahlzeiten und zur Korrektur hoher Werte können größere Dosen als Bolus manuell abgegeben werden. Integrierte Bolusrechner helfen bei der Berechnung der Insulinmenge zu den Mahlzeiten (Haak et al., 2018; Allen & Gupta, 2019; American Diabetes Association, 2019f; Beck et al., 2019; Reznik & Deberles, 2019; Dovc & Battelino, 2020b).

Das Insulin wird verabreicht mittels eines Infusionssets, bestehend aus einem dünnen Schlauch und einer feinen Kanüle, die alle zwei bis drei Tage von den MmT1D selbst gewechselt wird. Einige Insulinpumpen, sog. Patch-Pumpen, haben keinen

Schlauch und sitzen direkt auf dem Körper auf. Modernere Pumpen können die gesammelten Daten auf einen Computer übertragen, was die Auswertung erleichtert. Manche Modelle lassen sich fernsteuern, was beispielsweise hilfreich ist, um Kindern Insulin zu verabreichen (Allen & Gupta, 2019; American Diabetes Association, 2019f; Beck et al., 2019; Reznik & Deberles, 2019; Dovc & Battelino, 2020b).

Der klare Vorteil der Insulinpumpentherapie gegenüber ICT liegt in der Flexibilität der Insulingabe, die weit über die Optionen von ICT hinausgeht. Weiter sind mit der Insulinpumpe keine einzelnen Injektionen mehr vonnöten (Haak et al., 2018; Allen & Gupta, 2019).

In Deutschland werden MmT1D seit den 1980er Jahren mit Insulinpumpen behandelt, ab Mitte der 1990er Jahre nahm die Zahl der Nutzenden stark zu. Mittlerweile sind es etwa 60.000 Personen, was ca. 20% der MmT1D in Deutschland entspricht. Bei Kindern und Jugendlichen ist diese Zahl wesentlich höher: Über 90% der Kinder unter fünf Jahren und ca. 40% der Jugendlichen und jungen Erwachsenen mit T1D verwenden eine Insulinpumpe. Weltweit nutzen mehr als eine Million MmT1D eine Insulinpumpe, darunter nahezu 400.000 Personen alleine in den USA (vgl. u. a. Gehr, 2017; Allen & Gupta, 2019; Reznik, 2019).

Seit der Entwicklung der ersten Insulinpumpe hat sich der Markt stark weiterentwickelt (Allen & Gupta, 2019). Die derzeit relevantesten Hersteller und Modelle von Insulinpumpen werden in Kapitel 4.3 mit Bezug zu bereits existierenden oder sich in der Entwicklung befindlichen Closed-Loop-Systemen vorgestellt.

4.1.2.1 Studienlage zu Insulinpumpen

Die Insulinpumpentherapie gilt als sichere und effektive Therapie für MmT1D aller Altersgruppen. Eine Vielzahl an Studien belegt die Vorteile gegenüber ICT hinsichtlich einer besseren glykämischen Einstellung und einer damit einhergehenden Verbesserung der gesundheitlichen Situation.

Konkret zählen hierzu u. a. (vgl. u. a. Allen & Gupta, 2019; American Diabetes Association, 2019f; Beck et al., 2019; Zimmerman, Albanese-O'Neill & Haller, 2019; Dovc & Battelino, 2020b):
- Eine geringere Häufigkeit schwerer Hypoglykämien
- Ein selteneres Vorkommen der diabetischen Ketoazidose
- Eine Verbesserung des HbA1c
- Eine geringere Variabilität des BG-Levels
- Eine Reduktion diabetischer Folgekomplikationen
- Eine verringerte Sterblichkeit
- Die Zunahme an Lebensqualität und Zufriedenheit mit der Behandlung
- Die Reduktion von diabetesbedingtem Stress bei Eltern von Kindern mit T1D

4. Kommerzielle Technologien für T1D

- Ein geringerer Insulinbedarf

4.1.2.2 Kriterien für die Nutzung von Insulinpumpen

Insulinpumpen können von MmT1D aller Altersgruppen genutzt werden, je nach individuellen Bedarfen der MmT1D und Möglichkeiten der Gesundheitsversorgung. Nur für Kinder unter sieben Jahren besteht eine konkrete Empfehlung (American Diabetes Association, 2019f).

Da die Insulinpumpentherapie teurer ist als die Therapie mit ICT (Cummins *et al.*, 2010; Reznik & Deberles, 2019), werden die Kosten nicht für alle MmT1D von den Krankenkassen übernommen.

In Deutschland sollte die Insulinpumpentherapie laut Haak *et al.* (2018) für Menschen mit T1D unter folgenden Umständen in Betracht gezogen werden (vgl. u. a. Bolli *et al.*, 2009; Steineck *et al.*, 2015):

- Sofern die individuellen Therapieziele nicht erreicht werden
- Sofern häufige Hypoglykämien bzw. häufige schwere Hypoglykämien vorliegen
- Sofern ein Dawn-Phänomen (Anstieg der BG in den frühen Morgenstunden) vorliegt
- Sofern ein unregelmäßiger Tagesablauf besteht, etwa bei Schichtarbeit
- Sofern Tätigkeiten mit variierender physischer Aktivität ausgeübt werden
- Sofern Schwierigkeiten bei der Umsetzung der ICT bestehen
- Bei geplanter Schwangerschaft oder bei Beginn einer Schwangerschaft
- Bei geringem Insulinbedarf
- Bei unzureichender glykämischer Kontrolle

Laut Haak *et al.* (2018) sollten folgende Voraussetzungen gegeben sein, um die Therapie mit Insulinpumpe in Betracht zu ziehen:

- Die Beherrschung der ICT
- Die Betreuung durch eine qualifizierte diabetologische Einrichtung mit entsprechender Erfahrung in der Anwendung von Insulinpumpen
- Insulinpumpen-Schulung durch ein ausgebildetes Schulungsteam

4.1.2.3 Limitationen der Insulinpumpentherapie

Die wohl größte Problematik, die mit der Nutzung von Insulinpumpen einhergeht, ist das erhöhte Risiko der diabetischen Ketoazidose. Da mit Insulinpumpen ausschließlich kurzwirksames Insulin verabreicht wird, kann es bei einem Ausfall der Insulinabgabe zeitnah zu einem absoluten Insulinmangel und somit zu einer starken Hyperglykämie kommen, welche, sofern unbemerkt, schnell zu einer diabetischen Ketoazidose führen kann. Ein Ausfall der Insulinabgabe kann etwa bedingt sein durch einen Verschluss des Infusionssets, eine Entzündung oder Infektion an der Infusionsstelle, eine Ablösung des Infusionssets, Verdickungen an häufig genutzten Injektionsstellen, Undichtigkeit, Luftblasen in Schlauch oder Reservoir, Bedienungsfehler oder eine Fehlfunktion der Pumpe. Trotz dieser bestehenden Problematik zeigen Studien, wie oben bereits beschrieben, dass die diabetische Ketoazidose bei Insulinpumpentherapie seltener als bei ICT auftritt (Haak *et al.*, 2018; Allen & Gupta, 2019; American Diabetes Association, 2019f; Beck *et al.*, 2019; Reznik & Deberles, 2019).

Haak *et al.* (2018) stellen heraus, dass der Erfolg der Insulinpumpentherapie abhängt vom technischen Stand der Pumpe selbst sowie den dafür notwendigen Verbrauchsmaterialien wie etwa den Infusionssets. Sie kritisieren, dass (wie auch bei anderen medizinischen Hilfsmitteln) keine systematische Rückmeldung von defekten Produkten stattfindet. Auch aus dem US-amerikanischen Raum kommen Forderungen nach stärker standardisierten und transparenten Sicherheitskonzepten der Hersteller (vgl. u. a. Beck *et al.*, 2019).

Eine weitere Problematik besteht im Trend hin zu geschlossenen herstellerspezifischen Systemen. Während in den Anfängen der Insulinpumpentherapie die Schnittstellen standardisiert waren, nutzen mittlerweile fast alle Hersteller ihre eigenen Anschlüsse. Dies führt zu einer deutlich geringeren Auswahl an Infusionssets für die Nutzenden. Aufgrund des gleichzeitigen Kostendrucks kommt es häufig zu Lieferengpässen und Rückrufaktionen. Aus diesen Gründen wäre es von großem Vorteil, wenn mehr interoperable und standardisierte Produkte angeboten würden (Gehr, 2017).

Ein weiteres potenzielles Risiko kann bei Insulinpumpen mit Bluetooth-Schnittstelle bestehen. 2019 warnte die FDA, dass manche *MiniMed*-Pumpen der Firma Medtronic wegen einer IT-Schwachstelle zurückgerufen wurden. Diese könne es Dritten ermöglichen, aus der Nähe über Bluetooth auf die Pumpe zuzugreifen und Einstellungen zu verändern. (FDA, 2019a; The Lancet Diabetes & Endocrinology, 2019) Eine ähnliche Meldung gab 2020 die Firma SOOIL bzw. das BfARM für die Insulinpumpe *Dana Diabecare RS* von SOOIL heraus und warnte vor der gleichen Möglichkeit (SOOIL Development Co., 2020). Dieses Risiko ist allerdings sehr theoretisch. Es müssten mehrere Faktoren zusammenkommen, damit tatsächlich eine Gefährdung bestände. Hierzu gehört etwa die Absicht, der spezifischen Person mit T1D zu schaden, das Wissen, dass diese Person eine Pumpe und welche Pumpe sie trägt, die direkte physische Nähe zu der Person sowie die technologische Fähigkeit, unbefugt auf die Pumpe zuzugreifen. Bislang sind keine derartigen Fälle bekannt (The Lancet Diabetes & Endocrinology, 2019).

4.2 Technologien zur Messung der Blutglukose

Für MmT1D ist die regelmäßige Kontrolle der BG von hoher Relevanz. Nur dadurch kann ein Erreichen von oder Annähern an glykämische Zielwerte überhaupt ermöglicht werden. Durch das Messen der BG-Werte kann die Auswirkung von u. a. Ernährung und physischer Aktivität individuell verstanden werden und es lassen sich Hypo- und Hyperglykämien bis zu einem gewissen Grad verhindern (American Diabetes Association, 2019e; Dovc & Battelino, 2020b).

In den vergangenen 40 Jahren haben sich die Möglichkeiten der BG-Messung deutlich verbessert. Vor den 1980er Jahren musste das BG-Level noch von einer medizinischen Fachkraft durch Testen des Urins bestimmt werden. Hierdurch konnte jedoch lediglich erkannt werden, ob die Nierengrenzwerte überschritten waren. Aussagen für alltägliche Situationen waren nicht möglich. Ab 1978 kamen Geräte zur BGSM mittels Kapillarblut auf den Markt. Hierdurch konnten MmT1D erstmals selbst die Messung durchführen. Ab 1999 waren die ersten CGM erhältlich. Diese messen die Glukosekonzentration in der interstitiellen bzw. Bindegewebsflüssigkeit. In letzter Zeit lösen CGM die BGSM im Bereich T1D zunehmend ab (Beck *et al.*, 2017; American Diabetes Association, 2019e; Joubert, 2019; Dovc & Battelino, 2020b).

4.2.1 Blutglukoseselbstmessung (BGSM)

BG-Messgeräte bestehen aus zwei Elementen, einem Enzymteil in Form eines Teststreifens und einem Detektor im Gerät selbst. Mittels einer Stechhilfe (ein kleiner Apparat mit einer Lanzette) wird Blut aus der Fingerkuppe entnommen und auf den Teststreifen aufgetragen (Abbildung 4). Dort reagiert es mit dem Enzym, wodurch die Konzentration der BG ermittelt und auf dem Display des Geräts angezeigt wird (Morera, 2019).

Nach der Einführung des ersten Geräts zur BGSM wurde die BGSM innerhalb weniger Jahre zum Versorgungsstandard, was zu einer erheblichen Verbesserung der glykämischen Kontrolle führte. Seitdem wurden die Geräte stetig verbessert und deutlich kleiner, leichter und schneller in der Berechnung des BG-Werts, einfacher zu handhaben, akkurater in der Messgenauigkeit und benötigten immer weniger Blut. Heutige BG-Messgeräte brauchen nur noch ca. 0.3–0.5 Mikroliter Blut und können innerhalb von fünf Sekunden den BG-Wert anzeigen. Viele BG-Messgeräte können darüber hinaus drahtlos mit Smartphone-Apps oder Insulinpumpen verbunden werden und ermöglichen die Übertragung der Daten an medizinische Fachkräfte. Ebenso fanden eine stetige Weiterentwicklung und Verbesserung der Lanzetten und Stechhilfen statt. Deren

Anwendung wurde weniger schmerzhaft, auch durch die sukzessive Reduktion der benötigten Blutmenge (Beck *et al.*, 2019; Morera, 2019; Zimmerman, Albanese-O'Neill & Haller, 2019; Dovc & Battelino, 2020b).

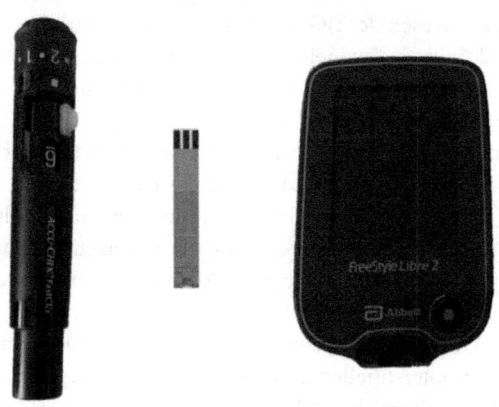

Abbildung 4: Stechhilfe (links), Teststreifen (mittig) und Messgerät (rechts) zur Ermittlung des BG-Wertes. Foto: Helga Woll

Die Einführung der BGSM bedeutete für die MmT1D eine substanzielle Veränderung in ihrer Behandlung. Hierdurch konnten sie erstmals selbst Therapieanpassungen vornehmen und eigenständiger handeln (Beck *et al.*, 2019; Dovc & Battelino, 2020b).

Bei BGSM sind drei bis acht Messungen pro Tag empfohlen. Die Häufigkeit und der Zeitpunkt der BGSM sollte jedoch in Abhängigkeit der spezifischen Bedarfe und Ziele des jeweiligen MmT1D festgelegt werden. Für BGSM ist eine Korrelation zwischen höherer Messfrequenz und niedrigerem HbA1c erwiesen (Freckmann *et al.*, 2016; Haak *et al.*, 2018; American Diabetes Association, 2019f).

4.2.1.1 Messgenauigkeit der BGSM

Im Vergleich zu Labormessungen ist die Genauigkeit der BGSM geringer, jedoch ausreichend für das Selbstmanagement. Die meisten BG-Messgeräte erfüllen die internationalen Standards (ISO 15197:2013). In der EU zugelassene BG-Messgeräte müssen diese erfüllen. Trotzdem variiert die Genauigkeit unter den verschiedenen Modellen (Haak *et al.*, 2018; American Diabetes Association, 2019f; Beck *et al.*, 2019).

Da Werte der BGSM auch zur Kalibrierung mancher CGM verwendet werden (siehe Kapitel 4.2.2), wirkt sich die Genauigkeit der BG-Messgeräte auch auf die Genauigkeit dieser CGM aus (Freckmann *et al.*, 2016).

4.2.1.2 Limitationen der BGSM

So eindeutig die Vorteile und die Relevanz der BGSM für MmT1D über viele Jahrzehnte waren und sind, gehen sie doch einher mit einigen Limitationen: BGSM erfasst nur einen singulären Einzelwert, welcher keine Information bietet über die Richtung oder Geschwindigkeit, in welche bzw. in der sich die BG entwickelt. Somit werden Hypo- und Hyperglykämien nicht antizipiert und auch keine Alarme abgegeben. Auch können mit BGSM keine Werte erfasst werden, wenn die MmT1D nicht in der Lage sind, den Test durchzuführen, wie etwa im Schlaf oder beim Autofahren. Das führt dazu, dass teilweise über mehrere Stunden der Verlauf der BG völlig unklar ist und Phasen von Hypo- und Hyperglykämien potenziell unerkannt bleiben. Weitere Limitationen sind der mit BGSM assoziierte Schmerz, das Austreten von Blut sowie soziale Stigmatisierung. Aufgrund dessen werden Messungen potenziell seltener als empfohlen durchgeführt (Schoemaker & Parkin, 2016; Adolfsson *et al.*, 2018; Hermanns *et al.*, 2019; Dovc & Battelino, 2020b).

4.2.2 Continuous-Glucose-Monitoring (CGM)

Um wirkliche Aussagen über glykämische Verläufe und Muster treffen zu können, ist eine deutlich höhere Messfrequenz vonnöten als drei bis acht Einzelmessungen pro Tag. Dies kann durch die Nutzung eines CGM-Systems erreicht werden. Ein Wechsel von BGSM zu CGM sollte in Abhängigkeit von den spezifischen Bedarfen und Zielen des jeweiligen MmT1D erfolgen (Freckmann *et al.*, 2016; Haak *et al.*, 2018; American Diabetes Association, 2019f).

CGM-Systeme bestehen aus einem Sensor (daher werden CGM oft auch nur *Sensor* genannt) und einem Transmitter. Der Sensor misst (in der Regel alle ein bis fünf Minuten) die Gewebeglukose[7] in der Bindegewebsflüssigkeit (interstitiell). Der Transmitter speichert die Glukosedaten und/oder sendet sie an ein Empfangsgerät (in der Regel alle 5 bis 15 Minuten). Diese Empfangsgeräte können herstellereigene Endgeräte, Insulinpumpen, Smartphones mit entsprechenden Apps, Smartwatches oder eine Cloud sein. CGM sind minimalinvasiv, lediglich eine sehr feine Elektrode liegt in der Bindegewebsflüssigkeit. Der größte Teil des Sensors ist mit einem Pflaster auf der Haut befestigt. Einige Systeme müssen mittels BGSM kalibriert werden (Allen & Gupta, 2019; Beck *et al.*, 2019; Cappon *et al.*, 2019; Joubert, 2019; Dovc & Battelino, 2020b).

---

[7] Die Gewebeglukose entspricht der BG mit einer durchschnittlichen Verzögerung von vier Minuten, wobei in Phasen schnell ansteigender oder schnell fallender BG kann diese Differenz größer sein (u. a. Beck *et al.*, 2019; Dovc & Battelino, 2020b). Häufig wird auch dann von BG gesprochen, wenn Gewebeglukose gemeint ist.

In Anlehnung an Danne *et al.* (2018) wird der Begriff CGM im Weiteren subsumierend für alle interstitiellen Systeme verwendet und nur differenziert, sofern es im Kontext relevant ist:

„Es ist oft schwierig, zwischen den Technologien zu unterscheiden, etwa in Bezug auf Kalibrierungen, Alarme, praktische Aspekte beim Anbringen und Tragen von Sensoren oder die Kosten, die gerätespezifisch sind. Da diese technologischen Details ständigen Änderungen unterliegen, wird der Begriff CGM für alle Aspekte verwendet, die mit der Geräteklasse zusammenhängen, sofern nicht anders angegeben."

1999 kam das erste CGM auf den Markt, der *Sof-Sensor* der Firma *Medtronic* (zum Sof-Sensor siehe Kapitel 4.2.2.1.3). Bald darauf folgten weitere Modelle sowie erste Studien, die eine Verbesserung des HbA1c bestätigten. Allerdings lagen die Schwachpunkte dieser ersten Sensoren in ihrer unzureichenden Messgenauigkeit, ihrer relativ kurzen Tragezeit sowie unzureichender Nutzungsfreundlichkeit (vgl. u. a. Rodbard, 2017; Allen & Gupta, 2019; Beck *et al.*, 2019; Cappon *et al.*, 2019; Zimmerman, Albanese-O'Neill & Haller, 2019).

Seit 2016 sind CGM in Deutschland Bestandteil der vertragsärztlichen Versorgung und haben in der jüngeren Vergangenheit begonnen, die BGSM nicht nur zu komplementieren, sondern auch zu ersetzen. Die Nutzung der CGM verbreitet sich insbesondere bei MmT1D in allen Altersgruppen sehr schnell (vgl. u. a. Adolfsson *et al.*, 2018; Kröger & Kulzer, 2018; AGDT, 2019; Akturk & Garg, 2019; Beck *et al.*, 2019; Dovc & Battelino, 2020b).

Cappon *et al.* (2019) sprechen im Kontext der CGM von einer Revolution der Diabetestherapie, Heinemann (2018) benennt eine „grundlegende Änderung bei der Diabetestherapie", da diese Systeme die „konstante Überwachung der Stoffwechselsituation" ermöglichen, was für Menschen mit T1D „mehr Sicherheit und eine Optimierung bei ihrer Diabetestherapie" bedeutet.

Aufgrund des kontinuierlichen Datenstroms von CGM können Nutzende den direkten Einfluss von u. a. Nahrung, physischer Aktivität und Insulinabgaben auf die BG erkennen. Dies ermöglicht ein wesentlich größeres Verständnis für die glykämische Variabilität. Durch CGM lassen sich Richtung und Geschwindigkeit der Glukoseentwicklung (sog. *Glukosetrends*) in der Darstellung einer Kurve visualisieren. Muster und Zeiten innerhalb oder außerhalb der glykämischen Zielwerte werden ersichtlich. CGM haben daher den Vorteil einer verbesserten glykämischen Kontrolle, einer höheren *Time in Range* und entsprechend einer geringeren Zeit in Hypo- und Hyperglykämie sowie potenziell einer geringeren Zahl an Folgekomplikationen. Die Möglichkeiten des Selbstmanagements der Nutzenden verbessern sich deutlich. Senden die CGM die Glukosedaten an eine Cloud, können die Daten mit anderen Personen geteilt werden. Das ist insbesondere für Eltern von Kindern mit T1D von Vorteil (vgl. u. a.

Schoemaker & Parkin, 2016; Rodbard, 2017; Adolfsson *et al.*, 2018; Kröger & Kulzer, 2018; Allen & Gupta, 2019; Beck *et al.*, 2019; Cappon *et al.*, 2019; Zimmerman, Albanese-O'Neill & Haller, 2019). CGM-Systeme verfügen meistens über eine Alarmfunktion. Diese warnt die Nutzenden, wenn hypo- oder hyperglykämische Schwellwerte erreicht bzw. überschritten werden. Ein weiteres nützliches Feature sind Trendpfeile, die die Geschwindigkeit und Richtung der Glukoseentwicklung visualisieren (Schoemaker & Parkin, 2016; Adolfsson *et al.*, 2018; Haak *et al.*, 2018; Kröger & Kulzer, 2018; Ziegler *et al.*, 2018; Cappon *et al.*, 2019).

Die Messgenauigkeit dieser Systeme hat sich in den letzten Jahren entscheidend verbessert, wodurch sie sich für die alltägliche therapeutische Anwendung bei T1D eignen. Um einen möglichst großen Nutzen zu erzielen, sollten CGM dauerhaft verwendet werden (Kröger & Kulzer, 2018; Joubert, 2019).

4.2.2.1 Differenzierung der CGM-Systeme
CGM-Systeme lassen sich in folgende Kategorien differenzieren:
1) Real-Time CGM (rtCGM)
2) Intermittent Scanning CGM (iscCGM) bzw. Flash Glucose Monitoring (FGM)
3) Retrospective CGM
4) Implantierbare CGM
5) Integrierte CGM (iCGM)

Die in diesem Kontext der Kategorisierung folgende Beschreibung der CGM-Hersteller und -Modelle ist nicht vollständig, sondern soll einen Überblick geben mit Fokus auf die CGM, die im Verlauf dieser Arbeit noch von Relevanz sein werden.

4.2.2.1.1 Real-Time CGM
Die meisten CGM-Systeme sind *Real-Time CGM* (rtCGM), was bedeutet, dass sie in Echtzeit aktuelle Daten aus der Gewebeglukose messen und kontinuierlich übertragen. Sie weisen die oben beschriebenen Kriterien auf und haben Alarmfunktionen für hypo- und hyperglykämische Grenzwerte (Danne *et al.*, 2018; American Diabetes Association, 2019f).

Das erste rtCGM war das *Real-Time Guardian* der US-amerikanischen Firma Medtronic. Es kam 2004 auf den Markt, sendete alle fünf Minuten Glukosewerte und konnte drei Tage lang getragen werden (Allen & Gupta, 2019; Cappon *et al.*, 2019).

2011 brachte Medtronic das *Enlite*-CGM heraus, mit einer zusätzlichen Alarmfunktion für antizipierte Hypo- und Hyperglykämien. Weitere Neuerungen waren eine verbesserte Messgenauigkeit, eine längere Tragezeit von sechs Tagen, verringerte Größe und Gewicht, Wasserfestigkeit und ein Speichern der Glukosedaten für bis zu zehn Stunden (vgl. u. a. Joubert, 2019; Zimmerman, Albanese-O'Neill & Haller, 2019).

2016 veröffentlichte Medtronic das *iPro2*-System, welches kompatibel ist mit der *MiniMed 530G-Insulinpumpe* (siehe 4.3.2; vgl. Allen & Gupta, 2019).

Seit 2017 gibt es das CGM *Guardian 3* von Medtronic, das kompatibel ist mit den Insulinpumpen *MiniMed 640G*, *MiniMed 670G und MiniMed 770G* von Medtronic (siehe Kapitel 4.3.2) und mit dem die Nutzenden ihre Daten auch mit anderen Personen teilen können (Allen & Gupta, 2019; Zimmerman, Albanese-O'Neill & Haller, 2019).

Das aktuelle CGM von Medtronic mit Marktzulassung in der EU seit 2021 ist das *Guardian 4*. Es ist der erste Sensor von Medtronic, der nicht mit BGSM kalibriert werden muss. Er ist kompatibel mit der Medtronic-Insulinpumpe *MiniMed 780G* (siehe Kapitel 4.3.2; vgl. (Medtronic, 2021).

Dexcom ist eine US-amerikanische Firma, die seit 1999 besteht und ausschließlich CGM entwickelt. 2006 veröffentlichte sie das *Short-Term-Sensor*-System, 2009 folgte das *Dexcom SEVEN* CGM. 2012 wurde das *Dexcom G4*-CGM auf den Markt gebracht, bereits mit der Funktion, dass die Daten mit anderen Personen geteilt werden konnten. 2015 folgte *Dexcom G5*, das erste CGM-System mit so hoher Messgenauigkeit, dass es zugelassen wurde für Therapieentscheidungen ohne zusätzliche Überprüfung des aktuellen BG-Werts durch BGSM. Weiter ist das G5 interoperabel mit Insulinpumpen, die eine Sensorunterstützung zulassen (siehe Kapitel 4.3), Smartpens und Apps (Adolfsson *et al.*, 2018; Allen & Gupta, 2019; Zimmerman, Albanese-O'Neill & Haller, 2019).

2018 brachte Dexcom das *Dexcom G6* heraus, welches als erster Dexcom-Sensor nicht durch BGSM kalibriert werden muss und zehn Tage lang getragen werden kann. Das G6 ist das erste CGM, das auch als integriertes CGM (iCGM) mit der Tandem X2-Insulinpumpe (siehe Kapitel 4.3.2.3) genutzt werden kann (Akturk & Garg, 2019; Allen & Gupta, 2019; Cappon *et al.*, 2019; Zimmerman, Albanese-O'Neill & Haller, 2019).

Mit dem *FreeStyle Libre 3* brachte die US-amerikanische Firma *Abbott* in 2021 ein weiteres rtCGM auf den Markt. Es ist der bislang kleinste und flachste Sensor und sendet minütlich Glukosewerte. Er kann 14 Tage lang getragen werden. Als Empfänger kann ausschließlich ein Smartphone verwendet werden (Diabetologie Online, 2021).

4.2.2.1.2 Intermittent Scanning CGM bzw. Flash Glucose Monitoring

Intermittently Scanned CGM (isCGM) bzw. *Flash Glucose Monitoring* (FGM) unterscheidet sich von rtCGM vorwiegend dadurch, dass das System keine Glukosedaten an ein Empfangsgerät sendet, sondern mit ihm gescannt werden muss, um die Daten zu visualisieren. Das Scannen sollte mindestens alle acht Stunden vorgenommen werden, da die Dauer der Speicherung der Glukosedaten im Sensor acht Stunden beträgt. Über eine App lassen sich die Werte mit anderen Personen teilen (Adolfsson et al., 2018; Beck et al., 2019; Cappon et al., 2019; Joubert, 2019).

Die Firma Abbott brachte mit dem *FreeStyle Libre* in 2014 in der EU und in 2017 in den USA das erste iscGM bzw. FGM auf den Markt. Mit diesem System war erstmals keine Kalibrierung durch BGSM mehr vonnöten. Allerdings gab es keine Alarmfunktion (vgl. u. a. Adolfsson et al., 2018; Beck et al., 2019; Cappon et al., 2019; Joubert, 2019).

Seit 2018 ist in der EU und seit 2020 in den USA das *FreeStyle Libre 2* zugelassen, welches weiterhin gescannt werden muss, jedoch über eine Alarmfunktion verfügt (vgl. u. a. Zimmerman, Albanese-O'Neill & Haller, 2019).

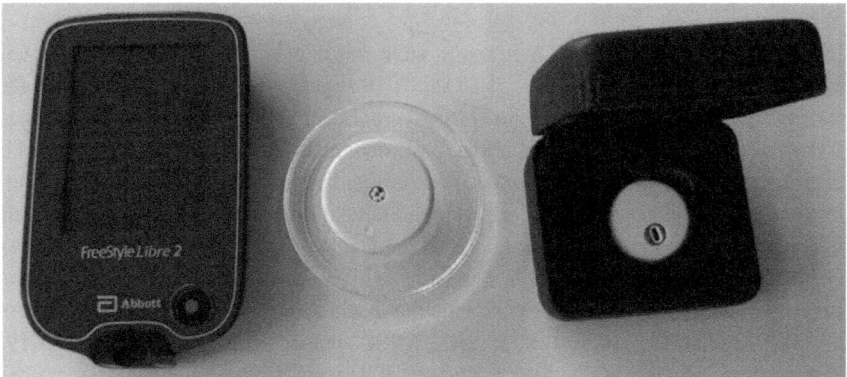

Abbildung 5: FreeStyle Libre 1 (mittig) und FreeSytle Libre 2 (rechts) im Vergleich zusammen mit FreeStyle Libre 2 Lesegerät. Foto: Helga Woll

Die FGM können bis zu 14 Tagen getragen werden und sind kostengünstiger als rtCGM-Systeme. Ihre Messgenauigkeit ist akzeptabel im Vergleich mit BGSM, allerdings ist sie im Bereich erhöhter und niedriger Glukosewerte geringer (vgl. u. a. Rodbard, 2017; Adolfsson et al., 2018; Haak et al., 2018; Heinemann, 2018; American Diabetes Association, 2019f).

Eine Problematik der FGM ist die relativ hohe Häufigkeit von allergischen Reaktionen der Nutzenden auf das verwendete Pflaster (vgl. u. a. Haak et al., 2018; Alcántara-Aragón, 2019; American Diabetes Association, 2019f).

4.2.2.1.3 Retrospective CGM

Retrospective bzw. *professional* oder auch *diagnostic CGM* sind Systeme, die weder in Echtzeit noch durch Scannen des Sensors die Glukosedaten anzeigen, sondern diese sieben bis 14 Tage lang sammeln. Die Daten sind nur retrospektiv für medizinische Fachkräfte einsehbar. Allerdings können auch rtCGM retrospektiv verwendet werden, da auch diese Systeme große Datenmengen speichern und von medizinischen Fachkräften ausgelesen werden können (Rodbard, 2017; Beck et al., 2019; Joubert, 2019).

Das erste CGM, der 1999 entwickelte *Sof-Sensor* der Firma Medtronic, war ein retrospective CGM. Nutzende berichteten von einem unangenehmen Tragegefühl und Schwierigkeiten bei der Applikation. Auch war die Messgenauigkeit unzureichend (vgl. u. a. Allen & Gupta, 2019; Zimmerman, Albanese-O'Neill & Haller, 2019).

Für die vorliegende Arbeit sind diese Systeme nicht von Bedeutung.

4.2.2.1.4 Implantierbare CGM

Die US-amerikanische Firma *Senseonics* stellt mit dem *Eversense*-CGM das derzeit einzige *implantierbare CGM* her. Es ist seit 2018 zugelassen und kann in den USA für 90 Tage, in der EU für 180 Tage im Körper verbleiben. Es liest die Daten mittels eines Geräts aus, das direkt am Körper getragen werden muss. Der kleine Sensor wird durch eine medizinische Fachkraft im Zuge eines ambulanten chirurgischen Eingriffs am Oberarm im Bindegewebe platziert, während ein externer Transmitter von außen auf die Haut aufgeklebt wird. Dieser überträgt die Daten an ein Smartphone mit entsprechender App. Das *Eversense*-CGM muss alle zwölf Stunden kalibriert werden und verfügt über Alarme. Eine Studie zeigte eine durchschnittliche Lebensdauer des Sensors von 149 Tagen (vgl. u. a. Akturk & Garg, 2019; Allen & Gupta, 2019; Joubert, 2019; Zimmerman, Albanese-O'Neill & Haller, 2019; Dovc & Battelino, 2020b).

4.2.2.1.5 Integrierte CGM

Eine in 2018 durch die FDA ins Leben gerufene Kategorie von CGM sind *integrierte CGM* (iCGM), welche sich durch ihre offiziell zugelassene Interoperabilität mit Technologien für T1D anderer Hersteller definieren. Das erste CGM mit dieser Auszeichnung ist das Dexcom G6, das zweite und bislang letzte das FreeStyle Libre 2. Diese Interoperabilität ist vor allem von Relevanz für die Entwicklung von Closed-Loop-Systemen (siehe Kapitel 4.3; vgl. Akturk & Garg, 2019; Alcántara-Aragón, 2019; Cappon et al., 2019).

4.2.2.2 Studienlage zu CGM

Die Vorteile der CGM-Nutzung für MmT1D sind durch eine Vielzahl an Studien klar belegt. Hierzu zählen u. a.:

- Die Reduzierung von Hypoglykämien, insbesondere bei einem erhöhtem Ausgangs-HbA1c und umso stärker, je kontinuierlicher die CGM-Nutzung umgesetzt wird
- Die Reduzierung von Hyperglykämien
- Die Reduzierung der glykämischen Variabilität
- Die Senkung des HbA1c
- Die Erhöhung der Zeit im normoglykämischen Bereich
- Eine insgesamt bessere glykämische Kontrolle

Diese Vorteile liegen bei Insulinpumpentherapie sowie bei ICT vor, sowohl bei Kindern als auch bei Erwachsenen (vgl. u. a. Schoemaker & Parkin, 2016; Rodbard, 2017; Adolfsson *et al.*, 2018; AGDT, 2019; Zimmerman, Albanese-O'Neill & Haller, 2019; Allen & Gupta, 2019; American Diabetes Association, 2019f, 2020; Beck *et al.*, 2019; Cappon *et al.*, 2019; Dovc & Battelino, 2020b).

Wie ausführlich beschrieben in Kapitel 3.3.2.2, gewinnen durch die Möglichkeit der kontinuierlichen BG-Messung neben dem klassischen Parameter HbA1c weitere Aspekte an Relevanz: die *Time in Range*, die Zeit außerhalb des Zielbereichs bzw. die Zeit in Hypo- und Hyperglykämie und die Glukosevariabilität (Haak *et al.*, 2018; American Diabetes Association, 2019f; Joubert, 2019).

Weiter geht die Nutzung von CGM einher mit einer Verbesserung der Lebensqualität (vgl. u. a. Rodbard, 2017; Beck *et al.*, 2019). Laut Haak *et al.* (2018) erhöht sich diese aus Sicht der MmT1D, da eine erhöhte Therapiesicherheit durch die Reduzierung des Risikos für (schwere) Hypoglykämien besteht (vgl. u. a. Dovc & Battelino, 2020b). Viele Personen mit T1D assoziieren ein besseres Allgemeinbefinden und eine gesteigerte Leistungsfähigkeit mit der zusätzlichen subjektiven Sicherheit, die ihnen die Reduzierung der Glukosevariabilität und die damit verbundene Zunahme der *Time in Range* geben (Haak *et al.*, 2018).

Alcántara-Aragón (2019) führt aus, dass die CGM durch mehr Information zur glykämischen Situation zu *Empowerment* der MmT1D führen. Die meisten Nutzenden von CGM fühlen sich sicherer und mehr in Kontrolle über ihre Situation als ohne CGM. Sie können täglich und selbstständig ihre BG-Werte evaluieren. Nutzende können ihre Glukosewerte in Echtzeit und nahezu ohne Aufwand einsehen, mithilfe der Trendpfeile interpretieren und ihr Wissen in therapeutischen Maßnahmen nutzen. Die Daten haben somit einen praktischen Einfluss auf die Gestaltung des täglichen Lebens. Den Nutzenden werden auch langfristige Veränderungen ihres Lebensstils ermöglicht, da sich der Einfluss von Nahrungsmitteln und physischer Aktivität auf die BG direkt erkennen lässt. Bei Kleinkindern zeigten Studien ein hohes Maß an Zufriedenheit bei den Eltern (vgl. u. a. Alcántara-Aragón, 2019; American Diabetes Association, 2019f).

Die Studienlage zeigt also deutlich, dass CGM eine zunehmend relevante Technologie für die Therapie des T1D ist. Trotz der steigenden Anzahl an Nutzenden und all den Verbesserungen, die CGM mit sich bringen, erreichen jedoch viele MmT1D weiterhin nicht die glykämischen Zielwerte (vgl. u. a. Akturk & Garg, 2019; Hermanns *et al.*, 2019).

4.2.2.3 Kriterien für die Nutzung von CGM

Die Nutzung von CGM-Systemen wird für MmT1D universell und von einer Vielzahl an Institutionen empfohlen, unabhängig von Art und Alter der Therapie (vgl. u. a. Adolfsson *et al.*, 2018; American Diabetes Association, 2020; Dovc & Battelino, 2020b).

Die American Diabetes Association (2019f) und (Haak *et al.*, 2018) empfehlen darüber hinaus die CGM-Nutzung bei MmT1D, die ihre glykämischen Zielwerte nicht erreichen, und insbesondere für MmT1D, die Hypoglykämien schlecht wahrnehmen und/oder häufig Hypoglykämien erleben. Außerdem empfehlen sie eine möglichst durchgängige Nutzung.

Allerdings sollte die CGM-Nutzung einhergehen mit einer entsprechenden Schulung sowie Unterstützung durch medizinisches Fachpersonal, da die Nutzenden dazu in der Lage sein müssen, die Werte zu interpretieren und bei Inkonsistenzen zu hinterfragen (vgl. u. a. Haak *et al.*, 2018; American Diabetes Association, 2020).

4.2.2.4 Limitationen der CGM

CGM-Systeme gehen mit einigen Limitationen einher. Als die stärkste Einschränkung kann wohl die Unzuverlässigkeit der Sensoren hinsichtlich Messgenauigkeit und Fehleranfälligkeit gesehen werden. Dies kann sich äußern durch fehlerhafte Werte sowie zeitweise Ausfälle der Sensoren, manchmal über mehrere Stunden. Allerdings sind dies vorwiegend Probleme früherer Sensorsysteme, die aufgrund vielfältiger Verbesserungen immer stärker nachlassen. Ein weiteres Problem ist die Differenz zwischen dem Wert der BG und dem Wert der Gewebeglukose. In den meisten Situationen fällt diese Differenz nicht ins Gewicht, bei stark fallenden oder steigenden Werten und vorwiegend bei sportlichen Aktivitäten kann sie sich jedoch problematisch auswirken. Weiter sind bei allen auf der Haut aufliegenden CGM allergische Reaktionen auf die Inhaltsstoffe der Pflaster bekannt, wenn auch in sehr unterschiedlicher Qualität und Quantität (vgl. u. a. Schoemaker & Parkin, 2016; Allen & Gupta, 2019; Cappon *et al.*, 2019; American Diabetes Association, 2020).

Ein Hinderungsgrund, CGM zu nutzen, besteht in den relativ hohen Kosten und der nicht immer gegebenen Erstattung der Systeme durch das Gesundheitswesen. Damit verbunden ist auch die nicht geringe Zahl der MmT1D, die die Nutzung trotz vieler Vorteile wieder abbrechen (vgl. u. a. Schoemaker & Parkin, 2016; Alcántara-Aragón, 2019; Allen & Gupta, 2019).

Einige Limitationen der CGM gehen mit den Alarmen einher, obwohl gerade diese einen der großen Vorteile der CGM darstellen. Es kann vorkommen, dass Nutzende die Alarme als stigmatisierend empfinden und sich in sozialen Kontexten damit unwohl fühlen. Weiter können nächtliche Alarme die Schlafqualität beeinträchtigen. Manche Nutzende entscheiden sich daher dafür, ohne Alarme und mit Werten außerhalb des erwünschten glykämischen Bereichs die Nacht zu verbringen, dafür aber durchschlafen zu können. Auch Fehlalarme und/oder zu häufige Alarme können zu Stress und zu einer *alarm fatigue* und in Folge zum Abschalten der Alarmfunktion führen (vgl. u. a. Adolfsson *et al.*, 2018; Alcántara-Aragón, 2019).

Aufgrund dieser Probleme, die mit den an sich so fundamental wichtigen Alarmen der CGM einhergehen, plädiert Alcántara-Aragón (2019) dafür, dass Alarme individuell einstellbar sein sowie die Möglichkeit von diskreten Vibrationsalarmen bieten sollten.

4.2.2.5 Sensor-Verlängerung

CGM haben vorbestimmte und offiziell zugelassene Tragezeiten, die sich je nach Modell unterscheiden. Nach Ablauf dieser Zeit kann nicht mehr garantiert werden, dass die Sensoren zuverlässige bzw. überhaupt noch Werte liefern. Daher schalten sich die Sensoren nach Ablauf der vorgegebenen Zeit ab. Mit technologischen Tricks lassen sich einige der Sensoren jedoch über die offizielle Tragedauer hinaus verlängern. Manche MmT1D nutzen diese Option, wohl vorwiegend aus Kostengründen; wie Adolfsson *et al.* (2018) formulieren, „which may or may not be an issue for concern". Eine Studie zeigt, dass das Dexcom G4-System statt der offiziellen Tragedauer von 7 Tagen auch 14 Tage lang Werte liefern kann (Adolfsson *et al.*, 2018; Boscari *et al.*, 2018).

4.2.2.6 Genehmigungsprozess für CGM in Deutschland

Kröger & Kulzer (2018) nennen den Beschluss des Gemeinsamen Bundesausschusses (G-BA; oberstes Beschlussgremium der gemeinsamen Selbstverwaltung im deutschen Gesundheitswesen) von 2016, CGM-Systeme in die vertragsärztliche Versorgung in Deutschland aufzunehmen, einen „Meilenstein für viele Menschen mit insulinpflichtigem Diabetes", den Genehmigungsprozess für CGM-Systeme jedoch als „viel zu lange andauernd". Als Anfang der 2000er Jahre die ersten CGM auf den Markt kamen, gingen laut Heinemann (2018) Expert:innen von einer Nutzung durch alle MmT1D innerhalb weniger Jahre aus, doch das trat nicht ein. Erst nach jahrelangem Prozess stimmte der G-BA der Kostenerstattung für rtCGM zu. Trotzdem gibt es weiterhin Schwierigkeiten hinsichtlich des Zugangs zu rtCGM für Menschen mit T1D, in der Regel in

Abhängigkeit von der Krankenversicherung, den Medizinischen Diensten der Krankenversicherungen und der Kassenärztlichen Vereinigung. FGM-Systeme sind nicht Bestandteil der Definition zur Kostenerstattung des G-BA, allerdings übernehmen die meisten Krankenkassen die Kosten auf freiwilliger Basis (Heinemann, 2018; AGDT, 2019).

4.2.2.7 Blick in die Zukunft der CGM

Derzeit befinden sich verschiedene Weiterentwicklungen der CGM-Systeme in der Forschung, jenseits der Verbesserung der allgemeinen Qualität der Sensoren. So sind etwa Sensoren vorstellbar, die nicht nur die Gewebeglukose, sondern auch weitere Parameter messen, um darüber die Antizipation der Glukosewerte zu verbessern. Hierzu zählen etwa physische Aktivität, Körpertemperatur und Herzfrequenz. In diesem Kontext wäre auch eine glykämische Mustererkennung in Zusammenhang mit GPS-Daten vorstellbar. Weiter wird daran gearbeitet, die Diskrepanz zwischen Werten der BG und Werten der Gewebeglukose weiter zu reduzieren (Schoemaker & Parkin, 2016; Allen & Gupta, 2019).

Es ist wahrscheinlich, dass die Sensoren weiterhin immer kleiner und leichter und somit auch weniger auffällig werden. Auch sollen die Sensoren kostengünstiger werden und länger getragen werden können. Geforscht wird außerdem an nicht-invasiven Systemen. Darüber hinaus soll die Interoperabilität mit anderen Technologien für T1D verstärkt werden (Allen & Gupta, 2019; Cappon *et al.*, 2019).

4.2.2.8 Verwendung von CGM in Closed-Loop-Systemen

Über ihre Verwendung als sog. Stand-Alone-Systeme hinaus können CGM auch als Komponente einer therapeutischen systemischen Einheit eingesetzt werden, wie etwa in CLS, in denen CGM und Insulinpumpe miteinander interagieren (siehe Kapitel 4.3). In diesem Fall sind die Messgenauigkeit und Zuverlässigkeit der Sensoren von großer Relevanz und werden zunehmend entscheidend, je weiter fortgeschritten die eingesetzten Technologien sind. Wird ein CGM beispielsweise eingesetzt, um auf Basis der Werte eine Abschaltung der Insulinzufuhr durch die Insulinpumpe zu bewirken, ist das Risiko einer akuten Gefährdung der Nutzenden noch vergleichsweise gering. In einem System, das im Falle erhöhter oder antizipierter erhöhter Werte zusätzliches Insulin zuführt, wäre das Risiko deutlich höher. Hier könnte ein falscher Messwert zu einer hypoglykämischen und potenziell gefährlichen Situation führen. Um CLS wirklich voranzubringen, müssen also weiterhin die Messgenauigkeit und Zuverlässigkeit der CGM verbessert werden (Schoemaker & Parkin, 2016; Hermanns *et al.*, 2019).

4.3 Kommerzielle Closed-Loop-Systeme

Trotz der in den vorhergehenden Kapiteln beschriebenen stetigen Entwicklung und Verbesserung der technologischen Optionen für T1D, die sowohl zu einer Verbesserung der gesundheitlichen Situation als auch der Lebensqualität für MmT1D führen, erreichen weiterhin die meisten MmT1D die empfohlenen glykämischen Zielwerte nicht. In den USA sind dies lediglich ca. 20% der Kinder und Jugendlichen und 40% der Erwachsenen. Auch über die glykämischen Werte hinaus ist die Belastung durch T1D hoch, wie beschrieben in Kapitel 3.4.3 (vgl. u. a. Kowalski, 2015; Pinsker *et al.*, 2020).

Daher sind bereits seit einigen Jahren CLS (auch genannt *Automatic-Insulin-Delivery*-Systeme (AID) oder *Artificial-Pancreas-Systems* (APS)) in der Entwicklung (De Bock *et al.*, 2018; Beck *et al.*, 2019). CLS entstehen durch die Verbindung bzw. Kommunikation der Insulinpumpe mit dem CGM durch einen Algorithmus. Die Insulinpumpe gibt die Insulindosen nun nicht mehr ausschließlich anhand des individuell einprogrammierten Bedarfs ab, sondern der einprogrammierte Bedarf wird durch den Algorithmus abgeglichen mit dem aktuellen BG-Wert sowie mit der Tendenz des BG-Verlaufs[8]. Somit wird die Insulinzufuhr reduziert oder unterbrochen, wenn der BG-Spiegel sinkt. Die Insulinzufuhr wird erhöht, wenn der BG-Spiegel steigt (siehe Abbildung 5). Hierdurch wird die physiologische Insulinsekretion möglichst ähnlich der Funktion im nicht-diabetischen menschlichen Körpers imitiert. Der Algorithmus kann sowohl in die Insulinpumpe eingebaut sein als auch auf einem externen Gerät laufen, wie etwa einem mobilen Steuergerät oder einem Smartphone. Zielsetzung ist die Vermeidung von Hypoglykämien bei gleichzeitiger enger Kontrolle der BG (vgl. u. a. Kowalski, 2015; Schoemaker & Parkin, 2016; Singh *et al.*, 2016e; Beck *et al.*, 2019; Boughton & Hovorka, 2019; Lal, Ekhlaspour, *et al.*, 2019; American Diabetes Association, 2020).

---

[8] Dem üblichen Sprachgebrauch entsprechend wird im Folgenden auch dann von BG gesprochen, wenn die Messung im Bindegewebe stattfindet.

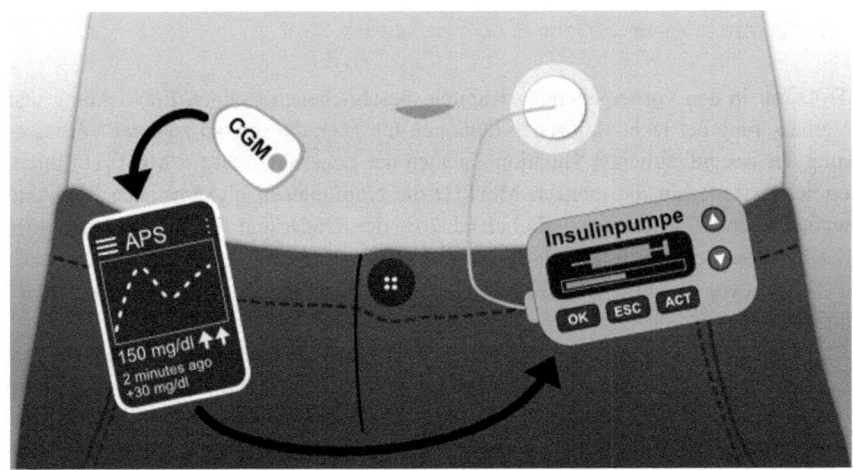

Abbildung 6: Schematische Darstellung eines Closed-Loop-Systems mit CGM, steuerndem Algorithmus auf z.B. Smartphone und Insulinpumpe

Das Konzept der CLS stammt bereits aus den 1960er Jahren. Das erste kommerzielle CLS, der *Biostator*, wurde 1977 in den USA von der Firma *Miles Laboratories* vorgestellt. Allerdings war für die Nutzung ein intravenöser Zugang zur minütlichen BG-Messung sowie zur Verabreichung von Insulin und Dextrose notwendig. Darüber hinaus waren für den alltäglichen Gebrauch die einzelnen Komponenten zu groß und der Algorithmus war zu simpel. Allerdings konnte damit bereits gezeigt werden, dass es mit einem System dieser Art möglich war, die BG in einem normoglykämischen Bereich zu halten (vgl. u. a. Boughton & Hovorka, 2019; Renard, 2019; Dovc & Battelino, 2020a).

Im Laufe der Jahre wurden CLS für den klinischen Gebrauch entwickelt, etwa um bei MmT1D während chirurgischer Eingriffe oder in komatösen Zuständen die Versorgung mit Insulin zu gewährleisten. Diese CLS funktionieren in der Regel ähnlich wie der Biostator über intravenöse Zugänge und/oder Zugänge über die Bauchhöhle und sind daher ebenso ungeeignet für einen alltäglichen Gebrauch (Singh *et al.*, 2016e; Renard, 2019). Diese Systeme werden hier nicht weiter behandelt.

Tragbare Insulinpumpen wurden bereits in den 1980er Jahren vermarktet (siehe Kapitel 4.3.2), für die Kombination zu CLS fehlte es jedoch lange an verlässlichen CGM. Mit dem Aufkommen zuverlässiger CGM (siehe Kapitel 4.2.2) eröffnete sich erstmals die Möglichkeit, praxistaugliche CLS zu entwickeln. Es ist davon auszugehen, dass im Zuge der Weiterentwicklung von sowohl CGM als auch Insulinpumpen

4. Kommerzielle Technologien für T1D 91

eine Vielzahl von auf unterschiedlichen Algorithmen basierenden CLS entwickelt wird (vgl. u. a. Kowalski, 2015; Allen & Gupta, 2019; Renard, 2019).

Auf die spezifischen Algorithmen wird in der vorliegenden Arbeit nicht weiter eingegangen, mit Ausnahme der Algorithmen, die interoperativ in den CLS in Kapitel 4.3.2 Verwendung finden.

Die Entwicklung der CLS wurde international von mehreren Institutionen gefördert. Hierzu zählen die US-amerikanische *Juvenile Diabetes Research Foundation* (JDRF) ab 2006, die FDA ab 2006, das US National Institute of Health ab 2009 sowie die EU ab 2010 (Boughton & Hovorka, 2019; Renard, 2019). In 2006 startete die JDRF die Initiative *Artificial Pancreas Program* mit dem Ziel, die Forschung und Entwicklung von CLS zu fördern und auf die Relevanz dieser Systeme bzw. deren Entwicklung für MmT1D hinzuweisen. Zu diesem Zeitpunkt waren die relevantesten Fragen zu CLS die Sicherheit und technologische Umsetzbarkeit der Systeme (vgl. u. a.Kowalski, 2015; Trevitt, Simpson & Wood, 2016; Boughton & Hovorka, 2019; Dovc & Battelino, 2020b).

Die JDRF definierte im Rahmen des Artificial Pancreas Program die Entwicklung von CLS in sechs Stufen (Trevitt, Simpson & Wood, 2016; siehe Abbildung 6), an denen sich die Struktur des vorliegenden Kapitels orientiert:
1) Very-Low-Glucose-Insulin-Off-Pump
2) Hypoglycemia-Minimizer
3) Hypoglycemia-/Hyperglycemia-Minimizer
4) Automated-Basal/Hybrid-Closed-Loop
5) Fully-Automated-Insulin-Closed-Loop
6) Fully-Automated-Multihormone-Closed-Loop

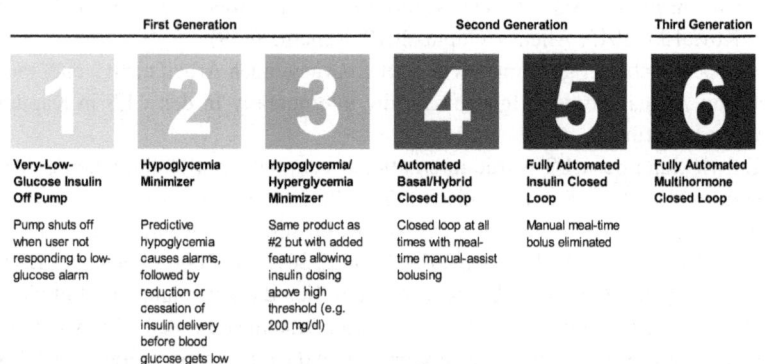

Abbildung 7: Entwicklung von CLS in sechs Stufen, Darstellung der JDRF. Quelle: Trevitt, Simpson & Wood (2016)

4.3.1 Entwicklungsstufen der Closed-Loop-Systeme

Im Folgenden werden aufbauend auf der *Sensor-unterstützten Insulinpumpentherapie* (die noch nicht zu den Closed-Loop-Systemen zählt) die sechs Entwicklungsstufen der Closed-Loop-Ansätze entsprechend der Kategorisierung der JDRF (Trevitt, Simpson & Wood, 2016) dargestellt. Da die Funktionen der CLS von den verschiedenen Herstellern oft unterschiedlich benannt werden, ist die Kategorisierung der JDRF hilfreich, um einen einordnenden Überblick über die Systeme und deren Automatisierungsgrade zu schaffen.

4.3.1.1 Vor dem Closed Loop: Sensor-unterstützte Insulinpumpentherapie

Eine Sensor-unterstützte Insulinpumpentherapie liegt vor, wenn in die Nutzung einer Insulinpumpe die Nutzung eines CGM integriert wird. Das CGM überträgt die gemessenen BG-Werte an die Insulinpumpe und die BG-Werte können auf dem Display der Insulinpumpe abgelesen werden. Allerdings bedeutet dies nicht die Interaktion von CGM und Insulinpumpe. Die Insulinabgabe muss weiterhin durch die Nutzenden stattfinden. Man spricht hier auch von *Open Loop*, was bedeutet, dass die CGM-Daten von den Nutzenden interpretiert und in therapeutische Maßnahmen umgesetzt werden müssen (Allen & Gupta, 2019; Boughton & Hovorka, 2019).

Die Sensor-unterstützte Insulinpumpentherapie kann ergänzt werden durch die im Folgenden beschriebenen Funktionen.

4.3.1.2 Stufe 1: Very-Low-Glucose-Insulin-Off-Pump

Im Jahr 2009 wurde die schlichteste Form eines CLS in der EU zugelassen: die Insulinpumpe *MiniMed Veo* von Medtronic, integriert mit Medtronic-eigenem CGM *Enlite*. Sie stellte das erste CLS mit *Threshold-Low-Glucose-Suspend* dar. Dies bedeutet die automatische Abschaltung der Insulinzufuhr, sobald die BG einen festgelegten Grenzwert im unteren BG-Bereich erreicht. Es war das erste System, für das automatisierte Entscheidungen zur Insulinabgabe auf Basis von Sensordaten zugelassen wurden. Diese Zulassung stellte einen bedeutenden Schritt für weitere Zulassungen solcher und weiterentwickelter Systeme dar (Dovc & Battelino, 2020b; Medtronic, 2022).

In 2013 kam die Insulinpumpe *MiniMed 530G* von Medtronic auf den Markt, die ebenfalls mit dem CGM *Enlite* von Medtronic genutzt werden konnte. Das System unterbricht die Insulinzufuhr für bis zu zwei Stunden im Falle einer Hypoglykämie, sofern nicht auf den Alarm für diese Hypoglykämie reagiert wird (Zimmerman, Albanese-O'Neill & Haller, 2019; Medtronic, 2022).

Diese Systeme zeigten sich als äußerst effektiv und sicher innerhalb aller Altersgruppen, insbesondere hinsichtlich der Reduktion von nächtlichen sowie schweren Hypoglykämien, ohne die Zeit in der Hyperglykämie oder den HbA1c zu erhöhen (vgl. u. a. Rodbard, 2017; Alcántara-Aragón, 2019; Boughton & Hovorka, 2019; Reznik & Deberles, 2019; Zimmerman, Albanese-O'Neill & Haller, 2019; American Diabetes Association, 2020; Dovc & Battelino, 2020b).

4.3.1.3 Stufe 2: Hypoglycemia-Minimizer

Im Jahr 2015 brachte die Firma Medtronic mit der Insulinpumpe *MiniMed 640G* ein System mit *Predicitive-Low-Glucose-Suspend*-Funktion auf den europäischen Markt. Dieses erkennt bevorstehende Hypoglykämien und reduziert automatisiert die Insulinzufuhr bereits im Vorfeld. (Adolfsson *et al.*, 2018; Dovc & Battelino, 2020a; Medtronic, 2022)

In 2016 veröffentlichte Medtronic in den USA das *MiniMed 630G*-System, das integriert mit dem Medtronic-eigenen CGM Guardian 3 ebenfalls über die Predicitive-Low-Glucose-Suspend-Funktion verfügt (Allen & Gupta, 2019; Zimmerman, Albanese-O'Neill & Haller, 2019). Auch die Insulinpumpe *t:slim X2* der Firma *Tandem Diabetes Care* kann seit 2018 mit dem Dexcom G6 integriert werden und ist mit Predicitive-Low-Glucose-Suspend-Funktion ausgestattet(Allen & Gupta, 2019; Zimmerman, Albanese-O'Neill & Haller, 2019).

Diese Systeme erwiesen sich in Studien innerhalb aller Altersgruppen als sicher und reduzierten noch effektiver als die Vorgängersysteme die Häufigkeit und Schwere von Hypoglykämien im Allgemeinen und nachts im Besonderen. Die Zunahme der Zeit in Hyperglykämie erwies sich als gering und ohne erhöhtes Risiko für schwere

Hyperglykämien (vgl. u. a. Rodbard, 2017; Allen & Gupta, 2019; Zimmerman, Albanese-O'Neill & Haller, 2019; Dovc & Battelino, 2020a, 2020b).

4.3.1.4 Stufe 3: Hypoglycemia-/Hyperglycemia-Minimizer

Im nächsten Entwicklungsschritt der CLS kam zur Reduzierung die automatisierte Erhöhung der Insulinzufuhr hinzu. Unter *Hypoglycemia/Hyperglycemia Minimizer* versteht sich somit ein System mit Predicitive-Low-Glucose-Suspend-Funktion und zusätzlicher Erhöhung der Insulinzufuhr bei erhöhten BG-Werten. Allerdings findet diese Erhöhung erst statt, wenn die BG einen festgelegten Wert übersteigt (vgl. u. a. Rodbard, 2017). Die Definition der JDRF nennt beispielhaft einen recht hohen BG-Wert von 200mg/dl als Grenzwert (Trevitt, Simpson & Wood, 2016).

4.3.1.5 Stufe 4: Automated-Basal/Hybrid-Closed-Loop

Hybrid-Closed-Loop-Systeme (Hybrid-CLS) sind der aktuelle Stand der Forschung und seit Kurzem kommerziell erhältlich.

Hybrid-CLS automatisieren die Abgabe der Basalrate unter Zielsetzung eines festgelegten BG-Werts bzw. unter Zielsetzung eines Bereichs zwischen zwei festgelegten BG-Werten. Die Insulinabgabe zur Nahrungsaufnahme muss jedoch von den Nutzenden weiterhin manuell getätigt werden – daher die Bezeichnung *Hybrid*. Es findet sowohl eine Reduktion oder Abschaltung der Insulinzufuhr bei bestehender oder antizipierter Hypoglykämie als auch eine Erhöhung der Insulinzufuhr bei bestehender oder antizipierter Hyperglykämie statt (Castle, DeVries & Kovatchev, 2017; Heinemann, 2018; Alcántara-Aragón, 2019; Beck *et al.*, 2019; American Diabetes Association, 2020; Christiansen *et al.*, 2020; Dovc & Battelino, 2020b).

Das erste Hybrid-CLS auf dem Markt, bestehend aus der Insulinpumpe *MiniMed 670G* von Medtronic und dem CGM Guardian 3, wurde 2016 in den USA, 2018 in der EU und in Deutschland Ende 2019 zugelassen. Das System hat einen festgelegten Zielwert von 120 mg/dl, der temporär auf 150mg/dl gesetzt werden kann, etwa um bei sportlicher Aktivität Hypoglykämien zu vermeiden. Zusätzlich zu den manuellen Insulingaben zu den Mahlzeiten müssen weiterhin Insulingaben zur Korrektur erhöhter Werte sowie gelegentlich BG-Werte aus der BGSM eingegeben werden (Castle, DeVries & Kovatchev, 2017; Allen & Gupta, 2019; Beck *et al.*, 2019; Hohmann-Jeddi, 2019; Zimmerman, Albanese-O'Neill & Haller, 2019).

Derzeit befinden sich mehrere Hybrid-CLS auf dem Markt bzw. in der Entwicklung. Die Funktionsweisen der verschiedenen Systeme sind im Großen und Ganzen ähnlich, unterscheiden sich jedoch in gewissen Funktionen und Möglichkeiten. Daher spielen die Präferenzen der Nutzenden bei der Wahl der Systeme eine Rolle, aber auch deren Fähigkeit, die Systeme sicher und effektiv anzuwenden. Allerdings sind Hybrid-

CLS nicht für alle MmT1D zugänglich, da die Kosten nicht in jedem Fall von den Krankenkassen übernommen werden (siehe Kapitel 4.3.7 und 6.14.4.1; vgl. u. a. Allen & Gupta, 2019; Beck et al., 2019; American Diabetes Association, 2020; Christiansen et al., 2020; Dovc & Battelino, 2020a).

Die Hybrid-CLS zeigten in Studien im Vergleich zu den CLS vorhergehender Stufen weitere Verbesserungen der *Time in Range* sowie die Reduktion von Hypo- und Hyperglykämien. Auch unter erschwerten Alltagsbedingungen wie etwa bei physischer Aktivität erweisen sich die Hybrid-CLS in Studien als sicher und effektiv, sowohl für Erwachsene als auch für Jugendliche (vgl. u. a. Akturk & Garg, 2019; Alcántara-Aragón, 2019; Allen & Gupta, 2019; American Diabetes Association, 2019g; Cobry & Jaser, 2019; Zimmerman, Albanese-O'Neill & Haller, 2019; Christiansen et al., 2020; Dovc & Battelino, 2020b).

Auch wenn bei Hybrid-CLS weiterhin die Insulingaben für die Mahlzeiten von den Nutzenden selbst abgegeben werden müssen, zeigen Studien, dass Hybrid-CLS im Falle von vergessenen, zu hohen oder zu niedrigen Insulingaben zu den Mahlzeiten die menschliche Fehlkalkulation gut ausgleichen können (vgl. u. a. Akturk & Garg, 2019; Alcántara-Aragón, 2019; Dovc & Battelino, 2020b).

4.3.1.6 Stufe 5: Fully-Automated-Insulin-Closed-Loop

Vollumfängliche CLS würden die Funktion der Bauchspeicheldrüse hinsichtlich der Insulinzufuhr vollständig ersetzen. Über die Anpassung der Basalrate hinaus wäre keine manuelle Insulingabe zu den Mahlzeiten mehr vonnöten. Derartige Systeme befinden sich bereits in der klinischen Entwicklung (Heinemann, 2018; Lal, Ekhlaspour, et al., 2019).

Ihr erfolgreicher Einsatz würde eine „technische Heilung" (Heinemann, 2018) des T1D bedeuten. Heinemann (2018) betont neben den Vorteilen der BG-Kontrolle auch die „ausgeprägten positiven psychologischen Aspekte [...], die mit dem Einsatz solcher Systeme verbunden" wären. Jedoch sind laut Alcántara-Aragón (2019) die Hürden zur Umsetzung eines vollumfänglichen CLS trotz aller technologischer Errungenschaften der letzten Jahre noch hoch. Schwierigkeiten entstehen vor allem durch den schnellen Anstieg der BG direkt nach den Mahlzeiten, die Hypoglykämie ca. zwei Stunden nach den Mahlzeiten und das schnelle Abfallen der BG bei physischer Aktivität (Fuchs und Hovorka 2020). Diese Hypo- und Hyperglykämien ergeben sich aus der Wirkweise der derzeit erhältlichen, für diesen Zweck noch zu langsam wirkenden Insuline (siehe ausführlich Kapitel 4.3.4). Eine weitere Erschwernis ist, dass der Höchststand der Wirkung von Insulin (*Peak*) sowohl von Mensch zu Mensch als auch je nach schnellwirksamem Insulin variiert (Alcántara-Aragón, 2019; Lal, Ekhlaspour, et al., 2019).

Bislang gibt es nur wenige Studien mit jeweils wenigen Teilnehmenden, in denen vollumfängliche CLS getestet wurden. In diesen war im Durchschnitt die glykämische Gesamtsituation aufgrund der beschriebenen Schwierigkeiten mit unangekündigten Mahlzeiten, für die im Vorfeld kein Insulin abgegeben wird, eher etwas schlechter als bei der Verwendung von Hybrid-CLS (vgl. u. a. Cameron *et al.*, 2017; Lal, Ekhlaspour, *et al.*, 2019; Fuchs & Hovorka, 2020).

4.3.1.7 Stufe 6: Fully-Automated-Multi-Hormone-Closed-Loop

Eine Möglichkeit der Erweiterung von CLS sind *multi-hormonelle CLS*. Darunter sind Systeme zu verstehen, die nicht nur Insulin, sondern auch (in der Regel) Glukagon verabreichen. Glukagon verursacht einen Anstieg der BG (siehe Kapitel 3.2.3). Die schnelle Korrektur von einem akut zu niedrigen Insulinspiegel im Blut durch die Verabreichung von Glukagon ermöglicht eine aggressivere Herangehensweise bei der Verabreichung von Insulin, da eine potenziell zu hohe Insulindosis durch das Verabreichen von Glukagon wieder ausgeglichen werden kann. Hierdurch kann insgesamt eine noch bessere glykämische Einstellung erreicht werden als bei vollumfänglichen CLS oder Hybrid-CLS, zumal die Berechnung des Bedarfs an Glukagon einfacher ist als die Berechnung des Bedarfs an Insulin. Allerdings ist die Herstellung von Glukagon für diesen Gebrauch bislang problematisch, da es sich nicht in flüssiger Form lagern lässt (vgl. u. a. Rodbard, 2017; Peters & Haidar, 2018; Allen & Gupta, 2019; Beck *et al.*, 2019; Boughton & Hovorka, 2019; Lal, Ekhlaspour, *et al.*, 2019; Zimmerman, Albanese-O'Neill & Haller, 2019; Dovc & Battelino, 2020b; Fuchs & Hovorka, 2020).

4.3.2 Hersteller & Insulinpumpen-Modelle mit Bezug zu Closed-Loop-Systemen

Im Folgenden wird ein Überblick gegeben über die derzeit erhältlichen CLS sowie über weitere Insulinpumpen, die im Zusammenhang mit CLS von Relevanz sind oder im Zusammenhang mit den OSCLS im Verlauf der Arbeit noch von Relevanz sein werden. Insofern erhebt die Darstellung keinen Anspruch auf Vollständigkeit.

4.3.2.1 Medtronic: MiniMed

MiniMed ist eine Insulinpumpen-Modellserie der US-amerikanischen Firma *Medtronic*, die diese sowie andere Technologien für T1D entwickelt, u. a. CGM-Systeme (Zimmerman, Albanese-O'Neill & Haller, 2019). Diejenigen *MiniMed*-Systeme, die bereits im Kapitel zu den Entwicklungsstufen der CLS diskutiert wurden, werden im Folgen nicht nochmals aufgegriffen.

In 2020 brachte Medtronic mit der Insulinpumpe *MiniMed 780G* in Europa und mit der *MiniMed 770G* in den USA zwei weitere Hybrid-CLS auf den Markt. Beide

Systeme sind in Deutschland erhältlich und können über ein Smartphone bedient werden. Die Daten beider Systeme können mit bis zu fünf Personen geteilt werden (DiaExpert, 2022c, 2022d; Medtronic, 2022).

Die MiniMed 770G integriert das Medtronic-eigene CGM Guardian 3. Der Zielwert liegt ebenso wie beim Vorgängermodell MiniMed 670G voreingestellt bei 120mg/dl und kann für sportliche Aktivitäten temporär auf 150mg/dl erhöht werden (DiaExpert, 2022c; Medtronic, 2022).

Die MiniMed 780G kann sowohl das Medtronic-eigene CGM Guardian 3 als auch Guardian 4 integrieren. Der Zielwert kann wahlweise auf 100, 110 oder 120mg/dl gesetzt und für sportliche Aktivitäten temporär auf 150mg/dl erhöht werden. Das System kann darüber hinaus kleine Insulindosen zur Korrektur erhöhter Werte abgeben. Mit der Nutzung der MiniMed 780G geht eine signifikante Verbesserung der glykämischen Kontrolle einher (Bassi *et al.*, 2022; DiaExpert, 2022d).

Diverse ältere MiniMed-Insulinpumpen der 500er- und 700er-Serie finden im Rahmen der OSCLS Anwendung (Wilmot & Danne, 2020).

4.3.2.2 CamDiab: CamAPS FX

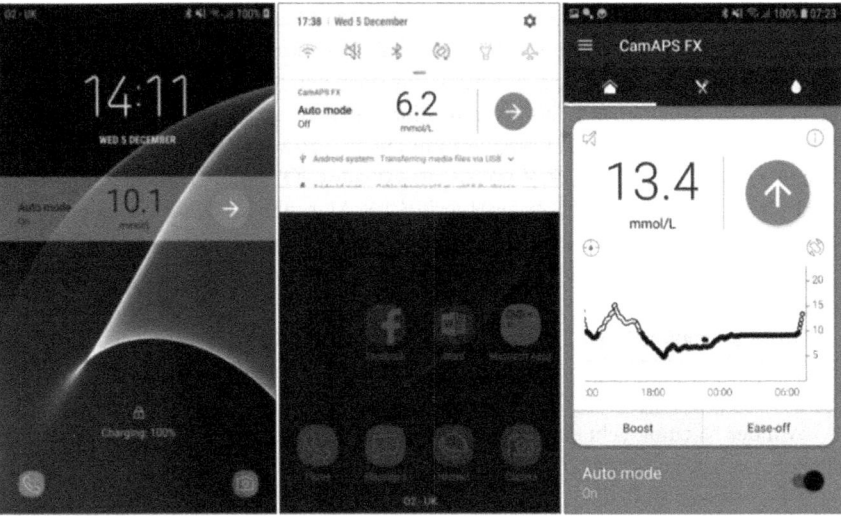

Abbildung 8: Anzeige der BG-Werte in CamAPS FX auf dem Sperrbildschirm (links), im Steuerfeld (mittig) und in der App (rechts). Quelle: CamAPS FX Handbuch

Das Hybrid-CLS *CamAPS FX* des britischen Herstellers *CamDiab* ist das einzige kommerzielle CLS, bei dem der Algorithmus in eine Smartphone-App integriert ist. Es ist in der EU seit 2020 zugelassen, als derzeit einziges CLS auch für Schwangere. Die Zielwerte können frei eingestellt werden. Das System kommuniziert über Bluetooth integriert mit dem CGM Dexcom G6 und den Insulinpumpen *Dana Diabecare RS* und *Dana-i* des Herstellers *SOOIL* (zu SOOIL siehe Kapitel 4.3.2.7; vgl. Chen *et al.*, 2021; Leelarathna *et al.*, 2021; CamDiab, 2022).

MmT1D fühlten sich in einer Studie mit der Nutzung von CamAPS FX weniger belastet, da im Vergleich zu anderen Systemen die Komponenten leichter zu tragen sind, der T1D über das Smartphone in der Öffentlichkeit diskret und unauffällig gehandhabt werden kann und die Alarme individualisierbar sind. Im Vergleich zu anderen Systemen wurden die Daten von den Nutzenden häufiger eingesehen, wenn das Smartphone aus anderen Gründen in die Hand genommen wurde (Abbildung 7). Auch wurde das Management des T1D als verbessert empfunden (Rankin *et al.*, 2021).

4.3.2.3 Tandem Diabetes Care: t:slim

Tandem Diabetes Care ist der US-amerikanische Hersteller der Insulinpumpe *t:slim*, die 2012 auf den Markt kam. Sie wurde unter signifikantem Einbezug von MmT1D entwickelt und war die erste Insulinpumpe mit Touchscreen und wiederaufladbarem Akku. Auf die Insulinpumpe *t:slim X2* wurde oben bereits eingegangen. Es ist erwähnenswert, dass die *t:slim X2* als erste Insulinpumpe von den Nutzenden selbst von zuhause aus über den privaten Computer mit einem Software-Update versehen werden konnte (Allen & Gupta, 2019; Zimmerman, Albanese-O'Neill & Haller, 2019).

In 2019 wurde in den USA der Hybrid-CLS-Algorithmus *Tandem Diabetes Care Control-IQ* zugelassen. Hierbei handelt es sich um den ersten interoperablen CLS-Algorithmus, der mit einer interoperablen Insulinpumpe und einem interoperablen CGM integriert angewandt wird. Als *Tandem t:slim X2 Control-IQ* ist der Algorithmus in die Insulinpumpe t:slim X2 integriert und mit dem CGM Dexcom G6 nutzbar. Das System kann zusätzlich zur Anpassung der Basalrate kleine Insulindosen zur Korrektur erhöhter Werte abgeben (FDA, 2019b; Bassi *et al.*, 2022).

Mit der Nutzung geht eine signifikante Verbesserung der glykämischen Kontrolle einher (Leelarathna *et al.*, 2021; Bassi *et al.*, 2022).

4.3.2.4 Diabeloop: DBLG1

DBLG1 ist ein von der französischen Firma *Diabeloop* entwickelter und selbstlernender Hybrid-CLS-Algorithmus, der in 2018 die EU-Zulassung erhielt. Er ist in ein mobiles Steuergerät integriert und kommuniziert über Bluetooth mit dem CGM Dexcom

G6 und der Insulinpumpe *Accu-Chek* Insight der schweizerischen Firma *Roche Diagnostics*. In Deutschland ist es seit 2021 erhältlich. Das System kann jedoch nur mit einem einzigen Insulin eines Herstellers (*NovoRapid* von *Novo Nordisk*) genutzt werden. Für die erste Inbetriebnahme sind lediglich Angaben zu Körpergewicht, Tagesinsulinbedarf und typischen Kohlenhydrat-Mahlzeitengrößen notwendig (Diabeloop, 2018; Leelarathna *et al.*, 2021; DiaExpert, 2022a).

In einer ersten Studie über sechs Monate konnte das System die glykämische Kontrolle der Studienteilnehmenden signifikant verbessern, allerdings liegt die Limitation der Studie in der kleinen Zahl an Proband:innen (Amadou *et al.*, 2021). Das System erwies sich auch als für Kinder geeignet (Kariyawasam *et al.*, 2021).

4.3.2.5 Insulet: OmniPod

Die Insulinpumpe *OmniPod* der US-amerikanischen Firma *Insulet* kam 2011 auf den Markt und ist schlauchlos. Sie ist die erste *Patch*-Insulinpumpe, die so genannt wird, weil sie direkt auf dem Körper aufliegt. Sie kann bis zu 72 Stunden getragen werden und wird über ein mobiles Steuergerät bedient. Mit der Nutzung ist eine Reduktion des Insulinbedarfs um 16,4% assoziiert, da das System ohne Schlauch eine konsistentere und kontinuierlichere Insulinabgabe ermöglicht (Layne, Parkin & Zisser, 2016; Allen & Gupta, 2019; Zimmerman, Albanese-O'Neill & Haller, 2019).

In 2018 kam das *OmniPod DASH-Insulin-Managementsystem* mit Bluetooth-Verbindung auf den Markt. CGM-Daten können damit nicht direkt an das Steuergerät geschickt werden, aber gemeinsam mit den Daten des OmniPod in einer Smartphone-App visualisiert und mit bis zu zwölf Personen geteilt werden (Allen & Gupta, 2019; Zimmerman, Albanese-O'Neill & Haller, 2019).

In 2022 wurde in den USA das Hybrid-CLS *Omnipod 5 Automated-Insulin-Delivery-System* zugelassen (siehe Abbildung 8), das über ein Smartphone integriert mit dem CGM Dexcom G6 auf den Markt kommen soll (FDA, 2022; OmniPod, 2022).

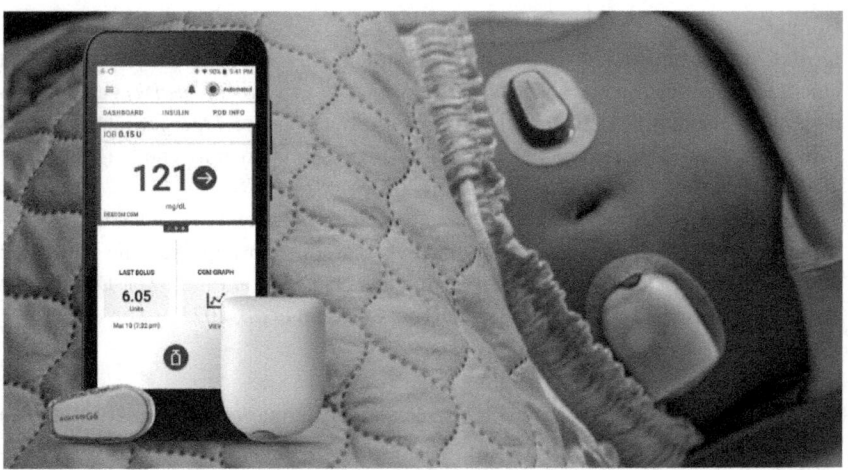

Abbildung 9: Omnipod 5 mit Dexcom G6 ohne Klebe-Pad (links) und mit Klebe-Pad am Körper (rechts). Quelle: Insulet

Die nicht mehr erhältliche Insulinpumpe *OmniPod Eros* wird im Rahmen der OSCLS verwendet (Braune *et al.*, 2021).

4.3.2.6 Roche Diagnostics: Accu-Chek

Die schweizerische Firma *Roche Diagnostics* stellt sowohl seit 2012 die Insulinpumpe *Accu-Chek Spirit Combo* als auch seit 2014 die Insulinpumpe *Accu-Chek Insight* her (Abbildung 9). Wie oben bereits beschrieben, ist die Insulinpumpe Accu-Chek Insight Teil des Hybrid-CLS von Diabeloop. (Allen & Gupta, 2019; Roche, 2021)

4. Kommerzielle Technologien für T1D 101

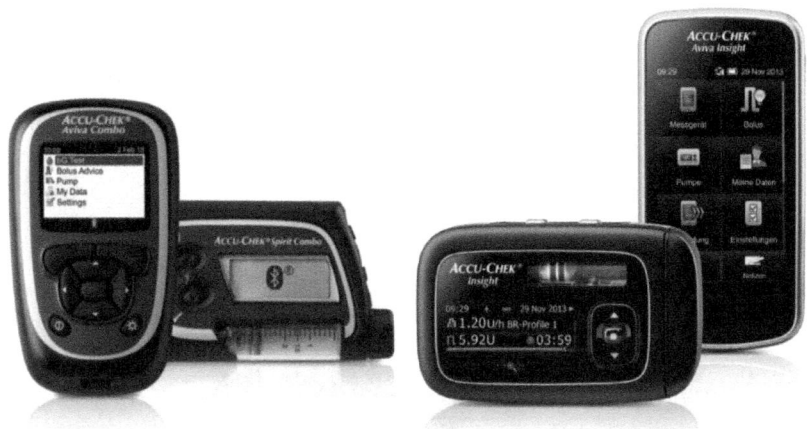

Abbildung 10: Accu-Chek Spirit Combo und Accu-Chek Insight mit jeweiligem Steuergerät. Quelle: Roche Diabetes Care

Darüber hinaus finden beide Pumpen Verwendung im Bereich der OSCLS.

4.3.2.7 SOOIL: Dana

Die südkoreanische Firma *SOOIL* vertreibt in mehreren asiatischen Ländern und in Europa die Insulinpumpen-Modellserie *Dana*. Das Modell *Dana Diabecare R* ist seit 2009, das Modell *Dana Diabecare RS* seit 2017 und das Modell *Dana-i* seit 2020 erhältlich (Allen & Gupta, 2019; SOOIL, 2022).

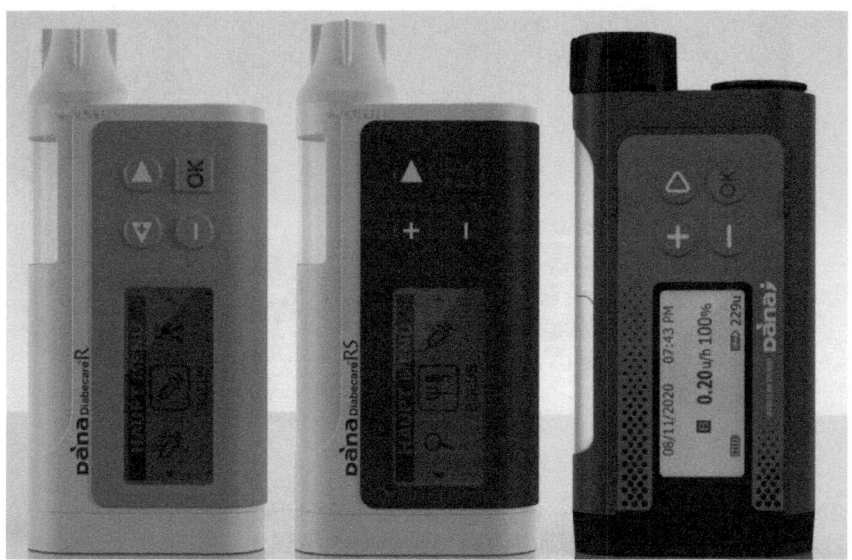

Abbildung 11: Dana Insulinpumpen im Vergleich (von links nach rechts): Dana Diabecare R, Dana Dana Diabecare RS, Dana-i. Quelle: IME-DC GmbH

Wie oben beschrieben, sind die beiden Insulinpumpen Dana Diabecare RS und Dana-i im Kontext des Hybrid-CLS *CamAPS FX* nutzbar. Die Insulinpumpen *Dana Diabecare R* und *Dana Diabecare RS* finden Verwendung im Bereich der OSCLS.

4.3.2.8 Interoperable Insulinpumpen

Interoperable Insulinpumpen zeichnen sich (ebenso wie integrierte CGM, siehe Kapitel 4.2.2.1.5), dadurch aus, dass sie integriert mit den Technologien für T1D anderer Hersteller genutzt werden können (Zimmerman, Albanese-O'Neill & Haller, 2019). Sie werden auch *ACE-Pumpen* (Alternate-Controller-Enabled) genannt. In den USA wurde in 2019 als erste interoperable Insulinpumpe die *t:slim X2* von *Tandem Diabetes Care* zugelassen (FDA, 2019c). 2022 folgte die Insulinpumpe *OmniPod 5* des Herstellers *Insulet* (FDA, 2022).

Im europäischen Raum sind darüber hinaus die Insulinpumpen *Dana Diabecare RS* und *Dana-i* des Herstellers *SOOIL* als interoperable Pumpen gekennzeichnet (DiaExpert, 2022b; IME-DC, 2022b, 2022a). Eine detaillierte Übersicht zu künstlichen Pankreas-Systemen (Artificial pancreas systems, APS) und den mit ihnen kompatiblen CGMs und Insulinpumpen kann Tabelle 1 und Tabelle 2 entnommen werde.

Tabelle 1: Übersicht zu Open-Source-APS und kompatiblen CGMs und Insulinpumpen (‡Kompatibel mit Firmware 2·4A oder niedriger; §Kompatibel mit Firmware 2.6 oder niedriger, kanadische und australische Modelle bis 2.7 oder niedriger; vgl. Braune et al., 2021)

APS	Kompatible CGMs	Kompatible Insulinpumpen
OpenAPS	Dexcom G4, G5, or G6; Medtronic Real-Time Revel and Enlite; other CGM systems and CGM-like devices (eg, FreeStyle Libre with MiaoMiao or BluCon) via Nightscout	Medtronic 512/712, 515/715,522/722, 523/723[‡], 554/754[§]
AndroidAPS	Dexcom G4, G5, or G6; FreeStyle Libre (via MiaoMiao, BluCon, or Bubble); FreeStyle Libre 2; Eversense; Medtronic Guardian 2 (via 600 series pump); Medtrum A6; PocTech; Gluco24	AccuChek Spirit Combo; AccuChek Insight; Dana R or RS; Medtronic 512/712, 515/715, 522/722, 523/723[‡], 554/754[§]; OmniPod Eros
Loop	Dexcom G4 (with share receiver), G5, or G6; Medtronic Enlite; FreeStyle Libre (via Spike)	OmniPod Eros; Medtronic 515/715, 522/722, 523/723[‡], 554/754[§]

Tabelle 2: Übersicht zu kommerziellen APS und kompatiblen CGMs und Insulinpumpen (vgl. Braune et al., 2021)

APS	Kompatible CGMs	Kompatible Insulinpumpen
Medtronic 670G/770G	Medtronic Guardian 3	Medtronic 670G
Medtronic 780G	Medtronic Guardian 3 and future generation sensors	Medtronic 780G
Tandem Control IQ	Dexcom G6 and future generation sensors	t:slim X2
Diabeloop DBLG1	Dexcom G6 and future generation sensors	Kaleido, AccuChek Insight
Cam APS FX	Dexcom G5, G6, and future generation sensors	Dana RS, Dana-i

4.3.2.9 Closed-Loop-Systeme in der Entwicklung

Diverse weitere Firmen haben derzeit CLS in der Entwicklung und werden mit diesen wahrscheinlich in den kommenden Jahren auf den Markt kommen. Zu nennen sind hier beispielsweise das französische Unternehmen *Cellnovo* sowie die US-amerikanischen Firmen *TypeZero Technologies*, *Beta Bionics* und *Bigfoot Biomedical* (Allen & Gupta, 2019; Zimmerman, Albanese-O'Neill & Haller, 2019; Fuchs & Hovorka, 2020; Hanaire et al., 2020; Pinsker et al., 2020).

Bemerkenswert sind noch die Bestrebungen der US-amerikanischen Non-Profit-Organisation *Tidepool*, deren Ziel es ist, das OSCLS *Loop* (siehe Kapitel 6.2.3) zur Zulassung zu bringen (Fuchs & Hovorka, 2020).

4.3.3 Studienlage zu den Closed-Loop-Systemen

Klinische Studien zeigen bislang vorwiegend positive Resultate hinsichtlich der Sicherheit und Effektivität der CLS (Singh *et al.*, 2016e).

Die Studienlage verweist mit zunehmender Evidenz auf eine verbesserte glykämische Situation der Nutzenden von CLS, auf eine positive Auswirkung auf die Hypoglykämiegefahr bei sportlicher Aktivität sowie auf eine positive Auswirkung auf psychosoziale Umstände. Zu letzteren zählen u. a. eine Reduktion der Angst vor Hypoglykämie, eine Auszeit von den konstanten Management-Anforderungen des T1D, ein stärkeres Gefühl von Sicherheit sowohl für MmT1D als auch deren soziales Umfeld, verbesserte Schlafqualität, mehr Zuversicht hinsichtlich der Handhabbarkeit des T1D sowie mehr Freiheit bei der Teilhabe an sportlichen und spontanen Aktivitäten. Auch bei schwangeren Frauen erweisen sich die Systeme als sicher und zuverlässig (vgl. u. a. Beck *et al.*, 2019; Boughton & Hovorka, 2019; Quintal *et al.*, 2019; American Diabetes Association, 2020; Christiansen *et al.*, 2020; Dovc & Battelino, 2020a).

In einer Meta-Studie kommen Weisman *et al.* (2017) zu dem Schluss, dass im Schnitt aller ambulant durchgeführten Studien CLS zu einer Verbesserung der *Time in Range* von 12,59% im Vergleich zu Standard-Insulinpumpentherapie oder Sensor-unterstützter Insulinpumpentherapie führen (vgl. De Bock *et al.*, 2018). Bekiari *et al.* (2018) sprechen von fast 2,5 Stunden zusätzlicher Zeit im nahe-normoglykämischen Bereich pro 24 Stunden sowie zwei Stunden weniger in Hyperglykämie und 20 Minuten weniger in Hypoglykämie (vgl. Boughton & Hovorka, 2019); dies bedeutet eine Reduktion des HbA1c um 0,3%. Boughton & Hovorka (2019) sprechen von 9,6% bzw. 140 Minuten zusätzlicher Zeit pro 24 Stunden im nahe-normoglykämischen Bereich und verweisen auf die besonderen Vorteile der CLS über Nacht mit 15,2% mehr Zeit in der *Time in Range*. In nahezu allen Studien ist die glykämische Variabilität durch CLS-Nutzung reduziert im Vergleich zu den bisherigen Systemen (Thabit *et al.*, 2015; Boughton & Hovorka, 2019). Zu vergleichbaren Ergebnissen kommen auch Pease *et al.* (2020) und Rodbard (2017). Bekiari *et al.* (2018) verweisen außerdem auf die unkomplizierte Handhabbarkeit der Systeme.

Auch weitere aktuelle Studien unter Alltagsbedingungen zeigen die sichere und effektive Wirkweise der CLS und deren Potenzial, die glykämische Kontrolle sowie die Lebensqualität der Nutzenden in einem Maß zu verbessern, das mit den bisherigen therapeutischen Methoden nicht erreichbar ist. Somit können CLS in der Konsequenz auch dazu beitragen, Langzeitkomplikationen zu verhindern (Weisman *et al.*, 2017; Allen & Gupta, 2019; Dovc & Battelino, 2020a; Fuchs & Hovorka, 2020; Pease *et al.*, 2020).

Laut Fuchs & Hovorka (2020) sind diese Resultate konsistent über sämtliche Systeme, die zum Zeitpunkt des Reviews auf dem Markt oder in der Forschung waren. Allerdings gehen die CLS mit einigen Belastungen für die Nutzenden einher. Diese beinhalten Störungen durch Alarme und damit verbundene Unterbrechungen des Schlafs, technische Schwierigkeiten und die Befürchtung des Verlernens von Fähigkeiten der Selbstbehandlung. Auch konnte eine gewisse obsessive Befassung mit den

Daten beobachtet werden. Die Größe, Anzahl und Sichtbarkeit der benötigten Geräte wurden ebenfalls als unangenehm empfunden (u. a. Boughton & Hovorka, 2019; Quintal *et al.*, 2019; Dovc & Battelino, 2020a).

MmT1D, die ein CLS über längere Zeit und häufiger nutzten, berichteten von größeren Vorteilen als MmT1D, die ein CLS seltener und kürzer nutzten (Boughton & Hovorka, 2019).

4.3.4 Limitationen der Closed-Loop-Systeme

Die kommerziellen CLS gehen zum aktuellen Zeitpunkt noch mit Limitationen einher, von denen sich einige durch die Bedingungen des T1D, andere durch die Systeme selbst bzw. die benötigten Komponenten ergeben. So betrifft eine bereits genannte Limitation die CGM: Je zuverlässiger diese hinsichtlich Messgenauigkeit und niedriger Ausfallquote sind, umso stabiler sind auch die CLS (Akturk & Garg, 2019; Renard, 2019).

Des Weiteren bringt die Wirkweise von subkutan verabreichtem Insulin in der Anwendung einige Probleme mit sich. Obwohl mittlerweile schnellwirksame Insuline erhältlich sind, die in ihrer Anwendung deutlich besser zu handhaben sind als ihre Vorgänger, sind sowohl die Verzögerung des Wirkeintritts als auch die lange Nachwirkung problematisch und erschweren die genaue Berechnung der aktuell benötigten und noch im Köper wirkenden Insulinmenge. Dies wirkt sich auch auf die Effektivität und Sicherheit der CLS aus. Ein Algorithmus kann zwar durchaus erkennen, wenn eine Mahlzeit eingenommen wurde. Jedoch ist das Insulin zu langsam, um dann noch eine Hyperglykämie zu verhindern; und wirkt zu lange nach, was zu einer anschließenden Hypoglykämie führen kann. Daher beschränken sich die derzeit erhältlichen CLS auf Hybrid-CLS, bei denen das Insulin zu den Mahlzeiten im Vorfeld durch die Nutzenden abgegeben wird (Akturk & Garg, 2019; Beck *et al.*, 2019; Fuchs & Hovorka, 2020; Jackson & Castle, 2020).

Limitierend wirkt sich auch aus, dass CLS generell am Tag weniger effektiv sind als in der Nacht. Nachts wirken weder akute physische Aktivität noch Mahlzeiten auf die BG ein. Tagsüber wirken sich diese beiden Faktoren erschwerend auf die Effektivität der Systeme aus (Boughton & Hovorka, 2019; Jackson & Castle, 2020).

Weiter entsprechen die Einstellungsmöglichkeiten der aktuellen Systeme häufig nicht den aktuellen technologischen Möglichkeiten (siehe Kapitel 6.14.4.2). Das bedeutet beispielsweise, dass Nutzende der Systeme zwar einen BG-Zielwert einstellen können, jedoch nicht völlig frei in der Wahl dieses Zielwerts sind. Es kann nicht davon ausgegangen werden, dass voreingestellte Zielwerte für alle Nutzende in allen Situationen geeignet sind. Es sind bereits Fälle bekannt, bei denen Nutzende falsche Informationen in das System einspeisen, um eine engere Kontrolle ihrer BG zu erreichen.

Dies kann jedoch die Gefahr für Hypoglykämien erhöhen (Weaver & Hirsch, 2018; Allen & Gupta, 2019).

4.3.5 Voraussetzungen für die Nutzung von Closed-Loop-Systemen

Auch unter Nutzung der CLS muss der T1D weiter beobachtet werden, um unerwartete Ereignisse technischer wie glykämischer Natur handhaben zu können (Renard, 2019).

Lewis (2018b) betont, dass CLS zwar drastisch die Lebensqualität von MmT1D verbessern, aber eben keine Heilung des T1D darstellen. So werden mit der Nutzung eines CLS Hypo- und Hyperglykämien wahrscheinlich seltener auftreten, aber trotzdem weiterhin vorkommen. Daher sollten sich MmT1D darüber im Klaren sein, was CLS leisten und was nicht, bevor sie sich für die Nutzung entscheiden. Die Erwartungen an das System sollten also realistisch sein, um Enttäuschungen und eine daraus resultierende Demotivation zu verhindern (vgl. Quintal *et al.*, 2019).

Auch sollten die Nutzenden eine Kompetenz für das System und alle seine Komponenten sowie für den eigenen T1D mitbringen, um Fehlersuche und Fehlerbehebung meistern zu können. Da im Vergleich zu den bisherigen Systemen CLS von höherer technologischer Komplexität sind, wären ohne diese Kompetenzen gewisse Anwendungsrisiken nicht auszuschließen (Lewis, 2018b; Quintal *et al.*, 2019).

Um sicherzustellen, dass die Nutzenden von CLS die Systeme sicher und effizient bedienen können, sollten daher initiale sowie in gewissen Abständen folgende Schulungen stattfinden. Basiswissen über den T1D und den Umgang mit Insulinpumpe und CGM sollte vorhanden sein bzw. gelehrt und gelegentlich aufgefrischt werden (Lewis, 2018b; Quintal *et al.*, 2019; Renard, 2019).

Weiter ist das Erfahrungswissen um die Bedingungen des eigenen, individuellen T1D generell von großer Relevanz für das Management des T1D und somit auch für die Handhabung eines CLS (Lewis, 2018b; Quintal *et al.*, 2019). Das Umsetzen dieses Wissens führt laut Quintal *et al.* (2019) allerdings nicht unbedingt sofort zu einer verbesserten glykämischen Kontrolle durch das CLS. Hier ist es die Aufgabe der medizinischen Fachkräfte, die generierten Daten in Absprache mit den Nutzenden zu interpretieren und in passende Einstellungen zu übertragen.

4.3.6 Management von Typ-1-Diabetes & Closed-Loop-Systemen

Das Management des T1D gehört für MmT1D zu den täglichen Aufgaben und bedeutet auch die Kontrolle über das eigene Wohlbefinden. Daher kann die Abgabe der Kontrolle an ein System potenziell als Abgabe der Autonomie über die eigene Erkrankung empfunden werden. Laut Quintal *et al.* (2019) kann diese Abgabe mit einem Unwohlsein in Verbindung stehen, sofern kein Vertrauen in das CLS besteht. Fehlendes Vertrauen resultiert häufig aus mangelnder Erfahrung mit dem System, aus technischen

Beschränkungen des Systems und aus den persönlichen Präferenzen. Ein Zugewinn an Erfahrung mit dem System führt in aller Regel auch zu einem Zugewinn an Vertrauen. Bei MmT1D, die eine Sichtbarkeit ihrer Erkrankung als stigmatisierend empfinden, können offensichtliche therapeutische Handlungen oder Technologien als unangenehm wahrgenommen werden. Insbesondere bei jüngeren MmT1D kann sich das auf den Umgang mit der Therapie auswirken und zu dem Versuch führen, durch das Ablehnen von Insulinpumpen und/oder CGM den T1D verstecken zu wollen. CLS könnten von diesen MmT1D abgelehnt werden, zumal sie durch die zusätzlichen Geräte am Körper und die Notwendigkeit, gewisse Eingaben manuell zu tätigen, eher zu mehr Sichtbarkeit führen (u. a. Balfe *et al.*, 2013; Quintal *et al.*, 2019).

Weiter ist es vorstellbar, dass sich MmT1D für ihre therapeutischen Entscheidungen zunehmend auf die CLS verlassen. Dies könnte in einem gewissen Maß einen Verlust der Fähigkeit des Managements des T1D zur Folge haben (Quintal *et al.*, 2019).

Andererseits besteht ein potenzieller positiver Aspekt gerade darin, dass CLS zu mehr Vertrauen der Nutzenden in die eigenen therapeutischen Fähigkeiten führen. MmT1D fühlen sich häufig selbst vollständig verantwortlich für die Kontrolle über den T1D. Das Verfehlen der glykämischen Zielwerte kann als persönliches Versagen gewertet werden und schuldbehaftet sein. Wird nun diese Verantwortung mit einem CLS geteilt, kann das Gefühl von Schuld und Scham aufgrund der empfundenen eigenen Unzulänglichkeit nachlassen und dies wiederum zu mehr Vertrauen in die eigenen Fähigkeiten der T1D-Therapie führen (Quintal *et al.*, 2019).

4.3.7 Zugangsgerechtigkeit bei & Zugang zu Closed-Loop-Systemen

CLS sind, wie viele Medizintechnologien, teuer und daher nur begrenzt zugänglich. Hier stellt sich also die Frage der Kostenübernahme der Systeme durch das Gesundheitswesen. Wenn diese nicht erfolgt, besteht eine hohe finanzielle Belastung für die MmT1D bzw. deren Familien.

Das Gesundheitswesen stellt aufgrund der hohen Kosten derzeit und sehr wahrscheinlich auch für die (mindestens nähere) Zukunft CLS nur einer begrenzten Anzahl an MmT1D zur Verfügung (siehe hierzu auch Kapitel 6.14.4.1). Welche Personen das sind, sollte nach Quintal *et al.* (2019) nach gerechten und wohlüberlegten Kriterien entschieden werden mit Blick auf die bestmöglichen Ergebnisse des Einsatzes der CLS. Geeignet wären laut Quintal *et al.* (2019) etwa MmT1D, die trotz großem Aufwand keine zufriedenstellenden Therapieergebnisse erzielen, bei denen häufige und/oder schwere Hypoglykämien vorkommen oder bei denen aufgrund häufiger hoher BG-Werte bereits Folgekomplikationen drohen. Aber auch die persönlichen Präferenzen und Lebensumstände spielen eine Rolle und müssen in die Betrachtung einfließen.

Für Quintal *et al.* (2019) sind motivierte MmT1D mit realistischen Erwartungen an die Systeme geeignet, da davon auszugehen ist, dass sie sich von Schwierigkeiten mit dem System nicht abschrecken lassen (vgl. u. a. van Bon *et al.*, 2010; Renard, 2019). Kriterien wie (höheres) Alter oder (geringe) technische Affinität sollten nicht herangezogen werden, da diese diskriminierend wären und es sich nicht voraussetzen lässt, dass sie mit besseren oder schlechteren Resultaten in Verbindung stehen. MmT1D mit geringer Motivation für die Therapie des T1D und der Erwartungshaltung, sich nicht mehr um ihren T1D kümmern zu müssen, werden laut Renard (2019) keine geeigneten Nutzenden für die CLS sein.

4.3.8 Relevanz der Interoperabilität der Komponenten von Closed-Loop-Systemen

Jackson & Castle (2020) betonen die Wichtigkeit weiterer Forschung im Bereich der Interoperabilität der Komponenten von CLS. Interoperabilität eröffnet den Nutzenden eine Individualisierung der Versorgung und bietet mehr Optionen zur zukünftigen Entwicklung von CLS. Die Nutzenden erhalten die Möglichkeit, das CGM, die Insulinpumpe sowie den Algorithmus zu wählen, welche ihren Präferenzen und Bedürfnissen am besten entsprechen (vgl. Zimmerman, Albanese-O'Neill & Haller, 2019; Fuchs & Hovorka, 2020). Die Nutzungsfreundlichkeit der Systeme wird schlussendlich über deren Erfolg und Effektivität bestimmen. Verringern die Systeme nicht die Belastung durch den T1D, könnten sich die Nutzenden trotz verbesserter glykämischer Kontrolle wieder von den Systemen abwenden (Lal, Basina, *et al.*, 2019; Fuchs & Hovorka, 2020). Laut Boughton & Hovorka (2019) ist davon auszugehen, dass die Wahlmöglichkeit zwischen den individuell geeignetsten Komponenten sowohl die Zufriedenheit der Nutzenden als auch die Effizienz verbessert.

Die JDRF rief daher in 2017 eine Initiative ins Leben, deren Ziel die Beschleunigung der Entwicklung von *Open-Protocol*-Technologien ist. Dies meint interoperative Technologien, die eine Verbindung mit Technologien anderer Hersteller erlauben. Dadurch sollen Hersteller von Technologien für T1D dazu angehalten werden, sichere und standardisierte Kommunikationswege mit Technologien anderer Hersteller anzubieten, um Interoperabilität zwischen den Systemen und somit eine Wahlfreiheit für die Nutzenden zu gewährleisten (JDRF, 2017; Boughton & Hovorka, 2019).

4.3.9 Einbezug von Nutzenden in die Entwicklung von Closed-Loop-Systemen

Musolino *et al.* (2019) ebenso wie Commissariat *et al.* (2019) betonen die Dringlichkeit des Einbezugs der Nutzenden in die Entwicklung von CLS. Sie erachten deren Feedback als wichtig für die Weiterentwicklung der Systeme durch Forschende und

Hersteller. Dies soll die Berücksichtigung psychosozialer Aspekte der Nutzung ermöglichen und die langfristige Nutzung der Systeme sichern.
Musolino *et al.* (2019) haben in einer Studie Eltern und Betreuende von Kindern mit T1D nach Verbesserungsvorschlägen für ein CLS gefragt, das diese im Rahmen einer Studie nutzten. Genannt wurden vorwiegend technische Aspekte wie eine größere Reichweite des fernsteuernden Elements, die Integration des Algorithmus direkt in der Pumpe, Zugriff auf die BG-Werte über mehrere Smartphones und die manuelle Abgabe von Insulin, ohne dafür die Pumpe in die Hand nehmen zu müssen. Einige Nutzende wünschten sich eine stärkere Individualisierbarkeit und die Möglichkeit, das CLS außer Kraft zu setzen. Hier wurde *OpenAPS* als Beispiel genannt und darin enthaltene Optionen, wie etwa die Einstellung temporärer BG-Zielwerte. In einer Studie von Commissariat *et al.* (2019) mit jungen MmT1D äußerten sich die Teilnehmenden ähnlich: Ein ideales CLS würde durch Mahlzeiten und körperliche Aktivität verursachte Glukosetrends erkennen und handhaben, die Insulinzufuhr anpassen und Annehmlichkeiten in der Bedienung bieten. Weiter gewünscht wären automatische Updates, eine längere Batterielaufzeit, personalisierte Algorithmen und die Möglichkeit, das CLS außer Kraft zu setzen.

4.4 Zusammenfassung der Technologien für Typ-1-Diabetes

Die folgende Tabelle bietet eine Zusammenfassung der Technologien für T1D und einen Überblick über die Komponenten, die für (OS)CLS relevant sind.

Insulinpumpen
- Insulinpumpen sind kleine batteriebetriebene Geräte, die geringe und individuell einprogrammierte Insulindosen kontinuierlich abgeben
- Zu den Mahlzeiten und zur Korrektur erhöhter BG-Werte können größere Insulindosen manuell abgegeben werden
- Das Insulin wird mittels eines Infusionssets verabreicht, das aus einem dünnen Schlauch und einer feinen Kanüle besteht
- Relevante Modelle für das Kapitel der OSCLS: Dana R, Dana RS, Accu-Chek Spirit Combo, Accu-Chek Insight

Continuous-Glucose-Monitoring (CGM)
- CGM-Systeme bestehen aus einem Sensor und einem Transmitter
- Der Sensor misst in kurzen Abständen die Glukose in der Gewebeflüssigkeit, der Transmitter sendet die Daten an ein Empfangsgerät

- CGM ermöglichen die kontinuierliche BG-Messung und Einsichten in den BG-Verlauf
- CGM werden umgangssprachlich häufig nur „Sensor" genannt
- Relevante Modelle für das Kapitel der OSCLS: Freestyle Libre (häufig nur „Freestyle" oder nur „Libre" genannt), Dexcom G5, Dexcom G6, Enlite

Closed-Loop-Systeme (CLS)
- CLS entstehen durch die Verbindung bzw. Kommunikation der Insulinpumpe mit dem CGM durch einen Algorithmus
- Der in der Insulinpumpe einprogrammierte Insulinbedarf wird durch den Algorithmus abgeglichen mit dem aktuellen BG-Wert sowie mit der Tendenz des BG-Verlaufs
- Die Insulinzufuhr wird reduziert oder unterbrochen, wenn der BG-Wert sinkt
- Die Insulinzufuhr wird erhöht, wenn der BG-Wert ansteigt
- Zielsetzung ist die Vermeidung von Hypoglykämien bei gleichzeitiger enger Kontrolle der BG

Abbildung 12: Überblick über Komponenten von (OS)CLS

5 Methode

Um zur Beantwortung der für diese Arbeit angelegten Forschungsfragen einen möglichst unverfälschten Blick auf die OSCLS und ihre Nutzenden zu erlangen, wurde (über die Recherche von wissenschaftlicher Literatur und anderen (Online-)Quellen hinaus) die Herangehensweise über qualitative leitfadengestützte Interviews gewählt. In qualitativen leitfadengestützten Interviews berichten Interviewte „ihre subjektive Wahrheit, die für den spezifischen Erzählaugenblick gültig ist" (Helfferich, 2014).

Im Folgenden wird die spezifische Methode der in dieser Arbeit angewandten Expert:inneninterviews und die Auswahl der Interviewten erklärt. Zudem werden die Interviewten vorgestellt und die Details der Interviewführung sowie der Interviewauswertung erläutert.

5.1 Expert:inneninterviews

Expert:inneninterviews sind nach Helfferich (2014) definiert „über die spezielle Zielgruppe der Interviewten und über das besondere Forschungsinteresse an Expertenwissen als besondere Art von Wissen". Laut Helfferich können Expert:innen „als Ratgeber und Wissensvermittler fungieren, die Fakten- und Erfahrungswissen weitergeben und so wenig aufwändig einen guten Zugang zu Wissensbereichen eröffnen". Expert:innenwissen ist nicht ausschließlich an Personen gebunden, die sich beruflich mit einer Thematik auseinandersetzen und somit innerhalb ihrer Profession eine bestimmte Expertise erlangen, sondern „kann außer mit Berufsrollen auch mit spezialisiertem, außerberuflichem Engagement verbunden sein" (Helfferich, 2014). Bei begründetem spezifischen Forschungsinteresse besteht somit die Option, „Privatpersonen, die sich in spezifischen Segmenten in besonderer Weise engagiert und dort Erfahrungen gesammelt haben, als Experten zu interviewen" (Helfferich, 2014).

Im Sinne dieser Definition von Helfferich sind alle Interviewten der vorliegenden Arbeit als Expert:innen zu verstehen. Die Nutzenden der OSCLS haben durch die Nutzung der OSCLS eine Erfahrungsexpertise zur Anwendung und Handhabung der Systeme, zum Leben mit den Systemen sowie zur Auswirkung der Systeme auf die glykämische Situation und die Lebensqualität. Von anderer Stelle kann diese Erfahrungsexpertise nicht erfragt werden. Da es eine Besonderheit der OSCLS ist, dass es aufgrund der Open-Source-Entwicklung nur wenige wissenschaftliche Studien dazu gibt und entsprechend auch vor der Nutzung keine wissenschaftlich dokumentierte Testphase, wie es bei klinischen Studien der Fall ist, können sie sogar als die einzigen Expert:innen für die Systeme verstanden werden.

Die interviewten Fachkräfte sind in diesem Kontext durchaus Expert:innen für ihr jeweiliges Fachgebiet, die ihre professionelle Sicht einbringen. Sie sind jedoch nur bedingt Fachkräfte für die OSCLS, da ihnen die Expertise aus der fachlichen Anwendung der OSCLS fehlt. Eine Ausnahme hiervon stellen die interviewten Ärztinnen dar, die den OSCLS bzw. Nutzenden der OSCLS in ihrem Praxisalltag begegnen.

5.2 Auswahl der Interviewpartner:innen

Im Vorfeld zur Auswahl der Interviewpartner:innen habe ich zwischen November 2018 und Januar 2019 mehrere der regionalen *Looper-Treffen*, auf denen sich die Mitglieder der OSCLS-Community vor Ort austauschen, innerhalb Deutschlands besucht und dort Kontakte zu einigen der Anwesenden geknüpft. Wichtig war für mich hierbei, dass die Personen, die ich aufgrund ihrer eigenen Erfahrungen mit der Nutzung eines OSCLS für ein Interview gewinnen wollte, ein OSCLS in vollem Funktionsumfang nutzen und eine Diversität bzgl. der für ein Interview Angefragten gegeben ist. So wurden etwa gleich viele Frauen wie Männer angefragt und sowohl Personen, die eher präsent sind in der Community und beispielsweise Treffen (mit-)organisieren, als auch Personen, die keine intensiven Kontakte innerhalb der Community pflegen. Sämtliche Interview-Partner:innen, die ein OSCLS für sich selbst nutzen, wurden auf diese Weise gefunden, sowie darüber hinaus drei weitere Interviewpartner:innen.

Weitere Kontakte kamen über Anfragen an Personen zustande, auf die ich im Rahmen meiner Recherchen aufmerksam wurde, sowie auf Nachfrage durch Empfehlungen bereits interviewter Personen.

5.3 Die Interviewten

Insgesamt wurden 22 Personen interviewt, die sich in zwei Kategorien ordnen lassen: Nutzende (der OSCLS) und Fachkräfte. Alle Interviewpartner:innen waren volljährig.

5.3.1 Nutzende

Zu den Nutzenden der OSCLS zählen nicht nur die Personen, die ein OSCLS für und an sich selbst nutzen (*Loopende*), sondern auch diejenigen Personen, die an der Nutzung eines OSCLS beteiligt sind (und dieses somit gewissermaßen auch nutzen, nur nicht an sich selbst). Dies trifft zu auf die Loopenden selbst und darüber hinaus auf sog. Menschen mit *Typ-F-Diabetes*, wobei das F für *Friends & Family* steht und Personen aus Freundeskreis und Familie von MmT1D bezeichnet, die den MmT1D unterstützen (diabetesDE, 2018). Eltern von Kindern mit T1D, die ein OSCLS für ihr und an ihrem Kind nutzen, werden als Untergruppe der Menschen mit Typ-F-Diabetes als eigene Gruppe von Nutzenden betrachtet. Zudem zählen zu den Nutzenden auch die ehemaligen Nutzenden, die sich nach einer gewissen Zeit der OSCLS-Nutzung entschieden haben, zu einer konventionellen Therapieform zurückzukehren. Loopende, die sich innerhalb der Community an der Entwicklung der OSCLS oder anderen technischen Strukturen aktiv beteiligen, werden als eigene Gruppe von Nutzenden betrachtet.

Insgesamt wurden 16 Personen als Nutzende interviewt (siehe Tabelle 3):
- 8 Loopende (vier Frauen und vier Männer, in der Auswertung der Interviews codiert als L1-L8)
- 2 Menschen mit Typ-F-Diabetes (beides Männer, in der Auswertung der Interviews codiert als F1 und F2)
- 2 Elternteile mit je einem Kind mit T1D (eine Mutter und ein Vater, in der Auswertung der Interviews codiert als E1 und E2)
- 2 Personen, die sich nach einer Zeit der Nutzung eines OSCLS entschieden haben, wieder auf eine konventionelle Therapieform zurückzugehen (beides Frauen, in der Auswertung der Interviews codiert als Z1 und Z2)
- 2 Loopende, die aktiv an der Entwicklung der OSCLS oder anderen technischen Strukturen beteiligt sind (ein Mann und eine Frau, in der Auswertung der Interviews codiert als A1 und A2)

Tabelle 3: Interviewte Nutzende

Code	Kategorie	Seit wann T1D	IT-Hintergrund (privat/beruflich)	Relation zu anderer interviewter Person
L1	Looper	Seit 25 Jahren	Elektroingenieur, hat beruflich „Kontakte [...] mit Programmierung"	
L2	Looperin	Seit 41 Jahren	Kein IT-Hintergrund	
L3	Looperin	Seit 38 Jahren	Kein IT-Hintergrund	Verheiratet mit F1
L4	Looper	Seit 43 Jahren	Arbeitet in IT-Vermarktung, kann Source-Code nachvollziehen, aber nicht selbst schreiben	
L5	Looperin	Seit 28 Jahren	Kein IT-Hintergrund	
L6	Looperin	Seit 17 Jahren	Kein IT-Hintergrund	
L7	Looper	Seit 29 Jahren	Kein IT-Hintergrund	
L8	Looper	Seit 26 Jahren	„IT-affin", kann nicht programmieren	
F1	Typ-F-Diabetiker	Seit 12, 13 Jahren (mit T1D zu tun)	Informatiker	Verheiratet mit L3
F2	Typ-F-Diabetiker	Seit 2 Jahren (mit T1D zu tun)	Elektroingenieur, baut „Embedded-Systeme, im Prinzip Computer"	Verwandt mit E1
E1	Elternteil, Mutter	Tochter seit 3 Jahren, im Alter von 2 Jahren	Kein IT-Hintergrund	Verwandt mit F2
E2	Elternteil, Vater	Tochter seit 2 Jahren, im Alter von 4	„seit über 20 Jahren Softwareentwickler"	

		Jahren; E2 selbst seit 20 Jahren	
Z1	Ehemalige Looperin	Seit 19 Jahren	Kein IT-Hintergrund
Z2	Ehemalige Looperin	Seit 24 Jahren	Kein IT-Hintergrund
A1	Aktiv an der Entwicklung der OSCLS oder anderen technischen Strukturen beteiligter Looper	Nicht abgefragt	
A2	Aktiv an der Entwicklung der OSCLS oder anderen technischen Strukturen beteiligte Looperin	Nicht abgefragt	

5.3.2 Fachkräfte

Eine Fachkraft ist definiert als „jemand, der innerhalb seines Berufs, seines Fachgebiets über die entsprechenden Kenntnisse, Fähigkeiten verfügt" (Duden, 2022a).

Zu den Fachkräften, die im Rahmen der vorliegenden Arbeit interviewt wurden, zählen die Ärztinnen, die im Bereich der Endokrinologie bzw. der Diabetologie tätig sind, die Vertreter zweier verschiedener Hersteller von Insulinpumpen und Insulinpumpenzubehör sowie eine Medizininformatikerin.

Insgesamt wurden 6 Personen als Fachkräfte interviewt (siehe Tabelle 4):
- 3 Ärztinnen aus Diabetologie und Endokrinologie, davon zwei Kinder- und Jugendärztinnen (alle drei Frauen, in der Auswertung der Interviews kodiert als D1-D3)

- 2 Vertreter verschiedener Hersteller von Insulinpumpen und -zubehör (beides Männer, in der Auswertung der Interviews codiert als H1 und H2)
- 1 in der Wissenschaft tätige Medizininformatikerin (in der Auswertung der Interviews codiert als M1)

Tabelle 4: Interviewte Fachkräfte

Code	Kategorie	Seit wann T1D	IT-Hintergrund (privat/beruflich)	Relation zu anderer interviewter Person
D1	Ärztin im Bereich Diabetologie/Endokrinologie		-	
D2	Ärztin in Weiterbildung für Kinder und Jugendliche im Bereich Diabetologie/Endokrinologie		-	
D3	Ärztin für Kinder und Jugendliche im Bereich Diabetologie/Endokrinologie		-	
H1	Vertreter einer Herstellerfirma von Insulinpumpen und Zubehör		-	
H2	Vertreter einer Herstellerfirma von Insulinpumpen, Zubehör und anderen Technologien für T1D		-	
M1	Medizininformatikerin		-	

5.4 Die Interviews

Alle 22 Interviews wurden zwischen Februar 2019 und Juli 2019 wie oben beschrieben als leitfadengestützte Expert:inneninterviews durchgeführt. Sämtliche Interviews mit

5. Methode

den Loopenden wurden im Rahmen persönlicher Treffen durchgeführt, ebenso die Interviews mit F1, D1 und D2. Alle weiteren Interviews wurden telefonisch oder online geführt. Sämtliche Interviews wurden mittels Audioaufnahme aufgezeichnet und im Nachhinein von einem externen Dienstleister transkribiert. Es folgten eine Codierung aller Interviews unter Nutzung der Software *MAXQDA* (Version 11.1.4.18223) der Firma *VERBI* und anschließend die inhaltliche Auswertung der Interviews.

Allen Interviewpartner:innen wurde die Verwendung der Inhalte des Interviews für die vorliegende Arbeit sowie eventuelle weitere wissenschaftliche Publikationen erläutert und dafür das Einverständnis eingeholt. Allen Interviewpartner:innen wurde Anonymität zugesichert.

Die Zitierangaben in der Auswertung der Interviews setzen sich zusammen aus dem Code für die Person und der Absatzangabe, wo im Transkript des jeweiligen Interviews die Aussage zu finden ist. So verweist beispielsweise die Angabe L5:12 auf die fünfte interviewte loopende Person sowie auf den Absatz 12 im Transkript des Interviews mit L5.

Allen Interviepartner:innen wurde am Ende des Interviews angeboten, dass sie im Nachgang zu den Interviews per E-Mail oder anderweitig Aspekte nachliefern können, die ihnen wichtig sind, aber erst im Nachhinein einfielen. Von diesem Angebot machten L3, E1 und D3 Gebrauch. Diese Aussagen sind in der Auswertung mit N (anstelle der Absatzangabe) gekennzeichnet, also beispielsweise D3:N.

Von den insgesamt 22 Interviews fanden 20 auf Deutsch und zwei (mit A2 und H1) auf Englisch statt. Aufgrund dessen und weil sich die Aussagen der Interviewten in vielen Aspekten auf den deutschen Raum beziehen, etwa hinsichtlich des Gesundheitswesens oder der Community, wurde diese Arbeit auf Deutsch verfasst. Darüber hinaus war es mir wichtig, den interviewten Personen aufgrund einer eventuellen Sprachbarriere nicht die Option zu nehmen, die vorliegende Arbeit lesen zu können, die ohne den wichtigen Beitrag dieser Personen nicht möglich gewesen wäre.

Die Leitfäden der Interviews befinden sich im Anhang dieser Arbeit. Die Transkripte der Interviews sind nicht angehängt, da die Anonymität der Interviewten unbedingt zu wahren ist. Bei berechtigtem Interesse an den Transkripten kann gegebenenfalls auf Anfrage eine stark anonymisierte Fassung zur Verfügung gestellt werden.

6 Die Open-Source-Closed-Loop-Systeme, die Community und die Auswertung der Interviews

Laut Heinemann & Lange (2019) wurde MmT1D „über 40 Jahre lang immer wieder angekündigt […], dass AID-Systeme ‚bald' verfügbar sein würden" (vgl. Kesavadev *et al.*, 2020). Die technologischen Grundlagen für solche Systeme sind gegeben, seit zu den ansteuerbaren Insulinpumpen auch zuverlässige CGM dazukamen (siehe Kapitel 4.3). Trotzdem blieb die Verfügbarkeit von kommerziellen CLS für lange Zeit weiterhin aus. Bei vielen MmT1D sowie Eltern von Kindern mit T1D führte dies zu Frustration. Aus der Sicht Vieler ließ sich bei den kommerziellen Herstellern nicht die Bemühung erkennen, die MmT1D ins Zentrum des Interesses zu stellen und die Verbesserung der Situation dieser Menschen voranzutreiben (Crabtree, Street & Wilmot, 2019). Diese Frustration, technische Fähigkeiten Einzelner und der Wunsch nach Veränderung bildeten die Grundlage einer weltweiten Bewegung, deren Hashtag *#WeAreNotWaiting* bereits auf ihre Intention hinweist: die gegebenen Umstände nicht mehr weiter in Kauf zu nehmen und aktiv als Community die Weiterentwicklung der eigenen therapeutischen Optionen selbst in die Hand zu nehmen (Jennings & Hussain, 2019). Dies führte zur Entstehung der *Open-Source-Closed-Loop-Systems* (OSCLS; auch *Do-It-Yourself Artificial Pancreas Systems* (DIY-APS)).

Die OSCLS zeichnen sich dadurch aus, dass sie kommerzielle Insulinpumpen und kommerzielle CGM nutzen und diese mit einer Open-Source-Software verbinden, die in Form einer Smartphone-App oder als Internetanwendung vorliegt. Diese Open-Source-Software entsteht durch die Zusammenarbeit der *#WeAreNotWaiting*-Community, genauer gesagt durch Softwareentwickler:innen, Ingenieur:innen und medizinische Fachkräfte sowie *Expert Patients*, also Patient:innen mit hoher Expertise (Alcántara-Aragón, 2019; Jansky & Woll, 2019). Auch wenn hier Menschen mit Fachwissen und Expertise am Werk sind, handelt es sich bei den OSCLS nicht um zugelassene Medizinprodukte, da diese keinerlei Zulassungsprozesse durchlaufen haben. Daher können die Systeme auch nicht wie andere Apps in funktionsfähiger Form aus dem Internet heruntergeladen werden. Online frei verfügbar sind lediglich die jeweiligen

Source-Codes, welche von den Nutzenden selbst zu einer App kompiliert werden müssen. In den Anfangszeiten der Bewegung war hierfür zumindest ein gewisses Maß an IT-Wissen vonnöten. Mittlerweile ist dieses durch die Unterstützungsstrukturen der Community nicht mehr vorausgesetzt (vgl. Braune & Wolf, 2019; Jansky & Woll, 2019).

Die OSCLS funktionieren im Grunde genauso wie kommerzielle Hybrid-CLS: Anhand der Sensordaten, die alle ca. fünf Minuten übermittelt werden, und den weiteren Informationen, die in das System eingegeben werden (Menge der eingenommenen Kohlenhydrate, Zielwert etc.), berechnet das System die aktuell benötigte Basalrate sowie ggf. eine zusätzliche Korrektur über die Abgabe eines Bolus (*Super Micro Bolus*, SMB) (Lewis, 2020). Die Vorteile eines OSCLS gegenüber einem kommerziellen CLS liegen in der freieren, individuelleren Anpassbarkeit der Systemeinstellungen, der besseren Zugänglichkeit sowie deutlich schnelleren Innovationszyklen (Jackson & Castle, 2020).

OSCLS werden mittlerweile (Stand Mai 2022) von über 2.500 Menschen weltweit genutzt, Schätzungen zufolge sind bislang 55,2 Millionen Stunden geloopt worden (Lewis & OpenAPS Community 2022b). Die tatsächlichen Zahlen dürften jedoch höher liegen, da die Angaben sich nur auf Nutzungsdaten freiwillig registrierter Loopender stützen. Crabtree, Street & Wilmot (2019) verweisen darauf, dass diese Zahl deutlich über der Zahl der Stunden liegt, die in Studien zu kommerziellen CLS erfasst werden.

Die Nutzenden der OSCLS bezeichnen die Systeme bzw. das System, das sie nutzen, als „Loop", die Nutzung des OSCLS als „loopen" und sich selbst als „Loopende", da diese Formulierungen auf das verweisen, was die OSCLS tun: Sie schließen den Kreis (*close the loop*) bzw. erzeugen einen geschlossenen Kreislauf (*Closed Loop*) zwischen den kommerziellen Bestandteilen Insulinpumpe und CGM (Jansky & Woll, 2019).

Im Folgenden werden die OSCLS und die Community um die OSCLS dargestellt. Die mit den Nutzenden und den Fachkräften geführten Interviews werden ausgewertet und im Kontext des Stands der Wissenschaft zu den OSCLS und der Community diskutiert. Da die Interviews im Jahr 2019 und vorwiegend mit in Deutschland lebenden Personen geführt wurden, beziehen sich die Aussagen der Interviewten auf den Stand der Technik von 2019, also bevor in Deutschland kommerzielle Hybrid-CLS verfügbar waren. Die Diskussion der wissenschaftlichen Literatur greift aber zuweilen explizit auch Aspekte auf, die sich auf den jüngsten Stand von Technik und Wissenschaft beziehen.

6.1 Die Geschichte der Open-Source-Closed-Loop-Systeme

Was mittlerweile unter *#WeAreNotWaiting* bekannt ist, entstand 2013 über die sozialen Medien. Die Bewegung bestand zuerst aus nur wenigen MmT1D und deren Angehörigen, die ihr technologisches Wissen sammelten und austauschten. Sie verfolgten das Ziel, ihre CGM-Daten mittels Open-Source-Software auf anderen Geräten als nur auf den herstellerspezifischen Empfangsgeräten (in der Regel Insulinpumpen) einsehbar zu machen. Die treibende Kraft bildeten technikaffine Eltern, deren Hauptmotivation die Einsehbarkeit der CGM-Werte von Kindern mit T1D war, auch über weitere Distanzen. Ebenso sollte eine Individualisierung der Alarme ermöglicht werden. Hieraus entstand schließlich die Initiative und Open-Source-Plattform *Nightscout* (Nightscout, 2022). Die Facebook-Gruppe *CGM in the Cloud*, welche das Kommunikationsmedium für die Nightscout-Nutzung ist, zählt derzeit rund 38.200 Nutzende (Lee, Hirschfeld & Wedding, 2016; Crabtree, Street & Wilmot, 2019; Jennings & Hussain, 2019; Kesavadev *et al.*, 2020).

Nightscout ist eine cloudbasierte Open-Source-Internetanwendung für MmT1D für die Visualisierung, Speicherung und das Teilen von CGM-Daten. Es fungiert darüber hinaus als zentraler Speicherort für alle therapiespezifischen Daten, also nicht nur die direkt aus dem CGM-System ausgelesenen BG-Daten, sondern u. a. auch Daten zur Insulinabgabe und manuell eingegebene Angaben zur Kohlenhydrateinnahme. So kann jederzeit und von überall aus über einen Internetbrowser auf diese Daten zugegriffen werden. Nightscout ermöglicht es somit Eltern oder anderen Angehörigen, auch aus der Ferne immer ein Auge auf die BG-Werte des Kindes zu haben, was für Eltern von Kindern mit T1D eine große Erleichterung darstellt. Es verschafft sowohl den Eltern als auch dem Kind selbst ein deutlich erhöhtes Maß an Autonomie. Aber auch für erwachsene MmT1D ermöglicht Nightscout eine viel leichtere Zugänglichkeit der eigenen Daten, beispielsweise durch die Visualisierung auf dem Smartphone oder einer Smartwatch. Zur Entstehungszeit der Bewegung um Nightscout war dies eine Revolution und von keinem kommerziellen Hersteller zu bekommen, zumal die Technologie frei für alle zur Verfügung steht, die ein CGM sowie ein Smartphone und Internetzugang haben (Crabtree, Street & Wilmot, 2019).

Somit wurde diese Option schnell für viele MmT1D attraktiv und auch von denen genutzt, die eher nicht technikaffin sind. Kaziunas *et al.* (2017) weisen darauf hin, dass in den Händen der nicht-technikaffinen Eltern und MmT1D die Daten eine neue Bedeutung gewannen. In ihrer Interviewstudie sprechen Kaziunas *et al.* (2017) mit Eltern von Kindern mit T1D, die Nightscout nutzen. Diese Eltern nennen nahezu einheitlich zwei Aspekte, die mit der Nutzung von Nightscout einhergehen: Nightscout hilft den

Eltern wie den Kindern, ihre Freiheit („freedom") zurückzugewinnen und ein erfüllteres Leben zu leben; und Nightscout führt zu mehr innerer Ruhe („peace of mind") für die Eltern. Darüber hinaus wird die Nutzung von Nightscout immer wieder als lebensverändernd („life changing") bezeichnet. Einer der Hauptgründe für diese Aussagen liegt in der durch Nightscout neu- bzw. wiedergewonnenen besseren Nachtruhe der Eltern. Durch die Optionen, die Daten im elterlichen Schlafzimmer einzusehen und Alarme direkt auf das elterliche Smartphone zu erhalten, müssen Eltern erstmals nachts nicht mehr vorsorglich aufstehen und die BG-Werte ihres Kindes kontrollieren. Aber auch Freizeitaktivitäten, Übernachtungen bei Freund:innen, sportliche Aktivitäten oder schlicht der Schulbesuch werden laut Kaziunas *et al.* (2017) einfacher, sicherer und freier.

Es ist mittlerweile in einer Untersuchung festgestellt worden, dass die Möglichkeit des Teilens von CGM-Daten zu deutlichen Verbesserungen hinsichtlich des allgemeinen Wohlbefindens, erhöhter glykämischer Sicherheit und geringerer Belastung durch den T1D führt und mit weniger schweren Hypoglykämien, besserem Schlaf und Verbesserung des HbA1c einhergeht (Polonsky & Fortmann, 2020). Nightscout trug schließlich dazu bei, dass kommerzielle Hersteller Technologien entwickelten, mit denen sich BG-Daten aus der Ferne einsehen lassen (Barnard *et al.*, 2018).

6.2 Die Open-Source-Closed-Loop-Systeme

Auf den erfolgreichen Aktivitäten und Errungenschaften der Nightscout-Community konnte die Entwicklung der OSCLS aufbauen.
Derzeit gibt es drei in der Community verbreitete OSCLS, die mit jeweils unterschiedlichen Insulinpumpen und Smartphones funktionieren: *OpenAPS* (Open-Artificial-Pancreas-System), *AndroidAPS* (Android-Artificial-Pancreas-System) und *Loop*. *OpenAPS* nutzt einen Mini-Computer, der über eine Radioantenne mit älteren Medtronic-Insulinpumpen (500er- und 700er-Serie) kommuniziert. *AndroidAPS* nutzt denselben Algorithmus wie *OpenAPS*, besteht allerdings aus einer Android-Smartphone-App und kommuniziert über Bluetooth mit den Insulinpumpen von SOOIL (Dana R und Dana RS), Roche Diagnostics (Accu-Chek Spirit Combo und Accu-Chek Insight), OmniPod Eros und älteren Medtronic-Insulinpumpen (500er- und 700-Serie). *Loop* ist eine iPhone-App und kommuniziert mittels *RileyLink* (einem Gerät, das Bluetooth-Signale in Funksignale umwandelt) mit älteren Medtronic-Insulinpumpen (500er- und 700-Serie) sowie mit OmniPod Eros (Wilmot & Danne, 2020; Braune *et al.*, 2021).

6.2.1 OpenAPS

2014 wurde von Dana Lewis, ihrem Lebensgefährten Scott Leibrand und Ben West das OpenAPS-Projekt ins Leben gerufen. West decodierte die Kommunikation älterer Medtronic Insulinpumpen, Lewis arbeitete gemeinsam mit Leibrand an der Individualisierung von CGM-Alarmen und an der Vorhersage von BG-Werten. Daraus ging 2015 OpenAPS hervor, die erste Open-Source-Version eines Hybrid-CLS. *OpenAPS* stand und steht bis heute allen Interessierten frei zur Verfügung. Wie bei allen OSCLS ist der Code nicht vorkompiliert und somit die Anwendung weder über offizielle App-Stores noch über andere Stellen beziehbar. Der Source-Code allerdings ist frei zugänglich und kostenlos. Der Code muss eigenverantwortlich und selbstständig zu einer App kompiliert werden (Crabtree, Street & Wilmot, 2019; Kesavadev *et al.*, 2020; Lewis & OpenAPS Community, 2022a).

OpenAPS stellte somit zwei (in den USA) bzw. drei (in der EU) bzw. vier Jahre (in Deutschland) vor dem ersten kommerziellen Hybrid-CLS für MmT1D die Möglichkeit zum Zugang zu einem CLS dar (Castle, DeVries & Kovatchev, 2017; Beck *et al.*, 2019; Hohmann-Jeddi, 2019). Zur Nutzung von *OpenAPS* sind ein Nightscout-Profil und eine Internetverbindung erforderlich. Bei Bedarf können andere Personen Zugriff auf die Daten erhalten (Lewis & OpenAPS Community 2022).

Ursprünglich fokussierte *OpenAPS* wie die meisten der derzeit kommerziell erhältlichen CLS maßgeblich auf die Anpassung der Basalrate: *OpenAPS* wurde als Hybrid-CLS konzipiert und wird von vielen – und wahrscheinlich den meisten – Nutzenden bis heute so verwendet. Da jedoch das langfristige Ziel der Community das vollumfängliche CLS ist, wurden im Zuge der Weiterentwicklung des Algorithmus weitere Features implementiert. Hierzu zählen u. a. die SMB, die eine schnellere Korrektur erhöhter BG-Werte erlauben als die ausschließliche Anpassung der Basalrate. Mit dieser Funktion in Kombination mit einem besonders schnellwirkenden Insulin ist es für einige der Nutzenden möglich, nur noch einen geringen oder sogar gar keinen Bolus mehr im Vorfeld der Mahlzeiten abzugeben (Diabettech, 2020). In diesem Fall lässt sich davon sprechen, dass *OpenAPS* kein Hybrid- sondern ein vollumfängliches CLS ist, was kommerziell bislang weltweit nicht verfügbar ist (Kesavadev *et al.*, 2020; Lewis, 2020).

Hinter *OpenAPS* steht mittlerweile nicht mehr nur eine Community aus Entwickler:innen, sondern eine große Bewegung aus MmT1D und deren Angehörigen sowie medizinischen Fachkräften. Es ist das Ziel der Community, allen MmT1D sichere und effektive CLS zugänglich zu machen und somit nicht mehr angewiesen zu sein auf offizielle Forschung, klinische Studien, langwierige Zulassungsprozesse und die Kommerzialisierung durch Hersteller (Lewis & OpenAPS Community 2022a). Sie erklärt, so lange mit der Entwicklung von Software und der Erschließung weiterer Hardware weiterzumachen, bis kommerzielle CLS in gleicher Effizienz und Zugänglichkeit vorliegen: „Until and unless companies elect to provide such access, the open source community will continue reverse engineering additional insulin pumps wherever possible to make APS technology as widely available as possible until all individuals living with Type 1 Diabetes have the opportunity to sleep safely every night" (Lewis & OpenAPS Community 2022).

Die Community betont ausdrücklich, dass ihre Arbeit nicht nur für Privatpersonen frei verfügbar ist, sondern auch für andere Open-Source-Projekte, Wissenschaftler:innen und gemeinnützige Projekte. Ebenso steht sie kommerziellen Herstellern zur Verfügung. Die OpenAPS-Community grenzt sich nicht von der konventionellen Forschung ab, sondern betont, die Vision der künstlichen Bauchspeicheldrüse zu allen MmT1D bringen und hierfür mit Herstellern von Medizintechnologien zusammenarbeiten zu wollen (Lewis & OpenAPS Community 2022; Lewis & OpenAPS Community 2022a).

OpenAPS ist laut Beschreibung der Community „a safe but powerful, advanced but easily understandable Artificial Pancreas System" und unterscheidet sich in zweierlei Hinsicht von den CLS, die auf konventionelle Weise entwickelt werden: Erstens wird OpenAPS mit bereits existierenden, getesteten und zugelassenen Medizinprodukten sowie mit kommerzieller Hardware und Open-Source-Software verwendet. Zweitens ist es ausgerichtet auf die Interoperabilität zwischen bereits existierenden Technologien für T1D (Lewis & OpenAPS Community 2022).

6.2.1.1 Sicherheit bei OpenAPS

Laut Aussage der Community hat sich *OpenAPS* als „both safer and more effective than current state-of-the-art standalone insulin pump therapy, and more effective than the insulin-only hybrid closed loop and APS systems that have been in clinical trials for years and are just starting to receive FDA approval and come to market" erwiesen (Lewis & OpenAPS Community 2022). Die *OpenAPS*-Community betont stark die Ausrichtung des Systems auf Sicherheit: „OpenAPS is designed, first and foremost, for safety" (Lewis & OpenAPS Community 2022).

Das System fällt keine Entscheidungen anhand einzelner durch das CGM übermittelter Werte, sondern berücksichtigt stets eine Serie von Messpunkten. So wird Fehlern aufgrund einzelner Fehlmessungen des CGM vorgebeugt. Durch die alle ca. fünf Minuten neu gemessenen und übermittelten BG-Werte kann *OpenAPS* die benötigte Insulindosis kontinuierlich neu berechnen. Erhält das System inkonsistente Werte oder keine Werte, was beispielsweise bei einem Sensor mit Fehlfunktion vorkommen kann, führt es die Insulinabgabe mit größerer Vorsicht aus bzw. schaltet sich ab und aktiviert die in der Pumpe eingespeicherte Basalrate (Lewis & OpenAPS Community 2022).

Ein weiteres nicht zu unterschätzendes Sicherheitselement ist laut Aussage der *OpenAPS*-Community, „that users know what to expect from the system, and can fully inspect what it is doing and why, and adapt it as needed to properly treat their own diabetes" (Lewis & OpenAPS Community 2022). *OpenAPS* arbeitet mit den Parametern, die die Nutzenden selbst eingeben, und verwendet auch die gleiche Berechnung für die Bolusabgaben wie die Pumpe bzw. die Nutzenden. Dies macht es, nach Aussage der *OpenAPS*-Community, verständlich und transparent: „As such, **OpenAPS system is open and transparent in how it works**, and understandable not just by experts, but also by clinicians and end users (patients)" (Lewis & OpenAPS Community 2022; Hervorhebung im Original).

6.2.1.2 Funktionsweise von OpenAPS

Wie oben bereits beschrieben, verwendet *OpenAPS* zur Berechnung der Insulinabgabe die Parameter, die in jeder *T1D*-Standardtherapie angewandt werden. Hierzu zählen u. a. die Basalrate, der *Insulinsensitivitätsfaktor* (auch *Korrekturfaktor* genannt), die *Dauer der Insulinwirkung* (*Duration of Insulin Activity*) sowie der *Insulin-Kohlenhydrat-Faktor* (*Insulin Carbohydrate Factor*) (Lewis & OpenAPS Community 2022).

OpenAPS liest in kurzen Abständen Daten aus dem verwendeten CGM aus, in der Regel alle fünf Minuten bzw. wenn das CGM neue Daten zur Verfügung stellt. Ebenso regelmäßig fragt *OpenAPS* bei der Insulinpumpe die aktuellen Einstellungen und Aktivitäten an. Hierzu zählen etwa die Basalrate, das noch wirkende Insulin der letzten Mahlzeit und BG-Zielwerte. Auf Basis der erhaltenen Daten aus Insulinpumpe und CGM ermittelt *OpenAPS* die Notwendigkeit einer Interaktion, also die Abgabe oder Annullierung einer temporär gesetzten Basalrate und/oder die Abgabe von SMB. Im Anschluss an eine Interaktion überprüft *OpenAPS*, ob der Befehl von der Insulinpumpe erkannt und vollzogen wurde. Danach werden erneut aktuelle Aktivitäten angefragt, um die Richtigkeit der eingestellten temporären Basalrate zu überprüfen (Lewis & OpenAPS Community 2022).

Um das aktuelle Insulin, das gerade im Körper vorhanden ist (*Insulin on Board*, IOB), zu berechnen, nutzt *OpenAPS* die in der Insulinpumpe gespeicherten Daten zu Bolus- und Basalgaben sowie die Wirkdauer des Insulins. Wurden keine noch wirkenden Bolusgaben verabreicht, nutzt *OpenAPS* die Daten des CGM zur Berechnung der erwarteten BG. Befindet sich die BG unter einem festzulegenden Wert, setzt *OpenAPS* für die Dauer einer halben Stunde die Basalrate aus. Dieser Vorgang wird wiederholt, solange die BG nicht ansteigt, wenn die BG ansteigt, sich laut Berechnung aber trotzdem weiterhin unter dem Zielwert befinden wird oder wenn laut Berechnung die BG nicht unterhalb des Zielwerts sein wird, die BG aber fällt. Diese und weitere Sicherheitsalgorithmen verhindern ein zu starkes Absinken der BG (Lewis & OpenAPS Community 2022).

Befindet sich die BG in einem erhöhten Bereich, errechnet *OpenAPS* die Abgabe von Insulin über die Basalrate und/oder die SMB für eine Korrektur der BG nach unten. Allerdings gibt es für beides ein individuelles Maximum, welches nicht überschritten werden kann. Hiermit soll sichergestellt sein, dass nicht mehr Insulin abgegeben wird, als durch die Einnahme schnellwirkender Kohlenhydrate wieder ausgeglichen werden kann. Ein solches individuelles Maximum ist bereits in der Insulinpumpe festgelegt. OpenAPS wird es unter gewissen Umständen jedoch weiter nach unten setzen (Lewis & OpenAPS Community 2022).

6.2.2 AndroidAPS

2017 wurde der Algorithmus von *OpenAPS* von einer Gruppe von Entwickler:innen um Milos Kozak und Adrian Tappe für die Android-basierte Smartphone-App AndroidAPS implementiert (Crabtree, Street & Wilmot, 2019).

Da *AndroidAPS* auf demselben Algorithmus basiert wie OPAS, sind die Funktionen weitgehend identisch und werden daher hier nicht nochmals aufgeführt. Im Gegensatz zu *OpenAPS* und *Loop* läuft *AndroidAPS* allerdings ohne zusätzliche Hardwarekomponenten. Wie bei allen OSCLS ist die App weder über offizielle App-Stores noch über andere Stellen beziehbar, der Source-Code ist allerdings frei zugänglich und kostenfrei. Er muss eigenverantwortlich und selbstständig kompiliert werden. Auch die Motivationen und Zielsetzungen der Community sind bei *AndroidAPS* mit denen von *OpenAPS* stark vergleichbar, weshalb sie hier nicht gesondert ausgeführt werden. (AndroidAPS Community, 2022a)

Im Gegensatz zu *OpenAPS*, welches nur mit älteren Pumpenmodellen arbeiten, zeichnet sich *AndroidAPS* vor allem durch eine hohe Kompatibilität mit etlichen aktuellen Insulinpumpen aus. Dies ermöglicht die Nutzung von Hardware, die noch in der Garantiezeit der Hersteller ist. Zudem sind *AndroidAPS* selbst und auch die Dokumentation in mehreren Sprachen verfügbar, unter anderem in Englisch, Spanisch, Russisch und Deutsch. *AndroidAPS* ist insbesondere in Europa verbreitet (Kesavadev *et al.*, 2020).

Zur Erstellung der App muss der Source-Code von der Plattform *GitHub* (https://github.com/) auf den eigenen Computer geladen und dort mit der Anwendung *Android Studio* kompiliert werden. Hierfür stellt die Community eine ausführliche Schritt-für-Schritt-Erklärung in einem Wiki online zur Verfügung (AndroidAPS Community, 2019a). Die Detailliertheit der Anleitung verweist auf das Bestreben der Community, allen Interessierten den Zugriff und die Anwendung des *AndroidAPS* zu ermöglichen, auch denen, die wenig technisches bzw. IT-Verständnis mitbringen.

6. Open-Source-Closed-Loop-Systeme, Community und Auswertung

6.2.2.1 Sicherheit bei AndroidAPS

Die *AndroidAPS*-Community legt großen Wert auf die Betonung der Sicherheitshinweise und die Zuweisung der Eigenverantwortung, deren sich die Nutzenden des *AndroidAPS* bewusst sein sollen: „Wenn du dich entscheidest, deine eigene künstliche Bauchspeicheldrüse zu bauen, ist es immer wichtig, über Sicherheit und Schutz nachzudenken und die Auswirkungen all deiner Handlungen zu verstehen" (AndroidAPS Community, 2022c).

Die allgemeinen Sicherheitshinweise lauten wie folgt (AndroidAPS Community 2022b, Fehler im Original):
- AndroidAPS ist nur ein Hilfsmittel, mit dem du deinen Diabetes managen kannst und nichts, was du installieren und dann vergessen kannst!
- Nimm nicht an, dass AndroidAPS nie Fehler machen wird. AndroidAPS übernimmt die Kontrolle deiner Insulinabgabe: Habe es immer im Auge, verstehe wie es arbeitet und lerne, seine Handlungen zu interpretieren.
- Bedenke das ein Smartphone, das einmal mit deiner Pumpe gekoppelt ist, jegliche Anweisungen an die Pumpe geben kann. Verwende das Smartphone ausschließlich für AndroidAPS und - falls es von einem Kind genutzt wird - für die unentbehrliche Kommunikation. Installiere keine unnötigen Anwendungen oder Spiele (!!!!!), die Malware wie Trojaner, Viren oder Bots einschleppen könnten, die dein System stören könnten.
- Installiere alle Sicherheits-Updates, die der Smartphone-Hersteller und Google zur Verfügung stellen.
- Du musst auch deine Diabetes-Gewohnheiten anpassen, da du deine Therapie durch den Closed Loop wesentlich veränderst. Zum Beispiel viele Anwender deutlich weniger Hypo-BE, da AndroidAPS die Insulinzufuhr bereits im Vorfeld reduziert hat.

Die *AndroidAPS*-Community verweist auf das Reference Design des *OpenAPS*, um zu verdeutlichen, dass die Überprüfung und Korrektheit der individuellen Behandlungsfaktoren von essenzieller Relevanz für die Bedienung des *AndroidAPS* ist: „Grundvoraussetzung des Loop ist, dass die Basalraten und Kohlenhydratfaktoren stimmen" (AndroidAPS Community, 2019b). Somit ist ein tiefgreifendes Verständnis des eigenen Körpers hinsichtlich des Insulinbedarfs und der Auswirkungen von Kohlenhydraten wie auch anderer Aspekte (wie Bewegung, Nervosität, etc.) die erste Voraussetzung zur erfolgreichen Anwendung des *AndroidAPS* (AndroidAPS Community, 2019b).

Ein besonderes Sicherheits-Feature, das nur bei *AndroidAPS* vorliegt, sind die sogenannten *Objectives*, die alle Nutzenden durchlaufen müssen, bevor sie *AndroidAPS* vollumfänglich nutzen können: „AndroidAPS hat eine Reihe von Zielen (*objectives*), die erreicht werden müssen, damit du an die Funktionen und Einstellungen von sicherem Looping herangeführt wirst. Sie stellen sicher, dass du alles, was in den Abschnitten weiter oben beschrieben wurde, korrekt installiert hast und dass du verstehst, was das System tut und warum du ihm vertrauen kannst" (AndroidAPS Community, 2022b). Hierzu gehört etwa, dass in der ersten Woche nach Erstellen der App diese nur als Open-Loop genutzt werden kann, die App also Empfehlungen gibt, die aber manuell in die Insulinpumpe eingegeben werden müssen. Weiter schalten sich manche Funktionen erst frei, wenn Verständnisfragen zur Wirkweise des Systems richtig beantwortet wurden.

6.2.3 Loop

Ein weiteres OSCLS wurde 2016 von den Entwicklern Nate Racklyeft und Pete Schwamb entworfen. *Loop* (nicht zu verwechseln mit der umgangssprachlichen Bezeichnung für alle gängigen OSCLS, die ebenfalls Loop ist) ist eine Smartphone-App, die auf iOS-Betriebssystemen läuft und sich durch eine ästhetische Oberfläche auszeichnet. Hinsichtlich ihres Funktionsumfangs ist sie etwas reduzierter als *OpenAPS* und *AndroidAPS*. Ebenso wie bei *OpenAPS* und *AndroidAPS* finden sich der Source-Code, ausführliche Instruktionen zur Kompilierung und Verwendung sowie Hinweise zu Sicherheit und Wirkweise des Systems online (Crabtree, Street & Wilmot, 2019; Kesavadev *et al.*, 2020; Loop Community, 2022).

Da es in den meisten Aspekten *OpenAPS* und/oder *AndroidAPS* entspricht, wird *Loop* hier nicht weiter beschrieben.

6.2.4 Unterschiede zwischen den verschiedenen Open-Source-Closed-Loop-Systemen aus Sicht der Nutzenden

> *Da kann man auch nicht sagen,* das *Do-It-Yourself-System.*
> *Sondern da haben die verschiedensten Leute ganz unterschiedliche*
> *Algorithmen drin. Hier gibt es eine gewisse Heterogenität im System,*
> *die schwer zu überblicken ist von außen.*
> *(H2:61)*
>
> *Also, von der Usability eine Katastrophe*
> *eigentlich, muss man schon so sagen. [bezogen auf OpenAPS]*
> *(L7:27)*

Die drei bekannten OSCLS (*AndroidAPS*, *OpenAPS* und *Loop*) unterscheiden sich untereinander in gewissen Merkmalen, wie teilweise bereits beschrieben. Die Unterschiede, die sich durch die Objectives in *AndroidAPS* ergeben, werden hier nicht thematisiert, da sie bereits in Kapitel 6.2.2.1 dargelegt sind.

Ohne dass dies Untersuchungsgegenstand der vorliegenden Arbeit gewesen wäre, fiel während der Interviews auf, dass der mit dem Aufsetzen und Betreiben von *OpenAPS* verbundene Aufwand für die Nutzenden deutlich höher anzusetzen ist als der Aufwand für *AndroidAPS*. Der Funktionsumfang bei *Loop* ist im Vergleich zu *AndroidAPS* geringer. Alle drei Systeme haben zudem spezifische Insulinpumpen, mit denen das System betrieben werden kann (siehe Kapitel 4.3.2.8), und sie unterscheiden sich z.T. hinsichtlich der Sprachen, in denen die Anleitung verfügbar ist. *OpenAPS* und *Loop* sind nur auf Englisch verfügbar, während *AndroidAPS*, wie oben bereits erwähnt, in mehreren Sprachen vorliegt, darunter auch Deutsch. *OpenAPS* ist das einzige der drei Systeme, dessen Betrieb eine konstante Internetverbindung erfordert.

L1, L7 und L8 haben sich vor der Entscheidung für ein System über die verschiedenen OSCLS informiert und kamen alle zu dem Schluss, dass *OpenAPS* keine Option für sie ist. L7 bezeichnet *OpenAPS* als Usability-Katastrophe (L7:43, vgl. L7:27). Auch für L8 ist „Open APS [...] zu kompliziert von der Bedienung her" (L8:49). Er erklärt, warum er *AndroidAPS* gegenüber *OpenAPS* bevorzugt: „Es ist eine super Geschichte, AndroidAPS [...] ist im Prinzip das nette Frontend mit clicky bunti und ich habe ein paar Buttons, die ich drücken kann mit den gleichen Funktionen oder gleichen Algorithmusbasis wie OpenAPS." (L8:49).

L1 und L7 berichten, dass sie bei ihren anfänglichen Recherchen zuerst auf *OpenAPS* gestoßen sind. L1 hat sich nicht tiefer damit befasst, weil ihn der sprachliche sowie technische Aufwand abschreckte und ihm *AndroidAPS* als ein schlankes System erschien (L1:79). Auch L7 befasste sich zuerst mit *OpenAPS* und begann auch mit dem Aufsetzen des Systems, entschied sich dann aber doch für *AndroidAPS*, auch weil ihm erfahrene Loopende dazu geraten haben (L7:27).

L7 beschreibt detaillierter, welche Probleme er mit dem Aufsetzen von *OpenAPS* hatte und wie sich diese genau gestalteten:

„Ich hatte extreme Probleme, das Aufzusetzen, das System. Und da war es so, dass man Dinge - man hat sie durchgeführt und hat nicht geklappt. Und dann hat man es noch einmal gemacht und plötzlich ging es. Und man hat keine Ahnung gehabt, warum. Und ich meine auch, AndroidAPS ist auch nicht so ganz simpel. Aber doch deutlich einfacher im Vergleich zu OpenAPS. Da muss man ganz viel über so ein Terminal irgendwelche Befehle eingeben, die dann, irgendwie, in Unix irgendetwas machen. Also da kenne ich mich überhaupt nicht aus. Also macht man natürlich alles mit Copy and Paste. Aber das ist seitenlang. Also das ist wirklich kompliziert." (L7:45)

Z2 nutzte *OpenAPS*, bevor sie mit dem Loopen wieder aufhörte. Als einen Grund für den Abbruch der *OpenAPS*-Nutzung nennt sie die fehlende Nutzungsfreundlichkeit:

„Ich glaube, also eins der Probleme war, dass ich OpenAPS im Ganzen nicht so benutzerfreundlich fand. Dadurch, dass ich das ja mit der VEO [Insulinpumpe von Medtronic] und einem Android-Handy benutzt habe, musste ich ja immer dafür sorgen, dass das Ding irgendwie mit Internet versorgt ist unterwegs. Also man muss dafür immer online sein." (Z2:79)

Von den drei OSCLS hält sie *OpenAPS* für das komplizierteste: „Ich glaube, es ist eher das schwierigste der drei Systeme. Also das da Reinarbeiten, das war schon irgendwie Arbeit und vor allem, wenn es ein völlig neues Feld für einen ist. Nein, ich fand es nicht besonders einfach." (Z2:97).

Ein deutlicher Unterschied hinsichtlich Nutzungsfreundlichkeit und auch Nachvollziehbarkeit der Systeme zwischen *AndroidAPS* und *OpenAPS* lässt sich auch den Aussagen von F1 und F2 entnehmen. Beide haben fachliche IT-Expertise. F1 unterstützt seine Frau bei der Nutzung von *AndroidAPS*, F2 unterstützt die Familie um E1 bei der Nutzung von *OpenAPS*.

F2 (49) spricht von begrenztem Vertrauen in *OpenAPS*, nachdem er sich den Source Code angesehen hat, der aus seiner Sicht nicht übersichtlich ist und auf Basis dessen er nicht sicherstellen kann, „dass das alles in jeder Situation geht" (F2:53). Er beschreibt außerdem, dass einige Aktionen von *OpenAPS* für E1 und ihren Mann nicht nachvollziehbar waren und auch der Algorithmus nicht leicht verständlich ist (F2:73).

F1 betont, wie gut *AndroidAPS* die BG-Kontrolle meistert: „Ich meine, ich habe auch so ein bisschen mit Regelungstechnik zu tun, mir ist so grob die Problematik bewusst. Und eine Regelungs-Schleife mit solchen Verzögerungs-Gliedern ist einfach brutal schwierig. Und dafür macht der Loop das schon extrem gut." (F1:33). F1 beschreibt *AndroidAPS* als konservativ und begrenzt in seinen Möglichkeiten, einzugreifen: „Und wenn der Zucker aus dieser Bandbreite rausrutscht, dann sagt ihr die Software auch: Hier, ich weiß nicht mehr, mach du. Also die ist an sich ja relativ vernünftig." (F1:65).

L8 hat sich im Vorfeld seiner OSCLS-Nutzung mit dem OSCLS Loop befasst, sich dann aber doch für *AndroidAPS* entschieden. Er erläutert das ansprechendere Design bei *Loop*, zu einer Entscheidung für *AndroidAPS* führte jedoch schlussendlich, dass *AndroidAPS* mehr Funktionen bietet: „[A]ber ausschlaggebend war dann für mich, dass bei meinen Recherchen halt herauskam, und das geben sogar die iOS-Nutzer zu jetzt, die ich jetzt so im deutschen Raum kenne, die Funktionen von AndroidAPS sind viel größer und geht viel schneller." (L8:49).

Z1 nutzte *Loop*, bevor sie die OSCLS-Nutzung generell wieder beendete. Auch sie kritisiert den im Vergleich zu *AndroidAPS* reduzierten Funktionsumfang (Z1:111) und thematisiert die von L8 genannten Kritikpunkte (Z1:50). Darüber hinaus waren die zusätzlichen technischen Komponenten bei ihr fehleranfällig: „[I]ch habe mir ja noch diesen Riley-Link dazwischen geschalten und der ist halt auch echt anfällig für Verbindungsfehler. Also, wenn ich mich nachts irgendwie ein bisschen blöd herumgedreht habe und vielleicht auf meiner Pumpe drauf lag, dann kam da halt schon keine Verbindung mehr zustande und lauter solche Sachen halt." (Z1:50).

6.3 Erwartungen, Hoffnungen und Visionen im Kontext der Open-Source-Closed-Loop-Systeme

Im Folgenden werden die Erwartungen und Hoffnungen diskutiert, die für die Nutzenden die Motivation zur Nutzung der OSCLS bilden. Hierzu erfolgt auch eine Einschätzung aus fachlicher Perspektive. Aus der Sicht von A1 und A2 werden die Visionen und Beweggründe erläutert, die die Motivation zur Initiative bzw. Mitarbeit an den OSCLS ausmachten.

6.3.1 Visionen & Beweggründe der aktiv an der Entwicklung der Open-Source-Closed-Loop-Systeme oder anderen technischen Strukturen beteiligten Loopenden

So, when we first started, it was always about there is nothing out there,
there is something coming in several years
but I want something now to sleep and to fill the gap.
(A2:109)

Die aktiv an der Entwicklung der OSCLS oder anderen technischen Strukturen beteiligten Loopenden hatten zu Beginn ihrer Aktivitäten eine Vision, eine Hoffnung, was durch die Nutzung der OSCLS geschehen würde. Für A2 begann alles mit der Hoffnung, in Sicherheit schlafen zu können. Zuvor war für A2 Schlaf mit der Angst verbunden, mit einer schweren Hypoglykämie oder sogar gar nicht mehr aufzuwachen:

„I started to be really concerned going to sleep at night that, you know, something was going to happen, I was going to have to wake up and I would not feel good or I would not wake up and potentially, I would not ever wake up again [...] For me, it was always like really anchored around sleep and when I closed the loop, I thought it was first just going to be for overnight." (A2:13)

Für A2 war also ursprünglich nicht geplant, das OSCLS auch tagsüber zu nutzen: „So it was like never like okay, this is going to help during the day. Of course, it helps during the day. It helps, you know, anytime I have it on but that was like never the grand vision. The vision was just around sleep for me." (A2:15)

A2 (19) beschreibt weiter, dass, über den Aspekt des sicheren Schlafs hinaus, die Weiterentwicklung des OSCLS für sie nicht mit dem Ziel der Umsetzung konkreter Visionen oder Hoffnungen verbunden war, sondern eher ein Ausprobieren von immer wieder neuen Ideen darstellte. Diese wurden häufig durch den Input der Community und die Problemstellungen, die durch Mitglieder der Community benannt wurden, hervorgerufen: „Okay, let us see what we can do. We cannot promise that we can solve it, but we can at least try." (A2:25). Die Weiterentwicklung des OSCLS geschah somit eher in einer experimentellen und sich selbsttätig determinierenden Weise ohne konkrete Zielsetzung.

Allerdings ist für A2 mit den OSCLS eine weitere Vision verbunden, die über die konkreten Auswirkungen des technologischen Systems am Körper eines MmT1D hinausgeht. Als A2 gemeinsam mit anderen Personen mit der Entwicklung und Umsetzung von *OpenAPS* begann, ging es ihr vor allem darum, die technologische Versorgungslücke für MmT1D zu schließen. Nach Erfüllung dieses Ziels sollte die Mission eigentlich erfüllt sein: „So when we first started, it was always about there is nothing out there, there is something coming in several years but I want something now to sleep and to fill the gap. And then we kind of had an idea that once the first system came out, that we would be done and we could stop […]." (A2:109).

Doch dann kamen weitere Aspekte in der Betrachtung hinzu: Druck für die kommerzielle Forschung und Herstellung von Technologien für MmT1D aufzubauen, um zur Entwicklung besserer Technologien für MmT1D zu kommen sowie MmT1D die Möglichkeit zu eröffnen, ihre Technologien flexibler und interoperativer wählen zu können (A2:109).

Daraus ergibt sich, was A2 „our continued vision" nennt: „It is hard to see the future but like generally, choice, flexibility and super advanced features and seeing what is possible; that is kind of like our continued vision" (A2:109).

Auch A1 (21-23) ging es zu Beginn um Verbesserungen für sein eigenes Leben als MmT1D, mit Verbesserungen seiner BG-Werte sowie einer einfacheren Steuerung der Technologien über sein Handy. Ihm fiel jedoch schnell auf, dass er vielen Personen in der Community aufgrund seines technischen Verständnisses und seiner beruflichen Erfahrungen technische Aspekte verständlich kommunizieren und somit eine Hilfe sein kann. Das machte ihn zu einem Ansprechpartner innerhalb der Community.

6.3.2 Gründe für die Nutzung der Open-Source-Closed-Loop-Systeme: Erwartungen & Hoffnungen der Nutzenden

Das war das erste Mal nach fast 30 Jahren Diabetes die Aussicht, ein Stück dieser 24-Stunden-Aufgabe [...] mit etwas zu teilen [...] was mich zum Beispiel die Nacht über bewacht, beschützt.
(L5:64)

Zwei Studien (Braune, O'Donnell, Cleal, Lewis, Tappe, Hauck, *et al.*, 2019; Braune *et al.*, 2020) mit dem Ziel, die Motivationen und Beweggründe der Nutzenden von OS-CLS zu untersuchen, beschreiben vorwiegend die folgenden Aspekte als ausschlaggebend für MmT1D, OSLCS zu nutzen:
- Eine verbesserte glykämische Kontrolle
- Das Bedürfnis nach einem ‚Autopiloten'
- Die Reduktion der akuten und Langzeitkomplikationen
- Weniger Interaktion mit T1D-Technologien
- Verbesserte Schlafqualität
- Erhöhte Lebenserwartung
- Der Mangel an kommerziellen Optionen
- Nicht erreichte Therapieziele

Im Folgenden werden die Beweggründe, die Erwartungen und Hoffnungen der interviewten Nutzenden der OSCLS diskutiert, die zur Entscheidung für die Nutzung eines OSCLS führten. Hier spielen insbesondere erhoffte Veränderungen für das Leben und den Umgang mit dem T1D eine Rolle. Dies betrifft sowohl ganz konkrete und T1D-spezifische Aspekte wie die erhofften (körperlichen) Auswirkungen auf BG-Werte und damit einhergehend auf Schlafqualität, Folgekomplikationen und Lebenserwartung, aber auch Auswirkungen auf nicht-körperliche Aspekte wie die erhoffte Verbesserung der Lebensqualität und eine größere Freiheit im Alltag.

Die genannten Gründe verweisen häufig auf elementare Wünsche wie den Wunsch nach Sicherheit und erholsamen Schlaf (L5 und E1), nach einem Erfolg der jahrelangen Mühen (L6) und Unterstützung bei nicht handhabbaren BG-Werten (L2 und L4). In manchen Fällen spielt jedoch auch technische Neugier bzw. Affinität eine zusätzliche Rolle (L1, L7, L8 und Z1). Eltern von Kindern mit T1D geht es vorwiegend um eine möglichst geringe Belastung des eigenen Kindes (E1 und E2).

Besonders eindrücklich ist die Aussage von L5, die mit dem OSCLS zum ersten Mal in ihrem Leben mit T1D die Option sieht, die schwierige Handhabung der Erkrankung teilen zu können und somit mehr Sicherheit zu bekommen: „Das war das erste Mal nach fast 30 Jahren Diabetes die Aussicht, ein Stück dieser 24-Stunden-Aufgabe

[...] mit etwas zu teilen [...] was mich zum Beispiel die Nacht über bewacht, beschützt." (L5:64). Eine ähnliche Argumentation findet sich bei L6, die zum ersten Mal in ihrem Leben mit T1D die Chance sieht, dass die stetigen Mühen um die gewünschten BG-Werte auch zu Erfolg führen: „Es war im Grunde genommen das erste Mal, dass du wirklich sagst: Ich setze hier sehr viel Energie ein, ja. Aber der Erfolg kommt. Und er kommt wirklich." (L6:147). L8 hingegen argumentiert, er sehe keine Gründe, den Loop nicht zu nutzen, da er für L8 die „bessere Behandlungsmethode" darstellt: „Und wenn es eine bessere Behandlungsmethode für meine chronische Krankheit gibt, dann muss es gute Argumente geben, die dagegensprechen, die zu nutzen." (L8:55).

Bei L6 und E1 findet sich im Vorfeld der Nutzung jedoch auch eine gewisse Skepsis. Für L6 (191) war es von großer Relevanz, im Vorfeld die Menschen kennenzulernen, die zur Community der OSCLS gehören. Für E1 war es vor allem die Sorge, „dass die Ärzte [...] sagen, das geht ja gar nicht, was Sie da tun. Also dass mir halt auch jemand Vorhaltungen macht, wie ich so leichtsinnig mit meinem Kind umgehen kann, zum Beispiel. Also das war auch eine große Angst von mir [...]." (E1:131). Trotzdem überwog bei E1 (130) die Hoffnung, dass mit dem OSCLS eine Verbesserung der Situation auftreten würde.

6.3.2.1 Blutglukose-Werte

Alle interviewten Loopenden bzw. Eltern von einem Kind mit T1D erhofften sich konkrete Auswirkungen der OSCLS auf die BG-Werte.

Ausschlaggebend für L7 (51) war der „Wunsch, dass einfach die Werte besser werden." Er begründet dies mit seiner langfristigen gesundheitlichen Perspektive. Aus seiner Aussage wird ersichtlich, dass es ihm mit konventionellen Mitteln nicht möglich war, zufriedenstellende BG-Werte zu erreichen:

„Es geht nicht nur um die Werte, sondern man weiß, [...] wenn der Zucker hoch ist, es einfach nicht gut ist für die Gesundheit. Also das ist schon dieser starke Wunsch, es besser zu machen. Weil ich schon so lange nicht in diesem guten Bereich war oder akzeptablen Bereich. Also immer an der Grenze. Und dann auch deutlich darüber. Ich wollte einfach das besser hinkriegen." (L7:51)

Seine Motivation liegt also insbesondere in der Sorge um seine Gesundheit, kurzfristig wie langfristig. Er wollte „einfach ein bisschen gesünder werden" (L7:53).

6.3.2.1.1 Time in Range & Zeiten in Hypo- und Hyperglykämie

Häufig genannt wird die Hoffnung, dass sich das OSCLS positiv auf die *Time in Range* bzw. auf die Zeiten in Hypo- und Hyperglykämie auswirkt.

L7 (63) spricht von einem „ständige[n] Hoch und Hinunter" seiner BG-Werte sowie von vielen Hypoglykämien. Beides wollte er vermeiden:

6. Open-Source-Closed-Loop-Systeme, Community und Auswertung 137

„Also ich hatte ziemlich viele Unterzucker. Ich hatte auch viele hohe Zucker. Also es war so ein ständiges Hoch und Hinunter. Und das wollte ich ein bisschen, ich sage einmal, verhindern. Also einfach, dass in diesem Zielbereich, den es gibt, dass man sich öfter da aufhält. Und nicht diese ganzen Extreme mitmacht. Und gerade das mit diesen Unterzuckern, das fand ich ganz wichtig. Und das wollte ich auch. Also das war eine große Motivation, da ein bisschen wegzukommen." (L7:63)

Auch L4 (113), L5 (96) und L6 (163) nennen das Ziel, insbesondere Hypoglykämien zu vermeiden.

L4 hatte „eigentlich immer" das Problem, dass seine Werte „zu hoch oder zu tief" waren: „Ich hatte eigentlich immer einen relativ hohen Sprung, wenn man heute Time in Range eigentlich sagt, der Time in Range, den konnte ich eigentlich vergessen. [...] Entweder zu hoch oder zu niedrig, aber in Range, was dann der HbA1c-Wert ausgespuckt hat, war er dann in Ordnung, weil die Unterzuckerung das immer wieder nach unten geschoben hat. Das war so mein Problem und das wollte ich einfach nicht mehr haben." (L4:117-119). Insbesondere belasteten ihn seine Hypoglykämien, die er nicht verhindern konnte: „[D]ie Unterzuckerung habe ich einfach nicht ganz in den Griff gekriegt." (L4:99).

L6 (163) nennt an dieser Stelle nicht nur Hypoglykämien, sondern auch „stark fallende Werte. Also dass es einfach mal kurz richtig abwärts ging. Und hatte immer das Ziel, keine Werte unter 70.". L4 (113) erhofft sich weiter eine „bessere Einstellung meiner Therapie". Ein weiterer Grund war für ihn die Beruhigung seiner Frau (L4:101).

Bei L2 steigen die Werte in der Nacht massiv an, was sie zur Verzweiflung brachte: „Ich hatte einfach keine Erklärung dafür. Und habe dann wirklich in dem Moment auch schon den Kopf in den Sand gesteckt vor lauter Verzweiflung, weil es einfach was war, ich konnte es mir nicht erklären." (L2:51). L2, für die die nächtlichen BG-Anstiege die größte Motivation zur Nutzung des OSCLS sind, erklärt ausführlich, warum ihr damaliges Ziel auch weiterhin ihr Ziel ist:

„Für mich ist halt einfach Ziel gewesen oder die Hoffnung, [...] die Werte über den Tag gesehen noch stabiler zu bekommen. [...] Also ich sage mal, von sieben Uhr bis abends um 20, 22 Uhr hatte ich eigentlich schon, muss ich sagen, eine recht gute Blutzuckereinstellung. Wo ich irgendwie auch zufrieden mit bin. Weil, ich sage mal, auch ein Nichtdiabetiker hat keine Nulllinie. Also von dem her alles super. Aber eben einfach diese Nächte. Und diese Nächte haben mir einfach auch den Langzeitzuckerwert immer wieder versaut, ja. Weil einfach, ja, tagsüber alles super und nachts dann jenseits von Gut und Böse. Und mein Ziel ist eigentlich aktuell – oder mein Wunsch ist, mit dem Loop die Werte einfach noch einen Tick stabiler zu kriegen." (L2:59)

Gleiches berichtet E1: „[D]ann war die Hoffnung halt ja, eben, dass damit diese schwankenden Werte, die wir auch immer wieder hatten – dass wir die damit abfangen können. Dass einfach die gesamte, diese ganze Berg- und Talfahrt so ein bisschen so eine sanfte Hügellandschaft wird." (E1:119). Weniger Schwankungen und eine höhere *Time in Range* waren auch die Hoffnungen von Z1 (44).

6.3.2.1.2 HbA1c

Eine Verbesserung des HbA1c erhoffen sich insbesondere L1 und E1. L1 hat generell stärkere Probleme mit erhöhten als mit niedrigen BG-Werten, was sich auch in einem erhöhten HbA1c widerspiegelt:

> „Also, was ich wirklich erhofft habe, war, dass sich mein HbA1c verbessert, weil der war nicht toll. [...] zwischen 7,4 und 7,8 war so mein Standard-HbA1c. Und ich hatte auch, oder ich habe große Probleme abends beim Essen. Und oft auch mit verzögerten Kohlenhydraten. [...] Ich kriege die Nächte nicht in den Griff. Ich bin auch abends von der Basalrate her schlecht eingestellt. [...] Grundsätzlich, der HbA1c sollte runter gehen." (L1:111)

Hierfür war es für L1 (115) relevant, „[d]iese verzögerte Wirkung vom Essen bei mir abzufangen. Dass das Essen einfach drei Stunden später nochmal kommt, als ob ich nochmal einen Burger gegessen hätte, sage ich jetzt."

Auch E1 (119) hat sich erhofft, „den HbA1c für [meine Tochter] zu verbessern, der war jetzt nicht schlecht bei uns, aber eben halt auch nicht perfekt. Ich glaube, wir waren da immer bei so einem HbA1c von 7,2, 7,4.".

6.3.2.2 Schlaf

Schlaf ist ein ganz wichtiges Thema, weil da kann ich nicht agieren.
(L8:78)

L8 erklärt, warum es ihm mit dem OSCLS vor allem für die Nächte um eine Erleichterung ging:

> „Weil davor hatte ich ein CGM-System, das mich gewarnt hat, wenn ich zu niedrig oder zu hoch war. Aber was macht das denn? Es weckt mich. Da muss ich agieren, früher habe ich dann sogar noch blutig gegengemessen, dann war die nächste Stunde, anderthalb nicht an Schlaf zu denken, weil dann war ich wach. Und mein Ziel war einfach, da das Leben einfach zu haben." (L8:75)

Auch L5 (96) ging es darum, „dass ich nachts wieder ruhig schlafe".

Für E1 spielte die Möglichkeit, die BG-Werte ihrer Tochter zu verbessern und ihr eine höhere Lebensqualität zu verschaffen, eine maßgebliche Rolle. Sie betont darüber hinaus jedoch auch die Hoffnung auf eine bessere Schlafqualität für sich selbst und ihren Mann. (E1:23, 119).

F2 erläutert, dass ihm die drastischen Auswirkungen des T1D der Tochter von E1 auf Leben und Lebensqualität sowohl der Tochter selbst, als auch von E1 und ihrem Mann anfangs „gar nicht so klar" waren. Er berichtet von seiner „[...] Hoffnung, dass die Looperei im Grunde insbesondere den Eltern ein großes Stück hilft. Die haben ja quasi keine Nacht geschlafen. Und wir hatten intern gesagt, das wäre unser Ziel, wenn wir das in den Griff kriegen würden. Das war die Erwartungshaltung." (F2:37). Er habe jedoch „nicht die Illusion gehabt, dass das die Lösung aller Probleme ist" (F2:37). Für F2 ging es in diesem Kontext auch um die Beseitigung einer potenziellen Fehlerquelle: „Und ja, es ist auch so, denke ich, dass der Erwachsene, der da nachts zuständig ist und nachts um drei aufgeweckt wird, vielleicht auch nicht in jeder Nacht die richtige Entscheidung trifft." (F2:41).

6.3.2.3 Folgekomplikationen & Lebenserwartung

Wenn BG-Werte häufig nicht im normnahen Bereich sind, kann dies zu akuten sowie Langzeitkomplikationen führen und sich auch negativ auf die Lebenserwartung auswirken. Das Wissen der MmT1D um diesen Sachverhalt verursacht oftmals Ängste und Sorgen (vgl. Kapitel 3.4).

Diese Aspekte werden von den Interviewten adressiert: „Ziel Nummer eins, stabilere Blutzuckerwerte. Weil stabilere Blutzuckerwerte – weniger Spätschäden." (L2:69). Auch für L6 (175) und L7 (54) spielt die Vermeidung von Spätfolgen eine Rolle. L1 (111) hat sich erhofft, „[d]ass ich meine Sorge vor den Langzeitschäden einfach ein bisschen minimieren kann." Er geht davon aus,

„dass sich meine Lebenserwartung auch deutlich um Jahre steigern wird. Also irgendwann habe ich mal gelesen, dass ich als Diabetiker, ich glaube, sechs, sieben Jahre weniger zu leben habe wie ein gesunder Mensch. Und da sind wir wieder bei dieser Zukunftssicht, in die man dann irgendwann reinrutscht, wenn man dann die Familie ein bisschen hat. Die sechs, sieben Jahre hätte ich doch jetzt gerne hintendrauf gepackt." (L1:113)

L3, für die zeitlebens die Therapie des T1D eine große Schwierigkeit darstellte, erhofft sich durch das OSCLS eine Verlangsamung des Fortschreitens ihrer bereits bestehenden Folgekomplikationen:

„Aber es wird insofern mein Leben verbessern, dass meine Untätigkeit in der Behandlung meines Diabetes nicht mehr die Folge hat, dass es mir körperlich schlecht geht.

Weil ich permanent entgleise oder entgleist bin. Und dass meine Folgeerkrankungen potenziell fortschreiten, also die beste Therapie gegen Folgeerkrankungen ist nun mal ein HbA1c von unter 6 oder unter 6,5 sagen wir mal." (L3:113)

6.3.2.4 Sicherheit, Freiheit & Erleichterung des Alltags

Viele der Interviewten nennen die Hoffnung auf eine Verbesserung oder eine Erleichterung des Alltags und des Lebens. Dies geht häufig auch einher mit der Hoffnung auf mehr (gesundheitliche) Sicherheit, was eine Kernproblematik für MmT1D adressiert. Mehr Freiheit steht in Verbindung mit der Automatisierung, die die OSCLS mit sich bringen. Für L8 (79) geht mit dieser Automatisierung „die Erwartung, leichter damit [mit dem T1D] umgehen zu können" einher. L7 (64) erhoffte sich eine Verbesserung sowie Vereinfachung des Lebens mit T1D.

Wie oben bereits angesprochen, beschreibt L5 sehr intensiv, was die Aussicht auf eine Automatisierung der T1D-Therapie für sie bedeutete:

> „Das war das erste Mal nach fast 30 Jahren Diabetes die Aussicht, ein Stück dieser 24-Stunden-Aufgabe jemandem anders, also, nicht jemandem abzugeben, aber sich mit […] etwas zu teilen. Und ich lebe alleine mit meinen Kindern. Es war auch so, da ist was, was – was mich zum Beispiel die Nacht über bewacht, beschützt. […] für mich war es auch echt ein Sicherheitsgedanke. Da passt was auf mich auf und, wie – ja, nimmt mir was von diesem 24-Stunden-Job." (L5:64)

Weiter hoffte L5, dass das OSCLS ihre durch Stress bedingten BG-Schwankungen ausgleichen kann: „[I]ch habe das Gefühl, […] auch wenn ich psychischen Stress habe oder so, einfach mein Zucker sehr sensibel reagiert, dass es da einfach auffängt und ausgleicht […]." (L5:96). Über diese Hoffnung auf mehr Sicherheit im Leben hinaus hat sie auf eine Vereinfachung und Verbesserung ihres Lebens gehofft: „Deswegen habe ich mich überhaupt diese – dem Ganzen gestellt. Also, hätte ich – ich glaube, ich hätte auch nicht durchgehalten zwischendrin, wenn ich das nicht irgendwo als Aussicht für mich gehabt hätte." (L5:92).

Dies war für sie auch der Grund, warum sie sich von der für sie großen technologischen Hürde des selbstständigen Kompilierens nicht abschrecken ließ: „Das hat mich einfach nicht losgelassen. Also, ich bin immer wieder da gelandet, habe immer wieder da gelesen und einfach diese Aussicht, wie ich dir vorhin gesagt habe, diese Aussicht, dass bei dem 24-Stunden-Job mir jemand helfen kann, es hat mich einfach nicht losgelassen, bis das Ding gelaufen ist." (L5:82).

L2 erhoffte sich eine Entspannung ihres Lebens als MmT1D, insbesondere bezogen auf ihre BG-Anstiege in den Nächten: „Entspannter. Weil diese nächtlichen Anstiege, die halt mehr oder weniger gut zu händeln waren. […] Und ich glaube, die

6. Open-Source-Closed-Loop-Systeme, Community und Auswertung 141

ersten zwei, drei Wochen, vier Wochen, als ich den Dexcom G5 neu hatte, lag mein Mann neben mir, und [er] hat schon gesagt, wenn dieses Ding weiter jede Nacht pfeift, dann schläfst du auf der Couch. Worauf ich geantwortet habe, Ziel ist es ja eigentlich, dass das Ding nicht mehr jede Nacht pfeift." (L2:64).

Für L3 bedeutete die Aussicht auf das OSCLS, eine Technologie zu haben, die ihr ihre T1D-spezifische Problematik abnimmt, was Zeit ihres Lebens ihr Wunsch ist: „[M]ein Wunsch ist ja immer gewesen, ich habe eine Technik, die mein Problem einfach löst. Nämlich, dass ich unglaublich bequem und faul bin und am liebsten mich überhaupt nicht um meinen Diabetes kümmern möchte." (L3:111).

Ihr Anspruch war es, dass sie „im Prinzip nichts mehr machen muss" (L3:105), womit sie meint, dass sie sich um ihre BG nur noch kümmern muss, wenn sie isst (L3:106) oder spezifischen Aktivitäten nachgeht: „Oder wenn ich jetzt zum Beispiel eine Fahrradtour machen will oder so." (L3:107).

Ähnliche Hoffnungen hegte auch L1:

„Gehofft habe ich natürlich, dass mein Zucker läuft wie ein Strich und ich muss mich um nichts mehr kümmern. Kann den ganzen Tag nur noch essen, was ich will. Abends schön einen trinken gehen und morgens stehe ich einfach wieder auf. Und eigentlich ist die Sache mit dem Diabetes dann für immer vergessen. Ab und zu mal noch einen Katheter und Batterie wechseln und das war es." (L1:111)

E1 und E2 nennen beide neben den erhofften besseren BG-Werten für ihre Kinder die Möglichkeit, den T1D der Kinder zu überwachen und zu steuern, „ohne [unsere Tochter] ständig zu belasten" (E1:23). Für die Kinder soll es möglich sein, ein sorgenfreies und kindgerechtes Leben zu führen.

E2 erklärt, dass die „permanente Überwachung" der BG-Werte für seine Tochter dazu führt,

„[d]ass all das sie auch sehr stark aus ihrem normalen Denken herausgezogen hat. Das stand einfach erstmal immer wieder im Vordergrund und für mich war einfach das absolut Notwendige, ihr das Leben so einfach zu machen, dass sie möglichst wie ein Kind aufwachsen kann, das Diabetes eben nicht hat. Wo immer nur mal punktuell was gemacht werden muss. Aber das ist dann beiläufig und es ist ein normales Leben für sie einfach sofort wieder da. [...] genau dieser Druck, der war einfach bei mir da. Sie sollte ein Leben haben, das so einfach wie möglich ist mit dem Diabetes." (E2:41)

Für E1 stand insbesondere eine Entlastung der Tochter im Vordergrund. Vorwiegend ging es E1 darum, der Tochter mehr ihrem Alter entsprechende kindliche Freiheiten zu ermöglichen und auch eine adäquate Unabhängigkeit und Selbständigkeit, aber trotzdem als Mutter nicht die Kontrolle über die BG-Werte aufgeben zu müssen: „Meine Schwester kann mit dem Diabetes [meiner Tochter umgehen], eine Freundin von mir kann es [...]. Ja und der Rest hieß halt, wir kleben 24 Stunden zusammen, sage ich mal. Das war halt auch die Hoffnung zu sagen, [meine Tochter] kann mal wohin gehen. Wir haben trotzdem die Kontrolle [und die Sicherheit] und sie hat die Freiheit, sozusagen." (E1:119-121).

Auch für F2 war die grundlegende Vorstellung, dass das OSCLS eine Vereinfachung bzw. Verbesserung für das Leben der Tochter von E1 mit sich bringt: „Sonst hätten wir es nicht gemacht." (F2:39).

Ebenso ging F1 (75) davon aus, dass sich mit der Nutzung des OSCLS „auf jeden Fall" das Leben seiner Frau verbessern würde, wobei sein Ansatz ein pragmatischer ist: „Weil wie gesagt, Regelungstechnik. Das ist letztlich ein regelungstechnisches Problem. Der innere Regelkreis im Körper funktioniert nicht mehr, also versuche ich halt, von außen einen drauf zu setzen." (F1:69).

6.3.2.5 Social-Media & berufliches Umfeld

Für Z1 und Z2 waren vor allem die Aussagen, die sich in den Social-Media-Kanälen finden lassen, ausschlaggebend für ihre Erwartungen: „Weil man sieht es ja auch immer, eben gerade so auf Social-Media und in den ganzen Facebook-Gruppen und so weiter, dass eigentlich alle total begeistert sind von der Sache und da nie wieder irgendwie davon weg wollen" (Z1:46).

Entsprechend bestand bei Z1

„[...] die Erwartung, weniger Arbeit mit dem Diabetes zu haben, von der Vorarbeit halt abgesehen. Also ich habe auch wirklich Wochen damit verbracht, Basalratentests zu machen und meine Faktoren eben auszutesten, bevor ich überhaupt mal am Loop an sich gearbeitet habe. Aber ich dachte mir halt, okay, wenn das einmal ordentlich ausgetestet ist, dann nimmt der Loop mir da auch im Alltag so einen Teil von der Arbeit zumindest ab." (Z1:44)

Z1 berichtet darüber hinaus, beruflich bei einer Firma zu arbeiten, die im Bereich der Diabetes-Technologien angesiedelt ist. Auch das trug zu ihrer Motivation bei: „Dadurch saß ich halt an der Quelle, sage ich mal. Also so die halbe Firma loopt halt einfach. [...] [J]a, das mit dem Loopen möchtest du eigentlich auch mal ausprobieren. Einfach, um es halt mal gemacht zu haben, um es zu verstehen und um halt zu sehen, ob man wirklich jetzt so viel bessere Werte hat." (Z1:35).

Z2 wollte vor allem „so glatte Kurve wie alle anderen [...], die das auf Facebook posten [...] die Ergebnisse, die online waren, die waren beeindruckend. Und grundsätzlich habe ich auch gedacht, okay, kann ja auch funktionieren und wäre dann natürlich schon cool, wenn es von alleine laufen würde so. [...] Das war schon so die Hauptmotivation auch nochmal irgendwie." (Z2:41).

6.3.3 Beweggründe für die Nutzung aus fachlicher Sicht

Aus den Antworten aus fachlicher Sicht auf die Frage nach der Einschätzung, warum MmT1D zur Nutzung der OSCLS übergehen, lässt sich viel Verständnis von D1, D2, D3 und M1 für die Situation der Loopenden lesen. Vorwiegend wird als vermutete Motivation die Angst vor Folgeschäden genannt (D1:81, D2:66, D3:41), aber auch die Unzufriedenheit mit den verfügbaren kommerziellen Technologien (D2:66, D3:41) und die Option, den Aufwand der Therapie zu reduzieren (D1:81) und durch diese Reduzierung mehr Lebensqualität zu erhalten (M1:53).

M1 sieht allerdings auch eine gewisse Unabhängigkeit von Teilen des Gesundheitswesens als potenziell ursächlich: „Ich könnte mir auch vorstellen, weil sie vielleicht auch unabhängiger sein wollen von Medizinprodukteherstellern. Vielleicht sogar auch unabhängiger von ihrem Arzt, weil sie das einfach selbst entscheiden möchten." (M1:53).

D3 (41) legt dar, dass „jeder Mensch, der Typ-1-Diabetes hat, irgendwann mal in seinem Leben zum Thema Folgekrankheiten geschult worden" ist. MmT1D sei bewusst, dass ihnen

„wirklich noch zu Berufslebenszeiten sehr schwere Komplikationen drohen können. Das mag für viele ein völlig berechtigter Antrieb sein, dass sie sagen, das Einzige was mir hilft, ist, die Glukosespiegel so niedrig zu halten wie bei einem Menschen, der keinen Diabetes hat. Und jede Technologie, die das möglich macht, ist mir recht, egal auf welchem Weg sie kommt. Und da es hier um sehr ernste Dinge geht wie eben schwere Netzhautschäden und Erblindung, Nierenschäden bis hin zur Dialyse, Gefäßschäden an Herz und Gehirn und überall an allen möglichen Stellen des Körpers, kann ich das tatsächlich nachvollziehen." (D3:41)

Auch D1 zeigt Verständnis für Loopende, sowohl aufgrund der potenziellen Folgekomplikationen als auch der Mühen, mit denen der Alltag mit T1D verbunden ist:

„[E]s ist eine lebenslange Erkrankung, die man da hat, und man ist schon doch deutlich beeinträchtigt in vielen Dingen des Lebens. Und kriegt ja auch überall immer präsentiert, man ist die Nummer eins in der kardiovaskulären Risikopopulation, man ist die Nummer eins bei diesen Nebenwirkungen, bei diesen Erkrankungen, bei dem. Also man ist ja als Diabetiker immer eigentlich vielfältig belastet und behaftet mit Risiken, einfach früher zu sterben, ja. Und früher richtig krank zu werden, ja. Und dieses Bild vor Augen zu haben, schon in jungen Jahren, das ist ja nicht so toll, ja. Und das andere ist halt dieses Alltagsgeschehen. Also es ist ja schon immer lästig, mit Zucker messen und spritzen und dies und an alles zu denken, und wie viel esse ich da jetzt und ist das jetzt gut? Und darf ich das und gestehe ich mir das zu, oder ist das jetzt zu viel? Also das, es ist ja schon wirklich vielfältig, woran ich denken muss und ändern, also immer mit einbeziehen muss in meine Gedanken, und das ist schon wahnsinnig aufwändig. [...]

Und es ist extrem schwierig in manchen Situationen. Manchmal geht es auch leicht, aber die meiste Zeit muss man einfach immer am Ball bleiben, überlegen und gucken." (D1:81)

D2 sieht ähnliche Gründe, sowohl für Erwachsene, die für sich selbst loopen, als auch für Eltern, die die OSCLS für ihre Kinder nutzen:

„Ich denke Familien oder Erwachsene gehen diesen Weg, weil selbst mit stärkster Anstrengung für viele keine, nicht die gewünschten Outcomes drin sind. Also viele haben tagtäglich mit starken Blutzuckerschwankungen zu tun, mit Berechnungen, die nicht so funktionieren. Selbst die, die hoch motiviert sind und minutiös so machen wie es in der Schulung besprochen ist und mit dem Arzt übereingekommen, selbst dann klappt das für einige nicht. [...] [V]iele investieren unglaublich viel Zeit und Nerven und trotzdem hat man Hyperglykämien, und trotzdem muss man nachts checken oder auf einen Alarm reagieren. Und die Möglichkeit, sich mit den Komponenten, die man schon besitzt oder die man relativ einfach käuflich erwerben kann, ein System zu bauen, das das schafft oder sogar übertrifft, was die Industrie gerade erst entwickelt oder woran Wissenschaftler gerade erst forschen, dass man das jetzt schon haben kann, ist glaube ich für viele ein so großer Anreiz, diese Hürden, die es gibt, also seien die finanziell oder ich muss mir das selber aufsetzen, diese Nachteile oder diese Mühen in Kauf nehmen um von den vielen, vielen Benefits zu profitieren." (D2:66)

Aus Sicht von H2 sind die Loopenden jedoch eher MmT1D, die bereits vor der Loop-Nutzung gute BG-Werte aufwiesen. Er bezeichnet sie als „sehr, sehr interessierte, sehr, sehr fortschrittliche Patienten [...], die sich jetzt auch ein bisschen als Pioniere fühlen. [...] Bei den Loopern ist es eher so, dass die eigentlich vorher schon meistens relativ gute Werte hatten. Natürlich nie optimal, wie man sich das vorstellen kann." (H2:57).

Er beschreibt die Loopenden als „beseelt von diesem hier Pioniergeist,", die beim Loopen bleiben, weil es für sie zu „tollen Stoffwechselergebnissen" führt und sie daher „begeistert" sind und zum Loopen kommen, weil sie es von anderen Loopenden kennen: „[H]ier jetzt loopen die, das probiere ich auch" (H2:57).

6.4 Voraussetzungen und Anforderungen

MmT1D sollten einige Voraussetzungen erfüllen, um die OSCLS sicher und effektiv anwenden zu können. Hierzu zählt in erster Linie, dass die Grundlagen der konventionellen T1D-Therapie bekannt und verinnerlicht sind. Hierzu zählen, wie gesagt, u. a. das Wissen um die Berechnung von Kohlenhydraten, um die Auswirkungen des Konsums von Fetten, Proteinen und Alkohol, um die Auswirkungen körperlicher Aktivität oder akuter Erkrankungen, um die Wirkung des verwendeten Insulins, um die benötigte Menge an Insulin für bestimmte Situationen sowie um die Anpassung der Basalrate. Weiter braucht es zur Verwendung der OSCLS ein gutes Maß an Motivation, um sich mit den technologischen Anforderungen überhaupt einmal auseinanderzusetzen und sich danach dauerhaft um das Funktionieren der Technik zu kümmern. Hierzu gehören auch das Kompilieren und Installieren von Updates sowie weitere Aktualisierungen der Soft- und Hardware. Es lässt sich somit festhalten, dass die OSCLS keinesfalls für MmT1D geeignet sind, die sich nicht mehr um ihren T1D kümmern wollen. (Crabtree, Street und Wilmot 2019; Heinemann und Lange 2019)

Die OSCLS-Community als Gesamtheit (etwa auf den Webseiten von *OpenAPS* und *AndroidAPS*) sowie die interviewten Nutzenden weisen vermehrt darauf hin, dass die OSCLS keine Plug-and-Play-Systeme sind, also nicht ohne entsprechende Vorkenntnisse und Auseinandersetzung verwendet werden sollen und können. Eine Auseinandersetzung muss im Vorfeld stattfinden, sowohl mit dem OSCLS selbst als auch mit T1D im Allgemeinen sowie mit den eigenen, individuellen Grundlagen der Therapie des eigenen T1D.

6.4.1 Grundlagenwissen

Wenn ich nicht bereit bin, mich mit meinem Diabetes zu beschäftigen, dann kann mich der Loop auch nicht weiterbringen. Weil eine schlechte Basalrate und andere Faktoren führen dazu, dass der Loop hoch und runter fährt und ich dann den in die Ecke schmeiße.
(L8:185)

Ebenso wie es Quintal *et al.* (2019) für die kommerziellen CLS darstellen (siehe Kapitel 4.3.5), ist das Wissen um den eigenen T1D als Grundlage für die Nutzung von CLS von hoher Relevanz.[9] Gleiches gilt für die OSCLS. Die Community betont deutlich, dass die Grundlagen der T1D-Therapie auch die Grundlagen der OSCLS-Nutzung sind und ein genaues Wissen zu T1D generell und über die persönlichen, individuellen Auswirkungen essenziell ist. Wie in Kapitel 6.7 beschrieben, ist davon auszugehen, dass es sich bei den Nutzenden der OSCLS um eine außergewöhnlich motivierte Gruppe von MmT1D handelt, die sich durch ein profundes und valides Wissen zu T1D auszeichnet.

Das Wissen zum eigenen T1D wird von den meisten interviewten Nutzenden als wichtigste Grundlage genannt. L8, der innerhalb der Community auch Vorträge zu *AndroidAPS* hält, betont dies besonders: „Was ich jetzt in meinen Vorträgen ja immer versuche, den Leuten zu vermitteln [...], das [Erstellen der App] ist nicht mal die halbe

---

[9] Quintal spricht von Erfahrungswissen, doch tatsächlich geht das Wissen der hier interviewten Loopenden sowie der meisten MmT1D deutlich über ein reines Erfahrungswissen hinaus.

Arbeit. Die Arbeit ist was ganz anderes. Nämlich ist das, sich mit seinem Diabetes auseinanderzusetzen. Zu gucken, was ist eine funktionierende Basalrate." (L8:73). L8 erläutert, dass fehlerhafte Grundlagen wie Basalrate, Insulinsensitivität und Korrekturfaktoren dazu führen, dass das OSCLS nicht adäquat funktionieren kann:

„Wenn ich sage, ich bastle mir den Loop, wie auch immer, und kümmere mich nicht um meine Basalrate und kümmere mich nicht um meine Werte, dann werde ich mit dem Loop keinen Erfolg haben. Das Thema ist, die Leute, die das so machen, die sagen dann, der Loop funktioniert nicht. Aber es ist dann wie in der IT eigentlich immer, in 99,9 Prozent der Fälle sitzt der Fehler vor dem System und nicht drinnen. Und das ist die Grundvoraussetzung." (L8:107)

L2 argumentiert ähnlich,

„dass es wirklich wichtig ist, eine gute Basalrate zu haben. Seine Faktoren wirklich zu kennen. Weil, um so sauberer die Basalrate ist, der Korrekturfaktor und der BE-Faktor[10], das sind für mich eigentlich so die wichtigsten Faktoren, die ich am Loop sehe, umso besser kann der Loop arbeiten. Weil, wenn diese Faktoren nicht stimmen, dann kann auch der Loop nicht vernünftig arbeiten. […] Weil, der Loop macht eigentlich nur das, was man ihm im Hintergrund sagt und an Parametern mitgibt. Und wenn diese Parameter nicht stimmen, kann auch der Loop nicht sauber arbeiten." (L2:89, vgl. L2:151)

Auch für L6 ist das Wissen um den eigenen T1D von prioritärer Bedeutung: „Also, ich sage ja immer, Grundvoraussetzung zum Loopen, […] das sind wieder diese Basics. Dass ich sage, ich muss erst mal über Diabetes Bescheid wissen. Ich muss ICT können. Ich muss auch mit der Pumpe alleine zurechtkommen, mit der Pumpe mit CGM zurechtkommen." (L6:306).

Ein „sicheres Grundverständnis" (L5:232) des eigenen T1D ist auch für L5 und L4 (145) Voraussetzung zur Anwendung der OSCLS, ebenso für L3 und L1: „Na ja, optimalerweise das Grundverständnis von, wie funktioniert Diabetes" (L3:211, vgl. L1:137).

Aus Sicht von Z1 „kann der Loop ja halt auch nichts mehr machen, […] wenn ich zwei BE eingebe und fünf BE fresse" (Z1:48). L5 argumentiert, dass mit fehlerhaften Faktoren durchaus auch unerwünschte Ergebnisse entstehen können: „Weil das System kann nur funktionieren, wenn du die richtigen Faktoren in dem Ding hast. Die richtigen Basalraten, die richtigen BE-Faktoren, sonst kannst du dich auch ordentlich damit abschießen" (L5:130). Diese Sichtweise wird auch von A1 bestätigt: „Und wenn die [Parameter] halt falsch sind und nicht richtig sind oder man was Falsches einstellt,

---

[10] Der Broteinheit-Faktor, kurz BE-Faktor, ist ein Faktor zur Berechnung der pro Broteinheit benötigten Insulindosis.

6. Open-Source-Closed-Loop-Systeme, Community und Auswertung

dann kann man sich halt einfach eine Achterbahn bauen" (A1:74). Entsprechend bedeutet das für Z1, dass „wer mit einer Pumpe schon sehr gut eingestellt ist, der wird auch mit einem Loop zurechtkommen. Vorausgesetzt, dass er halt quasi selbst in der Lage ist, seinen Diabetes gut einzustellen. [...] Ich sage mal, wenn man die Krankheit eigenständig managen kann, dann sehe ich da auch für das Loopen keine Hürde" (Z1:74).

Ähnlich sieht es F1: „Ich muss mich trotzdem mit meinem Diabetes beschäftigen. Es funktioniert halt dann gut, wenn mein Diabetes gut eingestellt ist. Und das würde ich sofort unterstreichen. Das ist denke ich mal bei meiner Frau der Fall. [...] Deswegen funktioniert es bei ihr einfach auch sehr gut." (F1:127).

L1 (99) und L2 (151) merken an, dass man als MmT1D die für die Nutzung der OSCLS relevanten Grundlagen sowieso kennt oder kennen sollte. Daher schätzt L1 den Blick von außen auf die OSCLS auch als kritischer ein, als wenn der eigene T1D Bestandteil des Alltags ist: „Ich glaube von außen gesehen, ist das ganze Thema viel, viel komplizierter. Aber als Diabetiker hat man den Vorteil, dass dieses – das meiste, was kompliziert daran ist, ist ja auch das Verhalten vom eigenen Diabetes und keine Ahnung was. Und damit kann man ja schon umgehen. Damit kennt man sich ja schon aus." (L1:99).

Auch D3, die laut eigener Aussage die OSCLS nur aus den ihr mitgeteilten Erfahrungen anderer beurteilen kann und sich noch nicht selbst intensiv damit auseinandergesetzt hat, geht davon aus, dass das Wissen um den eigenen T1D sowie um die Wirkweise von Nahrung und anderen die BG-Werte beeinflussenden Faktoren die Anforderungen darstellen, mit denen eine erfolgreiche und sichere Nutzung der OSCLS erfolgen kann:

„[I]ch kann nur vom Hörensagen erzählen, dass ich von den Kollegen, die ich kenne, schon gehört habe, [...] dass man eben sehr genau seinen Diabetes kennen muss, dass man verstehen muss, wie der Algorithmus reagiert, wenn man krank ist oder wenn man Sport macht und eigentlich einen anderen Zielwert anstrebt als den, der im Hintergrund programmiert ist." (D3:21, vgl. D3:37)

Für D2 gehört zu diesem Grundlagenwissen jedoch nicht nur das Wissen um den T1D, sondern auch um den Umgang mit den kommerziellen Technologien:

„Basisschulungswissen für den Typ-1-Diabetes, so wie ihn die Schulungsprogramme vorsehen. Sicherer Umgang mit der Insulinpumpe, das schließt ein, wie erkenne ich, dass mein Katheter verstopft ist, wie oft wechsle ich den, ein sicheres Beherrschen des CGM, das schließt ein, Gewebe- und Blutglukose auseinanderhalten zu können, richtig zu kalibrieren, Sensorkurven richtig auszuwerten. Das ist natürlich immer noch wichtig im DIY, es ist kein Alleinläufer, der alles von selber macht, den man sich anklebt und dann macht der alles schon. Es ist eine automatisierte Entscheidungsfindung, die man am Ende aber trotzdem nachvollziehen und verstehen muss." (D2:48)

Somit sind laut D2 die OSCLS prinzipiell für alle MmT1D geeignet, die mit den kommerziellen Technologien für T1D zurechtkommen: „Es gibt sicher eine Ausnahme von Patienten und Patientinnen, für die schon allein eine Pumpe oder ein Sensor nichts ist. Aber ich denke jeder, der mit Pumpe und Sensor gut klarkommt, der wird auch mit Closed Loop gut klarkommen." (D2:60).

Auch H2 sieht in der Beschäftigung mit dem eigenen T1D die Voraussetzung für eine erfolgreiche Anwendung der OSCLS: „Ich kenne, wie gesagt, auch Leute, die sich sehr, sehr intensiv jeden Tag mit ihrem Diabetes auseinandersetzen. Für diese Leute ja. Für die Leute, die dazu nicht bereit sind, und das ist natürlich der überwiegende Anteil, ist es eine andere Sache. Die werden es probieren und werden oftmals dann auch sagen: Na ja, aber jetzt kann ich nicht mehr." (H2:55).

L1 und L7 beschreiben allerdings, dass es ihnen aufgrund persönlicher Umstände nicht möglich ist, ihre Grundlagen vollständig zu ermitteln und somit auch der Loop nicht durchgängig optimal arbeiten kann. Bei L1 scheitert es an einem Basalratentest über den ganzen Tag: „Ich kriege die Nächte nicht in den Griff. Ich bin auch abends von der Basalrate her schlecht eingestellt. Weil ich schaffe es auch nicht, einen Hungerversuch über den ganzen Tag zu machen. [...] Und deswegen ist es tatsächlich so, mein Loop läuft ziemlich gut. So ab nachts um zwei. Bis mittags um vier. Und dann stimmt einfach die Basalrate nicht mehr." (L1:111),

L7 findet mit zwei kleinen Kindern nicht die Kraft, sich intensiver mit seinen BG-Werten zu befassen: „Ich sage einmal, tagsüber, da kann ich noch viel schrauben, glaube ich. Also da bin ich einfach, ich sage einmal, wegen den Kindern – ich habe einfach den Nerv nicht zu, dann da irgendwie Basalratentest ständig zu machen und so etwas." (L7:71).

Der Basalratentest sowie das Testen weiterer Faktoren ist auch für die Tochter von E2 problematisch, weswegen diese einen aus Sicht von E2 noch nicht optimalen HbA1c hat. E2 erklärt die Differenz zwischen der Möglichkeit des Basalratentests an sich selbst und an seiner Tochter:

> „Ich kann bei mir ganz locker einen Basalratentest machen, wo ich einfach einen dreiviertel Tag nichts esse. Überhaupt kein Problem. Ich kann auch bei mir dann sagen: Okay und jetzt esse ich nicht nur einen dreiviertel Tag nichts, sondern dann esse ich auch eben nur genau eine KE [Kohlenhydrateinheit] Traubenzucker und beobachte, wie sich mein Blutzucker dann verändert. Und dann, wenn ich dann auf 220 bin, spritze ich genau eine halbe Insulineinheit und gucke, wo ich dann lande. Sodass ich bei mir sämtliche Faktoren und Korrekturfaktoren und Basalrate ganz genau austesten kann. Das kann ich mit einem Kind nicht tun. [...] Ich kann ihr nicht sagen, wir essen jetzt mal

kein Frühstück, kein zweites Frühstück, kein Mittagessen und nachmittags auch nicht. Du kriegst erst heute Abend was. Das geht nicht. Und insofern wissen wir, dass bei ihr eigentlich sämtliche Parameter nicht hundertprozentig stimmen. Sie hat keine Basalrate, die wirklich ganz genau zugeschnitten ist. Wenn ich bei mir einen Basalratentest mache, dann läuft mein Blutzucker auch ohne Loop schnurgerade. Weil meine Basalrate stimmt. Bei ihr ist das definitiv nicht so, das heißt, wir können bei ihr nie genau sagen, geht sie jetzt leicht hoch, weil die Basalrate zu wenig ist oder geht sie noch leicht hoch, weil der Faktor vom Frühstück nicht gestimmt hat. Das ist alles bei ihr so ein bisschen schwammig. Und insofern funktioniert die Looptechnologie bei ihr natürlich nicht so gut wie bei mir." (E2:55)

6.4.2 Motivation & Wille

Eine weitere Voraussetzung für die erfolgreiche Nutzung der OSCLS ist aus Sicht der Interviewten die Motivation, sich mit dem Open-Source-System sowie mit dem eigenen T1D auseinanderzusetzen und dafür auch den entsprechenden zeitlichen Aufwand zu leisten: „Motivation. Auch Interesse, weiter an seinem Diabetes zu arbeiten. Also an seiner Diabeteseinstellung. Also man muss da einfach auch – ich glaube, man braucht auch so ein bisschen Spaß daran. Und diesen Ehrgeiz, was verbessern zu wollen." (L2:149; vgl. L8:107; L8:193; Z2:193; L6:299; L7:148; Z2:103); „[a]lso ich glaube das Wollen ist der größte Punkt. Und das Engagement, die Motivation" (L6:294).

Dies entspricht auch den Aussagen von A1 und A2: „Willingness to try. That is pretty much it" (A2:67-69). A1 (162) betont darüber hinaus, dass auch der Wille vorhanden sein muss, sich mit eventuellen technischen Schwierigkeiten auseinanderzusetzen und innerhalb der Unterstützungsstrukturen der Community nach Fehlerbehebungen zu suchen.

Diese Position wird auch von fachlicher Seite von D1, D3 und M1 aufgegriffen. D3 spricht von der Notwendigkeit, sich „rein[zu]fuchsen" (D3:37). Wenn die Motivation gegeben ist, gehen sie davon aus, dass alle MmT1D die OSCLS nutzen können. Dies ist bereits Voraussetzung zur Nutzung der Insulinpumpe: „Also man muss sich schon hinsetzen und was tun da dran. Ich muss auch jemand sein, der so ein bisschen Verständnis oder den Willen zum Lernen und Verstehen des ganzen Systems mitbringt. Also das sollte die Voraussetzung einfach sein, ja. […] Das andere ist ja nichts weiter als Pumpenbedienung, CGM-Bedienung. Das muss ich ja sowieso können, oder das können ja die meisten dann schon." (D1:65-67); „[a]lso das ist jetzt auch keine Rocket Science. Man kann das schon schaffen. Man muss halt die Bereitschaft da haben, um das auszuprobieren oder halt zu testen. Also das jetzt rein so von der Technologie-, Methodenkompetenz her." (M1:47-49, vgl. 45).

Weitere Voraussetzungen, die mit der Motivation zusammenhängen, sind die Bereitschaft, Zeit aufzuwenden (L1:189, L5:232, D3:37, M1:45), sowie die Einarbeitung in die theoretischen Grundlagen durch u. a. das Lesen des Wikis und weiterer Informationen, die sich online finden: „Also das ist tatsächlich eine Grundlage, die, so abgedroschen es ist, wenn man sich in den Kreisen bewegt, weil es immer das Gleiche ist. Aber was alle sagen, man muss das einfach lesen und selber kapieren." (L1:99; vgl. L2:145, M1:45).

6.4.3 Verständnis für konventionelle Therapien

Einige der Interviewten verweisen darauf, dass die Grundlage der OSCLS-Nutzung eigentlich dieselbe sei wie bei allen anderen (kommerziellen) Systemen und Therapien für T1D: Maßgeblich sei das Verständnis für das, was man tut. Diesbezüglich unterscheiden sich die OSCLS und kommerzielle Technologien also nicht. Aus dieser Perspektive sind laut L6 die OSCLS lediglich „aufwändiger": „Ich kenne genügend Leute, die haben seit 20 Jahren Pumpe. Und verstehen sie nicht. Ich muss mich damit beschäftigen, dann kann ich es verstehen. Pumpe ist aufwändiger wie Spritzen, Loop ist aufwändiger wie Pumpe." (L6:290).

Ähnlich argumentieren D1 und D2. Laut D1 müsse man bei den OSCLS „schon drüber nachdenken, was man da macht. Was man ja aber auch bei jeder Pumpenbedienung oder Penbedienung machen sollte." (D1:21). D2 würde bei loopenden Familien dann intervenieren, wenn sie den Eindruck hätte, dass es zu Anwendungsfehlern kommt und das System nicht verstanden wird: „Das würde ich aber auch bei jedem Sensor und jeder Pumpe sowieso entscheiden. Für mich ist das kein Unterschied." (D2:166).

Dies sind auch die Gründe, warum D3 „der festen Überzeugung" ist, dass MmT1D „wirklich sehr, sehr gut laufen können" mit den OSCLS, sofern sie sich an das halten, „was eh empfohlen ist, nämlich, gut hinschauen, was man isst und dem Algorithmus im Vorweg sagen, ich esse jetzt und ich esse so und so viel Gramm Kohlenhydrate" (D3:35).

H1 führt an dieser Stelle ein anderes Beispiel an. MmT1D bekommen regelmäßig eine Menge an Insulin für einen längeren Zeitraum verschrieben, die entsprechend eingeteilt werden muss: „And so the prescribing physician has to have some faith in the way we manage it as an individual" (H1:76). Also bereits bei der Verschreibung von Insulin müssen MmT1D selbst mitdenken und genau beobachten, um die adäquate Dosierung zu finden bzw. die zu verschreibende Menge Insulin für den gegebenen Zeitraum anzupassen.

Auch für L1 ist es „so wie immer, wenn man beim Zucker was Neues macht, man muss es halt mal ausprobieren" (L1:115).

6.4.4 Ausschlusskriterien – wer kann bzw. sollte nicht loopen?

> *Und der Loop ist nicht für alle das Allheilmittel. Sicher nicht.*
> *Es muss jeder das finden, was für ihn gut ist.*
> *(L6:282)*
> *Also für einen User, der sagt: Hey, ich will es anstöpseln,*
> *es soll halt laufen, für den ist das nichts.*
> *(A1:43)*

Dass die Beschäftigung mit dem eigenen T1D klar als Grundvoraussetzung für eine erfolgreiche Nutzung der OSCLS angesehen wird, bedingt, dass die meisten der Interviewten denjenigen MmT1D, die zu dieser Auseinandersetzung nicht bereit sind, von einer Loop-Nutzung abraten würden. L2 formuliert sehr deutlich, dass MmT1D, die sich nicht um ihren T1D kümmern wollen, mit den OSCLS nicht zurechtkommen werden:

> „Also Leute, die keinen Bock auf ihren Diabetes haben und den Diabetes als ihren Feind und alles Scheiße und alles blöd betrachten, werden – haben Probleme mit ihrem Diabetes. Haben Probleme in ihrem Leben. Und werden auch Probleme mit dem Loop haben. […] Vor einiger Zeit hat mal einer gesagt, das ist mir scheißegal, ich will essen und trinken, worauf ich Bock habe und wann ich Bock hab. Und das soll gefälligst der Loop machen. Und dann schüttle ich einfach nur mit dem Kopf und sage, Junge, Junge, Junge. Das kann nicht funktionieren. Auch mit dem Loop und der Unterstützung zu dem Loop muss man halt eben einfach auch konsequent sein." (L2:137-139, vgl. L2:158, L2:89)

Vergleichbare Aussagen treffen auch A1 (43) und L8 (185).

Z2 würde „den meisten Leuten", die ihr auf Facebook in den Diabetes-Gruppen begegnen, „nicht zutrauen, einen Loop zu bedienen. Weil die sich einfach nicht genug mit der eigenen Krankheit auseinandersetzen, um da halt überhaupt dahinter zu steigen, sage ich jetzt mal, wie das alles funktioniert. Also generell, wenn man sich damit auseinandersetzt, empfinde ich es schon als sehr sicheres System. Aber ich finde es nicht für die allgemeine Masse tauglich." (Z1:66, vgl. Z1:74)

L1 (279) und Z2 (99) vermuten, dass es manche MmT1D intellektuell überfordern könnte, und auch D1 nennt die Notwendigkeit eines vorhandenen Verständnisses für das System (D1:77). Z2 benennt die Möglichkeit von Anwendungsfehlern als Grund, warum die Systeme nicht für alle MmT1D geeignet sind:

> „Ich glaube halt nicht, dass es was für jeden ist. Ich glaube, es gibt ganz klar eine Zielgruppe, die davon profitiert. […] Ich glaube aber schon auch, dass man da Fehler mit machen kann, weil es – und ja, also ich habe weniger Angst davor so im Sinne von: Das

ist eine Open-Source-Software oder so. Aber es sind immer Anwendungsfehler dabei. Und ich muss trotzdem interpretieren, was tut das System da und warum tut es das? Und warum reagieren meine Blutzuckerwerte wann wie?" (Z2:61)

Auch H2 geht nicht davon aus, dass der mit den OSCLS einhergehende Aufwand für alle MmT1D zu bewältigen ist: „Ich halte das ganze Vorgehen, ja die ganze Art und Weise, wie gesagt, für positiv, aber eben nicht für alle machbar." (H2:37). „Der entscheidende Nachteil oder entscheidende Unterschied zum kommerziellen System ist natürlich der, dass die Aufwendungen nicht vom Durchschnittsdiabetiker zu erwarten sind." (H2:11).

D1 geht außerdem davon aus, dass die OSCLS von einigen MmT1D gar nicht benötigt werden und sie als Ärztin auch Kosten und Notwendigkeiten im Blick behalten muss: „Also erst mal glaube ich, dass das auch gar nicht nötig ist, weil viele Diabetiker mit herkömmlichen Spritzsystemen, also ICT-Therapie, auch wirklich gut sein können, ja. Und für die wäre das doch Quatsch. Das ist jetzt ein größerer Aufwand und so weiter. Muss nicht sein. Und das ist ja auch so immer die Entscheidung: Habe ich einen Pen oder habe ich eine Pumpe? Also als Arzt muss man ja auch immer ein bisschen die Kosten im Auge behalten. Ich gebe doch niemandem ein System, was doppelt so teuer ist, wenn er mit dem herkömmlichen gut klarkommt." (D1:77).

Weiter halten die Interviewten insbesondere diejenigen MmT1D oder Eltern mit einem Kind mit T1D für ungeeignet, ein OSCLS zu nutzen, die aufgrund einer relativ jungen Diagnose noch nicht ausreichend Erfahrung mit und Wissen über (den eigenen) T1D gesammelt haben können:

„[I]ch [finde] es eigentlich schon fast gefährlich […], dies einem neu manifestierten Diabetiker zu sagen, der überhaupt nicht mal seinen Diabetes kennt, geschweige denn, […] wie er an seine Faktoren kommt. Weil er wirklich ganz ganz ganz ganz am Anfang steht. Und für mich ist [das] wirklich auch was, wo ich sage, der Loop ist wirklich was ganz klar für erfahrene Diabetiker." (L2:157, vgl. L3:209, L5:130, L5:204, L7:153, Z2:99)

Z2 hält die Loop-Nutzung auch bei MmT1D, die erst seit Kurzem eine Insulinpumpe nutzen, für verfrüht: „Ich finde es auch sehr schwierig, wenn Leute sagen, hey, ich kriege übermorgen meine Pumpe und nächste Woche möchte ich loopen. Da denke ich mir, oh mein Gott, bitte mach erstmal deine Pumpentherapie vernünftig, bevor wir mit was anderem anfangen." (Z2:99).

L4 und L5 nennen darüber hinaus auch „Teenager, […] die sehr schludrig sind" (L5:222) bzw. die sich vehement gegen Technik am Körper verwehren (L4:207).

Hinsichtlich der neu diagnostizierten MmT1D vertritt A2 eine andere Auffassung. Zwar betont auch sie die Notwendigkeit, die Grundlagen des T1D zu verstehen und geht keinesfalls davon aus, dass jeder neu diagnostizierte MmT1D direkt mit der Nutzung eines OSCLS beginnen kann. Im Gegensatz zu den interviewten Loopenden ist für sie die frische Diagnose jedoch nicht per se ein Ausschlusskriterium:

„So there has been some newly diagnosed people who want to go out right away and they are willing to kind of learn the terminology and the basics and read a bunch of books in a week and they are ready to go. So it is not so much like you cannot be newly diagnosed, so you must know this or this or this. It is really like your willingness to try and your willingness to learn and recognize that you will be learning a lot and some people prefer to learn everything before they start. Some people were like, I am going to learn as I go. So like, let me get set up and learn as I go and figure it out. [...] So there is like not any one right way or right path. It is mostly just like you need to kind of understand the basics of diabetes." (A2:69)

6.4.5 Technikaffinität

In vielen wissenschaftlichen Veröffentlichungen findet sich die Aussage, dass die Nutzenden der OSCLS äußerst technikaffin seien und dies eine Voraussetzung für die effiziente und sichere Nutzung der Systeme sei (u. a. Kesavadev *et al.*, 2020; Shaw *et al.*, 2020). Die ausführlichen Online-Anleitungen und die verbreiteten regionalen wie Online-Unterstützungsstrukturen der Community ermöglichen es jedoch auch motivierten MmT1D, die keinerlei Technikaffinität aufweisen, die OSCLS aufzusetzen und zu betreiben (u. a. Crabtree, McLay & Wilmot, 2019; Burnside *et al.*, 2020). Die Frage, ob eine gewisse Technikaffinität als relevante Voraussetzung für eine erfolgreiche Nutzung eines OSCLS gesehen wird, wird von den Interviewten ambivalent beantwortet.

A1 (77) gibt an, dass immer weniger technisches Wissen benötigt werde, aber man brauche trotzdem Interesse. A2 verneint die Frage. Aus ihrer Sicht müssen Nutzende lediglich dazu in der Lage sein, einen Screenshot aufzunehmen und diesen auf Facebook zu stellen, um dort Unterstützung durch die Community zu bekommen (A2:73-79): „So if you can post a screenshot, you are fine." (A2:79).

L1 (184), L2 (142-145) und L8 (187) setzen keine Technikaffinität voraus, da diese, sofern sie nicht vorhanden ist, von der Community ausgeglichen werde. Diese Ansicht wird von fachlicher Seite auch von D2 (65) und H1 (44) vertreten. Für L6 lässt sich fehlende Technikaffinität durch Durchhaltevermögen kompensieren: „Die Technikaffinität, die brauche ich nicht. Ich brauche vielleicht ein bisschen, wenn ich da weniger Erfahrung habe, dann brauche ich einfach ein bisschen mehr Durchhaltevermögen. [...] Da kann man fragen, da kann man sich schlau machen, da kann man probieren." (L6:292-294).

Auch L4 setzt Technikaffinität nicht voraus und begründet dies an einem Beispiel aus seiner regionalen Gruppe:

> „Wir haben jetzt in unserer Looper-Gruppe jemanden dabei. Der ist über 70. [...] Hat noch einen Pen. Der ist total begeistert jetzt von dem ganzen Ding. Hat jetzt eine Pumpe beantragt, weil er ständig Unterzuckerung hat. Und möchte dann irgendwann zum Loop übergehen. Er sagt, ich bin überhaupt nicht technikaffin. Aber was man jetzt merkt, er schreibt trotzdem bei Facebook auch Infos. Und das heißt, auch jemand im Alter kann damit umgehen. Sofern er das möchte." (L4:206-207)

Diese Schilderung von L4 widerspricht den Ansichten von L3, L5 und L7, Technikaffinität sei altersabhängig. L3 (207) nennt die Fähigkeit der Smartphone-Nutzung und in diesem Kontext auch das Alter als Kriterium für die Nutzung eines OSCLS. Auch L5 (213-218) beruft sich auf die Technikaffinität, die in einem höheren Alter nicht mehr als gegeben erachtet wird. So argumentiert auch L7 (143), er nennt über das Kriterium des Alters hinaus aber auch eine gewisse generelle Scheu vor der Technik als Ausschlusskriterium für die OSCLS-Nutzung: „Und man kann das wahrscheinlich auch nicht jedem in der Hand drücken. [...] Ich will jetzt nicht diskriminieren, irgendetwas. Also es gibt einfach Leute, die mit Technologie nicht so viel zu tun haben. Und das eher vielleicht ein bisschen ablehnen oder so etwas. Und dann geht das natürlich überhaupt nicht." (L7:143-145).

Auch D1 vertritt die Position, dass eine gewisse Technikaffinität vorhanden sein sollte (D1:65). Z1 (74) bestätigt das für das OSCLS Loop. Z2 (103) und M1 beurteilen *OpenAPS*, welches im Vergleich zu *AndroidAPS* als technisch komplexer zu werten ist, und sehen hierfür die Notwendigkeit einer Technikaffinität:

> „Ja, das ist schon nicht ganz ohne. Also so der Standard-Smartphone-Nutzer, der Standard-Windows-Nutzer, der muss schon, ja, der muss sich schon ordentlich einarbeiten: Also es geht ja viel dann auch in Richtung Linux und Ubuntu als Betriebssystem, weil das einfach das ist, was dann auf dem [Raspberry] Pi läuft oder auf den anderen Minirechnern läuft. Und das glaube ich, ist schon die erste Hürde für viele 0815-Nutzer. Die kennen halt Windows. Die kennen vielleicht noch ihr iOS-, oder ihr Android-Betriebssystem. Aber jetzt mit so einem Ubuntu zu arbeiten und dort in der Konsole Befehle einzutippen, ich glaube da ist die Hürde einfach schon recht groß. Das ist jetzt für einen Informatiker kein Ding, aber für einen Normalo-Betroffenen, also steile Lernkurve, definitiv. Ja, die technologische Hürde, ja, die ist schon da. Die darf man wirklich nicht kleinreden." (M1:47)

6.4.6 Erstellen der App bzw. Browser-Anwendung

Wie bereits mehrfach angesprochen, müssen die OSCLS von den Nutzenden selbst und eigenverantwortlich aufgesetzt werden. Der fertig programmierte Source-Code hierfür ist auf GitHub zum freien Download erhältlich und muss dann mithilfe der Anleitungen der Community selbständig (im Falle von *AndroidAPS* und Loop) zu einer App kompiliert bzw. (im Falle von *OpenAPS*) als eine Browser-Anwendung verfügbar gemacht werden. Für Personen ohne IT-Kenntnisse ist dieser Prozess nicht trivial. Einige der Loopenden weisen darauf hin, dass das Aufsetzen der App bzw. Browser-Anwendung mittlerweile viel einfacher ist als noch vor einiger Zeit, weil sich das Wiki und die Anleitungen deutlich verbessert haben (L2:103, L4:171-173, L6:242-244, L8:143-147). Trotzdem braucht es für die Umsetzung sowohl Zeit als auch ein Verständnis für das, was zu tun ist.

L5 empfindet es als „irre" aufwändig und schwierig, *AndroidAPS* aufzusetzen und beschreibt sehr ausführlich die (Verständnis-)Schwierigkeiten, die sie am Anfang hatte:

> „[W]enn du einen super Computer hast und so ein bisschen IT-Verstand, geht das bestimmt besser, wie wenn du eine Mutti bist, die [...] mit ihrem uralt Lenovo-Laptop, der eine Laufzeit von einem Hamster in einem Laufrad hat, hier sitzt und erst mal das Android-Studio versuchst zu installieren mit 150.000 Megabyte, keine Ahnung, wie groß das Ding ist. Ja, also, ich glaube, das liegt auch einfach [...] an den technischen und IT-Vorkenntnissen, [...] die du hast. Also, das war bei mir schwierig." (L5:161)

Als noch schwieriger empfand sie jedoch, in Erfahrung zu bringen, welche Systemkomponenten sie braucht (L5:161). Eine weitere Schwierigkeit stellte die Verknüpfung der Komponenten miteinander dar, was sich aber mit der Hilfe eines Bekannten aus der Community lösen ließ (L5:161). Insgesamt waren es für L5 „[d]rei Monate Vorarbeit" für die Informationsphase:

> „Na, im Mai habe ich davon erfahren, Juni. Dann habe ich Juni, Juli, August, September, vier Monate, wirklich mich damit beschäftigt oder lass es drei gewesen sein mit Urlaub. [...] Drei Monate Vorarbeit [...]. Und dann habe ich, also, ein Wochenende gebraucht, um die App zum Laufen zu kriegen." (L5:170)

Auch für L4 war der Prozess mit einigen Verständnisproblemen verbunden. Er berichtet, dass er eine Weile suchte, bis ihm überhaupt klar wurde, dass er die *AndroidAPS*-App nicht einfach aus dem Internet herunterladen kann (L4:170). Ältere Beschreibungen, die nicht aus dem Wiki der OSCLS-Community kommen, hat er nicht verstanden: „Das war mir einfach zu kryptisch. Da habe ich überhaupt nicht geblickt, was die da wollen und hin und her. Dass es da Alternativen gibt, das stand halt hier nicht drinnen." (L4:172). Er hebt hervor, dass die überarbeitete, derzeitige Version des Wikis eins zu eins umgesetzt werden muss, um erfolgreich die App zu erstellen: „Mittlerweile sind die Handbücher dafür ziemlich stark überarbeitet worden. Wenn man das richtige Handbuch hat und auch weiß, wo man hingreifen muss, [...] muss man wirklich das eins zu eins [...] [umsetzen]." (L4:171-173). Für das konkrete Erstellen der App hat er einen Tag gebraucht (L4:178).

L6 hatte zwar theoretische Unterstützung von einem Bekannten beim Aufsetzen der App, hat den Prozess aber trotzdem alleine umgesetzt (L6:245-248): „[I]ch habe durchaus einige Male installiert und deinstalliert. Bin dagesessen und ja, wollte auch das verstehen, wie das sich da so, also, ich habe da manches verstanden, manches habe ich bis heute nicht verstanden. Also rein, was da der technische Hintergrund ist, da war ich einfach nur froh, dass das Ding gelaufen ist." (L6:238).

Sie hat vier Tage gebraucht bis zur Einsatzfähigkeit von *AndroidAPS*: „Vier Tage. [...] Ja, knappe Woche war ich beschäftigt und bin öfter gegen die gleiche Wand gelaufen." (L6:242-244). L6 betont, dass es nicht möglich ist, *AndroidAPS* falsch zu kompilieren, was für sie „ein ganz wesentlicher Punkt" war: „Und das Tolle ist, du kannst die App entweder richtig erstellen oder nicht. Du kannst sie nicht falsch erstellen." (L6:238). L7 empfindet es als „auf jeden Fall schwieriger als alles, was man sonst so installiert auf dem Rechner. Also es ist schon ein Unterschied. Aber man kriegt das schon hin." (L7:115).

L8 berichtet, dass es noch schwieriger gewesen sei, *AndroidAPS* aufzusetzen, als er sich zuerst damit befasste, weil damals die Anleitungen der Community noch nicht so ausgereift waren wie zum jetzigen Zeitpunkt. Er nennt auch seine „Ungeduld" als erschwerenden Faktor, hält jedoch den Prozess weder für aufwändig noch schwierig (L8:143-147).

L2 empfand das Erstellen der App als „[e]igentlich gar nicht" schwierig „dank der guten Anleitung", aber „man braucht natürlich Geduld: „Also man darf nicht erwarten, dass man innerhalb von, zack, zwei Tagen, diesen ganzen Kram fertig hat. Weil, es ist wirklich auch ein Prozess. Und man muss erstmal viele Sachen verstehen." (L2:103). Sie hat „Samstag und Sonntag" für das Aufsetzen der App gebraucht (L2:103). Sie erzählt darüber hinaus, dass sie bei ihrem ersten Update „auch noch schier verzweifelt" ist:

> „Weil ich erstmal gucken musste, wo sind denn die ganzen Knöpfe und wie mache ich das jetzt und wieder genau nach Anleitung. Und inzwischen haben wir eine Kurzanleitung. Und es ist wirklich, wenn wirklich ein Update kommt, ist es wirklich, Rechner an, Update runtergeladen. [App] erstellen, aufs Handy drauf, Feierabend. Also das ist inzwischen eine Sache, das geht wirklich sehr einfach. Die ganzen Informationen sind ja jetzt alle hinterlegt." (L2:103)

6. Open-Source-Closed-Loop-Systeme, Community und Auswertung

L1 (149) hält das Aufsetzen der App für „grundsätzlich nicht schwierig." L1 beschreibt, dass er für das erste Aufsetzen „vielleicht so drei Abende investiert [habe], wobei ich einen Abend alleine nur probiert habe, die Pumpe per Bluetooth mit dem Handy zu verbinden" (L1:163). Als er das System ein zweites Mal auf ein neues Handy aufsetzen musste, hat er es „innerhalb von einer Stunde komplett am Laufen gehabt wieder" (L1:163). L1 zeigt allerdings Verständnis dafür, „wenn man das als technisch Nicht-Affiner überhaupt nicht hinkriegt" (L1:149).

Z2, die *OpenAPS* nutzte, erzählt von ihrer Überraschung, wie leicht es für sie war, das System aufzusetzen:

> „Als ich mich eingelesen habe, habe ich gedacht, oh mein Gott, das funktioniert niemals. Aber um ehrlich zu sein, [...] ich habe mich Donnerstagabend zwei Stunden rangesetzt und am Freitagnachmittag lief das Ganze. [...] [E]s hat mich ein bisschen schockiert, muss ich gestehen. Weil ich hatte damit gerechnet, okay, ich brauche zwei Wochen oder sowas, weil das so alle gesagt haben und ich ehrlich gesagt auch das Gefühl hatte, okay, ich habe überhaupt keine Ahnung von dem, was ich da tue. Aber mit der Anleitung, die im Internet war, hat es dann auf einmal doch geklappt. [...] [I]ch fand es eigentlich nicht so schwer. Aber [...] es ist schon viel, was man einfach auch lesen und verstehen muss." (Z2:75)

Auch für Z1 stellte das Aufsetzen von Loop „nicht so das Problem [dar], weil es wirklich Schritt-für-Schritt-Anleitungen gab. Das größte Problem an der Sache war tatsächlich, dass ich mein Leben lang noch vor keinem Mac saß. Das war erst mal so das Hauptproblem, dass ich gar nicht wusste, wie man diesen blöden Mac jetzt so genau bedient." (Z1:82)

Auch sie saß lediglich „[e]in paar Stunden [...] einen Abend [...] ungefähr davor" (Z1:90), wovon ein Teil der Zeit für Softwareupdates für das ausgeliehene MacBook benötigt wurde: „Das hat länger gedauert, als die App an sich zu erstellen." (Z1:90).

E2, der selbst IT-Fachmann ist, gibt an, dass „grundsätzlich die Entwicklung mit Android für mich erst mal auch Neuland [war], weil ich in ganz anderem Umfeld gearbeitet habe. Aber tatsächlich die Anleitungen sind sehr sehr gut, die sind sehr ausführlich. Tatsächlich hatte ich keinen Punkt, an dem ich hängengeblieben bin." (E2:67). Das Erstellen der App war für ihn „in einem Wochenende ganz locker machbar" (E2:71).

F2 (93) hält sich für einen „schlechte[n] Ansprechpartner", um zu beurteilen, wie schwierig und aufwändig das Erstellen von *OpenAPS* ist:

> „Also, ich hätte ja jetzt gesagt, kann jeder. Aber, [E1 und ihr Mann] zum Beispiel hätten es, ja, nach eigener Aussage wohl nicht gekonnt. Und ich glaube, [...] solange alles so funktioniert wie das beschrieben ist, kann jeder irgendwelche Befehle eintippen, die er nicht versteht. Aber, eben bei der ersten Hürde und beim ersten Mal, dass irgendetwas

nicht geht, und das haben wir wirklich oft genug gehabt, da steht man dann eben da." (F2:93)

F2 (93) betont darüber hinaus, dass auch das Stellen von Fragen innerhalb der Community nur dann weiterhilft, „wenn ich sie auf einem bestimmten Niveau stellen kann", wofür ein gewisses Vorverständnis bei den Fragestellenden vorhanden sein muss.

F1, der *AndroidAPS* für L3 aufgesetzt hat, fand den Prozess „erstaunlich einfach", die Anleitung der Community hält er für „sehr gut eigentlich dokumentiert" (F1:129). Aus seiner Sicht nicht gut dokumentiert und daher „ein bisschen ätzender […], war dieses Verstehen, was ich alles brauche." (F1:129). Offene Fragen ließen sich dann bei den lokalen Looper-Treffen (siehe Kapitel 6.7) klären. Für den gesamten Prozess hat er „erstaunlich wenig" Zeit gebraucht, „[d]as waren zwei Wochen oder so. Und jetzt auch nicht Vollzeit" (F1:135).

Fast alle Loopenden sowie ehemals Loopenden haben das jeweilige System alleine aufgesetzt, lediglich mit theoretischer Hilfe der Community durch das Wiki, die Facebook-Gruppen oder persönliche Kontakte auf den Looper-Treffen (L8:146-147, L7:116, L6:245-248, L5:161-165, L4:174-177, L2:104, L1:163, Z2:77). Lediglich L3, E1 und Z1 hatten beim Aufsetzen der App Unterstützung. F1 nahm L3 die Umsetzung komplett ab (L3:69). L3 geht allerdings davon aus, dass sie es auch ohne seine Hilfe geschafft hätte, da sie „auch ein bisschen programmieren" kann (L3:173). „Aber es war natürlich für mich bequemer, das zu delegieren." (L3:173). Auch Z1 hatte Unterstützung beim Aufsetzen von ihrem Lebensgefährten, der Informatiker ist (Z1:84). F2 (27-29) hat für E1 und ihre Familie das Aufsetzen der App übernommen.

6.5 Auswirkungen der Nutzung der Open-Source-Closed-Loop-Systeme

Es macht einen leistungsfähiger, es macht einen fröhlich, es macht viel mit einem.
Wirklich viel. Und nur gute Dinge.
(L6:155)
Es hat sich halt wirklich unglaublich ausgewirkt, also ganz gigantisch.
Also das ist in meinen 38 Jahren Diabetes die erste Zeit, und das sind ja erst ein paar Wochen,
in denen ich das Gefühl habe, mein Diabetes ist keine große Sache.
(L3:119)

Laut Aussagen der Community sind die OSCLS sowohl sicher als auch effektiv und werden beschrieben als „far safer than standard pump/CGM [therapies]" und führen zu „remarkable improvements in quality of life due to increased time in range, uninterrupted sleep, and peace of mind" (Lewis, Leibrand & #OpenAPS-Community,

6. Open-Source-Closed-Loop-Systeme, Community und Auswertung 159

2016; vgl. Jansky & Woll, 2019). Dies entspricht den Ergebnissen aus ersten wissenschaftlichen Studien, die zu den OSCLS vorliegen. Da es sich bei den OSCLS jedoch um nicht klinisch getestete Systeme handelt, gibt es bislang auch nur wenige Studien, vor allem wenige klinische Studien, die die Auswirkungen der OSCLS-Nutzung untersuchen. Die Studien, die bislang existieren, basieren vorwiegend auf Umfragen und Interviews bzw. sogenannten *Patient Reported Outcomes*. Diese zeichnen ein äußerst positives Bild der OSCLS mit Verbesserung der BG-Werte ohne das Vorkommen schwerer unerwünschter Nebenwirkungen wie Diabetischer Ketoazidose oder schwerer Hypoglykämien sowie Verbesserung der Lebensqualität. Letzteres betrifft sowohl MmT1D als auch im Falle von Kindern mit T1D deren Eltern (vgl. u. a. Lewis, Leibrand & #OpenAPS-Community, 2016; Braune, O'Donnell, Cleal, Lewis, Tappe, Willaing, *et al.*, 2019; Ahmed *et al.*, 2020; Braune *et al.*, 2020; Kesavadev *et al.*, 2020; Mewes *et al.*, 2022; Suttiratana *et al.*, 2022).

Auch klinische Studien sowie Beobachtungsstudien, die eines oder mehrere der OSCLS hinsichtlich Sicherheit und Effizienz untersuchen, zeigen eine Verbesserung der glykämischen Kontrolle mit normnäheren BG-Werten und Verbesserung der Lebensqualität ohne Erhöhung des Risikos für schwere Hypoglykämien und Diabetische Ketoazidose (vgl. u. a. Bazdarska *et al.*, 2020; Wu *et al.*, 2020; Gawrecki *et al.*, 2021; Lum *et al.*, 2021; Patel *et al.*, 2022).

Besondere Bekanntheit erlangte eine Studie mit Kindern und Jugendlichen mit T1D im Alter von 6 bis 15 Jahren, die für drei Tage an einem Ski-Camp teilnahmen. Einige der Kinder nutzten *AndroidAPS*, andere ein System mit Predicitive-Low-Glucose-Suspend-Funktion. Hier kommen einige Bedingungen zusammen, die die T1D-Therapie erschweren: akute Bewegung, Kälte und die Langzeit-Auswirkung von Bewegung. Die Ergebnisse der Studie zeigten „excellent glycemic control" mit signifikanter Reduktion der BG-Werte ohne vermehrte Hypoglykämien durch *AndroidAPS*, und signifikant bessere Werte als bei der Nutzung von Systemen mit Predicitive-Low-Glucose-Suspend-Funktion (Petruzelkova *et al.*, 2018).

Die OSCLS bringen darüber hinaus das Potenzial mit sich, die psychologischen und verhaltensbedingten Hürden zu überwinden, die mit den ständigen Bemühungen der T1D-Therapie einhergehen. Sie können bei MmT1D zu einem freieren Leben führen mit weniger Belastung durch das dauerhafte Managen des T1D. Die OSCLS ermöglichen den Nutzenden erholsame Nächte und ein Aufwachen mit einer BG im Zielbereich (vgl. u. a. Kesavadev *et al.*, 2020).

Einige Nutzende bezeichnen die Systeme als lebensverändernd („life changing") (Kesavadev et al. 2020; Crabtree, McLay und Wilmot 2019). Eine Studie zu Nutzenden von OSCLS in Großbritannien lässt vermuten, dass die positiven Effekte, die mit der Nutzung der OSCLS einhergehen, unabhängig sind von Alter, Geschlecht und T1D-Dauer der Nutzenden (Street, 2021).

Ergebnisse aus Patient Reported Outcomes als auch aus klinischen und Beobachtungsstudien hinsichtlich der Auswirkungen der OSCLS-Nutzung lassen sich wie folgt zusammenfassen (vgl. u. a. Crabtree, Street & Wilmot, 2019; Jennings & Hussain, 2019; Ahmed *et al.*, 2020; Asarani *et al.*, 2020; Kesavadev *et al.*, 2020; Wilmot & Danne, 2020; Braune *et al.*, 2021):

- Erhöhte Time in Range
- Geringere Glukosevariabilität
- Weniger Hypoglykämien
- Geringere Relevanz, die konsumierten Kohlenhydrate korrekt zu berechnen
- Verbesserte glykämische Kontrolle in der Nacht
- Erhöhte Schlafqualität bzw. Schlafquantität
- Verbesserter HbA1c
- Verbesserte Lebensqualität
- Geringere Belastung, körperlich wie mental

Nach der Betrachtung der Hoffnungen und Erwartungen, die für die Nutzenden der OSCLS der initiale Grund für deren Einrichtung waren, sowie der Voraussetzungen und Anforderungen der Nutzung, wird im Folgenden dargestellt, welche Auswirkungen die OSCLS tatsächlich auf das Leben der MmT1D mit sich bringen. Hierfür werden Ergebnisse aus der wissenschaftlichen Literatur sowie aus den Interviews diskutiert.

6.5.1 Auswirkungen auf Blutglukose-Werte

> *Man kann es einfach zusammenfassen, mein*
> *Blutzucker ist Bombe. Und ich mache nichts.*
> *(L3:115)*
> *Meine Hypos sind weg, sind komplett weg.*
> *(L5:100)*

Alle interviewten Loopenden berichten von verbesserten BG-Werten im Zuge der Loop-Nutzung. Dies betrifft vor allem die *Time in Range* bzw. Zeiten in Hypo- und Hyperglykämie, den HbA1c sowie Auswirkungen beim Sport.

L5 stellt heraus, dass sie überhaupt keine schweren Hypoglykämien mehr hat: „Meine Hypos sind weg, sind komplett weg. […] [K]lar, ich komme ab und zu noch unter die 70" (L5:100). L6 (163) spricht von einem „Riesenerfolg", da sie sich „seit dem Loopen nicht einmal mehr hoch gegessen[11] [hat] bei der Arbeit. Also, ich habe das vom ersten Tag an nicht mehr gemacht. Und es hat funktioniert. Ich bin immer in die erste Besprechung mit Loopen morgens um acht, mit einem 85er Wert rein. Mit 95 wieder raus. Ich wäre [davor] niemals, niemals in diese Besprechung so gegangen."". L6 (165) ist bei einer *Time in Range* von 90%, die BG-Werte unter 70 haben sich deutlich reduziert. L8 (91) berichtet, dass durch das OSCLS „die Hypoglykämien und die Werte unter 70 massiv nachgelassen haben. Dass ich eine Time in Range von über 90 Prozent habe." Sein persönliches Ziel ist, dass „die zu hohen und zu niedrigen Werte [...] unter fünf Prozent bleiben" sollen – dies funktioniert meistens, jedoch nicht immer, was für L8 dann einen neuen Ansporn darstellt, selbst durch Validierung seiner Einstellungen wieder in den von ihm angestrebten Bereich zu kommen (L8:91).

Von einem deutlich flacheren BG-Verlauf berichtet auch L4 (121). Seine BG-Werte „sind um Klassen noch mal besser geworden". L3 beschreibt die Auswirkungen besonders prägnant: „[A]lso man kann es einfach zusammenfassen, mein Blutzucker ist Bombe. Und ich mache nichts." (L3:115). Für sie hat sich im Zusammenhang mit dem OSCLS also sowohl der Aufwand deutlich reduziert, als auch eine normnahe BG-Einstellung realisiert. F1 (75) bestätigt, dass sich sowohl die BG-Werte als auch die Lebensqualität seiner Frau verbessert haben, was seinen Erwartungen entsprach: „Was dann passiert ist, als sie dann auf das Closed Loop umgestiegen ist, war, dass sie teilweise echt Flatlines hatte. Und zwar im Bereich jetzt nicht unbedingt bei dem Zielbereich, das liegt dann schon mal zehn, 20 daneben. Aber definitiv in einem sehr gesunden Bereich. Und das fand ich erstmal total attraktiv. [...] Also, die Ausreißer nach oben und unten sind definitiv weniger geworden. Und damit eben auch die Tage, wo sie wegen dieser Ausreißer einfach gesundheitlich angeschlagen ist-" (F1:103-107).

L1 (115, 121), L3 (113) und L7 (79), die Zeit ihres Lebens mit T1D zu erhöhten BG-Werten und entsprechend erhöhtem HbA1c tendierten, konnten durch die Nutzung des OSCLS ihren HbA1c senken. Für L6 und L8 hat sich die BG-Kontrolle im Kontext sportlicher Aktivität verbessert: „Sport ist enorm viel besser" (L6:165); „[A]lso was sicherlich auch ein Thema ist, im sportlichen Bereich. [...] [M]it dem Loop ist eigentlich die Herangehensweise die, dass man sich da temporär einen höheren Wert einstellt, einen höheren Zielwert. [...] Mit dem Ergebnis, dass ich seltener im Sport pausieren und Kohlenhydrate zu mir nehmen muss. Das ist auch schön." (L8:93).

---

[11] Aufnahme meist schnell wirkender Kohlehydrate, um einer Unterzuckerung entgegenzuwirken oder präventiv den Blutzucker zu erhöhen, um das Risiko einer Unterzuckerung zu minimieren, z.B. bei ungeplanter körperlicher Anstrengung.

6.5.2 Auswirkungen auf Lebensqualität, Freiheit & Entspanntheit

> *Also für mich ist es definitiv besser geworden, definitiv, in jeglicher Sicht eigentlich.*
> *(L4:115)*
> *Es ist halt schlichtweg mehr Spontaneität möglich und auch, ja, ich denke ein großer Punkt ist Sicherheit. Und ein großer Punkt ist Freiheit, nämlich zu sagen, ich lebe mein Leben mit meiner Krankheit, aber nahezu wie ein gesunder Mensch ohne Einschränkung.*
> *(E1:107)*

Alle Nutzenden der OSCLS berichten mit viel Verve und Überzeugung von den positiven, entlastenden und erleichternden Auswirkungen für ihr Leben mit T1D, die die Nutzung der OSCLS mit sich bringen. Diese sind sowohl in spezifischen Situationen und Aspekten des alltäglichen Lebens, als auch in einer allgemeinen Verbesserung der Lebensqualität zu erkennen.

L8 bringt dies auf den Punkt: „Es ermöglicht mir, freier zu leben. Weil [...] mit am nervigsten am Diabetes sind die zu niedrigen und die zu hohen Werte. Und genau da unterstützt mich ein Closed-Loop-System dabei, das nämlich die Insulinzufuhr abschaltet oder hochschraubt, um in einem gewissen Bereich zu bleiben. Und das funktioniert extrem gut. Und das ist dermaßen ein Gewinn an Lebensqualität." (L8:55).

Die von L8 in diesem Zitat angesprochene Freiheit, die für viele MmT1D im Alltag aufgrund ihres T1D deutlich reduziert ist, ist einer von vielen Aspekten, die die Interviewten mit Bezug auf die OSCLS nennen. Freiheit bringt eine Entspannung mit sich, bzw. umgekehrt bringt die Entspannung Freiheit mit sich. L8, der sich weniger eine Verbesserung seines (auch vor der Nutzung des OSCLS normnahen) HbA1c erhofft hatte, berichtet von einer Lebenserleichterung:

> „[I]ch gehe entspannter in Kohlenhydrataufnahme rein. Weil ich gehe gerade relativ viel essen, weil wir Projekte haben in der Firma, wo wir dann mit den Geschäftspartnern essen gehen. Und ich habe solche Essen früher oftmals auch unterschätzt, vor allem, was Fett und sonstige verzögernde Geschichten betrifft. [...] [M]it dem bin ich nie klargekommen, komme ich auch heute noch nicht klar, aber ich erwische mich dabei, dann setze ich halt einfach den Wert höher, weil ich ja weiß, wo es hingeht. Und wenn es in die falsche Richtung läuft, kann ja die Loop bis zu einem gewissen Grad abfangen. Und das ist schon eine neue Freiheit." (L8:91)

BG-Werte im normnahen glykämischen Bereich zu haben, ohne konkret etwas dafür tun zu müssen, ist für MmT1D keine Selbstverständlichkeit. Auch dies bringt eine Entspannung mit sich, aber vor allem auch Sicherheit: „Ich fühle mich entspannter. Ja, auch sicherer, weil die Werte sind besser, in vielen Zeiten, ohne dass ich was dafür tun muss. Und das ist sehr angenehm." (L8:115)

6. Open-Source-Closed-Loop-Systeme, Community und Auswertung 163

L7 spricht von einer Entlastung und begründet auch, was genau zu dieser Entlastung führt:

„Aber jetzt mit dem Loop hat man natürlich ein System, das eingreift. Das selbstständig etwas macht. Und das hatte ich vorher nicht. Und das ist natürlich wieder etwas, was entlastet. Also wenn ich sehe, der Zucker geht jetzt hoch, dann registriere ich das. Ich weiß, der Loop, der macht das schon. Also es wird ein bisschen dauern. Aber der wird das wieder herunterkriegen. Aber grundsätzlich ist das natürlich schon etwas, was das Leben wieder sehr viel leichter macht." (L7:67)

L7 stellt hiermit eine besondere Qualität von Erleichterung heraus, die das OSCLS mit sich bringt sowie eine elementare Unterscheidung zwischen dem Leben mit und ohne OSCLS: Auch vor der Nutzung des OSCLS hat er registriert, wenn sich seine BG zu stark nach oben oder unten bewegte, musste darauf jedoch mit einer Korrektur durch die Verabreichung von Insulin oder Glukose reagieren: „Ich habe mehr nachgedacht eigentlich. Weil ich selber etwas machen musste. Wenn ich gesehen habe, es ging hoch, dann musste ich mir überlegen, was mache ich jetzt? Oder wie viel spritze ich jetzt, dass das jetzt wieder hinunter geht?" (L7:69).

Mittlerweile registriert er es, muss aber nicht mehr darauf reagieren. Er weiß, dass sich das OSCLS zuverlässig darum kümmern wird, sein BG-Level wieder in den normnahen Bereich zu bekommen (L7:67): „[I]ch bin nicht mehr so aktiv. Also ich mache selber, eigentlich, weniger. Ich beobachte mehr." (L7:69). Dadurch sei das Leben für ihn „viel einfacher" geworden (L7:65).

L7 empfindet die Veränderung seiner Rolle von der aktiven in die beobachtende als entlastend, insbesondere hinsichtlich der Korrekturen der BG-Werte, die in der Therapie des T1D Standard sind: „Aber gerade diese Korrektursachen, da muss man sich nicht so viel Gedanken machen. Das ist das Schöne an dem Loop. Also der macht das schon." (L7:69). L7 benennt sehr konkret die Auswirkungen, die die Nutzung des OSCLS auf ihn und sein Leben hat:

„Also er beruhigt mich. Oder er nimmt Angst von mir weg. Also diese Angst vor dem Unterzucker. [...] Keine direkte Angst, aber man ist vorsichtig. Und man will es vermeiden, Unterzucker. Weil das einfach Mist ist. Und das habe ich einfach nicht mehr. [...] Also es hat mir, in meinem Leben, einfach ein Stück weit Sorge weggenommen, die ich hatte, um mich, wegen dem Diabetes." (L7:73)

L6 erläutert die Unmöglichkeit, mit herkömmlichen Methoden und Mitteln BG-Werte zu erreichen, mit denen sie zufrieden ist: „Also, ich hatte nie ganz schlechte Werte, aber auch nie ganz gute Werte. Und es war aber immer viel Arbeit dahinter." (L6:175). Erst durch das OSCLS sei es ihr möglich, diesem Ziel näher zu kommen: „Und jetzt habe ich ein System, das unterstützt mich" (L6:175). L6 zählt etliche Verbesserungen auf, die ihr das OSCLS gebracht hat: „[D]er Loop hat wirklich mein Leben nochmal verändert. Es ist Wohlbefinden, es ist Schlafen, es ist Leistungsfähigkeit. Ich fühle mich gesünder." (L6:400).

L6 betont, dass es ihr nicht nur um ihre „Statistik" geht: „Also, ich bin nicht derjenige, wo jetzt einen extrem niedrigen HbA1c mit 100 Prozent Time In Range und ja nicht leben, nur an jeden Statistik – nein. Ich bin unheimlich stolz drauf, aber ich denke, wenn es mir als Mensch gutgeht, das gehört mindestens gleichwertig mit dazu. Und das Körpergefühl oder ja, es ist alles, es ist toll." (L6:254).

Die angesprochenen Veränderungen im Körpergefühl sowie ein damit verbundenes „sichereres Auftreten" erklärt sie mit einer Reduktion ihrer Unsicherheit hinsichtlich potenzieller Hypoglykämien: „Vielleicht, dass man das eine oder andere Mal einfach auch nicht diese Unsicherheit hat, in Unterzucker zu kommen. Ich denke schon, dass das Auftreten womöglich wirklich anders war." (L6:312). Weiter verspürt L6 (312) „Stolz" auf das, was sie mit dem OSCLS erreicht hat und beschreibt darüber hinaus, sich konkret gesünder zu fühlen sowie ein intensives Gefühl von Freiheit:

> „Also, es ist wirklich so, dass man sich auch freier fühlt. Man hat das Gefühl, man muss einfach mal kurz über den Flur hüpfen. Ja, das. Weil man sich freier, sicherer, gesünder [fühlt]. Ich habe jetzt die Pumpe bei mir unter der Kleidung. Ich muss nicht dran, außer zum Insulin wechseln und Batteriewechseln. Ich fühle mich gesünder seitdem. Also freier, ja. Kann ich ganz deutlich so sagen. Also wirklich gesünder." (L6:312)

L6 bezieht nicht nur die mit dem OSCLS einhergehenden Vorteile für ihr eigenes Leben ein, sondern auch für gesellschaftliche Aspekte: „Und es ist einfach toll, weil es meiner Gesundheit zugutekommt. Da sind wir wieder bei dem Thema gesund alt werden. Ich will in unsere Gesellschaft meine Rentenversicherungsbeiträge möglichst viel rein bezahlen. Weil dann habe ich einen guten Job, dann geht es mir gut. Alles fein. So kann ich es zurückgeben." (L6:334)

L6 (75) betont, dass sie die bislang erhältlichen kommerziellen Möglichkeiten Schritt für Schritt „zu meinem Ziel geführt" haben, jedoch „alles, was ich vorher probiert hatte, nicht mithalten" konnte. Mit dem OSCLS habe sie „das wichtigste Ziel, weg von den Hypos und stark fallenden Werten" (L6:75) erreicht. Das bedeutet für sie „Lebensqualität und Leistungssteigerung und Wohlbefinden" (L6:75). Eine ähnliche Schritt-für-Schritt-Herangehensweise mit den kommerziellen Optionen beschreibt auch L5:

> „Ich bin zur Pumpe gekommen, als ich mit meinem Latein mit den Spritzen am Ende war. Ich bin zum Libre gekommen, als es mit dem Blutzuckermessen irgendwo erschöpft war. Und dieser Loop war jetzt einfach noch mal so ein Schritt, das war noch mal so ein Meilensteinschritt, [...] wo sich für mich unglaublich viel getan hat." (L5:364)

6. Open-Source-Closed-Loop-Systeme, Community und Auswertung 165

L5 und L6 hätten sich nicht vorstellen können, dass sie in ihrem Leben mit T1D „nach so langer Zeit noch mal so eine existenzielle Erleichterung erfahren würde[n]. Also, war nicht abzusehen vorher" (L5:364); „[i]ch hätte mir das so nicht vorstellen können, bevor ich davon nicht gehört habe. Wirklich, ich hätte mir es einfach nicht vorstellen können. Das war nie auf meinem Plan, dass es das geben kann." (L6:334)

L5 berichtet von positiven Auswirkungen des OSCLS, von denen auch ihre Kinder profitieren, weil „die Mama besser funktioniert" (L5:240). Anfangs, als sich L5 mit dem Aufsetzen des OSCLS beschäftigte, haben ihre Kinder laut L5 (240) „gelitten, als die Mama mit ihrer Bluetooth-Verbindung gehadert hat. Da haben sie gesagt: Du und dein blödes Handy und der Bluetooth war Dir vorher auch egal.' […] [A]ber seitdem es läuft, ich glaube, die profitieren, dass sie einfach eine Mama haben, die sich mehr wirklich auf sie konzentrieren kann." Das OSCLS hat auf L5 einen ausgleichenden und auffangenden Effekt: „[A]uch wenn ich psychischen Stress habe oder so einfach mein Zucker sehr sensibel reagiert, dass es da einfach auffängt und ausgleicht und das funktioniert halt super damit" (L5:96). Ebenso wie bei L8 hat sich eine Entspannung hinsichtlich der Nahrungsaufnahme eingestellt: „[D]as Essen, wenn ich es nicht ganz 100 Prozent schätze, den Rest reguliert der Loop" (L5:102).

Auch L4 (115) beschreibt, dass sein Leben mit T1D „definitiv besser geworden [ist], definitiv, in jeglicher Sicht eigentlich." (vgl. L4:120). Ähnlich wie es sich bei L5 auf deren Kinder auswirkt, wirkt es sich bei L4 auf dessen Frau aus: „Also ich merke, dass meine Frau sich wohler fühlt, definitiv wohler fühlt mit der ganzen Situation, auch wenn mal was vielleicht nicht funktioniert." (L4:121).

Für L3 ist das, was das OSCLS tut, nichts anderes als das, was sie selbst auch tun würde, sofern sie sich derart intensiv und konstant mit ihrer BG befassen würde, wie es das OSCLS kann und tut: „Also das Closed Loop tut ja so, wie ich es nutze, genau das, was ich händisch nicht gemacht habe" (L3:79; vgl. L8:123: „Der Loop macht nichts anderes als das, was wir machen, was du jeden Tag machst.").

Weiter geht L3 (225) darauf ein, dass das OSCLS für sie deshalb ein derartiger „Paradigmenwechsel" sei, weil sie über viele Jahre trotz des Wissens um den Umgang mit ihrem T1D die Umsetzung dieses Wissens „nicht hingekriegt" habe:

„Also, weißt du, wenn du dir vor Augen hältst, seit ein paar Wochen ist mein Blutzucker besser als der von [ihrem Ehemann F1, der keinen T1D hat]. Ja, und davor, Jahrzehnte lang war mein Blutzucker mit [drei schwangerschaftsbedingten] Unterbrechungen eine absolute Katastrophe. Also ich bin, als ich 17 war, in der Ketoazidose fast gestorben. Also ich hatte mehrere Tage einen pH-Wert von unter sieben, da bist du quasi, also meinen Eltern wurde gesagt, also hoffnungslos, ist sehr unwahrscheinlich, dass sie nochmal wach wird. So. Und was auch immer mein Körper da geschafft hat, ich habe es überlebt. Aber habe vier Wochen lang auf der Intensivstation gelegen und Schmerzen gehabt, das kann man gar nicht, also das ist wirklich ein sehr einschneidendes Erlebnis gewesen. Und hinterher, alle die es miterlebt haben, oder auch mein Diabetologe, die haben eigentlich erwartet, dass das für mich wie so eine Initialzündung gewesen wäre, jetzt mich mal um meinen Diabetes zu kümmern. Habe ich nicht hingekriegt, habe ich nicht hingekriegt. Und es lag ja nie daran, dass ich nicht gewusst hätte, wie. Und für mich ist das jetzt eine absolute, ja, wie so ein Paradigmenwechsel, das ist wirklich ein neuer Lebensabschnitt." (L3:225)

Das OSLCS ermögliche ihr, „dass ich mich immer noch genauso wenig um meinen Diabetes kümmere […]. Und mein HbA1c aber unter sechs ist. Was will man mehr?" (L3:113). L3 benennt die Auswirkungen des OSCLS auf ihr gesamtes Leben auf einer auch emotionalen Ebene. Sie spricht davon, dass die durch das OSCLS erreichten BG-Werte sie „glücklich" machen und beruhigen:

> „Ja, also es beruhigt mich und lässt mich lächeln, wenn ich auf meine Smartwatch gucke und mein Blutzucker ein kleiner, waagerechter Strich ist in den letzten fünf Stunden. […] [I]ch habe mein Handy in der Hand und dann nehme ich das und […] gucke mir meine Statistik an. Das ist so schön, diese grünen Kreise, weißt du? Heute, gestern, die letzte Woche, den letzten Monat, die letzten 90 Tage. […] [D]as ist einfach schön." (L3:117)

Auch ihr Mann F1 profitiert von den Verbesserungen im Management des T1D seiner Frau: „[W]eniger Ausreißer [bei den BG-Werten seiner Frau] heißt auch für mich erstmal bessere Lebensqualität." (F1:117). Aus seiner Sicht sind die Vorfälle stark erhöhter oder zu niedriger BG-Werte bei L3 „definitiv weniger geworden" (F1:69), und er ist „positiv überrascht", wie gut das OSCLS arbeitet (F1:71).

Für E1 gehen die Auswirkungen des OSCLS im Kontext des Aufwands, den sie, ihr Mann und F2 dafür betreiben, so weit, dass sie ihre Tochter als „ein gesundes Kind" versteht:

> „Ich meine für uns ist [unsere Tochter] ein gesundes Kind, sage ich mal gleich. Dadurch, dass wir so einen großen Aufwand betreiben, dass sie diese guten Werte hat. Das heißt, sie ist die meiste Zeit oder oft in guten Bereichen. […] Also sie kommt mir grundsätzlich wie ein gesundes Kind vor und mit der passenden Technik hat sie auch die Möglichkeit, wie ein gesundes Kind zu leben. Und dadurch sage ich mal, je besser das System ist, desto größer ist unsere Lebensflexibilität oder desto weniger unterscheidet [sie] sich von anderen Kindern. Und desto eigenständiger kann sie auch später leben und handeln, also, wenn ich jetzt mal sage, sie kommt nächstes Jahr zur Schule." (E1:103)

Für E1 (109, vgl. 105, 107) bedeutet das OSCLS „Freiheit, Spontaneität und Sicherheit" für ihre Tochter. Dies sind Aspekte, die auch E2 aufgreift. Auch für ihn ist es von

6. Open-Source-Closed-Loop-Systeme, Community und Auswertung 167

hoher Relevanz, dass seine Tochter ein unbelastetes und freies Leben vergleichbar mit einem Kind ohne T1D führen kann:

„Sie hat mit irgendeiner Freundin gespielt und wir wussten, gleich wollen wir irgendwie essen oder so. Wir mussten zu ihr hin, Pumpe aus dem Bauchband raus. Wir mussten immer an sie ran. Und das merkte man, das belastete sie schon immer mehr. Und hier war irgendwie klar, [...] dass das Wohlfühlen des Kindes immer mehr reduziert wurde in Situationen, wo wir eigentlich hofften, dass sie mit dem Diabetes nicht belastet ist. Eben wenn sie mit einer Freundin spielt, dann sollte sie in den Momenten natürlich eigentlich gar nicht das Gefühl haben, ich habe irgendwas, worauf ich achten muss." (E2:37)

Die Nutzung von *AndroidAPS* ermöglicht es laut E2 seiner Tochter, diese Einfachheit für ihr kindliches Leben zu erlangen: „Tatsächlich ist für sie das Leben relativ einfach geworden und genau dieser Druck, der war einfach bei mir da. Sie sollte ein Leben haben, das so einfach wie möglich ist mit dem Diabetes. Und tatsächlich ja, diese neuen Technologien ermöglichen das für sie" (E2:41).

Die Hoffnung von E1, dass ihre Tochter möglichst eigenständig leben und handeln kann, wie beispielsweise bei der Einschulung im nächsten Jahr, ist durch das OSCLS bei E2 bereits erfüllt:

„Wir haben trotzdem alles im Blick. Und wenn nachts um zwei Uhr irgendeine Situation eintritt, wo man eingreifen muss, dann bekommen auch wir das mit. Und können auch entsprechend dann von Ferne aus zumindest durch Kontakt eingreifen. So wie wir das zum Beispiel in der Schule mit der Schulbegleiterin tun, dass wir eben in bestimmten Situationen, wo der Blutzucker irgendwie schnell fällt, weil in der Pause wieder so rumgetobt wird, durchaus von Ferne der Schulbegleiterin sagen können: ‚Hallo, gib ihr jetzt schon mal, auch wenn sie schon auf 160 ist, aber sie fällt mit minus 20, gib ihr schon mal eine halbe KE'." (E2:53)

Hier spricht E2 einen weiteren Aspekt an, nämlich die Absicherung oder Beruhigung der Betreuungspersonen der Kinder mit T1D, die selbst keine Fachkräfte sind und von denen nicht erwartet werden kann, dass sie in potenziell prekären Situationen bei einem komplexen Krankheitsbild die richtige Entscheidung treffen: „Das heißt, wir können die Leute durch dieses System beruhigen" (E2:53). Allerdings räumt E2 ein, „[e]s klappt nur nicht immer so, wie wir uns das vorstellen würden, muss ich zugeben." (E2:53).

E1 plädiert dafür, dass bei ihrem Kind sowie anderen Kindern mit T1D „die einzelnen Einschränkungen [...] nicht sein [müssten], wenn die Technik passt." (E1:107). Diese passende Technik ist für sie das OSCLS: „Und zwar eine Technik, die realisierbar ist. Und die auch nicht teurer ist als die Technik, die wir jetzt auf dem Markt haben." (E1:107). Auf die spezifische Situation von Kindern mit T1D und ihren Eltern wird noch näher in Kapitel 6.12 eingegangen.

Ähnlich argumentiert an dieser Stelle auch L5, die vor der Auseinandersetzung mit dem OSCLS nicht gedacht hätte, wie kostengünstig und mit wie wenig Aufwand diese eklatante Verbesserung ihrer Lebensqualität möglich ist: „[W]as so ein Augenöffner war einfach, […] was geht jetzt eigentlich schon mit den Mitteln, die ich habe oder schnell herstellen kann, […] was da für eine Welt für mich möglich ist, das habe ich vorher gar nicht gesehen." (L5:260).

6.5.3 Auswirkungen auf die Belastung durch Schuldgefühle

Quintal *et al.* (2019) beschreiben, dass MmT1D häufig davon ausgehen, alleine verantwortlich zu sein für ihre glykämische Situation. Das Verfehlen der BG-Zielwerte wird als persönliches Versagen gewertet und kann daher schuldbehaftet sein. Wird jedoch, wie bereits beschrieben für die kommerziellen CLS (siehe Kapitel 4.3), die Verantwortung für die BG-Werte mit einem CLS geteilt, kann die Empfindung von Schuldgefühlen und Scham nachlassen. Die Verantwortung für ein Nicht-Erreichen der eigenen BG-Ziele wird nicht mehr bei sich alleine gesehen. Dies wiederum kann zu mehr Vertrauen in die eigenen Fähigkeiten führen, die T1D-Therapie erfolgreich umzusetzen.

In den Interviews zeigt sich dies deutlich. L7 (77) etwa erzählt von seinem „schlechte[n] Gewissen" und seiner Frustration:

> „Und mit jedem Wert, den man dann auch beim Hausarzt, dann irgendwie, bei einem Bluttest dann, einmal gekriegt hatte, hat man immer dieses schlechte Gewissen. Man fühlt sich dann auch nicht so wirklich gut. Also das ist etwas, was ich beim Diabetes ganz schlimm finde. Vorhin hatten wir es mit Belastung. Er ist sehr belastend, eigentlich, der Diabetes. Weil man jeden Tag frustriert wird, mehrmals. Jedes Mal, wenn man einen Wert sieht, den man so nicht […] erwartet hat, ist man frustriert. Also ich. Ich kann von mir nur reden. Aber das ist etwas, was ständig drückt." (L7:77)

Die Nutzung des OSCLS bringt hier eine Entlastung für L7 (L7:67). Ähnlich äußert sich L6, die als Belastung ihre konstanten Mühen um die gewünschten BG-Werte nennt:

> „Also, ich könnte nicht sagen, ich habe es schleifen lassen. Und das ist im Grunde genommen auch das, was einen belastete. So nach dem Motto: Was kann ich tun, dass es besser wird. Ich mühe mich, ich mühe mich, ich mühe mich. Ich komme nicht dorthin, wo ich hinmöchte. Was soll ich denn tun? Und jetzt habe ich ein System, das unterstützt mich." (L6:175)

D2 bestätigt dies aus ihrer fachlichen Sicht. Beispielhaft nennt sie insbesondere schwangere Frauen mit T1D, die ein schlechtes Gewissen ihrem ungeborenen Kind gegenüber haben:

„[D]u willst vielleicht Kinder haben und schwanger sein und viele junge Erwachsenen erreichen trotz größter, größter Bemühungen nicht die Zielwerte, die in einer Schwangerschaft vorgesehen werden. Das alles hat Outcomes für das Kind, als junge Mutter macht man sich ja nicht nur Sorgen um die eigene Gesundheit, sondern auch um die Gesundheit des eigenen Kindes. Unglaublich viele Mütter mit Typ-1-Diabetes haben ein schlechtes Gewissen, wenn sie denken, vielleicht habe ich mir nicht genug Mühe gegeben. Und Tag für Tag und trotzdem klappt es nicht immer 100-prozentig." (D2:70)

Sie sieht für diese und andere Personengruppen OSCLS als „Schutzengel, [der] die Anpassungen vornimmt" (D2:68).

6.5.4 Auswirkungen auf Nächte & Schlaf

[F]or me, it was the peace of mind in sleep.
(A2:17)
Also wir haben jetzt durch dieses OpenAPS unsere Lebensqualität dahingehend eklatant verbessert, dass es tatsächlich mal drei Nächte [am Stück] gibt, in denen wir nichts tun müssen. Und das ist der absolute Luxus.
(E1:97)

T1D wirkt sich auf viele, wenn nicht sogar alle Lebensbereiche der MmT1D aus. Ein Bereich, der jedoch besonders betroffen ist, ist Schlaf. MmT1D können im Schlaf nicht auf hohe oder niedrige BG-Werte reagieren. Die Interviewten berichten von einer immensen Verbesserung ihrer Schlafqualität durch die Nutzung der OSCLS, aber auch von der Linderung ihrer Ängste und Sorgen in Bezug auf die Nächte. Diese Verbesserungen machen die Interviewten häufig an der Reduzierung von Hypo- und Hyperglykämien fest.

Hypoglykämien verlaufen nachts oft unbemerkt und verursachen zusätzlich zu den körperlichen Auswirkungen (wie Energielosigkeit nach dem Aufwachen) bei vielen MmT1D Ängste. Aus Sorge vor Hypoglykämien werden häufig vor dem Zubettgehen BG-Werte angestrebt, die höher sind als empfohlen. Langfristig kann das Folgekomplikationen begünstigen. Über diesen Aspekt sagt L7: „Früher, die Nacht war immer so ein Ding, da bin ich nie so tief hineingegangen. Also ich sage einmal, nie mit einem normalen Zucker. Ich habe immer versucht, ein bisschen, leicht erhöht, in die Nacht hineinzugehen. Weil ich das kannte, dass es manchmal hinuntergeht. Und dass man dann in den Unterzucker hineinrauscht." (L7:71).

Dies hat sich für L7 seit der Nutzung des OSCLS verändert. Seitdem ist es ihm sogar „eigentlich egal, was für einen Zucker ich [beim Zubettgehen] habe" (L7:71. Er präzisiert das weiter:

„Ich gehe mit dem normalen Zucker oder einem guten Zucker in das Bett und habe keinerlei Sorge, dass da etwas schief geht. Überhaupt nicht. Der [Loop] macht das schon. Also es ist ganz, ganz selten, dass ich einmal einen Unterzucker habe in der Nacht. Also wirklich super, super selten. Und ich komme jede Nacht mit einem Hunderter heraus. Jede Nacht. Oder ich sage jetzt einmal 120 oder so. Aber immer mit einem guten Zucker. Immer. Das ist so etwas, das ist faszinierend." (L7:71)

L5 (124) bezeichnet die Auswirkung des OSCLS auf ihre Schlafqualität als „[m]assive Veränderung". Sie lebt ohne Partner, weshalb das OSCLS für sie einen besonderen Schutz darstellt: „[U]nd gerade, weil ich halt keinen neben mir habe, [...] der einfach auch da ist oder wenn ich aufstehe oder Quatsch rede, der dann irgendwie reagiert, sondern ich muss selber auf mich aufpassen, und das hilft mir halt deutlich." (L5:124). Sie beschreibt, dass schwere nächtliche Hypoglykämien seit der Nutzung des OSCLS bei ihr nicht mehr vorkommen, sondern nur noch seltene leichte Hypoglykämien: „Aber es gibt nicht mehr diese schweißgebadeten Nächte, wo ich dann irgendwie total Banane aufwache." (L5:100).

Nicht nur Hypoglykämien sind in den Nächten besonders problematisch, sondern auch Hyperglykämien. Für L2 waren die Unregelmäßigkeiten des BG-Verlaufs in den Nächten mit gelegentlichen starken Anstiegen der BG der ausschlaggebende Grund, warum sie sich für die Nutzung des OSCLS entschied. Der erwünschte Erfolg trat bei ihr ein:

„Und das [OSCLS] macht das halt noch entspannter. Und das ist eigentlich auch das, wo ich jetzt nachts zwar auch teilweise noch das Thema habe, mit den Blutzuckerwerten nach oben zu gehen. Aber dadurch, dass *AndroidAPS* eingreift und das inzwischen immer besser [läuft], durch die verschiedenen Parameter, die dann Stück für Stück auch umgesetzt werden, habe ich heute eigentlich wenig Nächte, wo ich tatsächlich noch einen Alarm bekomme über 170." (L2:53)

Auch für L1 waren die Nächte vor der Nutzung des OSCLS belastend aufgrund häufiger starker Anstiege der BG. Für ihn spielte die Sorge vor potenziell in der Zukunft auftretenden Folgekomplikationen eine große Rolle: „Bei mir war es einfach echt nur immer ätzend, wenn du die ganze Nacht beschissene Werte hast. Weil der HbA1c ist wieder beschissen. Und irgendwann schneiden sie dir mal den Fuß ab, oder sonst irgendwas." (L1:129).

L1 erzählt sehr eindrücklich von der ersten Nacht, in der er das OSCLS verwendete, und von dem Effekt, den er beobachtete:

6. Open-Source-Closed-Loop-Systeme, Community und Auswertung

„Weil das ist dann schon ein sehr einschneidendes Erlebnis, wenn du die erste Nacht überlebst. Quasi. Also nicht nur überlebst, sondern der Zucker echt läuft wie so ein Strich. Das ist schon ziemlich cool. Und bei mir war die aller-, allererste Nacht, als ich dann vom Open Loop in den Closed Loop gegangen war, […] ich bin abends mit 130 oder sowas hatte ich noch, nach dem Essen ins Bett. Und als ich morgens drauf geguckt habe, habe ich gesehen, dass mein Zucker nachts, das habe ich oft, angestiegen ist, bis auf 230. Und der Loop hat schon Basalrate erhöht und ein bisschen entgegengewirkt. Aber natürlich war das Essensanstieg bei mir. Und normalerweise wache ich da nachts davon bei 400 auf. Sage ich mal. Und dann wache ich auf, 400, und dann spritze ich mir ordentlich Einheiten und lege mich wieder ins Bett. Da bin ich nicht wach geworden. Und ich bin morgens, und das ist halt gut, wenn man das weiß, normalerweise wäre ich mit 400 wieder nachts aufgewacht. Oder ich wäre noch mit 350 morgens aufgewacht. Und so habe ich gesehen, er steigt an. Und der Loop hat die ganze Nacht mit 400, 500 Prozent Basalrate da draufgehauen. Und ich bin morgens wirklich mit 90 Strich wieder ausgekommen. Die letzten zwei Stunden, von vier bis sechs morgens, hatte ich dann gesehen, war ich die ganze Zeit wieder auf 90. Um die 100 herum. […] Und da muss ich sagen, das war schon ein sehr einschneidendes Erlebnis, dann plötzlich." (L1:87)

Auch L6 berichtet sehr intensiv von den Auswirkungen, die das OSCLS auf ihre Nächte hat:

„[Es ist k]eine Angst [mehr] da vor dem Unterzuckern. Es ist aber auch so, dass man nicht nach oben rauscht ohne Ende. Er fängt einen so schön ab, er führt einen durch die Nacht. […] Und man kann schlafen, man hat keine Angst. […] [Ich habe einen] Bildschirmschoner laufen, den habe ich auf dem Nachtkasten stehen, der wird angezeigt, ich brauche ein Auge aufmachen, ich brauche den Kopf nicht vom Kopfkissen nehmen. Ich sehe den Wert, ich sehe den Verlauf. Ich schaue dort in der Nacht mehrmals. Ich brauche wirklich nur ein Auge halb aufmachen und wieder zumachen. Das beruhigt." (L6:165)

Die positiven Effekte wirken sich auch auf den Partner aus: „Es beruhigt den Partner und der kann auch einen Blick drauf werfen, weil es offensichtlich offen dasteht" (L6:165). Für L6 (87) haben sich durch das OSCLS auch Zustände der nächtlichen „Erschöpfung" deutlich dezimiert, wenn sie nachts mit stark erhöhten BG-Werten aufwachte und vor Müdigkeit und Erschöpfung nicht wusste, was sie tun sollte. Dies beschreibt auch L8:

„Als allererstes das Thema Schlaf. […] Schlaf ist ein ganz wichtiges Thema, weil da kann ich nicht agieren. Tagsüber kann ich ja noch. Ich kann jetzt sagen, ich gucke alle Viertelstunde auf meinen CGM-Wert und puhl dann selber an meiner Pumpe herum, ob das jetzt gut ist oder schlecht. […] Nachts kann ich es einfach nicht." (L8:77)

Auch bei L8 zeigt sich die Wirkung bei seiner Frau: „Und zwar nicht nur Schlaf für einen selber, sondern auch Schlaf für die um einen herum. Meine Frau schläft seither [seit der OSCLS-Nutzung] auch besser." (L8:77).

Z1 und Z2, die beide die Nutzung des OSCLS wieder beendeten, beurteilen den Effekt des OSCLS in den Nächten ebenfalls positiv: „Wo ich eine Verbesserung allein durch die Technik gemerkt habe, waren die Nächte. Die laufen natürlich schon [...] einfach glatter." (Z2:39). Ähnlich wie L1 berichtet auch Z1 von ihrer nächtlichen Anfangsphase mit OSCLS:

> „Weil ich habe wirklich so gleich am ersten oder zweiten Abend [...] erst mal ordentlich gefressen, bin mit einem Wert von 250 ins Bett und dachte mir einfach so, okay, gute Nacht, ich lasse das Ding jetzt mal machen und bin dann halt mit 100 aufgewacht. [...] Und das war halt erst mal so ein Moment, wo ich mir dachte, okay, krasser Scheiß, ich habe mein Leben zurück, so nach dem Motto." (Z1:48)

Auch F2 (71) bestätigt, dass die Nächte durch das OSCLS „doch deutlich besser funktioniert haben" für die Tochter von E1, jedoch auch für E1 und ihren Mann: „[Ich glaube,] dass sie es nicht mehr missen möchten, gerade wegen den Nächten" (F2:73). Für Eltern bedeutet der T1D eines Kindes nicht nur die Sorge um die BG-Werte des Kindes in der Nacht, sondern basierend darauf auch eine in aller Regel deutliche Verschlechterung der eigenen Schlaf- und somit Lebensqualität.

E1 beschreibt, wie für sie eine Verbesserung der Lebensqualität zustande kommen kann:

> „Also die Lebensqualität würde bedeuten, dass wir Nächte hätten, in denen wir sicher – also nein, dass wir erst einmal sicherer schlafen können, mit dem Hintergedanken, wenn etwas ist, dann klingelt es. Und zwar so laut, dass wir es hören, das ist halt der erste Punkt in meiner Lebensqualität. Der zweite Punkt ist, dass wenn nachts Basalraten gesetzt werden können, ich eine wesentlich größere Anzahl an Nächten habe, in denen ich keinerlei Unterbrechung habe. Und wenn ich mich dann auf das Klingeln verlassen kann und auf die gesetzten Basalraten." (E1:97)

Für E1 haben sich die Nächte elementar verändert, seit sie für ihre Tochter das OSCLS nutzt: „Also wir haben jetzt durch dieses OpenAPS unsere Lebensqualität dahingehend eklatant verbessert, dass es tatsächlich mal drei Nächte [am Stück] gibt, in denen wir nichts tun müssen. Und das ist der absolute Luxus" (E1:97). Darauf beruht auch ihre Hochschätzung für das OSCLS: „Und deswegen überzeugt mich das System auch so, die Nacht ist fantastisch" (E1:145). Die gleichmäßigeren BG-Verläufe ihrer Tochter in der Nacht sowie die zuverlässigeren Alarme führen bei E1 und ihrem Mann zu einer deutlich verbesserten Schlafqualität: „Also diese Schlafmangelgeschichte, das ist eine

Lebensqualität, das kann man gar nicht beschreiben." (E1:179). Diese Aussagen bestätigen, was auch A2 berichtet, die zusammen mit anderen MmT1D das OSCLS eigentlich nur für die Nächte konzipiert hatte (siehe Kapitel 6.3.1): „I thought I was just going to sit by the bed and after I closed the loop for the first night, you know, I woke up and felt amazing. My blood sugars were amazing and [...] okay, maybe you should take this to work and use it during the day too, like let us see what would happen. And that was not the plan at all." (A2:13, vgl. 17).

6.5.5 Auswirkungen auf die Abhängigkeit von Technik & fehlendes Verständnis für Technik

> *Es war schon noch so ein bisschen das Gefühl, [...]*
> *oder die Sorge, von der Technik abhängig zu sein.*
> *(Z2:109)*

Ein Nachteil der OSCLS, der von einigen der Interviewten genannt wird, ist die Abhängigkeit von der Technik, die mit der Nutzung der OSCLS einhergeht. Z2 versteht ihren T1D sowie das selbstständige Kümmern um diesen als Teil ihrer Identität:

„Ja, aber ich bin nach wie vor ein bisschen kritisch, wenn ich in so eine Richtung denke, wie: Da ist ein System, das nimmt mir alles ab so. [...] [I]ch kenne es ja nicht anders, als mich darum auch irgendwie zumindest zum Teil selber zu kümmern. Und wenn das jetzt gar nicht mehr wäre, weiß ich nicht, ob mir was fehlen würde. [...] [E]s ist halt ein Teil meiner Identität so." (Z2:139)

Sie nennt zusätzlich eine Sorge vor der Abhängigkeit von Technik, die von mehreren interviewten Nutzenden geäußert wird. Bei ihr hängt diese Sorge damit zusammen, dass die von ihr zum Loopen verwendeten Technologien nicht aktuell sind: „Es war schon noch so ein bisschen das Gefühl, dass ich – oder die Sorge, von der Technik abhängig zu sein. Weil das Ganze bei meinem System ja darauf baute, dass ich eine, naja, wirklich uralte Pumpe benutze und diesen Loop-Computer, der aber relativ anfällig auch ist und auch mal kaputt gehen kann." (Z2:109).

Konkret technische Problematiken und mangelndes technisches Wissen sind auch der Grund einer kritischen Äußerung von E1: „Ja, sodass ich schon überzeugt hinter dem System stehe, das große Manko aber darin sehe, dass weder mein Mann noch ich technisch ausreichend begabt sind, um das alleine zu stemmen." (E1:75).

L5 (136) beschrieb, dass sie „auf einmal so auf der Technikschiene [ist]. [...] [W]enn jetzt mein Bluetooth weg ist, denke ich: Mist, Mist, Mist, Mist, mein Bluetooth ist weg. [...] Oder Batterie alle oder weiß der Kuckuck was. Das ist der Nachteil.". Sie hat eine Weile gebraucht, um sich an diese neue Situation zu gewöhnen:

„Aber mittlerweile bin ich auch so, dass ich mich daran gewöhnt habe, dass das auch mal ausfallen kann und dass ich sage: Hey, entspann dich. Dann scannst du halt und deine Basalrate läuft ja weiter. Am Anfang hat mich das nervös gemacht, wenn der Loop dann wieder weg war. [...] Aber, nein, mittlerweile bin ich entspannt genug, da sage ich, dann läuft er halt mal jetzt nicht zwei Stunden, bis ich wieder zu Hause bin und eine neue Batterie reinmache. Genau, das muss man lernen, auch das entspannt zu sehen, wenn das mal eine Zeit nicht läuft." (L5:136)

L1 (145) erklärt ausführlich diese Auswirkungen auf sein tägliches Leben, ihn „nervt" die viele Technik (ein zusätzliches Handy und eine zusätzliche Smartwatch) „auch ein bisschen" und dass er „ständig alles aufladen" muss. Insbesondere bei den gemeinsamen Familienessen mit seiner kleinen Tochter sollte es eigentlich keine Handys am Tisch geben, das ist für ihn jedoch nicht mehr möglich (L1:123).

Für A1 (57-59) und Z1 (35) ist es bereits ein Nachteil gegenüber der Pen-Nutzung, eine Insulinpumpe am Körper tragen zu müssen. Für Z1 (35) war dies einer der entscheidenden Gründe, das OSCLS nicht mehr zu nutzen.

Für Z2 überwog die Abhängigkeit von der Technik und deren zuverlässigem Funktionieren die Vorteile, die das OSCLS mit sich brachte. Insbesondere die Notwendigkeit, die einzelnen technischen Geräte häufig zu laden sowie die Internetverbindung zu gewährleisten, hat sie „immer so ein bisschen genervt" (Z2:37). Bei Z2 ging die Beschäftigung mit ihren Technologien zur OSCLS-Nutzung so weit, dass es sich auf die sozialen Kontakte in ihrem Alltag auswirkte:

„Das ist auch meinen Freunden aufgefallen, dass sie gesagt haben, meine Güte, was fuckelst du denn da jetzt schon wieder rum? [...] [M]eine Freunde sind das gewohnt, dass ich zwischendurch mal auf das Handy gucke, auch um Werte zu kontrollieren, während wir zusammensitzen und essen, aber da war ich halt schon extrem und habe das echt viel gemacht. Und ich habe auch eine Freundin gehabt, die immer gesagt hat: ‚Muss das irgendwie sein? Also sorry, wir verstehen das, aber ist ja schon krass irgendwie'." (Z2:43-45)

6.5.6 Auswirkungen auf Zeit & Aufwand

Aufsetzen und Nutzung der OSCLS gehen mit hohem Zeitaufwand und generell erhöhtem Aufwand einher. Die Systeme werden jedoch als einfach zu bedienen empfunden, sobald die Hürde des Aufsetzens überwunden ist. Auch muss man nicht darauf warten, die Systeme zu bekommen, sondern kann auf sie jederzeit zugreifen, sofern man die vorausgesetzten kommerziellen Technologien besitzt (Jennings & Hussain, 2019; Lewis, 2020; Shaw *et al.*, 2020). Schätzungen zufolge können MmT1D durch die Nutzung der OSCLS beim Management ihres T1D bis zu einem Tag pro Monat für

Entscheidungsprozesse für ihr T1D-Management einsparen (u. a. Crabtree, McLay & Wilmot, 2019; Ahmed *et al.*, 2020). Die tatsächlichen Auswirkungen auf Zeit und Aufwand sind jedoch individuell sehr unterschiedlich.

Viele der Interviewten benennen den Zeitaufwand als einen der großen unerwünschten Nebeneffekte der OSCLS: „Sonstige Nachteile, es frisst halt auch echt Zeit." (L1:143). Für Z1 ist der Zeitaufwand der auslösende Grund, warum sie die Nutzung des OSCLS beendete: „Und im Endeffekt habe ich eigentlich mehr Zeit damit verbracht, irgendwie dem Loop hinterherzurennen gefühlt, als wenn ich halt einfach mich gleich selbst um meinen Diabetes gekümmert hätte." (Z1:50).

E2 sieht den Aufwand als einzigen Nachteil: „Also, wie gesagt, außer dem Aufwand, den wir damit hatten, eigentlich nicht." (E2:89, vgl. E2:17). Ähnlich ist es für L4: „Man muss Zeit opfern. [...] Das ist das einzige, wo man einfach sagen muss, da hat man ein bisschen mehr Arbeit." (L4:167).

Für L8 generiert sich der Zeitaufwand jedoch nicht nur aus der konkreten Beschäftigung mit dem OSCLS, sondern auch aus den Kontakten und dem Engagement innerhalb der OSCLS-Community: „Ich habe wieder ein Thema mehr, mit dem ich mich auseinandersetze. Und wenn ich es jetzt für mich persönlich nehme, dadurch, dass ich halt mich in der Community engagiere, ist es ein Zeitthema." (L8:133).

Für L8 ist das jedoch keinesfalls per se negativ belegt: „Aber es macht halt Spaß. Sonst würde ich es nicht tun." (L8:133). L6 berichtet, dass sich die Prioritäten in ihrem Privatleben insgesamt zu einem gewissen Grad verändert haben, seit sie OSCLS-Nutzerin ist: „Ja, vielleicht habe ich meine Kanäle auch ein bisschen verändert. Meine Interessen haben sich natürlich in der Zeit deutlich verschoben. Weil es mir einfach wichtig war, da durch zu sein [durch den Prozess des Kompilierens und Inbetriebnahme der App]." (L6:222).

Auch A1 greift diesen Aspekt auf, seine Perspektive ist jedoch eine gegenteilige. Für ihn bedeutet das OSCLS weniger Arbeit mit dem eigenen T1D und somit mehr Freizeit, was sich aus seiner Sicht nachteilig auswirken kann: „Ja, man hat weniger zu tun, man hat mehr Freizeit. [...] Aber kann auch ein Nachteil sein. Weil was macht [...] man damit?" (A1:47-51).

6.5.6.1 Auswirkungen auf Zeit & Aufwand im Vorfeld der OSCLS-Nutzung

Die meisten der Interviewten geben an, dass das Auseinandersetzen mit den OSCLS im Vorfeld zur Nutzung sowie das erste Aufsetzen des Systems mit einem hohen Zeitaufwand verbunden ist.

L8 und L5 beschreiben das Aufsetzen von *AndroidAPS* mit „viele Stunden, und zwar nicht im einstelligen Stundenbereich" als zeitintensiv (L8:151) oder allgemein als „sehr zeitintensiv" (L5:144). L6 (238-242), L2 (103), L4 (171-173), L1 (163) und

E2 (69-71) beschreiben einen Zeitaufwand von einem Tag bis einigen Tagen. F1 (135) spricht von einem aus seiner Sicht „erstaunlich" geringen Zeitaufwand von „zwei Wochen oder so". Er hat das Erstellen des OSCLS vollständig für seine Frau übernommen (L3:157).

L7 beschreibt den Aufwand des Aufsetzens von *AndroidAPS* im Verhältnis zum Aufwand für *OpenAPS* als geringer: „Also AndroidAPS ging schon ein bisschen schneller. Aber vielleicht auch, weil es besser beschrieben war. Ja und weil es auch einfach viel weniger Einzelschritte sind." (L7:117). L7, Z2 und F2 beschreiben das Erstellen von *OpenAPS* als zeitaufwändig, die Angaben gehen von „sechs, sieben" Abenden (L7:117) bis zu „über vier Wochen lang" (Z2:47) bzw. „vier Wochen vorher angefangen und relativ viele Abende reingesteckt" (F2:95).

E1, die von sich selbst und ihrem Mann sagt, wenig technisches Verständnis zu haben, empfindet den Aufwand als „unglaublich", obwohl das *OpenAPS* für ihre Tochter maßgeblich durch F2 aufgesetzt wurde: „Für jemanden, der nicht diese ganzen technischen Sachen kann, ist es ein unglaublicher Aufwand [...] [D]as ganze erste halbe Jahr habe ich da Stunde um Stunde um Stunde investiert. Und da gingen meine Nächte von null Uhr bis morgens um sechs [...]." (E1:147, vgl. 151).

Das OSCLS-Loop nutzte von allen Interviewten lediglich Z1. Den damit verbundenen Aufwand stuft sie hoch ein, auch weil es für sie kein Ende des Aufsetzens gab: „Aber ich finde, das ist nichts, wo man sagen kann, okay, da war ich fertig damit, sondern weil es halt einfach so ein kontinuierlicher Prozess ist." (Z1:92). Allerdings rechnet sie hier auch den Aufwand ein, den das Eingewöhnen an die dafür verwendete Insulinpumpe mit sich brachte (Z1:92).

6.5.6.2 Auswirkungen der konkreten OSCLS-Nutzung auf Zeit & Aufwand

Der zum Zeitpunkt des Interviews aktuelle Zeitaufwand wird von fast allen interviewten *AndroidAPS*-Nutzenden als eher gering angesehen: „Vielleicht im Monat vielleicht einen Abend. Wenn man alles zusammenzählt" (L7:121); „[S]olange es läuft, läuft es. Dann beschäftige ich mich auch nicht damit" (L5:174); „Also weniger, wie ich vorher mich mit dem Thema Anpassung beschäftigt habe, wenn was nicht gepasst hat. [...] Im Moment nahezu null." (L2:105); „Viertel Stunde pro Woche maximal" (L4:178) (vgl. L8:153-155, L6:252-254, L5:144).

Lediglich für Updates muss gelegentlich noch etwas mehr Zeit eingeplant werden: „Ja, außer es gibt eine neue Version. Das ist immer das. Also der Aufwand entsteht immer dann, wenn man eine neue Version eigentlich einspielen will. Weil dann wird man hingewiesen, es gibt eine neue Version. Und diese neue Version muss man halt auch wieder neu kompilieren" (L4:179). „Wenn es irgendwann [ein neues Update]

6. Open-Source-Closed-Loop-Systeme, Community und Auswertung

gibt, okay, dann setze ich mich hin und dann mache ich. [...] [D]ann brauchst du auch mal einen Nachmittag dafür." (L5:144).

L1 (165), der „am Tag vielleicht, sagen wir mal eine halbe Stunde Zeit in meinen Zucker" steckt, geht davon aus, dass sich der Zeitaufwand noch verringern wird, wenn er das System genauer eingestellt hat:

„Aber weil ich, glaube ich, auch noch ein bisschen in der Findungsphase bin, Basalrate und Korrekturfaktoren und so weiter. Und ich denke, wenn der Loop tatsächlich mal gut, also, wirklich gut eingestellt wäre, den ganzen Tag über, kann man wirklich sehr wenig Zeit nur noch da reinstecken. Aktuell ist die Zeit, die ich investiere, ist hauptsächlich Analyse, um ihn richtig einzustellen." (L1:165)

L1 nutzt das OSCLS noch nicht lange, weshalb aus seiner Sicht das Loopen mit einem hohen Aufwand für ihn einhergeht, der sich belastend auswirkt:

„Da ich noch am Anfang bin, ist das Loopen selber noch eine Belastung. Man kümmert sich aktuell sehr viel darum. Da hoffe ich aber, also, es soll ja so sein, dass ich mit dem Loopen nachher weniger Arbeit habe. Und der Typ-1 sollte dann auch natürlich weniger belastend sein. [...] Ich habe mich [zuvor] mit meinem Zucker wenig beschäftigt, der war im Hintergrund, jetzt ist die Belastung hoch." (L1:273-275)

Allerdings kann er diese aktuelle Belastung bei Bedarf auch reduzieren: „Aber ich merke selber, dass ich die Last rausnehmen kann. Wenn ich mal eine Woche keinen Bock drauf habe, mache ich eine Woche gar nichts dran. [...] Lasse den Loop laufen, kümmere mich nicht und er tut dann, [...] was er soll" (L1:275-277, vgl. 123).

L5, die das OSCLS bereits länger nutzt, bestätigt die Antizipation von L1. Auch sie findet „am Anfang das Bauen, das Aufsetzen" (L5:144) sehr zeitaufwändig, betont allerdings, dass auf lange Sicht die Zeitersparnis den Zeitaufwand aufwiegt: „Aber das, was ich in anderen Situationen an Zeitersparnis habe, das wiegt das vollkommen wieder auf. Also, ich finde, bis der Loop läuft ist es sehr zeitintensiv. Wenn der mal läuft, dann nicht mehr." (L5:144).

L3 betont mehrfach, dass sie seit der Nutzung von *AndroidAPS* gar nichts mehr für ihre BG-Werte tue: „[I]ch mache gar nichts. Ich wechsle alle zwei Tage meinen Katheter, ich wechsle alle zehn Tage meinen Sensor und sonst tue ich nichts. Außer vielleicht über meine Uhr zum Essen den Bolus abgeben und zwischendurch mal gucken, was so los ist, aber das war es dann auch. Ja, sonst mache ich gar nichts [...]" (L3:81). „Das einzige, was ich damit mache, ist reingucken und mir angucken, wie schön mein Blutzucker aussieht." (L3:175).

F1 (127) vermerkt eine stärkere zeitliche Beanspruchung, da er „als IT-Support jetzt stärker immer wieder in die Verantwortung gezogen [wird]." Für ihn wirkt sich diesbezüglich das OSCLS „kontraproduktiv" aus, da er

„natürlich als der Informatiker der Prellbock bin, wenn es nicht tut. Und es gibt halt so Situationen, dass der Nightscout-Server nicht verfügbar ist. Und dann gibt es halt eine Fehlermeldung auf dem Handy. Und dann will sie [L3] das sofort abgestellt haben. Und hm. Ist dann nicht erreichbar, ich kann es nicht ändern. Da war tatsächlich eine Pumpe und Sensor angenehmer [...]." (F1:31)

Für *OpenAPS* wird der zum Zeitpunkt des Interviews aktuelle Zeitaufwand von F2 (97) als reduziert beschrieben, allerdings könne das System weiterhin optimiert werden: „Da muss man vielleicht alle paar Wochen nochmal einen Abend reinstecken. Aber, ja, man kann auch sagen, man könnte beliebig viel mehr Zeit reinstecken. Ich tue es nur nicht." (F2:97).

E1 formuliert an dieser Stelle, dass „alles zeitlich sehr aufwendig ist" (E1:61). Dies liegt für sie sowohl in der technologischen Komplexität des Systems begründet als auch darin, dass sie keine Kontakte zu anderen, vor allem Eltern, hat, die *OpenAPS* nutzen. Daher fehlt es ihr an Unterstützung durch eine Community. Darüber hinaus erschweren ihr ihre dafür nicht ausreichenden Englischkenntnisse den Umgang mit dem System. (E1:77) Jedoch sagt auch sie, mittlerweile „auch manchmal über Wochen jetzt nichts" an oder für *OpenAPS* zu tun (E1:147, vgl. 151).

Z2, die *OpenAPS* zum Zeitpunkt des Interviews nicht mehr nutzt, beschreibt sehr eindrücklich den hohen zeitlichen Aufwand, der für sie mit der *OpenAPS*-Nutzung einherging:

„Also ich würde sagen, gerade so die ersten drei Wochen habe ich fast jeden Abend nochmal eine Stunde oder eineinhalb davorgesessen, rein jetzt nochmal Einstellungen überprüfen, Einstellungen ändern, neue Sachen programmieren. Dazu kam aber auch noch die Zeit, die ich so tagsüber quasi damit verbracht habe. Also so: Hat es Internet? Hat es Strom? Läuft alles? Oh, wieder kaputt. Läuft es jetzt wieder? Nochmal neu installieren. Also die ersten drei Wochen habe ich bestimmt zwei, drei Stunden am Tag damit verbracht. Danach wurde es weniger [...]. [I]rgendwann war ich auch ein bisschen genervt, jeden Abend eine Stunde davorzusitzen. Die erste Aufregung ist weg, es ist nicht mehr so spannend. Und ich habe ihn dann auch einfach mal eine Weile – habe gesagt, okay, jetzt muss er auch einfach mal eine Weile laufen. Ja und ich würde sagen, dann komme ich so auf eine Stunde am Tag bestimmt immer noch, so ganz grob geschätzt." (Z2:79)

Z1 (92) hat in die Nutzung des OSCLS Loop „[s]ehr viel" Zeit investiert. Sie macht jedoch keine konkrete Unterscheidung fest zwischen der Zeit, die sie für das Aufsetzen des Systems benötigte, und der Zeit der Nutzung.

6.5.6.3 Auswirkungen auf Zeit & Aufwand für A1 & A2

A2 kann nicht genau sagen, wie viel Zeit sie in die Entwicklungsarbeit investierte – aber es war viel: „No idea. [...] So we built the algorithm [...] Then we converted it to closed loop, then we converted it to be an open source repo, and then four and a half years later, we are still developing and maintaining and supporting and do all this stuff. So we have no idea. [...] Probably tens of thousands of hours [...]." (A2:85-91).

Gefragt nach dem aktuellen Zeitaufwand, den A2 für die Weiterentwicklung des *OpenAPS*, aber auch für die gesamte Community- und Kommunikations-Arbeit betreibt, kann A2 keine genaue Angabe machen, aber auch hier ist der Zeitaufwand hoch. A2 beschreibt eindrücklich, wie sich der Einsatz und die Arbeit für *OpenAPS* und die Community durch ihren gesamten Alltag ziehen:

„I would say a lot. It is hard to break out because I mean, we have the channels of communications such that it is on my phone, right? [...] Like yesterday, I was walking down to go for a bike ride and somebody messaged me about something and I was walking answering on my phone and then put my phone away. It was good, like great. So like technically, that was, you know, three minutes of time and those add for sure but I was multi-tasking. Like I was going from Point A to Point B. So it was not like that was three minutes preventing me from doing anything else. So I would say a lot but it is really hard to quantify how much that is but a lot of it currently right now where we are is more maintenance and support of the community." (A2:93)

A2 beschreibt, warum ihre Arbeit jedoch nicht nur im eigenen Ausführen von Tasks besteht, sondern auch im Delegieren von Aufgaben und dem Zusammenführen von Resultaten, was eine gewisse Erleichterung hinsichtlich der Anzahl an Aufgaben bedeutet: „The development we have going on right now is around hardware. It is not algorithm driven. It is hardware inoperability and testing with different components and stuff and so a lot of other people are doing that testing and we are kind of orchestrating. We are not necessarily doing all of that testing ourselves". (A2:93).

Auch saisonale Aspekte spielen eine Rolle für ihren Arbeits- und somit Zeitaufwand:

„So our development timescale is lower right now. Part of that is because it is summer now. We always do development in the winter because we are outside more like doing stuff and we do more development in the winter. That is just like a natural cycle of that but right now, we are not – like whenever we are working on algorithms, we tend to be more involved because we are doing a lot of that early testing and everything like that since we do not have an algorithm like app daybreak going on. It is less then." (A2:93)

Die Zeit, die A2 konkret für die Kommunikation über *OpenAPS* aufwendet (etwa für Vorträge, Interviews etc.), schätzt sie auf etwa sechs Stunden pro Woche: „I mean, I do not know because I do a lot of blogging and a lot of tweeting and talking to people plus presentations, plus the presentation time. I mean, I would say several hours a week. [...] Like on average, half a dozen hours a week doing some kind of either prepping for or doing some kind of external communication." (A2:95-97).

A1 hat mehrere Monate an der Entwicklung der Strukturen gearbeitet, für die er zuständig ist: „Also, Mannstunden, also, wirklich pro Stunde, die ich daran gearbeitet habe, sind das bestimmt zwei Monate, drei Monate. Und das musst du jetzt in Stunden umrechnen, beziehungsweise Mannstunden, acht Stunden am Tag, ja, da kommst du so zwei Monate ungefähr hin, doch. Also, wirklich jeden Tag acht Stunden nur, ja, ohne Ablenkung." (A1:65). Den zum Zeitpunkt des Interviews aktuellen Zeitaufwand schätzt A1 auf „bestimmt zwei Stunden am Tag" (A1:69).

6.5.7 Auswirkungen auf die Beschäftigung mit Typ-1-Diabetes

Die Erkenntnisse aus den Studien zu den OSCLS werden oft als limitiert betrachtet, da die Nutzenden der OSCLS eine ausgewählte Gruppe aus außergewöhnlich motivierten MmT1D mit hohem Wissensstand zu T1D darstellen (Crabtree, McLay & Wilmot, 2019; Asarani *et al.*, 2020; Kesavadev *et al.*, 2020). Jennings & Hussain (2019) weisen aber darauf hin, dass dies auch eine Limitation vieler kommerzieller klinischer Studien sei und daher die Studien zu den OSCLS durchaus relevante Einblicke in Vorteile und Limitationen der OSCLS in Relation zu den kommerziellen Systemen erlaubten.

Umgekehrt lässt sich beobachten, dass die Nutzung der OSCLS zu mehr Beschäftigung mit dem eigenen T1D führt und die Nutzung der OSCLS zu dieser Beschäftigung motiviert. Die Community macht in ihrer Kommunikation über das Loopen deutlich, dass dieses nur erfolgreich sein kann, wenn die sowohl dem Loopen als auch jeder anderen Form der Therapie des T1D zugrundeliegenden Parameter (wie etwa die Basalrate und die Korrektur- und Essensfaktoren) den individuellen Bedarfen der Nutzenden entsprechen (siehe Kapitel 6.4). Insofern kann sich die Herangehensweise jeder:s Einzelnen an ein OSCLS durchaus so auswirken, dass generell die Beschäftigung mit dem eigenen T1D im Leben (wieder) mehr in den Vordergrund rückt:

> „Und da denke ich schon auch, dass da mit ein Thema ist, dass auch der sich mit seinem Loop beschäftigt, plötzlich wieder eine Motivation hatte, sich mit seinem Diabetes zu beschäftigen. Und das spielt bei vielen mit rein. Und die, die nicht bereit sind, sich mit ihrem Diabetes zu beschäftigen, die werden auch mit dem Loop keinen Erfolg haben. Weil Shit in, Shit out." (L8:89)

6.5.7.1 Nutzung der Open-Source-Closed-Loop-Systeme als Motivation

L8 berichtet, dass er sich im Zuge der ersten Annäherung an das OSCLS wieder mit seinem T1D beschäftigt hat: „Also was zunächst mal passiert ist, dass ich mittlerweile viel mehr über meinen Diabetes weiß. Weil Voraussetzung, dass ein Loop richtig gut funktioniert, ist, dass ich mich mit meinem Diabetes auseinandersetze." (L8:85). L8 beschreibt dies beispielhaft an den Korrekturfaktoren, die er gelernt und lange angewendet hat: „Korrekturfaktoren habe ich mich nie wirklich damit beschäftigt. Ich habe das gelernt, die 30er-Regel. Und dann war das die nächsten 20, 25 Jahre die Regel [...]. Heute würde ich die Hände über dem Kopf zusammenschlagen. [...] Und diese Auseinandersetzung erfordert der Loop. Und schon alleine das ist ein Thema." (L8:87).

Für L8 ist diese Auseinandersetzung Voraussetzung für die erfolgreiche Loop-Nutzung, welche wiederum die Motivation für die Nutzenden darstellt, sich (wieder) mit ihrem T1D zu befassen: „[W]as ich erlebe in Gesprächen, die ich führe, dass Leute sagen: Ja Mensch, ich habe wieder einen Grund, mich mit meinem Diabetes auseinanderzusetzen. Und zwar positiv auseinanderzusetzen." (L8:107).

Diese Wahrnehmung teilt auch L5: „Für viele Looper war schon alleine, dass sie das so zu ihrem Projekt gemacht haben, ein Riesenschritt, sich mit ihrem Diabetes wieder neu auseinanderzusetzen." (L5:230). An ihren Ausführungen lässt sich ablesen, dass T1D als ständiger Begleiter im Alltag oft untergeht: „[V]iele haben ja übelst lange schon Diabetes. Man hat schon alles gehört, hunderte Schulungen, aber das Augenmerk darauf zu haben, neben Arbeit, neben Familie, Kinder, das hat halt auch eine Wahnsinns-Auswirkung auf wie ich damit umgehe." (L5:230).

Aus der eigenen Perspektive teilt auch L4 diese Erfahrungswerte:

„[A]m Anfang natürlich, wenn man eine Pumpe hat [...], versucht man die Basalwerte immer wieder mal zu korrigieren, aber wenn man eine Pumpe dann auch lange Zeit nutzt, auch dann wird man faul [...], man lässt es lieber länger auf dem gleichen Niveau und ändert an dem auch wieder nichts. Und das ist ein Problem, was man auch nicht unterschätzen sollte, der Körper verändert sich auch und dementsprechend hat man dann auch, obwohl bisher dann alles mal gut war, kann es in Monaten oder auch in Jahren mit diesen Basalwerten eben auch wieder nicht stimmen, das heißt, die müssen eben angepasst werden und das habe ich natürlich jetzt auch erst durch den Loop dann später ein bisschen neu erkennen gelernt, dass man da doch noch mal viel Wert drauf legen muss, um auch da immer wieder Veränderungen durchzuführen." (L4:45)

Ähnlich argumentiert L1: „Ich denke, viele von meinen Problemen, die ich mit dem Diabetes hatte, sind einfach auch nur die Lethargie, die man irgendwann hat. Man kümmert sich nicht mehr und der Zucker läuft mit. Und der wird dann halt kontinuierlich schlechter. Während man selber einfach immer sein Leben weiterlebt. Und man hat ihn einfach nicht im Blick." (L1:115).

Für ihn hat sich die vermehrte Auseinandersetzung mit seinem T1D sogar so stark ausgewirkt, dass dies im sozialen Umfeld negativ auffiel: „Und das Loopen an sich, klar. Wenn man damit anfängt, steht der Zucker so sehr im Fokus, dass man schon Händel kriegt mit den Leuten um sich herum, weil man sich mit sehr wenig Anderem noch wirklich intensiv beschäftigt." (L1:115).

L4 berichtet auch von „alten Begrifflichkeiten, die man dann ja gar nicht mehr genutzt hat mit der Zeit, so Spritz-Ess-Abstand, das ist ja ganz wichtig, den darf man nicht unterschätzen" (L4:135). Der Spritz-Ess-Abstand war bei L4 über die Jahre völlig in Vergessenheit geraten und wurde ihm erst im Zusammenhang der OSCLS-Nutzung wieder bewusst, da er hier den Erfolg des Spritz-Ess-Abstand direkt sehen kann:

„Da [vor der Nutzung des OSCLS] ist es mir nicht aufgefallen. Oder da ist es mir nicht so bewusst geworden, war bestimmt das gleiche, aber hier sieht man eben sofort, wie das Ding reagiert und hier hat man jetzt, also man sieht es einfach an den Kurven, dass wenn man den nicht optimal einhält, [...] dann geht die Kurve direkt nach dem Essen doch viel steiler hoch, kann dann auch über die 180, 190 drüber gehen. Hat man den Spritz-Ess-Abstand, ich sage jetzt mal, von einer Viertelstunde oder 20 Minuten eingehalten, dann wirkt halt das Insulin doch wesentlich schneller und fängt das Ganze ab. Das ist optimal für mich." (L4:135-137)

Diese Erfahrung teilt auch L6 (149): „Und wenn ich einen Spritz-Ess-Abstand mache, es ist zwar fürchterlich, aber es hat brutalen Erfolg."

6.5.7.2 Nutzung der Open-Source-Closed-Loop-Systeme & der Auseinandersetzung mit Typ-1-Diabetes (insbesondere Verbesserung der glykämischen Situation)

Die durch das Loopen initiierte Auseinandersetzung mit dem individuellen T1D bringt häufig bereits per se eine Verbesserung der BG-Werte mit sich. L8 (109) betont, dass die Verbesserung der Werte durch die stärkere Auseinandersetzung mit dem eigenen T1D jedoch nicht ausreicht, um zu einem wirklich befriedigenden Ergebnis zu kommen. Er argumentiert dies am Beispiel eines Diabetologen:

„[Er] hat mal Kurven von sich veröffentlicht, Nachtkurven. Wie gesagt, selber Diabetologe, der weiß eigentlich, wie es geht. Und keine Nacht ist wie die andere. Das heißt, ich kann [...] meine Faktoren und meine Basalrate so gut ich möchte einstellen, es ist keine Maschine. Ich mache genau das gleiche, ich esse genau das gleiche, ich verhalte mich genau gleich. Und trotzdem ist es anders." (L8:109)

Diese Uneinheitlichkeit der BG-Verläufe trotz gleichen Tagesablaufs spricht auch L7 (105) an.

6. Open-Source-Closed-Loop-Systeme, Community und Auswertung

L8 hält als Grundlage der verbesserten BG-Werte sowohl die Beschäftigung mit dem eigenen T1D als auch die Wirkweise des OSCLS für ausschlaggebend: „[I]ch würde sagen, beides gehört dazu. 50/50 wäre falsch, aber das eine funktioniert nicht ohne das andere." (L8:109). Für ihn hängt die Verhältnismäßigkeit davon ab, welche Motivation der Auseinandersetzung mit dem eigenen T1D schon vor der OSCLS-Nutzung vorlag:

„Es kommt immer drauf an, wo komme ich auch her? Wenn ich jetzt ein Diabetiker bin, der sich vorher schon mehr mit seinem Diabetes beschäftigt hat, dann ist sicherlich der Anteil des Loop höher. Wenn ich jetzt einer bin, der eher sagt: Mir doch scheißegal. Ich lebe, ich saufe, weiß der Teufel, ich mache Party. Und ob ich jetzt einen Wert von 300 habe ist mir Juck. Da ist es, Auseinandersetzen hat sicherlich einen größeren Einfluss." (L8:111)

Auch für L4 hat die grundlegende Auseinandersetzung mit dem individuellen T1D unabhängig von der Nutzung des OSCLS zu mehr Wissen über den eigenen T1D geführt, was sich per se positiv auswirke auf die Therapie:

„Also es hat mir auf jeden Fall ohne den Closed-Loop geholfen, um meine Basalwerte schon mal wieder anzupassen. Und das war einfach das, ohne das geht es auch nicht, wenn man mit falschen Basalwerten gänzlich falsch und da reinläuft, dann funktioniert es nicht. Weil dann die Pumpe trotzdem von falschen Werten ausgeht. Und auch das Rechenprogramm." (L4:211)

L1 (139) geht davon aus, dass er mit der gleichen Intensität der Auseinandersetzung mit seinem eigenen T1D „die Werte auch ohne den Loop in ähnlicher Weise hingekriegt" hätte, jedoch nicht auf Dauer: „Was für mich jetzt die Frage ist, wie lange kann ich es halten? Weil meine Erfahrung ist, dass ich nach einem Jahr wieder […] in den alten Trott zurückfalle." (L1:139).

Auch Z2, die die Nutzung des OSCLS wieder beendete, spricht das Verhältnis der verbesserten BG-Werte durch das OSCLS einerseits und stärkerer Auseinandersetzung mit dem eigenen T1D andererseits an. Sie kann für sich nicht klar differenzieren, welcher der beiden Aspekte den stärkeren Einfluss hatte:

„Ich finde, das ist schwer zu beurteilen, weil man natürlich in der Zeit, wo man dann gerade den Loop startet, viel viel besser auf alles erstmal achtet so. Ich habe halt schon auch gemerkt, ich war natürlich megamotiviert, nochmal Basalratentest zu machen. Ich habe mein Essen total genau berechnet. Man hat dann auch auf einmal den Ehrgeiz und man möchte sehr sehr glatte Kurven haben, so dass ich ganz viel auch versucht habe, Spritz-Ess-Abstände einzuhalten, also viel mehr als […] ich das tue, wenn ich, naja, so einen normalen Alltag mache. [W]ahrscheinlich trägt beides so ein bisschen dazu bei." (Z2:39)

Die Motivation durch die Auseinandersetzung mit dem OSCLS ging bei Z2 (53) so weit, dass sie noch einige weitere Aspekte ihres Lebens und ihrer Ernährung umstellte und versuchte, „ein bisschen Gewicht zu reduzieren", was sich positiv auf ihre akuten BG-Werte und ihren HbA1c auswirkte. Insofern geht Z2 davon aus, dass nur das OSCLS ohne ihre zusätzliche Eigenleistung keinen allzu großen Erfolg bringen würde: „Ich glaube, wenn ich das [OSCLS] jetzt dranhängen würde und sagen würde, ist mir alles egal, dann würde es wahrscheinlich – ich glaube nicht, dass das dann viel viel besser wäre so, ein bisschen vielleicht". (Z2:55).

6.5.7.3 Fokus auf Typ-1-Diabetes durch die Nutzung der Open-Source-Closed-Loop-Systeme

Sowohl L1 als auch L7 sprechen an, dass sie sich seit der Nutzung des OSCLS automatisch mehr mit dem eigenen T1D beschäftigen, da sie „den Zucker immer im Blick" hätten (L7:65). Dadurch habe „der Zucker [...] wieder einen deutlich größeren Stellenwert eingenommen" (L1:121). Das bewertet L1 sowohl positiv als auch negativ: „Der Zucker ist mehr wieder im Fokus. Das ist gut und schlecht. Also das ist eine gute Sache, weil eigentlich muss das, sollte das so sein. Das ist aber auch schlecht, weil, ja, es steht halt wieder im Mittelpunkt. Und das ist auch irgendwie immer ein bisschen Arbeit und ein bisschen Krankheit." (L1:127). Allerdings merkt L1 an, dass es für dieses Im-Blick-Haben „nicht unbedingt einen Loop gebraucht" hätte (L1:121).

L1 erklärt, wie das zustande kommt und wo hier Unterschiede zum vorherigen Umgang mit dem eigenen T1D bestehen:

„Zum einen fordert der Loop ein bisschen mehr Aufmerksamkeit auch. Grundsätzlich fordert er mehr, weil dein Handy meldet sich und du meldest dich und du musst jetzt mehr eingeben in – also, man gewöhnt sich im Handy auch leichter an, Sachen einzugeben. Also, ich habe ja vorher keine Handy-App genutzt für meinen Zucker, das machen viele. [...] Jetzt trage ich wieder ein, heute Katheter gewechselt. Weil es halt so ein Klick im Loop ist und weil er auch ständig das gelb hinschreibt, wenn der Katheter zu lange liegt und das nervt dich dann auch ein bisschen. [...] Oder mache ich mir Notizen. Heute das gefrühstückt. Heute Laugenstangen alle, musste ich wieder ein blödes Brötchen nehmen." (L1:141)

L1 benennt weiter eine konkrete Funktion des OSCLS, die generell mit der Insulinpumpe möglich ist, die er jedoch vor der Nutzung des OSCLS nie genutzt hat:

„Und es gibt noch eine Sache, das ist mir auch aufgefallen, die ich vorher ständig hätte machen können und nie gemacht habe. Multiwaves [verzögerte Abgabe des Bolus zur Mahlzeit über einen längeren Zeitraum] in der Pumpe, lag mir der Diabetologe sowieso ständig in den Ohren, das wäre das Gute für mich, klar, mit meinen späten Anstiegen, habe ich nie geschafft, das richtig zu machen. Habe ich zweimal ausprobiert und jetzt, mit dem Loop, habe ich das dann schon öfter mal getestet, dass ich diese verzögerten Kohlehydrate hinterher schiebe. Funktioniert auch gut. Und das Handy muss ich sowieso rausziehen, um das zu spritzen, was ich jetzt spritze und dann ist das wirklich einfach irgendwie ein bisschen schneller alles erledigt, alles ein bisschen kompakter im Handy konzentriert als sonst, was so an Buchführung und Zeug existiert. Und deswegen mache ich es jetzt auch einfach wieder ein bisschen mehr, als ich es vorher gemacht habe." (L1:141)

6.5.8 Auswirkungen der Nutzung der Open-Source-Closed-Loop-Systeme aus fachlicher Sicht

Für D1 und D2 gehen mit den OSCLS immense Vorteile für MmT1D einher. Sie nennen mehrere Faktoren, die für sie zu dieser Beurteilung führen. Dazu zählen die „bessere Blutzuckereinstellung" und die „bessere Lebensqualität" (D1:29). Mit den OSCLS können viele MmT1D „Einstellungen erreichen, Therapieziele erreichen, eine Lebensqualität und Schlafqualität erreichen und Lebensstil erreichen, der ihnen mit kommerziellen Devices nicht möglich ist" (D2:19). Mit den OSCLS sei es möglich, „wieder Dinge auszuprobieren, die ich vielleicht vorher gar nicht mehr gemacht habe aus Angst, da könnte irgendwas schieflaufen mit dem Zucker in der Phase oder in der Aktion, die ich da vorhabe, oder in dem, was ich esse oder mich bewege oder so was. Also ganz vielfältige Dinge" (D1:29). Der T1D stehe weniger im Mittelpunkt, „oder wenn er im Mittelpunkt steht, eher als positives Erlebnis" (D1:29). Dadurch können sich Beziehungsmuster innerhalb der Familie verändern und auch die „Abhängigkeit von anderen wird weniger" (D1:29).

D1 geht davon aus, dass das schrittweise Erlernen der Funktionen in *AndroidAPS* und die Möglichkeit der präzisen Beobachtung der Funktionen den MmT1D auch Erkenntnisse mit sich bringt:

„Wie funktioniert denn das überhaupt mit meinem Diabetes und mit der Insulinabgabe? Also man hat einen viel größeren Einblick in dieses ganze Geschehen als vorher, wo man nur einen Blutzuckerwert gemacht hat oder nur ein CGM hatte und das so gesehen hat. Aber hier, da passieren ja ganz andere Sachen, da sieht man ja ganz andere Kurven auch, ja. Und das ist echt super." (D1:29)

Diesen Vorteil sieht auch M1, da sich die Nutzenden der Systeme intensiv mit ihrem individuellen T1D auseinandersetzen müssten und sich somit ein Lerneffekt einstelle, der nachhaltiger wirkt als der Lerneffekt durch beispielsweise eine Schulung: „Ich glaube durch [...] diese Do-It-Yourself-Bewegung ist das wirklich eine enorme Chance für die Betroffenen, eben noch besser Einblick zu erhalten in ihren Körper.

Und das jetzt halt auch kontinuierlich und jetzt nicht nur, weil ich jetzt mal ein Wochenende auf einer Diabetes-Schulung war." (M1:63).

M1 (63) weiter geht davon aus, dass sich entsprechend die „Gesundheitskompetenz" der Nutzenden steigert und sich das auch auf die Art und Weise auswirkt, wie MmT1D mit ihren Ärzt:innen kommunizieren können. Ähnlich argumentiert H1, da Loopende mit den OSCLS zufriedenstellende („an enormous amount of satisfaction") Ergebnisse erzielten und insbesondere durch die Objectives in *AndroidAPS* ein noch besseres Verständnis und Wissen zu ihrem T1D erarbeiteten: „And even if you don't continue with the pump and don't continue with CGM and don't continue with the looping system afterwards, you've learned a lot through that four weeks regardless and your diabetes will be better for the rest of your life because of it." (H1:116).

Auch D3 (35), die den OSCLS insgesamt ambivalent gegenübersteht („[M]eine Meinung zu Do-It-Yourself-Closed-Loop ist also nicht ganz klar kontra oder ganz klar pro" (D3:65)), ist „beeindruckt, wie viel dieser Algorithmus macht." Sie weist darauf hin, dass die BG-Verläufe mit den OSCLS „sehr gut" seien und ist überzeugt, dass Nutzende der OSCLS „sehr, sehr gut laufen können," sofern sie die Grundlagen der T1D-Therapie beherrschen und anwenden (D3:35). D3 (11) erklärt, „fasziniert" zu sein, wenn sie die Kurven der erwachsenen Nutzenden in ihrem Umfeld sieht. Allerdings seien das „im Regelfall selber Diabetologen und Diabetesberaterinnen. Haben sich zwei Wochen Urlaub genommen [zur Einrichtung des OSCLS]. [...] Haben 30 Jahre Diabetes. Kennen ihren Körper super gut" (D3:11). Bei diesen MmT1D seien die „Kurven besser als beim gesunden Menschen, der keinen Diabetes hat. [...] Und ich bin fasziniert" (D3:11).

M1 beurteilt die Open-Source-Technologien auch deshalb positiv, da sie für die Nutzenden mit einem *Empowerment* einhergehen, das sich auf die Psyche auswirken kann und eine Unabhängigkeit von anderen bringt, ähnlich, wie bereits von D1 beschrieben:

„Also da muss man schon sehr viel selbst tun. Das ist zum einen, finde ich, toll, weil das die Leute wirklich befähigt, da wirklich was selbst für sich und für ihre Erkrankung und für ihre erhöhte Lebensqualität zu tun. [...] Aber alleine, dass man da so viel machen kann, ich glaube das ist nicht zu unterschätzen was das mit den Leuten, rein von der Psyche her, macht. [...] Also, wenn man dafür offen ist, dann, glaube ich, kann das sehr viel an Lebensqualität bringen, einfach weil man merkt, ich kann was tun. Ich habe das jetzt hier selbst in der Hand und ich muss mich da jetzt auf niemanden verlassen." (M1:11-13)

Entsprechend würde M1 (83) MmT1D, denen sie den Umgang mit den OSCLS zutraut, durchaus zur Auseinandersetzung mit den Systemen raten.

Nachteile der OSCLS sehen D1 (29) und M1 (19), aber auch H2 (11) im zeitlichen Aufwand, den man zum Aufsetzen betreiben muss, sowie darin, dass die Nutzenden sich stark in das System einarbeiten müssen. Den Nachteil, keine Ansprechpartner:innen bei einer Hotline wie bei kommerziellen Systemen zu haben, sieht D1 (29) durch die Unterstützungsstrukturen der Community ausgeglichen. M1, die sich mit *OpenAPS* befasst hat, nennt weiter die technologische Komplexität und die notwendigen Englischkenntnisse als nachteilhaft: „Also da sehe ich halt echt eine Gefahr für jemanden, der sich da jetzt auch diese Kompetenz in dieser Fremdsprache nicht zutraut. Der ist da schnell abgehängt einfach." Zwar sei es für sie per se positiv, dass Nutzende sich die Fähigkeiten der Umsetzung selbst aneignen müssen, aber „es hängt halt wahrscheinlich viele ab" (M1:19).

Aus der Sicht von D2 ist ein Nachteil der Zugang zu den kommerziellen Technologien, die für die Nutzung der OSCLS notwendig sind. Sie bezieht sich dabei vor allem auf veraltete Pumpenmodelle, wie sie häufig für *OpenAPS* verwendet werden. Da im Falle der Verwendung von gebrauchten Pumpen die Nutzenden nicht wissen können, ob bei diesen Pumpen Schäden vorliegen, können hier technische Fehler auftreten (vgl. Kesavadev *et al.*, 2020): „Wenn diese Pumpen aus der Community kommen, weiß man nicht ganz sicher, wer hat die vorher getragen, war die schon einmal kaputt. Es gibt keinen Hersteller, der dann für diese alten Pumpen haftet." (D2:19). Dies wirke sich auch negativ auf die Psyche der jeweiligen Nutzenden aus:

„Und man merkt natürlich auch, Patienten sind jetzt nervös, wenn sie wissen, sie haben nur diese eine loopfähige Pumpe und wenn die kaputt geht, dann stehen sie erst einmal ohne Closed-Loop da. Ist ein Nachteil gegenüber kommerziellen Devices, die ich über die Krankenkasse verordnen kann und wo dann ein Hersteller da ist, der Garantie leistet, wenn irgendeine Komponente ausfällt und sofort ein Paket nach Hause schickt, wo dann das Ersatzgerät drin ist. Das hat man natürlich im DIY überhaupt nicht." (D2:19)

H2 (11) benennt es als nachteilig für die Nutzenden, dass die Systeme aus der Gewährleistung fallen, wenn sie außerhalb ihrer eigentlichen Bestimmung genutzt werden und für Fehlfunktionen oder ähnliches keine Verantwortung mehr von den Herstellern übernommen wird.

D3 geht bei ihrer Antwort vorwiegend auf Kinder mit T1D ein, für deren Wohlergehen sie sich als Kinderdiabetologin einsetzt. Sie befürchtet, Kinder und Jugendliche könnten mit der Nutzung eines OSCLS überfordert sein:

„Darin sehe ich eine ganz große Überforderung des Kindes. Und eine Gefährdung kann ich nicht ausschließen. Ich kenne mich mit dem Produkt nicht gut genug aus, aber ich kenne mich mit Kindern gut aus. Kinder und Jugendliche, die ihren Diabetes in ihrem Alltag oft vergessen, weil sie entwicklungsbedingt einfach ganz andere Aufgaben lösen müssen, und da solche Systeme eigentlich mehr Aufmerksamkeit fordern und nicht etwa weniger, finde ich das bei Kindern doch sehr problematisch." (D3:11) Sie bezieht sich hier vor allem auf die Zeiten, in denen die Kinder nicht unter der Aufsicht ihrer Eltern sind, sondern beispielsweise in Schule oder Kindergarten und dort keine adäquate Unterstützung für die Nutzung der Systeme haben (D3:13).

6.5.9 Erfüllung & Nicht-Erfüllung der Erwartungen & Hoffnungen

Einige der Interviewten berichten, dass Hoffnungen und Erwartungen, die sie im Vorfeld an das OSCLS hatten, im Zuge der Nutzung erfüllt oder sogar übertroffen wurden. Manche der Hoffnungen und Erwartungen blieben jedoch unerfüllt oder gestalteten sich anders als erwartet.

Für L3 und L4 haben sich die Erwartungen, die sie im Vorfeld an das OSCLS hatten, erfüllt: „Also die Erwartung hat sich eigentlich vollkommen erfüllt. […] [M]ein Wunsch ist ja immer gewesen, ich habe eine Technik, die mein Problem einfach löst. Nämlich, dass ich unglaublich bequem und faul bin und am liebsten mich überhaupt nicht um meinen Diabetes kümmern möchte. […] Die ganze Zeit ist mein Blutzucker immer im Zielbereich." (L3:111). Lediglich im Zuge von Nahrungsaufnahme und körperlicher Aktivität kümmert sich L3 (111) noch um ihre BG-Werte. L4 befindet sich, wie erhofft, deutlich mehr in der *Time in Range* und deutlich weniger in Hypo- und Hyperglykämien (L4:120).

L5 und L6 geben an, dass das OSCLS ihre Hoffnungen und Erwartungen übertroffen hat: „Also, hat es wirklich die Erwartungen mehr als erfüllt." (L5:99); „[u]nd es ist alles übertroffen worden von dem, was ich mir vorgestellt habe". (L6:204). Für L5 gleicht das OSCLS viel von ihren BG-Schwankungen aus, was für sie zu einer Entspannung ihrer Situation führt: „Und dass das mir so viel Entspannung gibt, hätte ich vorher gar nicht erwartet." (L5:100).

L1 hatte ganz zu Beginn der Auseinandersetzung mit dem OSCLS große Hoffnungen in die Technologie: „Die wurde aber schon beim Lesen vom Wiki schon zerstört. Also da lief der Loop noch gar nicht, da war das schon sehr klar, dass das dann nicht so ist." (L1:113). Auch wenn L1 zufrieden ist mit den Auswirkungen des OSCLS und sich auch sein HbA1c bereits verbessert hat, wäre er gerne noch zufriedener. Was für ihn bislang noch nicht ausreichend zufriedenstellend funktioniert, ist, „[d]iese verzögerte Wirkung vom Essen bei mir abzufangen. Dass das Essen einfach drei Stunden später nochmal kommt, als ob ich nochmal einen Burger gegessen hätte […]" (L1:115). L1 ist jedoch nicht unzufrieden damit, zumal das OSCLS die Situation bereits verbesserte: „Das mit dem nachts Essen läuft. Ich habe es mir anders vorgestellt, und es geht bestimmt auch besser. Es ist aber jetzt so wie immer, wenn man beim Zucker was Neues macht, man muss es halt mal ausprobieren." (L1:115).

Für L2 gestaltet sich die Situation ähnlich wie für L1. Sie erhält seit der Nutzung des OSCLS aufgrund stabilerer BG-Verläufe weniger nächtliche Alarme, diese seien aber nicht ganz verschwunden: „Natürlich, also ich muss auch sagen, ich bekomme auch heute noch [...] im Schnitt, einmal die Woche bekomme ich einen nächtlichen Alarm. Je nachdem, was es zum Abendbrot gab." (L2:64).

6.5.9.1 Beendigung der Nutzung der Open-Source-Closed-Loop-Systeme

Vor allem, wenn man halt mal zum ersten Mal dann quasi so ein Gerät bei sich hat,
was den Diabetes quasi automatisch steuert,
dann ist die Begeisterung da natürlich schon erst mal da.
Aber wie gesagt, habe ich dann auch irgendwann sehr schnell gemerkt,
dass das irgendwie gar nicht so viel von alleine macht.
(Z1:62)

Insbesondere bei Z1 und Z2, die von der Nutzung des OSCLS wieder auf die Nutzung rein kommerzieller Technologien zurückgingen, haben sich die Hoffnungen und Erwartungen in die Systeme nicht erfüllt.

Z1 beschreibt, dass sie zwar zu Beginn der OSCLS-Nutzung begeistert war: „[E]s lief schon alles so wie es sollte, so gerade die ersten Tage fand ich einfach total spannend." (Z1:48)

Auf längere Sicht brachte das System jedoch nicht in ausreichendem Maße die erhofften Verbesserungen mit sich. Insbesondere führte die Nutzung nicht zu einer hinreichenden Erleichterung, was den „anstrengende[n] Teil mit den Kohlenhydraten berechnen" (Z1:48) betrifft, da eine ungenaue Eingabe der Kohlenhydrate weiterhin zu erhöhten BG-Werten oder Hypoglykämien führt. Für Z1 (48) läge aber darin der Mehrwert, da sie bei korrekter Berechnung der Kohlenhydrate auch mit den kommerziellen Systemen gut zurechtkommt. Dies ist aus ihrer Sicht auch darin begründet, dass sie generell nicht zu starken BG-Schwankungen neigt. Auch die Erleichterung, die der Loop durch automatisches Abschalten der Insulinzufuhr bei fallenden BG-Werten bei Bewegung mit sich bringt, führte bei Z1 im Nachgang häufig zu erhöhten Werten. Somit war für Z1 (35) die Nutzung des OSCLS mit mehr Aufwand als Ertrag verbunden. Daher entschied sie sich gegen die Weiterführung der Loop-Nutzung: „[I]rgendwann dachte ich mir so, okay, ja, wenn ich nichts tue, ist es ganz nett, dass er mich im Zielbereich hält, aber sobald ich was tue, wie jetzt essen, dann war es das halt irgendwie auch mit den Vorteilen." (Z1:48).

Als weiteren Grund, die Loop-Nutzung zu beenden, nennt Z1, dass sie „einfach nie gerne eine Pumpe getragen" hat: „[M]ich nervt das. Mich nervt einfach, dass was an mir dran ist. Mich nervt, dass ich ständig an so Sachen wir Katheterwechsel oder Batteriewechsel denken muss, ständig schauen, wie viel noch im Reservoir drin ist und so weiter und so fort. Und ich meine, das fällt ja beim Loopen nicht weg." (Z1:35).

Sie beschreibt auch, nie wirklich mit Faktoren gerechnet und trotzdem mit der Therapie mit Pen immer für sich ausreichend gute BG-Werte erzielt zu haben. Daher setzte sie sich am Anfang der Loop-Nutzung massiv mit Parametern wie den Faktoren auseinander und hatte dabei

„einfach das Gefühl, dass sich mein ganzer Alltag halt nur noch um Diabetes dreht. Also erst mal dadurch, dass ich es halt beruflich auch einfach mache und dann halt, das quasi auch noch als Hobby zu haben. Und man schaut ja trotzdem ständig drauf, ob der Loop macht was er soll, ob alles so läuft wie es soll, was er denn so prognostiziert. Zumindest ging es mir einfach die ganze Zeit so. Und irgendwann hatte ich wirklich so ein, ja, Diabetes-Burnout und diese Pumpe war einfach so für mich der Inbegriff von der ganzen Arbeit, die ich damit habe, die ich eigentlich nicht damit haben möchte. Und das war dann halt so der Punkt, wo ich gesagt habe, okay, ich höre damit wieder auf, weil es macht mich wahnsinnig, ich mache den ganzen Tag nichts anderes mehr als Diabetes." (Z1:35)

Z1 (37) hat schließlich entschieden, auch die Pumpe nicht mehr zu nutzen, sondern wieder mit Pen zu therapieren. Z2 sieht in ihren eigenen zu hohen Erwartungen sowie in nicht genügender Zeitinvestition den Grund, warum sie mit dem OSCLS nicht ausreichend zufrieden war:

„Ich glaube, auf der einen Seite waren meine Erwartungen zu hoch. Also ich habe mich ja schon geärgert, wenn der Wert dann nach dem Essen dann irgendwie bei 200 oder so war. Das ist jetzt nicht perfekt, aber das ist ja jetzt auch noch irgendwie kein Drama so für die Allermeisten. Also es war auf der einen Seite der Druck, den ich mir selber gemacht habe. Und dann aber auch – also ich glaube auch schon, dass ich in der relativ kurzen Zeit von drei Monaten das auch noch nicht perfekt eingestellt hatte. Also man hätte mit Sicherheit nochmal mehr Zeit investieren müssen, vielleicht auch noch mehr Basalratentests und so was durchführen müssen." (Z2:51)

Sie äußert jedoch auch die Vermutung, dass „[v]ielleicht [...] aber der Loop auch einfach gar nicht alles perfekt machen [kann]" (Z2:51).

Darüber hinaus fand sie *OpenAPS* „im Ganzen nicht so benutzerfreundlich," da sie für das konstante Funktionieren des Systems eine stabile Internetverbindung und Energiezufuhr gewährleisten musste. Das funktionierte bei ihr nicht einwandfrei und brachte einen deutlichen Mehraufwand mit sich: „[I]ch hatte auf einmal ein bisschen weniger mit meinem Diabetes zu tun, dafür aber einfach viel viel mehr damit, was machen mein Handy, explodiert gerade der Akku in meiner Tasche, solche Geschichten.

6. Open-Source-Closed-Loop-Systeme, Community und Auswertung 191

Und, also das war so das, was mich so grundsätzlich immer so ein bisschen genervt hat." (Z2:37).

Obwohl Z2 (37) in den drei Monaten, in denen sie *OpenAPS* nutzte, „sehr gute Ergebnisse" hatte und es „zwischendurch sehr, sehr gut" lief, entschloss sie sich aufgrund der Umstände im Zuge eines grippalen Infekts, wieder zur Nutzung der rein kommerziellen Technologien überzugehen:

„[I]ch war eine ganze Woche krank. Also ich war richtig schwer erkältet und ich hatte irgendwie grippalen Infekt und solche Klamotten. Und da hat der Loop das nicht mehr hingekriegt. Also ich saß immer da und der hat einfach die Werte nicht mehr korrigiert bekommen. Die waren ständig zu hoch. Und da hatte ich, ehrlich gesagt, irgendwann die Faxen dicke. Also es war so, dass ich dachte, meine Güte, jetzt – ich muss so viel Energie in diese Technik investieren und jetzt tut die nicht das, was ich kenne, was sie tun soll so. [...] [D]ann habe ich in dem Moment halt gesagt, okay, ich lege die Pumpe ab oder ich tausche die Pumpe wieder und gehe zurück zu normaler Pumpentherapie." (Z2:37)

Für Z2 (109) spielte jedoch auch die Sorge vor einer Abhängigkeit von Technik eine Rolle, wie bereits beschrieben in Kapitel 6.5.5. Sie wollte nicht auf ein System bauen, auf dessen Funktionieren sie sich nicht mit Sicherheit verlassen konnte:

„Ich habe mir einen Ersatzcomputer bestellt, der funktioniert aber nicht. Also den habe ich bis heute nicht programmiert bekommen, weil der irgendwie anders funktioniert als der erste, den ich habe. Und so war halt schon dass ich dachte, wäre halt doch superärgerlich, wenn das jetzt alles funktioniert und dann irgendein Teil davon kaputt geht. Und dann hänge ich so in der Luft ohne alles und dann muss ich sowieso zurück zum normalen Vorgang. Davor schwamm auch immer so eine Sorge, die ich im Hinterkopf einfach hatte." (Z2:109)

6.6 Effektivität der Open-Source-Closed-Loop-Systeme

Im Folgenden wird die Effektivität der OSCLS im Vergleich zu kommerziellen Systemen besprochen. Mit Effektivität ist die Wirksamkeit der Systeme gemeint, also das Erreichen möglichst normnaher BG-Werte ohne ein vermehrtes Aufkommen an Hypo- und Hyperglykämien.

6.6.1 Effektivität der Open-Source-Closed-Loop-Systeme im Vergleich zu verfügbaren kommerziellen Systemen

Die Interviewten wurden gefragt, ob sie die OSCLS für effektiver halten als kommerzielle Systeme, die zum Zeitpunkt der Interviewführung in Deutschland verfügbar sind. Somit beziehen sich die Antworten maßgeblich auf den Vergleich von OSCLS und Sensor-unterstützter Insulinpumpentherapie (siehe Kapitel 4.3.1.1).

A2 (43) bezieht sich auf die aktuelle Studienlage und führt auf, dass sich bei Nutzenden der HbA1c reduziert, sich die Zeit in Hypo- und Hyperglykämien verringert und dass es keine Berichte über unerwünschte Zwischenfälle gibt. Daraus schließt A2, dass „in terms of efficacy, we are superseding the outcomes of the commercial systems with a lot of our good outcomes, benefits, whatever" (A2:43). Dies entspricht auch der Ansicht aller interviewten Loopenden, die ebenfalls die OSCLS für effektiver halten als kommerzielle Systeme: „Ja, auf jeden Fall" (L5:134), „Ja. Ganz deutlich. Ganz deutlich" (L6:214, vgl. L1:307, L2:97, L3:151, L4:115, L7:104, L8:131).

Auch D1 und D2 sprechen sich aus fachlicher Perspektive dafür aus, dass die OSCLS effektiver sind als zum Zeitpunkt der Interviewführung erhältliche kommerzielle Systeme (D2 relativiert das im weiteren Verlauf, siehe unten). D1 argumentiert das an den Ergebnissen, die sie bei ihren eigenen Patient:innen sieht: „In jedem Falle. [...] Deutlich bessere HbA1c-Werte, deutlich weniger Blutzuckerschwankung, viel weniger Hypoglykämien, vor allen Dingen nachts auch, also und vom Gefühl für den Patienten ist es, glaube ich, ein viel besseres." (D1:43).

Auch D2 spricht davon, dass die „Outcomes [...] viel, viel besser im DIY-APS" seien (D2:27). H1 bezieht sich ebenso wie A2 (43) auf Studien zu OSCLS und darauf, dass vor allem die *Time in Range* bei Nutzenden der OSCLS in einem sehr guten Bereich sei. Er nennt aber auch die fehlenden Sicherheitsparameter, die bei den kommerziellen Systemen gegeben sind: „So the DIY is without question doing way better than the conventional studies, however possibly with some more risks. So hence why the conventional carries the accreditation, because they put some limiting factors to their systems." (H1:24).

Eine relativierende bzw. eingeschränkte Antwort geben D2, D3 und M1. D2 hält die OSCLS hinsichtlich der aktuellen Studienergebnisse für effektiver (s.o.), schränkt jedoch ein, dass die Datenerhebung unterschiedlich und nicht vergleichbar stattfindet: „Nach der aktuellen Datenlage, ja. Wenn man Studien vergleicht. Natürlich mit den Limitations, dass alle Studien, die wir bisher über DIY haben, eine kleine Fallzahl sind. Dass einige davon selbst reportete Zahlen sind. Es gibt keinen randomized control trial für DIY-Technologie. Daher kann man derzeit nur Äpfel mit Birnen vergleichen, aber wenn man Äpfel mit Birnen vergleicht, dann sind die besser." (D2:17).

6. Open-Source-Closed-Loop-Systeme, Community und Auswertung

D3 beurteilt die OSCLS subjektiv als effektiver, verweist jedoch auf die fehlenden Datenlage und möchte daher keine finale Aussage treffen:

„Das kann ich wirklich nicht sagen. Also gefühlt würde ich sagen, ja. Aber Gefühl ist nicht Wissenschaft. Wissenschaft wäre, dass man sich wirklich 200 Patienten über ein Jahr anguckt, die damit starten und eben alle Werte anschaut: Wo hat das System versagt? Warum hat es versagt? Wie hat sich die Stoffwechsellage verändert? Wo funktioniert der Algorithmus, wo funktioniert er nicht? Und das in einer Art und Weise macht, dass es vergleichbar ist mit den kommerziellen Studien zur Zulassung einer sensorunterstützten Pumpentherapie. Und da habe ich tatsächlich – das wäre einfach nicht fair, da zu urteilen. Da habe ich zu wenig Einblick, als ob ich mich dazu qualifiziert äußern kann." (D3:19)

M1 schätzt die OSCLS als den kommerziellen Systemen gleichwertig ein, hält ihre Expertise aber nicht für ausreichend, um das final zu beurteilen:

„[D]ieses Poster und die Bilder von Screenshots von der Messung, wo man sieht okay, ich bin absolut in meinem Korridor. Ich habe weniger Entgleisungen. Da halte ich die schon für, ja, auch genauso sicher oder genauso gut, wie jetzt die konventionellen Systeme. Aber ich bin jetzt auch nicht so, muss ich sagen, mir fehlt da jetzt auch der wirklich spezifische Marktüberblick, wo ich das jetzt wirklich sagen kann." (M1:35)

Lediglich Z2 (71) beurteilt die OSCLS nicht als effektiver als derzeit verfügbare kommerzielle Technologien. Sie begründet das mit dem vielen Aufwand, der für sie mit dem Betreiben des OSCLS verbunden war. Z1 und H2 gehen bei ihren Ausführungen direkt auf Systeme in Forschung, Entwicklung und Zulassung ein, die im Folgenden diskutiert werden.

6.6.2 Effektivität der Open-Source-Closed-Loop-Systeme im Vergleich zu kommerziellen Closed-Loop-Systemen in Forschung, Entwicklung & Zulassung

Die Fachkräfte sowie A1 und A2 wurden gefragt, ob sie die OSCLS für effektiver halten als kommerzielle Systeme, die sich zum Zeitpunkt der Interviewführung in Forschung, Entwicklung und Zulassung in Deutschland befinden. Somit beziehen sich die Antworten maßgeblich auf den Vergleich von OSCLS und kommerziellen Hybrid-CLS.

A2 (43) nennt auch hier auf die aktuelle Studienlage und gibt an, dass die CLS in Entwicklung und Zulassung alle im Mittel „71, 72 percent time in range" erreichen, während die OSCLS diese Resultate deutlich übertreffen.

L2, L8 und Z1 erweitern (ungefragt) ihre Antworten auf den Vergleich der kommerziellen CLS, die zum Zeitpunkt der Interviews in den USA verfügbar waren und sich in Deutschland noch im Zulassungsprozess befanden. Sie sehen ähnlich wie H1 (24) die Gründe dafür, warum die kommerziellen CLS weniger effektiv sind, in der Notwendigkeit der verstärkten Sicherheitseinstellungen durch die Hersteller, der größeren Auswahl an verwendbaren Insulinpumpen in den OSCLS und der Massentauglichkeit, die von den Herstellern gewährleistet werden muss:

> „Dann dadurch, dass ich eben hier viel stärker im Eigenverantwortungsbereich bin, kann ich so ein [Open-Source-]System natürlich auch schärfer einstellen. [...] Aber deswegen muss das [Open-Source-]System aktuell zumindest besser sein. Und weil es den Leuten eben die Auswahl lässt, wir haben bei AndroidAPS mittlerweile drei verschiedene Pumpen, die damit funktionieren." (L8:131, vgl. L2:97, Z1:119)

Von fachlicher Seite geht D1 davon aus, dass das kommerzielle CLS Medtronic 670G „nicht unbedingt ein wahnsinniger Fortschritt sein" wird, da die Zielwerte nicht flexibel einstellbar sind: „Also da wird ja der Zielwert vom Blutzucker, der erreicht werden soll, in einem Bereich liegen, der eigentlich nicht zufriedenstellend ist. Ja, der mal gerade so mittelmäßig ist. Das erreichen ja Patienten mit einer ICT auch schon oft, sage ich mal so. Zwar auch mit viel Mühen, aber trotzdem." (D1:37). Entsprechend hält sie die OSCLS für effektiver als sich derzeit in der Forschung befindliche CLS (D1:45).

D2 (15) gibt an, dass die (außerhalb Deutschlands) zugelassenen Systeme 670G und Diabeloop „nicht ausreichen. Dass die Outcomes, die in den Studien erreicht werden, nicht genug sind für unsere Patienten." In diesem Kontext verweist D2 (15) auch darauf, dass diese Systeme nicht die Ergebnisse erzielen, die dem „Konsensus für Leitlinien für Time-In-Range", entsprechen. Daher hält sie die OSCLS mit Bezug auf „zertifizierte Daten", sowohl aus wissenschaftlichen Studien zur Nutzung der 670G als auch zur Nutzung der OSCLS, für „besser", „ganz klar": „Da wird eine Time-In-Range erreicht, die locker zehn Prozent höher ist. Da werden ganz andere Zielwerte erreicht." (D2:23). Allerdings verweist D2 auch hier, ebenso wie bei ihren Angaben zum Vergleich der OSCLS mit den zugelassenen kommerziellen Technologien, darauf, dass es sich um einen Vergleich von „Äpfel mit Birnen" handele, „aber von dem Vergleich, den wir haben, sind die DIY-Devices, bieten die besseren potenziellen Outcomes" (D2:23).

D3 (19) gibt ebenso wie bei der Frage nach dem Vergleich mit den zum Zeitpunkt des Interviews erhältlichen kommerziellen Technologien auch hier an, die OSCLS subjektiv als effektiver einzuschätzen, aufgrund der fehlenden Datenlage jedoch keine konkrete Aussage treffen zu können.

H2 hingegen beurteilt die OSCLS nicht als effektiver als sich derzeit in der Entwicklung und Zulassung befindliche CLS. Er zieht diesen Schluss aus Beobachtungen,

6. Open-Source-Closed-Loop-Systeme, Community und Auswertung

die ihm seine Mitarbeitenden vor der Markteinführung der 670G im Vergleich zwischen OSCLS und 670G mitteilten und widerspricht somit den Aussagen von D1 und D2. Er begründet auch, warum das für ihn nachvollziehbar ist, obwohl therapiespezifische Einstellungen bei den OSCLS individueller vorzunehmen sind:

„Wir testen ja hier mit unseren eigenen Patienten. Also eigene Patienten heißt an dieser Stelle, unsere Mitarbeiter. Wir haben zahlreiche Mitarbeiter, die Diabetes haben. Das ist in so einem Unternehmen dann normal. Und einige von denen haben auch geloopt. Und weil wir ja in Vorbereitung sind auf die 670, auch wenn wir noch […] keine Zulassung haben, haben wir aber gesagt, passt auf, ihr kriegt jetzt mal die Systeme, sammelt mal Erfahrungen damit. Ich muss laut sagen, keine Studie. […] Und die Looper sind mit der 670 genauso gut oder besser, als sie vorher mit dem Loopen waren bei einem deutlich geringeren Aufwand. […] Und das haben sie auch eindeutig gesagt. Sie haben gesagt, das hätten wir nie gedacht. Also ob das jetzt für alle zutrifft, das kann ich nicht beurteilen. […] Ja, ansonsten habe ich gedacht, na ja gut, beim Loopen, da kann man noch ein bisschen differenzierter einstellen. Da kann man manche Parameter noch ein bisschen, ja, detaillierter wählen, als in so einem mehr globalisierten System. Ich mein, die 670 ist natürlich so gebaut, dass sie von jedem, der also auch keine tiefgreifenden, profunden Kenntnisse hat, angewendet werden kann. Und beim Loopen kann ich natürlich noch ein bisschen mehr mit Feinschliff machen. Aber möglicherweise ist der Feinschliff gar nicht das, was notwendig ist. Das hat was damit zu tun, dass das ganze System ja trotzdem träge ist, ja. […] Die Wirkung des Insulins, das Unterhautfettgewebe, ist träger als das, was die physiologische Seite der Regulation im Körper betrifft. Und das macht sich bemerkbar. Und wenn man dort sehr fein tunet, erreicht man möglicherweise nichts. Das ist wahrscheinlich die Erklärung dafür." (H2:15-21)

Mittlerweile vorliegende wissenschaftliche Studien verweisen auf eine ähnliche Effektivität von kommerziellen CLS und OSCLS, mit teilweise etwas besseren Resultaten auf Seiten der OSCLS. Die Studien unterliegen jedoch zahlreichen Limitierungen, mit multifaktoriellen Ursachen für die beobachteten Unterschiede zwischen den untersuchten Systemen (Jeyaventhan *et al.*, 2021; Knoll *et al.*, 2021).

6.7 Die Community

> *Community sind auf der einen Seite die Entwickler, sind aber auch die Supporter, das sind die Leute, die am Wiki schreiben und es sind die Leute, die intelligente Fragen stellen.*
> *(L8:159)*
> *Weil es ist nämlich nicht „Do It Yourself", es ist „wir machen es zusammen", wenn man ehrlich ist.*
> *(L1:177)*

Die #WeAreNotWaiting-Community besteht sowohl aus den Entwickler:innen, die den Source-Code erstellen, als auch aus MmT1D, Eltern von Kindern mit T1D sowie Angehörigen und Freund:innen von MmT1D. Der Austausch findet statt über Online-Foren und über Plattformen wie Facebook, Twitter und GitHub, aber auch auf den regionalen Treffen der Community, den sog. Looper-Treffen (Jansky & Woll, 2019; Kesavadev et al., 2020). Weitere der Community angehörende Personen sind medizinische Fachkräfte, die aus fachlicher Sicht oder auch aufgrund ihrer eigenen Erkrankung an T1D die Herangehensweise der Community unterstützen.

Die Community ist für die Loopenden ein relevanter Teil ihres Lebens als Loopende. Auch, wenn die Praktiken der Loop-Nutzung eigenverantwortlich betrieben werden müssen und die Software in Eigenarbeit kompiliert und gepflegt werden muss, lässt sich von einem gemeinschaftlichen Bestreben sprechen. Viele der Loopenden sind aktive Mitglieder in der Community. Die Fähigkeiten, die von den Einzelnen eingebracht werden, sind jedoch nicht unbedingt technologischer oder medizinischer Natur. Weitere Beiträge zum Nutzen der Community sind beispielsweise die Unterstützung anderer Mitglieder wie etwa durch das Beantworten von Fragen, die über die sozialen Netzwerke gestellt werden, die Organisation von Looper-Treffen, das Sammeln, Aufbereiten und Bereitstellen von Informationen über die Loop-Nutzung oder das Übersetzen dieser Informationen in andere Sprachen (Jansky & Woll, 2019).

Durch Mitglieder auf der ganzen Welt und die Nutzung diverser Online-Plattformen werden Anfragen innerhalb kürzester Zeit und rund um die Uhr beantwortet. Sämtliche Informationen wie der Source-Code, Anleitungen, Sicherheitshinweise sowie Hilfestellungen zur Fehlerbehebung finden sich in verständlicher Sprache und leicht zugänglich im Internet. Durch diese Strukturen ist es Interessierten möglich, eine Entscheidung für oder gegen die OSCLS-Nutzung auf Basis valider Informationen zu treffen und für sich selbst und die eigenen, individuellen Bedürfnisse die richtige Wahl zu treffen (vgl. u. a. Kesavadev et al., 2020).

6. Open-Source-Closed-Loop-Systeme, Community und Auswertung

Diese Kultur, in der Mitglieder der Community andere, oft neue Mitglieder unterstützen und damit auch dazu beitragen, eine verantwortliche Nutzung nach den Kriterien der Community von Sicherheit und Verteilungsgerechtigkeit zu etablieren, lässt sich als *Pay-It-Forward* bezeichnen. Man erhält eine Leistung ohne finanzielle oder anderweitig materielle Gegenleistung und gibt etwas zurück, indem man andere daran teilhaben lässt. Diese *Pay-It-Forward*-Mentalität ermöglicht, dass die OSCLS nicht nur technisch Versierten vorenthalten sind, sondern allen Interessierten zur Verfügung stehen (vgl. u. a. Crabtree, McLay & Wilmot, 2019; Ahmed *et al.*, 2020).

Für einige der Nutzenden ist der starke Zusammenhalt der Community durchaus auch eine Motivation zur Nutzung der OSCLS. Hierzu zählen sowohl die Möglichkeit, innerhalb der Community selbst Unterstützung zu bekommen, als auch anderen zu geben (Jansky & Woll, 2019; Braune *et al.*, 2020). Braune *et al.* (2020) konnten aufzeigen, dass für viele Loopende die Zugehörigkeit zu einer Graswurzel- und Communitygetriebenen Bewegung wichtig ist und sie mit großem Enthusiasmus dahinterstehen. Es sollte nicht unterschätzt werden, wie stark der Zusammenhalt der Community und die Unterstützung, die MmT1D oder die Eltern von Kindern mit T1D innerhalb dieser Community erfahren, von Relevanz für das Leben mit T1D sind. Innerhalb einer solchen Community trifft man Menschen, die die eigenen Probleme und Herausforderungen des Lebens mit T1D nachvollziehen können. Das kann nicht nur zu einem befreienden Gefühl von Verstandenwerden, sondern auch zu einem großen Aufbau von Vertrauen führen. Dies wird dadurch verstärkt, dass finanzielle Aspekte keinerlei Rolle spielen (siehe Kapitel 6.8).

Generell haben Studien gezeigt, dass der Austausch von Menschen mit chronischen Erkrankungen über Social-Media-Plattformen zu einer Verbesserung des Managements der Erkrankung beitragen und daher für diese Personen von hohem Wert in Bezug auf ihre Erkrankung sein kann (vgl. u. a. Merolli *et al.*, 2015; Alcántara-Aragón, 2019).

Obwohl theoretisch alle MmT1D die Möglichkeit haben, sich mit einem OSCLS auszustatten (sofern die dafür benötigten kommerziellen Technologien vorhanden sind), ist die Community der Loopenden gemessen an der Anzahl der MmT1D relativ klein. Global sind über 2.500 Loopende registriert (Lewis & OpenAPS Community 2022b). Es ist davon auszugehen, dass die Loopenden eine überdurchschnittlich motivierte Gruppe von MmT1D sind, die sich nicht nur auszeichnen durch ihre Bereitschaft, die technologische Hürde zu überwinden, sondern auch ein sehr gutes Wissen über T1D sowie über ihren eigenen Körper in Hinsicht auf T1D haben. Unter anderen Voraussetzungen wäre der Loop nicht zu betreiben und wird auch von der Community nicht empfohlen, wie die Sicherheitshinweise z. B. bei *AndroidAPS* zeigen (vgl. Kapitel 6.4).

Trotz allen Agierens über die konventionellen Pfade des Gesundheitswesens hinaus ist die OSCLS-Community bestrebt, in Austausch mit kommerziellen Herstellern und der Wissenschaft zu treten. Dies zeigt sich unter anderem an der Präsenz auf wissenschaftlichen Veranstaltungen und in wissenschaftlichen Journals (siehe Kapitel 6.15.4) und an der von der Community ins Leben gerufenen Plattform *OpenAPS Data Commons*, über die Nutzende von OSCLS ihre Daten mit der Wissenschaft teilen können (Burnside et al., 2020; OpenAPS Data Commons, 2021).

6.7.1 Open-Source-Entwicklung

Hersteller kommerzieller CLS veröffentlichen aus wirtschaftlichen Gründen die ihren Systemen zugrunde liegenden Algorithmen nicht. Die Entwickler:innen von Open-Source-Systemen tun genau das und stellen ihre Codes für alle einsehbar ins Internet, im Falle der OSCLS über die Plattform GitHub. Ein kleiner Teil der OSCLS-Community besteht aus den Entwickler:innen, die die Codes schreiben und kontinuierlich weiterentwickeln. Diese haben in vielen Fällen einen professionellen IT-Hintergrund. Vorschläge für Veränderungen und Korrekturen sowie Berichte zu Fehlern im Algorithmus können jedoch von alle Nutzenden jederzeit eingebracht werden. Diese werden von den Entwickler:innen geprüft und ggf. umgesetzt (Heinemann & Lange, 2019).

Heinemann & Lange (2019) beschreiben, dass für kommerzielle Systeme für jede Änderung in der Wirkweise ein neuer Zulassungsprozess durchlaufen werden muss, der sowohl langwierig als auch teuer wäre. Im Anschluss müssen neue Technologien verbreitet werden oder es muss die neue Software auf die alte Hardware gespielt werden. Änderungsprozesse werden detailliert dokumentiert und jeder Schritt mehrfach überprüft. Hingegen bestehen die Vorteile der Open-Source-Herangehensweise in der Möglichkeit, Neuerungen schnell und unkompliziert umzusetzen. Dies ist von Vorteil sowohl bei neuen technologischen Möglichkeiten als auch bei neuen medizinischen Parametern, wie etwa der Implementierung der Wirkkurven neuer Insuline. Hierfür wird auch bei den Open-Source-Systemen ein Versionsverlauf dokumentiert.

Die Weiterentwicklung der Open-Source-Algorithmen schreitet aufgrund der fundierten technologischen sowie T1D-spezifischen Kenntnisse der Community rasch voran. Das Agieren der Community außerhalb der Zulassungsvorschriften des Gesundheitswesens ermöglicht eine permanente Optimierung der Systeme, konkret bezogen auf die Bedarfe der Nutzenden. Hieraus ergibt sich jedoch auch ein gewisses Risikopotenzial, das mit den Systemen einhergeht: Neu implementierte Funktionen zeigen erst in der Anwendung im Alltag der Nutzenden, ob sie wirklich fehlerfrei laufen (Heinemann & Lange, 2019). Die Community fordert alle Nutzenden dazu auf, Fehler sofort zu melden (OpenAPS.org, 2019).

Weitere Vorteile der OSCLS bestehen in der Möglichkeit, den Code einzusehen und, sofern man selbst die technologischen Fähigkeiten dazu hat, den eigenen Bedarfen anzupassen. Die Einstellungsmöglichkeiten sind freier und individueller als bei kommerziellen Systemen. Der Support der Community ist nahezu rund um die Uhr erreichbar (Jennings & Hussain, 2019).

M1 beurteilt die konkrete Herangehensweise der Open-Source-Entwicklung von *OpenAPS* äußerst positiv, da alle Nutzenden die Möglichkeit haben, selbst Unit-Tests durchzuführen:

„Ich habe gedacht, ich falle vom Stuhl, als ich das gelesen habe. Weil Unit-Tests sind halt das absolute Standardinstrument in der Softwareentwicklung, in der guten Softwareentwicklung, dass man seine Software in dieser Art testet. Und dass die Community das selbst so sagt, hier kannst du diese Unit-Tests machen, mach das bitte. Verifiziere das. Insbesondere für Sachen, die du jetzt irgendwie noch selbst dir überlegt hast. Also das sind absolut gute Ansätze, die da promotet werden." (M1:27)

6.7.2 Stellenwert der Community für die interviewten Nutzenden der OSCLS

Mit Sicherheit ist die Community da der wichtigste Part, warum das auch gut als Laie geht. Als technischer Laie.
(L1:99)
Man braucht sie unbedingt.
(E2:75)

Für die meisten der interviewten Nutzenden hat die Community einen hohen Stellenwert. Insbesondere wird die durch die Community gegebene Möglichkeit des Austauschs als relevant eingestuft. Dies betrifft sowohl den Informationsaustausch als auch den Austausch unter Personen mit einem gleichen Lebensthema. Für E2 (75) „würde eigentlich nichts gehen" ohne die Community, da es aufgrund der Komplexität von *OpenAPS* „immer schon mal wieder auch Verständnisfragen sind", auf die er Antworten braucht: „Es gibt immer wieder Situationen, wo du denkst, warum verhält sich das System so. Und da ist die Community mit den Erfahrungen, die da einfach schon vorhanden sind, ist das gar nicht zu vermeiden. Man braucht sie unbedingt." (E2:75; vgl. L2:117, L4:190, L8:159).

Für L5 (184) nimmt die Community „[e]rstaunlicherweise eine relativ große" Stellung ein, da sie über lange Zeit ohne relevanten Austausch mit anderen MmT1D lebte und nicht davon ausging, dass das gemeinsame „existenzielle[...] Thema" sie so stark verbinden würde: „[Ich] finde das jetzt total schön, Leute zu treffen, die das gleiche

Thema haben. Dieses [...] gleiche, aber so ein existenzielles Thema haben. Weil ich das gar nicht gedacht hätte, dass mich das jetzt so schnell noch mal mit ganz anderen Leuten, die ich ja bis dato gar nicht kannte, zusammenschweißt. Habe ich nicht erwartet." (L5:184-186).

L1 (177) beschreibt detailliert, warum seiner Meinung nach die Stärke der Community die elementare Grundlage für das Funktionieren und die Anwendbarkeit der OSCLS darstellt. Er geht nicht davon aus, dass es für die meisten Nutzenden überhaupt möglich wäre, nur mithilfe der Online-Anleitungen den Loop erfolgreich zu betreiben. Für ihn bedarf es dafür des persönlichen Austauschs: „Also, jedes Looper-Treffen hat mich so dermaßen weit nach vorne geworfen im Verstehen und im Wissen, also, ohne wäre der Weg fast schon zu mühsam, glaube ich." (L1:177). Er schätzt es vor allem, dass die „immer akute[n] Probleme", die im Moment des Auftretens einer schnellen Lösung bedürfen, innerhalb kurzer Zeit zu lösen sind, da über Social Media gestellte Fragen „innerhalb von fünf Minuten bis einer Stunde" beantwortet werden. Hierin sieht L1 (177) auch die Begründung, warum „das ganze Grundkonzept vom Do-It-Yourself funktioniert, weil alle eben da mitziehen. Weil es ist nämlich nicht ‚Do-It-Yourself', es ist ‚wir machen es zusammen', wenn man ehrlich ist. [...] Und es funktioniert so gut, weil alle so aktiv sind."

Für L7 (133) stellt die Community vor allem eine „Sicherheit" und „Hilfe" dar. Er nutzt die Möglichkeit der Interaktion mit anderen Nutzenden zwar wenig, empfindet aber trotzdem, „viel lernen" zu können: „Es ist eine Hilfestellung einfach. Ganz wichtige Hilfestellung." (L7:133).

Für Z1 (99) ergab sich der hohe Stellenwert der Community daraus, dass durch die Popularität des Loopens in den sozialen Medien ihre Neugier geweckt wurde, und sie somit überhaupt dazu kam, sich mit den OSCLS auseinanderzusetzen: „Auch einfach, weil man ja mittlerweile das Gefühl hat, dass ungefähr jeder loopt. Also jeder, der ein bisschen was auf sich hält, mehr oder weniger, hat einen Closed-Loop und postet da auch fleißig darüber und sagt, wie super das alles läuft, und da will man das natürlich auch mal mit ausprobieren." (Z1:97).

Lediglich für L3, F1 und F2 nimmt die Community keinen allzu hohen Stellenwert ein. L3 (179) äußert Dankbarkeit den Personen gegenüber, „die das [...] publik machen und voranbringen", ist darüber hinaus aber nicht online oder anderweitig aktiv (vgl. F1:157, F2:109).

6.7.3 Kritik an der Community

Bei allen positiven Aussagen, die die Nutzenden der OSCLS über die Community treffen, gibt es durchaus auch Aspekte, die von den Nutzenden negativ beurteilt oder als fragwürdig wahrgenommen werden.

6. Open-Source-Closed-Loop-Systeme, Community und Auswertung

6.7.3.1 Umgehen von Aufwand oder Objectives

L1, L2 und L8 äußern sich kritisch gegenüber Personen, die ein OSCLS nutzen wollen, jedoch den Anfangsaufwand dafür nicht selbst betreiben wollen und/oder das Lernprogramm von *AndroidAPS*, die Objectives, umgehen wollen und sich dafür der Community bedienen. Dies ist unter anderem auch problematisch, weil das Aufsetzen eines OSCLS für eine andere Person rechtliche Konsequenzen nach sich ziehen kann (siehe Kapitel 6.11.2). L1 (185) formuliert, es sei „vielleicht ein bisschen fragwürdig manchmal, wie auf den Looper-Treffen, wie stark tatsächlich geholfen wird." L2 erzählt, dass ihr selbst von zwei Personen von den örtlichen Looper-Treffen angeboten wurde, ihr zu zeigen, wie sich die Objectives von *AndroidAPS* umgehen lassen: „Ich habe mich dagegen gewehrt und habe gesagt, ich möchte auch gar nicht wissen, wie es funktioniert. Weil ich diese Objectives für wirklich wichtig halte, um zu verstehen, wie diese App arbeitet." (L2:89).

Auch L8 ist diese Praxis bekannt und er kritisiert sie scharf: „Ich habe ein Problem damit, [...] wenn Leute austauschen, wie man die umgehen kann. Wenn jemand sich mit Programmieren auskennt, guckt den Code an und sieht, wie das funktioniert und setzt sich das sofort hoch, klar. Das ist dann sein Wissen. Aber ich muss einem normalen IT-Anwender oder einem normalen Anwender nicht sagen, wie es funktioniert." (L8:163). Ebenso kritisiert L8 Personen, die anderen anbieten, *AndroidAPS* gegen Bezahlung aufzusetzen: „Und da kriege ich Krätze. [...] Aber ich finde es einfach asozial. Weil Community ist Community im Sinne von Open-Source." (L8:163-167).

6.7.3.2 Aufbau von Druck & Erwartungen

Für L5, L7, L8 und Z2 entsteht ein Gefühl von Druck durch die Kommunikation der Community über besonders flache BG-Verläufe. Dadurch wird ihrer Meinung nach die Erwartung aufgebaut, dass die eigenen BG-Verläufe ähnlich sein müssten. L5 (108) hält Anstiege der BG nach den Mahlzeiten für „natürlich und normal" und findet die in Social-Media geposteten flachen Verläufe „eher abschreckend", da dies einen Druck bei anderen aufbaue: „Diese [...] geposteten ganz geraden grünen Linien, die machen was mit den Leuten. Und das finde ich nicht hilfreich. Also, es verzerrt einfach, es ist schön für die, die es haben. Aber es gibt viele, die werden das so nie erreichen können." (L5:108). Für L8 (75) ist „[k]lar, jeder postet nur die flachen Kurven und nicht die steilen." Z2 (31) bezeichnet die Darstellung der eigenen BG-Werte und -Verläufe in den Sozialen Medien als „ganz schön perfektionistisch": „[I]ch hatte damals schon das Gefühl, die Leute sind dort sehr fokussiert auf glatte Linien und [...] fünf-Komma-HbA1c-Werte [...]" (Z2:31, vgl. L7:51).

Z2, die in den sozialen Medien sehr aktiv ist, berichtet von den Auswirkungen dieser Darstellung von sehr flachen BG-Verläufen insbesondere auf junge MmT1D und äußert sich skeptisch, ob diese Darstellungen wirklich einen Einblick in die Realität vermitteln:

„Und ich habe über Instagram eine Zeit lang ständig Nachrichten von, naja, Kindern schon fast, würde ich sagen, bekommen, also zwölf Jahre, 14 Jahre, die irgendwie völlig verzweifelt waren, weil die eben nicht so glatte Kurven hatten. Und ich habe auch immer wieder Bilder gepostet eben, die nicht so waren und habe daraufhin eben Rückmeldungen gekriegt so, wow, meine Werte sind genauso schlecht, in Anführungszeichen. [...] Bei manchen sind die Werte vielleicht immer so gut, mag sein. Aber grundsätzlich ist natürlich Social-Media was, wo man sich möglichst positiv darstellt in aller Regel. Und das schließt auch unsere Diabetes-Community nicht aus so. So dass ich grundsätzlich immer hinterfragt habe, naja, ob das immer so sein wird? Und das war eben dann bei diesen Looper-Gruppen auch, dass ich dachte, ja wow, du hast da jetzt megaglatte Werte, aber ist das immer so [...]?" (Z2:89)

Z2 spricht noch eine weitere Art von Druck an, die die Community vor allem online in den sozialen Medien erzeugt, nämlichden Druck, überhaupt mit dem Loopen anzufangen:

„Ja, ich war schon neugierig auf irgendeiner Seite auch, weil einfach gerade auch zu der Zeit so – also es war ja jetzt letzten Herbst oder so, ja, Herbst 2018, ganz viele so auf Instagram, auf Facebook die ganzen Blogger, da, wo ich auch so aktiv bin, weil die alle angefangen haben zu loopen und man so ein bisschen das Gefühl hatte, okay, ich bleibe hier auf der Strecke, wenn ich nicht auch mitmache." (Z2:35)

6.7.3.3 Ideologisierung

Ein weiterer Aspekt, der von L2, L5, F1 und Z2 kritisch betrachtet wird, ist die Darstellung der OSCLS als für alle MmT1D geeignetes Allheilmittel bzw. eine Ideologisierung, die mit zu starken Positionierungen einhergeht. In Bezug auf die Darstellung der OSCLS als Allheilmittel kritisieren L2 und L5 vor allem die Anpreisung gegenüber MmT1D, die relativ frisch diagnostiziert sind (vgl. Kapitel 6.4.4.):

„[I]ch habe ein ganz großes Problem mit Leuten, die meinen, der Loop ist wirklich das einzig Wahre und Gold. Und ich habe mich auch mit dem ein oder anderen Looper schon angelegt in Foren, wo dann wirklich neu manifestierte Diabetiker geschrieben haben, hat sich einfach mal über die Techniken, die es heute gibt, schlau gemacht. [...] Und hat eine Nutzerin dann wirklich geschrieben, das einzig Wahre ist der Loop. Und ich habe dann wirklich drunter dokumentiert, dass ich es eigentlich schon fast gefährlich finde, dies einem neu manifestierten Diabetiker zu sagen, der überhaupt nicht mal seinen Diabetes kennt, geschweige denn, wie er an seine Faktoren kommt. Weil er wirklich ganz ganz ganz ganz am Anfang steht." (L2:157)

6. Open-Source-Closed-Loop-Systeme, Community und Auswertung

Dies betont auch L5: „Mir ist das manchmal auch zu flott, [...] natürlich ist das System super. Aber vielleicht doch nicht ganz für jeden. Und dann ist das für mich zu flott, ich sage mal so, in den Himmel gelobt, [...] Allheilmittel. Und da dürften sie noch ein bisschen selbstkritischer sein, meine Herren und Damen von der Community." (L5:204).

Z2 (61) berichtet, sich sogar „schon auf Looper-Treffen da mit Leuten angelegt" zu haben: „Ich glaube halt nicht, dass es was für jeden ist. Ich glaube, es gibt ganz klar eine Zielgruppe, die davon profitiert." (Z2:61). F1 (159-161) sieht das „[N]achbeten" einer Ideologie kritisch, sofern diese nicht auch verstanden wird, und ergänzt, dass daher eine valide Wissensgrundlage von hoher Relevanz sei. Allerdings zeigt er Verständnis, da es sich bei den Loopenden um Personen handelt,

„die eine sehr hohe intrinsische Motivation haben. Weil sie ihre Lebenssituation verbessern wollen. Natürlich gibt es da Leute mit verqueren Meinungen, auch tatsächlich Leute, die falsche Ansichten vertreten. Aber deswegen ist es ja umso wichtiger, dass man eine vernünftige, theoretische Grundlage hat rund um den Diabetes, um dann eben auch in so einer Community sinnvoll zu interagieren. Und auch mit den Informationen sinnvoll was anfangen zu können." (F1:159)

Diese Problematik der Idealisierung sieht F1 jedoch generell bei Communities: „Community ist halt immer das Thema, diese Jünger. Dass dann Leute da total Anhänger werden, ohne wirklich zu verstehen, um was es geht. Und dann halt nachbeten. Und das ist immer kritisch, da muss man halt aufpassen. Da hilft halt nur Wissen." (F1:163).

Z1 machte schlechte Erfahrungen innerhalb der Community, als sie die Nutzung des OSCLS wieder beendete, und stieß auf häufig geäußertes Unverständnis für ihre Entscheidung:

„[A]ls ich halt dann aufgehört habe zu loopen, haben das halt ganz viele auch einfach nicht verstanden, die das halt einfach als das beste System für alles und jeden sehen und als Allheilmittel und die Lösung. Und da kriegt man dann halt so am Rande so Sachen mit, so, ‚ach ja, die sind eh nur zu doof dafür', ‚hat es nicht hinbekommen' oder wie auch immer, dass da halt einfach nicht akzeptiert wird, dass der Loop oder überhaupt eine Pumpe, halt nicht für jeden was ist." (Z1:113, vgl. Z1:115)

6.7.4 Forderung nach Interoperabilität & Wahlfreiheit

> [...] die besten Outcomes hat jeder mit dem System, das er am besten bedienen kann und am besten findet, das für ihn am besten funktioniert. Und das erreicht man nur mit Interoperabilität.
>
> (D2:129)

Eine Forderung der Community ist die Interoperabilität kommerzieller Technologien und daraus folgend eine größere Wahlfreiheit bei den zu kombinierenden Technologien der T1D-Therapie. Bei den kommerziellen Systemen ist es häufig so, dass sich CGM eines Herstellers nur mit den Insulinpumpen desselben Herstellers zusammen nutzen lassen. Dies führt jedoch häufig dazu, dass die unterschiedlichen Bedarfe von MmT1D nicht in dem Maße erfüllt werden können, wie es bei der Kombination verschiedener Technologien möglich wäre (Crabtree, McLay & Wilmot, 2019; Braune et al., 2020).

Ahmed et al. (2020) betonen die Wichtigkeit der Interoperabilität der Technologien für T1D, da sie es den MmT1D erlaubt, eine fundierte Auswahl von Komponenten zu treffen, die den eigenen Bedarfen am stärksten entsprechen. Die OSCLS bieten bereits eine deutlich höhere Flexibilität in der Kombinierbarkeit der Technologien als kommerzielle Systeme.

Lewis (2020) verweist darauf, dass ein relevanter Grund für die Verbesserung der glykämischen Situation und Lebensqualität der Nutzenden von OSCLS in der Möglichkeit der „flexibility and customization" der OSCLS besteht. Dies meint sowohl die Wahl der einzelnen Technologien, als auch die individuelle Einstellbarkeit der Funktionsweise der OSCLS, die bei den kommerziellen Systemen reglementierter ist.

Sowohl Akteur:innen aus der OSCLS-Community als auch Jennings und Hussain aus ihrer Perspektive als Ärzte gehen davon aus, dass bereits die erhöhte Wahlfreiheit hinsichtlich der einzelnen Technologien dazu führt, dass MmT1D eher zu den OSCLS als zu kommerziellen Systemen greifen (Jennings & Hussain, 2019; Lewis, 2020). Hierzu zählt auch die Möglichkeit der Steuerung der Systeme über Smartphones und Smartwatches sowie (vor allem für Kinder bzw. deren Eltern) aus der Ferne.

2018 rief die amerikanische FDA ein neues Zertifizierungsmodell für kommerzielle T1D-Technologien ins Leben, den *i-Standard*. Voraussetzung für die Zertifizierung ist die Interoperabilität der Systeme mit anderen Technologien der gleichen Zertifizierung, also mit einer Interoperabilitätsfunktion, die die Kommunikation der Technologien untereinander ermöglicht. Zu diesen Systemen zählen integrierte CGM (siehe Kapitel 4.2.2.1.5) und interoperable Insulinpumpen (siehe Kapitel 4.3.2.8), aber auch interoperable CLS-Algorithmen (*iController*) (Crabtree, Street & Wilmot, 2019;

Heinemann & Lange, 2019; Renard, 2020). Die zugrundeliegende Motivation besteht darin, es Herstellern zukünftiger Systeme zu ermöglichen, „to bring their products to market in the least burdensome manner possible", da sie sich auf eine einzelne Technologie und nicht ein ganzes System aus mehreren Systemkomponenten konzentrieren können und auch nur dieses zur Zulassung bringen müssen (Barnard *et al.*, 2018). Somit wird es für MmT1D erstmals möglich, frei unter den einzelnen Komponenten der Technologien verschiedener Hersteller zu wählen und sich das System zusammenzusetzen, das den eigenen individuellen Bedarfen am besten entspricht. Renard (2020) geht davon aus, dass diese Veränderung im Gesundheitswesen hin zur Etablierung des i-Standards eine Reaktion auf die Forderungen und Handlungen der OSCLS-Community ist.

Die Forderung nach Interoperabilität und Wahlfreiheit zeigt sich auch in den Interviews. Viele der interviewten Nutzenden drücken ihre Unzufriedenheit mit der Notwendigkeit aus, aufgrund fehlender Interoperabilität und/oder Wahlmöglichkeiten Kompromisse eingehen zu müssen. Oft hielt die unvermeidbare Kombination aus Insulinpumpe und CGM, die mit manchen Systemen einhergeht, die Interviewten von der Nutzung der Systeme ab oder führte zu Unzufriedenheit. L8 (69) berichtet, dass er sich wegen der Möglichkeit der Hypoglykämieabschaltung bereits fast für die Medtronic MiniMed 640G entschieden habe, für ihn jedoch „immer die Hürde die Enlite-Sensoren [waren], weil ich mit denen ja schlechte Erfahrungen hatte.".

L3 (53) hingegen nutzt das Dexcom CGM-System, weil sie mit diesem das OSCL nutzen kann, findet dieses aber „total grotte, der ist nämlich viel größer und auffälliger als der Enlite-Sensor." Für L3 (53) geht Dexcom mit dem Vorteil einher, dass sie ihn „nicht kalibrieren [muss], er kann zehn Tage statt sechs Tage lang halten, meinen alten musstest du ja alle zwölf Stunden kalibrieren und so. Also es sind schon Vorteile, aber ich muss halt wieder in den sauren Apfel beißen und habe wieder was an mir kleben, was im Vergleich von der Hardware her einfach unschicker ist als das, was ich davor hatte.".

Aufgrund fehlender Wahlmöglichkeit muss L3 (57) auch bei Insulinpumpen Kompromisse eingehen oder manche direkt ausschließen. Dies trifft zu auf die schlauchlose Pumpe Omnipod, da es diese nur mit Teflonkanülen gibt und L3 ausschließlich Stahlkanülen verwendet. Dies spricht in ähnlicher Form auch L6 an: „[Den Omnipod] fand ich klasse. Das Bedienteil fand ich nicht so toll. War dann klar, nein, wird jetzt nicht meine nächste Pumpe sein. Für jemand anders mag der super sein." (L6:47).

Weiter fehlt es L3 an Wahlmöglichkeiten hinsichtlich des Funktionsumfangs und der Bedienelemente der Insulinpumpen. Hier mangelt es aus ihrer Sicht insbesondere an Pumpen, die sich mit CGM verbinden lassen, sowie an handlichen Bediengeräten für die Pumpen, mit denen eine Fernsteuerung möglich wäre: „[D]as eine ist auch so ein Handgerät, das quasi ein Blutzuckermessgerät und ein Steuerelement für die

Pumpe ist und das ist aber ein riesen, fettes, klobiges Ding, also völlig unbrauchbar." (L3:57).

Darauf geht auch L5 ein, die sich wünscht, hinsichtlich der Kombination aus Pumpe und CGM als Patientin eine Wahl zu haben:

> „Aber ich fände es schön, wenn man die untereinander variieren könnte, wenn man die verschiedenen CGMs, Dexcom mit einer Medtronic-Pumpe kombinieren könnte, dass ich einfach mehr auch Wahl habe als Patient, das mir rauszusuchen. Wenn ich auf den Kleber von dem einen reagiere, möchte ich das dann vielleicht mit einem anderen probieren oder ich möchte es halt nicht kalibrieren oder was auch immer. Aber ich habe keine Wahlfreiheit." (L5:48)

L5 (48) findet es zudem problematisch, dass sie sich wegen der Kostenübernahme der Krankenkasse für vier Jahre auf eine Pumpe festlegen muss, da das „eine verdammt lange Zeit [ist], wenn technisch so viel passiert.".

So erhofft sich L5 für die Zukunft Interoperabilität von kommerziellen CLS-Systemen, was für sie mit der Selbstbestimmung der Patient:innen einhergeht: „Ich hoffe nicht, dass es eine Ein-System-Lösung wird. [...] Sondern ich hoffe, dass das was Wachsendes bleibt und wo auch der Patient die Wahlmöglichkeiten hat. Ich hoffe, dass es etwas Lebendiges bleibt, etwas Selbstbestimmtes. [...] Also, das wäre für mich der Traum." (L5:274-278, vgl. L5:346). Vergleichbar äußert sich auch L6, die die Individualität der MmT1D betont: „Aber es wird nie, auch bei dem Thema Typ-1, das System geben, wo alle sagen: Das und nur das. Nein. Es muss dem Patienten, dem das nutzt, taugen. Und da sind die Bedürfnisse sehr, sehr unterschiedlich." (L6:376, vgl. L6:47).

6.7.4.1 Fachliche Sicht auf Interoperabilität & Wahlfreiheit

Aus fachlicher Sicht wird der Bedarf nach Interoperabilität bestätigt. Für D3 (41) gibt es kein „Idealprodukt [...] auf dem Markt":

> „Es müsste, wenn Sie sich eine Pumpe aussuchen, haben Sie da sechs Modelle oder sieben Modelle zur Auswahl. Und keine ist hundertprozentig so wie Sie wollen. Entweder bietet sie zwar die Kombination Sensor, aber keine App. Oder aber sie ist zwar sehr klein und schick und wasserdicht. Aber kann überhaupt nicht mit dem Sensor kommunizieren. Oder sie sieht nicht hübsch aus, aber sie kann plötzlich mit jedem Sensor kommunizieren." (D3:41)

D3 hat keinerlei Verständnis dafür, warum trotz der aktuellen technologischen Möglichkeiten die Interoperabilität der Systeme nicht weiter fortgeschritten ist, und spricht hier auch für ihre Kolleg:innen:

6. Open-Source-Closed-Loop-Systeme, Community und Auswertung

„Aber ich kann, glaube ich, für viele Diabetologen sprechen, dass wir nur den Kopf schütteln können, weshalb es so viele Jahre dauert und bis heute nicht gelungen ist, dass die anderen Insulinpumpenfirmen [außer die Pumpen der Firmen, die ein eigenes CGM herstellen] mit irgendeinem Sensor, sagen wir mal eine Art Hochzeit eingehen. Also warum kann der Omnipod nicht mit dem Dexcom oder Libre kommunizieren. Also warum gibt es diese Möglichkeit nicht, dass sie mit irgendeinem Produkt zusammen gehen." (D3:47)

Für D2 ist Interoperabilität die einzige Option, um für MmT1D die „besten Outcomes" zu generieren: „Und ich denke, man kann schon sagen, die besten Outcomes hat jeder mit dem System, das er am besten bedienen kann und am besten findet, das für ihn am besten funktioniert. Und das erreicht man nur mit Interoperabilität." (D2:129). Auch sie betont die Individualität von MmT1D, die durch die Interoperabilität der Systeme berücksichtigt werden sollte: „Wir sind alle unterschiedliche Menschen und Menschen mit Typ-1-Diabetes sind eben auch unterschiedlich und haben verschiedenen Präferenzen." (D2:129).

Auch M1 sieht diesen Bedarf und sieht einen Vorteil der OSCLS gegenüber kommerziellen Systemen hinsichtlich der individuelleren Einstell- und Bedienmöglichkeiten:

„Also da bist du halt viel flexibler, wie jetzt in den konventionellen Produkten. Also selbst, wenn es jetzt ein Closed-Loop von einem Pharmahersteller gäbe [...]. Aber das, was es wohl dann können soll, das ist mir zu unflexibel. Also da bleibe ich doch lieber bei meinem inoffiziellen Weg, weil, da kann ich selbst bestimmen wie jetzt das gestaltet wird oder wie das Gerät funktioniert." (M1:15)

6.8 Vertrauen in die Open-Source-Closed-Loop-Systeme und in die Community

Die Nutzenden der OSCLS bringen sowohl der OSCLS-Community als auch den von der Community zur Verfügung gestellten Technologien großes Vertrauen entgegen (L2:121, L4:191, L5:188, L6:338, L7:134). Quintal *et al.* (2019) beschreiben andererseits, dass eine Abgabe der Kontrolle des T1D an eine Technologie auch als eine Abgabe der Autonomie empfunden werden kann und ein Unwohlsein mit dieser Abgabe häufig in Verbindung steht mit fehlendem Vertrauen in das jeweilige System.

Eine relevante Frage zur Beurteilung der OSCLS ist daher die des Vertrauens in die Open-Source-Systeme, aber auch in die Community, die die Systeme zur Verfügung stellt. Durch was generiert sich das Vertrauen der Nutzenden und was bewegt sie, eine nicht zugelassene medizinische Technologie zu nutzen? Im Folgenden wird aufgeschlüsselt, woher dieses Vertrauen kommt und wodurch es sich im Einzelnen begründet.

6.8.1 Vertrauen durch Objectives & Erfahrung

Mehrere der interviewten Nutzenden von *AndroidAPS* geben an, dass das Durchlaufen der Objectives maßgeblich zu ihrem Vertrauen in das System beigetragen hat. L1 (87) spricht davon, dass „man auch die App wirklich sehr loben [muss], die ja wirklich so eine Schritt-für-Schritt-Freigabe hat." Er beschreibt, dass das Vertrauen bei ihm nicht von Vornherein vorhanden war: „Also das hat bei mir auch relativ lang gedauert. Bis ich mich da wirklich wohl damit gefühlt habe." (L1:87). Für ihn wuchs „das Vertrauen [...] über die Zeit", da sich die Insulinabgabe über die Funktion der Objectives und über den Zeitraum von mehreren Wochen zunehmend automatisiert (L1:87).

Auch L5 beschreibt das steigende Vertrauen durch die Objectives und dass sie dadurch lernte, sogar lernen musste, loszulassen:

> „Das Wichtigste, was du beim Loop auch lernen musst, ist loslassen zu können. Warum tut der jetzt so und so? [...] Ich bin bei 93 und der nimmt jetzt die Basalrate auf 120 oder auf 200 Prozent. Um Gottes willen, warum das denn? Ja, weil der sieht, da kommen ein Haufen Kohlenhydrate. Ja, macht er manchmal. Und da wirklich [...] die Augen zuhalten, und das lernst du durch diese Objectives." (L5:208; vgl. 126)

Insbesondere das vierte Objective (Open-Loop) hat bei den Nutzenden viel Vertrauen erzeugt. Bei diesem macht *AndroidAPS* lediglich Vorschläge zur Basalratenänderung, die dann manuell bestätigt werden müssen. L6 (69-73) spricht von einem „immense[n] Erfolg, wenn man das übernommen hat, was einem das System gesagt hat und wenn man es in die Pumpe eingegeben hat. [...] Und mit der Zeit, ob man will oder nicht, versteht, warum das System Dinge vorschlägt. Also, es bleibt, man kann sich nicht dagegen erwehren, zu verstehen, was dort passiert. [...] Und es gibt Vertrauen."

L8 hat insgesamt drei Monate lang den Open-Loop genutzt, weil er in dieser Zeit noch keine zum Loopen geeignete Insulinpumpe besaß, der Open-Loop aber mit jeder Insulinpumpe genutzt werden kann. Für L8 führte diese lange Nutzungszeit zu großem Vertrauen: „Das hat also ganz ganz großes Vertrauen in das System gebracht, dadurch, dass ich das so lange gemacht habe. [...] Und dann war für mich klar, in dem Moment, wo ich die Pumpe habe, zack, ab geht die Post. Umschalten und los geht es." (L8:45).

L1 und L6 nennen noch einen weiteren Aspekt, der Vertrauen in die OSCLS generiert: Die eigene Erfahrung mit dem System und die überzeugenden Ergebnisse, die damit erzielt werden, sobald der Open-Loop durchlaufen ist. L1 (87, vgl. L6:276) bezeichnet es als „ein sehr einschneidendes Erlebnis, wenn [...] die erste Nacht [...] der Zucker echt läuft wie so ein Strich. [...] Und da muss ich sagen, das war schon ein sehr

6. Open-Source-Closed-Loop-Systeme, Community und Auswertung

einschneidendes Erlebnis, dann plötzlich. Und dann fängt man halt an, der Sache zu trauen.".

L8 (163) nennt darüber hinaus die große Zahl der von der Community generierten und kommunizierten Loop-Stunden (Lewis & OpenAPS Community 2022b) als Grund für sein Vertrauen in die Systeme. So kam auch bei F2 (115) das eigentliche Vertrauen, das zur Nutzung des OSCLS führte, „schon auch einfach über die Anzahl der Nutzer, bei denen es funktioniert.".

6.8.2 Vertrauen in die Community

> *Genau. Vollstes Vertrauen in die Leute, die es machen, in die Art und Weise, wie es gemacht wird. Super.*
> *(L6:338)*

Vertrauen generiert sich für die Nutzenden der OSCLS stark durch die Open-Source-Community. So betont insbesondere L6, dass sie äußerst skeptisch war, als sie zum ersten Mal von den OSCLS hörte und diese Skepsis sich durch den Austausch mit der Community legte: „Mein erster Gedanke war, geht gar nicht. Ganz klar, will ich nicht. Ich kann mir doch nicht irgendwas aus dem Internet runterladen, da kann ja alles drin sein." (L6:67). So habe sie in ihrer „Anfangsphase, als ich nicht geloopt habe, als ich von der Sache nur vom Hörensagen [kannte], habe ich da ein ganz, ganz großes Fragezeichen rangemacht. Weil ich wirklich dachte, was sind das für Leute. Und für mich war es wichtig, diese Leute kennenzulernen. Über alle möglichen Kanäle, über Bekannte, über die Treffen." (L6:191).

6.8.2.1 Die Entwickler:innen

Ein besonders vertrauensgenerierender Aspekt ist „die Motivation für den Entwickler" (F1:121) des jeweiligen OSCLS. Den Entwickler:innen, deren Aussagen und somit auch den von ihnen zur Verfügung gestellten Technologien wird insbesondere deshalb Vertrauen entgegengebracht, weil sie teilweise (wie der an dieser Stelle häufig genannte *AndroidAPS*-Entwickler Milos Kozac) die OSCLS für ihr eigenes Kind entwickelt haben und an diesem nutzen: „Und vor allen Dingen, diese Entwickler, die haben da ihre Kinder dranhängen. Also, [...] wenn so jemand nicht sorgfältig arbeitet und sorgfältig prüft, wer denn dann?" (L5:210, vgl. L6:276). F1 (87) spricht von einer „extrem hohe[n] intrinsische[n] Motivation, da nichts zu machen, was dem Kind schadet. Deswegen habe ich da ein prinzipielles Grundvertrauen. Mehr noch als in die Industrie, ehrlich gesagt." Daher sieht F1 auch keinen Grund, warum das OSCLS für seine Frau L3 nicht auch „gut sein" soll: „Wenn es für seine Tochter gut ist, warum soll es dann nicht für meine Frau gut sein." (F1:121).

Auch über den Aspekt der Entwicklung und Nutzung der OSCLS für das eigene Kind hinaus besteht Vertrauen in die Entwickler:innen. Für L8 (163) generiert sich dieses, weil er „einige der App-Entwickler persönlich [kennt], ich weiß von deren Hintergrund [...]. Deswegen habe ich da Vertrauen dazu und das funktioniert für mich." Die meisten der Interviewten kennen die Entwickler:innen nicht persönlich, haben aber trotzdem Vertrauen in sie und ihre Arbeit. Für L6 kommt dies durch die Aussagen von Milos Kovac in den sozialen Medien: „Also, da habe ich wirklich großes Vertrauen. [...] Aber wenn er schreibt, hat es einen Zopf, sage ich mir. Das ist reell, das ist, also für mich ist das absolut glaubhaft." (L6:276).

E1 (141) benennt in diesem Kontext, dass die Entwickler:innen die Systeme selbst nutzen. F1 (85) hat „ein relativ großes Grundvertrauen [in Milos Kozac]", weil sich F1 selbst beruflich mit Open-Source-Software beschäftigt und in diese Form der Software-Erstellung generell Vertrauen hat.

Ein weiterer Grund für das Vertrauen ist, dass die Entwickler:innen die Systeme für alle zugänglich ins Netz stellen. L6 findet das „unheimlich mutig von den Entwicklern, das ins Netz zu stellen. Und großzügig und diese Wahnsinnsarbeit, die da investiert wird." (L6:284, vgl. E1:141). E1 (141) ist davon überzeugt, „[d]ass das niemand machen würde, der nicht absolut auf dieses System vertraut".

6.8.2.2 Die gleiche Situation

Einige der interviewten Nutzenden geben an, der Community und den zur Verfügung gestellten Technologien zu vertrauen, da sich die Entwickler:innen sowie die anderen Nutzenden in der gleichen Situation befinden wie sie selbst und daher sowohl die notwendige Expertise als auch das Verständnis für die Situation aufbringen.

L7 (135) geht „davon aus, dass das alles Leute sind, die in der gleichen Situation sind wie ich. Die haben alle Diabetes Typ-1 und wissen auch, was das bedeutet. Und ich kann mir nicht vorstellen, dass da einer dabei ist, der da dann Mist baut. Ich sage einmal, nicht willentlich." Daher denkt er, dass schwerwiegende Software-Fehler von der Community sofort an alle Nutzenden kommuniziert würden: „Weil, ich sage einmal, da hängt ein Leben daran. Weißt du? Es ist unser Leben. Und nicht nur meines. Sondern von allen, die das machen. Also da habe ich echt großes Vertrauen darin, dass das schon gut läuft." (L7:139). Ähnlich argumentiert L5 (190), für die die Personen aus der Community „einfach genauso in dem gleichen Boot sitzen" und daher „nie sich selber oder andere in Gefahr bringen" würden: „[D]ie sind auch alle nicht weit weg, wenn die erzählen. [...] Sondern die sind alle mit ihren Sachen so greifbar, so nachvollziehbar" (L5:190). Sie beschreibt dies als „so eine Art Leidensgemeinschaft [...], die, ich glaube, auch so ein Stück weit aufeinander aufpasst" (L5:194).

Entsprechend formuliert L4 (193), davon auszugehen, „dass es denen genauso geht. Die wollen eine Verbesserung. Und diese Verbesserung wollen sie gerne auch mitteilen." Auch L8 (175) geht, ganz im Sinne des Mottos der Community, davon aus, dass „die [Entwickler] wirklich weiterkommen wollen. We are not waiting, wir zusammen.".

L2 (123) vertraut der Community aufgrund des Wissens, das diese „aus ihrem täglichen Leben haben. Und aus ihrem täglichen Leben teilen." Dieses praktische Wissen schätzt sie hoch ein und geht davon aus, dass „viele Diabetiker von uns, die lange genug dabei sind und sich mit dem Thema auch wirklich auseinandersetzen, [...] wesentlich fitter [sind] wie mancher Diabetologe, der [...] sein Wissen aus Büchern hat und aus der Theorie. Und die Community hat ihr Wissen aus der Praxis." (L2:125). Dies generiert auch für F1 Vertrauen: „Also, was ich in dem Diabetiker-Umfeld einfach schon gemerkt habe ist, dass es dort halt wirklich absolute Profis gibt, die sich wirklich brutal auskennen [gemeint ist diabetesspezifisches Wissen]. Auch [meine Frau] ist in der Theorie extrem gut." (F1:85).

E1 (133) hat das „Knowhow" von Dana Lewis und deren Ehemann überzeugt, darüber hinaus aber auch die technische Kompetenz von F2, der weder selbst T1D noch ein Kind mit T1D hat, jedoch „selber drei kleine Kinder im Alter meiner Kinder hat." Somit ist aus der Sicht von E1 auch F2 in einer vergleichbaren Situation, da er als Vater kleiner Kinder die Sorge um das Wohl der eigenen Tochter nachvollziehen kann.

6.8.2.3 Persönlicher Austausch

Ein weiterer Grund für das Vertrauen der Interviewten ist der persönliche Austausch mit und Kontakt zu den MmT1D, die die OSCLS nutzen und darüber berichten.

Für L6 (300) „war es wichtig, Leute Face-to-Face zu kennen. Ohne das wäre es für mich kein Thema gewesen." Weiter nennt sie als Grund für ihr Vertrauen, dass sie bereits im Vorfeld der Nutzung einige Nutzende „gut" (L6:282) kannte und sie diesen Personen auf der persönlichen Ebene Vertrauen entgegenbringt: „Einer hat ganz klar gesagt, er ist jetzt um die 70. Alles was vorher war, war ein Scheiß. [...] Das hat sich alles bestätigt. Und das sind Leute, die würden mir sagen, lass die Finger weg. Oder da hat es Stolpersteine drin. Das ist ehrlich und aufrichtig. Und so versuche ich auch mit den Leuten umzugehen." (L6:282).

Auch für Z1 und Z2 war der persönliche Kontakt zu den Personen aus der Community die Grundlage für das Vertrauen in die Systeme. Bei Z1 (107) war es ähnlich wie bei L6, dass sie „ja auch viele persönlich" kennt: „[Ich] habe es dann auch bei vielen persönlich gesehen wie alles funktioniert. Deswegen ja, hatte ich da eigentlich schon Vertrauen, dass die da auch ehrlich zu mir sind und so weiter.". Das ist bei Z2 (95) ähnlich, allerdings hatte sie lediglich „schon mal ein, zwei von denen in Real-Life gesehen, ohne dass wir großartig Kontakt hatten oder so", weshalb sie ihr darauf begründetes Vertrauen im Nachhinein als „vielleicht auch naiv irgendwie" bezeichnet.

6.8.3 Kein vollumfängliches Vertrauen

> *Ja, weil es ja doch ein System ist, dem ich persönlich, eigentlich, wenn ich ganz ehrlich bin, nicht wirklich vertraue.*
> *(F2:125)*

Auf die Frage nach dem Vertrauen in die Community und die von ihr zur Verfügung gestellten Systeme äußern sich E2, F1 und F2 (die Nutzenden mit einer informationstechnologischen Expertise) mit einer gewissen Skepsis und geben an, den Systemen und der Community nur ein bedingtes Vertrauen entgegenzubringen. F2 (111) formuliert, dass er „[i]n dem Zusammenhang [...] erst mal keinem [traut]. Aber, ja, was soll ich sagen. Die sind jetzt nicht böse und nicht dumm und nicht nichts, aber trotzdem möchte ich, bevor ich so etwas mache, das selber beurteilt haben." F1 (159) drückt das ähnlich aus und spricht von „Leute[n] mit verqueren Meinungen, auch tatsächlich Leute, die falsche Ansichten vertreten", und betont daher die Wichtigkeit, „dass man eine vernünftige, theoretische Grundlage hat rund um den Diabetes, um dann eben auch in so einer Community sinnvoll zu interagieren. Und auch mit den Informationen sinnvoll was anfangen zu können."

F2 beschreibt detailliert, warum die Auseinandersetzung mit *OpenAPS* bei ihm anfänglich zu Skepsis führte:

> „Mein Vertrauen dahin war begrenzt, nachdem ich es angeguckt hatte. [...] [M]an sieht ja immer ein bisschen an, wie das entstanden ist. Ja. Ich sage mal aus der Not heraus hat jemand was gebaut. Mit den Mitteln, die er zur Verfügung hatte. [...] Das ist ja so eine Linux-Kiste, auf der dann ein Verhau an alten Skripten und Shelfskripten und Javaskriptzeugs ineinander verzahnt läuft, wo man nicht so richtig den Überblick hat, wer wo was macht. Und wo ich mich schwertue, sicherzustellen, dass das alles in jeder Situation geht. [...] Und klar, macht man sich da seine Gedanken, aber, wie gesagt, wir haben uns überlegt, wie man sich da absichern kann. Und wir haben es auch heute nicht in voller Schönheit laufen." (F2:49-53)

Für F1, der in vielen Punkten großes Vertrauen in die Systeme ausdrückt, führte gerade der von vielen Nutzenden positiv bewertete Open-Loop von *AndroidAPS* zu weniger initialem Vertrauen in das System, da dieser die Basalrate häufig in kurzen Intervallen ändert: „Das schien mir extremst kurz gedacht teilweise. Also, das hat tatsächlich nicht zu unserem Vertrauen beigetragen." (F1:103).

6. Open-Source-Closed-Loop-Systeme, Community und Auswertung

E2 vertraut den Systemen, da er sie selbst beurteilen kann (E2:95-97, vgl. Kapitel 6.9.1.2), allerdings sieht er „das Problem, es gibt auch immer wieder falsche Informationen in der Community, die ich, weil ich mich eben technisch sehr tief damit beschäftigt habe, dann eben auch entsprechend widerlegen kann, aber das ist durchaus gefährlich. Muss ich zugeben. Die Community ist nicht in allen Belangen vertrauenswürdig." (E2:76). Über seine technische Expertise hinaus ist es vor allem Erfahrung, in seinem Fall nicht mit dem OSCLS, sondern mit den Akteur:innen der Community, die Vertrauen schafft:

> „Man lernt aber tatsächlich doch im Laufe der Zeit, dass bestimmte Leute, die eben einfach auch schon entsprechende Erfahrungen haben, doch durchaus vertrauenswürdige Informationen weiterleiten können. Und man kann schon ein bisschen filtern. Einfach aufgrund der monatelangen Erfahrung jetzt, dass man weiß, bestimmte Leute haben grundsätzlich etwas Richtiges und Gutes rausgebracht. Wenn von denen eine Information kommt, da muss ich gar nicht mehr kritisch rangehen. Da weiß ich, da kommt einfach das Richtige." (E2:78)

Sowohl F1 als auch E2 sprechen hier von „falsche[n] Informationen" (E2:76) und „widersprüchliche[n] Informationen" (E2:78) bzw. „falsche[n] Ansichten" (F1:159), die in der Community vertreten werden. Sie kritisieren also an dieser Stelle die Personen der Community, nicht die Systeme (mit Ausnahme von F1s Kritik am Open-Loop). Kritik am System findet sich lediglich bei E2, der allerdings *OpenAPS*, und nicht, wie F1 und E2, *AndroidAPS* nutzt.

Auch L8, der volles Vertrauen in die Systeme und die Entwickler:innen hat, äußert sich nur eingeschränkt hinsichtlich des Vertrauens in die Community: „Schon groß, aber da würde ich eben nicht uneingeschränkt sagen, so." (L8:173). Dies gilt auch für L6: sie vertraut den Personen aus der Community, die sie kennt, bleibt darüber hinaus aber skeptisch: „Sonst
ist es immer gesünder, mal zu hinterfragen. Also, ich entscheide für mich." (L6:274).

6.8.4 Mehr Vertrauen in Community als in konventionelles Gesundheitswesen

Aus meiner Erfahrung heraus ist die Motivation, mit der der Milos da arbeitet, wesentlich vertrauenswürdiger als eine Medizinfirma, Technikfirma.
(F1:99)

Auf die Frage, ob die interviewten Nutzenden mehr Vertrauen in die OSCLS-Community haben als in das Gesundheitswesen, antworten die Interviewten ambivalent. Von den Loopenden geben L2, L3 und L5 an, mehr Vertrauen in die OSCLS-Community als in das konventionelle System zu haben: „Natürlich Do It Yourself, auf jeden Fall." (L3:262).

L2 (197) begründet das (erneut) damit, dass die Entwickler und die Community ihr Wissen über T1D aus der Praxis und nicht der Theorie haben. Für L5 (280-282) sind hier mit OS zusammenhängende Aspekte von Verteilungsgerechtigkeit und finanziellen Interessen vertrauensbildend, „seitdem ich da selber, also, mit aktiv bin. Ja, weil ich hinterfrage schon sehr die finanziellen Absichten von dem Ganzen, bei den konventionellen Sachen. Und sehe schon, dass da auch viele ausgeschlossen sind […] und das stößt einem dann echt sauer auf, wenn man das dann mitkriegt.".

Auch E2 und F1 haben mehr Vertrauen in die Community, trotz Kritik an der Vertrauenswürdigkeit der Community. Für E2 hängt dies mit der Überprüfbarkeit der Systeme durch die (IT-versierten) Nutzenden zusammen (E2:95-97, vgl. Kapitel 6.9.1.2).

F1 erklärt detailliert anhand seiner Berufserfahrung, dass die Vertrauenswürdigkeit von Technologieentwicklung nicht an Prüfprozessen oder der Einhaltungspflicht von Normen festgemacht werden kann:

> „Und ich kenne die Prozesse. Und ich vermute, die sind in der Medizintechnik ähnlich. Und die sind meistens mit Schmerzen für die Entwickler verbunden. […] [E]s gibt halt Normen, und die müssen diese Normen erfüllen. Aus meiner Sicht führen diese Normen nicht zu besserer Software. Nur zu besser kontrollierter Softwareentwicklung. Aber ein schlechter Entwickler wird immer noch schlechte Software entwickeln. Zwar nach allen Kriterien mit Dokumenten versehen, aber garbage in, garbage out. Ganz einfach. Also ich habe prinzipiell kein Vertrauen in diese Art von Softwareentwicklung. Nicht mehr. Oder ich glaube, dass es bessere Softwareentwicklung gibt, und das vermittle ich dann zum Beispiel auch meiner Frau. Also, wir haben jetzt kein gesteigertes Vertrauen in Medizin-Konzerne, die da was machen. Wie gesagt, von meiner, aus meiner Erfahrung heraus, ist die Motivation, mit der der Milos da arbeitet, wesentlich vertrauenswürdiger als eine Medizinfirma, Technikfirma." (F1:99)

Für F1 ist die intrinsische Motivation der OSCLS-Entwickler:innen „vertrauenswürdiger" als die Motivation angestellter Entwickler:innen, mit ihrer Arbeit Geld zu verdienen:

> „Also, ich habe in offene Communities prinzipiell ein sehr hohes Vertrauen, weil da Leute drin sind, die es wirklich aus einer Eigenmotivation machen. Das macht ein Entwickler in der Firma normalerweise nicht. Also was heißt normalerweise nicht, das ist falsch. Aber […] er macht es, weil er halt in irgendeiner Form Geld verdienen will. Natürlich sucht man sich auch einen Job, den man macht, weil man davon überzeugt ist. Aber das ist nicht naturgegeben. Während wenn ich in einer Community aus einer intrinsischen Motivation was mache, ist das einfach naturgegeben, dass ich versuche,

das voranzutreiben. Deswegen finde ich den Ansatz prinzipiell vertrauenswürdiger als in der Firma, die Geld verdienen möchte." (F1:203)

Auch die Möglichkeit des persönlichen Kontakts zu den Entwickler:innen schafft für F1 Vertrauen. Er betont, dass die Qualität der Software von den jeweiligen Entwickler:innen abhängt:

„Also es kommt letztlich auf die Entwickler an. Und welche Motivation, welche, ja, wie gut die geschult sind, wie gut die ihr Metier beherrschen. Das sind die relevanten Kriterien. Und da habe ich tatsächlich mehr Vertrauen in die offene Lösung. Weil ich da nämlich mit den Leuten Kontakt aufnehmen kann. Bei einer Firma sind das irgendwelche anonymen Leute. Ich weiß, wie wir Entwickler suchen, händeringend, gute. Ich weiß, was wir dann auch machen. Und wer dann teilweise Software entwickelt. Also, aus meinem Softwareentwicklungshintergrund sage ich, gibt es eher Vertrauens-Themen bei Medizinprodukten." (F1:123)

Lediglich L6, Z2 und F2 geben an, nicht mehr Vertrauen in die OSCLS-Community als in das Gesundheitswesen zu haben. L6 (340-342) würde sehr gerne ein System in der gleichen Qualität wie *AndroidAPS* mit Zulassung nutzen, Z2 (115) vertraut „da schon auch eher in unser Gesundheitssystem" und denkt, „das, was auf dem Markt ist, das ist gut und sicher". F2 (45) vertraut „selbstverständlich" mehr auf das Gesundheitswesen, da es „ganz andere Anforderungen zu erfüllen" hat.

L7 und L8 positionieren sich nicht polarisierend zu dieser Frage. L7 (171) vertraut beiden. L8 (229) traut den Herstellern die Entwicklung automatisierter Systeme zu, sieht die Problematik aber in den regulatorischen Einschränkungen.

6.9 Sicherheit im Kontext der Open-Source-Closed-Loop-Systeme

Ich sage heute, Loopen ist sicherer als alles andere. Wenn man es vernünftig einsetzt.
(L6:191)
Like that was a core part of what we did first in
Deciding, like is it safe to automate insulin delivery?
Yes, with all of the safety design. So safety is big then.
(A2:43)

Dieser Abschnitt betrachtet die Sicherheit der OSCLS. Mit Sicherheit ist hier die gesundheitliche Sicherheit der Nutzenden gemeint, aber auch (in geringerem Maß) die Sicherheit anderer, sofern es beispielsweise um die Sicherheit im Straßenverkehr geht und die Auswirkungen von Hypoglykämien nicht nur zu einer potenziellen Gefährdung des MmT1D, sondern auch zu einer Gefährdung anderer Personen führen können. Sicherheitsaspekte wie Datenschutz (Sicherheit der Daten) oder Sicherheit vor Angriffen durch Hacking der Systeme werden nicht behandelt.

Da die OSCLS keine klinisch geprüften und offiziell zugelassenen Systeme sind, sieht sich die Community häufig dem Vorwurf ausgesetzt, sich mit der Nutzung in Gefahr zu begeben und durch Fehlfunktionen gefährliche Über- oder Unterdosierungen von Insulin zu riskieren, die zu akuten und potenziell lebensgefährlichen Situationen führen können. Dies ist einer der relevantesten und stärksten Kritikpunkte, der von außen an die Systeme sowie auch an die Nutzenden der OSCLS herangetragen wird. In einem Editorial der Zeitschrift Diabetes Journal (04/2019) äußert sich Thomas Haak, renommierter Diabetologe und Herausgeber der Zeitschrift, kritisch zu den OSCLS: „Gefährlich ist es auch, wenn wir einer Verlockung, die uns für Gefahren blind werden lässt, nicht widerstehen können. Eine solche z.b. ist der Traum für Menschen mit insulinpflichtigem Diabetes, **eine künstliche Bauchspeicheldrüse durch technischen Fortschritt** zu bekommen" (Haak, 2019; Hervorhebung im Original).

Bislang ist lediglich ein Fall einer schweren Hypoglykämie mit der Notwendigkeit von Fremdhilfe bekannt, auf Basis dessen die FDA eine Warnung vor der Nutzung der OSCLS veröffentlichte (FDA, 2019d). Nähere Details zu diesem Vorfall lassen sich jedoch nicht ausfindig machen. Die geäußerten Befürchtungen bestätigen sich in der Praxis anscheinend nicht.

Auffällig ist, dass sich eine solche Kritik und regelrechte Warnung vor den OSCLS nicht in der wissenschaftlichen Literatur findet, auch nicht, wenn es sich bei dieser um Publikationen aus klinischer Sicht bzw. von Ärzt:innen handelt. Im Gegenteil werden die Systeme dort eher positiv besprochen und sowohl deren Effizienz als auch das Verständnis der Mediziner:innen und Wissenschaftler:innen für die Nutzenden betont (siehe Kapitel 6.5). Die Nutzenden selbst konstatieren entweder, das Leben als MmT1D sei durch die Nutzung der OSCLS sicherer geworden oder nicht unsicherer.

Die Patient Reported Outcomes (PRO) der Nutzenden von OSCLS sowie die verfügbaren Resultate klinischer und Beobachtungsstudien (siehe Kapitel 6.5) zeigen, dass die Systeme durchaus sicher sind und sogar sicherer als konventionelle therapeutische Ansätze (ohne kommerzielle CLS), gemessen an den Zeiten in Hypo- und Hyperglykämie und ohne schwerwiegende Vorkommen von Hypo- oder Hyperglykämien (Boughton & Hovorka, 2019). Im Vergleich zu kommerziellen CLS zeigt die Studienlage auf, dass sowohl kommerzielle CLS als auch OSCLS sicher für die Nutzenden sind, also zu einer verbesserten glykämischen Kontrolle ohne die erhöhte Gefahr von Hypoglykämien und Diabetischer Ketoazidose führen (Jeyaventhan *et al.*, 2021; Knoll *et al.*, 2021; Burnside *et al.*, 2022).

Die OSCLS-Community verweist darauf, dass die Systeme durchaus getestet sind, wenn auch nicht klinisch, sondern anhand der bereits genannten über 2.500 Nutzenden

6. Open-Source-Closed-Loop-Systeme, Community und Auswertung 217

weltweit, die geschätzt 55,2 Millionen Stunden der Loopnutzung generiert haben; eine Zahl, die Studien zu kommerziellen CLS nicht erreichen (Lewis & OpenAPS Community 2022; Lewis & OpenAPS Community 2022b). Darauf basierend lässt sich dafür argumentieren, dass die OSCLS sogar sicherer (und nicht weniger sicher) sind als kommerzielle Systeme. Da sie, wie bereits beschrieben, Open-Source-entwickelt sind, ist es möglich, das Feedback der Nutzenden und die Erkenntnisse aus den vielen Loopstunden direkt in die nächste Version einfließen zu lassen, „potentially providing much more experience and many more bug fixes than any testing of a formally regulated device" (Wilmot & Danne, 2020). Ein weiterer Vorteil der Open-Source-Entwicklung ist die individuelle Einstellbarkeit der Systeme. Dies ermöglicht eine Funktionsweise, die sich wesentlich passgenauer auf die individuelle Auswirkung des T1D und die Bedarfe der Nutzenden legen lässt (Kesavadev *et al.*, 2020). Auch das kann zu zusätzlicher Sicherheit führen.

A2 beschreibt, dass die OSCLS sicher sind aufgrund von Limitierungen von Hard- und Software sowie aufgrund von Absicherungen, die die Möglichkeit des Ausfallens diverser Systemkomponenten mitdenken:

> „[W]e have hardware limits, we have pump limits, we have software limits on how much the system is allowed to do at any given time. I mean like right out through, all the ways it is going to fail and here is what we do in those scenarios. So if it is going to fail but when it fails and we have designed for those situations so you walk out of range, your pump cycles out, your CGM falls out. Like all the stuff that happens in real life with diabetes, we absolutely put that into the design." (A2:43)

Auch A1 (164) legt dar, dass die Wahrscheinlichkeit für durch die OSCLS ausgelöste unerwünschte Ereignisse „sehr, sehr, sehr, sehr gering" ist, sofern „man alles richtig macht, die CGM-Quellen entsprechend überprüft und so weiter, die Faktoren richtig eingestellt hat, man auf den Masterversionen, die für die Allgemeinheit freigegeben ist, verwendet, immer mal wieder drüberschaut, ob die Faktoren und so weiter noch passen [...]" (A1:164).

Die Interviewten wurden gefragt, ob sie die OSCLS für sicher halten. Alle Loopenden, beide Eltern, Z1, D1 und D2 sowie A1 und A2 (s.o.) halten die OSCLS bzw. das OSCLS, das sie selbst nutzen, für sicher (L1:209, L2:153, L3:137, L7:99, E2:59, Z1:64, D1:39, D2:35) und differenzieren ihre Gründe im Verlauf des Gesprächs.

F1, F2, H1, H2, D3 und M1 halten die OSCLS für sicher im Vergleich zu anderen Technologien für T1D sowie im Kontext bestimmter Bedingungen (siehe Kapitel 6.9.1 und 6.9.2). Ausschließlich Z2 (59, 67) verneint die Frage, ob sie die OSCLS per se für sicher halte.

L5 und L8 geben darüber hinaus an, dass sie das System ohne die Überzeugung, es sei sicher, nicht nutzen würden: „[H]ätte ich ja auch eine Ahnung oder, ja, auch eine

Idee, davon, dass mich das Ganze gefährden würde, würde ich es nicht anrühren." (L5:126, vgl. L8:113). Teilweise differenzieren die Genannten über die Bejahung der Sicherheit hinaus konkret, unter welchen Bedingungen sie das jeweilige OSCLS als sicher einschätzen (vgl. Kapitel 6.4). L4 (145) hält es für sicher „[u]nter den Restriktionen, man hat eine grundlegend richtige Einstellung von Basalwerten und den anderen Sachen gemacht." L6 (191) gibt an, dass aus ihrer Sicht „Loopen [...] sicherer [ist] als alles andere. Wenn man es vernünftig einsetzt." Ähnlich argumentiert auch Z1, die „nie irgendwie das Gefühl [hatte], dass es jetzt irgendwas macht, was ich nicht wollte, oder was ich nicht abschätzen konnte. Aber es kommt natürlich auch stark darauf an, wie man alles einstellt." (Z1:64).

L7 (97) ist „eigentlich von der Sicherheit überzeugt", auch, weil er den Loop „immer" beobachtet: „Also ich bin immer bei ihm, sozusagen. Und das will ich auch nicht ändern." (L7:97).

E1 (139) schließlich gibt an, dass sie das „Loopen für ein sicheres System [hält], nicht aber den Sensor". L1 (131) hält die OSCLS für „[s]o sicher wie eine normale Insulinpumpentherapie auch", wobei er ebenso wie E1 als „einzige[s] Problem" den Sensor ausmacht. Auch D3 geht davon aus, dass die OSCLS sicher sind, sofern sie von Erwachsenen angewendet werden, die sich sehr gut mit ihrem individuellen T1D auskennen, relativiert dies jedoch im Kontext ihrer mangelnden Erfahrung mit einem Open-Source-System:

> „[I]ch kann nur vom Hörensagen erzählen, dass ich von den Kollegen, die ich kenne, schon gehört habe, dass es auch mal technische Probleme gibt, zwar nicht mit einer Fehldosierung, aber Verbindungsproblematik. Oder dass man eben sehr genau seinen Diabetes kennen muss, dass man verstehen muss, wie der Algorithmus reagiert, wenn man krank ist oder wenn man Sport macht und eigentlich einen anderen Zielwert anstrebt als den, der im Hintergrund programmiert ist. Insofern, ich würde sagen, so gut wie die auf ihren Diabetes achten, scheinen die Systeme sicher zu sein für Erwachsene [...]." (D3:21)

Z2 (59-61) beantwortet die Frage nach der Sicherheit der OSCLS als einzige der Interviewten mit nein, da sie die Sicherheit nicht für alle potenziellen Anwendenden gewährleistet sieht, sondern für eine spezifische Zielgruppe. Dies begründet sie ausdrücklich nicht mit der Open-Source-Entwicklung, sondern mit den potenziellen Anwendungsfehlern. Z2 (63) differenziert, dass sie es nicht generell für gefährlich hält, sieht aber Risiken, da *OpenAPS* ihr die Möglichkeit bot, den Loop „relativ schnell sehr sehr scharf [zu stellen], weil, naja, ich habe mich relativ sicher gefühlt. Ich merke meine Hypos und zur Not stelle ich das aus. Aber wenn jetzt jemand dabei ist, [...] dem das eben nicht so geht, der vielleicht die Sicherheitsfeatures schon relativ früh

# 6. Open-Source-Closed-Loop-Systeme, Community und Auswertung

ausstellt, der dann da über Nacht doch eine enorme Menge Bolus irgendwie kriegt, ich würde schon sagen, dass da ein gewisses Risiko ist." Selbst hat sich Z2 (67) jedoch nie unsicher mit *OpenAPS* gefühlt. Weiter werden die Risiken der OSCLS-Nutzung im Kapitel 6.10 besprochen.

6.9.1 Sicherheit der Open-Source-Closed-Loop-Systeme aufgrund kommerzieller Technologien

Die Interviewten nennen verschiedene Gründe, warum sie die OSCLS für sicher halten. Diese werden im Folgenden dargelegt.

6.9.1.1 Sicherheit der Open-Source-Closed-Loop-Systeme aufgrund kommerzieller Technologien

> *Aber ich habe auch gesagt, mir kann nichts passieren, weil ich habe das CGM. Und das CGM zeigt mir an, wenn es nach oben oder unten weg geht und dann kann ich ja immer noch eingreifen, ich bin ja nicht doof.*
> *(L8:41)*

Die OSCLS-Community agiert keinesfalls entfremdet von den kommerziellen und klinisch geprüften Technologien bzw. dem Gesundheitswesen. Die verwendete Hardware sowie die genutzten Insulinpumpen und CGM sind kommerzieller Natur und entsprechen den regulären Anforderungen. Ausnahmen bilden Insulinpumpen, die außerhalb der Gewährleistung durch den Hersteller betrieben werden, und Sensoren, die über den empfohlenen Nutzungszeitraum verlängert werden. Die Parameter, die die Grundlage für die OSCLS darstellen, sind die generellen Parameter der T1D-Therapie (wie Essensfaktoren und Basalrate, siehe Kapitel 4.1.2) und können weiterhin mit den medizinischen Fachkräften abgesprochen werden (vgl. u. a. Crabtree, McLay & Wilmot, 2019; Kesavadev *et al.*, 2020). Vor diesem Hintergrund argumentieren die Nutzenden sowohl für die Sicherheit oder Unsicherheit als auch für die Nicht-Veränderung von Sicherheit und Unsicherheit durch die OSCLS-Nutzung; und dies sowohl im Allgemeinen als auch im Vergleich mit anderen gängigen Therapien für T1D.

Das CGM ist grundlegender Bestandteil der OSCLS. Die durch das CGM gelieferten BG-Daten werden durch die Nutzung des OSCLS nicht verändert und auch die Möglichkeit der Alarmfunktion bleibt erhalten. Daraus entsteht für die Nutzenden der OSCLS sowohl eine generelle Sicherheit als auch eine Sicherheit spezifisch zu Beginn der OSCLS-Nutzung, wenn ein initiales Grundvertrauen evtl. noch nicht besteht:

„Aber dadurch, dass es eben ein System ist, das redundant aufgebaut ist, weil ich habe ja zum Beispiel einen CGM-Sensor, der zwar zum einen Werte liefert, um die Pumpe zu steuern, der mich aber auch warnt, wenn es jetzt in die falsche Richtung geht. Das ist das Entscheidende. Das ist nicht, ich liefere mich einer Technologie aus, sondern da gibt es eine Sicherung." (L8:55)

L8 (113) erklärt, dass für ihn Sicherheit durch die Modularität und die Redundanz entsteht, dadurch, dass das OSCLS aus „verschiedene[n] Systeme[n] besteht]. Ich habe das CGM, das ist immer mein Fallback, das warnt mich. [...] Aber ich habe zwei Systeme, die aufeinander aufbauen. Und wenn eines nicht funktioniert, dann warnt mich noch das andere. Und das ist die Redundanz ist ganz wichtig. Und deswegen ist es für mich sicher.". Ähnlich argumentieren L2 und L5:

„Im blödesten Fall kriege ich einen Alarm, dass der Zucker zu hoch oder zu niedrig ist. Kann die Faktoren anschauen, gucken, da ist irgendwas passiert und kann entsprechend eingreifen. Also von dem her habe ich da keine Angst. Also ich glaube schon, dass die Sicherheit irgendwo gegeben ist. Spätestens, weil sich der Sensor dann meldet, dass irgendwas [ist]." (L2:91; vgl. L5:126)

E1 vergleicht an dieser Stelle das OSCLS mit den ihr vorliegenden Informationen zur MiniMed 670G. Sie sieht keinen Unterschied zwischen der Sicherheit rein kommerzieller Systeme und der Sicherheit des OSCLS. Beide sind durch die Zuverlässigkeit der Sensoren bedingt und lassen sich durch die BGSM überprüfen: „Und wenn was nicht stimmt, dann ist ja das bei dem Diabetes so, ich habe ja immer die Kontrollmöglichkeit der blutigen Messung." (E1:135). Da für sie die größte Unsicherheit durch die Unzuverlässigkeit der Sensoren besteht und sie sowohl mit *OpenAPS* als auch mit dem 670G-System die gleichen Sensoren nutzt bzw. nutzen würde, sieht sie keinen Unterschied bezüglich der Sicherheit der Systeme: „Und die [670G] würde ja mit demselben Sensor arbeiten, mit dem wir jetzt auch arbeiten. Das heißt, das System hat genau so wenig Sicherheit, wie unser OpenAPS-System. Ist der Sensor schlecht, läuft das System schlecht." (E1:135).

Auch H2 (59) bestätigt die Sicherheit der OSCLS aufgrund der zugrundeliegenden CGM und geht daher davon aus, „dass das im Großen und Ganzen technisch ganz gut funktioniert, keine Frage." Er begründet die Sicherheit in der Beobachtbarkeit der BG-Verläufe, sieht die Nächte jedoch kritischer:

„Was sie ja alle haben, sie haben ein CGM dran. [...] Und wenn sie merken, dass irgendwo etwas zum Absturz kommt, dass die Werte sehr schnell nach unten sinken, dann werden sie irgendwo was essen, werden das abfangen. [...] Ja und nachts muss man sehen, manche haben ein Alarmsystem drinnen oder viele. Das ist dann so ein bisschen so eine Sache." (H2:59)

6. Open-Source-Closed-Loop-Systeme, Community und Auswertung 221

Ebenso wie für einige Loopende (vgl. L8:113), ergibt sich auch für H2 (31) die Sicherheit „aus dem Zusammenspiel des Gesamtsystems." Allerdings ist es für H2 (31-33) „dadurch, dass hier auch gebastelt wird [...] zumindest keine absicherbare Sicherheit. [...] Ich meine damit, dass man mit so einem System möglicherweise keinerlei hier rechtliche Bewilligung bekommt.".

Auch die kommerzielle Insulinpumpe einschließlich der in ihr eingespeicherten Behandlungsparameter generiert Sicherheit für die Nutzenden. Sollte das OSCLS ausfallen, etwa durch eine dem System selbst inhärente Fehlerhaftigkeit oder durch das Ausbleiben von BG-Werten, arbeitet die Insulinpumpe entsprechend ihrer durch den MmT1D individuell angepassten Grundeinstellungen weiter. Für L5 und L7 generiert dies Sicherheit, da sie dann „sobald irgendetwas ausfällt, ich einfach auf das Normallevel runterfalle, zurückfalle, dass sich vorher hatte, nämlich eine Pumpe, wo Basalraten drin sind und Faktoren [...]. [So] kann mir nichts passieren." (L5:126, vgl. L7:97).

6.9.1.2 Sicherheit durch Open-Source-Entwicklung

Einige der Interviewten sehen die Sicherheit der OSCLS gerade in dem Aspekt, dass diese nicht von kommerzieller Seite angeboten werden, sondern konzipiert sind von MmT1D oder deren Angehörigen. Diese haben ein intrinsisches Interesse daran, dass es ihnen selbst oder ihren Angehörigen (häufig ihren Kindern) gut geht. Während Unternehmen profitorientiert arbeiten und sich hinsichtlich ihrer Haftbarkeit absichern, sind es bei MmT1D und Eltern von Kindern mit T1D der Wunsch und das Bedürfnis nach Wohlergehen und Sicherheit, welche die Entwicklungsprozesse motivieren. Diese Aussage findet sich bei L8 und E2, aber auch aus fachlicher Perspektive bei M1 (sowie bei F1 (85) und L5 (210), siehe Kapitel 6.8.2).

L8 (121) argumentiert damit, dass die Entwicklung des ersten OSCLS, *OpenAPS*, durch die Angst von Dana Lewis vor nächtlichen Hypoglykämien initiiert wurde und bei *AndroidAPS* „die Hauptentwickler [...] entweder selbst betroffen [sind] oder [...] das für ihr Kind [machen]. Und wer, wenn nicht die, guckt auf Sicherheit. Noch mehr als ein Ingenieur in einem Unternehmen." Über die intrinsische Motivation hinaus führt L8 an, dass die negativen Auswirkungen, sofern jemand durch eine Fehlfunktion des Systems zu Schaden kommen sollte, im Fall der Open-Source-Entwickler deutlich drastischer wären: „Aber wenn ich jetzt das für mich mache oder für mein Kind und mache was falsch, dann spüre ich die Auswirkungen direkt. Im Gegensatz zu dem Ingenieur, der sie indirekt spürt, weil er vielleicht eine auf die Finger kriegt und die Unternehmensversicherung bezahlen muss. Das macht es für mich sicher." (L8:121).

Für E2 ist es ausschlaggebend, dass er bei den OSCLS selbst den Source-Code einsehen und beurteilen kann, ob dieser zuverlässig ist oder nicht. Diese Möglichkeit besteht bei den kommerziellen Systemen nicht:

„Dieses Gefühl der Sicherheit, [...] das habe ich tatsächlich bei diesem freien System viel eher als bei einem geschlossenen System, wo mir nichts von verraten wird. Wo mir nur gesagt wird: Das ist das Beste für dich. Das muss du uns einfach glauben. [...] Also weil ich selber einfach diese Zugriffsmöglichkeiten auch nicht habe. Also ich bin schon jemand, der gerne eine vollständige Kontrolle über das, was er benutzt und macht, hat. Und das ist mit dem Do-It-Yourself-Loop-System absolut gegeben. Und mit den vorgegebenen offiziellen Systemen eben überhaupt nicht." (E2:95-97)

M1 sieht in den Kontrolldynamiken, die bei der Entwicklung von Code in Open-Source-Communities generell gegeben sind, keine geringere Sicherheit als bei kommerziellen Firmen. Beide Herangehensweisen werden von erfahrenen Personen durchgeführt und vor der Veröffentlichung kontrolliert:

„Also die müssen irgendwie entwickelt werden, die Algorithmen, die dahinterstehen. Und wenn das in einer transparenten Art und Weise passiert, wie das in der Open-Source-Community üblicherweise auch gemacht wird, dass jemand sich Änderungen auch anschaut, wenn jemand sagt, hey, ich habe hier was Neues entwickelt. Ich will das hier auf das Repository, auf das GitHub hochladen, schaut sich das jemand Erfahrenes auch an. Oder vielleicht auch mehrere Personen. Oder man stimmt sich ab, was sind jetzt wichtige Features. Und wenn so Software entwickelt wird, dann halte ich die nicht per se für unsicherer, wie wenn das in einem Firmengebäude gemacht wird." (M1:23)

6.9.1.3 Sicherheit durch Erfahrungswerte

Hinsichtlich der Erfahrungswerte sind zwei Arten von Erfahrung zu unterscheiden, die für die Nutzenden zu Sicherheit führen: Die eigenen Erfahrungen sowie die Erfahrungen anderer Nutzender. Die eigene Erfahrung mit dem System bauen die Nutzenden im Laufe der Zeit immer weiter auf und lernen dieses somit mehr und mehr kennen.

L7 beschreibt, anfangs durchaus an dem OSCLS gezweifelt zu haben. Aufgrund der zunehmenden Erfahrungen damit hielten die Zweifel jedoch nicht lange an: „Also klar, hatte ich auch Zweifel. Die sind aber ganz schnell verflogen. Also, ich sage einmal, am Anfang hat man die einfach. Aber wenn man das System kennenlernt und merkt, wie es reagiert, was es macht und so etwas. Also ich habe absolutes Vertrauen in dieses Gerät." (L7:51).

L7 beschreibt einen relevanten Effekt der Systeme: Genau die Situationen, vor denen man sich fürchtet aufgrund der Nutzung eines Systems, nämlich Fehldosierungen und daraus folgende Hypo- und Hyperglykämien, entstehen gerade wegen der Nutzung des Systems nicht, da dieses zuverlässig Hypo- und Hyperglykämien begrenzt: „Ich sehe den Vorteil von diesem System. Der ist einfach viel größer als das, was vielleicht

6. Open-Source-Closed-Loop-Systeme, Community und Auswertung

sein könnte. Also die Situationen, vor denen man Angst hat, mit dem Loop. Die entstehen gar nicht, wegen dem Loop." (L7:51). Ein weiterer Erfahrungswert von L7 (97) ist, dass er „noch nie eine Situation [hatte], wo das Ding irgendwie richtig ausgefallen ist.".

Auch für L5 und L6 sind es positive praktische Erfahrungen, die die Systeme für sie sicher machen. Für L5 ist die Abwesenheit von Hypoglykämien seit der Nutzung des OSCLS ein sehr praktischer Indikator für die Sicherheit des Systems: „Ja, eben dass ich nicht mehr diese Unterzuckerung, die ja für mich die größte Gefahr war, dass die quasi nicht mehr vorkommt. Und das ist für mich einfach schon Beweis genug." (L5:128).

Für L6 kommt Sicherheit durch die Erfolge, die sie mit diesem System hat und die sich bei gleichem Einsatz mit den rein kommerziellen Systemen bei ihr nicht einstellten: „Ich habe mich ja vorher genauso bemüht mit den anderen Systemen, diese Ziele zu erreichen. Die Ziele sind ja nicht neu. [...] Klar, habe ich mich jetzt um diese Programmierungen, Einstellungen auch sehr bemüht. Aber das habe ich vorher auch gemacht. Nur jetzt kamen da auch Folgen mit rüber." (L6:200).

L8 beschreibt detailliert, wie sich für ihn zu Beginn seiner Nutzung von *AndroidAPS* ein Gefühl von Sicherheit im Laufe des Prozesses aufgebaut hat. So hat für ihn Sicherheit generiert, dass er sich über Entscheidungen des Systems hinwegsetzen konnte und sich somit langsam aneignen konnte, die Systemprozesse nachzuvollziehen:

„Es ist ja eine Technologie, die ich neu anwende, wo ich zunächst mal nicht genau weiß, wie sie funktioniert. Und wo für mich auch ein spannender Lernprozess ist. Und es war für mich im Regelfall nachvollziehbar, was es macht, ja. [...] Da wo es nicht nachvollziehbar war, es fließen ja so viele Komponenten ein, sodass man nicht jedes Mal sagen kann: Okay gut, ich kann es jetzt nachvollziehen. Aber für mich war das Erlebnis, dieses Feinjustieren. Und dann auch manchmal, wo es gesagt hat, ich senke jetzt die Basalrate, wo ich gedacht habe: Nein, machen wir jetzt nicht, weil ich habe gerade gegessen und so weiter und so fort. Das wusste der Loop ja in der Form ja vielleicht nicht ganz so genau. Er wusste nicht, was ich gegessen habe und so weiter. Dann habe ich mich da drüber hinweggesetzt. Und das war dieses Thema Sicherheit. Also einfach das Ding sehr intensiv kennengelernt." (L8:47)

Auch für L1 generiert sich Sicherheit aus den Erfahrungswerten längerer Nutzung: „Dass [der Loop] mich umbringt, also ich kann es mir nicht mehr vorstellen. Wenn man es wirklich eine Weile benutzt, nach ein paar Monaten traut man es dem System einfach nicht mehr zu, dass es solche fehlerhaften Entscheidungen trifft." (L1:131).

E1 berichtet einerseits von Sicherheit durch die langzeitigen eigenen Erfahrungswerte: „Und jetzt letztendlich hat sich bei mir eine eigene Sicherheit eingestellt, dadurch, dass wir es schon so lange benutzen" (E1:141), andererseits von einer initialen Sicherheit durch die Erfahrung durch ausgiebige Tests vor der Nutzung durch F2: „Und so war das bei uns halt auch, dass [F2] das System erstmal laufen lassen hat, bei sich zu Hause. In fiktiver Version sozusagen, bis er dann gesagt hat, das überzeugt ihn oder das passt." (E1:137).

Die Erfahrungen anderer Nutzender nennen L8, L1 und F1 als Indikator für Sicherheit (sowie F2:115, siehe Kapitel 6.8.1). F1 (121) und L8 (113, vgl. 163) verweisen auf die große Zahl der Loop-Stunden (siehe Kapitel 6.8.1). Auch für L1 (209) ist es die „Rückmeldung der Nutzer," die bei den OSCLS Sicherheit gewährleistet, wobei er keinen nennenswerten Unterschied zu kommerziellen Systemen sieht: „Aber anders funktioniert ja das andere [kommerzielle] System auch nicht. Die bauen die neue Pumpe, und dann muss die getestet werden, ob das dann so funktioniert oder nicht." (L1:209).

6.9.1.4 Sicherheit durch die Objectives

Im Fall von *AndroidAPS* kommt als Sicherheit generierender Faktor das zu Beginn notwendige Durchlaufen der Objectives hinzu. Auch dieses wird von den Nutzenden von *AndroidAPS* positiv bewertet. Ebenso, wie die Objectives Vertrauen aufbauen, indem sie zu einem allmählichen Verstehen der Systemprozesse durch die Nutzenden beitragen, generieren sie Sicherheit, indem durch dieses langsame Verstehen die Bedienung von *AndroidAPS* schrittweise erlernt wird.

L7 beschreibt das Durchlaufen der Objectives als Lernprozess, der die Nutzenden dazu bringt, sich mit *AndroidAPS* auseinanderzusetzen:

„Und das finde ich aber auch ganz toll aufgesetzt mit diesen Objectives. Man muss da durch. Und man lernt es dann auch gut kennen. Also weil dann erst nur einzelne Funktionen freigeschaltet sind. [...] Also, ich sage einmal, hintereinander. So, wie es Sinn macht, gelernt. [...] Das sind auch Sachen, die ich toll finde, an dem System. Dass die, die das aufsetzen, sich wirklich Gedanken gemacht haben, das auch abzusichern." (L7:147)

Vergleichbar argumentiert L2:

„Also ich für mich sage ja, ich halte das Loopen für sicher. Aus dem ganz einfachen Grund, man kann nicht von Null auf 180 mit, wenn man anfängt zu loopen. Sondern da sind Sicherheitsfeatures eingebaut, um diesen Loop erstmal kennenzulernen. Und den Loop zu verstehen. [...] es dauert gute zwei, zweieinhalb Monate, bis man alles wirklich komplett zur Verfügung hat. Am Anfang geht das wirklich damit los, dass der erstmal nur Basalrate abschalten kann. Der gibt am Anfang auch noch kein Insulin dazu. Also das heißt, man muss verschiedene Objectives durchwandern. [...] Weil ich diese Objektives für wirklich wichtig halte, um zu verstehen, wie diese App arbeitet." (L2:89, vgl. L1:87)

Auch für L6 wurde zu Beginn ihrer *AndroidAPS*-Nutzung Sicherheit durch das schrittweise Annähern an den Vollumfang des Systems generiert: „Es kam dann einfach Sicherheit auf durch [...] ein Step-by-Step-Annähern [...]" (L6:69). Insbesondere der Open-Loop und der damit initiierte Lernprozess ist für L6 mit einer Erfahrung von Sicherheit des *AndroidAPS* verknüpft: „Also alleine durch diesen Open-Loop, wo man da wirklich auch durch dieses Lernprogramm durchgegangen ist. Man versteht, was das System tut." (L6:200). Ähnlich beschreibt es L5, die für sich eine Sicherheit hat aufgrund ihrer individuellen Einstellungen und ihrer Kenntnisse des *AndroidAPS*: „Weil ich weiß, was ich für Settings drin habe. Ich glaube, dass man damit auch Mist bauen kann, aber dadurch, dass man ja auch diese Objectives durchmacht und dadurch lernst du das System ja auch kennen und verstehen." (L5:126; vgl. L5:207).

Aufgrund der Notwendigkeit, die Objectives und somit eine Art Lernprogramm zu durchlaufen, bevor das *AndroidAPS* in vollem Umfang genutzt werden kann, hält H1 *AndroidAPS* für das sicherste der drei geläufigen APS:

„[I]f I compare AndroidAPS to OpenAPS to Loop, my personal perspective out of the three of them is that AndroidAPS is by far the safest. And the reason being is because it's the only one that you can't – I mean all of them require DIY building to put them together but it's the only one that has a training regime to work through which we call the objectives, okay. [...] OpenAPS and Loop may carry some more risks because you can plug and play, put them together and have the loop working almost immediately with your basal control, may not be optimal and your knowledge of the system may not be as in-depth." (H1:26-28)

6.9.1.5 Sicherheit durch Limitierungen

Die OSCLS sind von vornherein mit Limitierungen ausgestattet, die von den Nutzenden (ohne IT-Kenntnisse) nicht verändert werden können. Dies beschreibt A1 am Beispiel von *AndroidAPS*:

„Also, du hast einige hart codierte Regiments drin. Es gibt hart codierte Elemente, die direkt im Code stehen, und die kannst du nicht, also, nur wenn du weißt, was du machst, kannst du die halt rausnehmen und überschreiben, normale User nicht. [...] Das heißt zum Beispiel, wenn du in den Einstellungen von AndroidAPS sagst, ja, du darfst mir 20 Einheiten pro Bolus spritzen, dann kannst du das zwar einstellen, aber AndroidAPS sagt nach 16 Einheiten, nein, sorry, mehr als 16 Einheiten gebe ich dir nicht, gebe ich nicht mal einem insulinresistenten Erwachsenen, weil es halt dann doch unter Umständen zu viel ist. Vor allem verkraften das halt die Katheter nicht und für die Schnittstelle und so weiter. Sowas ist zum Beispiel Limit. Genauso wie das Limit vom Zielwert nicht unter [...] 72 gesetzt werden darf und so Kleinigkeiten." (A1:37-39)

Für E1 und F2 entsteht die Sicherheit von *OpenAPS* auch durch die Möglichkeit, dessen Funktionsweise nach eigenem Ermessen zu begrenzen. E1 (140) spricht von den „Möglichkeiten, Barrieren für das System zu bauen, sozusagen. Dass ich sage, das ist mein eigener Entscheidungsbereich. Da kommst du [das System] nicht ran." F2 formuliert, dass *OpenAPS* sicher ist, sofern man es in seiner Funktion beschränkt: „Man darf dem eben nicht volle Autorität geben. Man muss begrenzen, was es machen kann, um zu begrenzen, was es kaputt machen kann." (F2:79).

Ähnlich beschreibt auch E2 seinen Umgang mit *AndroidAPS*, um das System für seine Tochter so sicher wie möglich zu nutzen:

„Da sind einfach jede Menge Sicherheitsmechanismen, die muss man natürlich auch entsprechend konfigurieren. Das heißt, natürlich gibt es eine maximale Basalrate, die das Loop-System bei unserer Tochter setzen darf, die ich für eben nicht zu hoch halte. Das heißt, man überlegt sich natürlich schon, wenn ich das jetzt alles von Hand machen würde, wie weit würde ich gehen, um eben ein Risiko auszuschließen. Und genau diese Grenzen, die definiere ich eben auch dann in dem System. [...] Das sind natürlich auch Dinge, wo ich gewisse Vorbehalte habe, weil ich einfach noch nicht wirklich zuverlässig wissen kann – aber das kann glaube ich auch niemand, weil jeder Körper immer anders reagiert – ob diese Berechnungen einer Insulinsensitivität wirklich zuverlässig funktionieren. Und insofern habe ich auch solche Dinge sehr eng gesteckt, damit eben einfach ein Ausbrechen aus den von mir erwarteten Werten nicht so schnell passieren kann." (E2:61)

6.9.2 Sicherheit der OSCLS im Vergleich zur zuvor angewandten Therapie

Im Folgenden wird die Sicherheit der OSCLS im Vergleich zu kommerziellen Systemen diskutiert.

6.9.2.1 Sicherheit der OSCLS im Vergleich zur zuvor angewandten Therapie

Die meisten der Nutzenden geben an, sich mit dem OSCLS sicherer zu fühlen als mit der Therapie, die sie zuvor anwandten.

So sagt L6 (191), „Loopen ist sicherer als alles andere", relativiert allerdings, dass es „[w]ie alles andere" vernünftig eingesetzt werden muss: „Also, alles kann sicher sein und alles kann unsicher sein. Von der ICT bis zum Loopen, mit allem was dazwischen ist. Mit dem Autofahren, die Treppe Runterlaufen, mit dem Reiten, ich muss es immer vernünftig einsetzen. Aber dann ist der Loop, bietet mehr Sicherheit als jedes andere System, ist meine Meinung." (L6:191).

Auch L2 (95) fühlt sich „noch sicherer" als zuvor (vgl. L7:100, F2:84). L8 (117) kann es „nicht in einzelnen Bereichen ausmachen", er fühlt sich allgemein sicherer: „Ich fühle mich entspannter. Ja, auch sicherer, weil die Werte sind besser, in vielen Zeiten, ohne dass ich was dafür tun muss. Und das ist sehr angenehm. [...] Generell, weil ich weiß, das Ding arbeitet und fängt mich immer wieder ab." (L8:115-117).

Auch E2 hat für sich und seine Tochter

„ein deutlich sichereres Gefühl. Ja, ich fühle mich einfach wirklich besser, weil ich weiß, da ist ein System, was schon mal vorreguliert, was schon auf sie aufpasst. Wo ich eigentlich nur noch im Hintergrund stehe und das noch mal überwache. Das gibt mir durchaus ein besseres Lebensgefühl, als wenn ich wüsste, da ist nur eine Pumpe, die gibt ihr permanent das normale Basal und wenn sie jetzt anfängt zu toben, dann gibt die Pumpe immer noch weiter das normale Basal. [...] Und das gibt mir einfach wirklich ein sehr sehr gutes Gefühl." (E2:57)

Für einige zeigt sich das verstärkte Sicherheitsgefühl in bestimmten Lebensbereichen noch deutlicher als in anderen. So fühlt sich L6 (165) „viel sicherer" beim Autofahren. Für L7 ist es vor allem die Nacht, die sicherer für ihn geworden ist: „Also da ist eine absolute Sicherheit da." (L7:101). Diese Sicherheit wirkt sich auch aus, wenn er Alkohol getrunken hat, was zuvor schwierig handzuhaben war:

„Auch wenn man einmal [...] einen über den Durst trinkt-. [...] Und dann zum Schlafen habe ich dann immer noch einmal etwas gegessen. Also auch gar nicht so wenig. Das hat dann meistens auch irgendwie hingehauen. Aber das mache ich jetzt nicht mehr. Also ich weiß, der schaltet das einfach aus, das Ding, und wartet, bis der Zucker wieder hochgeht. Und wenn er zu spät ausgeschaltet hat, kriege ich einen Alarm. Also das ist sehr beruhigend." (L7:101)

L4 berichtet, dass er sich auf der Arbeit sicherer fühlt, wenn er Präsentationen halten muss und es aufgrund seiner Nervosität zu Anstiegen der BG kommt:

„Bin im Präsentationsbereich unterwegs. Wenn [...] ich präsentiere, dann bin ich oftmals auch aufgeregt. Das hat bei mir oftmals dazu geführt, dass mein Blutzuckerwert auch ziemlich stark angestiegen ist. Und dann kann ich das in dieser Zeit einfach nicht korrigieren. Ich habe da einfach nicht die Chance, alle fünf Minuten, zehn Minuten irgendwo was zu machen. Weil ich hier ein Publikum von 30 Leuten teilweise da vorne dran habe. Und der Loop hilft mir einfach dabei, selber automatisch was abzugeben." (L4:147)

Auch Z2 (69) berichtet, dass sie sich „teilweise auf der Arbeit ein bisschen sicherer gefühlt" hat, da sie beispielsweise in Besprechungen weniger auf ihre BG-Werte achten musste. L4 differenziert, sich mit der vorhergehenden Therapie nie unsicher gefühlt zu haben, jedoch auch nicht unterstützt. Dies argumentiert er nicht nur daran, dass der Loop in die Insulinabgabe eingreift, sondern auch an der Übersicht, die das System bietet:

> „Also ich habe mich nicht unsicher gefühlt. Ich habe mich nur nicht unterstützt gefühlt. Und das gibt für mich die Sicherheit. [...] Ich habe zum Beispiel nie den Überblick gehabt, was ist noch quasi an Insulin bei mir im Körper enthalten? Was wirkt noch und was wirkt nicht? Da hatte ich keinen Überblick dafür. Und das ist für mich eine Sicherheit, um einfach zu sehen, ich darf jetzt gar nicht mehr was abgeben oder noch was machen, das sieht man halt auf einen Blick." (L4:165)

L6 betont darüber hinaus, dass sich diese verstärkte Sicherheit auch auf das eigene Umfeld auswirkt: „Es gibt der Familie sehr viel Sicherheit, Eltern." (L6:165).

Lediglich L1 und L3 (143) geben an, sich durch das OSCLS nicht sicherer zu fühlen als zuvor mit den kommerziellen Technologien, sondern genauso sicher. Für L1 war es zuvor „nur unangenehm, weil ich wusste, es ist einfach ungesund, was ich mache, die Nächte mit 400 und solche Sachen, das ist dadurch, dass es bei mir immer im Kopf um Folgeschäden geht und ich hatte nie ein Gefühl von Unsicherheit mit meinem Zucker." (L1:133)

6.9.2.2 Sicherheit der OSCLS im Vergleich zu verfügbaren kommerziellen Systemen

Die Interviewten wurden befragt, ob sie die OSCLS für sicherer halten als die im Zeitraum der Interviews in Deutschland erhältlichen kommerziellen Systeme zur Therapie des T1D. Das meinte etwa die Kombination aus Insulinpumpe und CGM, jedoch keine kommerziellen CLS.

Von den interviewten Loopenden halten L2 (95), L4 (162), L6 (212) und L7 (104) die OSCLS für sicherer als die kommerziellen Systeme. Von professioneller Seite schätzen D1 und H1 (36) die Open-Source-Systeme als sicherer ein als kommerzielle Systeme:

> „Also da würde ich sagen: auf alle Fälle sicherer. Denn ich meine, wie oft passiert es, dass ein Patient einen Pen verwechselt. Basal mit Mahlzeiten-Insulinpen verwechselt, das falsche Insulin spritzt, oder dass einfach die Umsetzung von Mahlzeit- und Blutzuckerwert-Insulindosis nicht gut klappt. Also, dass er sich verrechnet oder so was, ja. Das ist doch viel, viel häufiger als jetzt ein Fehler im System des Loops." (D1:31)

6. Open-Source-Closed-Loop-Systeme, Community und Auswertung

Einige der Interviewten beurteilen die OSCLS als genauso sicher wie die kommerziellen Systeme. Von den Loopenden sind dies L1 (131) und L2 (153), aber auch L3 (144), die den Loop für „viel besser" hält, hinsichtlich der Sicherheit jedoch keinen Unterschied sieht. L1 verweist auf Medtronic, um darzulegen, dass er die OSCLS auf der gleichen Sicherheitsstufe sieht wie kommerzielle Technologien:

> „[W]eil Medtronic macht zum einen nicht, was der OpenAPS macht. Wenn er das machen würde, dann hättest du dort die gleichen Sicherheitsmechanismen wie im [*OpenAPS*]. Von daher wären beide auch gleich sicher dann. [...] Aber anders funktioniert ja das andere System auch nicht. Die bauen die neue Pumpe, und dann muss die getestet werden, ob das dann so funktioniert oder nicht." (L1:209)

Auch A1 bedient sich beispielhaft Medtronic und weist in diesem Kontext darauf hin, dass bei der 670G falsche Grundeinstellungen ebenso zu BG-Entgleisungen führen wie bei den OSCLS: „Das Problem hat man [...] bei der 670G auch, weil wenn ich dem System sage, hey, eine Einheit senkt mich 400 Milligramm, dann rechnet der halt damit. Schaltet die ganze Zeit ab. Das heißt, ich komme immer nur in Überzucker." (A1:39).

Von fachlicher Seite verweist D1 darauf, dass, wie bei jeder Therapie des T1D, die Nutzenden über das nachdenken müssen, was sie tun. Hier besteht aus ihrer Sicht kein Unterschied zwischen kommerziell und Open-Source: „Aber ich bin überzeugt, dass das in diesem Fall jetzt nicht das Problem ist, weil [...] derjenige, der es bedient, ja auch noch mal drüber nachdenken muss, was er da tut. [...] Was man ja aber auch bei jeder Pumpenbedienung oder Penbedienung machen sollte." (D1:21).

Auch D2 und M1 halten die OSCLS für gleich sicher wie die kommerziellen Technologien. D2 beruft sich bei dieser Einschätzung auf die publizierte Datenlage:

> „Es wurden nie schwere Hypoglykämien oder Ketoazidosen beobachtet. Es gibt diesen einen Fall, der über die FDA bekannt geworden ist von einer schweren Hypoglykämie, ob das ein technischer Fehler war, ob das ein Fehler durch den Patienten war, das wissen wir nicht, es ist nicht veröffentlicht. Aber von der Datenlage, die publiziert ist, sind die genauso sicher." (D2:36)

M1 wägt Zulassungsprozesse und die Transparenz der OSCLS gegeneinander ab:

> „Ich würde das als, ja, genauso sicher einstufen. Klar, bei den konventionellen Systemen hast du halt den ganzen Zertifizierungsprozess dahinter. [...] Aber ich meine, wenn du Betroffener bist, du kannst das ja irgendwie –, du kannst ja da gar nichts nachprüfen in diesen konventionellen Systemen. Und bei den Open-Source-Systemen, oder bei den Do-It-Yourself-Systemen, da kann ich ja selbst testen. Kann selbst überprüfen, okay, wird das jetzt korrekt verarbeitet." (M1:27)

Lediglich F2 und Z2, die beide *OpenAPS* nutzen bzw. nutzten, halten die OSCLS für unsicherer als kommerzielle Systeme. Z2 (63) hält *OpenAPS* „nicht per se für total gefährlich", sieht aber Risiken in der Möglichkeit, „die Sicherheitsfeatures schon relativ früh" abzuschalten. Daher schätzt sie das Risiko von *OpenAPS* gegenüber den kommerziellen Technologien als „ein bisschen" höher ein: „Mittlerweile gibt es Möglichkeiten, relativ leicht an ein Loop-System zu kommen, ohne dass man dafür viel machen muss oder viel können muss. Das wird immer leichter. Und ich glaube, das halte ich schon so ein bisschen für ein Risiko." (Z2:65).

Für F2 müssen die kommerziellen Systeme sicherer sein als die OSCLS, da sie für alle Nutzenden funktionieren müssen:

„Die haben ganz andere Hürden. Und die haben sie meines Erachtens auch zu Recht. Weil eben das auch für, ja, in Anführungszeichen für jeden funktionieren muss. Und nicht nur für den, der sich da wirklich reinkniet und versucht, sich mit dem Algorithmus und weiß der Kuckuck nicht was, zu beschäftigen. Und das Ganze zu monitoren und zu kontrollieren. Nur das macht ja diese heutige Lösung in Anführungszeichen sicher. Ja, der Pumpenhersteller, der das kommerziell vertreibt, der hat ganz andere Anforderungen und muss deswegen auch sicherer sein." (F2:87)

Für einige der Interviewten sind kommerzielle und Open-Source-Systeme hinsichtlich ihrer Sicherheit nicht vergleichbar. L8 (125) hält sie nicht für vergleichbar, weil die OSCLS wesentlich mehr Nutzungsstunden aufweisen als die Studien zu kommerziellen Systemen, kommerzielle Systeme dafür aber „das Haftungsthema da drin" haben. L1 (305) findet nicht, dass es zu den OSCLS vergleichbare kommerzielle Systeme gibt.

Für L5 (130) ist die vergleichende Sicherheit eine Frage der Kompetenz der Anwendenden, für F1 eine Frage der Kompetenz der Entwickler:innen: „Also es kommt letztlich auf die Entwickler an. Und welche Motivation, welche, ja, wie gut die geschult sind, wie gut die ihr Metier beherrschen. Das sind die relevanten Kriterien." (F1:123).

E1 differenziert ihre Antwort nach den verschiedenen Aspekten, die Sicherheit in Bezug auf T1D bedeuten kann:

„Dieses System [*OpenAPS*] ist sicherer im Hinblick auf: ich möchte nicht, dass mein Kind später Folgeerkrankungen bekommt. Das System ist gleichwertig, würde ich sagen, im Bereich Closed-Loop-System getestet von einer Firma. Da würde ich es tatsächlich als gleichwertig betrachten, obwohl ich die Einschränkung, die man da vornehmen kann, sogar noch minimal besser finde. Und das System ist risikoreicher und schlechter in Bezug auf: ich will auf gar keinen Fall, dass das System aufgrund eines Rechenfehlers eine Unterzuckerung verursacht, weil, das hat man natürlich nicht bei einer Pumpe, die kein Insulin geben kann. Also nicht auf eigene Faust Insulin geben kann, aber der Mensch ist ja so selber der Unsicherheitsfaktor. Ich kann mich ja auch

6. Open-Source-Closed-Loop-Systeme, Community und Auswertung

mit den Basalraten vertun, aber da würde ich halt sagen dadurch, dass die anderen Systeme, die mit Sensor laufen, nicht selber nachts zum Beispiel sagen können ich erhöhe die Insulinzufuhr, ist das System meiner Meinung nach minimal unsicherer." (E1:143)

Von fachlicher Seite bringt H2 ein, dass aufgrund der Open-Source-Grundlage der OS-CLS generell nicht eingeschätzt werden kann, ob die Open-Source-Systeme sicher sind und er somit auch nicht beurteilen kann, ob die OSCLS sicherer, unsicherer oder gleich sicher wie die kommerziellen Systeme sind:

„Na ja, ist eine schwierige Geschichte. Sie wissen ja nicht, was die machen. Ja angenommen, irgendjemand bringt hier wieder einen neuen Aspekt in seine App rein. Jetzt nutzt die jemand. Bei dem, der sie reingebracht hat in die App, hat es funktioniert. Bei dem anderen funktioniert es nicht. [...] Wenn Sie ein System in den Markt bringen, sind Sie verantwortlich für alles, was das Ding tut. Die Verantwortung hier gibt es nicht mehr. Und das ist eigentlich das Problem. Ich kann nicht einschätzen, ob das System richtig arbeitet." (H2:41)

H2 schätzt es generell als schwierig ein, Sicherheitsaspekte der OSCLS zu bewerten. Auch trennt er den Aspekt der besseren BG-Werte bzw. der erhöhten *Time in Range* von den Sicherheitsaspekten und betont dabei indirekt die Eigenverantwortung der Loopenden:

„Ja, man erreicht in der Tat bessere Werte. Bloß die Sicherheit, da gehört ein Gesamtkonzept dazu. Da gehört ein Algorithmus dazu und alles. Und ich weiß nicht, dadurch, dass das jeder ja irgendwie selbst macht, [...] kann man über die Sicherheitsaspekte nicht reden. [...] Also hier, bessere Werte ja, Sicherheit ist keine mehr gegeben. Nicht mehr hier von der rechtlichen Seite. Die reflektieren das aber auch. Und ob sie von der technischen Seite her gegeben ist, kann niemand mehr außerhalb des Patienten selber einschätzen. Deswegen kann man über diesen Sicherheitsaspekt an der Stelle gar nicht so richtig reden." (H2:53)

6.10 Risiko im Kontext der Open-Source-Closed-Loop-Systeme

> *Na, Unsicherheit bringen die nicht immer guten Sensordaten und Unsicherheiten bringen natürlich die Mahlzeiten, ganz klar. Und die wechselnden Empfindlichkeiten und Krankheitsphasen und Aktivitätsphasen. Und weiß ich nicht was. Das ist ein regelungstechnischer Alptraum.*
> *(F2:81)*

Die Interviewten wurden gefragt, ob die Nutzung des OSCLS aus ihrer Sicht mit Risiken verbunden ist. In diesem Kontext wurde auch nach Sorgen, Befürchtungen und weiteren Nachteilen hinsichtlich der OSCLS bzw. der OSCLS-Nutzung gefragt. Diese Aspekte werden im Folgenden diskutiert.

6.10.1 Typ-1-Diabetes als Risiko bzw. das Risiko, die Open-Source-Closed-Loop-Systeme nicht zu nutzen

> *Aber ich bin doch jeden Tag alleine in der freien Wildbahn, und ich muss meine Entscheidungen treffen. Ich muss es abschätzen, ich muss sagen: Wie viel Insulin gebe ich mir, reduziere ich Insulin, sonstige Dinge? Das ist jeden Tag Trial and Error.*
> *(L8:113)*
> *Ich würde jetzt nicht mit Blut unterschreiben, dass alles immer sicher ist, aber, wie gesagt, es nicht zu tun, ist auch ein Risiko.*
> *(F2:79)*

Oliver Ebert, ein renommierter Rechtsanwalt mit Schwerpunkt Diabetes, geht in einem Artikel in der Zeitschrift Diabetes Journal (04/2019) auf das Risiko der OSCLS-Nutzung ein: Die Systeme könnten „schlimmstenfalls dazu führen […], dass Menschen sterben oder Gesundheitsschäden davontragen", da niemand wissen könne, ob die OSCLS sicher seien (Ebert, 2019). Allerdingswerden damit die Gefahren ausgeblendet, die jede Behandlung mit Insulin birgt. Dies ist indes ein sehr relevanter Aspekt, der von Kritiker:innen der OSCLS häufig nicht erwähnt wird: T1D sowie die Therapie des T1D stellen per se ein Risiko dar. 2017 mussten alleine in Deutschland 26.298 MmT1D in der Altersgruppe über 20 Jahren aufgrund von T1D-Akutkomplikationen im Krankenhaus versorgt werden (Auzanneau et al., 2021).

Die Therapie mit Insulinpumpen wie auch mit Pens bergen das Risiko der Über- oder Unterdosierung von Insulin. Auch kommerzielle CLS sind mit Warnungen vor schweren Hypoglykämien, Hyperglykämien, Diabetischer Ketoazidose, Koma und

Tod versehen. Die Nutzung dieser geht mit einem deutlich höheren Risiko einher als die Nutzung vieler anderer Medizintechnologien. Zum jetzigen Zeitpunkt gibt es keine Therapie und kein System, das Akutkomplikationen vollständig verhindern kann (Crabtree, Street & Wilmot, 2019; Heinemann & Lange, 2019; Jansky & Woll, 2019; Wilmot & Danne, 2020).

Heinemann & Lange (2019) bringen es aus ihrer klinischen Perspektive auf den Punkt:

„Ein Patient mit Typ-1-Diabetes riskiert durch eine unpassende Insulingabe jeden Tag sein Leben. Die Zielgenauigkeit auch der sorgfältigsten menschlichen Entscheidungen ist limitiert; Hypoglykämien unterbrechen ca. 2-mal wöchentlich unerwartet den Tagesablauf von Menschen mit Diabetes und erfordern eine (lebensrettende) Intervention. Eine automatisierte Insulindosierung stellt vor diesem Hintergrund kein zusätzliches Risiko dar, sondern vermutlich dessen Reduktion."

Zwar stehe laut Heinemann & Lange (2019) dafür noch ein Beleg aus, aber das gelte auch für die kommerziellen CLS. T1D geht also mit der Notwendigkeit einher, kontinuierlich die eigene Gesundheit beeinflussende Entscheidungen zu treffen – ca. 180 Entscheidungen pro Tag (Digitale, 2014). Jede dieser therapeutischen Entscheidungen kann potenziell zu einer Hypo- oder Hyperglykämie zu führen. Das Nicht-Treffen von Entscheidungen birgt noch wesentlich höhere Risiken. Auf dieser Grundlage argumentieren auch einige der Interviewten, dass T1D per se ein Risiko darstelle, ebenso wie jede Art von derzeit verfügbarer Therapie.

A2 spricht sich dafür aus, dass in einer Debatte um Sicherheit und Risiko der OS-CLS nicht nur die OSCLS isoliert betrachtet werden dürfen, sondern auch die Grundlagen und therapeutischen Möglichkeiten einbezogen werden müssen, die unabhängig von den OSCLS auf MmT1D zutreffen:

„So, diabetes is super risky. So, when we talk about safety, when we talk about risks, it is not just about adding this on to your pump and CGM. That is what people think about. You have to take a step back and look at type 1 diabetes overall which is a fact that when you are diagnosed, you are handed a vial of insulin that could kill you and it is also supposed to save your life but can cause a lot of problems if you get too little or too much at the wrong times, right? So diabetes is hard, it is risky and so yes, you were adding on some risks by adding on a computer that is telling the pump what to do but overall, most people who choose to do it see it as net risk reduction for the overall risk of living with diabetes because this system is designed with safety in mind." (A2:43)

Diese Ansicht wird von den Nutzenden geteilt. E1 (141) leitet die Sicherheit der OS-CLS genau daraus ab, „dass bei einem Diabetes sowieso nichts sicher ist, also, das ist wahrscheinlich so eine Kosten-Nutzen- oder Risiko-Nutzen-Abwägung. Zu sagen, sicher ist sowieso nichts und dann soll es wenigstens so optimal wie möglich laufen. […] [D]a ist einfach der Nutzenfaktor von diesem System so groß.".

Auch die Argumentation von E2 und Z1 (122) baut auf der Omnipräsenz der Risiken auf, die mit T1D einhergehen:

> „[D]ie Risiken, die finden bei uns jederzeit statt. Ich meine, auch ich kann mich in den Kohlehydraten komplett verschätzen und spritze mir viel zu viel Insulin. […] Da kann ich jederzeit falsch liegen und habe das natürlich auch immer getan. […] Und insofern war das jetzt nicht ungefährlicher als jetzt die Verwendung eines Loops, der mir gewisse Rechenleistungen einfach abnimmt." (E2:103)

Vergleichbar äußert sich E1: „Und im Übrigen steht die Diabetesgesundheit damit, wie gut bin ich selber, also ich kann ja im Alltag da, ich kann mich verrechnen. Ich kann mich verschätzen, ich kann aus Versehen 50 Gramm Kohlenhydrate statt 30 eingeben. Dann ist das Insulin auch in dem Körper von meiner Tochter […]." (E1:137).

Ebenso argumentiert L8, dass die Risiken der OSCLS geringer sind als die Risiken der normalen Therapie für T1D, da die OSCLS im Grunde das Gleiche tun, was die MmT1D tun würden, nur mit mehr Information, besserem Rechenvermögen und kontinuierlicher Überprüfung der CGM-Werte:

> „Der Loop macht nichts anderes als das, was wir machen, was du jeden Tag machst. Du guckst dir an, was habe ich an Kohlenhydraten, wiegst die im Zweifelsfall ab. Hast mehr oder weniger gute Faktoren und rechnest dir dann was aus. […] Wir wissen auch, ich habe jetzt vorher erst hohe Werte gehabt und habe da mit viel Insulin beispielsweise korrigiert. Und ich sollte vielleicht auch das ein bisschen berücksichtigen jetzt mit der Insulingabe. Aber ich kann das eben nur in begrenztem Maße tun. Der Loop ist ja eine riesen Datenbank im Endeffekt und der Algorithmus analysiert da viel mehr. Das heißt, er nimmt genau die gleiche Berechnung vor, die ich mache, nur, er nimmt noch viel mehr historische Daten da mit rein." (L8:123)

Entsprechend bezeichnet F2 (81) T1D als „ein[en] regelungstechnische[n] Albtraum", bedingt durch „die Mahlzeiten, ganz klar. Und die wechselnden Empfindlichkeiten und Krankheitsphasen und Aktivitätsphasen. Und weiß ich nicht was." Er sagt deutlich, man dürfe dem System nicht „volle Autorität geben", aber „es nicht zu tun ist auch ein Risiko" (F2:79) und man müsse „das Risiko, es zu tun, abwägen gegen das Risiko, es nicht zu tun" (F2:57). Vergleichbar argumentiert F1, der abwägt: „[W]as kann passieren, was nicht passiert wäre, wenn ich die Software nicht hätte" (F1:69).

Ein greifbares Beispiel hierfür führt L1 an, dessen T1D in der Regel stärker zu erhöhten als zu zu niedrigen BG-Werten führt. Er hat häufiger Hypoglykämien, seit er das OSCLS nutzt: „In den letzten zwei Monaten eher mehr [Hypoglykämien]. Weil

6. Open-Source-Closed-Loop-Systeme, Community und Auswertung

mein Zucker jetzt auch deutlich niedriger eingestellt ist. Es sind keine schweren Unterzuckerungen. Es ist aber doch einfach häufig niedrig, jetzt. Das ist eine ungewohnte Situation. Man ist noch ein bisschen am Einstellen." (L1:13). Einige dieser Hypoglykämien sind verursacht durch eine Fehlschätzung der Kohlenhydrate bei den Mahlzeiten. Insofern argumentiert L1, dass diese durch Fehlschätzungen bedingten Hypoglykämien nicht mit dem OSCLS zusammenhängen, sondern eine generelle Problematik des T1D bzw. der Therapie des T1D sind:

„Aber man muss halt ehrlich sagen, wenn man so über Risiken von dem System spricht, das Risiko ist generell immer da. Dass ich mich verschätze. Und das bleibt auch mit dem Loop da. Und deswegen ist das jetzt nichts Neues. Weil viele Leute sagen: Ja, wenn das dann dich da runterspritzt und so. Das macht er ja nicht zum Spaß. Das macht er nur, weil ich ihm gesagt hätte, ich hätte so viele Kohlenhydrate gegessen. Aber so hätte ich es ja auch gemacht. Ich hätte mich ja auch gespritzt." (L1:89)

Die Gefahr der OSCLS wird also vorwiegend in der Verlagerung von Verantwortung von den MmT1D zu den Open-Source-Systemen gesehen. Die Aussagen der Nutzenden zeigen, dass aber gerade diese Verlagerung dazu führt, dass sich die Nutzenden der OSCLS weniger gefährdet und mit ihrem T1D sicherer fühlen (vgl. Jansky & Woll, 2019).

6.10.2 Risiko von Software-Fehlern in Open-Source-Closed-Loop-Systemen

D3 (7) formuliert, es bleibe „ein Stückchen Unsicherheit zurück", da es den OSCLS im Gegensatz zu kommerziellen Systemen an Prüfungen fehle, „dass die Software, die darunter steht, dem Patienten nicht schadet". Aus ihrer Sicht werden die Source-Codes zwar „wirklich von Experten" programmiert, allerdings bedeutet das für sie nicht unbedingt, dass auch die Anwendung für MmT1D, die diese Codes nicht verstehen und daher nicht überprüfen können, sicher ist (D3:7). Auch E2 und F2, die beide mit IT beruflich vertraut sind, äußern sich kritisch hinsichtlich der den OSCLS zugrundeliegenden Codes. Beide haben „Fehler" im Source-Code gefunden: „[I]ch habe es mir natürlich angeschaut und ja, natürlich sind da auch Fehler drin. Und da muss man teilweise aufpassen." (E2:51, vgl. F2:69). Daher geht E2 (51) ebenso wie D3 davon aus, dass Nutzende, die den Code nicht lesen können, „sich da schon auf ein etwas unüberschaubareres Risiko ein[lassen]." F2 (69) meint allerdings, dass aus den OSCLS „die gröbsten Fehler […] da doch raus sein" sollten aufgrund der großen Anzahl an Nutzenden.

Auch Ebert (2019) sieht das größte Risiko der OSCLS in potenziellen Softwarefehlern, die zu einer „schweren Unterzuckerung" führen können. Seine Formulierung fällt jedoch offensiver aus. Er hält dieses Risiko für „oft schöngeredet", da die Systeme als innerhalb der Community gut getestet und mit vielen Sicherheitsmaßnahmen versehen bezeichnet werden: „Es muss aber für jeden klar sein: **Software ist nie ganz fehlerfrei.**" (Ebert, 2019; Hervorhebung im Original). Auf diesen Punkt gehen auch F1, E2 und M1 ein, nehmen dabei jedoch eine andere Perspektive ein.

F1 (119) beschreibt aus seiner Erfahrung als Software-Entwickler, dass bei kommerziellen Software-Produkten keinesfalls davon ausgegangen werden kann, dass diese fehlerfrei sind. Bezüglich der OSCLS sieht er „keinen qualitativen Unterschied zu herkömmlichen Produkten" (F1:119). Wie bereits in Kapitel 6.8.2.1 beschrieben, liegt dies aus seiner Sicht daran, dass die kommerziellen Entwicklungsprozesse nicht zu einer besseren Qualität der Produkte führen:

„Also, was heißt ein offizielles Medizinprodukt. Das heißt, dass da irgendeine Firma glaubt, was besonders gut zu machen. Ich kenne mich mit den Prozessen aus, was das heißt. Das heißt meistens nicht, dass die Software qualitativ besser ist. Sondern nur, dass die Leute viel mehr Schmerzen bei der Entwicklung hatten und wahrscheinlich irgendwelche Umwege gegangen sind." (F1:97)

F1 (87) hat aufgrund der „extrem hohe[n] intrinsische[n] Motivation, da nichts zu machen, was dem Kind schadet [...] ein prinzipielles Grundvertrauen [in die Arbeit der OSCLS-Entwickler]. Mehr noch als in die Industrie ehrlich gesagt." (vgl. F1:97-99, F1:123-125).

Auch E2 (51) nennt die Entwickler, „die sich auch, fast rund um die Uhr möchte ich sagen, damit beschäftigen, dann solche Dinge auch wieder auszumerzen" als Grund, warum er trotz der gefundenen Fehler „mit dieser Open-Source-Software doch viel besser bedient" ist. Gefundene und innerhalb der Community kommunizierte Fehler werden schnell behoben, während dies bei kommerziellen Technologien lange dauern kann:

„Weil ich einfach weiß, wenn da ein Fehler ist, den auch von den benutzenden Leuten sehr schnell welche merken und ihn auch melden, dann wird der in der Regel je nach dem Status, wie kritisch er ist, wird er auch sehr schnell behoben. Insofern habe ich eigentlich sogar fast ein besseres Gefühl mit dieser nicht-zugelassenen Technologie als mit einer zugelassenen, wo ich weiß, na ja, da wird irgendwann [...] vielleicht ein Firmwareupdate kommen in der Pumpe oder so." (E2:51)

M1 teilt die Auffassung von F1. Sie geht nicht davon aus, dass kommerzielle Medizintechnologien per se mit weniger Risiko einhergehen und belegt dies an einem schwerwiegenden Vorfall der Vergangenheit:

6. Open-Source-Closed-Loop-Systeme, Community und Auswertung 237

„Also auch in der kommerziellen Softwareentwicklung von Medizinprodukten unterlaufen Fehler. Sind auch in der Vergangenheit folgenschwere Fehler passiert. Zum Beispiel in den 80ern gab es ja den ganz bekannten Zwischenfall mit dem Strahlentherapiegerät, was halt die Leute verstrahlt hat und wo es zu Verbrennungen gekommen ist. Also nur, weil eine Software kommerziell entwickelt wurde, heißt es nicht per se, dass sie absolut, absolut sicher ist." (M1:21)

Die potenzielle Unzulänglichkeit kommerzieller Systeme ist ein Aspekt, der auch für A2 eine Rolle spielt. Aus ihrer Sicht sollte den kommerziellen Technologien genauso viel Kritik entgegengebracht werden wie den Open-Source-Technologien:

„[W]hen we talk about safety, I actually think the same amount of critic and that whole process that we ask people to do about DIY is the same thing we should be doing with commercial technology. Just because something is regulatory approved does not mean you should just trust it. You need to still understand how it works, what it is going to do, who is the human who will have to do, what happens when it fails. You know, when all these scenarios happen." (A2:43)

Aus der Perspektive von A2 führt die Diskussion der Sicherheit der Open-Source-Technologien zu einer generellen Diskussion über die Sicherheit von Technologien für die Therapie von T1D. Dies wird die Nutzenden der Technologien im Allgemeinen kritischer machen und auch die Ansprüche an Firmen und Herstellende auf ein höheres Level heben: „So what I like is that having people being critical about DIY and safety and starting these conversations about safety, I think will make better people better consumers of commercial products too and kind of raise the bar for the companies when they bring something to market." (A2:43).

6.10.3 Risiko durch kommerzielle Technologien

Eigentlich ist das Gefährliche an OpenAPS nicht das System,
sondern der Sensor, der dahintersteht.
(E1:85)

In Kapitel 6.9 wurde dargelegt, wie die Nutzenden der OSCLS die Sicherheit der Systeme unter anderem mit den kommerziellen Technologien begründen. Allerdings wird auch der umgekehrte Fall beschrieben. Einige der Interviewten verweisen konkret auf Unsicherheitsaspekte von kommerziellen Medizintechnologien. Insbesondere die CGM-Systeme, die aufgrund ihrer Alarmfunktion von vielen als Indikator für Sicherheit beschrieben werden, werden gleichzeitig als Auslöser von Unsicherheit dargestellt.

Für viele der Interviewten sind, bei allen Vorteilen, die die CGM mit sich bringen, die Sensoren nicht ausreichend zuverlässig und stellen daher die Schwachstelle der OSCLS dar: „Ich halte das Loopen für ein sicheres System, nicht aber den Sensor" (E1:139).

L1, L4 (149-151), L5 (130) und L7 (97) haben bereits Situationen erlebt, in denen aufgrund ausfallender oder falsch messender Sensoren das OSCLS nicht adäquat funktionierte oder nicht hätte adäquat funktionieren können:

> „Und das einzige Manko, was ich tatsächlich sehe, ist der Sensor an sich. Also wenn der jetzt falsche Werte liefert. Ist auch schon vorgekommen. Hatte ich einmal bisher, dass der Libre gesponnen hat. Kriegt man dann aber normalerweise auch mit. Man hat ja immer viele Alarmsignale. [...][D]as minimiert eigentlich fast das größte Risiko. Oder das Risiko, vor dem ich am meisten Angst habe. Dass der sagt, ich wäre bei 200. Und in Wahrheit dümpele ich irgendwo bei 100 rum und dann fängt der Loop an, da ordentlich drauf zu hauen. Und der hat sich nur aufgehängt und liefert ständig den Wert 200 zum Beispiel." (L1:89)

Für L7 (99) kann im Kontext der OSCLS-Nutzung nichts „schiefgehen [...] [a]ußer, du kriegst falsche Werte". Allerdings relativiert er, dass er Werte, die er für unwahrscheinlich hält, sowohl mit als auch ohne Loopnutzung überprüft: „Also man hinterfragt es natürlich immer. So: Kann das sein? Und wenn man sich unsicher ist, messe ich einfach einmal. Und bis jetzt habe ich jetzt nie Probleme gehabt." (L7:99).

Vergleichbar äußert sich auch L1: „Das Problem ist einfach ein bisschen der Sensor. Das ist eigentlich das einzige Problem, was ich so wirklich ausmache. Und wenn man den im Griff hat und dem vertrauen kann, sage ich mal, dann ist es mit dem Loop auch nicht so problematisch. Dass der unsicher wäre." (L1:131).

6.10.4 Weitere Risiken, Befürchtungen & Nachteile

Die Nutzenden wurden auch gefragt, ob für sie die Nutzung der OSCLS mit Befürchtungen, Sorgen oder anderweitigen Nachteilen verbunden sei.

L2 (99), L3 (153) und F1 (127) sehen keinerlei Nachteile in der Nutzung des OSCLS. A1 (61), E2 (63), L2 (101), L3 (155) und L4 (170) haben keinerlei Sorgen oder Befürchtungen und es gibt nichts im Kontext der OSCLS-Nutzung, mit dem sie sich unwohl fühlen. L1 (89) sieht in der Nutzung des OSCLS kein anderes oder höheres Risiko als in der Therapie des T1D mit ausschließlich kommerziellen Technologien.

Von E1 und F2 sowie von Z1 und Z2 werden allerdings auch konkrete Kritikpunkte der OSCLS angesprochen. E1 (75) beschreibt, dass das OpenAPS aus ihrer Sicht „noch [einer] genauen Überwachung bedarf. Und ja, eben halt auch Dinge verändert werden

6. Open-Source-Closed-Loop-Systeme, Community und Auswertung 239

müssten, also auch in dem Programm. Das klingt ein bisschen so, man zieht sich einfach das Programm aus dem Internet und lässt es laufen, und fertig. Dem ist aber nicht so, also wir mussten am Anfang viele Dinge irgendwie erstmal anpassen."".

F2 erzählt, dass das OpenAPS E1 und ihren Mann manchmal „in den Wahnsinn getrieben hat. Mit einigen Aktionen, die nicht immer so ohne weiteres nachvollziehbar waren." (F2:73). F2 hat daher einen gestalterischen Versuch unternommen, den Code hinter OpenAPS zu verstehen: „Wir haben mal probiert, den Algorithmus auf einem Blatt Papier aufzuzeichnen, das war gar nicht so trivial. So richtig durchschaubar, was das System jetzt macht und warum es das macht, ja, war es nicht immer." (F2:73). F2 beschreibt das OpenAPS im Kontext der Maker-Szene: „Das ist also quasi dieser Ansatz von dieser Maker-Szene, die da [...] normalerweise irgendwelche Blumengießroboter bauen und nichts, wo irgendwo, sage ich mal, gefährlich sein kann. [...] Ja, vielleicht bin ich da auch ein bisschen vorgeschädigt, beruflich, aber das ist natürlich etwas, was niemals zertifizierbar wäre, oder so." (F2:53).

Z1 und Z2 äußern konkrete kritische Punkte, mit denen sie bei Loop (Z1) und *OpenAPS* (Z2) nicht zufrieden waren. Z1 (48) fand es zwar gut, „dass er sich jetzt ab und zu mal vielleicht beim Sport oder beim Rumlaufen früher abschaltet, hatte dann aber halt auch wiederum das Problem, dass es dann manchmal halt ein paar Stunden später angestiegen ist, weil der halt einfach zu lange ausgeschalten war." (Z1:48).

Weiter waren für Z1 Aspekte wie ein temporär erhöhter Insulinbedarf, wie es etwa bei Infektionserkrankungen vorkommen kann, problematisch, die das OSCLS nicht mit einberechnen kann:

„[W]enn er halt wieder gerödelt hat und gerödelt hat und der Blutzucker ist trotzdem nicht runtergegangen. [...] Und wenn ich mir halt zum Beispiel eine Basalrate von zwei Einheiten pro Stunde eingestellt hätte, das wären für mich halt schon 400 Prozent gewesen, weil ich einfach so wenig Insulin brauche. Und ich meine, wenn ich einen guten Wert habe von um die 100, dann ist das natürlich viel zu viel. Wenn ich aber einen Wert von 350 habe, dann passiert mit diesen scheiß zwei Einheiten halt überhaupt nichts, weil ich dann einfach ultra resistent werde. Und gerade bei solchen Sachen, musste ich dann halt öfter mal wieder mit dem Pen nachhelfen, weil sonst ja einfach gar nichts passiert ist. Und sonst hat es mich dann einfach nur genervt." (Z1:80)

Z2 (37) fand „OpenAPS im Ganzen nicht so benutzerfreundlich [...]. Dadurch, dass ich das ja mit der VEO und einem Android-Handy benutzt habe, musste ich ja immer dafür sorgen, dass das Ding irgendwie mit Internet versorgt ist unterwegs. Also man muss dafür immer online sein.".

6.10.4.1 „Luxusprobleme"

Auf die Frage, ob das OSCLS für sie auch mit Nachteilen oder Risiken einhergeht, antworten einige der Interviewten mit Aspekten, die eher abstrakt über die grundlegenden, typischen Problematiken von MmT1D bzw. deren Umgang mit (kommerziellen sowie Open-Source-) Technologien hinausgehen. An den im Folgenden aufgeführten Aussagen zeigt sich, wie stark die OSCLS das Leben dieser Nutzenden beeinflussen und überhaupt erst ermöglichen, dass für einen MmT1D diese Aspekte eine Relevanz erlangen können. L3 (161) spricht in diesem Kontext von „Luxusprobleme[n]":

> „Das einzige, wo ich mir manchmal Gedanken mache, wenn du dir an dem Diagramm anguckst, wie deine Basalrate aussieht. [...] Ja, also ich bekomme jetzt nicht über die 24 Stunden relativ gleichmäßig mein Basalinsulin. Sondern ich bekomme, mal angenommen, es wäre exakt das gleiche an Summe über 24 Stunden, bekomme ich das nur ganz anders portioniert. Sondern ich kriege mal null Prozent, mal 280 Prozent, mal wieder zehn Prozent [...]. Und da denke ich mir manchmal, ob das jetzt wirklich so physiologisch ist? Da denke ich wirklich öfter mal drüber nach. Aber das sind jetzt echt Luxusprobleme. Weißt du, mein Blutzucker ist Bombe. Ich meine, im Endeffekt geht es doch hoffentlich genau da drum. Und ob jetzt mein Insulin, das mein Körper resorbiert, im Prinzip ein Wirkprofil ist, das durch zicke-zacke im Schnitt wieder median voll gerade ist; ja, das ist das Einzige, was mir dazu durch den Kopf geht." (L3:157-161)

L6 hat durch das OSCLS ihre BG-Werte so stark verbessern können, dass sie auf die Frage nach den Nachteilen und Sorgen eine Gegenfrage stellt:

> „Muss man sich Sorgen machen, wenn man Werte hat, die einen offiziell, wenn man zum Arzt geht, nicht als Diabetiker identifizieren? Wenn man irgendwann eine neue Pumpe will? [...] Also ich hoffe, dass es da keine Probleme gibt. [...] Also, ich sage jetzt mal, es ist ganz deutlich möglich, in Werte zu kommen, wo, wenn jetzt ein fremder Arzt Blut abnimmt, einen nicht als Diabetiker outet. [...] Arschcool, oder?" (L6:226-236)

A1 beschreibt, dass es ihm aufgrund des OSCLS im Zuge erhöhter BG-Werte schlechter geht als vor der Nutzung des OSCLS:

> „[W]enn man dann mal hohe Werte bekommt, man ist die hohen Werte nicht mehr so gewöhnt. Sprich, wenn ich dann zum Beispiel bei 300 bin oder so, dann geht es mir deutlich schlechter als früher. [...] Also, die Wahrnehmung halt bei hohen Werten, der Körper kennt das halt nicht mehr ganz so. Ich meine, klar, ich habe auch hohe Werte, aber die sind halt, ja, nicht mehr so extrem lange und sind nicht mehr so extrem hoch." (A1:53-55)

6. Open-Source-Closed-Loop-Systeme, Community und Auswertung

6.10.4.2 Das Risiko, auf das Open-Source-Closed-Loop-System wieder verzichten zu müssen / es nicht weiternutzen zu dürfen

Mehrere der Loopenden formulieren in den Interviews die Sorge, der Zugriff auf die OSCLS könnte ihnen beispielsweise durch regulatorische Änderungen in Zukunft verwehrt werden.

L8 beschreibt das sehr eindrücklich: „[D]as größte Risiko oder die größte Angst, die wir als Community haben, ist die, dass, wenn man sagt, wir arbeiten momentan mit irgendwelchen Schlupflöchern, dass die zugemacht werden. Weil ein Leben ohne Loop kann ich mir nicht mehr vorstellen und will ich mir nicht mehr vorstellen." (L8:272).

L2 formuliert in diesem Zusammenhang konkrete Angst:

„Ich wünsche mir wirklich, [...] dass denen [den Entwicklern der OSCLS] wirklich nicht irgendwie mal aus böswilliger Absicht oder allgemein, dass denen mal irgendeiner versucht, da an den Karren zu fahren, um die zu stoppen. Das wäre für mich was, wo ich einfach kein Verständnis auch für hätte. Aber auch Angst vor habe, weil eben einfach noch viel zu viele Gegner prinzipiell für das Thema Loopen allgemein da sind. [...] Ich hoffe, dass sie nicht gebremst werden und dass die wirklich weitermachen." (L2:239)

Ebenso formuliert L2 (101) Bedenken, wenn die OSCLS nicht mehr frei zur Verfügung stünden, sondern „für richtig teures Geld" verkauft würden, „[u]nd somit wohl oder übel nicht mehr frei genutzt werden [können]. Weil, ich kann mir vorstellen, der eine oder andere Looper wäre nicht in der Lage, sich dieses System dann auch selbst zu finanzieren." (L2:101).

Auch L1 spricht von „Sorge" und „Angst," die bei ihm entsteht, wenn er ohne Loop ist:

„Und wenn ich den Loop abschalte, da kriege ich so ein bisschen Bauchweh. Also, wenn ich beim Duschen und so was den Sensor wegmache, dann denke ich immer, jetzt weiß er nicht, jetzt weiß er nicht. [...] Und dann ist mir mal das Handy verreckt quasi und ich habe zwei Tage lang wieder ohne gelebt, bis ich alles wieder neu aufgesetzt hatte. Und das war schon also richtig, da könnte man schon fast von Angst sprechen. Also, das war einfach von morgens bis abends ein unangenehmes Gefühl. [...] Wenn er fehlt, ja, habe ich mir viel mehr Sorgen gemacht, dass jetzt keiner ständig danach guckt, dass mein Zucker in Ordnung ist." (L1:145-147)

Ebenso bestätigt L7 (104), dass er sich unsicherer fühlen würde, wenn er wieder auf die konventionellen Technologien CGM und Pumpe zurückfiele. Daher rührt auch seine Sorge, dass er von der Krankenkasse die neue Version des Freestyle Libre bekommen könnte, mit der der Loop zum Zeitpunkt des Interviews nicht zu betreiben war: „Ich habe ein bisschen Schiss davor, dass ich einen Libre zwei kriege. [...] Also das hat etwas damit zu tun, dass ich den [Loop] dann vielleicht nicht mehr nutzen könnte. Also davor habe ich schon ein bisschen Angst. Oder das möchte ich nicht. Ich will den weiter nutzen können" (L7:109).

L8 kann sich, wie oben beschrieben, ein Leben ohne Loop nicht mehr vorstellen. Sollten regulatorische Bestimmungen die Nutzung von OSCLS verhindern, würde er sich darüber hinwegsetzen und „einen Weg finden, auch wenn die irgendwelche Schlupflöcher zumachen, das trotzdem zu tun." (L8:272).

6.11 Das Fehlen der Zulassung

Das Einzigste, was schade ist, ist dass es nicht zugelassen ist.
Das ist so die Träne, wo dranhängt, weil es ist so wertvoll. Es ist unendlich wertvoll.
(L6:198)

Die OSCLS sind keine zugelassenen Systeme und auch nicht klinisch getestet. Daher sehen sich sowohl die Systeme als auch die OSCLS-Community häufig Kritik ausgesetzt. Insbesondere adressiert werden die bereits beschriebenen Sicherheitsaspekte, aber auch rechtliche und Haftungsaspekte.

6.11.1 Rechtliche Aspekte

Weder Entwicklung noch Anwendung der OSCLS erfolgen illegal (vgl. Kapitel 2.2.6.1). Im Folgenden wird dieser Sachverhalt vorwiegend aus der Perspektive der deutschen Rechtslage betrachtet.

Da es bis zum heutigen Zeitpunkt noch keine gerichtlichen Entscheidungen oder andere rechtlich relevanten Beurteilungen der OSCLS gibt, weder in Deutschland noch weltweit, gibt es auch keine eindeutige Rechtslage. Daher gab die Deutsche Diabetes Gesellschaft e.V. 2018 ein medizin-, straf- und zivilrechtliches Gutachten (Moeck & Warntjen, 2018) in Auftrag, das den rechtlichen und haftungsrechtlichen Stand der OSCLS klären sollte.

Dieses Gutachten stellt fest, dass die Einzelteile eines OSCLS jeweils Medizinprodukte darstellen und somit auch das Medizinproduktegesetz (MPG) Anwendung findet, welches der Umsetzung mehrerer europäischer Richtlinien dient:

„Nach der derzeit gültigen gesetzlichen Legaldefinition (§ 3 Nr.1 MPG) sind Medizinprodukte, alle einzeln oder miteinander verbunden verwendeten Instrumente, Apparate, Vorrichtungen, Software, Stoffe und Zubereitungen aus Stoffen oder andere Gegenstände einschließlich der vom Hersteller speziell zur Anwendung für diagnostische oder

6. Open-Source-Closed-Loop-Systeme, Community und Auswertung

therapeutische Zwecke bestimmten und für ein einwandfreies Funktionieren des Medizinproduktes eingesetzten Software, die vom Hersteller zur Anwendung für Menschen mittels ihrer Funktionen zum Zwecke

a) der Erkennung, Verhütung, Überwachung, Behandlung oder Linderung von Krankheiten,
b) der Erkennung, Überwachung, Behandlung, Linderung oder Kompensierung von Verletzungen oder Behinderungen,
c) der Untersuchung, der Ersetzung oder der Veränderung des anatomischen Aufbaus oder eines physiologischen Vorgangs oder
d) der Empfängnisregelung

zu dienen bestimmt sind und deren bestimmungsgemäße Hauptwirkung im oder am menschlichen Körper weder durch pharmakologisch oder immunologisch wirkende Mittel noch durch Metabolismus erreicht wird, deren Wirkungsweise aber durch solche Mittel unterstützt werden kann." (Moeck & Warntjen, 2018)

Allerdings dient laut Moeck und Warntjen (2018) „das MPG dazu, den Verkehr mit Medizinprodukten zu regeln und dadurch für die Sicherheit, Eignung und Leistung der Medizinprodukte sowie die Gesundheit und den erforderlichen Schutz der Patienten, Anwender und Dritter zu sorgen (vgl. § 1 MPG)." Das wiederum bedeutet, dass das MPG die Patient:innen zu deren Schutz adressiert, sie jedoch nicht zur Erfüllung der Pflichten herangezogen werden können, die zu ihrem eigenen Schutz erlassen wurden. Mit anderen Worten, Nutzende von OSCLS zum Eigengebrauch betreiben kein Medizinprodukt und das MPG findet auf sie keine Anwendung. Haftungsansprüche gegenüber den Herstellern der verwendeten kommerziellen Technologien werden jedoch ausgeschlossen. Strafbar macht sich, wer ein OSCLS aufsetzt, also kompiliert, und es anderen zur Verfügung stellt, unabhängig davon, ob die Person es veräußert oder frei zur Verfügung stellt (Moeck & Warntjen, 2018).

Auch für Ärzt:innen hat das Rechtsgutachten eine gewisse Klarheit gebracht. Moeck & Warntjen (2018) stellen fest, dass Ärzt:innen sich nicht strafbar machen, wenn sie Patient:innen mit T1D weiterhin, wie vor Nutzung des OSCLS, behandeln und sie ebenso weiterhin bezgl. der Therapie des T1D beraten. Auch sind Ärzt:innen nicht verpflichtet, Loopenden die Verwendung der OSCLS zu untersagen. Konkrete Unterstützung und Beratung zur Verwendung der OSCLS dürfen jedoch nicht stattfinden. Weiter besteht für Ärzt:innen die Pflicht, die Loopenden „über den bestimmungswidrigen Gebrauch eines Medizinprodukts und die damit ggf. verbundenen Risiken aufzuklären" (Moeck & Warntjen, 2018). Auch dürfen Ärzt:innen keinen Kontakt zwischen Loopenden herstellen und keine Schulungen zu den OSCLS anbieten.

6.11.2 Haftungsrechtliche Aspekte

> *Mit wem fliegen Sie, mit dem Typ-1, der heimlich Traubenzucker auf der Toilette nimmt, oder mit dem loopenden Piloten?*
>
> *(L6:344)*

Der Rechtsanwalt Oliver Ebert beleuchtet in einem Artikel in der Zeitschrift *Diabetes Journal* (04/2019) einige haftungsrechtliche Aspekte, die in Folge der Nutzung eines OSCLS auftreten könnten. Laut Ebert (2019) droht eine Strafbarkeit bzw. Haftung dann, wenn die Grenze der Selbstgefährdung überschritten wird und auch andere Menschen in Gefahr kommen. Dies könnte der Fall sein, wenn das eigene Kind durch oder mit der Nutzung eines OSCLS Schaden nimmt oder Schaden verursacht, oder auch, wenn man selbst mit einem OSCLS am Steuer eines Fahrzeugs sitzt. Im letzteren Fall liegt laut Ebert (2019) in jedem Fall eine Straftat vor, unabhängig davon, ob man einen Unfall verursacht oder nicht. Auch D3 (59) spricht die Möglichkeit eines solchen Unfallszenarios an, wobei aus ihrer Sicht hier die Problematik besteht, dass „die persönliche Freiheit eines Patienten, diese Therapieform zu wählen, nun plötzlich ein anderes Recht berührt. Nämlich das Recht der Person, die möglicherweise in so einem Unfall verletzt worden ist.".

Dies betrifft aus ihrer Sicht sowohl kommerzielle CLS als auch OSCLS, allerdings ist die Haftungsfrage im Falle des Nicht-Verschuldens durch die das System nutzende Person bei den OSCLS ungeklärt (D3:59). Weitere negative Konsequenzen könnten etwa auftreten, wenn eine Versicherung die Zahlung verweigert, zum Beispiel eine Unfallversicherung nicht nach einem Unfall bezahlt, bei der die betroffene Person ein OSCLS nutzte. Auch könnten die Kosten eines Krankenhausaufenthalts oder andere Gesundheitskosten nicht von der Krankenkasse übernommen werden, sofern die Notwendigkeit des Krankenhausaufenthalts durch ein OSCLS verursacht wäre (Barnard *et al.*, 2018).

Die von Ebert beschriebenen fiktiven Szenarien (mit Ausnahme des Autofahrens ohne Unfallverursachung) setzen eine Fehlfunktion der OSCLS mit drastischen Folgen voraus. Beispielhaft nennt er Eltern, die sich vor Gericht verantworten müssen, weil ihr Kind an einer durch ein OSCLS verursachten Überdosierung von Insulin gestorben ist; oder Eltern im Zuge einer Scheidung mit Streit um das Sorgerecht: „Dem sorgeberechtigten Elternteil wird [...] vorgeworfen, dass er/sie leichtfertig und ohne zwingenden medizinischen Grund das Kind einer permanenten Lebensgefahr aussetze, nur weil er/sie technikbegeistert sei und eine ‚überperfekte' Diabeteseinstellung anstrebe." (Ebert, 2019).

In den Interviews zeigt sich jedoch, dass für die Nutzenden der OSCLS haftungsrechtliche Aspekte von untergeordneter Bedeutung sind. Es ist davon auszugehen, dass sich Eltern eines Kindes mit T1D, die sich im Vorfeld der Nutzung mit den OSCLS auseinandergesetzt haben, den potenziellen haftungsrechtlichen Konsequenzen bewusst sind. Allerdings sind sich Eltern auch der potenziellen akuten und Langzeitkomplikationen sowie der psychischen Belastung durch den T1D bewusst. Eine aktuelle Studie zeigt, dass bei Eltern Aspekte wie Neugierde und Technikbegeisterung kaum eine Rolle bei der Entscheidung für ein OSCLS für ihr Kind spielen (Braune *et al.*, 2020).

E2 bringt zum Ausdruck, dass für ihn die bestmögliche Versorgung seiner Tochter von Relevanz ist und die Rechtslage in diesem Fall keine Bedeutung für ihn hat: „Und tatsächlich die Überlegung, muss ich mir da rechtlich Gedanken machen, die stand für mich überhaupt nicht da. Sondern im Vordergrund steht für mich wirklich nur, wie kann meine Tochter so gesund [...] leben wie möglich und sich dabei so wohl fühlen wie möglich. Und da muss ich wirklich sagen, wäre mir jedes rechtliche Bedenken völlig egal." (E2:43, vgl. 89).

E1 (157) macht sich keine Sorgen um rechtliche Aspekte, da sie die Rechtslage recherchiert hat und davon ausgeht, im Zuge einer privaten Nutzung nicht belangt werden zu können. F2 argumentiert damit, dass er nur dann mit rechtlichen Belangen konfrontiert werden könne, falls der Tochter von E1 etwas passiert, und in einem solchen Fall die rechtliche Problematik die geringste wäre: „In Bedrängnis komme ich, wenn etwas passiert. Mit Sicherheit. Aber wenn was passiert, so habe ich das immer vor mir gerechtfertigt, dann ist das mein kleinstes Problem." (F2:135).

Eine australische Rechtsexpertin (Johnston, 2021) legt dar, dass Gerichte durchaus entscheiden könnten, dass Eltern durch die Nutzung eines OSCLS ihren Fürsorge- und Schutzpflichten nachkommen. Die OSCLS-Nutzung kann den besten medizinischen und sozialen Nutzen für das Kind mit T1D bringen, sofern die Eltern es ordnungsgemäß („properly") anwenden, es angemessen absichern und medizinisches Fachpersonal einbeziehen.

A1 greift das Szenario von Ebert hinsichtlich der Situation im Straßenverkehr auf. Er verweist darauf, dass die Frage der Haftung nicht diejenige ist, die für ihn die ausschlaggebende Rolle spielt, sondern die Frage, ob er mit dem Ausgang der Situation leben kann. Entsprechend stuft er es als für sein Leben weniger tragisch ein, eventuelle haftungsrechtliche Konsequenzen tragen zu müssen, als (in seinem Beispiel) ein Kind zu überfahren: „[W]as da rauskommt ist halt ein Leben nicht wert [...]. Das ist halt für mich persönlich viel, viel schlimmer, dass ich damit halt leben muss, jemanden auf dem Gewissen zu haben." (A1:164).

Er bezieht sich hierbei darauf, dass aufgrund der normnäheren glykämischen Situation durch die OSCLS-Nutzung „die Gefahren viel, viel, viel, viel niedriger als ohne dieses System" sind, womit er auch die Sicherheit im Straßenverkehr meint (A1:164). Auch für L6 (165) ist „Autofahren, viel sicherer" geworden durch das OSCLS.

6.11.3 Getestete bzw. geprüfte Open-Source-Closed-Loop-Systeme?

Das APS wird von ganz vielen Menschen in der Welt eingesetzt.
Und das ist die beste Prüfung, die ich haben kann.
(F1:101)

Die größte Problematik, die mit den OSCLS für ihre Nutzenden einhergeht, und somit auch der relevanteste Kritikpunkt, dem sich die OSCLS-Community stellen muss, ist das Fehlen einer klinischen Prüfung und darauf aufbauenden Zulassung der Systeme. Allerdings bestehen geteilte Meinungen darüber, ob die OSCLS als getestet betrachtet werden können, sowie darüber, ob die Systeme als (in nicht-klinischer Hinsicht) geprüft gelten können.

Die OSCLS-Community verweist darauf, dass die Systeme durchaus getestet sind, wenn auch nicht klinisch: Wie bereits an anderer Stelle erwähnt, ist mittlerweile von geschätzten 55,2 Millionen Stunden der OSCLS-Nutzung durch über 2.500 Nutzende (Lewis & OpenAPS Community 2022b) auszugehen.

Die interviewten Loopenden sprechen sich klar dafür aus, dass OSCLS getestete Systeme sind (L5:210, L6:286, L7:137, L8:113, L8:181). L4 (195) spricht von „Schwarmwissen" und verweist auf die große Menge an Daten, die durch die Nutzung der Systeme erzeugt werden und die ein kommerzieller Hersteller nicht erzeugen könne.

Für L3 (201) ist es eine „Definitionsfrage. Ja, also es ist tausendfach getestet und für gut befunden. [...] Und das ist ja wie eine weltweite Feldstudie im Prinzip, ja. Was will man denn mehr?". Auf Basis ihres eigenen Verhaltens geht sie davon aus, dass die tatsächliche Zahl der Nutzungsstunden der OSCLS deutlich höher ist als angegeben: „[I]ch bin ja auch nicht registriert also als Looperin. Habe ich gar nicht gemacht. [...] Und das müssen ja wesentlich mehr Menschen machen, als die gut 1000, die da offiziell jetzt registriert sind." (L3:201).

L1 erläutert differenzierend, warum die OSCLS geprüft und getestet bzw. nicht geprüft und getestet sind: „[D]u baust es dir selber auf. Das heißt, du kannst auf jeden Fall Fehler machen, du kannst es selber verändern, so wie ich, und kannst dir Sicherheitsfaktoren zum Beispiel rausnehmen und so weiter. Geprüft und getestet ist das, was ich nachher als Endnutzer bei mir draufhabe, nicht." (L1:181). Dies entspricht auch der Aussage von E1: „Also nicht geprüft ja, man hat ja in dem Sinne also unser eigenes System" (E1:135). Für den Source-Code sieht es L1 jedoch anders: „Aber das Grundsystem, was zur Verfügung gestellt wird, der Grundcode und alles, den benutzen ja mittlerweile ein paar 1000 Leute und das auch schon seit vier Jahren." (L1:180). Aus der Sicht von L1 sind die OSCLS somit „getestet, aber nicht zugelassen." (L1:183).

6. Open-Source-Closed-Loop-Systeme, Community und Auswertung

E2 benennt den Vorteil in der Prüfung durch die Community: „Ja, also sie sind nicht nach offiziellen Testmethoden getestet, aber sie sind, also das ist Open-Source. Das heißt, jeder kann sich das anschauen" (E2:51). Auch für E1 (135) spielen die Testungen der Community die ausschlaggebende Rolle, auch wenn die Zulassung von behördlicher Seite fehlt.

F1 und L8 gehen noch einen Schritt weiter und bezweifeln die Qualitätsstandards der offiziellen Prüfprozesse. L8 nennt als medizinisches Beispiel den „Silikonimplantatsskandal aus Frankreich" sowie als nicht-medizinisches Beispiel den Skandal um den Flugzeugbauer Boeing:

„Ich halte überhaupt nichts davon, zu sagen, ein zugelassenes Medizinprodukt ist de facto sicher. Eine Zulassung sagt gar nichts. Ich habe mal in der Medizinproduktebranche gearbeitet, zwar in-vitro, kleine Nische. Ich kenne ein bisschen das Medizinproduktegesetz, ich weiß ein bisschen, wie das da abgeht. Aber ich brauche das Wissen gar nicht, weil es gibt den Silikonimplantatsskandal aus Frankreich. Das war ein zugelassenes Medizinprodukt. Und da sind jetzt Frauen massiv geschädigt. Es gibt diese Geschichte mit dem Boeing, wo ein zugelassenes System dazu führt, dass Flugzeuge abstürzen. Also eine Zulassung ist keine Aussage zum Thema Sicherheit. Die Zulassungsbedingungen sind sehr formalistisch und jeder will sich absichern da." (L8:113)

Auch F1, der selbst Software entwickelt, kritisiert die Prüfprozesse und bezeichnet die alltägliche Nutzung der OSCLS als „die beste Prüfung, die ich haben kann":

„Die Frage ist halt immer, was heißt denn geprüft? Man sieht ja gerade an den Klärschlammdämmenprüfungen in Brasilien, wie gut ein TÜV Süd das auch beherrschen kann und wie sehr er auch von kommerziellen Themen – also der Prüfung, wie gesagt, ich kenne die Prozesse, der Prüfung vertraue ich nicht weiter als – ja, ich entwickle Software, ich weiß, was das heißt. Und ich weiß, was so eine Prüfung leisten kann. Wenn da nicht schon Qualität drin ist, wird die nichts finden. Und wenn die Qualität schon drin ist, dann brauche ich es auch nicht mehr. [...] Auf der anderen Seite, das APS wird von ganz vielen Menschen in der Welt eingesetzt. Und das ist die beste Prüfung, die ich haben kann." (F1:101)

Von fachlicher Seite widerspricht lediglich H1 der Aussage, OSCLS seien nicht getestet. Er verweist auf die Vielzahl klinischer Publikationen, die es mittlerweile zu der Thematik gibt: „No, I don't agree with that because it is tested and there's many clinical papers that have been published." (H1:54).

Einige der Interviewten äußern sich eher ambivalent zur Frage nach der Testung bzw. Prüfung der OSCLS. F2 (69) geht zwar davon aus, dass aufgrund der „vergleichsweise große[n] Nutzerbasis [...] die gröbsten Fehler [...] da doch raus sein" sollten, er schränkt jedoch ein, dass er im Source-Code „da selber noch welche gefunden [hat]".

Das ist nicht in einem Zustand, dass man das verkaufen könnte, oder, ja, auch nur bedenkenlos irgendjemandem empfehlen könnte, oder so. Das würde ich so nicht tun.". Von fachlicher Seite bezeichnet M1 die Systeme nicht als nicht getestet, hält es jedoch für eine Definitionssache: „Also es kommt drauf an, wie man jetzt Prüfung und Testen, wie man das jetzt definiert. [...] [D]ie Open-Source-Community ist ja jetzt kein absoluter Wildwuchs. Auch dort gibt es Qualitätskriterien und Sicherheitsmaßnahmen. Oder auch dieses Unit-Test-Ding, was möglich ist. Also ich würde jetzt nicht sagen, dass sie nicht getestet sind." (M1:59).

D3 (53) fehlt es für eine valide Beurteilung der OSCLS an randomisierten, ausgewerteten Daten. Die hohe Zahl der Nutzungsstunden klingt für sie „ganz großartig", jedoch relativiert sie diese Zahl, indem sie zu bedenken gibt, dass sämtliche Sensordaten aller Pumpenfirmen auf eine wahrscheinlich deutlich höhere Zahl kommen (D3:53).

D1 (85) und D2 sehen die OSCLS klar als ungetestete Systeme an. D2 sieht hierin vor allem die potenziell entstehenden rechtlichen Probleme: „Ich stimme der Kritik insofern zu, als dass sie für uns als Ärzte rechtliche Probleme darstellen. Ein nicht geprüftes Produkt kannst du nicht verordnen, ich kann es auch niemandem empfehlen, selbst wenn es mir in den Händen juckt und vor mir jemand sitzt und ich denke mir, der Loop wäre super für den. Es ist problematisch." (D2:76).

H2 verweist in diesem Kontext auf die Diversität innerhalb der OSCLS: „Sie sind nicht geprüft, nein. Da kann man auch nicht sagen, *das* Do-It-Yourself-System. Sondern da haben die verschiedensten Leute ganz unterschiedliche Algorithmen drin. Hier gibt es eine gewisse Heterogenität im System, die schwer zu überblicken ist von außen." (H2:61).

6.12 Kinder mit Typ-1-Diabetes und ihre Eltern

> *Sie [die Tochter] sollte ein Leben haben, das so einfach wie möglich*
> *ist mit dem Diabetes. Und tatsächlich ja, diese neuen*
> *Technologien ermöglichen das für sie.*
> *(E2:41)*

Die OSCLS gehen mit dem insbesondere für Eltern von Kindern mit T1D erheblichen Vorteil einher, dass sie sich über eine breite Auswahl an Smartphones und Smartwatches bedienen lassen und somit eine Überwachung und Bedienung der Technologien aus der Ferne ermöglichen (Braune *et al.*, 2020). Wie bereits im Kapitel 6.11.2 angesprochen, wird jedoch gerade die Verwendung von OSCLS an Kindern besonders kontrovers diskutiert, da Kinder nicht selbst ihre Einwilligung zur Nutzung geben können und Eltern eine Fürsorgepflicht für ihr Kind haben. Allerdings sehen sich Eltern mit der ernüchternden Aussicht konfrontiert, dass das Auftreten von T1D vor dem Alter von zehn Jahren mit einer reduzierten Lebenserwartung von 17 Jahren bei Mädchen und 14 Jahren bei Jungen assoziiert ist (Rawshani *et al.*, 2018; Wilmot & Danne, 2020). Hinzu kommt die akute physische wie psychosoziale Belastung, die sich nicht nur auf die Kinder selbst, sondern auch auf die Eltern auswirkt.

D2 und D3, die beide in der Kinderdiabetologie tätig sind, äußern großes Verständnis für die Eltern von Kindern mit T1D, die zum Teil aus regelrechter Verzweiflung die OSCLS nutzen:

„Das sind Eltern, die sind verzweifelt. Die stehen nachts zwei bis drei Mal auf. Gehen zum Bett ihres Kindes. Nehmen die Decke weg. Schieben den Schlafanzug hoch. Holen die Pumpe raus und schauen dort auf den Sensor, um zu sehen, wo das Kind gerade steht und wohin die Reise mit den Blutzuckerwerten gerade geht. Dass diese einfach sagen: Warum kann ich denn die Daten um Himmels Willen nicht auf meinem Endgerät mitlesen. Dass die das getrieben hat, irgendwie dafür eine technische Lösung zu finden. Und auch eine Lösung gefunden haben, das kann ich, wenn ich mir dieses Leid und die Belastung der Familien angucke, wirklich gut nachempfinden. Dass die Eltern sich wohler fühlen, wenn sie auf ihrer eigenen Smartwatch oder auf jeglichem Endgerät sehen, wie es ihrem Kind geht, was draußen auf dem Spielplatz ist oder im Garten spielt oder im Pool planscht. Das ist für mich absolut nachvollziehbar." (D3:7)

Allerdings ist die Perspektive von D3 stark von Ambivalenz geprägt, da sie einerseits Verständnis hat für MmT1D oder deren Angehörige, die unter den Auswirkungen des eigenen T1D oder des T1D ihres Kindes leiden, sich andererseits aber offiziell geprüfte Lösungen wünscht: „Ich kann es nachvollziehen, dass Familien sich dafür interessieren. Und gleichermaßen denke ich, dass das nicht der optimale Weg ist, der dort gegangen wird." (D3:7).

Auch D2 beschreibt die Situation vieler Familien, geht dabei jedoch nicht nur auf die Möglichkeit der Überwachung aus der Ferne ein, sondern auch auf die Automatisierung der Insulinabgabe:

„Ich denke, Familien oder Erwachsene gehen diesen Weg, weil selbst mit stärkster Anstrengung für viele nicht die gewünschten Outcomes drin sind […]. Selbst die, die hoch motiviert sind und minutiös alles so machen wie es in der Schulung besprochen ist und mit dem Arzt übereingekommen, selbst dann klappt das für einige nicht. […] [D]as ist, was wir bei unseren 500 Kindern, die wir betreuen, im Großteil auch sehen. Jeder investiert oder vielleicht nicht jede Familie im gleichen Maße, aber viele investieren unglaublich viel Zeit und Nerven und trotzdem hat man Hypoglykämien, und trotzdem muss man nachts checken oder auf einen Alarm reagieren, und die Möglichkeit, sich mit den Komponenten, die man schon besitzt oder die man relativ einfach käuflich erwerben kann, ein System zu bauen, das das schafft oder sogar übertrifft, was die Industrie gerade erst entwickelt oder woran Wissenschaftler gerade erst forschen, dass man das jetzt schon haben kann, ist glaube ich für viele ein so großer Anreiz [...] diese Mühen in Kauf [zu] nehmen, um von den vielen, vielen Benefits zu profitieren." (D2:66)

6.12.1 Alltag für Kinder & Eltern ohne Open-Source-Closed-Loop-System

Ein wichtiges Argument, das sich sowohl bei E1 als auch bei E2 findet, ist der Wunsch der Eltern, ihr Kind mit T1D möge möglichst „wie andere Kinder aufwachsen" (E1:111). Entsprechend äußert E2 (39-41) das „Grundbedürfnis [...], für das Kind alles so klein und leicht und unmerkbar wie möglich zu machen" bzw. hält es für „absolut notwendig", seinem Kind „das Leben so einfach zu machen, dass sie möglichst wie ein Kind aufwachsen kann, was Diabetes eben nicht hat". Um dies zu erreichen, so weit wie eben möglich, ist eine konstante Überwachung der BG des Kindes vonnöten, um die bei Kindern besonders unvorhersehbaren BG-Schwankungen handhaben zu können. Im Idealfall sollte das Kind selbst davon so wenig wie möglich mitbekommen. E2 (105) spricht von seinem „grundsätzliches Bedürfnis, den Blutzucker unserer Tochter eben jederzeit verfolgen zu können [...] damit es unserem Kind eben immer gut geht und eben keine gefährlichen Situationen eintreten". Hierfür spielt die technologische Versorgung eine bedeutende Rolle. Mit den Technologien, die zum Zeitpunkt der Interviews der Standard in der Versorgung von Kindern mit T1D in Deutschland waren, ist dies, vor allem im Vergleich mit den OSCLS, jedoch nur eingeschränkt möglich. Sowohl E1 (17) als auch E2 (19) haben als beste Möglichkeit das MiniMed 640G-System (Insulinpumpe mit Predicitive-Low-Glucose-Suspend-Funktion und dazugehörigem CGM) zur Verfügung, das beide von den betreuenden Ärzten verschrieben bekommen haben.

E2 (41) formuliert, dass die „permanente Überwachung" mit den kommerziellen Technologien seine Tochter „auch aus ihrem normalen Denken herausgezogen hat. Das stand einfach immer erstmal wieder immer im Vordergrund.". Wie bereits beschrieben in Kapitel 6.5.2, mussten die Eltern immer „an sie ran", um an die Pumpe zu kommen, um beispielsweise ihre BG-Werte zu überprüfen. Das stellte aus Sicht der Eltern eine zunehmende Belastung für das Kind dar, durch die „das Wohlfühlen des Kindes immer mehr reduziert wurde" (E2:37).

E1 beschreibt eingängig den

„große[n] Nachteil, wenn es nicht der eigene Blutzucker ist, sondern man das für sein Kind macht. Das man halt so oft ja völlig überflüssig am Kind rumfummeln muss. Man

6. Open-Source-Closed-Loop-Systeme, Community und Auswertung

muss ja in den meisten Fällen einfach erstmal nur gucken, nicht [Insulin abgeben] oder auch nicht einen Unterzucker behandeln, aber man muss vielleicht einen Alarm ausstellen. Oder gucken, wo ist der Wert gerade, und das bedeutet immer, [Name der Tochter], höre mal kurz auf zu spielen. Wir müssen jetzt mal auf die Pumpe gucken." (E1:51)

Aufgrund der Notwendigkeit der konstanten Überwachung hält E1 (111) ihre Tochter für „eklatant eingeschränkt" im „psychosozialen Bereich".

Insbesondere die Alarme der Systeme in der Nacht bei niedrigen oder hohen BG-Werten lassen sich mit kommerziellen Systemen schwer handhaben. E1 (21) bezeichnet es als „eindeutige[n] Nachteil für Eltern, was die Pumpe betrifft oder die Pumpen, die bisher auf dem Markt waren", dass die Alarme nicht an ein externes Empfangsgerät gesendet werden, sondern die Pumpe selbst den Alarmton abgibt. Dies ist bereits tagsüber unpraktisch, nachts allerdings ein wirkliches Problem, wenn das Kind in einem anderen Raum schläft als die Eltern. E1 (21) ging das an, indem sie das Babyphone neben das Bett ihrer Tochter stellte und die Türen offen ließ, aber „je nachdem, wie fest der Schlaf ist und wie sie auf der Pumpe lag oder nicht, konnte man dann was hören oder nicht". Daher stellten sich E1 (21) und ihr Mann mehrfach in der Nacht den Wecker, um nach der Tochter zu sehen.

Auch E2 (15) beschreibt, dass er und seine Frau aufgrund der „Sorge, speziell nachts auf jeden Fall immer mitzubekommen, wenn sich an ihrem Zustand etwas verändern könnte, [...] die Nächte nicht geschlafen haben. Da haben wir jede eineinhalb bis zwei Stunden - ist jemand aufgestanden und hat bei ihr nach dem Blutzucker geschaut.".

Schlafmangel aufgrund der Sorge um das Kind ist ein gängiges Problem für Eltern von Kindern mit T1D. F2 (41), der E1 und ihren Mann unterstützt, merkt an, dass „der Erwachsene, der da nachts zuständig ist und nachts um drei aufgeweckt wird, vielleicht auch nicht in jeder Nacht die richtige Entscheidung trifft".

E2 (35) beanstandet, dass viele Hersteller keine Systeme anbieten, die für die Zwecke von Eltern von kleinen Kindern mit T1D geeignet sind. Mit den Medtronic-Systemen ließeen sich im Zeitraum, in dem die Interviews durchgeführt wurden, die BG-Werte der Kinder nur über die Pumpe selbst einsehen, während mit dem Dexcom-System die BG-Werte bereits mit externen Geräten eingesehen werden konnten. Auch E1 (51) kritisiert, dass die Hersteller „einfach überhaupt keine Rücksicht" darauf nähmen, ob deren Produkte „systemkompatibel für Eltern mit Kleinkindern" sind.

D3 (5) sagt, dass sich Eltern von Kindern mit T1D die Funktion, die BG-Daten auf ein externes Gerät gesendet zu bekommen, „wirklich sehr wünschen, was technisch auch möglich ist, aber die Firma Medtronic leider nicht anbietet". Mittlerweile würden zwar die meisten Hersteller Systeme anbieten, die eine „Konnektivität mit zahlreichen Endprodukten" wie Smartphones und Smartwatches ermöglichen. Medtronic biete aber „noch immer keine Pumpe mit Sensor" an, „wo die Eltern mitlesen können" (D3:57). Dabei hält D3 (7) die MiniMed für das System, „wo wir es eigentlich am dringlichsten bräuchten", da es das Standard-System für Kinder in Deutschland ist.

6.12.2 Alltag für Kinder & Eltern mit Open-Source-Closed-Loop-System

Für die von E1 und E2 genannten Punkte bringt die Nutzung der OSCLS eklatante Vorteile für die Handhabe des T1D der Kinder durch ihre Eltern. E1 sieht, wie gut ihrer Tochter das Wegfallen der Notwendigkeit tut, das Kind immer wieder aus dem herauszureißen, was es gerade macht: „wie gut es tut, dass kein Erwachsener an ihr klebt" (E1:111). Auch E2 (41) beschreibt, dass die immer noch erforderlichen Unterbrechungen im Vergleich zu vorher „beiläufig" sind und mit der Nutzung der OSCLS für seine Tochter „ein normales Leben [...] sofort einfach wieder da" war. Das OSCLS ermöglicht aus seiner Sicht ein „relativ einfach[es]" Leben für seine Tochter, „das so einfach wie möglich ist mit dem Diabetes" (E2:41).

Durch die Überwachbarkeit über Distanz bringen die OSCLS in der Regel eine Erleichterung für Kinder mit T1D und deren Eltern mit sich, wenn das Kind beispielsweise Freund:innen trifft, im Kindergarten ist oder die Großeltern besucht.

Eine Studie zeigt, dass OSCLS dazu führen, dass Eltern ihren Kindern mit T1D mehr Autonomie zuweisen können und auch Aktivitäten zulassen können, die ohne OSCLS ein Risiko dargestellt hätten, wie etwa Übernachtungen bei anderen Kindern oder den Großeltern. Dies ist bedingt einerseits durch die Interaktion seitens der OSCLS selbst, aber auch durch die Möglichkeit der Kontrolle und des Eingreifens der Eltern aus der Ferne. (Braune *et al.*, 2020)

E1 (68-73) benötigt lediglich WLAN, in das sich das System ihrer Tochter einwählen kann, dann kann sie ihre Tochter überwachen. Dies funktioniert jedoch aufgrund von Verbindungs- oder anderen technischen Problemen nicht immer zuverlässig.

Allerdings bemerkt E2, dass insbesondere anfangs bei Außenstehenden die Überforderung durch die Technik im Vordergrund steht: „[T]rotz der Vereinfachung, die der Loop eigentlich bietet, führt es zu mehr Schwierigkeiten, das jetzt anderen Leuten zu vermitteln" (E2:53). E2 (53) beschreibt es als „für andere Leute tatsächlich etwas schockierender als für uns", wenn ein automatisiertes System überwacht werden muss: „Und insofern hat es sich vielleicht durch das Loopen im ersten Moment jetzt für unsere Tochter erschwert, bei anderen Leuten zu sein." (E2:53). Es bleibt jedoch offen, ob das bei einem kommerziellen CLS nicht genauso wäre.

Eine ähnliche Einschätzung findet sich bei D3: „[D]ie Kinder sind heute bis zu acht Stunden im Kindergarten oder in der Schule. Und da sind Personen, die noch nicht mal die Grundlagen der Diabetestherapie verstehen, geschweige denn so ein komplexes

6. Open-Source-Closed-Loop-Systeme, Community und Auswertung 253

System." (D3:13). Sie selbst kennt keine Familien, die ein OSCLS für ihr Kind „in Schule oder Kita anwenden, weil ich dann einfach garantieren möchte, dass das Personal damit nicht überfordert wäre" (D3:13). E1 (68) und E2 (53) machen jedoch gute Erfahrungen mit den OSCLS im Kindergarten, wie beschrieben in Kapitel 6.5.2.

D3 äußert aus ihrer Perspektive als Kinderdiabetologin weitere Aspekte, weshalb sie die Nutzung von OSCLS an Kindern kritisch sieht. Ihre Sorge gilt insbesondere der Handhabbarkeit der OSCLS durch die Kinder selbst, aber auch die Auswirkung, die die Nutzung auf die Eltern haben könnte: „Was passiert, wenn ein Kind seine Pumpe verliert. Das kommt vor. Oder sein Handgerät. Oder das Handy, auf dem diese Software steht, die den Closed-Loop-Algorithmus hat. [...] Oder verlassen sich Eltern darauf und schauen das Kind gar nicht mehr an, sondern schauen nur noch auf ihr Handy, ob die Daten da sind." (D3:9).

Auch sieht sie eine „ganz große Überforderung des Kindes" (D3:11), wenn dieses mit einem System in beispielsweise Schule oder Kindergarten geht, welches das Kind aufgrund der Komplexität des Systems noch nicht verstehen kann. Hier kann sie eine „Gefährdung" des Kindes nicht ausschließen (D3:11). Entsprechend findet sie es problematisch, wenn Kinder und Jugendliche ein System nutzen, das mehr Aufmerksamkeit fordert als andere:

„Ich kenne mich mit dem Produkt nicht gut genug aus, aber ich kenne mich mit Kindern gut aus. Kinder und Jugendliche, die den Diabetes in ihrem Alltag oft vergessen, weil sie entwicklungsbedingt einfach ganz andere Aufgaben lösen müssen, und da solche Systeme eigentlich mehr Aufmerksamkeit fordern und nicht etwa weniger, finde ich das bei Kindern doch sehr problematisch." (D3:11)

D2 argumentiert jedoch genau umgekehrt. Sie geht davon aus, dass die Belastung für Familien durch die Nutzung eines OSCLS geringer wird. Aus der Sicht von D2 führen die OSCLS dazu, dass Kinder und Jugendliche ihre Aufmerksamkeit weniger dem T1D bzw. dem genutzten System widmen müssen:

„Belastung durch täglich weniger schwankende Werte, das beeinflusst Kinder ja auch in ihrem Alltag, bei einer Unterzuckerung müssen sie aufhören zu spielen, jede körperliche Bewegung muss vorgeplant sein, je nach Altersgruppe ist das schwer oder weniger machbar. Eine große Herausforderung in der Pädiatrie sind die kleinen Kinder. Kein Kind ist vorhersehbar per se, du weißt nicht, wieviel es isst, wieviel es jetzt spielen will, das ist ja alles Sport. Und die zweite große Gruppe sind Jugendliche, die auf eine andere Art und Weise unvorhersehbar sind. Die oft große Akzeptanzprobleme haben, die oft sagen, ich will normal sein. Und ich denke ein Closed-Loop ist für beide Gruppen eine große, große Erleichterung. Wenn du bei einem Kleinkind, das du nicht immer predicten kannst, so einen Algorithmus hast, der wie so ein Schutzengel über dem kleinen Kind schwebt und die Anpassungen vornimmt. Und bei einem Jugendlichen hast du halt auch die Möglichkeit, dass der auch mal abschalten und normal sein kann. Und es einen Algorithmus gibt, der sich darum kümmert." (D2:68)

6.12.3 Beginn der Nutzung des Open-Source-Closed-Loop-Systems durch Eltern

E1 und E2 gehen auf die Frage ein, was für ein Gefühl sie dabei hatten, als zum ersten Mal an ihrer jeweiligen Tochter das *AndroidAPS* (E2) bzw. *OpenAPS* (E1) eingeschaltet wurde. Wie von E1 (51) beschrieben, ist die Situation belastender, wenn man nicht den eigenen T1D, sondern den eines Kindes therapieren muss. Dieses belastendere Moment lässt sich auch auf die Nutzung eines OSCLS übertragen.

E2 war im Vergleich zu E1 in einer diesbezüglich privilegierten Situation, da er als MmT1D das *AndroidAPS* an sich selbst testete, bevor er es an seine Tochter anlegte. E2 ist klar, dass das für ihn einen Vorteil bedeutete. Entsprechend hatte er „ein sehr gutes Gefühl dabei", *AndroidAPS* bei seiner Tochter zu starten: „Also ich hatte ein sehr gutes Gefühl dabei, einfach deshalb, weil ich es vorher an mir ausprobiert habe. Das ist bei anderen Eltern natürlich anders. Ich weiß, es gibt natürlich viele Eltern, wo eben nur das Kind Diabetes hat, und die tun das trotzdem. Ich glaube, die Situation ist bei mir deutlich entspannter gewesen." (E2:47).

E2 beschreibt seine intensive Auseinandersetzung mit dem System an sich selbst, die für ihn die Grundlage war, *AndroidAPS* überhaupt an seine Tochter anzulegen:

„Einfach weil ich vorher, also ich hatte im Februar die Dana R bekommen. Habe dann erstmal zwei Monate lang auf traditionelle Art quasi die Pumpe benutzt, habe zwar AndroidAPS vom ersten Moment an als Steuersoftware benutzt, aber eben völlig ohne Loop. Auch noch ohne Open-Loop. Das heißt, also wirklich nur als Fernsteuerung. Und habe einfach erstmal nur die Pumpe kennenlernen müssen natürlich und das Softwaresystem als solches. Und habe dann etwa einen Monat lang im Open-Loop mit AndroidAPS gearbeitet, bin dann in den Closed-Loop gegangen. Und als meine Tochter die Dana bekommen hat, da habe ich dann schon [...] drei Monate habe ich da geloopt, also im Closed-Loop." (E2:47)

Aus den so gesammelten Erfahrungswerten entstand bei E2 ein Sicherheitsgefühl, das ihn beruhigte:

„Ich wusste also, dass ich mich auf dieses System gut verlassen kann. Weil ich das bei mir einfach gut beobachtet habe. Und insofern war jetzt das Risiko, dass unsere Tochter jetzt mit einer Technologie versehen wird, die keine offizielle Zulassung hat – von der niemand weiß, ob die wirklich zuverlässig funktioniert – das war für mich insofern bedenkenlos, weil ich das eben an mir selber ausprobiert hatte. Und wusste, dass ich diesem System gut vertrauen kann." (E2:47)

6. Open-Source-Closed-Loop-Systeme, Community und Auswertung 255

Trotz des aufgebauten Vertrauens ist es für E2 ein relevanter Aspekt, dass er und seine Frau die Funktionsweise von *AndroidAPS* konstant überwachen: „Und weil natürlich wir es trotzdem, auch wenn wir uns darauf verlassen, permanent beobachten." (E2:47).

E1 und ihr Mann hatten nicht die Möglichkeit, das System erst an sich selbst zu testen. Entsprechend belastend war die anfängliche Situation für sie. Da sie und ihr Mann Hilfe mit dem Aufsetzen von *OpenAPS* brauchten, verbrachten sie fünf Tage bei F2, der sie unterstützte und den Großteil der technischen Herausforderung übernahm. Für E1 war das eine beängstigende Zeit: „Also mich hat das total gestresst, muss ich sagen, also diese ganzen fünf Tage da. [...] Und ich hatte aber die erste Zeit einfach nur Angst." (E1:123-125).

Die intensive Auseinandersetzung mit dem System, die E2 an sich selbst vornehmen konnte, erlebte E1 nun an ihrer Tochter. Auch sie beschreibt, wie sie, ihr Mann und F2 dabei vorgingen:

„Also die erste Nacht oder die ersten Nächte waren grauenhaft, weil wir, glaube ich, jede Stunde Blutzucker gemessen haben. Und also ich habe analysiert und analysiert, was das Gerät da macht. Und ob das für mich plausibel ist. Das hat allerdings ziemlich gut funktioniert, wir haben aber auch, ich glaube auf jeden Fall die erste Nacht haben wir zwei Sensoren laufen lassen. Und zwar hatten wir [den] Sensor [der Tochter], den sie eh schon drin hatte, haben wir mit der 640G angeschlossen gelassen, sozusagen. Sodass wir eben halt diese Sensorwerte hatten, und wir haben ihr einen neuen Sensor gesetzt. Einen zweiten, der dann mit der Veo-Pumpe, weil das ja verschiedene Transmitter sind da, mit der Veo-Pumpe und mit dem Computer gearbeitet hat. [...] Also das hat das Ganze sicherer gemacht, aber man hat natürlich in dem Stress auch die ganze Zeit geguckt, oh Gott, was sagt jetzt der Sensor der 640G, was sagt der Sensor der Veo und ja, ich war danach einfach nur fertig. Also da war das Gefühl, also das Glücksgefühl hat sich lange nicht eingestellt." (E1:125)

Auf Nachfrage beschreibt E1 konkret ihre Angst in dieser Situation: „Ja, ich hatte Angst. Also ich hatte Angst, nicht in dem Sinne, dass jetzt, zack, was passiert. Ich hatte Angst, dass wir nicht vorsichtig genug sind. Ich hatte Angst, dass wir zu viel riskieren." (E1:127).

E1 erläutert weiter, warum es für sie einfacher wäre, wenn sie das *OpenAPS* an sich selbst testen könnte:

„[W]eil ich ja in dem Gefühl meiner Tochter nicht drinnen stecke. Und bei mir kann ja technisches Gerät machen, was es möchte. Mein Gefühl – und ich denke, das würde ich sehr schnell dafür entwickeln, wenn ich Diabetes hätte – ich glaube, wenn man relativ guten Zugang zu seinem Körper hat und jetzt nicht gerade unter diesem Problem leidet, dass der Körper die Unterzuckerung nicht richtig erkennt oder sowas, dann entwickelt man ja ein Gefühl für eine Krankheit. Und ich habe zwar ein gutes Gefühl für [meine

Tochter], die hat am Anfang mit zwei [Jahren] überhaupt nicht signalisiert, ob sie unterzuckert ist oder nicht. Die hat auch bei einem Blutzucker von 36, ist die Fahrrad gefahren oder so. Ohne, dass man ihr das angemerkt hat, aber da habe ich halt über die Zeit schon ein Gefühl entwickelt, aber eben halt kein vollständiges. Und ich glaube, dass ich das an mir selber, hätte sich das viel besser angefühlt, ja." (E1:129)

6.13 Perspektive auf und Umgang mit den Open-Source-Closed-Loop-Systemen durch das Gesundheitswesen

Der Blick vieler, wenn auch nicht aller, medizinischen und wissenschaftlichen Fachkräfte auf die OSCLS ist durchaus positiv. Dies zeigt sich sowohl in den Interviewergebnissen als auch in der wissenschaftlichen Literatur.

Eine Umfrage unter Diabetolog:innen in Deutschland im Rahmen des *Digitalisierungs- und Technikreports 2020* (Verlag Kirchheim + Co GmbH, 2020) ergab, dass die Mehrheit der Diabetolog:innen die Entwicklung der OSCLS als positiv bewertet (56,4%) und nur 15,2% eine negative Einstellung zu den Systemen haben. Ein Drittel der Befragten hat sich allerdings noch keine eindeutige Meinung dazu gebildet. Die Umfrage ergab außerdem, dass der Anteil von loopenden Patient:innen in den Praxen bei 0,4% liegt, dies entspricht im Durchschnitt einer loopenden Person pro Praxis und erlaubt die vorsichtige Hochrechnung, dass von den ca. 360.000 MmT1D in Deutschland ca. 1.440 ein OSCLS nutzen. Interessanterweise ergab dieselbe Umfrage, dass lediglich ca. 25% der befragten Ärzt:innen die Entwicklung der kommerziellen CLS „für ein bedeutsames Thema in der Diabetologie" halten. (Diabetes-Forum, 2020)

Eine Umfrage unter medizinischen Fachkräften des *Diabetes Technology Network UK* zu OSCLS aus dem Jahr 2019 ergab, dass 63% der Befragten nur beschränktes Wissen über die OSCLS und 32% Angst vor haftungsrechtlichen Konsequenzen („fears around indemnity") angaben. Die OSCLS wurden von 43% als „risky in the wrong hands" und von 24% „slightly riskier than approved options" angesehen, jedoch nur 2% betrachteten die OSCLS als gefährlich. 55% sprachen sich dafür aus, Nutzende von OSCLS zu unterstützen. 13% würden die Bereitstellung kommerzieller Technologien verweigern, sofern diese zur Nutzung von OSCLS eingesetzt würden. 8% der Fachkräfte würden aktiv vor der Nutzung warnen. Obwohl sich 59% der Befragten unwohl dabei fühlen würden, Nutzende der OSCLS zu unterstützen, sahen sich nur 4% nicht in der Lage, dies zu tun. 97% vertraten die Ansicht, dass medizinische Fachkräfte mehr über OSCLS lernen sollten, um Nutzende zu unterstützen. 47% der Fachkräfte würden selbst ein OSCLS nutzen, sofern sie T1D hätten. Diese Ergebnisse zeigen, dass medizinische Fachkräfte Nutzende von OSCLS unterstützen möchten, allerdings darin

6. Open-Source-Closed-Loop-Systeme, Community und Auswertung

unsicher sind aufgrund der haftungsrechtlichen Aspekte und des eigenen fehlenden Wissens über die Systeme (Crabtree *et al.*, 2020).

6.13.1 Adäquate Unterstützung der Nutzenden & die Rolle der medizinischen Fachkräfte

Die American Diabetes Association (2020) weist darauf hin, dass medizinische Fachkräfte die OSCLS nicht verschreiben oder empfehlen können, aber durchaus Sicherheitsinformationen, Informationen zur Fehlerbehebung oder zur Datensicherung zu den kommerziellen Technologien anbieten können, um die Sicherheit der Patient:innen zu erhöhen.

Für die Nutzenden von kommerziellen CLS fordern Quintal *et al.* (2019) regelmäßige Schulungen, um sicherzustellen, dass die Technologien sicher und effizient bedient werden können. Klassische Schulungen gibt es für die Nutzenden der OSCLS nicht, wobei hier an die starken Unterstützungsstrukturen zu erinnern ist, die sowohl online als auch auf regionaler Ebene existieren und die die Möglichkeiten konventioneller Schulungen und Ansprechpartner:innen übersteigen (vgl. Kapitel 6.7).

Auch wenn die Nutzenden der OSCLS in vielen Fällen zu den MmT1D gehören, die ein herausragendes Verständnis von T1D und dem Umgang mit ihrer Erkrankung und ihrem eigenen Körper haben, ist die Betreuung durch medizinische Fachkräfte weiterhin von hoher Bedeutung. Die Grundlagen der T1D-Behandlung, sei es durch kommerzielle Systeme, ob CLS oder nicht, als auch durch OSCLS, basieren, wie bereits beschrieben, alle auf den gleichen Grundlagen und erfordern bis zu einem gewissen Grad alle die gleichen Eingaben. Auch an loopenden MmT1D müssen die üblichen T1D-spezifischen Vorsorgeuntersuchungen vorgenommen werden. Weiterhin brauchen sie die Rezepte für Insulin und Hilfsmittel. Somit ist die Unterstützung durch medizinische Fachkräfte auch für Loopende weiterhin von hoher Relevanz (Jennings und Hussain 2019).

Das Wissen medizinischer Fachkräfte zu den OSCLS ist in aller Regel begrenzt, da die Systeme nicht Bestandteil offizieller Schulungen sind und sie nicht als therapeutische Optionen in den diabetologischen Praxen oder Kliniken angeboten werden. Durch die zunehmende Zahl an Nutzenden kommen jedoch auch immer mehr medizinische Fachkräfte in Kontakt mit den Systemen und behandeln, beraten und unterstützen die Nutzenden. Somit befinden sich medizinische Fachkräfte in der schwierigen Situation, unter bestimmten Umständen selbst in rechtliche bzw. haftungsrechtliche Schwierigkeiten kommen zu können (vgl. Kapitel 6.11.1). Unabhängig von der Rechtslage stehen medizinische Fachkräfte bzgl. der Behandlung und Beratung der Loopenden jedoch auch vor Gewissensentscheidungen und haben darüber hinaus in manchen Fällen eine fachliche Meinung zu den Systemen.

Der renommierte Diabetologe Frank Best findet in einer Stellungnahme starke Worte hinsichtlich der haftungsrechtlichen Empfehlung, sich als Arzt nicht positiv über die OSCLS äußern zu dürfen und Patient:innen, die solche Systeme „aus eigenem Antrieb und auf eigene Verantwortung" nutzen, nicht hinsichtlich der Systeme beraten zu dürfen:

> „Aus Sicht des Diabetologen empfinde ich einen solchen Maulkorb als Anmaßung, als Verstoß gegen Grundrechte und ethische Prinzipien meines Berufsstandes. Jeder dritte Patient fragt: ‚Was gibt es denn Neues? Immer noch kein künstliches Pankreas, keine Heilung?' – Ich müsste jetzt antworten: ‚Ich weiß, dass es so etwas gibt; es funktioniert auch. Aber darüber reden darf ich nicht!' Eine absurde Vorstellung!" (Best, 2018)

Entsprechend hält er die Drohung mit dem Haftungsrisiko für subtil, aber auch für wirksam, da das Haftungsrisiko existenzbedrohend für Ärzt:innen ist.

6.13.2 Erfahrung mit & Umgang von Ärzt:innen im Kontext der Open-Source-Closed-Loop-Systeme

> *Und das ist auch etwas, was mich nach wie vor erschreckt bei vielen Diabetologen, ich sage jetzt mal, Wald- und Wiesen-Diabetologen, die haben erschreckend wenig verstanden.*
> *(L3:103)*

Dieses Kapitel behandelt die Erfahrungen, die die Nutzenden der OSCLS mit Ärzt:innen bzw. in ihren diabetologischen Praxen, also auch mit Diabetesberater:innen, gemacht haben, aber auch den Umgang der interviewten Ärzt:innen mit ihren loopenden Patient:innen.

6.13.2.1 Umgang von Ärzt:innen mit Loopenden bzw. mit Menschen mit Typ-1-Diabetes aus der Perspektive der Nutzenden

Wie bereits in Kapitel 6.11.1 beschrieben, dürfen die behandelnden Ärzt:innen sowie die Diabetesberater:innen die Nutzenden der OSCLS nicht bei der OSCLS-Nutzung unterstützen oder ihnen zur Nutzung der Systeme raten. Sie sind jedoch nicht dazu verpflichtet, generell die Behandlung zu verweigern. Eine Behandlung bzgl. des T1D und der kommerziellen Technologien kann weiterhin unverändert erfolgen. Bis zur Publikation des Rechtsgutachtens von Moeck & Warntjen (2018) waren die Lage und somit auch potenzielle haftungsrechtliche Konsequenzen für die Ärzt:innen unklar. Dies bedeutete nicht nur eine große Unsicherheit für die behandelnden Ärzt:innen, sondern auch für die Nutzenden der OSCLS. Diese konnten nicht wissen, wie ihre Ärzt:innen auf die Nutzung der Systeme reagieren würden.

6. Open-Source-Closed-Loop-Systeme, Community und Auswertung

Jedoch erfahren trotz der für die Ärzt:innen schwierigen rechtlichen Lage alle interviewten Loopenden mit Ausnahme von L3 Unterstützung und Verständnis. L2, L4 (231), L5 (290-294) sowie Z1 (124-126) berichten sogar von großem Interesse bis hin zu Begeisterung der Ärzt:innen: „Aber ich habe in meiner Praxis da wirklich sehr positive Erfahrungen gemacht. [...] Und die [Ärztin] sagte sofort, sie findet das ganz toll und findet es eigentlich schade, dass solche Technik vielen Diabetikern verwehrt bleibt. [...] Und das ist halt, die war total begeistert." (L2:163). L2, L4 und L5 berichten auch davon, unsicher gewesen zu sein, was passiert, wenn sie die Nutzung der OSCLS erwähnen, ob sie zum Beispiel der Praxis verwiesen würden. Die behandelnden Ärzt:innen von L2, L4 und L5 kannten die OSCLS zuvor nicht.

L6 und L8 berichten, dass ihre Ärztinnen offen der Nutzung gegenüberstehen. Die Ärztin von L6 (359) freute sich über die guten Werte, die mit der Nutzung des OSCLS einhergehen. L8 (235-237) merkt darüber hinaus an, dass seine Ärztin wisse, dass auch sie ihm vertrauen könne und er sie nicht für ihre Mitwisserschaft anschwärzen würde. L1 (247-251) hatte seit Beginn der Loop-Nutzung nur Kontakt zu seiner Diabetesberaterin. Auch er beschreibt das Gespräch über die OSCLS als „sehr positiv" und berichtet, „[d]ie waren sehr froh und sehr angetan, dass der HbA1C endlich unten ist".

L7 findet nicht nur Unterstützung durch seinen Diabetologen, sondern konkrete Beratung. Der Diabetologe hat selbst T1D, nutzt ein OSCLS und hat daher ein über das durchschnittliche Maß hinausgehendes Verständnis für die Belange der MmT1D sowie selbst ein Interesse an den technologischen Optionen. L7 ist daher „echt sehr froh, dass ich bei ihm bin. Da habe ich auch Glück." (L7:75). L7 weiß auch zu schätzen, dass sein Diabetologe für ihn da ist, sofern er ihn braucht, ihn ansonsten jedoch „in Ruhe" lässt. Bevor L7 seine Meinung zu den OSCLS einholen konnte, kam ihm der Diabetologe zuvor und erzählte L7, er loope selbst: „Und bei diesem Gespräch, wo ich ihn fragen wollte, also wegen dem Loop, wie er das findet und so etwas, hatte er das vorweggenommen und hat gesagt: Ja, hier ist eine Pumpe. Die werde ich demnächst nehmen, um zu loopen." (L7:75). Im darauffolgenden Gespräch empfahl der Diabetologe L7 diverse Foren, in denen er sich informieren könne (L7:75; vgl. L7:186-193).

L1, L4 und L8 berichten darüber hinaus von weitergehendem Interesse der Ärzt:innen und Diabetesberater:innen an den OSCLS. L1 (247-249) erzählt, seine Diabetesberaterin und andere Mitarbeitende der Praxis hätten sich für eine Schulung zu den OSCLS angemeldet. L4 (231) bekam von seinem Diabetologen in Aussicht gestellt, dass L4 „mal für seine Patienten abends einen Vortrag halte[n]" könne. Die Diabetologin von L8 äußerte sich gegenüber L8 (233), sie habe „einen Patienten, für den könnte sie sich das auch sehr gut vorstellen".

Auch E1 und E2 haben bzgl. der OSCLS positive Erfahrungen mit ihren behandelnden Ärzt:innen gemacht. Obwohl gerade Eltern, wie bereits beschrieben in Kapitel

6.11.2, für die Nutzung der OSCLS an ihren Kindern häufig besonders kritisiert werden, haben beide konkrete Unterstützung durch ihre behandelnden Ärzte erfahren.

So berichtet E1 (131) von der Sorge, „dass mir halt auch jemand Vorhaltungen macht, wie ich so leichtsinnig mit meinem Kind umgehen kann [...]. Also das war auch eine große Angst von mir.". Aber auch sie machte die Erfahrung, dass der behandelnde Arzt ihrer Tochter „das System total spannend findet. Und das total genial findet, dass wir das machen und uns auch der Chefarzt dann im späteren Verlauf zugesichert hatte, dass sie hinter uns stehen." (E1:131). E1 (131) betont, wie wichtig diese Erfahrung und diese Unterstützung der Ärzt:innen für sie waren, dass sie ihr „ganz viel Sicherheit und Mut gegeben [haben]", ohne die sie, wie sie glaubt, nicht in der Lage gewesen wäre, weiter mit Überzeugung das System zu nutzen.

E2 (21-23) hat „es tatsächlich geschafft, mit Hilfe eines sehr guten Kinderdiabetologen die absolute Notwendigkeit der Kasse plausibel zu machen, die Pumpe zu wechseln und das eben vorzeitig. [...] Und das war aber dann dank der guten Begründung des Diabetologen kein Problem, die Kasse zu einem Pumpenwechsel zu bewegen." Durch diesen Wechsel konnte er zur Nutzung von *AndroidAPS* für seine Tochter übergehen. Überzeugend wirkten sich für diesen Kinderdiabetologen die Ergebnisse aus, die E2 (23-25) an sich selbst nach fünf Monaten der Loop-Nutzung vorweisen konnte.

Die interviewten Nutzenden der OSCLS haben jedoch nicht nur positive Erfahrungen mit den sie behandelnden Ärzt:innen gemacht. Für Z2 (119) waren die Erfahrungen mit ihrer Arztpraxis ambivalent. Sie fand Unterstützung durch die Diabetesberaterin, ihr Arzt äußerte sich jedoch kritisch hinsichtlich der Nutzung der OSCLS. Zu einer Diskussion kam es nicht, da sie die Nutzung des OSCLS frühzeitig abbrach.

L3 hat kein Verständnis dafür, dass ihr behandelnder Diabetologe nicht über die OSCLS informiert ist:

„Und dann [...] ist das wirklich so, dass dieser Mann nichts über den Loop weiß, sich nicht damit beschäftigt, obwohl der Diabetologe ist, [...] ich [habe] wirklich null Verständnis dafür [...], dass es etwas Revolutionäres gibt und dieser Mann, der ja beruflich wirklich eigentlich einen Grund hätte, sich da mal schlau zu machen, sich nicht die Mühe macht, einfach mal zu googeln oder mal irgendwas zu hinterfragen." (L3:245)

L3 (269) berichtet weiter, dass sie schon öfter negative Erfahrungen mit Diabetolog:innen gemacht hat und deshalb häufig nicht von deren fachlicher Kompetenz überzeugt ist. Eine wirklich positive Situation, die zu einer Verbesserung ihrer Lebensqualität geführt hätte, hatte L3 (15) noch nie mit einer:m Diabetolog:in (siehe ausführlicher in Kapitel 6.14.2). Dies führt dazu, dass sie die Aussage ihres Diabetologen, er „als Diabetologe hätte die Aufgabe, das Bestmögliche für meine Patienten quasi Ihnen anzubieten", als „naiv" bezeichnet (L3:261). Entsprechend geht L3 (103) davon aus, dass viele der Diabetolog:innen kein ausreichendes Verständnis für die Grundlagen und Bedingungen des T1D haben.

Dies deckt sich mit der Perspektive von L2 (125), die praktisches Wissen aus dem Alltag mit T1D in diesem Kontext höher wertet als das rein theoretische Wissen. Ähnlich wie L3 berichtet auch L2 von schlechten Erfahrungen mit Diabetolog:innen und deren „Schubladendenken": „Aber ganz ehrlich, [ich bin] auf zu viele Ärzte getroffen, die dieses Schubladendenken haben. Und den Patienten leider nicht mit einbeziehen, sondern nur ihren eigenen Flow sehen und nicht auf das hören, was der Patient anbringt. Und auf, ganz ehrlich, auf solche Ärzte habe ich keinen Bock." (L2:151).

Eine hierfür besonders eindrückliche Erfahrung beschreibt L6. Sie wurde nicht auf die Station eines Krankenhauses aufgenommen, weil der zuständige Arzt bei sich keine Kompetenz für T1D sah. Dies führte für L6 zu einer Angst vor vergleichbaren oder schlimmeren Situationen in der Zukunft:

> „Ich war einmal im Krankenhaus, [...] ich musste eine Nacht bleiben. Der HNO-Arzt hat es verweigert, mich auf Station zu nehmen, weil ich Diabetiker bin. [...] Ich lag dann auf Halb-Intensiv. [...] Er sagte: Nein, die nehme ich nicht. [...] Dann habe ich mir gedacht, was passiert, wenn ich einen Herzinfarkt habe? [...] Irgendwas, wo ich womöglich kein Bewusstsein habe. Da ist mir Himmelangst geworden. Und also, wirklich, ich habe keine Ahnung, wie sowas funktioniert, wenn man da in die falschen Hände kommt. Und das sind Mediziner." (L6:79-87)

Ein weiterer mehrfach geäußerter Kritikpunkt der Nutzenden sind die offiziellen Äußerungen bekannter Diabetologen (vgl. Haak 2019), die vor den OSCLS warnen und deren Nutzung als nicht vertretbar bezeichnen (L2:207, L4:221, E2: 105-107).

L4 und E2 sehen vor allem wirtschaftliche Interessen in diesen Aussagen, nicht das Wohlergehen der MmT1D:

> „Der Professor [...] ist ein totaler Gegner. Und was ich eigentlich nicht verstehen kann. Weil, und das jetzt nur abzumachen auf Sicherheitsaspekte oder was anderes, prinzipiell muss ihm doch eigentlich das Wohl seiner Patienten an erster Stelle stehen. Und das sehe ich hier nicht. Da sehe ich eher so den industriellen Zwang. Oder auch den kommerziellen Zwang, der da hinten dran ist." (L4:221)

E2 machte ähnliche Erfahrungen mit dem medizinischen Fachpersonal einer renommierten Klinik, in der seine Tochter betreut wurde. Ihm fehlte es dort an Empathie für die Situation des Kindes und der Eltern:

> „Das betraf schon ganz ohne Loop, schon ganz am Anfang eigentlich, da wurde unser grundsätzliches Bedürfnis, den Blutzucker unserer Tochter eben jederzeit verfolgen zu können [nicht ernstgenommen]. [...] Und genau dieses Bedürfnis haben wir als Eltern

bei unserem Kind, damit es unserem Kind eben immer gut geht und eben keine gefährlichen Situationen eintreten. Und wenn alleine dieses Bedürfnis von einem Diabetologen, wie das eben an [Name der Klinik] passiert ist, beiseitegeschoben wird. Und ich zitiere wörtlich: ‚Wenn so ein Kind nachts mal in den Hypo kommt, dann krampft es ein bisschen, aber davon stirbt es nicht.' […] Wenn Eltern sich so einen Kommentar anhören müssen, dann weiß man eigentlich schon, dass man da nicht gut aufgehoben ist, denn sowas möchte man bei seinem Kind eben nicht. Und insofern, und da zeigte sich dann auch schon, dass bei Diabetologen eben durchaus einfach nur ein medizinisches Verständnis, aber eben kein familiär persönliches Verständnis eben da [ist]." (E2:105-107)

E2 geht davon aus, dass die Ablehnung der OSCLS im genannten Fall daher rührt, dass der Professor selbst an der Entwicklung eines kommerziellen CLS beteiligt ist und daher aus wirtschaftlichen Interessen die „bessere Lösung" der OSCLS ablehnt: „Er hat aber eben kein Interesse da dran, dass Eltern parallel zu diesem System, wo er mit zugange ist, eine bessere Lösung umsetzen wollen. Denn tatsächlich sind die Systeme so, wie er arbeitet, eben noch weit davon entfernt, das zu bieten, was wir mit unserem Do-It-Yourself-Loop schon haben." (E2:107).

L3 und L8 äußern bei aller Kritik jedoch auch Verständnis für die behandelnden Ärzt:innen. L3 (269) versteht, dass auch Diabetolog:innen die Zeit finden müssen, um sich in die Funktionen und Gegebenheiten der OSCLS einzuarbeiten, was aufgrund der Komplexität der Systeme keine triviale Aufgabe ist. L8 (231, vgl. Kapitel 6.4.4) äußert Verständnis, da er weiß, dass die OSCLS nicht für alle MmT1D geeignet sind.

6.13.2.2 Umgang der interviewten Ärztinnen mit Loopenden

Also für mich steht Ethik höher als Recht.
(D2:166)

Die interviewten Ärztinnen wurden gefragt, wie sie sich selbst gegenüber loopenden Patient:innen verhalten bzw. gegenüber Eltern, die die Systeme für ihre Kinder nutzen. Bei D2 sind zum Zeitpunkt des Interviews keine Kinder in Behandlung, für die ein OSCLS genutzt wird. Sie beantwortet die Frage daher hypothetisch.

D1 (143-151) bezieht sich auf die Rechtslage und gibt an, sich exakt entsprechend dieser zu verhalten. Das bedeutet, dass sie Loopende behandelt hinsichtlich ihres T1D, aber keine Unterstützung zu den Systemen anbietet oder sich positiv über diese äußert. Auch weist sie Loopende darauf hin, dass die Person „was Verbotenes tut" und dokumentiert es entsprechend (D1:149).

D2 (166) würde als Kinderärztin „die Entscheidung dieser Familien absolut respektieren": „Also für mich steht Ethik höher als Recht. Wenn ein Elternteil sich dafür entscheidet, das zu machen, um seinem Kind die bestmöglichste Therapie, die theoretisch möglich ist, anzuwenden, dann würde ich diese individuelle Entscheidung der Familie respektieren." (D2:166). Einschreiten würde D2 in den Fällen, in denen sie auch bei den kommerziellen Systemen einschreiten würde, nämlich wenn sie den Eindruck hätte, das System würde „nicht verstanden und falsch angewandt. [...] Das würde ich aber auch bei jedem Sensor und jeder Pumpe sowieso entscheiden. Für mich ist das kein Unterschied." (D2:166).

D3 (29) gibt an, sich gegenüber Eltern, die ein OSCLS für ihr Kind nutzen, „[n]iemals vorwurfsvoll, sondern mit Interesse, aber schon auch konform mit diesem Gutachten" zu verhalten. Sie klärt auf über die Rechtslage und Aspekte der Haftung. D3 weist die Familien nicht ab, fragt allerdings nach, warum nicht das äquivalente kommerzielle System genutzt wird, sofern es ein solches gibt (wie die sowohl kommerziell als auch OS mögliche Option, den Dexcom-Sensor auszulesen). Wenn ein neueres Modell einer kommerziellen Technologie vergleichbare Vorteile bietet wie die verwendete Open-Source-Technologie, bietet sie den Eltern an, ihnen dieses neuere Modell zu verschreiben.

Bevor das Rechtsgutachten veröffentlicht war, konnten sich Diabetolog:innen in ihrer Entscheidung, wie sie mit Loopenden umgehen, auf nichts berufen. D3 entschied trotzdem in Rücksprache mit Kolleg:innen in derselben Situation, Loopende weiterhin zu behandeln und in ihrer T1D-Therapie zu unterstützen. Hierbei geht es ihr in erster Linie um die bestmögliche Betreuung der Familien, die für sie immer gewährleistet sein muss:

„Unterm Strich waren wir uns alle einig, man kann schwer Familien aus einer Ambulanz die Behandlung ablehnen. Das nützt da auch nichts. Dann finden sie keinen anderen Kinderdiabetologen oder nur vielleicht einen Arzt, der sich überhaupt nicht mit der Technologie auskennt. Also dann doch lieber offen miteinander sprechen. Und das einfach gut dokumentieren und ohne Vorwürfe, weil sie haben sich da schon gute Gedanken gemacht, warum sie das machen. Miteinander ins Gespräch kommen und auch voneinander lernen." (D3:31)

6.13.3 Empfehlungen & Standpunkte aus wissenschaftlicher Literatur & Positionspapieren

Die Standpunkte und Empfehlungen, die sich in der wissenschaftlichen Literatur zu OSCLS finden, sind recht homogen. Die Autor:innen erkennen durchgehend an, dass medizinische Fachkräfte die OSCLS nicht empfehlen können, sich aufgrund haftungsrechtlicher Aspekte bedeckt halten müssen und auch auf das Risiko der Verwendung nicht klinisch geprüfter Systeme hinweisen müssen. Jedoch machen sie klar, dass die

Unterstützung und Behandlung der Loopenden als Patient:innen mit T1D davon nicht beeinträchtigt werden dürfen.

Zimmerman, Albanese-O'Neill & Haller (2019) sehen für die Zukunft eine Verbreitung der OSCLS und halten Ärzt:innen dazu an, sich dessen bewusst und für die Unterstützung der Loopenden vorbereitet zu sein.

Aus der Sicht von Barnard *et al.* (2018) kann „physicians' most fundamental calling—to help their patients" den Grund dafür darstellen, dass diese trotz der haftungsrechtlichen Beschränkungen die OSCLS ihren Patient:innen empfehlen. Schlussendlich müssten die Ärzt:innen selbst entscheiden, wie sie dieses Dilemma abwägen.

Crabtree, Street & Wilmot (2019) verweisen auf die Verantwortung der Ärzt:innen, „to educate and prepare ourselves for the wave of technology that is about to break upon our services" und darauf, dass ehrliche Gespräche zwischen Loopenden und Ärzt:innen angestrebt werden müssen. Die Entscheidung der MmT1D sollte unterstützt werden und auf Basis dieser über die Bedingungen der Systeme aufgeklärt werden.

Roberts, Moore & Quigley (2021) gehen davon aus, dass die Herangehensweise von behandelnden Ärzt:innen, OSCLS aus Angst vor haftungsrechtlichen Konsequenzen nicht zu thematisieren, das Vertrauen der MmT1D in die Ärzt:innen zu untergaben droht. Hierdurch werde es schwieriger, das Ziel einer gemeinsamen Entscheidungsfindung zu erreichen.

Ahmed *et al.* (2020) wie auch Asarani *et al.* (2020) halten es im Zuge der immer stärkeren Verbreitung der OSCLS für unerlässlich, dass medizinische Fachkräfte zumindest gewisse Grundkenntnisse zu den OSCLS haben.

Diese Ansicht teilen Jennings & Hussain (2019) und verweisen darauf, dass es mittlerweile bereits Schulungen für medizinische Fachkräfte zu den OSCLS gibt. Die OSCLS-Community stellt auf ihren Webseiten Material für medizinische Fachkräfte zur Verfügung. Tatsächlich finden sich mittlerweile auch erste Schulungsangebote aus dem Gesundheitswesen (Nottingham Trent University, 2020; vgl. Jennings & Hussain, 2019).

Auch Palmer *et al.* (2020) empfehlen medizinischen Fachkräften, die MmT1D behandeln, sich mit den OSCLS vertraut zu machen und hierfür nicht nur wissenschaftliche Erkenntnisse, sondern auch die Informationskanäle der Community zu nutzen. Gegebenenfalls müssten neue Wege gefunden werden, wie die gemeinsame Entscheidungsfindung mit den Patient:innen aussehen kann.

Ahmed *et al.* (2020) verweisen außerdem darauf, dass die OSCLS in vielen Fällen von Eltern für ihre Kinder mit T1D genutzt werden und dass die Entscheidung zur Nutzung der OSCLS im Großteil der Fälle von den Eltern im besten Interesse der Kinder und nach sorgfältiger Recherche und reiflicher Überlegung getroffen werde. Me-

6. Open-Source-Closed-Loop-Systeme, Community und Auswertung 265

dizinische Fachkräfte, die Kinder mit T1D behandeln, sollten daher ein gewisses Wissen über die OSCLS haben. Ahmed *et al.* (2020) verweisen zusätzlich darauf, dass die den OSCLS zugrunde liegenden Technologien kommerzieller Natur sind und daher die Nutzenden der OSCLS weiterhin zum Umgang mit den kommerziellen Technologien geschult werden sollten.

Die Positionspapiere von Dowling, Wilmot & Choudhary (2020) und Diabetes Australia (2019) sowie die Empfehlungen von Jennings & Hussain (2019) haben gemein, dass sie medizinischen Fachkräften anraten, die Nutzung der Systeme nicht zu empfehlen und auf die Risiken nicht zugelassener Systeme hinzuweisen, aber MmT1D darin zu unterstützen, ihre Erkrankung bzw. die ihres Kindes auf die Art und Weise zu therapieren, die sie selbst wählen. MmT1D sollten Zugang haben zu den Technologien, die sie für die bestmögliche Therapie brauchen, und sie haben ein Recht darauf, ihre eigene fundierte Entscheidung über den therapeutischen Ansatz zu treffen. Werden die OSCLS von den Patient:innen angesprochen, sollten medizinische Fachkräfte über die Optionen sprechen – auch dann, wenn sie nicht zugelassen sind –, um eine offene und transparente Beziehung zu den Patient:innen zu gewährleisten. Zur eigenen Absicherung sollten medizinische Fachkräfte die Aufklärung über potenzielle Risiken und die Nutzung in Eigenverantwortung und auf eigenes Risiko mit den Nutzenden der OSCLS dokumentieren, sowohl hinsichtlich der OSCLS als auch hinsichtlich der kommerziellen Technologien, die ggf. außerhalb der Gewährleistung verwendet werden (im Falle der Nutzung veralteter Modelle).

Den Nutzenden der OSCLS wird empfohlen, offen mit den sie behandelnden medizinischen Fachkräften über die Anwendung der Systeme zu sprechen. Sie sollten jedoch nicht davon ausgehen, Unterstützung konkret für die Nutzung der Systeme zu bekommen, allerdings weiterhin für alle anderen ihren T1D betreffenden Aspekte. Auch raten die Positionspapiere an, dass Hersteller Wege finden sollten, um ihre kommerziellen Systeme den Bedarfen der MmT1D anzupassen und etwa eine stärkere Individualisierung und Interoperabilität zu ermöglichen.

Die American Diabetes Association (2020) betont, dass für die Sicherheit der Nutzenden der OSCLS gesorgt sein muss. Dazu gehöre unter anderem, dass diese einen Backup-Plan haben für den Fall, dass die Insulinpumpe ausfällt, und dass die Grundlagen der T1D-Therapie, die sowohl in der Therapie mit OSCLS als auch in der Therapie mit Insulinpumpe benötigt werden, angepasst werden.

Eine offensivere Richtung schlagen Braune *et al.* (2021) in einem internationalen Konsenspapier ein. Auch sie betonen die Wahlfreiheit der MmT1D und die Relevanz, MmT1D in ihrer Wahl und generell in der Therapie des T1D zu unterstützen. Zusätzlich zu den vorgeschlagenen Richtlinien wird jedoch die Implementierung von Open-Source-Systemen im klinischen Umfeld befürwortet. Das Konsenspapier macht zudem konkrete Empfehlungen zur Bedienung der OSCLS.

6.14 Die Perspektive der Interviewten auf das und Erfahrungen mit dem Gesundheitswesen

Im Folgenden wird die Sicht der Interviewten auf das Gesundheitswesen diskutiert. Hierbei spielen die Erfahrungen eine Rolle, die die Nutzenden und Fachkräfte mit dem Gesundheitswesen gemacht haben, sowohl im Kontext der OSCLS als auch unabhängig davon.

6.14.1 Ignoriert vom Gesundheitswesen?

Die interviewten Nutzenden wurden gefragt, ob sie sich vom Gesundheitswesen ignoriert fühlen. Den Fachkräften wurde die Frage gestellt, ob MmT1D vom Gesundheitswesen ignoriert werden und ob sie davon ausgehen, dass sich MmT1D vom Gesundheitswesen ignoriert fühlen.

Von den Nutzenden bestätigen L1, L3 und L5 sowie Z2, F1 und A2, sich vom Gesundheitswesen (eher) ignoriert zu fühlen.

L1 begründet das vorwiegend mit dem Ausbleiben kommerzieller CLS trotz deren Ankündigung: „Und dadurch, dass ja nie etwas passiert ist, hatte ich schon das Gefühl, […] dass da auch kein Interesse da ist." (L1:253). Auch kann er die Aussage mancher Hersteller nicht nachvollziehen, dass bei der Entwicklung von Insulinpumpen MmT1D beratend involviert sein sollen: „Ich habe das Gefühl, als ob da keine Marktforschung betrieben wird und auch dann auf das Geschwätz von Roche und so weiter, dass da Typ-1-Diabetiker mitentwickeln, ich kann es irgendwie nicht so nachvollziehen. Wahrscheinlich haben sie alle Pens, die wo die Pumpe entwickeln." (L1:253).

L3 (273) fühlt sich nicht „besonders wahrgenommen" und begründet das ebenso wie L1 und auch F1 (F1:207) mit der aus ihrer Sicht mangelhaften Qualität der Insulinpumpen.

L5 führt an, dass sie in diesem Gesundheitswesen gut genug versorgt ist, um nicht zu sterben, aber keine Unterstützung zur Verbesserung ihrer Lebensqualität erhält. Sie habe das „Gefühl, man gibt mir so viel, dass es zum Überleben reicht. Aber wenn es um pure Lebensqualität geht, dann interessiert das keinen." (L5:323). L5 geht auch nicht davon aus, diese Form der Unterstützung erwarten zu können, da die Regelungen nicht von Menschen gemacht werden, die die Situation der Betroffenen tatsächlich verstehen:

> „[D]as ist eine Institution, die hat überhaupt gar keine Ahnung von Typ-1-Diabetes. Die weiß überhaupt gar nicht, was es bedeutet. Die weiß gar nicht, […] wie das den Alltag beeinträchtigt. […] Und ich glaube, […] vieles wird nicht verstanden und deswegen auch nicht genehmigt oder vergeben oder es wird nicht verstanden, was dieses Hilfsmittel an Zugewinn an Lebensqualität bringt." (L5:330-334)

Eine ähnliche Argumentation findet sich auch bei L3, die nicht verstehen kann, warum zum Zeitpunkt des Interviews der Beauftragte der Bundesregierung für die Belange von Menschen mit Behinderung nicht selbst eine Behinderung hat: „Der ist selber nicht mal schwerbehindert, weißt du, der kann doch gar nicht mitreden." (L3:273).

A2 (135) und D2 (137) argumentieren ähnlich wie L1 und L3, dass es vonseiten der Hersteller an Verständnis für die Bedarfe von MmT1D fehlt. Beide gehen nicht davon aus, dass MmT1D wirklich ignoriert werden. Jedoch müssen aus ihrer Sicht MmT1D konkret und von vornherein in Entwicklungsprozesse miteinbezogen werden; auch und vor allem, weil sie wertvolles therapierelevantes Wissen mitbringen. Der Einbezug von MmT1D in die Entwicklung von Hilfsmitteln laufe, sofern er denn stattfinde, nur passiv ab, etwa durch Fokusgruppen zu Bedienoberflächen, aber nicht etwa in das Forschungsdesign. Dies bezeichnet A2 jedoch als generelles, nicht T1D-spezifisches Phänomen im Gesundheitsbereich: „[T]his is not just a diabetes thing. This is kind all of healthcare thing and all of research thing that I perceive a problem with." (A2:135).

Z2 (135) und F1 (209) gehen davon aus, dass Hersteller wegen mangelnder Lukrativität aufgrund der relativ geringen Anzahl von MmT1D nicht ausreichend auf deren Bedarfe eingehen.

Z2 (130) kritisiert in diesem Kontext vor allem das deutsche Gesundheitswesen und verweist auf die Situation in anderen Ländern, in denen Zulassungsprozesse deutlich schneller vonstattengehen. Trotzdem hält sie selbst ihre Aussage für „Meckern auf hohem Niveau. Weil ich meine, im Gegensatz zu den USA kriegen wir hier quasi alles kostenlos. Und deswegen, ja, finde ich, man muss da auch mal einfach die Füße stillhalten. Es wird schon irgendwann kommen und es ist ja jetzt wahrlich nicht so, dass es uns hier irgendwie schlecht geht oder so was." (Z2:130).

D1 und M1 teilen den Eindruck, Nutzende der OSCLS würden sich vom Gesundheitswesen ignoriert fühlen. D1 begründet das in Bezug auf die OSCLS damit, dass die Systeme billig sind und trotzdem von offizieller Seite nicht aufgegriffen werden, was für die Nutzenden der OSCLS aus der Sicht von D1 wahrscheinlich „unverständlich" sei (D1:137). M1 gibt an, sie würde sich selbst auch ignoriert fühlen, wenn sie in der Situation sei: „Also, wenn ich ein Bedürfnis habe und da nicht die Lösung sehe und jetzt auch schon seit Jahren sehe, dass da nichts auf den Markt kommt, was mich irgendwie adäquat unterstützt, dann würde ich mich da auch außenvorgelassen fühlen oder vom System nicht adäquat betreut fühlen, ja." (M1:77).

L2, L4, L6, L7 und L8 sowie E2, F2 und H2 (144) hingegen fühlen sich nicht vom Gesundheitswesen ignoriert bzw. gehen nicht davon aus, dass MmT1D ignoriert werden oder sich ignoriert fühlen. Ähnlich wie Z2 führen auch L2 (211) und L8 (243) das „[J]ammern auf hohem Niveau" an. L2 (213) verweist auf die gute Grundversorgung in Deutschland im Vergleich zu anderen Ländern, L8 (243) auf seltene Erkrankungen ohne adäquate Medikamente, weil sich die Entwicklung dafür nicht rechnet. L6 (370), L7 (199) und F2 (153) haben Verständnis für die Hersteller aufgrund der langwierigen Zulassungsprozesse bzw. geben an zu verstehen, warum Systeme wie die OSCLS nicht auf den Markt kommen können. L4 äußert Zufriedenheit, da er nicht gedacht hätte, dass die eher teuren CGM von den Krankenkassen übernommen werden: „Und dass das einfach dann mal Einzug finden konnte, das war für mich eigentlich schon eine große Sache, ja." (L4:237).

E2 (109) kann sich „irgendwie nicht ignoriert fühlen", da er „tatsächlich alles das, was wir haben wollten, problemlos bekommen" habe, von den Hilfsmitteln über die Schulbegleitung bis hin zu einem Diabetologen, der die Familie unterstützt.

6.14.2 „Kampf" um Behandlungsoptionen

Einige der interviewten Loopenden berichten von ihren Erfahrungen mit dem Gesundheitswesen und dass es für sie häufig mit großen Anstrengungen und Durchsetzungsvermögen verbunden war, die Hilfsmittel für die gewünschte Therapie verschrieben zu bekommen. L2, L3, L5 und L6 sprechen vom „ewigen Kampf mit der Krankenkasse" (L2:13), „das habe ich mir erstritten, also es war immer Erstreiten" (L3:15), „das musste ich selber in die Hand nehmen. Also, das war eine Holschuld" (L5:326), „[i]ch habe mich immer selbst darum bemüht" (L6:45). Auch Z1 (132) spricht von einem „Kampf[…], sobald man mal was Neues beantragt" mit der Krankenkasse.

Für L2, L3 und L6 war es bereits mit Anstrengungen verbunden, eine Insulinpumpe zu bekommen.

L2 berichtet, dass ihr das Personal der diabetologischen Klinik damals die Insulinpumpe verweigerte aufgrund der Unzufriedenheit mit ihren BG-Werten: „Die Haltung von den Ärzten war natürlich: Wie stellen Sie sich das vor? Sie haben einen schlechten HbA1c-Wert, Sie kümmern sich nicht um Ihren Diabetes. Sie spritzen, wie Sie lustig sind. Sie führen keine Blutzucker-Tagebücher." (L2:19). Nur durch die Offenheit eines Oberarztes bekam L2 dann doch eine Pumpe.

L3 (17-19) erzählt eine ähnliche Geschichte aus ihrer Jugend und formuliert sogar, sie habe sich „die Insulinpumpe erschlichen, weil die Klinik, in der ich dann mittlerweile war, […] da war die Indikation: […] Du musst total verantwortungsbewusst sein, du musst alles schon im Griff haben. Ja, also nach dem Motto: nur für die Leute, bei denen eh schon die ICT gut läuft, die dürfen mit der CSSI anfangen." L3 (17-19) hat sich die Insulinpumpe verschafft, indem sie die BG-Werte in ihren BG-Tagebüchern fälschte.

L6 sollte keine Pumpe bekommen, da sie zu diesem Zeitpunkt ihren T1D noch kein Jahr lang hatte und somit die Vorgaben für die Pumpenvergabe nicht erfüllte: „Das wurde mir jeden Tag gesagt, ich sagte jeden Tag: Ich will Pumpe." (L6:29). Sie konnte sich schließlich durchsetzen, jedoch nur durch ihren eigenen massiven Einsatz (L6:29-31).

L2 beschreibt weiter einen ähnlichen „Kampf", den sie als Jugendliche führen musste, um überhaupt an ein handliches Gerät zur BGSM zu gelangen. Sie wünschte sich damals etwas Kleines, das in die Hosentasche passte: „Und das war ein riesen Kampf, dieses Ding von der Krankenkasse genehmigt zu bekommen. Also das war echt ein Staatsakt, auf Deutsch gesagt, ein Messgerät zu bekommen." (L2:13).

Vergleichbar ist der Bericht von L3, die sich (vor vielen Jahren) den Zugang zu Normalinsulin erstreiten musste, was sich im Vergleich zu dem damals noch ausschließlich genutzten Verzögerungsinsulin besser an die Mahlzeiten anpassen lässt: „Und dann habe ich mir erstritten, dass ich Normalinsulin bekomme […]. Und das habe ich mir erstritten, also es war immer Erstreiten." (L3:15).

L3, L5 und L6 stellen deutlich dar, wie für sie die Therapie ihres T1D und insbesondere in diesem Kontext eine Verbesserung der eigenen Lebensqualität immer mit ihren eigenen Anstrengungen verbunden war und ist, sowohl in Bezug auf die OSCLS als auch unabhängig davon:

> „Also ich habe nie in meinem Leben – und es ist ja heute noch so, mit dem Hybrid-Closed-Loop – aber ich habe noch nie erlebt, dass irgendwo ein Diabetologe, eine Institution auf mich zukommt und sagt: Wir haben da was Neues, Tolles und das würde dir das Leben vereinfachen oder verbessern oder dafür sorgen, dass es mir besser geht. Nein, das war immer andersrum, ich habe es mir immer erstritten und ich habe Weggefährten irgendwie um mich gehabt, die mir Informationen zugespielt haben, aus denen ich was machen konnte so." (L3:15)

Ähnlich argumentiert L5 (326), wie bereits oben beschrieben, dass sie „keiner sterben lassen [wird], mit dem Diabetes. Aber um jetzt lebensqualitätstechnisch dahin zu kommen, wo ich jetzt bin, das musste ich selber in die Hand nehmen. Also, das war eine Holschuld. Das [hat] mir keiner vorbeigebracht" Auch L6 (45) hat sich „immer selbst darum bemüht. […] von Anfang an habe ich mich immer selber darum umgeschaut, was gibt es, was könnte mir taugen, was könnte mir helfen. Dass es einfacher wird, mit besseren Ergebnissen, mit mehr Lebensqualität, dass man freier wird." (L6:45).

6.14.3 Finanzielle Motivation

Wie schon mehrfach an anderer Stelle erwähnt, äußern viele der Interviewten Kritik an den finanziellen Interessen der Stakeholder des Gesundheitswesens, die aus ihrer Sicht über den Interessen der Nutzenden stehen. Für L5 (282) führen diese „finanziellen Absichten" dazu, „dass da auch viele ausgeschlossen sind", was ihr „sauer auf[stößt]". L4 (221) und A1 (130) beziehen sich auf Mediziner:innen, denen kommerzielle Interessen wichtiger seien als das Wohlergehen ihrer Patient:innen (vgl. Kapitel 6.13.2.1).

Insbesondere den Herstellern von Technologien für T1D wird vorgeworfen, dass sie stärker auf ihren eigenen Profit als das Wohl der MmT1D fokussieren (L2:201, L3:259, Z2:135, E1:159). H2 (165) widerspricht diesen Vorwürfen der Nutzenden. Ihm zufolge ist es nicht der Fall, dass „die Industrie Entwicklungen blockiert, um mit konventionellen Dingen, die da sind, viel Geld zu verdienen".

6.14.4 Frustration mit kommerziellen Optionen

Wie beschrieben in den Kapiteln zu den kommerziellen Technologien für MmT1D, haben sich diese in den vergangenen Jahrzehnten und insbesondere in der jüngeren Vergangenheit stark weiterentwickelt. Man kann sicherlich festhalten, dass die Versorgung für MmT1D global, aber insbesondere in den Industrienationen nie besser war. Trotzdem gibt es zwei Gründe, warum MmT1D und deren Angehörige mit den kommerziellen technologischen Optionen weiterhin unzufrieden sind: Die Langsamkeit der Entwicklung und Zulassung gemessen an den Innovationen im nicht-medizinischen Bereich sowie die begrenzten Möglichkeiten des Zugangs zu den Technologien bzw. die damit verbundene Wahlfreiheit. Der Hashtag *#WeAreNotWaiting* verweist deutlich auf den Ansatz der Community, nicht mehr länger warten zu wollen auf kommerzielle Produkte, wenn die technologischen Möglichkeiten (sichere und langjährige Anwendung von Insulinpumpen und CGM sowie nicht-medizinische Steuerungsalgorithmen) seit Jahren gegeben sind (Jansky & Woll, 2019; Renard, 2020).

L1 beschreibt seine Frustration aufgrund der ihm seit Jahren bekannten Versprechungen, in zehn Jahren sei eine Heilung oder technische Heilung (durch CLS) für MmT1D verfügbar: „Als Typ-1er ist es so, dass das schon sehr lange versprochen wird. [...] Selbst als ich schon mit Spritzen angefangen habe, im Krankenhaus wurde schon gesagt: [...] zehn Jahre. War immer diese Zahl, die ich im Kopf hatte. Die hat sich alle fünf Jahre, wenn ich wieder mal auf Schulungen war und so weiter, hieß es immer: In zehn Jahren." (L1:63-65). Auch L3 (53) äußert sich mit Bezug auf Insulinpumpen mit bestimmten Funktionsumfängen, dass es „ständig so [ist], dass irgendwas angekündigt wird und dann ist es doch nicht da".

H2 bestätigt die Wahrnehmung von L1 in Bezug auf kommerzielle CLS: „Also um das Jahr 2000 herum, wenn man da mal was gehört hat, also Leute, die auf Kongressen vortragen, [...] auf die Frage, wie lange braucht es noch? Fünf Jahre. Das hat man im Jahr 2000 gesagt. Im Jahr 2005, na, wie lange wird es noch dauern? Fünf Jahre." (H2:63). H2 (63) erklärt jedoch, dass sich die Entwicklung von CLS maßgeblich dadurch verzögerte, dass „die Entwicklung der Sensoren und vor allem die Zulassung der Sensoren, gehört ja auch dazu, dass das schneller nicht gegeben war".

6.14.4.1 Zugangsgerechtigkeit & Wahlfreiheit

Durch ihren Ansatz, die OSCLS frei zur Verfügung zu stellen, fördert die OSCLS-Community einen gleichberechtigten Zugang zu Innovationen für alle MmT1D. Dies geht einher mit dem Potenzial, die Situation dieser MmT1D zu verbessern (Lal, Ekhlaspour, *et al.*, 2019).

Viele der kommerziellen Technologien sind teuer und stehen somit nur einer relativ kleinen Zahl von MmT1D zur Verfügung. Das gilt sowohl in Ländern mit guter staatlicher Gesundheitsversorgung (in denen die Krankenkassen nur bei Erfüllung bestimmter Voraussetzungen die Kosten für teurere Systeme übernehmen) als auch in Ländern, in denen es kein allgemein zugängliches Erstattungssystem gibt und in denen sich nur wohlhabende Personen die teureren Systeme leisten können.

In Deutschland beispielsweise werden Insulinpumpen nur nach Prüfung und bei Erfüllen der Bedingungen erstattet, wie beschrieben in Kapitel 4.1.2.2. Heinemann und Lange schreiben noch 2019, dass die CE-Zulassung der Minimed 670G nicht unbedingt bedeuten muss, dass deren Kosten auch von den gesetzlichen Krankenkassen übernommen werden (vgl. D3:47); auch, weil das mit der 670G verbundene Risiko höher sei als bei vielen anderen Medizintechnologien und daher die Prüfung der Sicherheit über die Prüfung der grundlegende Sicherheits- und Leistungsanforderungen in der CE-Zulassung hinaus erfolgen müsse.

Aus Sicht der Krankenkassen in Deutschland ist ein Wechsel zu einer anderen bzw. neuen Technologie für T1D generell nicht vorgesehen, sofern mit dem alten System ausreichende *Time in Range*- und HbA1c-Werte erreicht werden und der Umgang mit dem System „sicher und unproblematisch in der Handhabung" ist (Karch, 2021). Dies hängt auch mit dem Wirtschaftlichkeitsgebot zusammen, dem die Krankenkassen unterliegen. Die Leistungen dürfen „das Maß des Notwendigen nicht überschreiten" (Karch, 2021; vgl. § 12 SGB V[12]). Auch werden Anträge auf den Umstieg auf neue Systeme abgelehnt, sofern nicht davon ausgegangen werden kann, dass die bisherige Therapie „gut umgesetzt" wurde (Karch, 2021).

Crabtree, Street & Wilmot (2019) beschreiben, dass in Großbritannien rtCGM aufgrund der hohen Kosten nicht in die Regelerstattung gehören, die preislich günstigeren FGM aber schon. Die Kosten für CLS werden noch höher sein als die reinen Kosten für CGM, was den Zugang über das staatliche Gesundheitswesen unwahrscheinlich macht. Im Gegensatz zu kommerziellen CLS lassen sich die OSCLS jedoch auch mit

---

[12] Sozialgesetzbuch (SGB) Fünftes Buch (V) - Gesetzliche Krankenversicherung - § 12 Wirtschaftlichkeitsgebot

FGM betreiben. Alleine das Wegfallen dieser Hürde führt zu einem großen Unterschied zwischen dem Zugang zu Open-Source- und kommerziellen CLS. Auch für MmT1D, die weder rtCGM noch FGM durch ein staatliches Versorgungssystem erstattet bekommen, sind die OSCLS in näherer Reichweite als kommerzielle Systeme, da FGM deutlich günstiger sind als rtCGM und davon auszugehen ist, dass kommerzielle CSL teurer sind als die Komponenten, die für ein OSCLS benötigt werden. Die OSCLS bieten darüber hinaus den Vorteil, auch für Personengruppen verfügbar zu sein, für die kommerzielle CLS nicht zugelassen sind, etwa für Kleinkinder. Überdies sind sie in ihren Einstellungsmöglichkeiten auch auf ungewöhnliche Situationen flexibler einstellbar als kommerzielle CLS. Das kann der Fall sein etwa bei Schwangerschaften, bei Operationen, bei langem und intensivem sportlichem Training, beim Fasten oder bei verzögerten oder ausgelassenen Bolus-Abgaben. Aufgrund der deutlich stärkeren Restriktionen in der Anpassung an die individuellen Bedarfe sind die bislang wenigen kommerziellen CLS weniger dazu in der Lage, solche Situationen zu meistern, oder sie sind nicht dafür zugelassen (vgl. u. a. Jennings & Hussain, 2019; Marshall *et al.*, 2019; Braune *et al.*, 2020).

Die Forderung nach einem gerechten Zugang zu unterstützenden Technologien und generell Hilfsmitteln zur Therapie des T1D für alle MmT1D kommt auch von den Interviewten. Für D2 (172) sollten CLS, wenn es sie gibt, „auch für alle auf der Welt universell zugänglich sein". Daher ist aus ihrer Sicht der Open-Source-Ansatz für „einige Leute gerade die einzige Option. [...] Oder der einzige Weg jemals, [...] der ihnen überhaupt möglich ist", um an ein CLS und die daraus resultierenden Verbesserungen hinsichtlich glykämischer Kontrolle und Lebensqualität zu gelangen (D2:172).

D3 und H1 (76) betonen in diesem Kontext die Individualität der Bedarfe der MmT1D:

> „Nicht jede dieser Technologien ist für alle Patienten gleichermaßen gut geeignet. Im Grunde genommen gibt es Patienten, die mit Insulinpens und einem CGM-System sehr zufrieden sind oder mit einer Pumpe und einem CGM-System. Und andere wiederum profitieren ganz stark davon, wenn eine Pumpe automatisiert das Insulin abschaltet [...]." (D3:3)

Für D3 (3) muss das Ziel jeder Behandlung jedoch sein, „unterm Strich dafür [zu] sorgen, dass die [MmT1D] gut mit ihrer Erkrankung umgehen können." Daher würde sie

> „dem Patienten freie Wahl geben und sagen, wir schauen mal, was jemandem guttut. Und das ist auch keine Entscheidung fürs ganze Leben, sondern man kann auch wechseln zwischen Pumpe und Pen, Pen und sensorunterstützter Pumpentherapie. Ist zwar aufwendig, aber ich finde, ein Patient hat das Recht, auch im Laufe seines Lebens zwischen verschiedenen Systemen hin und her zu wechseln." (D3:67)

6. Open-Source-Closed-Loop-Systeme, Community und Auswertung 273

Aus ihrer Sicht haben die MmT1D bei dieser Wahl „ein wichtiges Wort mitzureden" (D3:81). In diesem Sinne positioniert sich auch H1, der betont, dass „the medical fraternity" nicht zu viel Einfluss auf die Wahl haben sollte, die die MmT1D treffen, sondern die Wahlfreiheit bei den MmT1D liegen sollte: „Because the day-to-day management of diabetes is very personal." (H1:76, vgl. H1:84).

Auch L5, Z1 und Z2 plädieren für eine „Wahlfreiheit [...] ohne diese Schikanen mit dem monatelangen Buchführen" (L5:338). L5 (338) berichtet, dass es ihrer Erfahrung nach selbst bei Kindern mit T1D oft nicht reiche, „zu sagen, dieses Kind hat einen Typ-1-Diabetes, da ist ein CGM von Natur aus gerechtfertigt." Sie hält das für „Schikane teilweise" und würde erwarten, dass „Lebensqualität wirklich auch kein weiches Kriterium, sondern auch ein hartes Kriterium ist" (L5:338, vgl. Z2:137). Auch Z1 (132) spricht von „übertriebene[r] Schikane und Rauszögern". Vergleichbar argumentiert L2 (29) dafür, dass jeder MmT1D „selber entscheiden können und dürfen [sollte], ob er gerne eine Pumpe hätte. Weil, sie erleichtert wirklich das Leben.".

Eine andere Seite des Zugangs zu den Technologien sprechen Wilmot & Danne (2020) sowie Farrington (2017) an: Die Nutzung der OSCLS setze nicht nur die notwendigen kommerziellen Technologien Insulinpumpe und CGM voraus, sondern auch eine hohe Motivation, einen hohen Wissensstand zu T1D sowie eine Überwindung der technologischen Hürde für jene Nutzenden, die nicht technikaffin sind. Dies könne zu einer Spaltung führen (*digital divide*) zwischen MmT1D, die alle diese Voraussetzungen erfüllen, und denen, die das nicht tun. Auch hieraus könne ein Ungleichgewicht entstehen.

6.14.4.2 Langsamkeit der Zulassungs- & Entwicklungsprozesse im Gesundheitswesen

Wenn ich die Ergebnisse sehe, die unsere Leute mit der 670 bringen
und die Bemühungen sehe der allgemeinen Patientencommunity
draußen für bessere Werte, dann ist dieses lange Verzögern dieses
[Zulassungs-]Prozesses absolut für meine Begriffe fast ein Tatbestand der
unterlassenen Hilfeleistung.
(H2:113)

Den Interviewten ist durchaus bewusst, dass das deutsche Gesundheitswesen im internationalen Vergleich eine gute Qualität aufweist (vgl. u. a. Kapitel 6.14.1, Z2:130, L2:211, L8:243 sowie L4:225). Trotzdem ist eine häufig geäußerte Kritik die an der Trägheit des Gesundheitswesens, insbesondere der Zulassungsprozesse, welche Innovationen und somit eine bessere Versorgung entsprechend der allgemeinen technologischen Möglichkeiten ausbremse.

Wie bereits angesprochen, sind die Prozesse der Entwicklung und Zulassung von Medizintechnologien langwierig und teuer und „erfordern Jahre, manchmal Jahrzehnte" (Heinemann & Lange, 2019). Zusätzlich wird Zeit für die Markteinführung benötigt und es bestehen seitens der Hersteller Unsicherheiten hinsichtlich der Kostenübernahme. Im Vergleich zu Entwicklungs- und Markteinführungsgeschwindigkeiten in anderen technischen Bereichen, wie etwa in der Computer- und Smartphone-Industrie, erscheint dies als ausgesprochen langsam – insbesondere, wenn zugrunde liegende Technologien nicht nur verfügbar, sondern auch weitgehend im sicheren Einsatz sind, wie im Fall von Insulinpumpen und CGM (Heinemann & Lange, 2019).

Heinemann & Lange (2019) beschreiben, dass im Kontext der Zulassung eines Medizinprodukts seine Zweckbestimmung festgelegt wird, und nur im Rahmen dieser Zweckbestimmung darf das Produkt angewandt werden. Hierdurch soll ein möglichst hohes Maß an Sicherheit und Effektivität für die Nutzenden gewährleistet werden. Trotzdem sollte es laut Heinemann & Lange (2019) ein adäquates Gleichgewicht geben zwischen Sicherheit und Innovation: „Alle Beteiligten sollten für neue Entwicklungen offen bleiben, und die regulatorischen Systeme sollten sich – bei Bedarf – ausreichend schnell an sich ändernde Bedürfnisse anpassen lassen.".

Laut Heinemann & Lange (2019) haben die

> „bisherigen Entwicklungs- und Zulassungsprozesse für Medizinprodukte [...] in vielen Fällen – aber nicht in allen – ihre Sinnhaftigkeit belegt. In einem sich rasch und dynamisch ändernden Umfeld gilt es aber, neue Entwicklungen adäquat zu berücksichtigen, ohne dabei Sicherheitsaspekte zu vernachlässigen. [...] Auch Zulassungsbehörden dürfen nicht realitätsfremd und patientenfern agieren."

Jedoch würden „[e]igene Gespräche mit Vertretern von deutschen Zulassungs- und Aufsichtsbehörden [...] darauf hin[deuten], dass bei ihnen diese Problematik sehr wohl gesehen wird" (Heinemann & Lange, 2019).

Heinemann & Lange (2019) bezeichnen die Zulassungsprozesse als „langwierig [...], kompliziert [...] und über weite Strecken nicht transparent" und halten die Wahrnehmung, die sie bei einigen der MmT1D und deren Angehörigen annehmen, für nachvollziehbar: „Sie glauben, dass ihnen machbare Lösungen für die Behandlung ihrer Erkrankung vorenthalten werden." So hat es beispielsweise mehrere Jahre gedauert, bis die CGM für MmT1D in die Regelerstattung aufgenommen wurden (Barnard *et al.*, 2018), ein Prozess, den Kröger und Kulzer (2018) als „viel zu lange andauernd" bezeichnen (vgl. Kapitel 4.2.2.6). Auch haben Technologien, die bereits zugelassen und erhältlich sind, häufig noch keine Zulassung für alle prinzipiell in Frage kommenden Personengruppen. Im Falle von Technologien für T1D sind es oft Schwangere und Kinder, für die die Technologien noch nicht zugänglich sind (vgl. Kapitel 6.14.4.1).

6. Open-Source-Closed-Loop-Systeme, Community und Auswertung 275

D3 (41) hält die Frustration über Medizintechnologien für T1D aus der Sicht der Loopenden für nachvollziehbar und bestätigt selbst, dass „die Entwicklung der Technologie [...]eigentlich viel schneller gehen" müsste (D3:41). Sie kritisiert, dass es zwar mehrere Modelle von Insulinpumpen unterschiedlicher Hersteller auf dem Markt gibt, jedoch keine vollständig den Ansprüchen der MmT1D entspricht (vgl. Kapitel 6.7.4.1). Diese Kritik äußern auch L1 (65), L3 (57) und F1 (207), wie beschrieben in Kapitel 6.7.4.

D3 bestätigt Aussagen, die sich auch bei Heinemann und Lange (2019) und Banard et al. (2018) finden: Technologien für MmT1D, die eine Zulassung in den USA oder in Europa erhalten, kommen nicht unbedingt auch in Deutschland auf den Markt. Selbst wenn Technologien in Deutschland erscheinen, „dauert es Ewigkeiten, bis die Prüfungen in Deutschland endlich abgeschlossen sind. Und wir wissen bei dieser Pumpe [der 670G] bis zum heutigen Tag nicht, wann sie nun auf den Markt kommt, während sie in unseren westeuropäischen Nachbarländern überall auf dem Markt ist." (D3:47). Das Unverständnis darüber äußerte auch E1 (165).

Diese Situation führt bei D3 nicht nur zu Verständnis für die Frustration der Loopenden, sondern frustriert sie auch selbst: „Das ruft auch bei mir große Frustration hervor, weshalb ich da ein Stückchen mitfühlen kann, dass, wenn man Diabetes hat und wirklich sehr frustriert ist, sagt: Ich warte nicht länger. Ich suche nach einer anderen Lösung." (D3:47, vgl. D3:15). Bei allem Verständnis für die Situation und daraus hervorgehende Herangehensweise der Loopenden würde sich D3 (37) jedoch „wünschen, dass es schneller auf konventionellen Wegen ginge.".

L4 und Z2 diskutieren die Langsamkeit des Gesundheitswesens im Vergleich zur OSCLS-Bewegung. L4 (225) geht davon aus, dass die Restriktionen in Deutschland zu stark sind, „um einfach mal schnell und agil zu arbeiten. Und die Agilität, die fehlt einfach hier." Diese Agilität sei in der OSCLS-Community vorhanden, doch L4 (225) geht davon aus, dass sie generell nur in „kleinen Gruppen" wie der OSCLS-Community möglich ist.

Z2 argumentiert anhand der zwangsläufig nicht aktuellen Technologie, die mit den neu zugelassenen Medizinprodukten einhergeht:

„Also, wenn eine Pumpe rauskommt, dass man da eigentlich denkt, okay, vor acht Jahren wäre die wahrscheinlich technisch total cool gewesen, jetzt ist sie aber irgendwie, wenn man sie so anfasst, vom Display her schon wieder total veraltet oder so. Und da ist natürlich dann, dass man sagt, okay, da ist so eine Loop-Bewegung oder diese Gegenbewegung einfach schneller." (Z2:115)

Auch E1 argumentiert, ebenso wie Z2, mit der veralteten Technik und zieht einen Vergleich zu anderen Technologien: „Und wenn man beobachtet, was sich bei uns mit Smartphones, Laptops, was weiß ich für Technik – was für eine eklatante Entwicklung da in den letzten zehn Jahren passiert ist, dann weiß man ja eigentlich, dass das lächerlich ist was zu nutzen, was zehn Jahre alt ist." (E1:159).

Auf internationaler Ebene rechtfertigt D3 (11) jedoch die Langwierigkeit der Zulassungsprozesse mit der Notwendigkeit der Validierung der Sicherheit der Systeme. Auch H2 (125) stellt heraus, dass es den Zulassungsbehörden in erster Linie um die Sicherheit der Nutzenden geht.

Allerdings äußert sich auch H2 (7) sehr kritisch gegenüber den langsamen deutschen Zulassungsprozessen und insbesondere gegenüber dem hohen Maß an deutscher Bürokratie. Er sieht in den Prozessen der verschiedenen Gremien, die über die Zulassungsanträge entscheiden, ein „Verschiebung von Verantwortung":

„Und die bürokratischen Prozesse werden eher verstärkt, als dass sie abgebaut werden. Das heißt hier, sie brauchen dann in der Endkonsequenz so lange, dass es kaum auszuhalten ist. [...] [W]er muss es denn verantworten? Okay, von mir aus ist es das [...] Bundesministerium für Gesundheit. Die müssen es eigentlich verantworten. Aber sie wollen es nicht einschätzen. Ist aber okay, wir sind ein politisches Gremium, wir geben das in ein Fachgremium. Dafür schaffen sie den Gemeinsamen Bundesausschuss [G-BA]. An diesem Gemeinsamen Bundesausschuss lehnen sich die Krankenkassen an, um zu sagen, hier, das ist etwas, was wir brauchen oder es ist etwas, was wir nicht brauchen. Sie haben natürlich die Kosten im Blick. Ja, sie fürchten hier eine Zunahme der Kosten, wenn mehr Leute solche Systeme haben. Also das heißt, hier ist auch so eine Verschiebung von Verantwortung. Ja, die Krankenkasse kann sagen, ich kann es selber nicht prüfen, ich gebe es an den G-BA. Der G-BA sagt, ich kann es nicht prüfen, ich gebe es ans IQWIG [Institut für Qualität und Wirtschaftlichkeit im Gesundheitswesen]. [...] Und so kann das jeder dann im Grunde genommen bei dem anderen verstecken." (H2:7-9)

In dieser Verschiebung von Verantwortung sieht H2 den Grund für die Langwierigkeit der Prozesse. Diese wiederum „bringt die Leute [die Loopenden] letzten Endes in Zugzwang" (H2:9). H2 (7) macht deutlich, dass er es für richtig hält, dass Effektivität und Sicherheit der Systeme geprüft werden, allerdings nimmt die Langwierigkeit der Prozesse „letzten Endes den Patienten die Chance [...], über diese Innovationen auch zu verfügen". Für ihn sind die Zulassungsprozesse, auch wenn sie wichtig sind für die Sicherheit der Nutzenden, „zu langsam, sie sind zu träge, sie sind zu bürokratisch. Und das betrifft nicht nur Deutschland, das trifft in vielen Ländern zu." (H2:7).

Sowohl aus der Argumentation von D3 als auch von H2 lässt sich somit folgern, dass die OSCLS zumindest teilweise als Reaktion auf die langsamen Prozesse entstanden sind.

H2 berichtet aus seinen Erfahrungen, wie diese Zulassungsprozesse konkret die Zulassung der Produkte seiner Firma beeinflussen. Er gibt an, dass die 670G von Forschungs- und Entwicklungsseite her mit deutlich größerem Funktionsumfang hätte auf den Markt kommen können, dies aber von regulatorischer Seite her nicht möglich wäre: „Ich meine, wir hätten natürlich sofort mit der [Insulinpumpe] einen Voll-Closed-Loop bringen können. Die Ergebnisse dafür haben wir. Also ein System, wo Basalrate, Bolus und alles hier sofort geht. Aber das sind zu große Schritte für Gesundheitsbehörden." (H2:67). Da die Sicherheit und Effizienz aller Funktionen und Neuerungen über Studien gesichert sein müssen, seien Innovationen dieser Größenordnung nur Schritt für Schritt möglich (H2:67).

H2 (113) formuliert im Kontext der Regularien der Zulassungsbehörden eine „Forderung an die aktuelle Politik". Diese lautet, dass die Zulassungsbehörden ihre Prozesse „auf den Prüfstand bringen" müssen. Die Prüfung nach Sicherheit und Effizienz hält er für legitim und wichtig, „[a]ber wie sie es prüfen, was sie für bürokratische Prozesse dahinter haben [...], das haben sie gefälligst nur bei sich auf den Prüfstand zu stellen." (H2:113). H2 spricht von einem „lange[n] Verzögern dieses Prozesses", was für ihn „absolut für meine Begriffe fast ein Tatbestand der unterlassenen Hilfeleistung" ist (H2:113).

6.14.5 Verständnis & Unverständnis für Hersteller

Und die Medizinproduktehersteller, das sind ja keine dummen Leute, die dort arbeiten, die können das ja alles genauso. Also bin ich überzeugt, dass die das genauso können. Aber die kriegen es halt nicht auf den Markt.
(L6:214)

Die Nutzenden der OSCLS äußern in vielen Aspekten Verständnis für die Hersteller und deren Unvermögen, mit den OSCLS vergleichbare Systeme auf den Markt gebracht zu haben. Insbesondere Bedingungen des regulatorischen Rahmens und der Zulassung sowie Aspekte von Sicherheitsbeschränkungen und Haftung werden von den Nutzenden der OSCLS als Ausgangspunkte für Verständnis für kommerzielle Hersteller bzw. generell für das Gesundheitswesen genannt.

So sind L6 (214, 370), L7 (173), L8 (231, 113, 229) und F2 (149) davon überzeugt, dass die Langwierigkeit der Entwicklung von mit den OSCLS vergleichbaren Systemen nicht an Unfähigkeit der Hersteller liegt, sondern von den Zulassungsprozessen sowie den Sicherheitsvorkehrungen, die für alle Nutzenden anwendbar sein müssen, verursacht wird.

L2, L4 (213), L5 (266), Z2 (117) und F2 (151) äußern Verständnis für die Hersteller, die für ihre Produkte bzw. potenziell durch die Produkte verursachte Schäden haftbar sind und daher eventuell manche technisch möglichen Optionen nicht anbieten: „Ich kann das nachvollziehen. Weil die wirklich Angst davor haben, vor den Kadi gezerrt zu werden." (L2:223).

L3 und E1 gehen mit den Herstellern härter ins Gericht und äußern deutliches Unverständnis dafür, dass Systeme, die OS verfügbar und somit technisch umsetzbar sind, nicht auch von kommerzieller Seite angeboten werden:

> „Also ich meine, das wirft jetzt natürlich erst mal diese große Frage auf, warum entwickelt ein wirtschaftlich ausgerichtetes Unternehmen in diesem medizinischen Bereich nicht einfach genau das, weil es ja technisch absolut möglich ist. [...] [D]a sitzen einfach nicht Leute, die wissen, was man tatsächlich braucht. Oder die Verbraucher werden nicht gefragt." (L3:253)

Für E1 (165) liefern die zum Zeitpunkt der Interviews kommerziell erhältlichen Systeme „nur einen Bruchteil von dem [...], was ein Diabetiker eigentlich braucht". Sie kann nicht verstehen, warum eine gewinnorientierte Firma keine Technologie anbietet, die „von Privatpersonen, die das mal eben so zwischen Tür und Angel und ihrem restlichen Leben machen, [...] in einem überschaubaren und kostentechnischen Aufwand" entwickelt und zur Verfügung gestellt wird (E1:165).

6.14.6 Neue Technologien in der Therapie des Typ-1-Diabetes – die Geschichte wiederholt sich

Die Diskussion um die Vertretbarkeit der nicht klinisch getesteten und nicht von behördlicher Seite zugelassenen OSCLS ist nicht die erste Debatte, die in der Geschichte der Therapie des T1D kontrovers geführt wird. Aus der Sicht und Erfahrung von D1 und D2 wird in der Diabetologie „alles, was neu ist, erst mal abgelehnt" (D2:122), und therapeutische Neuheiten wurden im Laufe der Geschichte generell zunächst kritisch und als potenziell gefährlich eingestuft (D1:39). So wurden sowohl die Geräte zur BGSM als auch die Insulinpumpe (also beides Technologien, die mittlerweile zum unverzichtbaren Standard in der T1D-Therapie zählen) bei ihrer Einführung äußerst kritisch betrachtet. Im Fall der Geräte zur BGSM schrieb man den MmT1D nicht die Kompetenz zu, diese zu bedienen. Im Fall der Insulinpumpe sah man eine Gefährdung durch die kontinuierliche Abgabe von Insulin.

Die Frage, ob und wie weit man MmT1D die Entscheidung über therapeutische Maßnahmen selbst in die Hand geben kann und sollte, trat bereits Mitte der 1980er Jahre im Zuge der Entstehung der technologischen Möglichkeit der BGSM auf: „[E]in Verbot von Selbstmessungen und Selbstanpassungen der Insulindosis waren in Ost-

6. Open-Source-Closed-Loop-Systeme, Community und Auswertung

und Westdeutschland jahrzehntelang bei Meinungsbildnern die Regel." (Diabetes Zeitung, 2020). L2, L3 und L8 erinnern sich an die „heiße Diskussion, dass ein Diabetiker kein Blutzuckermessgerät zuhause haben sollte. Das heißt, ich kann mich an wirklich Zeiten erinnern, da war das sehr kritisch gesehen, dass der Patient seinen Blutzucker zuhause bestimmt." (L2:199). L8 (113) spricht von einem „massiven Widerstand von den Ärzten": „Man kann doch nicht plötzlich dem Diabetiker die Therapie in die Hand geben." (L8:113). L3 interpretiert dies als systematische Unterdrückung der Patient:innen: „Also das ist eine Zeit gewesen, wo Ärzte dagegen waren, dass Patienten selber ihren Blutzucker testen können. [...] Ja und das ist also wirklich so nach dem Motto, man hält den Patienten dumm und klein und er soll immer schön in die Praxis kommen, am besten einmal in der Woche." (L3:13-15).

Auch D2 benennt die damalige Kontroverse. Diese umfasste nicht nur die technische Möglichkeit der BGSM, sondern auch das darauf aufbauende Anpassen der Insulindosis durch die MmT1D:

„Als vor Jahrzehnten beraten wurde, ob Patienten zu Hause Blutzucker messen dürfen, hieß es: Um Gottes Willen. Das sind doch Laien. Die können doch keine diagnostischen Tests im häuslichen Umfeld durchführen. Und dann gab es genauso Debatten darum, ob man Patienten, medizinische Laien, ihre Bolusgaben selber berechnen lassen sollte oder Basalinsulin selber anpassen sollte. Um Gottes Willen. Das sind doch Medikamente. Das muss doch ein Arzt entscheiden." (D2:122)

L3 beschreibt, wie ihrer Erfahrung nach jede neue Technologie zur Therapie des T1D als gefährdend eingestuft wurde. Selbst die Testgeräte zur BGSM wurden anfangs skeptisch betrachtet, da sie im Gegensatz zu den zuvor gängigen Teststäbchen keinen Farbverlauf anzeigten, der eine zusätzliche Validierung ermöglichte: „Die waren da [in der Klinik, in der L3 behandelt wurde] total verpönt, weil du ja selber nicht sehen konntest, ob der Wert, den das Gerät ausgibt, ein sittiger Wert ist, weil du ja nicht quasi nochmal das Stäbchen angucken konntest, ob die Farbe jetzt wirklich dunkelgrün oder eher hellbeige ist oder irgendwie so." (L3:17).

Als die Insulinpens aufkamen und die Spritzen ersetzten, wurde laut L3 (17) beanstandet, dass die damaligen Pens aus Metall waren. Daher ließ sich von außen nicht einsehen, ob sie bei Benutzung wirklich Insulin abgaben. Beim Aufkommen der Insulinpumpen erinnert sie sich, dass diese als „lebensgefährlich" galten: „[W]eil stell dir vor: Du bist im Wald spazieren, hast einen Unterzucker, hast keinen Zucker dabei und fällst um, die Pumpe pumpt immer weiter und du stirbst. Also ja, so immer dieses Horrorszenario, es ist total gefährlich." (L3:17). Die Insulinpumpen seien damals „alle als ganz böse verschrien [gewesen], weil es könnte ja das Szenario passieren, du wirst ohnmächtig, Unterzucker, und die Pumpe pumpt einfach weiter. Dein Leberzucker reicht nicht und dann bist du tot." (L3:259).

D1 bestätigt aus fachlicher Perspektive die Sicht von L3, zieht einen Vergleich zu den OSCLS und führt an, keinen Unterschied zu sehen in der befürchteten potenziellen Gefahr durch eine neue zugelassene Technologie und den OSCLS:

„Also ich glaube, dass wir jedes Mal, wenn so eine neue Technologie aufkommt, also das war ja bei den Pumpen genauso, haben wir ja immer gesagt: Uah, o Gott, das System gibt selbstständig Insulin ab! Wir haben zwar da irgendwas einprogrammiert, die Rate, aber dennoch ist ja potenziell die Möglichkeit, dass das System selbstständig Insulin ausschütten kann, sei es jetzt, weil ich einen falschen Knopf drücke aus Versehen oder weil das Ding kaputt ist und automatisch irgendwie große Mengen Insulin abgibt und so weiter. Jetzt ist es, sage ich mal, das Geschrei groß, weil die Patienten es selber basteln, ja. Ich weiß eigentlich nicht, warum es da einen Unterschied geben soll." (D1:39)

D2 überträgt das Phänomen der anfänglichen Ablehnung alles Neuen auf die aktuelle Situation technologischer Neuerungen im „digitalen Zeitalter". Ebenso wie D1 sieht sie keinen Unterschied zwischen den damaligen Argumenten und den Argumenten, die heute in Bezug auf die OSCLS aufkommen: „[J]etzt haben wir, denke ich, diese Diskussion auf einem anderen Level. Dürfen sie sich denn ihre Devices selber bauen? Jetzt sind wir halt in einem digitalen Zeitalter angekommen. Ich denke, es ist nichts anderes." (D2:122).

Für D2 (122) ist das Prinzip „immer das Gleiche und es dauert so ein paar Jahre und dann werden die kritischen Stimmen immer leiser, weil sie einfach übertönt werden von den Erfolgsgeschichten und den dann auch wieder mehreren Jahren Erfahrung, die zeigen, es funktioniert ganz wunderbar". Der Blick auf die Geschichte der BGSM und der Insulinpumpe, aber auch auf die wenigen Jahre der OSCLS, bestätigt die Aussage von D2.

6.14.7 Wünsche an das Gesundheitswesen

Die interviewten Nutzenden wurden gefragt, welche Wünsche sie an das Gesundheitswesen haben. Den interviewten Ärzt:innen wurde die Frage gestellt, was sie sich aus ihrer professionellen Sicht für MmT1D vom Gesundheitswesen wünschten. Es fließen hier jedoch auch wunschhafte Äußerungen ein, die unabhängig von der Frage im Lauf der Interviews gemacht wurden.

Erwünschte Aspekte sind die Verfügbarkeit und der Zugang zu Technologien für T1D, der vielen MmT1D aufgrund monetärer Interessen oder aus anderen Gründen verwehrt bleibt. L2 (215) wünscht sich, „dass die Hersteller da wirklich ihre Preise da endlich mal vernünftig anpassen. Und nicht nur ihren Profit sehen", da sie davon ausgeht, dass dadurch für mehr MmT1D „diese tolle Technik" verfügbar würde. Ähnlich argumentieren Z1 und Z2. Z1 (132) wünscht sich, „[d]ass es einfach weniger Kampf ist, sobald man mal was Neues beantragt", womit sie sich auf Insulinpumpen und CGM bezieht. Z2 (137) sieht das auch so und betont die Wichtigkeit der Lebensqualität, die von den Krankenkassen nicht als relevantes Kriterium behandelt werde (vgl. L2:29, L5:338, Kapitel 6.14.4.1).

Diesen Wunsch nach Abbau bürokratischer Hürden äußert auch A1 (136-138), während A2 aus ihrer US-amerikanischen bzw. internationalen Perspektive einen wesentlich grundlegenderen Wunsch formuliert: Der Zugang zu Insulin sollte für jeden MmT1D „[a]ccessible and affordable" (A2:147) sein: „So if I have a wish for just insulin access and then I feel like on the technology side, we are getting there. I do not want to spend on that." (A2:137).

Häufig genannt wird auch der Wunsch, die Schnittstellen der kommerziellen Technologien zu öffnen, um somit die Möglichkeit der unkomplizierten Nutzung der OS-CLS zu schaffen, „dass die Leute, die da keine Angst haben und diese Do-It-Yourself-Geschichte machen, dass die da einfach ran können" (L2:223). L2 (223) nennt beispielhaft die Insulinpumpe Dana (Dana R und Dana RS) der Firma SOOIL, deren Bluetooth-Schnittstellen offen und die Pumpen somit geeignet für die Nutzung von *AndroidAPS* sind. L4 (213) argumentiert ähnlich und plädiert für eine einheitliche Lösung aller Hersteller und die Einigung auf eine offizielle Schnittstelle.

L7, F2 und A1 sprechen allgemeiner von der Option der Öffnung der Systeme, um das Loopen zu ermöglichen. L7 (201-203) ist sich bewusst, dass aufgrund regulatorischer Bestimmungen die OSCLS nicht in kommerzieller Form verfügbar gemacht werden können, aber auch er wünscht sich, „[d]ass die diese Bluetooth-Protokolle nicht verschlüsseln. Also das reicht. Dass sie die Möglichkeit geben, dass man darauf zugreift, von außen.".

Auch F2 plädiert für eine Öffnung der kommerziellen Systeme, etwa durch die Etablierung einer dokumentierten Schnittstelle. Das würde nicht nur zu einer Erleichterung für die OSCLS-Community führen, sondern die OSCLS auch sicherer machen: „Damit wären die Hersteller aus der Haftung und aus der Verantwortung raus und man könnte bessere Loopsysteme eben auf eigenes Risiko bauen" (F2:155).

A1 äußert einen Vorschlag, der darüber hinausgeht: Er schlägt ein Regularium vor, welches das Loopen ermöglicht, jedoch die Hersteller aus der Verantwortung nimmt, „also im Sinne von, du rufst beim Hersteller an, sagst deine Seriennummer und dann kriegst du einen Code und dann bist du halt im System geflaggt mit, hier, wenn was passiert, der hat sich freigeschaltet, das heißt, der Hersteller muss keine Haftung mehr übernehmen" (A1:103).

Ein weiterer häufig genannter Wunsch ist die Entwicklung kommerzieller Closed-Loop-Systeme bzw. generell besserer technologischer Optionen für MmT1D. L1 (255) wünscht sich von kommerzieller Seite „einen hervorragenden Closed-Loop", wofür seiner Meinung nach insbesondere noch schneller wirksames Insulin und zuverlässigere Sensoren benötigt werden. Auch L4 (217) erwartet, „dass da noch viel, viel mehr passiert" und CLS von kommerzieller Seite verfügbar gemacht werden. E2 (111) wünscht sich, „dass die technologischen Erkenntnisse, die von der Do-It-Yourself-Looper-Gemeinde erzeugt werden, dass die möglichst schnell in dann offiziell erhältliche Systeme einfließen".

L3 (23) kritisiert, dass in ihrer Wahrnehmung über die Jahre „die Pumpen immer größer und schwerer und klobiger werden", obwohl sich die MmT1D kleinere und leichtere Geräte wünschen. Auch L1 (255) wünscht sich, dass Insulinpumpen mehr auf die Bedarfe der Nutzenden ausgerichtet sind. L6 (374) und F1 (215) wünschen sich, dass sich Loopende nicht verstecken müssen und ohne das Gefühl leben können, etwas Verbotenes zu tun.

Alle drei interviewten Ärztinnen wünschen sich, „dass die Industrie viel schneller wäre, am Puls der Zeit, und spüren, was sinnvoll und was technisch machbar ist. Und dass sie mit Eiltempo eine Technologie entwickeln, die eigentlich möglich ist." (D3:7, vgl. D1:121, D2:131).

D3 (75) unterscheidet in ihren Technologiewünschen für MmT1D zwischen MmT1D mit viel und MmT1D mit weniger Einsatzbereitschaft und Verständnis für die komplexen Therapieansätze für T1D. Sie plädiert für ein sensorunterstütztes Insulinpumpensystem, bei dem individuell programmierbar ist, was die Nutzenden an Information und Einstellungsmöglichkeiten zur Verfügung haben: „Also dass die Darstellung entweder sehr umfangreich oder sehr schmal ist, je nachdem, was der Patient will. [...] Wenn man drei verschiedene, ausführliche Menüs wählen könnte." (D3:75). Für ideal hielte sie verschiedene, individuell anpassbare Systeme, wovon eines ermöglichen würde, „dass man einen HbA1c von sechs Komma null damit schafft" und ein anderes, „welches vielleicht nicht einen HbA1c von sechs Komma null, sondern einen von sieben Komma fünf anstrebt, aber dafür muss der Patient nichts tun und trägt einen Sensor und eine Pumpe und die agieren miteinander sicher, aber auf einem erhöhten Niveau. Aber der Patient muss ganz wenig machen." (D3:75). Letzteres hält D3 (75) für den potenziell „größte[n] kommerzielle[n] Erfolg", da aus ihrer Sicht die meisten MmT1D nicht dazu in der Lage sind, „so viel [zu] tun wie die Looper-Szene [...]. Sie können es einfach nicht, weil ihr Alltag, ihre kognitiven Fähigkeiten, ihre also Tagesstruktur gestaltenden Fähigkeiten, die das einfach nicht hergeben. Aber sie möchten auch gut eingestellt sein.".

D2 argumentiert ähnlich, wenn auch weniger konkret, und spricht in ihren Ausführungen die Relevanz der Individualisierbarkeit des Systems an. Sie erörtert, dass „[e]in perfektes System [...] nicht nur auf einen Standardmenschen zugeschnitten sein [sollte], sondern auch unterscheiden, ist das jetzt für ein Kind? Ist das für eine Frau?

Ist das für einen Mann? Ist das für einen älteren Menschen?" (D2:158). Die Individualisierung der Systeme sollte für sie jedoch nicht durch die Ärzt:innen oder Nutzenden erfolgen, „sondern aus Wissen, das man vorher durch Forschung erzeugt hat, das Ganze sehr gut automatisiert", da somit potenzielle menschliche Fehler vermieden würden (D2:158).

6.15 Auswirkungen der Open-Source-Closed-Loop-Bewegung auf das Gesundheitswesen

Einige der Interviewten gehen nicht davon aus, dass die OSCLS eine nennenswerte Auswirkung auf das Gesundheitswesen haben. L3 und L8 vermuten, dass die Größe der Bewegung und die von ihr erzeugte Aufmerksamkeit dafür nicht ausreichen könnten. L8 (245) spricht von einer „Blase" und einer Zahl an Loopenden weltweit, die „irrelevant" sei. Auch L3 (279) meint, dass außerhalb der Community nicht viele Personen, „auch viele Ärzte nicht", von den OSCLS wüssten.

Auch M1 (85) geht nicht von einer Wirkung der OSCLS-Bewegung auf das Gesundheitswesen aus, da sie dafür die Bewegung noch als zu klein erachtet.

H1 (100-102) teilt diese Ansicht, allerdings nicht aufgrund der Größe der Bewegung, sondern aufgrund ihrer Abhängigkeit von kommerziellen Technologien und dem Gesundheitswesen. Zudem findet für ihn kein nennenswerter Austausch zwischen Gesundheitswesen und Open-Source-Ansatz statt; und würde es diesen Austausch geben, würden die OSCLS wohl eher als gefährlich eingestuft.

Aus der Sicht von E2 (115) findet eine Einstufung der Community als nicht ernstzunehmend oder gefährlich statt. Vor allem aber schätzt er die OSCLS-Bewegung als zu weit entfernt von den offiziellen Regularien ein, als dass sich hieraus eine nennenswerte Auswirkung auf das Gesundheitswesen ergeben könnte.

Auch D1 vermutet derzeit eine abwehrende Reaktion des Gesundheitswesens, was sich jedoch aus ihrer Sicht im Laufe der Zeit aufgrund der zunehmenden Größe der Bewegung verändern wird. Sie geht von einem „Schneeball" aus, „das löst eine Lawine aus irgendwann" (D1:95).

Laut H2 (165) haben „die Looper ja mit dazu beigetragen, dass die Systeme dann doch den Durchbruch bringen" (siehe Kapitel 6.15.2). Insgesamt hält er jedoch die Auswirkungen trotz des großen Interesses für „beschränkt": „Das Interesse ist groß, der Impact insgesamt, der ist beschränkt. Das ist so. Das große Interesse tut die Welle größer machen, als sie eigentlich ist." (H2:165).

Auf einige spezifische Bereiche des Gesundheitswesens werden jedoch Auswirkungen aus Sicht der Nutzenden und Fachkräfte erkannt, die im Folgenden besprochen werden.

6.15.1 Auswirkung der Open-Source-Closed-Loop-Bewegung auf die Arbeit der Ärzt:innen

Die interviewten Ärzt:innen wurden gefragt, ob zum Zeitpunkt der Interviewsg die OSCLS-Bewegung einen Einfluss auf ihre Arbeit hat.

D2 gibt an, in ihrer Arbeit stark von der Community beeinflusst zu sein und durch deren Ansätze hinsichtlich der therapeutischen Herangehensweise an T1D sogar dazugelernt zu haben:

> „Total. Ich habe so viel über dynamisches Verständnis des Stoffwechsels gelernt. Das wäre vorher ohne Closed-Loop nicht passiert, und das mit selber Typ-1. Also ich kann viel besser in Wirkkurven und Integralen denken. Ich denke jetzt, wie viel Carbs-on-Board [Kohlenhydrate, die sich zum Zeitpunkt noch im Stoffwechsel befinden] hat mein Patient eigentlich. Ich glaube, kein anderer Diabetologe stellt sich die Frage, wenn er vor einem Zettel sitzt, wo von der Schwester handschriftlich eingetragene Blutzuckerwerte und [Insulin-]Dosen stehen." (D2:143)

D2 erläutert, dass diese für sie neuartige Betrachtungsweise aufgrund von Faktoren wie die von ihr genannten Carbs-on-Board entstand, die in den OSCLS mitberechnet und angezeigt werden, jedoch nicht in der konventionellen Insulinpumpentherapie, und

> „[...] für die man zumindest ein sehr, sehr viel besseres Verständnis entwickelt mit Artificial-Pancreas. Die Faktoren existieren natürlich irgendwo schon vorher, aber über die hat man nie nachgedacht. [...] [M]an entwickelt durch die Dynamik, die diese Systeme dir anzeigen und wie diese Kurven miteinander zusammenhängen, entwickelst du ein Verständnis dafür, wie Insulin und Kohlenhydrate im Körper wirklich miteinander interagieren und wirken. [...] Und seitdem erfrage ich viel mehr Details von meinen Patienten. War das gestern eine proteinreiche Mahlzeit? Wie viel Spritz-Ess-Abstand? Solche Sachen. Auf die hätte man natürlich vorher auch kommen können, aber ich denke, so im Alltag gehen die oft unter. Es sind Details, die einem sehr, sehr bewusster werden, auch als Ärztin, auf die man vorher einfach nicht so geachtet hat." (D2:145-148)

D1 (153) beantwortet die Frage nach dem Einfluss der OSCLS-Bewegung auf ihre Arbeit damit, dass sie Verständnis für die Bewegung äußert und diese innerlich unterstützt, sich aber nach außen nicht positionieren kann.

D3 sieht derzeit noch keine Beeinflussung ihrer Arbeit durch die OSCLS-Bewegung, aber sie macht in der Kommunikation mit den Eltern ihrer Patient:innen ein vermehrtes Interesse daran aus: „Im Moment noch nicht direkt, nein. Aber ich merke, dass [...] die besonders technikaffinen Eltern besondere Sorge um die Gesundheit ihres

Kindes in sich tragen, dass Interesse daran wächst, dass sie sich im Internet informieren." (D3:71).

6.15.2 Auswirkung der Open-Source-Closed-Loop-Bewegung auf Zulassungsprozesse

M1 (87) geht davon aus, dass eine nennenswerte Auswirkung auf Zulassungs- und Regulierungsprozesse nur stattfinden kann, sofern eine wirklich große Anzahl an Personen entsprechenden Druck ausübt, betont jedoch, dass das aufgrund der starken Regulierung des Markts schwierig sei.

A2 (125-127) hingegen beschreibt, dass die Zulassung der 670G in den USA innerhalb kurzer Zeit vonstattenging und führt das auf den Druck zurück, den die OSCLS-Community durch das Schaffen eigener Lösungen aufgebaut hatte. Aus Sicht von A2 wurden die Prozesse in den USA durch den Druck der Community insgesamt produktiver:

„So, it is no longer [...] finger pointing. The companies would blame the FDA, the FDA would blame the companies or everybody would blame the patients, whatever, but now it is like okay, no. Here is what the community is doing, here is what the regulators are doing, and they are doing it quickly, here is what the companies are doing. [...] The FDA has been on every stage talking to companies and patients saying bring in your stuff and we will look at it. We will look at it as soon as you bring it in. So, it is really changing that communication and those timelines [...]. [W]e have made a ton of progress and I think it is really great." (A2:127)

Ebenso sieht H2 den Open-Source-Ansatz der Bewegung als wirksame Druckausübung auf die langsamen und langwierigen Regularien der Zulassungsprozesse. Aus seiner Perspektive macht die OSCLS-Community „einen gewissen Druck da drauf" (H2:7) und die Behörden „merken natürlich, es entsteht etwas, was auf ihre Prozesse zeigt" (H2:113). Die Zulassung der 670G in den USA 2016 war „meines Erachtens, das ist aber jetzt meine persönliche Meinung, war das auch eine Reaktion auf die Looper" (H2:7). Aus seiner Sicht geraten die Zulassungsbehörden in „Zugzwang", weil die OSCLS-Community nun etwas tut, was die Behörden „überhaupt nicht mehr einschätzen können" (H2:128): „Deswegen haben sie Angst." (H2:131).

6.15.3 Auswirkung der Open-Source-Closed-Loop-Bewegung auf kommerzielle Hersteller

Die Bewegung der OSCLS-Community geht für die Hersteller kommerzieller Systeme sowohl mit Vor- als auch mit Nachteilen einher. Als Nachteile nennen Heinemann & Lange (2019) den Kontrollverlust über die Nutzung der Systeme und über die Daten, da diese nicht mehr über die kommerziellen Kanäle laufen. Auch steigen Nutzende potenziell auf andere Systeme um, die ihnen mehr Kompatibilität mit den Open-Source-Technologien bieten. Hierzu äußert Best (2018), dass die Open-Source-Bewegung sich jedoch nicht „antiindustriell" positioniert, sondern darauf hinweist, „dass das Primat der Profitmaximierung oft zu Ergebnissen führt, die nicht im Sinne des Anwenders sind".

Heinemann & Lange (2019) betonen auch Vorteile für die Hersteller, die in der potenziellen Ausweitung ihrer Geschäftsmodelle sowie in einem inhaltlichen Dazulernen bestehen und verweisen darauf, dass einige Hersteller Beraterverträge mit Personen aus der Community abgeschlossen haben. Weiter waren OSCLS die ersten CLS, die für MmT1D verfügbar waren. Da sowohl die Algorithmen als auch die Resultate der Nutzung der OSCLS öffentlich zugänglich sind, können kommerzielle Hersteller von diesen Erfahrungen profitieren, was sie vonseiten der Community nicht nur dürfen, sondern auch sollen. (Lewis, 2020)

A2 macht deutlich, dass es Teil des Ansatzes der Community ist, die Hersteller zu besseren Produkten und schnellerer Marktzulassung zu bewegen: „So, it is about pushing the companies to have better products and bring it to market faster and seeing what is possible but also giving people flexibility and choice and interoperability which is really, really important." (A2:109).

Die meisten der Interviewten gehen davon aus, dass eine Auswirkung der OSCLS-Bewegung auf kommerzielle Hersteller vorhanden ist. Von den Loopenden vermuten alle Interviewten außer L5 eine solche Auswirkung (u. a. L7:207, L3:281).

L1 (237-239), L4 (217, 241) und L6 (376) gehen davon aus, dass die OSCLS-Bewegung bei den kommerziellen Herstellern einen „Druck" erzeugt, der die Entwicklung kommerzieller Technologien für T1D in die Richtung von CLS vorantreibt.

Für L8 hängt das damit zusammen, dass es durch die OSCLS-Bewegung mittlerweile nicht mehr möglich ist, MmT1D nicht in die Entwicklungsprozesse miteinzubeziehen: „[D]as funktioniert heute nicht mehr." (L8:249). Das sieht auch A1 so. Er spricht davon, dass die „guten Firmen" (A1:140) an einem Austausch mit der OSCLS-Community interessiert sind und zum Teil auch mit dieser zusammenarbeiten. A1 (140) hofft, dass dies mehr zur Entwicklung von Systemen für MmT1D führt, die den Bedarfen der MmT1D entsprechen, „und nicht nur, was irgendwelche Designer und irgendwelche Chefetagen sagen".

Auch L2 geht von einer Auswirkung der Bewegung auf die Hersteller aus, vermutet aber, dass diese von Seiten der Firmen nicht immer offen kommuniziert wird: „Ich glaube, es hat eine positive Auswirkung definitiv, auch wenn sie es nach außen nicht unbedingt so zeigen und zeigen dürfen, können. Weil einfach es eine nicht zugelassene Geschichte ist." (L2:221).

6. Open-Source-Closed-Loop-Systeme, Community und Auswertung

Sowohl L4 (221) als auch L8 nennen konkret den Insulinpumpenhersteller SOOIL als Beispiel für eine Auswirkung der OSCLS-Bewegung auf herstellende Firmen. Da etliche Nutzende von *AndroidAPS* die ansonsten eher wenig verbreiteten Pumpen Dana R oder Dana RS verwenden, bot das Aufkommen der OSCLS aus der Sicht von L8 (247) für SOOIL die „Möglichkeit, einen Fuß in den Markt zu kriegen, wo es im Prinzip in Deutschland die Platzhirsche Medtronic und Roche gibt".

Auch von fachlicher Seite wird die These unterstützt, dass die OSCLS-Bewegung Druck auf die kommerziellen Hersteller ausübt. D3 bestätigt das und begründet diese Ansicht mit bereits erhältlichen kommerziellen Entwicklungen, die ihrer Meinung nach ohne die OSCLS-Bewegung nicht stattgefunden hätten. Sie geht davon aus, dass die Industrie „großen Druck" (D3:57) spürt und die Firmen Abbott und Dexcom durchaus als Reaktion auf die Nightscout-Community die Auslese-Apps ihrer Sensoren entwickelt haben könnten: „Und [ich] bin froh, dass sie das gemacht haben. Also dass wir auch endlich eine kommerzielle Lösung haben. Wir könnten auch sagen, die haben gut zugehört, was der Markt möchte und haben schnell entwickelt, das Patienten hinlängst entwickelt haben. Das finde ich gut." (D3:57). D3 hat

> „den Eindruck, dass es einen Ruck dann in der Entwicklerszene gab und plötzlich die Firmen eben auch mit diesen Apps auf den Markt gekommen sind, sodass der Patient sein CGM-System auch mit einer Handy-App auslesen kann und die Daten auf eine Follower-App übertragen werden können. [...] Insofern hat diese Community sicher ganz stark dazu beigetragen, dass die Industrie nachgezogen ist, aber für meinen Geschmack immer noch nicht schnell genug." (D3:7)

Für D2 gehen auch kommerzielle Bestrebungen zur Interoperabilität der Systeme auf die OSCLS-Bewegung zurück. Sie begründet das damit, dass die initiale Problematik, die zur Entwicklung von *OpenAPS* führte, die fehlende Interoperabilität der von Dana Lewis genutzten kommerziellen Komponenten war: „Und ich denke, ohne Leute wie Dana wäre vielleicht das Bewusstsein für Interoperabilität nicht das gleiche. Ich denke, es wäre nicht klar, wie brisant und wie notwendig das ist." (D2:90). Zwar führt das zum aktuellen Zeitpunkt für D2 (90) nicht zu Veränderungen, jedoch sind aus ihrer Sicht „alle sehr aufmerksam dem Thema gegenüber und nehmen die Probleme und die Beweggründe von DIY-Loopern sehr wahr.".

Wie bereits von Heinemann und Lange (2019) beschrieben, gibt es laut D2 (93) auch dadurch einen konkreten Einfluss der Community auf manche Firmen, dass manche OSCLS-Entwickler:innen in die kommerzielle Entwicklung eingebunden werden und die Hersteller „sich von der Community beraten lassen".

Aus der Sicht von H2 ist eine solche wie von D2 angesprochene Beratungstätigkeit nicht vonnöten. Trotzdem sieht er in der OSCLS-Bewegung eine Unterstützung seiner eigenen Tätigkeit. Wie bereits beschrieben, haben sich seiner Meinung nach die Zulassungsprozesse der kommerziellen CLS durch den Druck der OSCLS-Community beschleunigt: „Ich gehöre nicht zu den Leuten, die sagen, die Looper müssen wir jetzt in die Industrie nehmen, weil die uns zeigen, wie es geht. Wir wissen selber, wie das geht. Das ist jetzt gar nicht die Frage. Aber es unterstützt uns. Und es unterstützt auch den Zulassungsprozess." (H2:7).

Entsprechend verneint H2 (84) (ebenso wie H1:68) die Frage, ob seine Firma mit Loopenden bzw. mit Entwickler:innen der OSCLS-Bewegung zusammenarbeitet in dem Sinne, dass Loopende bzw. Entwickler:innen der OSCLS-Bewegung aufgrund ihrer Loop-bezogenen fachlichen Expertise eingestellt werden. H2 (17) berichtet jedoch, dass es in seiner Firma durchaus loopende Mitarbeitende gibt. Seine Firma ist in Kontakt mit Loopenden und mit diesen findet auch ein Austausch über die Erfahrungen sowohl mit den Produkten seiner eigenen Firma als auch mit den OSCLS statt (H2:83-88). Dieser Austausch beeinflusst allerdings nicht die Entwicklung der kommerziellen Produkte: „Und [...] wir haben auch Kontakt mit den Loopern, klar. Aber ist jetzt nicht, dass jetzt die Looper mit ihren Algorithmen sozusagen unsere Entwicklung beeinflussen. [...] Aber es ist nicht so, dass die Algorithmen, die die Looper jetzt verfeinern für sich, dass das letzten Endes bei uns die, ja, Entwicklung unserer Algorithmen wesentlich beeinflusst." (H2:83-85).

Darüber hinaus geht H2 nicht von einer nennenswerten Auswirkung der OSCLS-Bewegung auf die Firma aus, für die er arbeitet. Er begründet das damit, dass seine Firma schon wesentlich länger zu CLS forscht, als die OSCLS-Community besteht: „Also die ersten Publikationen, die wir [...] gebracht haben über die Algorithmen, stammen aus dem Jahr 2002. Also wir sind da also viel, viel länger dabei, bei diesen Geschichten." (H2:73). Nichtsdestoweniger sieht H2 (7) die Bewegung „durchaus positiv. Auch bei [seiner Firma] sehen wir das positiv" und er hält die Aktivitäten der Community „grundsätzlich [...] für Pionierleistungen".

H1 hingegen geht davon aus, dass die OSCLS-Bewegung auf die Firma, für die er arbeitet, durchaus eine Auswirkung hat. Da die Produkte seiner Firma von der Community als „compatible and useful" angesehen werden, kam es zu signifikanten Umsatzsteigerungen (H1:62). H1 (22) berichtet von der Involvierung seiner Firma in zwei unabhängigen Studien an OSCLS, die auf lange Sicht dazu beitragen sollen, den Algorithmus von *OpenAPS* durch die Community oder durch eine private Firma durch die Zulassungsprozesse zu bekommen. Seine Firma sieht in den OSCLS durchaus zukunftstaugliche Systeme: „So without a doubt we see that that definitely has a future and we would encourage and we want to support and help that open-source community achieve final regulatory approval. [This] would be wonderful." (H1:60).

H2 (77) geht nicht davon aus, dass Produkte seiner Firma, konkret Insulinpumpen, durch die OSCLS-Bewegung und deren Fokussierung auf andere Insulinpumpen vom

6. Open-Source-Closed-Loop-Systeme, Community und Auswertung

Markt verdrängt werden könnten. Er begründet das mit seiner Beobachtung, dass in den USA „die Looper-Bewegung dann gebremst worden ist, als die 670 kam" (H2:77). Manche Loopende würden auf das weniger aufwändige kommerzielle System umsteigen, sofern sie mit diesem vergleichbare glykämische Ergebnisse erzielen.

6.15.4 Expertise, Autonomie & Veränderung der Hierarchie – die Rolle der Patient:innen

Wenn man sich die Grundprinzipien medizinischen Denkens und Handelns ansieht, dann ist ja ein Grundpfeiler das Recht auf Autonomie. Und das Recht, seine Therapie selbst zu wählen. Und ich denke, als Hippokrates seine Manifeste da geschrieben hat und als das noch mal überarbeitet wurde im 18. Jahrhundert, da hat man noch nicht an DIY-Technologie gedacht. Aber ich denke, das schließt das nicht aus. Zumindest steht nirgendwo: Aber ausgenommen davon sind selbstgebaute Pankreasse.
(D2:104)

Die Herangehensweise der OSCLS-Community, ihre eigene Therapie um eine nicht zugelassene Automatisierung zu ergänzen und sämtliche Strukturen (Technologie, Beratung, Hilfestellung) eigenständig zur Verfügung zu stellen, führt zu einer drastischen Veränderung in den hierarchischen Verhältnissen zwischen medizinischen Fachkräften (vorwiegend Ärzt:innen) und MmT1D, potenziell aber im gesamten Gesundheitswesen.

Burnside *et al.* (2020) beschreiben, dass digitale Innovationen im Medizinbereich zu einer regelrechten Datenexplosion in Medizin und Gesundheitswesen und infolgedessen zu einigen Herausforderungen für das Gesundheitswesen geführt haben. Traditionell operieren die kommerziellen Systeme geschlossen und erlauben den Zugang auf die durch Patient:innen generierten Daten nur institutionell Berechtigten, also Herstellern und medizinischem Fachpersonal. Innovationen wie die OSCLS gehen nun mit dem Potenzial einher, mit dieser Tradition zu brechen, das Gesundheitswesen zu demokratisieren und ein Modell zu etablieren, bei dem die Patient:innen im Zentrum stehen (vgl. Braune, O'Donnell, Cleal, Lewis, Tappe, Willaing, *et al.*, 2019; Braune *et al.*, 2020). Laut Burnside *et al.* (2020) verspricht diese Demokratisierung des Gesundheitswesens[13] eine bessere Zugänglichkeit zu Gesundheitsleistungen für alle.

---

[13] Demokratisierung des Gesundheitswesens meint hier sowohl die Ermöglichung der aktiven Mitbestimmung von Patient:innen, wie der Umgang mit eigener Gesundheit und eigenen Erkrankungen aussehen soll (vgl. Scheuer, 2017), als auch generell eine weniger hierarchische Herangehensweise des Gesundheitswesens an die Bereitstellung von therapeutischen Optionen und den Umgang mit Patient:innen.

Die stetig wachsende OSCLS-Community verweist genau auf diesen Paradigmenwechsel. Das Konzept der Expertise, die traditionell bei den medizinischen Fachkräften angenommen wird (vgl. Kapitel 2.2), verändert sich durch die Herangehensweise der OSCLS-Community. Informierte Patient:innen bringen sich erfolgreich in die Entwicklung von Medizintechnologie ein und verbessern dadurch sowohl ihre glykämische Situation als auch ihre Lebensqualität. Es sind nun nicht mehr ausschließlich die Akteur:innen des Gesundheitswesens, die den Patient:innen unidirektional Wissen vermitteln und ihnen die Möglichkeiten und die Bedienung von Medizintechnologien erläutern (Burnside *et al.*, 2020).

D1 sieht in der darüber geführten Diskussion ein gewisses Paradox, weil das Handeln der OSCLS-Community aus ihrer Sicht

„eigentlich das [ist], was wir die letzten Jahre ja immer wollten, ja: dass der Patient doch für sich selber Verantwortung übernehmen möge und nicht die Verantwortung an den Arzt abgibt oder an die Diabetesberaterin. Und jetzt haben wir eine Situation, wo sie es endlich mal tun, und jetzt fangen viele an, auch wieder rumzuzicken und zu meckern. Das finde ich ein bisschen unfair, muss ich sagen. Also ich finde, das ist eine große Verantwortung, die die Einzelnen da übernehmen, und das ist okay so für mich, ja. Und: mehr davon, kann ich nur sagen." (D1:103)

Der Diabetologe Frank Best spricht sich in einer Stellungnahme zum Umgang mit loopenden Patient:innen für eine gesellschaftliche Diskussion über die Rolle der Patient:innen ähnlich aus, wenn auch mit drastischerer Wortwahl: „Wir fordern ständig den mündigen, verantwortungsvollen und kooperativen Patienten und Bürger. Wenn er dann tatsächlich auf die Bühne tritt, hört man von den staatlichen Rollenträgern Zetermordio. Wir brauchen den Staat und verlässliche Regularien. Aber für den Untertanen des Kaiserreiches ist heute kein Platz mehr." (Best, 2018).

Diese Aussagen verweisen darauf, dass die Loopenden als Expert:innen in Bezug auf ihren T1D und nicht mehr als rein passive Patient:innen zu verstehen sind, und untermauern die Forderung der Community, stärker in die Entwicklung von und Forschung an sie betreffenden Medizintechnologien und anderen therapeutischen Ansätzen einbezogen zu werden (Lewis, Leibrand & #OpenAPS-Community, 2016; Jansky & Woll, 2019).

Das fordert auch D2. Aus ihrer Sicht findet dieser Einbezug nicht ausreichend statt, „und wenn, dann bindet man die vielleicht ganz am Ende ein. Mal so ein kleiner Anwendertest, kurz vor dem CE-Zeichen. Das ist natürlich viel zu spät." (D2:137). D2 (137) geht davon aus, dass MmT1D „vielleicht sehr, sehr wertvolles Wissen für Grundfunktionalitäten von einem Closed-Loop-System [haben], die man viel eher hätte erfragen können. Ich denke, es ist sehr unterschätzt, was Patienten wissen und welches Konglomerat an Skills sie haben.". Aus ihrer Sicht sind MmT1D natürlich weder

6. Open-Source-Closed-Loop-Systeme, Community und Auswertung

Ärzt:innen noch Ingenieur:innen, „aber sie sind alles ein bisschen davon. Und diese Konstellation an Skills, die findet man nur bei jemandem, der chronisch mit einer Erkrankung jeden Tag lebt." (D2:137). Entsprechend plädiert D2 (139) dafür, „Patienten in den Entstehungsprozess mit hinein und von Anfang bis Ende" einzubeziehen.

Dass diese Expertise vorhanden ist und auch in den Kreisen der Schulmedizin und Wissenschaft Anerkennung findet und somit nicht mehr zu leugnen ist, zeigt sich u. a. durch die Präsenz der Community in wissenschaftlichen Zeitschriften sowie auf wissenschaftlichen Tagungen. Beispiele hierfür sind die Veröffentlichungen *Setting Expectations for Succesful Artificial Pancreas/Hybrid Closed Loop/Automated Insulin Delivery* im *Journal of Diabetes Science and Technology* (Lewis, 2018b); *Opening Up to Patient Innovation* im Journal *NEJM Calayst* (Lewis, 2018a); und *Detecting Insulin Sensitivity Changes for Individuals with Type 1 Diabetes*, Poster auf der Konferenz *American Diabetes Association Scientific Sessions 2018* (Lewis et al., 2018b).

D3 (61) bestätigt für Deutschland, dass die Community bei „jedem Kongress" vertreten sei: „Die Präsentation der Themen ist auch immer sehr gut und sehr interessant gemacht, sehr offen, da wird auch nichts verschwiegen, jeder wird eingeladen, sich mit der Thematik auseinanderzusetzen. Das finde ich sehr gut." (D3:61). Darüber hinaus sieht D3 in dieser Dynamik die positive Auswirkung der OSCLS-Bewegung auf die Studienlage zu Closed-Loop-Systemen. Aus ihrer Sicht trägt die Community in den USA dazu bei, „dass es jetzt richtig offizielle Studien mit verschiedenen Algorithmen gibt. Das finde ich sehr, sehr gut. Das haben sie auch einfach angestoßen." (D3:79).

6.15.4.1 Veränderung des Verhältnisses Ärzt:in – Patient:in durch die Open-Source-Closed-Loop-Systeme

Im Falle loopender Patient:innen ist es nun nicht mehr der Fall, dass MmT1D sich vorwiegend Rat bei ihren Diabetolog:innen holen und deren Expertise die maßgebliche Rolle spielt bei der Wahl der Behandlung bzw. der verwendeten Technologien. Auch die Umsetzung der Therapie hinsichtlich der Einstellungen wird häufig eher im Kontext der Community besprochen als mit den Ärzt:innen. M1 betont, dass es ein erheblicher Unterschied sei, ob man als Wissenschaftler:in zu einer Erkrankung forscht oder ob man mit dieser Erkrankung lebt und täglich damit umgehen muss: „[D]ann entwickelt man da halt einfach einen viel größeren Druck und Bedürfnis, etwas zu ändern. Also ich glaube, das macht schon viel aus." (M1:5).

Die OSCLS sind keinesfalls die erste technologische Neuerung im Bereich der Therapie des T1D, die eine Veränderung im Verhältnis Ärzt:in – Patient:in hervorruft. Aus der Sicht von H2 hat sich diese Veränderung in der Therapie des T1D und der Rolle der Diabetolog:innen nicht erst vor kurzer Zeit entwickelt: „[S]eit 15, 20 Jahren kann man sagen, der Arzt selber ist eigentlich der beratende Arzt, der beratende Oberarzt, sagen wir es mal so, und der Patient mit Typ-1-Diabetes ist sein eigener Arzt." (H2:5). Dies führt er darauf zurück, dass MmT1D geschult werden und somit ihre Therapie selbständig durchführen können.

Ähnlich äußert sich H1, für den bereits die Therapie des T1D mit kommerziellen Technologien eine Do-It-Yourself-Herangehensweise ist, da ein hohes Maß sowohl an Eigenverantwortung als auch an Selbstexperiment zwangsläufig kontinuierlich gegeben ist: „[C]onventional diabetes treatment [...] is DIY anyway. Because you have to inject yourself, you have to read the CGM, [...] you have to test yourself. So, the whole part of diabetes is DIY before pumps or before CGM method came about." (H1:122).

Darüber hinaus haben aus Sicht von H2 und D3 neue Technologien in der Vergangenheit dieses Verhältnis bereits verändert und werden es weiter verändern. H2 (111) nimmt Bezug auf die Möglichkeiten, die durch die CGM-Daten entstanden sind und die nicht nur den Ärzt:innen, sondern auch den MmT1D die Möglichkeit eröffnen, wesentlich mehr Erkenntnisse für das Management des T1D zu erlangen. Daher hat aus seiner Sicht „die Diabetestechnologie [...] als solche eine ganz andere Implikation zum Beispiel auf das Verhältnis Arzt-Patient in der Zukunft" (H2:111).

Ähnlich argumentiert D3 (31), die vergleichend auf den Status quo vor zehn Jahren verweist, als es die Aufgabe der Ärzt:innen war, aus den in BG-Tagebüchern von den MmT1D dokumentierten Werten Muster zu erkennen und daraus Empfehlungen für die Insulindosierung abzuleiten. Durch die CGM und andere Software hat sich das in der jüngeren Vergangenheit verändert, durch weitere Entwicklungen wird sich das noch verstärken. CLS übernehmen nicht nur die Analyse der CGM-Daten, sondern geben zusätzlich noch die Empfehlung für die entsprechende Insulindosierung:

„Das heißt, ein Stückchen meiner ärztlichen, ich möchte es nicht nennen Autorität, aber Kernkompetenz wird plötzlich von Software übernommen und noch viel ‚schlimmer', in Anführungsstrichen, der Patient übernimmt jetzt auch noch die Führung von Diabetes mithilfe von Software, in die ich gar nicht mehr eingreifen kann. Weil sie nicht mehr in meiner Hand liegt. Ich kann auch nichts verändern, sondern die Pumpe arbeitet für sich. Das ist die eigentliche Herausforderung hinter Closed-Loop." (D3:31)

Über die Veränderungen im Verhältnis Ärzt:in – Patient:in aufgrund der neuen Technologien hinaus sieht D3 (79) in der OSCLS-Community und in den Unterstützungsstrukturen, die diese aufbaut, eine „zweite Behandlungsebene", die dadurch entsteht, dass die Community, „die sich untereinander berät", zu einem gewissen Grad das ärztliche Gespräch ersetzt. Das medizinische Fachpersonal wird zwar weiterhin „eine Quelle der Beratung und Quelle des Rezepts über Insulin, über Katheter und andere Hilfsmittel" sein: „Aber dass die Community bei denen, die so eine spezielle Therapieform machen, eben auch ein Stückchen ärztliches Gespräch ersetzt, weil Probleme dort besprochen werden, wo Menschen sind, die nachvollziehen können, worin das Problem möglicherweise besteht", was D3 als Ärztin dann nicht leisten kann (D3:79). Für D3 (31) ist es selbstverständlich, dass die technische Heilung des T1D dazu führen wird, „dass sich das Arbeitsbildes eines Arztes, eines Diabetologen verändert hin zu einer technischen Beratung, technischen Supervision, Telemedizin und Anpassung der Technologie an den Patienten". Dies wird aus ihrer Sicht nicht dazu führen, dass das Berufsbild der (Kinder-)Diabetolog:innen überflüssig wird, „[a]ber unser Arbeitsfeld verändert sich. Auch das Verhältnis zwischen Arzt und Patient." (D3:31).

6.15.4.2 Ablehnung & Hindernisse in der Veränderung hin zu mehr Patient:innenautonomie

Die beschriebenen Veränderungen in der Rolle der Patient:innen hin zu mehr Autonomie (im Kontext der OSCLS oder unabhängig davon) finden aus Sicht der Interviewten nicht ausschließlich Zustimmung durch die behandelnden Ärzt:innen.

D3 und H2 sprechen generell die Ablehnung einiger Ärzt:innen gegenüber neuen Technologien zur Therapie des T1D an, die sich in den vergangenen Jahren auch im kommerziellen Bereich schnell entwickelt haben. Ein aus Patient:innensicht beunruhigendes Szenario beschreibt H2, der die Aussage des Vorsitzenden des G-BA auf dem Deutschen Diabeteskongress zitiert:

„Es gab voriges Jahr auf dem Deutschen Diabeteskongress auch ein Symposium, da sprach unter anderem [...] der Vorsitzende des G-BA, des gemeinsamen Bundesausschusses. Und er hat dort ganz klar gesagt, dass also für ihn jegliche Technologie, wo Prozesse ja automatisiert werden, ja Teufelszeug ist, dass es außerhalb der Kontrolle der Ärzte gerät und dass er das ablehnt. Und dass er das einer tiefgründigen Prüfung unterziehen möchte. Hier spielen fast weltanschauliche Auffassungen eine Rolle, das muss man klar sagen." (H2:9)

D3 sieht eine Hürde darin, dass sich Mediziner:innen mit neuen Systemen auseinandersetzen müssen, mit denen sie teilweise jedoch gar nicht mehr mitkommen:

„Aber schon jetzt merke ich, dass nicht alle mitgehen. Also schon die neue Pumpentechnologie, die nächsten Sensorengenerationen, die da kommt, der Turn-Over an Technologie ist so schnell. Alle zwei Jahre haben sie wirklich neue Produkte auf dem Markt. Da kommen schon jetzt viele nicht mehr mit. Weil man sich ständig auf neue Herausforderungen, neue Systeme, neue Software einlassen muss." (D3:57)

D3 berichtet, in Gesprächen mit anderen Ärzt:innen „immer wieder mal" die Angst zu hören:

„Werden wir überflüssig als Arzt, als Kinderdiabetologe oder als Diabetologe? Kann diese Technologie dazu führen, dass wir irgendwann unsere Patienten nicht mehr beraten können, weil die Software macht alles selbst oder ich komme mit dieser Software gar nicht mit, die mir der Patient bietet? Ich persönlich teile diese Angst nicht. Aber die ist relativ präsent, habe ich den Eindruck. Offen und weniger offen ausgesprochen." (D3:31)

Im Kontext der OSCLS ist es laut D3 gerade die Mündigkeit der MmT1D, die die Kernkompetenz von Ärzt:innen angreifen und somit zu Angst bei diesen führen kann. Der „mündige Patient" wählt mit den OSCLS eine Therapieform, „wo ich als Arzt keinen Eingriff mehr habe. Das kann ihm [dem Arzt] Angst machen. Weil es meine Kernkompetenz [schmälert] als Arzt" (D3:31). Somit bringe die OSCLS-Community „[e]in Stückchen Loslösung aus der Verbindung, mein Arzt ist derjenige, der mir hilft, meinen Diabetes zu managen, ich mache das selber mit einer Software. Ich brauche den Arzt noch für die Rezepte und andere Dinge, aber das kriege ich selber in den Griff." (D3:31).

Ähnlich formuliert D2, dass sie die Ablehnung der Open-Source-Systeme ihrer Kolleg:innen vorwiegend in der Angst vor Kontroll- und „Rollenverlust" durch die mit den OSCLS einhergehende Veränderung im Verhältnis Ärzt:in – Patient:in begründet sieht:

„Mediziner sind jetzt von Natur aus nicht so die risikofreudigsten und innovativsten Geschöpfe. Es ist ein Beruf, der sehr hierarchisch gewachsen ist. […] [W]enn ich meine älteren Kollegen so reden höre – für die ist ja jede Neuerung in der Forschung eigentlich schon so eine Existenzbedrohung. Ja, also es gibt Kollegen, die die Wirkkurve vom Fiasp [schnellwirksames Insulin] gesehen [haben] vor ein paar Jahren und haben gesagt: Scheiße, ich werde arbeitslos. Da kann ich ja einpacken. Ist ja viel zu gut das Insulin. […] Und so lange Innovation von der Masse an klinisch tätigen Kollegen so wahrgenommen wird, als Bedrohung des eigenen Berufs, weiß ich nicht, wie wir uns vorwärtsbewegen sollen. Und ich denke, da steckt auch sehr, sehr viel Eigeninteresse dahinter […]. Und natürlich auch Rollenverlust. Patienten-Arzt-Verhältnis ändert sich natürlich, je mehr gemeinsame Entscheidungen du triffst. Und jetzt ist der Patient selber aktiv, sucht sich seine Therapie aus, baut sich sein Device auch noch selbst. Das ist natürlich viel mehr Macht in der Hand der Patienten. Und ich denke, für viele konservative Kollegen passt es nicht in ihr Weltbild, das sie 30, 40 Jahre antrainiert haben." (D2:122-127)

Eine ähnliche Argumentation findet sich auch bei D1 (139), die durch die OSCLS bei Ärzt:innen, aber auch bei den Krankenkassen eine „gewisse Machtposition" schwinden sieht.

6.16 Gesellschaftliche und politische Einordnung

Die interviewten Nutzenden wurden gefragt, ob sie die Nutzung der OSCLS als gesellschaftliche oder politische Handlung verstehen bzw. als demokratisches *Empowerment*. Für die fachliche Perspektive wurde in einem allgemeineren Verständnis die Frage gestellt, ob das Verändern der Wirkweise eines medizinischen Geräts für eine Form demokratischen *Empowerment* der Nutzenden gehalten wird.

Von den Nutzenden ordnen L3, L5, L8 sowie A1 ihre Aktivitäten bzw. die Nutzung eines OSCLS als einen Akt mit gesellschaftlicher bzw. politischer Auswirkung ein. L3 begründet diese Einordung damit, dass es die Umsetzung dessen sei, was sie bereits als Fünfjährige gelernt habe: „Du musst deinen Diabetes selber in die Hand nehmen" (L3:251), was für sie durchaus eine politische Dimension hat. L5 spricht von „[A]usscheren" aus dem, was vom Gesundheitswesen als Standard definiert und rein finanziell orientiert ist:

> „Da geht es nicht darum, wie es mir geht, da geht es nicht drum, ich sitze hier als alleinerziehende Mama mit zwei Kindern und nichts klingelt, wenn mein Blutzucker zu hoch oder zu niedrig ist, sondern da geht es rein darum, was ist laut Tabelle, steht mir zu als Versorgung. Und da so auszuscheren und zu sagen: Wir haben keine finanziellen Interessen, sondern wir gucken, dass jeder, der das möchte, sich da auf den Weg bringen kann, ohne großen finanziellen Einsatz." (L5:256)

L8 (217) sieht sein Engagement in der OSCLS-Community als gesellschaftliches, jedoch nicht politisches Engagement und als „eine Form, sich zu engagieren": „Weil ich einfach denke, ich habe das Glück, dass ich in einem Land geboren bin, in dem es den Menschen verdammt gut geht. [...] Und dass ich dann bisschen was an die Gemeinschaft zurückgeben will, von der ich ja auch was bekommen habe im Rahmen meiner Ausbildung und sonstigen Dingen." (L8:209).

A1 (95) bezieht sich insgesamt auf die OSCLS-Bewegung, nicht nur seinen eigenen Einsatz, und stellt dar, wie sich der gesellschaftliche Aspekt erst im Laufe der Zeit mit der Entstehung der Bewegung *#WeAreNotWaiting* entwickelte, da zu Beginn die meisten vor allem einen Nutzen für sich selbst suchten.

Aspekte demokratischen *Empowerments* in der Nutzung der OSCLS sehen L3 (247), L4, L5 und L8 sowie A1 (95) und A2. L5 spricht davon, dass es sie

> „[...] so begeistert. Nicht dem Willen der Pharmariesen zu folgen, was jetzt auf dem Plan steht, was bringt da Gewinne, sondern das ist so ein – sich einer Bewegung anzuschließen, die nicht profitorientiert ist, sondern rein [...] patientenorientiert ist. [...] [D]a ist keine Geldlobby, Pharmalobby dazwischen, die uns lenkt in irgendeiner Weise, sondern, [...] von da, wo es gebraucht wird, raus entwickelt." (L5:254)

Für L8 (213) hat das demokratische *Empowerment* „was damit zu tun, dass eben Patienten nicht mehr Betroffene, sondern Agierende sind." L4 (221) begründet das demokratische *Empowerment* mit dem Vorhandensein von Informationen über die OSCLS und der Aufmerksamkeit der Hersteller und der Politik.

Für A2 (115) besteht das demokratische *Empowerment* der Bewegung in „pushing back on healthcare and getting companies to do better and getting regulators to move faster", was sie als „really, really important" bezeichnet.

Aus fachlicher Perspektive wird der Aspekt des demokratischen *Empowerments* bestätigt von H1 (116), M1 (79), D1 (131) und D2. D2 (135) nennt den Ansatz der Community den „Inbegriff" demokratischen *Empowerment*, da dieser „Bottom-up im Vergleich zu Top-Down" sei sowie „ein sehr, sehr wichtiges politisches Signal". D3 (31) findet den Begriff des demokratischen *Empowerment* nicht passend und spricht von „zivile[m] Widerstand gegen die viel zu trägen Zulassungsprozesse in der Industrie und in der Gesundheitspolitik" bzw. „demokratisch legitimiertem Widerstand": „[D]er Schritt ist nötig, also wird es gemacht. Es ist, wie ich immer wieder finde, also so fühlt sich das immer für mich an, ist es ein Widerstand gegen die Trägheit unseres Systems, Innovationen rasch in den Markt zu bringen." (D3:69).

L1 (235), L2 (179) und L6 (328-330) ordnen ihre eigenen Aktivitäten als Loopende nicht gesellschaftlich und/oder politisch ein und sehen darin auch kein demokratisches *Empowerment*. L7 (165) weiß es nicht, da er sich dazu noch keine Gedanken gemacht hat. Von fachlicher Seite geht H2 (143) in diesem Kontext nicht von demokratischem *Empowerment* aus.

6.17 Die Zukunft der Open-Source-Closed-Loop-Bewegung

Die Interviewten wurden gefragt, wie nach ihrer Einschätzung die künftige Entwicklung der #WeAreNotWaiting-Bewegung aussehen wird. Einige der Antworten beziehen sich auf die Zukunft der OSCLS, einige der Antworten auf die Zukunft der Community. Im Folgenden werden die Antworten entsprechend dieser beiden Kategorien analysiert.

6.17.1 Die Zukunft der Open-Source-Closed-Loop-Systeme

L4, L5 und L8 vermuten, dass die Zukunft der OSCLS mit von den Entwicklungen der kommerziellen Technologien für T1D beeinflusst ist. L4 und L8 gehen davon aus, dass es bald auch kommerzielle CLS geben wird. Mit Blick auf die in anderen Staaten (auch in der EU) zugelassene MiniMed 670G kann sich L8 (270) nicht vorstellen, dass es die MmT1D in Deutschland weiterhin akzeptieren werden, keine vergleichbaren Systeme

6. Open-Source-Closed-Loop-Systeme, Community und Auswertung 297

zur Verfügung zu haben. L4 (255) vermutet allerdings, dass die OSCLS trotz potenzieller Verfügbarkeit kommerzieller CLS weiterhin von einigen genutzt werden. Er begründet das damit, dass die Loopenden sich an die OSCLS bereits gewöhnt haben, sowie mit der Dauer von vier Jahren, für die eine Insulinpumpe in Deutschland verschrieben wird, wodurch ein Wechsel auf ein neues System nicht immer zeitnah möglich ist. L5 (366) kann nicht abschätzen, wie die Zukunft der OSCLS aussehen wird, freut sich aber auf neue Entwicklungen aus der Community. Für sie würde der beste Fall eintreten, wenn die OSCLS nicht mehr benötigt würden.

A2, D2, M1 (95) und Z1 gehen nicht davon aus, dass mit der Markteinführung kommerzieller CLS die Nutzung der OSCLS obsolet wird. Sie argumentieren mit der Unterschiedlichkeit der kommerziellen und Open-Source-Systeme und mit der höheren Flexibilität und Individualisierbarkeit der OSCLS, die laut D2 außerdem die Grundlage für potenziell bessere Resultate hinsichtlich der glykämischen Kontrolle bilden: „Also ich denke, DIY wird sich nicht erledigen, solange wir immer noch unglaublich lange Entwicklungszyklen für Medizinprodukte haben, solange wir noch lange Zulassungsverfahren haben und solange wir Closed-Loop-Systeme haben, […] die immer noch weit hinter den Wünschen und Erwartungen von Patienten zurück liegen." (D2:162).

A2 (109) betont, dass auch hier die Individualität der Nutzenden und deren Bedarfe weiter eine Rolle spielen werden. Z1 (40) bezeichnet den potenziellen Umstieg von einem OSCLS auf ein kommerzielles CLS als „Rückschritt", da die Einstellungsmöglichkeiten der kommerziellen CLS limitierter sein werden. D2 (162) vermutet trotzdem, dass ein gewisser Teil der OSCLS-Nutzenden auf kommerzielle Systeme wechseln wird.

Hinsichtlich der technologischen Weiterentwicklungen gehen einige der Interviewten davon aus, dass sich die OSCLS durchaus noch weiterentwickeln werden (L3:315, L4:255, F2:159), in der kommenden Zeit jedoch keine großen Veränderungen mehr anstehen, sondern sich eher Details verändern oder kleinere Funktionen hinzukommen werden (F1:219, Z1:140).

L7 (223-225) vermutet, „dass man da nicht mehr so viel verbessern kann. […] Also dass es ziemlich weit entwickelt ist mit den Möglichkeiten, die man hat." F2 (159) betont ergänzend, dass der Algorithmus im Zuge kommender Optimierung auch immer komplexer werden wird, was er für den „Konflikt dabei" hält.

L5 (362) kann sich eine Vereinfachung und somit bessere Zugänglichkeit für eine breitere Masse an Nutzenden vorstellen sowie (ebenso wie Z1:140) das Hinzufügen von weiteren Systemen. Auch M1 (95) vermutet eine weitere Entwicklung in die Richtung der Einbeziehung neuester Technologien und verkleinerter Hardware. Sie geht davon aus, dass die OSCLS weiter bestehen und sich stetig weiterentwickeln werden, da die Bedarfe direkt in Form weiterer Features adressiert werden können: „Weil die selbst auch einfach sehen, was ist jetzt noch ein Feature, was mir fehlt? Oder was wäre nice to have? Was würde es mir noch erleichtern? Die sehen ja unmittelbar ihren Bedarf. Und dann werden sie eben auch schauen, dass dieser Bedarf gedeckt ist." (M1:95).

L1 (161) und Z2 (141) vermuten, dass die OSCLS in Zukunft eine gewisse Kommerzialisierung und Annäherung an die Industrie erleben werden und die Entwickler der OSCLS Kooperationen mit den kommerziellen Herstellern eingehen werden. L1 (241) denkt jedoch nicht, dass der Open-Source-Gedanke „verlorengehen" wird, „aber man wird sich doch mehr binden an verschiedene Sachen, beziehungsweise, es wirkt auf mich gerade so ein bisschen, als wenn man so das im Blick hält." E2 (121) hingegen vermutet eine Entwicklung der OSCLS hin zu einem „offiziellen Status", parallel zu den Entwicklungen der kommerziellen Hersteller.

H1 berichtet, dass seine Firma in den OSCLS zukunftstaugliche Systeme sieht (H1:60) und daher in zwei Studien zu den OSCLS involviert ist (H1:22; vgl. Kapitel 6.15.3).

6.17.2 Die Zukunft der Open-Source-Closed-Loop-Community

Hinsichtlich der Zukunft der Community gibt es drei verschiedene Vermutungen der Interviewten: Die Community bleibt bzw. wächst, die Community verschwindet bzw. wird unbedeutender oder die Community bleibt (mehr oder weniger), wie sie ist.

Einige der Interviewten gehen davon aus, dass die Community in der kommenden Zeit größer werden wird. L2 (239) begründet ihre Ansicht mit der wachsenden Anzahl an Interessierten, die sie in den sozialen Medien wahrnimmt. Auch für E1 (177) ist die Bewegung „gefühlt gerade so ein bisschen in aller Munde". L5 (237) hat den Eindruck, dass „das Ganze ja erst richtig los" geht (vgl. L6:398). L7 glaubt nicht, dass die Community deutlich größer werden wird, „[a]ber da wird es immer Leute geben, die [...] anderen helfen. Darum geht es auch." (L7:225).

H1 und H2 gehen beide von einem Nebeneinander der Community und der Nutzenden kommerzieller Systeme aus. H1 (128-130) sieht die Entwicklungen innerhalb der OSCLS-Community parallel zu den Entwicklungen der kommerziellen Hersteller ablaufen. H2 (145, 165) vermutet, dass die Community aufgrund ihres Pioniergeists bestehen bleiben wird, aber trotzdem einige der Loopenden zu den kommerziellen CLS übergehen werden, sobald diese verfügbar sind.

M1, H2 (165), L7 (225) und Z1 vermuten, dass die Community eher unter sich bleiben wird. M1 (89) begründet das mit der Komplexität der Systeme und dem mit der Nutzung einhergehenden Zeitaufwand, was dazu führen könnte, dass es bei der

6. Open-Source-Closed-Loop-Systeme, Community und Auswertung

Bewegung „bei den Enthusiasten bleibt". Z1 (140) geht eher davon aus, dass sich Loopende „immer so ein bisschen abkapseln [werden], selbst wenn halt dann mal ein für alle verfügbares System auf dem Markt ist.".

L1 (267, vgl. 257) hofft, dass die Community „irgendwann sterben wird, aufgrund dessen, dass einfach ein sehr, sehr gutes, funktionierendes System irgendwann kommerziell für alle zur Verfügung stehen wird.". Aber auch dann vermutet er, dass die Community für den Austausch über das komplexe Krankheitsbild des T1D sowie die Therapie mit den CLS erhalten bleibt (L1:267).

7 Diskussion und Fazit

In diesem Kapitel werden die relevantesten der in dieser Arbeit dargestellten Aspekte der OSCLS und der dahinterstehenden Bewegung aufgegriffen und vertiefend diskutiert. Nach der Einordnung der OSCLS-Bewegung in die in Kapitel 2 dargestellten aktivistischen Bewegungen im medizinischen und Gesundheitsbereich und die Bewegung der Patient-Innovation werden die Auswirkungen der OSCLS-Nutzung auf die BG-Werte und die Lebensqualität der Nutzenden sowie die Sicherheit und Risiken der Systeme besprochen. Auch die besondere Situation von Kindern mit T1D und deren Eltern wird vertieft. Weitere relevante Aspekte sind der Kontext von OSCLS und Gesundheitswesen, die Rollen von Lai:innen und Expert:innen sowie des Verhältnisses Patient:in – Ärzt:in. Schließlich geht es auch die um Gefahr der Entstehung oder Verschärfung von *digital divides* sowie um das Verständnis der OSCLS als einem kausale Element in einer Kette aus intersubjektiven Erfahrungen von MmT1D.

7.1 Einordnung der Open-Source-Closed-Loop-Bewegung in die aktivistischen Bewegungen in Medizin und Gesundheitsbereich

Im Folgenden findet eine Einordnung der OSCLS-Bewegung in die in Kapitel 2 beschriebenen aktivistischen Bewegungen in Medizin und Gesundheitsbereich und die Bewegung der Patient-Innovation statt.

7.1.1 Einordnung der Open-Source-Closed-Loop-Bewegung in den evidenzbasierten Aktivismus

Entsprechend Rabeharisoa, Moreira & Akrich (2014) lassen sich die Aktivitäten der OSCLS-Community als evidenzbasierter Aktivismus in Form einer kollektiven Herangehensweise (vgl. Kapitel 2.1.2) bezeichnen, da die OSCLS-Community sowohl wissenschaftliche Fakten schafft als auch Fakten, die in einem weiteren Sinne als politische Fakten zu verstehen sind. Unter den wissenschaftlichen Fakten sind hier die Auswirkungen von CLS auf die Situation von MmT1D zu verstehen. Diese werden

© Der/die Autor(en), exklusiv lizenziert an
Springer Fachmedien Wiesbaden GmbH, ein Teil von Springer Nature 2024
S. Woll, *Gesundheitsaktivismus am Beispiel des Typ-1-Diabetes: #WeAreNot Waiting*, Technikzukünfte, Wissenschaft und Gesellschaft / Futures of Technology, Science and Society, https://doi.org/10.1007/978-3-658-43097-9_7

sowohl durch die Community selbst auf wissenschaftlichen Konferenzen und in wissenschaftlichen Zeitschriften publiziert als auch von akademisch Forschenden untersucht. Zu den politischen Fakten zählen die Auswirkungen der Community-Aktivitäten auf die Prozesse der Zulassungsbehörden, wie etwa die von H2 (7) beschriebene Zulassung der MiniMed 670G in den USA im Jahr 2016 (siehe Kapitel 6.15.2), aber auch auf die Entwicklung gewisser Produkte für T1D durch kommerzielle Hersteller, etwa die von D3 (57) genannten Handy-Apps zum Auslesen von CGM-Daten (siehe Kapitel 6.15.3).

Ebenso schafft die Bewegung Evidenz (laut Rabeharisoa, Moreira & Akrich (2014) zu verstehen als Vermittlungsinstrument zwischen Wissen und Expertise) hinsichtlich der Auswirkungen der OSCLS bzw. generell der CLS als Systeme, die die gesundheitliche Situation sowie die Lebensqualität von MmT1D verbessern können. In diesem Kontext vermittelt die Community Wissen darüber, wie die Situation nicht nur von Loopenden bzw. Nutzenden der OSCLS, sondern generell von MmT1D verstanden und behandelt werden sollte. So sollten therapeutische Technologien für alle MmT1D, die diese nutzen möchten, unkompliziert zur Verfügung stehen und es sollte eine Wahlfreiheit hinsichtlich dieser Technologien für MmT1D gegeben sein. Um eine möglichst hohe Wahlfreiheit zu gewährleisten, braucht es die Interoperabilität einzelner Systemkomponenten (siehe Kapitel 6.7.4). Was (wie die CLS) technisch möglich ist, sollte MmT1D, deren Gesundheit und Lebensqualität davon abhängen, nicht verschlossen bleiben aufgrund der Langsamkeit regulatorischer Prozesse.

Wie beschrieben von Rabeharisoa *et al.* (2013) wird evidenzbasierter Aktivismus nicht unbedingt ausschließlich von *Health Activists* ausgeführt, sondern kann durchaus eine kollektive Herangehensweise bezeichnen, die *Health Activists* und Patient:innen sowie medizinische Fachkräfte komplementär in den aktivistischen Prozess einbezieht. Bei der OSCLS-Community ist dies der Fall. Nicht nur Nutzende und deren nahes Umfeld sind Teil der Community, sondern auch Fachkräfte wie Diabetolog:innen. Beispielhaft zu nennen sind etwa der Diabetologe, der L7 (75) behandelt und ihn auf das OSCLS hinwies (siehe Kapitel 6.13.2.1), sowie die Ärztin Katarina Braune (Pumpen-Café, 2020) und der Diabetologe Frank Best (Best, 2018; Monecke, 2019). Somit findet die durch Rabeharisoa, Moreira & Akrich (2014) sowie Rabeharisoa *et al.* (2013) beschriebene Transformation der Beziehungen zwischen *Health Activists* und Professionellen des Gesundheitswesens statt.

Dem von Rabeharisoa, Moreira & Akrich (2014) entworfenen Modell des evidenzbasierten Aktivismus entspricht die OSCLS-Community in vollem Umfang: So sammelt die OSCLS-Community Erfahrungen mit der Nutzung der OSCLS, baut entsprechendes Erfahrungswissen auf, definiert dadurch ihre Identität und legt ihre Anliegen dar (Punkt 1 des Modells); sie verbindet beglaubigtes Wissen über T1D mit Erfah-

7. Diskussion und Fazit 303

rungswissen zu den OSCLS, um Letzteres politisch relevant zu machen und die Situation für MmT1D zu verbessern (Punkt 2); sie bewirkt Reformen, indem sie Aufmerksamkeit für die Problematiken von MmT1D schafft sowie durch die Kreierung eigener Lösungen kommerzielle und regulatorische Prozesse anstößt bzw. beschleunigt, und identifiziert die von Algorithmen gesteuerte Insulinabgabe bzw. deren Auswirkungen als einen Bereich unerledigter Wissenschaft (Punkt 3); sie stellt somit Wissen über therapeutische Bedingungen ihrer Kondition dar (Punkt 4); und sie arbeitet, wie bereits beschrieben, bis zu einem gewissen Grad mit medizinischen Fachkräften und generell dem Gesundheitswesen zusammen (Punkt 5).

7.1.2 Einordnung der Open-Source-Closed-Loop-Bewegung in *Health Social Movements* & *Embodied Health Movements*

Im Folgenden werden die wichtigsten Aspekte der *Health Social Movements* und insbesondere der *Embodied Health Movements* im Kontext der OSCLS-Bewegung diskutiert.

7.1.2.1 Einordnung der Open-Source-Closed-Loop-Bewegung in die Health Social Movements

Wie von Brown *et al.* (2004) beschrieben, stellen *Health Social Movements* politische Macht, fachliche Autorität sowie individuelle und kollektive Identität in Frage (siehe Kapitel 2.1.3.1). Dies trifft auf die OSCLS-Community zu. Als in Frage gestellt zu nennen ist hier die politische Macht der Zulassungsbehörden, die fachliche Autorität der Ärzt:innenschaft sowie die kollektive und individuelle Identität als Patient:innen (im Wortsinne von lateinisch *patiens*, *pati* = erdulden, leiden (Duden, 2022b)), die auf kommerzielle Lösungen und fachliche Beratung warten und darüber hinaus nichts tun können.

7.1.2.2 Einordnung der Open-Source-Closed-Loop-Bewegung in die Embodied Health Movements

Spezifischer als generell den *Health Social Movements* lässt sich die OSCLS-Community den *Embodied Health Movements* (siehe Kapitel 2.1.3.2) zuweisen, deren Mitglieder als MmT1D stark verwurzelt in ihrer Krankheitserfahrung sind und die ihre Erwartungen hinsichtlich ihrer gesundheitlichen Situation nicht erfüllen können. Trotz teilweise großer Bemühungen lassen sich die erwünschten BG-Werte nicht erreichen. Auch die Lebensqualität ist durch Aspekte wie u. a. verminderte Schlafqualität, hohen Management-Aufwand und (Angst vor) Hypo- und Hyperglykämien sowie Langzeitkomplikationen eingeschränkt. In Folge dieser gemeinsamen Erfahrung handelt die OSCLS-Community kollektiv. Die Entwicklung der OSCLS findet durch eine relativ kleine Gruppierung von Entwickler:innen innerhalb der Community statt. Das Bereitstellen der Unterstützungsstrukturen, die Unterstützung der Arbeit der Entwickler:innen durch Feedback zu den Systemen und insbesondere die Anwendung der OSCLS erfolgen im großen Kollektiv der Community.

Ganz im Sinne der Definition von Brown *et al.* (2004) kann es sich die OSCLS-Community nicht leisten, auf die Entwicklung von für ihre Situation adäquater Technologien zu warten. Die hohe Belastung im Alltag und die gesundheitliche Bedrohung durch akute oder Folgekomplikationen durch BG-Werte außerhalb des Normbereichs ist für die Nutzenden der OSCLS jeden Tag präsent; zumal für MmT1D die Erfahrung gezeigt hat, dass Versprechungen, die kommerziellen CLS stünden in näherer Zukunft zur Verfügung, über viele Jahre nicht eingehalten wurden (L1:63-65, H2:63, vgl. Kapitel 6.14.4). Auch stehen nach der Zulassung kommerzieller CLS diese nicht allen MmT1D zur Verfügung (wie dargelegt in Kapitel 6.14.4.1). Daher agiert die OSCLS-Community, indem sie behandlungsrelevante Probleme des T1D identifiziert, für diese Probleme Lösungen auf Basis des OSCLS-Ansatzes (weiter)entwickelt und erfolgreich anwendet, anderen MmT1D die Nutzung der Systeme ermöglicht und dafür Unterstützungsstrukturen anbietet. Sie übt Druck auf Medizin, Wissenschaft und Behörden aus mit dem Ziel, die langsamen Prozesse des Gesundheitswesens zu beschleunigen bzw. die Strukturen zu reformieren, um eine schnellere Verfügbarkeit und Interoperabilität kommerzieller Systeme zu erreichen.

Ebenfalls ist bei den Nutzenden der OSCLS von der von Brown et al. (2004) beschriebenen politisierten kollektiven Krankheitsidentität sowie einem oppositionellen Bewusstsein auszugehen (vgl. Kapitel 2.1.3.2.1). Die OSCLS-Community handelt kollektiv, um die wahrgenommene strukturelle Ungerechtigkeit zu bekämpfen, die in der Nicht-Verfügbarkeit von Technologien gesehen wird, die im nicht-medizinischen Bereich verfügbar und seit Jahren etabliert sind. Nicht nur die Entwickler:innen bekämpfen die strukturelle Ungerechtigkeit durch die Entwicklung und Bereitstellung der OS-CLS, sondern auch die Nutzenden sowohl alleine durch ihre Nutzung, aber auch durch andere Aktivitäten wie die Unterstützung anderer Nutzender oder das Feedback zu den OSCLS, das sie an die Entwickler:innen geben. Insofern handeln Nutzende der OSCLS im Sinne von Brown et al. (2004) durchaus politisch, auch wenn bei den interviewten Loopenden diesbezüglich keine Einigkeit besteht und sie ihre Aktivitäten vorwiegend nicht als politisch verstehen (vgl. Kapitel 6.16).

Der von Brown *et al.* (2004) genannte Aspekt, dass die Ansprüche von *Health Activists* und Patient:innen umso relevanter gegenüber Politik und Öffentlichkeit erscheinen, je mehr Forschende und Mediziner:innen ihre Bedarfe bestätigen (siehe Kapitel 2.1.3.2.2), lässt sich auch für die OSCLS-Community beobachten. Wie oben bereits beschrieben, sind medizinische Fachkräfte Teil der OSCLS-Bewegung, was sowohl die Dringlichkeit der Forderungen der Community bestätigt als auch die Effektivität

7. Diskussion und Fazit

und Sicherheit der OSCLS aus fachlicher Sicht validiert. Darüber hinaus findet sich in der wissenschaftlichen Literatur zu den OSCLS nahezu durchgängig Verständnis für die Nutzenden. Die Notwendigkeit ihrer Unterstützung wird von den Autor:innen aus Medizin und klinischer Forschung deutlich gemacht (siehe Kapitel 6.13.3).

7.1.3 Wissen, Expertise & Glaubwürdigkeit im Kontext der Open-Source-Closed-Loop-Bewegung

Laut Orsini & Smith (2010) ist die Beziehung zwischen aktivistischen Bewegungen und Fachwissen in vielen Fällen gekennzeichnet durch die instrumentelle Nutzung von Expert:innenwissen seitens der Bewegungen (siehe Kapitel 2.1.4.1). Im Fall der OSCLS-Community liegt hier eine besondere Situation vor. MmT1D haben häufig ein gutes Verständnis von den medizinischen Zusammenhängen ihrer Erkrankung, da sie für das aufwändige Management des T1D auf dieses Verständnis angewiesen sind. Darüber hinaus sind die Nutzenden der OSCLS in der Regel gerade diejenigen MmT1D, deren Wissen über die Erkrankung und den therapeutischen Umgang über das Durchschnittsmaß hinausgeht. Sie sind somit bereits als Expert:innen zu verstehen (siehe Kapitel 6.15.4). Eine weitere Wissensebene stellt das IT-spezifische Fachwissen der Entwickler:innen der Bewegung dar. Dieses IT-spezifische Wissen macht die Realisierung der OSCLS erst möglich und kommt von einem beruflichen IT-Hintergrund. Daher kann nicht davon ausgegangen werden, dass es dem IT-Wissen von Entwickler:innen der Hersteller von Medizintechnologien unterlegen ist. Das T1D-spezifische Wissen haben sie sich durch die eigene Erkrankung oder die Erkrankung von Nahestehenden (wie Kindern oder Lebensgefährt:innen) angeeignet, für die sie die Systeme vor allem entwickeln. Sie sind somit in beiderlei Hinsicht als Expert:innen in diesem Bereich zu verstehen.

Die OSCLS-Community stellt jedoch nicht die fachliche bzw. wissenschaftliche Expertise in Frage, wie es von Orsini & Smith (2010) für die *Embodied Health Movements* beschrieben wird, sondern baut auf dieser auf und erweitert sie um das Wissen über die Auswirkungen der CLS-Nutzung.

Wissenschaftliche Glaubwürdigkeit wird von Epstein (1995) in ähnlichem Zusammenhang definiert als die Fähigkeit von *Health Activists*, Unterstützung für ihre Behauptungen zu gewinnen, ihre Argumente als relevantes Wissen zu legitimieren und sich als Menschen zu präsentieren, die der Wissenschaft eine Stimme geben können (siehe Kapitel 2.1.4.2). Unter diesen Voraussetzungen lässt sich der OSCLS-Community in jedem Fall wissenschaftliche Glaubwürdigkeit zuschreiben. So finden sich in der Community die bereits erwähnten Ärzt:innen, die offen für die Ziele der Community eintreten, wie Katarina Braune und Frank Best. Die bislang veröffentlichte wissenschaftliche Literatur belegt die Vorteile der OSCLS für die Nutzenden hinsichtlich glykämischer Resultate und Lebensqualität (siehe Kapitel 6.5). Die Publikationen der Community finden sich in wissenschaftlichen Journals und auf wissenschaftlichen Konferenzen und belegen somit nicht nur die Vorteile für die Nutzenden, sondern auch, dass sich diese Vorteile mit wissenschaftlichen Maßstäben messen lassen.

7.1.4 Einordnung der Open-Source-Closed-Loop-Bewegung in die Bewegung der Patient-Innovation

Betrachtet man die Ursachen für *Patient-Innovators*, also die Gründe, warum Menschen mit chronischen Erkrankungen innovieren (siehe Kapitel 2.2.2.3), finden sich darin viele Motivationen der OSCLS-Community. So lässt sich T1D zwar nicht als seltene Erkrankung definieren (Kapitel 2.2.2.3.1), aber auch MmT1D machen häufig Erfahrungen, die den Erfahrungen von Menschen mit seltenen Erkrankungen ähneln. Hierzu zählen vor allem Erfahrungen mit Diabetolog:innen, die aus Sicht der MmT1D eine geringere Expertise zu T1D haben als die MmT1D selbst (siehe Kapitel 6.13.2.1).

Auch die Kritik an der mangelnden Integration der Perspektive der Patient:innen in die Entwicklung kommerzieller Technologien (Kapitel 2.2.2.3.2) lässt sich in der OSCLS-Community finden. Allerdings bezieht sich diese nicht nur auf die Verbesserung der Nutzungsfreundlichkeit, sondern vor allem auf das Nicht-Ausschöpfen von technologischen Möglichkeiten, die in anderen Bereichen etabliert sind (siehe Kapitel 6.14.4.2). Dies zeigt sich insbesondere bei Kindern mit T1D und deren Eltern, deren spezifische Bedarfe noch weniger adressiert werden als die von Erwachsenen mit T1D (vgl. Kapitel 6.12.1).

Sowohl Musolino *et al.* (2019) als auch Commissariat *et al.* (2019) benennen die Dringlichkeit des Einbezugs von MmT1D in die Entwicklung von CLS, da ihr Feedback wichtig sei für die Weiterentwicklung der Systeme durch Forschende und Herstellende; auch, um die langfristige Nutzung der Systeme zu sichern (siehe Kapitel 4.3.9). Diesbezüglich sind die OSCLS kommerziellen CLS voraus. So verwundert es auch nicht, dass die Nutzenden von CLS in der Studie von Musolino *et al.* (2019) sowie in der Studie von Commissariat *et al.* (2019) auf die Frage nach erwünschten Verbesserungen der CLS einige Aspekte nennen, die die OSCLS bereits erfüllen. Hierzu zählen etwa der Zugriff auf die BG-Werte über mehrere Smartphones oder die Steuerung der Insulinpumpe, ohne diese dafür in die Hand nehmen zu müssen. *OpenAPS* wurde konkret als Positivbeispiel genannt.

Auch der Aspekt der Minimierung der Risiken und die Gewährleistung höchster Qualität einer Innovation (Kapitel 2.2.2.3.3) lassen sich auf die OSCLS-Community übertragen: Wie in Kapitel 4.3.3 und nachfolgend in Kapitel 7.2 dargelegt, wirken sich CLS vorwiegend positiv auf die glykämische Kontrolle und damit auf die Risiken für

7. Diskussion und Fazit

Hypo- oder Hyperglykämien aus (Singh *et al.*, 2016e). Die strenge Regulierung medizinischer Innovationsprozesse führt, wenn auch in aller Regel aus guten Gründen, zu einer Langsamkeit der Prozesse für kommerziell entwickelte Systeme. Gegenüber MmT1D, denen die baldige Verfügbarkeit von CLS bzw. die technische Heilung des T1D und damit einhergehend eine drastische Reduktion der Risiken, die mit der T1D-Erkrankung einhergehen, seit Langem angekündigt wird, ist diese Langsamkeit nicht mehr zu argumentativ zu vermitteln. Entsprechend dem Motto der Bewegung *#WeAre-NotWaiting* ist es genau die Umsetzung der lange versprochenen Innovationen, die die Community nun selbst in die Hand nimmt, da die Umstände des hohen Managementaufwands sowie der drohenden akuten wie Folgekomplikationen dringlich sind. Zudem findet sich, um L8 (55) zu zitieren, schlicht kein Grund, es nicht zu tun (siehe Kapitel 6.3.2).

Weiter adressiert die OSCLS-Community den Aspekt der Kosten der und des Zugangs zu den Innovationen (Kapitel 2.2.2.3.5). Selbst nach der Einführung kommerzieller CLS werden die OSLCS weiterhin genutzt, weil kommerzielle CLS nicht unbedingt von den Krankenkassen erstattet werden, die Open-Source-Technologien jedoch frei zur Verfügung stehen und von allen Betroffenen mit Zugang zu der erforderlichen Hardware genutzt werden können. Darüber hinaus sind die OSCLS individueller einstellbar, was für die Nutzenden zu besseren Resultaten hinsichtlich BG-Werten und Lebensqualität führen kann (siehe Kapitel 6.7.1). Auch sind die von der Community zur Verfügung gestellten Technologien hinsichtlich des Stands der Technik aktuell und erhalten zeitnahe Updates und Erweiterungen des Funktionsumfangs, was durch die offenen Strukturen der Community möglich ist. In diesen Strukturen können alle Nutzenden Feedback geben und dieses Feedback kann direkt wieder durch die Entwickler:innen eingearbeitet werden. Dies ist bei kommerziellen Technologien, bei denen bereits kleinere Veränderungen wieder langwierige Prüf- und Zulassungsprozesse nach sich ziehen, nicht möglich.

7.2 Auswirkungen der Open-Source-Closed-Loop-Systeme auf Blutglukose-Werte & Lebensqualität

Wie ausführlich und an mehreren Stellen dieser Arbeit thematisiert, sind die akuten und Folgekomplikationen sowie die Auswirkungen auf die Lebensqualität, die mit T1D einhergehen, eklatant. Für die Betroffenen sind sie nicht nur gesundheitlich problematisch, sondern auch mental zermürbend. Die Auswirkungen von T1D beeinflussen konstant und ohne Pause das gesamte Leben der Betroffenen: den Alltag, die Nahrungsaufnahme, körperliche Bewegung, Schlaf, die Lebenserwartung, die für das eigene Leben empfundene (oder nicht empfundene) Sicherheit – um nur einige zu nennen. Entsprechend wirken sich die OSCLS auf alle diese Aspekte aus.

Alle interviewten Loopenden berichten von verbesserten BG-Werten im Zuge der OSCLS-Nutzung. Hierzu zählt eine Reduktion von Hypo- und Hyperglykämien sowie bei den Loopenden mit Tendenz zu erhöhten BG-Werten eine Senkung des HbA1c. Auch die Schwankungen bei sportlicher Aktivität haben sich verbessert. Alle Loopenden berichten außerdem von äußerst positiven Auswirkungen der OSCLS auf ihre Lebensqualität. Die Rede ist hier u. a. von mehr Spontaneität, Sicherheit und Freiheit. Weiterhin berichten die Loopenden von Entlastungen und Erleichterungen und davon, dass das OSCLS Sorge und Ängste nehme und eine beruhigende Wirkung habe. Besonders hervorgehoben werden von den Loopenden in diesem Kontext auch die verbesserten BG-Werte. Auch die Belastung durch Schuldgefühle aufgrund nicht erreichter Zielwerte empfinden die Loopenden als durch die OSCLS reduziert. Die Interviews zeigen also, dass die OSCLS sowohl zu Verbesserungen der glykämischen Situation als auch zur Verbesserung der Lebensqualität der Nutzenden führen. Dies liegt u. a. daran, dass von den Nutzenden ein „aufpassender" bzw. beschützender Effekt wahrgenommen wird. Auch bei den Partner:innen der Loopenden zeigen sich positive Effekte durch eine Beruhigung hinsichtlich der Sicherheit der Loopenden sowie nachts eine Verbesserung der Schlafqualität durch weniger Alarme aufgrund von BG-Werten außerhalb des Normbereichs. Auch die Kinder der Loopenden profitieren von der Nutzung des OSCLS, da sich die Loopenden mehr auf die Kinder konzentrieren können. (vgl. Kapitel 6.5.1 bis 6.5.4)

Die von wissenschaftlicher Seite (u. a. Crabtree, Street & Wilmot, 2019; Heinemann & Lange, 2019) sowie vonseiten der interviewten Loopenden (siehe Kapital 6.4.4) häufig geäußerte Aussage, die OSCLS seien nicht für MmT1D geeignet, deren Bestreben es ist, sich nicht mehr um ihren T1D kümmern zu müssen, muss im Sinne der Aussagen der Interviewten differenziert werden. Die Aussage ist korrekt hinsichtlich des notwendigen Kümmerns im Sinne der Auseinandersetzung mit den Bedingungen des (eigenen) T1D und der Auseinandersetzung mit den OSCLS sowie mit den den OSCLS zugrundeliegenden kommerziellen Technologien. Allerdings zeigt sich an den Aussagen der Loopenden, dass gerade der Aspekt, sich weniger um das alltägliche Management des T1D kümmern zu müssen und somit eine Erleichterung des Alltags zu erfahren, einen relevanten Beweggrund für die OSCLS-Nutzung darstellt.

Ähnlich verhält es sich mit dem Wissen um die Bedingungen des eigenen T1D, das eine der Voraussetzungen zur sicheren und effektiven Nutzung der OSCLS darstellt (siehe Kapitel 6.4.1). Diese sind bei allen Interviewten vorhanden, jedoch in unterschiedlicher Ausprägung was für die OSCLS-Nutzung relevante Grundwerte wie

Basalrate und Essenfaktoren betrifft. Trotzdem führt bei allen die Nutzung der OSCLS zu stabileren BG-Werten sowie verbesserter Lebensqualität.

Eine Ausnahme bilden Z1 und Z2, die die Nutzung eines OSCLS zugunsten konventioneller Therapiemethoden abgebrochen haben. Für beide waren jedoch weder eine Verschlechterung der BG-Werte noch eine wahrgenommene Unsicherheit bzw. ein Risiko der Systeme ausschlaggebend, die Nutzung zu beenden, sondern ein Ungleichgewicht zwischen dem Aufwand und dem Nutzen (siehe Kapitel 6.5.9.1). Es müsste näher untersucht werden, ob dies bei Nutzung von *AndroidAPS* anders gewesen wäre, da *AndroidAPS* das am wenigsten aufwendige OSCLS zu sein scheint.

Jedoch zeigt sich auch hier die Relevanz der Wahlfreiheit hinsichtlich der Behandlung des eigenen T1D. Die OSCLS haben für viele Nutzende positive Auswirkungen auf Lebensqualität und BG-Werte, aber sie sind nicht für alle MmT1D das Mittel der Wahl; auch dann nicht, wenn diese durchaus dazu in der Lage sind, sie zu bedienen.

Aus der Sicht der interviewten Fachkräfte werden die Verbesserungen von BG-Werten und Lebensqualität maßgeblich bestätigt (siehe Kapitel 6.5.8). Dies geht konform mit den in der wissenschaftlichen Literatur abgebildeten Ergebnissen (siehe Kapitel 6.5).

7.3 Sicherheit & Risiko im Kontext der Open-Source-Closed-Loop-Systeme

Hinsichtlich der Sicherheit der OSCLS bzw. des Risikos der Nutzung der OSCLS ist die wichtigste Erkenntnis dieser Arbeit, dass die Systeme nicht isoliert betrachtet werden dürfen, sondern immer im Kontext mit den Auswirkungen des T1D besprochen werden müssen (siehe Kapitel 6.10.1). Man könnte auch formulieren, Sicherheit und Risiko der OSCLS-Nutzung müssen im Verhältnis zu ihrer Nicht-Nutzung diskutiert werden; bzw. das Risiko eines potenziellen Schadens durch Handeln muss im Verhältnis zum potenziellen Risiko in Folge des Nicht-Handelns beurteilt werden (Lewis, 2018a; vgl. DeMonaco *et al.*, 2020), wie dies generell für Innovationen (nicht nur) durch *Patient-Innovators* gilt (siehe Kapitel 2.2.6.2). Den Nutzenden ist dies bewusst und die Interviewten verweisen an verschiedenen Stellen auf diesen Sachverhalt.

Bereits die für MmT1D lebensnotwendige und daher unumgängliche Verabreichung von Insulin führt zum Diabetologischen Dilemma (siehe Kapitel 3.5.1), wobei „ein Plus an Therapiewirkung mit einem Minus bei der Therapiesicherheit (Neigung zu Unterzucker) erkauft" wird (Haak *et al.*, 2018). Dieses Dilemma lässt sich durch keine derzeit verfügbare Therapie auflösen. Die Verabreichung von Insulin ist mit Gefahren verbunden. Sowohl Unter- als auch Überdosierung führt potenziell zu akuten und Folgekomplikationen. Die Verabreichung von Insulin zu unterlassen, ist jedoch weitaus riskanter, da final tödlich. Laut Heinemann & Lange (2019) riskieren MmT1D jeden Tag ihr Leben, indem sie sich mit Insulin therapieren. Das gleiche gilt für Eltern, die ihrem Kind mit T1D Insulin verabreichen.

Grundlage und Maßstab für die Sicherheit jeder T1D-Therapie sind die möglichst korrekte Berechnung von Kohlenhydraten sowie ein möglichst genaues Wissen sowohl generell über die Bedingungen von T1D als auch spezifisch über die Bedingungen des eigenen, individuellen T1D. Diese Grundlagen werden im Falle der Pen-Nutzung (ICT) manuell umgesetzt, im Fall der Insulinpumpentherapie teilweise manuell und teilweise automatisiert durch die einprogrammierte Basalrate und im Falle der CLS- sowie der OSCLS-Nutzung ebenfalls durch die eingegebenen Parameter, auf Basis derer die automatisierte Insulinabgabe im Abgleich mit den CGM-Werten berechnet wird. Entsprechend agieren die OSCLS nicht anders als die MmT1D es selbst tun würden, wenngleich unter Zuhilfenahme von mehr Information, besserem Rechenvermögen und kontinuierlicher Überprüfung der CGM-Werte (siehe Kapitel 6.5.2). Somit sind bei allen therapeutischen Optionen, kommerziell wie Open Source, die möglichst korrekte Erfassung und Anwendung der individuellen Parameter ausschlaggebend. Um D1 (21) zu zitieren, geht es also bei den OSCLS ebenso wie bei allen anderen therapeutischen Optionen für MmT1D für die Anwendenden darum, darüber nachzudenken, was sie tun – das ist das entscheidende Kriterium, das die Sicherheit jeder T1D-Therapie ausmacht (siehe Kapitel 6.9.2.2).

Das mit der Nutzung der OSCLS assoziierte Risiko wird maßgeblich in der Verlagerung von der Verantwortung des therapeutischen Handelns von den MmT1D zu den Open-Source-Systemen gesehen. Jedoch ist es eben genau diese Verlagerung, die dazu führt, dass sich die Nutzenden der OSCLS weniger gefährdet und mit ihrem T1D sicherer fühlen (Jansky & Woll, 2019, siehe Kapitel 6.10.1). Um L7 (51) zu zitieren: Es entstehen durch die OSCLS-Nutzung gerade jene Situationen, vor denen Kritiker von OSCLS warnen (Fehldosierungen und daraus folgende Hypo- und Hyperglykämien), nicht oder deutlich schwächer ausgeprägt (siehe Kapitel 6.9.1.3). Daher stellt auch aus der medizinischen Sicht von Heinemann & Lange (2019) die Nutzung der OSCLS eher eine Reduktion des Risikos der T1D-Therapie dar – und nicht ein zusätzliches Risiko (siehe Kapitel 6.10.1).

Betrachtet man die Erkenntnisse zu den OSCLS (sowohl die innerhalb der vorliegenden Arbeit im Rahmen der Interviews erhobenen als auch die Erkenntnisse in der wissenschaftlichen Literatur), gibt es keinen Grund zur Annahme, die OSCLS seien weniger sicher als andere in der Zeit der Interviews in Deutschland verfügbare therapeutische Optionen. Hinsichtlich der erzielten normnäheren BG-Werte spricht im Gegenteil vieles dafür, dass sie sicherer sind hinsichtlich Akut- und Folgekomplikationen. Dies wird unterstützt durch den Fakt, dass bislang lediglich ein einziger Fall eines un-

7. Diskussion und Fazit

erwünschten Ereignisses im Zuge einer OSCLS-Nutzung mit notwendiger Hospitalisierung aufgrund schwerer Hypoglykämie bekannt ist (FDA, 2019d; siehe Kapitel 6.9), während alleine in Deutschland im Jahr 2017 26.298 MmT1D in der Altersgruppe über 20 Jahren aufgrund von T1D-Akutkomplikationen im Krankenhaus versorgt werden mussten (Auzanneau *et al.*, 2021; siehe Kapitel 6.10.1). Aufgrund der relativ geringen Anzahl an loopenden MmT1D in Deutschland und weltweit lassen sich diese Zahlen nicht in ein direktes Verhältnis setzen, verweisen aber doch darauf, dass die OSCLS kein erhöhtes Risiko für schwere Akutkomplikationen mit sich bringen.

Z2 und F2 halten hingegen die OSCLS für unsicherer als kommerzielle Systeme (siehe Kapitel 6.9.2.2). Z2 (63) sieht Risiken darin, Sicherheitsfeatures früh abschalten zu können, für F2 (87) müssen kommerzielle Systeme aufgrund der Auflagen für die Hersteller sicherer sein. Auffällig ist, dass sowohl Z2 als auch F2 *OpenAPS* nutzen bzw. nutzten, das von den Interviewten generell als aufwändiger und komplizierter beschrieben wird und bei dem die Nutzenden nicht den Lernprozess der Objectives durchlaufen müssen, im Zuge dessen sich die Funktionen erst stufenweise über einen Zeitraum von einigen Wochen freischalten. Inwiefern sich das auswirkt auf die (empfundene) Sicherheit bzw. Unsicherheit des Systems, müsste genauer untersucht werden.

Alle interviewten Loopenden sowie E1 und E2 haben entschieden, dass die Ergebnisse der OSCLS-Nutzung den damit einhergehenden Aufwand rechtfertigen. Z1 und Z2 haben für sich entschieden, dass die Ergebnisse den Aufwand nicht rechtfertigen (siehe Kapitel 6.5.9.1). Z1 hat sich sogar gegen die Nutzung der Insulinpumpe entschieden und therapiert nun wieder mit Pen. Allerdings haben Z1 und Z2 die Entscheidung, das OSCLS nicht mehr zu nutzen, nicht aus Sicherheitsbedenken bzw. wegen eines empfundenen Risikos der Nutzung getroffen.

H2 (53) erkennt die besseren BG-Werte der Loopenden an, betont aber, dass aufgrund des durch jede:n Nutzenden anpassbaren Source-Codes der Anwendungen keine generellen Aussagen zu der Sicherheit der OSCLS getroffen werden können (siehe Kapitel 6.9.2.2). Einerseits ließe sich hier aus der Perspektive der Community wohl widersprechen, dass eben die Community, zumindest diejenigen Nutzenden der Community, die alle das gleiche OSCLS ohne eigenmächtige Modifikationen nutzen, auch alle eine (wenn auch subjektive, individuelle) Einschätzung zur Sicherheit des jeweiligen Systems vornehmen können. Andererseits ist es in der Therapie des T1D generell nur der MmT1D selbst, der die finale Aussage über die eigene, individuelle Sicherheit mit einer Therapie treffen kann.

In gewisser Weise wiederholt sich bei den OSCLS die Geschichte vieler Technologien zur Therapie des T1D (siehe Kapitel 6.14.6). Auch kommerzielle und unlängst etablierte Technologien für T1D wurden bei ihrer Einführung als gefährlich betrachtet bzw. es wurde den MmT1D die Fähigkeit abgesprochen, mit diesen umzugehen. Sowohl D1 (39) als auch D2 (122) gehen aus ihrer fachlichen Perspektive und Erfahrung auf diesen Aspekt ein und schlussfolgern daraus für die OSCLS, dass es sich bei diesen nicht anders verhalte und die Kritik mit der Zeit nachlassen werde. Mit Blick auf die bislang durchgeführten wissenschaftlichen Studien und die Aussagen der Nutzenden von OSCLS, bestätigt sich diese Sicht.

7.4 Eltern & Kinder mit Typ-1-Diabetes

Wie an mehreren Stellen dieser Arbeit dargestellt, sind die Auswirkungen des T1D eines Kindes sowohl auf das Kind selbst als auch auf sein betreuendes Umfeld, in der Regel also die Eltern, eklatant (siehe Kapitel 6.12). Die Freiheiten des Kindes sind deutlich eingeschränkt, da eine engmaschige Überwachung der BG-Werte notwendig ist und im Falle einer akuten Hypo- oder Hyperglykämie entsprechende Maßnahmen ergriffen werden müssen. Dies können meist nur die Eltern selbst leisten, weshalb es schwierig ist, dass sich das Kind ohne Eltern etwa bei Freund:innen oder den Großeltern aufhält. Das trifft auch auf die Nächte zu, weshalb die Schlafqualität insbesondere der Eltern leidet. Erschwerend kommt hinzu, dass kommerzielle Systeme kaum ausgelegt sind auf die Bedarfe von Kindern mit T1D und deren Eltern. So fehlte es im Zeitraum, in dem die Interviews geführt wurden, an CGM, die Werte an externe Empfangsgeräte senden, sowie an Pumpen, die fernsteuerbar sind. Die OSCLS ermöglichen beides. In der wissenschaftlichen Literatur findet sich der Verweis auf die Notwendigkeit des Einsatzes „aller Beteiligten", neue Entwicklungen in der T1D-Therapie auch für Kinder und Jugendliche zugänglich zu machen und somit „die Sorgen einer Stoffwechselentgleisung zu verringern" (Danne, Ziegler & Kapellen, 2018).

D2 (66) und D3 (7) berichten von verzweifelten Eltern, die trotz größter Anstrengungen nicht die erwünschten BG-Werte für ihre Kinder erreichen. Entsprechend berührt der Wunsch der interviewten Eltern E1 und E2, ihren Kindern eine möglichst normale Kindheit zu ermöglichen, äußerst grundlegende Bedarfe. In beiden Fällen ist dies durch das jeweils genutzte OSCLS gegeben (E1:103, E2:41, siehe Kapitel 6.12.2).

Bemerkenswert ist der Unterschied zwischen E1 und E2 in der Herangehensweise der OSCLS-Nutzung und hinsichtlich der anfänglichen Angst, dem Kind durch die Nutzung eines OSCLS zu schaden (siehe Kapitel 6.12.3). Für E2 stellte sich die Situation insgesamt entspannter dar als für E1, da er selbst mit T1D lebt und daher *AndroidAPS* zuerst an sich selbst testen konnte. Darüber hinaus arbeitet er in der IT, konnte den Source-Code einsehen und beurteilen und somit die technologische Seite des Systems nachvollziehen. Beide Aspekte waren für E1 nicht möglich. Sie musste sich auf

7. Diskussion und Fazit

die technische Unterstützung von F2 verlassen. Weiter ist wie beschrieben davon auszugehen, dass *OpenAPS*, das von E1 genutzt wird, schwieriger aufzusetzen und anzuwenden ist als *AndroidAPS*, das von E2 genutzt wird. Entsprechend beschreibt E1 (125-127), dass sie in der ersten Zeit unter Nutzung von *OpenAPS* an ihrer Tochter große Sorge hatte, ein zu hohes Risiko einzugehen. Dass sie und ihr Mann es trotzdem tun, also trotz der Angst, ihrer Tochter damit schaden zu können, verweist ein weiteres Mal auf die immense Belastung, die T1D für das Kind und die Eltern mit sich bringt. Es ist nicht davon auszugehen, dass Eltern von Kindern mit T1D, die ein extrem hohes Maß an Zeit und Aufwand in die Therapie ihres Kindes investieren und dabei auf das eigene Wohl, wie etwa die eigene Schlafqualität, kaum Rücksicht nehmen, auf ein OS-CLS wechseln und dabei das Wohl des Kindes aus den Augen verlieren oder von vornherein nicht ausreichend bedenken. Im Gegenteil ist es das Wohl des Kindes, das die Motivation zur Nutzung des OSCLS darstellt, wie sich bei E1 und E2 deutlich zeigt.

Entsprechend empfinden Eltern von Kindern mit T1D haftungsrechtliche oder allgemein rechtliche Aspekte nicht als relevant (siehe Kapitel 6.11.2). Die Konsequenz des Handelns, also des Nutzens oder Nicht-Nutzens der OSCLS, wird von den Eltern beurteilt anhand der Resultate der Nutzung, die sich jeden Tag (und jede Nacht) konkret an den BG-Werten und dem Wohlbefinden des Kindes festmachen lassen, nicht an rechtlichen Gegebenheiten.

Eine der relevantesten Auswirkungen der OSCLS-Nutzung, die sich stärker auf die Lebensqualität der Eltern als auf die des Kindes auswirkt, ist sicherlich die Schlafqualität (siehe Kapitel 6.5.4). Während in den Nächten der Vorteil für die Kinder mit T1D in den stabileren BG-Werten liegt, ist es für die Eltern möglich, zumindest in manchen Nächten erholsam zu schlafen. Dies führt zu einer erheblichen Verbesserung der Lebensqualität der Eltern.

7.5 Perspektive des Gesundheitswesens & Auswirkungen auf dieses

Im Folgenden werden resümierend die Perspektive des Gesundheitswesens auf die OSCLS und die Nutzenden sowie die Auswirkungen der OSCLS und der dahinterstehenden Community auf das Gesundheitswesen dargestellt.

7.5.1 Verständnis für die Nutzenden

Das Verständnis, das den Nutzenden der OSCLS von fachlicher Seite entgegengebracht wird, erwächst maßgeblich aus zwei Aspekten: den starken Auswirkungen, die T1D hinsichtlich Gesundheit und Lebensqualität der MmT1D mit sich bringt, und der

Langsamkeit der Zulassungsprozesse für Innovationen, die für die Gesundheit und Lebensqualität für MmT1D von großer Relevanz sind. Medizinische Fachkräfte äußern in der Regel Verständnis für die Nutzenden aufgrund des Fehlens vergleichbarer therapeutischer Alternativen. Dies zeigt sich in vielen der zitierten Aussagen der interviewten Ärztinnen, in der wissenschaftlichen Literatur aus klinischer bzw. medizinischer Perspektive und in den zitierten Positionspapieren. Es wird die Erwartung formuliert, Loopende zu unterstützen, und sie betonen das Recht aller MmT1D, ihre eigene Wahl zu treffen (siehe Kapitel 6.3.3 und 6.13.3).

Konkrete Kritik an oder gar Warnungen vor den OSCLS finden sich ausschließlich in nicht-wissenschaftlichen Publikationen, etwa Patient:innenzeitschriften, die nicht auf Basis von Studien zu den Systemen argumentieren (Haak, 2019, siehe Kapitel 6.9; Ebert, 2019, siehe Kapitel 6.10.1). In nicht-wissenschaftlichen Publikationen findet sich jedoch auch von Ärzt:innen geäußerte Kritik daran, mit den OSCLS nicht offen umgehen zu können und sie den eigenen Patient:innen nicht empfehlen zu dürfen (Best, 2018, siehe Kapitel 6.13.1). Somit zeigt diese Arbeit, dass die Unterschiede zwischen der Perspektive der Nutzenden der OSCLS und der Perspektive der Fachkräfte überraschend gering sind. Personen, denen die starken Auswirkungen des T1D auf Gesundheit, Alltag und Lebensqualität und der hohe therapeutische Aufwand bewusst sind, zeigen Verständnis für den aktivistischen Ansatz, diese Auswirkungen reduzieren und darauf nicht länger warten zu wollen. Insofern lässt sich schließen, dass medizinische Fachkräfte, die Verständnis äußern für die Nutzenden der OSCLS, die Open-Source-Systeme im Kontext der Auswirkungen des T1D beurteilen und nicht unabhängig davon.

Kröger & Kulzer (2018) beschreiben bereits den Genehmigungsprozess für CGM-Systeme als „viel zu lange andauernd", Heinemann & Lange (2019) bezeichnen die Zulassungsprozesse generell als „langwierig [...], kompliziert [...] und über weite Strecken nicht transparent", weshalb sie die Wahrnehmung mancher MmT1D, ihnen würden „machbare Lösungen für die Behandlung ihrer Erkrankung vorenthalten", nachvollziehen können (siehe Kapitel 6.14.4.2). Somit geht auch hier die medizinische Perspektive konform mit der Perspektive der OSCLS-Community. H2 spricht in Bezug auf die Zulassungsprozesse sogar von „unterlassene[r] Hilfeleistung" (H2:113) sowie von einer „Verschiebung von Verantwortung" in den Prozessen der verschiedenen Gremien, die die Zulassungsanträge durchlaufen müssen (H2:9).

7.5.2 Einordnung der Forderungen & aktivistischen Handlungen der Community & die Auswirkungen auf das Gesundheitswesen

Ein wesentliches Merkmal der OSCLS-Community ist die Forderung nach Autonomie. Diese spiegelt sich in einigen Aspekten wider, wie in der Forderung nach der

7. Diskussion und Fazit

Interoperabilität kommerzieller Technologien und in der Forderung nach Wahlfreiheit hinsichtlich der Therapie des eigenen T1D (siehe Kapitel 6.7.4). Eine weitere Forderung ist der stärkere Einbezug von MmT1D in die Entwicklung von und Forschung zu sie betreffenden Medizintechnologien und anderen therapeutischen Ansätzen. Diese Forderungen adressiert die Community zumindest teilweise bereits selbst. Sie nimmt die Entwicklung und Forschung selbst in die Hand und stellt Technologien zur Verfügung, die im Vergleich zu kommerziellen Technologien mehr Interoperabilität und Wahlfreiheit mit sich bringen (Lewis, Leibrand & #OpenAPS-Community, 2016; Jansky & Woll, 2019; siehe Kapitel 6.15.4).

Die Forderungen der Community gehen konform mit der fachlichen bzw. medizinischen Perspektive. So fordern auch D3 (67) und H1 (76) eine freie Wahl der Therapie für MmT1D und die Option, die Therapie wechseln zu können, auch wenn dies mit höherem Aufwand verbunden ist (siehe Kapitel 6.14.4.1). JDRF (2017) und Boughton & Hovorka (2019) fordern mehr interoperable und standardisierte Produkte (siehe Kapitel 4.3.8). Aus der Sicht von D2 (90) gehen die kommerziellen Bestrebungen zur Interoperabilität von Technologien für T1D auf die OSCLS-Bewegung zurück (siehe Kapitel 6.15.3). Laut Renard (2020) wurde der i-Standard zumindest teilweise als Reaktion auf die Forderungen und aktivistischen Handlungen der OSCLS-Community eingeführt (siehe Kapitel 6.7.4).

Verschiedene Institute in den USA unterstützen seit 2006 bzw. seit 2009 die Entwicklung von CLS, die EU seit 2010 (Boughton & Hovorka, 2019; Renard, 2019, siehe Kapitel 4.3). Trotzdem war bis einschließlich 2018 in Deutschland, bis 2017 in der EU und bis 2016 in den USA kein kommerzielles CLS verfügbar (siehe Kapitel 4.3.1.5). Es ist davon auszugehen, dass der Aktivismus der OSCLS-Community dazu beigetragen hat, dass sich die Genehmigungsprozesse für kommerzielle CLS beschleunigt haben (siehe Kapitel 6.15.2). Die gleiche Dynamik ließ sich bereits beobachten bei der Entwicklung von CGM durch kommerzielle Hersteller mit der Option, die BG-Daten aus der Ferne mitzulesen, wozu maßgeblich die Nightscout-Community beigetragen hat (siehe Kapitel 6.15.3). A2, D3 und H2 beschreiben den von der OSCLS-Community und durch die Entwicklung der OSCLS generierten Druck (D3:57), der die Behörden unter Zugzwang (H2:125) setzte und zu einer (schnelleren) Zulassung der 670G in den USA geführt hat (A2:125-127, H2:7). H2 (7) spricht daher auch von einer Unterstützung der Hersteller durch die Community hinsichtlich der Zulassungsprozesse.

Weitere Auswirkungen der OSCLS bzw. der Community finden sich in den Aussagen von D2 und D3. D2 (143) verweist auf ein verbessertes eigenes Verständnis des Stoffwechsels und der Wirkkurven konsumierter Kohlenhydrate. D3 (79) nennt als weitere Auswirkung der Community, dass erste offizielle Studien zu CLS entstanden.

An den genannten Punkten zeigt sich, dass der aktivistische Ansatz der Community Einfluss genommen hat auf das Gesundheitswesen. Die hier aufgeführten Auswirkungen sind enorm und verweisen nicht nur auf die OSCLS-Community, sondern generell auf die (technisch-medizinischen) Fähigkeiten sowie das (politische und wirkungsmächtige) Potenzial von Patient:innen, grundlegende, gesundheitlich bzw. medizinisch relevante und weitreichende Veränderungen in einem eher langsamen konventionellen System zu bewirken, das Verständnis der für eine Erkrankung relevanten Mechanismen zu erweitern und wissenschaftlich fundiert die Ergebnisse der eigenen Arbeit zu publizieren.

Somit lässt sich der Aktivismus der OSCLS-Community auch an dieser Stelle als evidenzbasierter Aktivismus nach Rabeharisoa, Moreira & Akrich (2014) sowie Rabeharisoa et al. (2013) bezeichnen (siehe Kapitel 2.1.2), da dieser zur Definition der medizinischen Praxis, der medizinischen Forschung und der Versorgung der Patient:innen beiträgt, indem er Letztere stärker in den Mittelpunkt rückt.

7.5.3 Einbezug in die Strukturen des Gesundheitswesens

Im Zuge immer stärker werdender Forderung nach mehr Autonomie und Entscheidungsfreiheit von Patient:innen, wie sie die OSCLS-Bewegung verkörpert (siehe Kapitel 6.15.4), als auch immer mehr Innovationen durch Patient:innen (siehe Kapitel 2.2), wird sich das Gesundheitswesen über kurz oder lang nicht mehr davor verschließen können, Loopende und für ihre Gesundheit aktive Menschen mit anderen Erkrankungen stärker in die konventionellen Prozesse einzubinden.

Die Erkenntnisse der vorliegenden Arbeit lassen darauf schließen, dass partiell eine Bereitschaft des Gesundheitswesens in Bezug auf die OSCLS-Community vorhanden ist, diese in die Prozesse des Gesundheitswesens zu integrieren. Hier ist zu unterscheiden zwischen einem aktiven und einem passiven Einbezug.

Der aktive Einbezug, also der Einbezug in Forschung zu und Entwicklung von therapeutischen Optionen, kommt bislang zu kurz. Dies betrifft jedoch nicht nur den Einbezug von Personen der OSCLS-Community, sondern generell den Einbezug von MmT1D. Zwar gibt es laut Heinemann & Lange (2019) und D2 (93) Bestrebungen, Entwickler:innen von OSCLS in die Forschung zu integrieren (siehe Kapitel 6.15.3), aber insbesondere aus der Sicht von D2 reicht das nicht aus. Heinemann (2021) hält fest, dass zwar „[z]umindest einige" Hersteller Patient:innenbeiräte haben. Es sei allerdings schwer zu beurteilen, „ob und inwieweit die Unternehmen auf die ‚Patientenstimmen' hören." Auch die in den USA verpflichtenden Studien zur Nutzungsfreundlichkeit bei der Entwicklung neuer Medizinprodukte „sind eher zu spät im Entwicklungsprozess, um noch Einfluss auf Design oder Funktionen eines neuen Produktes zu

7. Diskussion und Fazit

haben" (Heinemann, 2021). Insbesondere die Stimmen von unterrepräsentierten Personengruppen wie Kindern, Schwangeren oder älteren Personen werden laut Heinemann (2021) daher wohl kaum ausreichend Beachtung finden.
Der passive Einbezug jedoch scheint zum aktuellen Zeitpunkt stattzufinden. Trotz des Fehlens der Zulassung der OSCLS erfolgt kein Ausschluss von Loopenden aus den Strukturen des Gesundheitswesens. Spätestens seit der Veröffentlichung des Rechtsgutachtens (Moeck & Warntjen, 2018) wäre ein Ausschluss nicht mehr zu rechtfertigen, aber auch zuvor haben anscheinend die meisten behandelnden Ärzt:innen die Loopenden weiterhin in ihrer T1D-spezifischen Behandlung unterstützt (siehe Kapitel 6.13.2.1). L7 (75) wurde sogar von seinem selbst loopenden Arzt auf die OSCLS hingewiesen. Auch hier sei nochmals darauf verwiesen, dass in den Interviews und in der wissenschaftlichen Literatur die OSCLS von Mediziner:innen vorwiegend positiv hinsichtlich der glykämischen Resultate beurteilt werden (siehe Kapitel 6.5 und 6.5.8).

7.5.4 Die Rollen von Lai:innen & Expert:innen sowie das Verhältnis Patient:innen – Ärzt:innen

Die OSCLS-Bewegung führt sowohl zu Veränderungen in den Rollen von Lai:innen und Expert:innen als auch im Verhältnis von Patient:innen und Ärzt:innen. Diese Veränderungen werden im Folgenden dargestellt.

7.5.4.1 Die Rollen von Lai:innen & Expert:innen

MmT1D lassen sich aufgrund des hohen Management-Aufwands ihrer Erkrankung und des zur Umsetzung der Therapie benötigten Wissens per se schon kaum als reine Lai:innen bezeichnen. Durch das Wissen zu T1D generell und zu den individuellen Gegebenheiten des jeweils eigenen T1D, das die OSCLS-Nutzung voraussetzt, verschwimmt die Grenze von Lai:innen und Expert:innen noch stärker. Wie mehrfach sowohl von den Nutzenden der OSCLS als auch in der wissenschaftlichen Literatur beschrieben, haben Nutzende der OSCLS ein herausragendes Verständnis zu T1D sowie zu den individuellen Auswirkungen der eigenen Erkrankung bzw. bei Eltern der Erkrankung ihres Kindes (siehe Kapitel 6.4.1). Eine besondere Abgrenzung durch die Nutzenden findet hier statt gegenüber den „Wald- und Wiesen-Diabetologen" (L3:103), deren Wissen zu T1D von den MmT1D als gering eingeschätzt wird.

Konkret bezogen auf die OSCLS bzw. die Nutzung der OSCLS muss davon ausgegangen werden, dass das Wissen der Nutzenden das Wissen der Ärzt:innen übersteigt. Letztere haben in der Regel kein Wissen über die OSCLS, da es in ihrem Arbeitsalltag oder ihrer Ausbildung keine Struktur gibt, die sie mit den OSCLS vertraut macht.

Nach außen demonstriert die OSCLS-Community ihre von Wissen geprägte Rolle, die sich von der Rolle von Lai:innen abgrenzt, indem sie ihre Expertise in die Wissenschaft einbringt. Dies tut sie durch ihre Präsenz auf wissenschaftlichen Konferenzen und durch Publikationen (teilweise als Co-Autoren) in wissenschaftlichen Journals (z.B. Collins *et al.*, 2013; Birnbaum *et al.*, 2015; Lewis & Leibrand, 2016; Lewis *et al.*, 2018b; Melmer *et al.*, 2019; Lewis, 2020; Burnside *et al.*, 2022; siehe auch Kapitel 6.15.4).

Das Wissen zu den OSCLS und ihrer Nutzung verschafft den Nutzenden auch ein Grundlagenwissen zur Nutzung kommerzieller Hybrid-CLS, da diese in ihrer Funktion mindestens ähnlich aufgebaut sind. Somit haben die Nutzenden der OSCLS einen Wissensvorsprung sowohl gegenüber MmT1D, die kein CLS nutzen, als auch sehr wahrscheinlich gegenüber Diabetolog:innen, die sich aufgrund der erst kurzen Verfügbarkeit kommerzieller CLS mit diesen nicht gut auskennen.

Somit lässt sich die Community um die OSCLS durchaus als eine epistemische Gemeinschaft im Sinne von Haas (1992) bezeichnen (siehe Kapitel 2.1.5), also als „network of people with recognised expertise and competence in a particular domain and an authoritative claim to policy-relevant knowledge within that domain or issue-area" (vgl. Rabeharisoa, Moreira & Akrich, 2014).

7.5.4.2 Das Verhältnis Ärzt:in – Patient:in

Die beschriebenen Gegebenheiten hinsichtlich des Wissens und der Expertise der Nutzenden verwischen nicht nur die Grenze von Lai:innen und Expert:innen, sondern sie wirken sich auch auf das Verhältnis Ärzt:in – Patient:in aus (siehe Kapitel 6.15.4.1). So liegt kein klassisches Ärzt:in-Patient:in-Verhältnis vor, in dem die Patient:innen lediglich die therapeutischen Anweisungen der Ärzt:innen umsetzen. H2 (5) versteht die Rolle der Diabetolog:innen bereits seit 15-20 Jahren als eine beratende, während die MmT1D ihre eigenen Ärzt:innen sind. Diese Verschiebung wurde aus Sicht von D3 (31) und H2 (111) durch das stärkere Aufkommen kommerzieller Technologien verstärkt, wie etwa durch die Möglichkeit der Datenauswertung der CGM-Daten. Aus der Sicht von H1 (122) ist bereits die Therapie des T1D mit kommerziellen Technologien eine Do-It-Yourself-Herangehensweise.

Durch die OSCLS findet jedoch eine weitere Veränderung im Verhältnis Ärzt:in – Patient:in statt. Die Anwendung eines Systems, das nicht zugelassen ist und das über die Expertise der meisten behandelnden Diabetolog:innen hinausgeht, von diesen also hinsichtlich seiner Effektivität, Sicherheit und Anwendungsbedingungen kaum beurteilt werden kann, stellt sicherlich eine neue Stufe in der Autonomie von Patient:innen dar. D3 (79) spricht sogar von einer „zweite[n] Behandlungsebene", womit sie die Be-

7. Diskussion und Fazit

ratung zur Anwendung der OSCLS durch die Community bzw. deren Unterstützungsstrukturen meint, die in Teilen das ärztliche Gespräch ersetzt. Dies trifft insbesondere auf Aspekte zur Anwendung der OSCLS zu, zu denen die Diabetolog:innen nicht über Wissen verfügen und aufgrund der aktuellen Rechtslage keine Beratung anbieten dürfen.

7.5.5 Autonomie & Wahlfreiheit im Kontext der Open-Source-Closed-Loop-Systeme

Die meistbetonte Grundlage für die erfolgreiche therapeutische Herangehensweise an T1D ist, dass die MmT1D ihre Therapie selbst in die Hand nehmen. Selbstbestimmung und Patient:innen-Autonomie sind wesentlich in der Therapie und Grundvoraussetzung für den Therapieerfolg (Siegel, 2018, siehe Kapitel 3.5). D2 (104, siehe Kapitel 6.15.4) hebt das Recht auf Autonomie als Grundprinzip medizinischen Denkens und Handelns und somit das Recht der eigenen Wahl der Therapie hervor, woraus aus ihrer Sicht die OSCLS nicht ausgenommen sind. Nutzende der OSCLS setzen genau dies um: Sie nehmen ihre Therapie selbst in die Hand und setzen sich auf hohem Niveau mit den Bedingungen des T1D im Allgemeinen, mit den Bedingungen ihres individuellen T1D und mit den Bedingungen der Technologien für T1D (Open Source wie kommerziell) auseinander.

Die American Diabetes Association (2020) betont, dass die wichtigste Komponente der Technologien für T1D der MmT1D ist und es somit keine Universal-Technologien für T1D geben kann, mit der die Bedarfe aller MmT1D zu erfüllen sind (siehe Kapitel 4). Welche Technologie Anwendung für einen MmT1D findet, hängt nicht nur von der Verfügbarkeit der Technologien ab, sondern auch von der Fähigkeit dieses Menschen, die Technologie sicher und effektiv anzuwenden.

Die Nutzenden der OSCLS haben sich bewusst und nach intensiver Auseinandersetzung für die OSCLS entschieden. Es gibt keinerlei Anzeichen dafür, dass sie nicht die Fähigkeit hätten, diese sicher und effektiv anzuwenden.

Die Entscheidung von MmT1D für die OSCLS-Nutzung ist vergleichbar mit den therapeutischen Entscheidungen, die MmT1D jeden Tag treffen müssen. Sie erfolgt auf der Basis des Wissens um T1D und auf der Basis von Informationen über eine neue therapeutische Option. Wie bei jeder therapeutischen Option zeigt sich erst im Laufe der Nutzung, ob die gewählte Therapie die Auseinandersetzung mit den Systemkomponenten und den Aufwand der Nutzung im Alltag im Verhältnis zu den Ergebnissen wert ist. Die Frage, ob die gewählte Option die richtige für den spezifischen MmT1D ist, kann in aller Regel nur der MmT1D selbst beantworten. D3 bekräftigt dies, indem sie dafür plädiert, MmT1D die freie Wahl zu lassen bei der Wahl der Therapie und auch den Wechsel zwischen Systemen zu ermöglichen (D3:67, siehe Kapitel 6.14.4.1).

D1 (103, siehe Kapitel 6.15.4) erkennt hier ein Paradox bzw. einen Widerspruch in der von manchen Seiten geäußerten Kritik an der OSCLS-Community dafür, dass ihre Mitglieder die seit Jahren von medizinischer Seite an MmT1D gestellten Forderung umsetzen, ihre Therapie in die eigene Hand zu nehmen.

7.5.6 Die Entstehung von *digital divides*

H2 (37) hält aus seiner kommerziellen Perspektive die Vorgehensweise zur Nutzung von OSCLS nicht für alle MmT1D umsetzbar. Hier schließt eine weitere Schlussfolgerung der vorliegenden Arbeit an. Wie beschrieben in Kapitel 6.4.5, muss zum Aufsetzen und zur Nutzung eines OSCLS nicht unbedingt eine hohe Technikaffinität gegeben sein, da sich durch die Unterstützungsstrukturen der Community die Notwendigkeit dafür reduziert. Trotzdem sind eine hohe Motivation und anfänglich eine Überwindung der (individuell empfundenen) technologischen Hürde Voraussetzung für die Auseinandersetzung mit dem System (siehe Kapitel 6.14.4.1; vgl. Farrington, 2017; Wilmot & Danne, 2020).

MmT1D, die von den technischen Anforderungen abgeschreckt sind und/oder nicht die notwendigen digitalen Mittel wie etwa einen Computer besitzen, können somit kaum zum potenziellen Kreis der Nutzenden der OSCLS gezählt werden. Dies kann einen *digital divide* bedingen, also eine Spaltung zwischen MmT1D, die diese Voraussetzungen erfüllen und sich somit selbst Zugang zu besserer Versorgung verschaffen können, und MmT1D, die diese Möglichkeit nicht haben. Umso wichtiger ist es, allen MmT1D die bestmöglichen therapeutischen Optionen zur Verfügung zu stellen, damit solche Ungleichgewichte nicht entstehen.

D3 (57) beschreibt ein weiteres Phänomen, das zu einem *digital divide* führen kann: dass Mediziner:innen neue therapeutische Technologien nicht verstehen und entsprechend nicht dazu in der Lage sind, ihre Patient:innen damit zu behandeln bzw. ihre Patient:innen in der Anwendung zu unterstützen. Dies birgt ein Risiko für die optimale Versorgung von MmT1D. Sind die behandelnden Ärzt:innen nicht dazu in der Lage, therapeutische Optionen zu beurteilen und zu vermitteln, haben MmT1D, die sich das benötigte Wissen nicht selbst aneignen können, kaum Aussichten auf die Verbesserung ihrer Therapiebedingungen. Mangelnde ärztliche Expertise kann die Kluft zwischen MmT1D mit und ohne Zugang zu fortschrittlichen therapeutischen Optionen potenziell stark vergrößern. Umgekehrt kann eine gute ärztliche Beratung die Kluft zwischen MmT1D, die sich zusätzlich eigenständig informieren und agieren (konkret die Nutzenden der OSCLS), und solchen die dies nicht tun, abschwächen. Es muss also unabdingbar Aufgabe der Ärzt:innen sein, ihre Patient:innen zu beraten und die kommerziell erhältlichen Systeme zu verstehen, da sonst ein erheblicher *digital divide* in jedem Fall eintreten wird.

In dieser Hinsicht beunruhigend sind die Aussagen von H2 und D2 (siehe Kapitel 6.15.4.2). H2 (9) berichtet von einem etablierten Diabetologen, der jegliche automatisierte Systeme als „Teufelszeug" bezeichnet und ablehnt aufgrund von „weltanschauliche[n] Auffassungen", nicht auf Basis von Studien und medizinischen Erkenntnissen, da sie außerhalb der Kontrolle der Ärzt:innen seien. Ähnlich berichtet D2 (122-123), Innovation werde „von der Masse an klinisch tätigen Kollegen [...] als Bedrohung des eigenen Berufs" wahrgenommen. Sollten behandelnde Ärzt:innen ihren Patient:innen mit T1D tatsächlich Systeme verweigern, die erwiesenermaßen von Vorteil für deren Gesundheit und Lebensqualität sind, würde ein *digital divide* befördert werden zwischen den MmT1D, die sich selbst um ihre Versorgung kümmern können, und denen, die dazu nicht in der Lage sind.

7.6 Open-Source-Closed-Loop-Systeme als kausales Element einer Kette aus intersubjektiven Erfahrungen

In der Wahrnehmung der Loopenden L2 (13), L3 (15), L5 (326) und L6 (45) stand eine Verbesserung der Therapie stets im Zusammenhang mit eigener Aktivität (siehe Kapitel 6.14.2). Keine:r der Interviewten, die diesen „Kampf" (L2:13) um eine Verbesserung der eigenen Situation durch Zugang zu therapeutischen Optionen beschreiben, äußert dies konkret, aber im Kontext der wahrgenommenen Notwendigkeit eigener Aktivität zur Verbesserung der eigenen Therapie erscheint der Schritt zur Nutzung der OSCLS konsistent. Die Tatsache, dass das Gesundheitswesen zwar per se therapeutische Optionen bietet, wie etwa die Insulinpumpe, man jedoch die Erfahrung macht, dass der Zugang dazu ohne Eigeninitiative und hartnäckige Interventionen der Betroffenen nicht gewährt wird (wie bei L2, L3 und L6 der Fall), ist durchaus vergleichbar mit dem Kontext der OSCLS, in dem die Technologien (Regelungstechnik, Internetanwendungen und Smartphone-Apps) in anderen Bereichen längst verfügbar sind, diese aber nicht kommerziell für die Therapie des T1D nutzbar gemacht werden.

Überträgt man diese Perspektive vom Zeitpunkt der Interviewführung in die Zeit, in der kommerzielle CLS auf dem Markt sind, ändert sich der Kontext nur gering. Auch kommerzielle CLS stehen aufgrund der relativ hohen Kosten der Systeme nur bestimmten MmT1D zur Verfügung. Die OSCLS sind hingegen für alle verfügbar, die die kompatiblen und leichter zugänglichen kommerziellen Technologien besitzen. Somit lassen sich die Entstehung der OSCLS-Community und die Entwicklung der OSCLS als kausales (Handlungs-)Element in einer Kette aus intersubjektiven Erfahrungen von MmT1D verstehen. Diese intersubjektiven Erfahrungen führen zu einer politisierten kollektiven Krankheitsidentität (siehe Kapitel 2.1.3.2.1) von MmT1D, deren Motivation schließlich in ihrem Motto Ausdruck findet: *#WeAreNotWaiting*.

8 Handlungsempfehlungen und Ausblick

Im Folgenden werden auf Basis der Erkenntnisse der Arbeit Handlungsempfehlungen für den Umgang mit den OSCLS abgeleitet. Es erfolgt eine Einordnung, welche aus der Arbeit hervorgehenden Aspekte das Gesundheitswesen adressieren sollte, insbesondere hinsichtlich des Umgangs mit gesundheitsaktivistischen und Patient-Innovation-Bewegungen und hinsichtlich des stärkeren Einbezugs von Patient:innen und Aktivist:innen in die Forschung. Abschließend wird weiterer Forschungsbedarf dargestellt.

8.1 Handlungsempfehlungen zum Umgang mit Open-Source-Closed-Loop-Systemen

Die Arbeit konnte in Einklang mit wissenschaftlicher Literatur zeigen, dass es bei verantwortungsvoller Anwendung keinen Grund zur Annahme gibt, dass die Nutzung der OSCLS riskant oder nicht sicher sei, sondern sich im Gegenteil verbessernd sowohl auf BG-Werte als auch auf die Lebensqualität der Nutzenden auswirkt. Insofern stellt sich die Frage, wie ein konstruktiver Umgang des Gesundheitswesens mit den OSCLS aussehen kann. Zielsetzung sollte hierbei sein, die Situation der Nutzenden hinsichtlich rechtlicher und haftungsrechtlicher Aspekte zu erleichtern und das Stigma aufzuheben, das auf der Nutzung von nicht zugelassenen therapeutischen Technologien liegt (siehe Kapitel 6.14.7). Auch sollte dieser Umgang langfristig dazu beitragen, dass MmT1D hilfreiche Innovationen schneller in Form kommerzieller Technologien zur Verfügung stehen. Dies entspricht der Forderung von Lewis (2018a), die zur Erarbeitung und Umsetzung von Maßnahmen aufruft, welche eine symbiotische Beziehung zwischen kommerzieller und Open-Source-Entwicklung sowie die Beschleunigung von Innovationsprozessen und die Unterstützung von *Patient-Innovators* zum Ziel haben. Auch von wissenschaftlicher Seite finden sich solche Forderungen mit dem Ruf nach offenen Diskussionen, um regulatorische Hürden zu überwinden und MmT1D schnelleren Zugang zu Medizinprodukten zu verschaffen, von denen sie profitieren würden (Barnard *et al.*, 2018), sowie Forderungen nach dem Austausch zwischen technikaffinen MmT1D und Forschenden (Litchman *et al.*, 2020).

Die OSCLS wurden erst zum Gegenstand wissenschaftlicher Untersuchung, als diese schon seit einiger Zeit in Nutzung waren, und nicht wie bei kommerziellen Medizintechnologien von Beginn der Forschung und Entwicklung an. Somit war bereits zu Beginn der akademischen Forschung an den OSCLS ersichtlich, dass die OSCLS-Nutzung zu einer Verbesserung der glykämischen Kontrolle und sicheren Resultaten bei den Nutzenden führt, auch weil, mit einer Ausnahme, keine unerwünschten Zwischenfälle dokumentiert sind. Rückblickend lässt sich nicht beurteilen, wie die OSCLS besprochen worden wären, wenn die Forschung von Anfang an begleitend dabei gewesen wäre. Aber genau hier läge eine Möglichkeit, die klare Trennung zwischen kommerzieller bzw. wissenschaftlicher und Open-Source-Forschung und -Entwicklung aufzuheben oder doch zumindest zu verringern durch eine begleitende medizinische und/oder Technikfolgenabschätzungs-Forschung, die möglichst früh in den Entwicklungsprozess eingebunden wird, jedoch nicht eingreift, sofern keine konkrete Gefährdung abzusehen ist. Begleitforschung würde hier bedeuten, dass die akademische Forschung nur beobachtet und Verantwortung und Entscheidungshoheit bei der Open-Source-Community liegen.

Das längerfristige Ziel eines solchen Ansatzes könnte ein sich gegenseitig befruchtendes Nebeneinander von Open-Source- und kommerzieller bzw. medizinischer Forschung und Entwicklung sein, das Personen, die über das kommerziell Verfügbare hinausgehen wollen, mehr Unterstützung zukommen lässt. Die genauen Bedingungen einer solchen Herangehensweise, sowohl hinsichtlich medizinethischer als auch rechtlicher Aspekte, müssten ausgearbeitet werden. Im Sinne des Ansatzes müssten in diese Ausarbeitung nicht nur Fachkräfte aus den Bereichen Recht, Medizin und Ethik, sondern ebenso *Health Activists* und Mitglieder von Open-Source-Communities einbezogen werden.

Um den Zugang zu kommerziellen CLS für MmT1D in Deutschland zu beschleunigen, findet sich bei Heinemann & Lange (2019) der Vorschlag, dass diese „eine vorläufige Zulassung bekommen und gleichzeitig eine engmaschige Überwachung erfolgt, z. B. durch ein [CLS]-Register". Laut Heinemann & Lange (2019) existiert eine ähnliche Vorgehensweise bereits bei innovativen Arzneimitteln, jedoch nicht bei Medizinprodukten. In etwas abgewandelter Form wäre dieser Ansatz auch für die OSCLS denkbar als eine vorläufige Zulassung der OSCLS für MmT1D, die über die genauen Umstände und Bedingungen dieser vorläufigen Zulassung aufgeklärt werden und sich reflektiert und bewusst für eine Nutzung entscheiden können, sofern sie mit den Umständen und Bedingungen einverstanden sind. In diesem Kontext wäre es von Relevanz, dass die leicht zugänglichen Feedbackmöglichkeiten der OSCLS-Community bestehen bleiben und die Nutzenden weiterhin unkompliziert direkt mit den Entwickler:innen in Kontakt treten können, damit Probleme und eventuelle Fehlfunktionen schnellstmöglich mitgeteilt und behoben werden können.

8. Handlungsempfehlungen und Ausblick

Wie in Kapitel 6.14.7 erwähnt, macht A1 (103) für die spezifische Situation der OSCLS den Vorschlag für ein Regularium, bei dem die Nutzenden der OSCLS gegenüber dem Hersteller offen kommunizieren, dass sie loopen und im System des Herstellers vermerkt werden. Somit wäre dieser aus der Verantwortung, aber den Nutzenden würden weiterhin die üblichen Garantieansprüche auf die kommerziellen Technologien gewährt. Die Umsetzungsmöglichkeiten solcher Ansätze aus der Community sollten in Erwägung gezogen werden.

8.2 Handlungsempfehlungen hinsichtlich Menschen mit Typ-1-Diabetes

Aus der vorliegenden Arbeit lassen sich mehrere Empfehlungen schließen, deren Umsetzung das Gesundheitswesen zugunsten von MmT1D adressieren sollte.

8.2.1 Handlungsempfehlungen für kommerzielle Technologien für Typ-1-Diabetes für Kinder

Wie sich in den Interviews mit E1 und E2, aber auch mit D2 und D3 zeigt (siehe Kapitel 6.12), mangelt es an Systemen zur Therapie des T1D, die dezidert die Bedarfe von Kindern mit T1D und deren Eltern adressieren. Die Möglichkeit der Fernsteuerung der Insulinpumpe und die Übertragbarkeit der CGM-Daten auf externe Empfangsgeräte sind für Kinder und Eltern in aller Regel von noch größerer Relevanz als für MmT1D, die ihre Erkrankung selbst managen. Seit der Durchführung der Interviews wurden zunehmend Systeme zugelassen, die diese Ansprüche (zumindest teilweise) erfüllen (siehe Kapitel 4.3.2), aber trotzdem muss ein stärkerer Fokus in der Entwicklung von Technologien für T1D auf den Bedarfen von Kindern mit T1D und deren Eltern liegen. Hierbei müssen in erster Linie BG-Werte, Lebensqualität und eine an Kindern ohne T1D orientierte möglichst normnahe kindliche Entwicklung und Entfaltung des Kindes an erster Stelle stehen. Aber auch die Lebensqualität der Eltern spielt eine maßgebliche Rolle und darf nicht unberücksichtigt bleiben.

8.2.2 Handlungsempfehlungen für mehr Wahlfreiheit & Lebensqualität

Am Abbruch der OSCLS-Nutzung von Z1 und Z2 (siehe Kapitel 6.5.9.1) zeigt sich ebenso wie in den Aussagen in den Interviews und in der wissenschaftlichen Literatur (siehe Kapitel 6.7.4 und 6.14.4.1), dass es nicht *die* eine, für alle MmT1D am besten geeignete Therapie gibt. Wahlfreiheit ist somit für MmT1D von großer Relevanz. Entsprechend der Forderung von D3 (67), MmT1D die freie Wahl bei ihrer Therapie zu lassen und auch den Wechsel zwischen Systemen zu ermöglichen, ist es auch eine abschließende Handlungsempfehlung dieser Arbeit, MmT1D die Möglichkeit zu eröffnen, ihre Therapie frei zu wählen und nach ihren eigenen Bedarfen zu gestalten. Es ist anzunehmen, dass diese Entscheidungsfreiheit sowohl zu verbesserten BG-Werten als auch zu höherer Lebensqualität führt.

Auch sollte den Auswirkungen therapeutischer Optionen für T1D auf die Lebensqualität der MmT1D bei der Verschreibung und Erstattung eine gewichtigere Rolle zukommen. Hierauf verweist auch das in Kapitel 2.2.5 besprochene Ergebnis der Studie von Oliveira *et al.* (2015), welches darauf schließen lässt, dass Patient:innen die Auswirkungen einer Innovation auf die Lebensqualität häufig höher bewerten als medizinische Fachkräfte bzw. dass medizinische Fachkräfte nicht unbedingt in der Lage sind, die Auswirkungen einer Therapie auf die Lebensqualität adäquat zu beurteilen. Daher muss klar sein, dass die Auswirkung auf die Lebensqualität ausschließlich von den Nutzenden der Optionen beurteilt werden kann.

8.2.3 Handlungsempfehlungen gegen die Entstehung von *digital divide*

Wie diskutiert in Kapitel 7.5.6, haben aus diversen Gründen nicht alle MmT1D die Möglichkeit, ihre therapeutische Versorgung durch Eigeninitiative zu verbessern. Insofern ist es von großer Relevanz, dass kommerzielle Systeme zur Verfügung stehen, die von allen oder zumindest den meisten MmT1D genutzt werden können und die die Bedarfe der MmT1D adressieren. An dieser Stelle ist nochmals zu verweisen auf den von D3 (75) unterbreiteten Vorschlag der drei unterschiedlich komplexen CLS, die angepasst sind an das Maß an Motivation und Verständnis der Nutzenden sowie auf die von D2 (158) geäußerte Notwendigkeit der Anpassung von Systemen an die Nutzenden, etwa hinsichtlich Alter und Geschlecht (siehe Kapitel 6.14.7). So wäre es vorstellbar, für MmT1D mit einem hohen Maß an Motivation und Kenntnis zu T1D ein komplexeres CLS zur Verfügung zu stellen, welches mehr Interaktion erfordert und potenziell zu normnäheren BG-Werten führt; und für MmT1D, die weniger Motivation und/oder Kenntnisse zu T1D mitbringen, ein weniger komplexes System, das kaum Interaktion erfordert und einen höheren HbA1c in Kauf nimmt.

Allerdings sollte es auch eine Verpflichtung der MmT1D behandelnden Diabetolog:innen geben, sich mit verfügbaren therapeutischen Optionen für T1D auseinanderzusetzen. Es müssen Strukturen geschaffen werden, die verhindern, dass hier ein problematischer *digital divide* aufgrund mangelnder ärztlicher Expertise entsteht.

8.3 Zunahme von & Umgang mit aktivistischen Bewegungen & Patient-Innovation

Die OSCLS-Bewegung lässt sich als evidenzbasierter Aktivismus im Sinne von Rabeharisoa, Moreira & Akrich (2014) verstehen und den *Embodied Health Movements* nach Brown *et al.* (2004) zuordnen (siehe Kapitel 7.1). Mit Blick auf die Charakteristiken der von Rabeharisoa, Moreira & Akrich (2014) und Brown *et al.* (2004) beschriebenen aktivistischen Bewegungen zeigt sich, dass sich die Motivation und Zielsetzung solcher *Embodied Health Movements* in der Regel sehr ähneln bzw. sogar identisch sind: *Embodied Health Movements* kämpfen mit aktivistischen Methoden um eine Verbesserung ihrer gesundheitlichen Situation, um Autonomie und um die Adressierung ihrer Bedarfe. Letztere können ab einem bestimmten Punkt nur von den Patient:innen, den Mitgliedern der Community, gesehen und formuliert werden, da diese selbst, nicht Mediziner:innen oder Forschende, jeden Tag mit ihrer jeweiligen Erkrankung leben und diese managen (siehe Kapitel 2.2.2.4).

Es ist nicht davon auszugehen, dass sich diese patient:innenspezifische Dynamik ändern wird. Daher wird es wohl auch weiterhin aktivistische Bewegungen geben, die ihre eigenen Bedarfe adressieren. Im Zuge immer größer werdender Relevanz von Gesundheitsdaten sowie gleichzeitig immer besserem Zugang von Lai:innen zu Technologien und IT-Anwendungen (wie beschrieben in Kapitel 2.1.6.2 und 2.2.2.4), ist davon auszugehen, dass derartige Bewegungen zunehmen und immer stärkeren Einfluss auf die Gesundheitsversorgung der entsprechenden Patient:innengruppen und in Folge auch auf das Gesundheitswesen als Ganzes haben werden.

Weiter lässt sich aus der OSCLS-Bewegung schließen, dass Patient:innen als ernstzunehmende Innovator:innen im Gesundheitswesen zu betrachten sind. Die OSCLS-Community zeigt auf, dass patient:inneninitiierte und -getriebene Innovationen effektiv und sicher sein können und mit einem hohen Potenzial für behandlungsrelevantes Wissen für das Gesundheitswesen einhergehen (siehe Kapitel 6.15.4).

Daher sollte die bereits von Canhao, Oliveira & Zejnilovic (2016) formulierte Forderung umgesetzt werden, Strukturen im Gesundheitswesen zu schaffen, um vielversprechende Innovationen durch *Patient-Innovators* zu erkennen und zu unterstützen, damit sie möglichst zeitnah von Nutzen für andere Betroffene sein können. Die Schaffung solcher Strukturen sollte stattfinden nicht nur unter Einbezug von Fachkräften des Gesundheitswesens, sondern auch von *Health Activists* und *Patient-Innovators*, damit deren Perspektive und Expertise von vornherein berücksichtigt und bereichernd in den Prozess eingebunden werden.

8.4 Einbezug von Patient:innen in Forschung & Entwicklung

Von Relevanz ist jedoch nicht nur der Einbezug von *Health Activists* in die Prozesse und Strukturen des Gesundheitswesens, sondern auch der Einbezug von Patient:innen bzw. deren Angehörigen in die Forschung zu ihren Erkrankungen und in die Entwicklung sie betreffender Therapien und Technologien. Dieser Einbezug sollte von Beginn an stattfinden, sodass die Patient:innen das Forschungsdesign mitgestalten und nicht nur Einfluss auf die Ausgestaltung von Bedienoberflächen nehmen können (siehe Kapitel 6.14.1). Bislang gibt es zumindest in Deutschland jedoch keinerlei Forum oder öffentliche Stelle, über die Anregungen, Wünsche und Kritik von MmD gesammelt und an Hersteller und Forschung rückgemeldet werden (Heinemann, 2021).

Das für die Forschung und Entwicklung wertvolle und therapierelevante Wissen von Menschen mit chronischen Erkrankungen darf nicht unterschätzt werden. Die Gestaltung der therapeutischen Optionen kann nur durch diesen Einbezug wirklich an den Bedarfen der Betroffenen orientiert umgesetzt werden. Wie oben beschrieben, kann die Auswirkung einer Therapie auf die Lebensqualität schlussendlich nur von den Patient:innen beurteilt werden. Auch dies ist ein wichtiges Argument dafür, Patient:innen in die Forschung zu integrieren und bereits im Forschungs- und Entwicklungsprozess die Auswirkung einer Therapie aus Patient:innenperspektive abzuschätzen.

Dies wird am Ende nicht nur den Patient:innen, sondern auch der Forschung und Medizin zugutekommen, da die erhobenen Ergebnisse solcher Forschung durch mehrere Perspektiven validiert sind.

Hieran schließt an, dass es mehr Forschung und mehr Fördermittel braucht, um die Dialogprozesse und den Austausch zwischen den etablierten klinischen Strukturen und den Patient:innen zu untersuchen und zu fördern. Patient:innen müssen ein Mitspracherecht bei sie betreffenden Forschungs- und Entwicklungsprozessen haben, das nicht in bürokratischen Hürden erstickt werden darf und das auf dem Level stattfinden sollte, auf dem die Patient:innen sich einbringen wollen.

Eine Möglichkeit, die Forderung nach dem Einbezug von Patient:innen in die Forschung und Entwicklung umzusetzen, bieten Citizen-Science-Ansätze im Bereich Medizin und Gesundheitsforschung. Hier wird „in mindestens einer Phase des Forschungsgeschehens eine wissensgenerierende Beteiligung von Patient:innen oder Betroffenen" vorgesehen (Hammel *et al.*, 2021). Patient:innen beteiligen sich aktiv an der Forschung und haben gestalterische Möglichkeiten. Ein struktureller Ausbau und eine Förderung von Citizen-Science-Ansätzen im Sinne von Hammel *et al.* (2021) stellt einen Schritt in die richtige Richtung dar.

8. Handlungsempfehlungen und Ausblick

8.5 Weiterer Forschungsbedarf

Aus den Resultaten der vorliegenden Arbeit ergibt sich über das bereits Genannte hinaus der folgende weitere Forschungsbedarf.

8.5.1 Forschungsbedarf zu den Open-Source-Closed-Loop-Systemen

Weiterer Forschungsbedarf zu den OSCLS besteht in klinischen Studien, die das langfristige Potenzial der OSCLS hinsichtlich Folgekomplikationen und Auswirkungen auf makro- und mikrovaskuläre Komplikationen untersuchen. Auch muss untersucht werden, ob die OSCLS bzw. ähnliche Systeme zu vergleichbaren Resultaten bei MmT1D mit weniger Motivation führen. (vgl. Crabtree, McLay & Wilmot, 2019; Asarani *et al.*, 2020; Bazdarska *et al.*, 2020; Kesavadev *et al.*, 2020)

Ebenso sollte vergleichende Forschung zu OSCLS und kommerziellen CLS getätigt werden hinsichtlich der Unterschiede in Anwendung und Ergebnissen. Hier sollte der Fokus auf der Frage liegen, welche Elemente der OSCLS in kommerzielle CLS übernommen werden können. Es sollten tiefergehende Untersuchungen zu den Unterschieden der drei gängigen OSCLS (*OpenAPS*, *AndroidAPS* und *Loop*) stattfinden. Hiermit ließen sich Aussagen darüber treffen, welche Elemente zur Nutzungsfreundlichkeit und Effektivität der Systeme beitragen. Auch daraus können Rückschlüsse für kommerzielle CLS gezogen werden.

Interessant wäre die Beantwortung der Forschungsfrage, wie sich die Darstellung von besonders flachen BG-Verläufen im Kontext der OSCLS-Nutzung (wie beschrieben vor allem von Z1 (44) und Z2 (41) in Kapitel 6.3.2.5 und 6.7.3.2) in Social-Media auf an den OSCLS interessierte MmT1D auswirkt. Des Weiteren wäre von Interesse, ob diese BG-Verläufe in Social-Media eher die Durchschnittskurven oder eher gelegentlich vorkommende Idealkurven darstellen. Diese Forschungsfrage lässt sich übertragen auf die CLS, wobei hier wiederum zusätzlich zu untersuchen wäre, ob die Motivation der Darstellung der eigenen Resultate durch die Nutzenden bei kommerziellen CLS die gleiche ist wie bei den OSCLS.

8.5.2 Forschungsbedarf zum Einbezug von aktivistischen Ansätzen & Patient:innen

Es besteht weiterer Forschungsbedarf zu den Auswirkungen und Implikationen anderer *Health Social Movements* bzw. *Embodied Health Movements* wie der Apnoe-Community, zu der bislang noch nahezu keine wissenschaftlichen Untersuchungen vorliegen (siehe Kapitel 2.1.6.2.1). Die Forschung sollte die Dynamiken in den Bereichen der *Health Social Movements*, *Embodied Health Movements* und Patient-Innovation adressieren und sowohl die genauen Ursachen als auch die Auswirkungen des Handelns von Patient:innen mit offensichtlich unbefriedigten Bedarfen untersuchen und verstehen. Hierdurch kann dazu beigetragen werden, dass diese Bedarfe (mehr) Beachtung durch das Gesundheitswesen finden. Dies kann sich umso erfolgreicher gestalten, je mehr Bewegungen beleuchtet werden und je intensiver dies geschieht.

Aus Sicht der Technikfolgenabschätzung sollte methodische Forschung stattfinden bzw. eine Methode entwickelt werden, die dazu beiträgt, gemeinsam mit innovativen Patient:innen Patient-Innovation-Ansätze zu beforschen, ohne den freien Ansatz der *Patient-Innovators* dabei zu beschneiden (siehe. Kapitel 8.1).

Weiterführende Forschung sollte außerdem adressieren, wie konstruktive Dialogprozesse zwischen medizinischen Fachkräften und Patient:innen bzw. Angehörigen in Forschungs- und Entwicklungsprozessen gelingen können (siehe Kapitel 8.4), ohne dass die Validität der Ergebnisse und die Sicherheit der entwickelten Therapien beeinträchtigt werden.

9 Referenzen

Adolfsson, P. et al. (2018) 'Selecting the appropriate continuous glucose monitoring system - A practical approach', US Endocrinology, 14(1), pp. 24–29. Available at: https://doi.org/10.17925/EE.2018.14.1.24.

AGDT (2019) Gewebezuckermessung (CGM). Datenkontinuität für eine ingormierte Diabetestherapie. Arbeitsgemeinschaft Diabetes & Technologie der Deutschen Diabetes Gesellschaft e.V. Available at: https://www.diabetes-technologie.de/technologien/glukosemessung/gewebezuckermessung_cgm/ (Accessed: 3 July 2019).

Ahmed, S.H. et al. (2020) 'Do-It-Yourself (DIY) Artificial Pancreas Systems for Type 1 Diabetes: Perspectives of Two Adult Users, Parent of a User and Healthcare Professionals', Advances in Therapy, 37(9), pp. 3929–3941. Available at: https://doi.org/10.1007/s12325-020-01431-w.

Akturk, H.K. and Garg, S. (2019) 'Technological advances shaping diabetes care', Current Opinion in Endocrinology, Diabetes and Obesity, 26(2), pp. 84–89. Available at: https://doi.org/10.1097/MED.0000000000000467.

Alcántara-Aragón, V. (2019) 'Improving patient self-care using diabetes technologies', Therapeutic Advances in Endocrinology and Metabolism, 10, pp. 1–11. Available at: https://doi.org/10.1177/2042018818824215.

Allen, N. and Gupta, A. (2019) 'Current diabetes technology: Striving for the artificial pancreas', Diagnostics, 9(1). Available at: https://doi.org/10.3390/diagnostics9010031.

Alsahli, M., Shrayyef, M.Z. and Gerich, J.E. (2017) 'Normal Glucose Homeostasis', in L. Poretsky (ed.) Principles of Diabetes Mellitus. Cham: Springer International Publishing, pp. 23–42. Available at: https://doi.org/10.1007/978-3-319-18741-9_2.

Amadou, C. et al. (2021) 'Diabeloop DBLG1 Closed-Loop System Enables Patients With Type 1 Diabetes to Significantly Improve Their Glycemic Control in Real-Life Situations Without Serious Adverse Events: 6-Month Follow-up', Diabetes Care, 44(3), pp. 844–846. Available at: https://doi.org/10.2337/dc20-1809.

Amann, J., Zanini, C. and Rubinelli, S. (2016) 'What online user innovation communities can teach us about capturing the experiences of patients living with chronic health conditions. A scoping review', PLoS ONE, 11(6), pp. 1–26. Available at: https://doi.org/10.1371/journal.pone.0156175.

American Diabetes Association (2017) 'Classification and Diagnosis of Diabetes Sec. 2', Diabetes Care, 40(Supplement 1), pp. S11–S24. Available at: https://doi.org/10.2337/dc17-S005.
American Diabetes Association (2019a) '11. Microvascular complications and foot care: Standards of Medical Care in Diabetes - 2019', Diabetes Care, 42(Suppl. 1), pp. 124–138. Available at: https://doi.org/10.2337/dc19-S006.
American Diabetes Association (2019b) '13. Children and Adoloscents: Standards of Medical Care in Diabetes - 2019', Diabetes Care, 42(Suppl. 1), pp. 148–164. Available at: https://doi.org/10.2337/dc19-S002.
American Diabetes Association (2019c) '2. Classification and Diagnosis of Diabetes: Standards of Medical Care in Diabetes - 2019', Diabetes Care, 42(Suppl. 1), pp. 13–28. Available at: https://doi.org/10.2337/dc19-S002.
American Diabetes Association (2019d) '5. Lifestyle Management: Standards of Medical Care in Diabetes - 2019', Diabetes Care, 42(Suppl. 1), pp. 46–60. Available at: https://doi.org/10.2337/dc19-S005.
American Diabetes Association (2019e) '6. Glycemic Targets: Standards of Medical Care in Diabetes - 2019', Diabetes Care, 42(Suppl. 1), pp. 61–70. Available at: https://doi.org/10.2337/dc19-S006.
American Diabetes Association (2019f) '7. Diabetes Technologies: Standards of Medical Care in Diabetes - 2019', Diabetes Care, 42(Suppl. 1), pp. 71–80.
American Diabetes Association (2019g) '9. Pharmacologic Approaches to Glycemic Treatment: Standards of Medical Care in Diabetes - 2019', Diabetes Care, 42(Suppl. 1), pp. 90–102. Available at: https://doi.org/10.2337/dc19-S009.
American Diabetes Association (2020) '7. Diabetes technology: Standards of medical care in diabetes- 2020', Diabetes Care, 43(Suppl. 1), pp. 77–88. Available at: https://doi.org/10.2337/dc20-S007.
Anderson, M. and McCleary, K.K. (2016) 'On the path to a science of patient input', Science Translational Medicine, 8(336), pp. 336ps11-336ps11. Available at: https://doi.org/10.1126/scitranslmed.aaf6730.
AndroidAPS Community (2019a) Android APS App erstellen. Available at: https://androidaps.readthedocs.io/de/latest/Installing-AndroidAPS/Building-APK.html (Accessed: 17 March 2022).
AndroidAPS Community (2019b) AndroidAPS FAQ. Available at: https://androidaps.readthedocs.io/de/latest/Getting-Started/FAQ.html (Accessed: 17 March 2022).
AndroidAPS Community (2022a) AndroidAPS. Available at: https://androidaps.readthedocs.io/de/latest/index.html# (Accessed: 17 March 2022).
AndroidAPS Community (2022b) AndroidAPS Objectives. Available at: https://androidaps.readthedocs.io/de/latest/Usage/Objectives.html (Accessed: 17 March 2022).

AndroidAPS Community (2022c) AndroidAPS Sicherheitshinweise. Available at: https://androidaps.readthedocs.io/de/latest/Getting-Started/FAQ.html (Accessed: 17 March 2022).

Ang, L. et al. (2014) 'Glucose Control and Diabetic Neuropathy: Lessons from Recent Large Clinical Trials', Current Diabetes Reports, 14(9), p. 528. Available at: https://doi.org/10.1007/s11892-014-0528-7.

Anjana, R.M. et al. (2011) 'The need for obtaining accurate nationwide estimates of diabetes prevalence in India - rationale for a national study on diabetes', The Indian journal of medical research, 133(4), pp. 369–380. Available at: https://pubmed.ncbi.nlm.nih.gov/21537089.

ApneaBoard (2020). Available at: http://www.apneaboard.com/ (Accessed: 21 July 2020).

ApneaBoard Wiki contributors (2020) ApneaBoard Wiki. Apnea Board Wiki. Available at: http://www.apneaboard.com/wiki/index.php/Wiki_Home (Accessed: 21 July 2020).

Aronoff, S.L. et al. (2004) 'Glucose Metabolism and Regulation: Beyond Insulin and Glucagon', Diabetes Spectrum, 17, pp. 183–190.

Asarani, N.A.M. et al. (2020) 'Efficacy, safety, and user experience of DIY or open-source artificial pancreas systems: a systematic review', Acta Diabetologica [Preprint], (0123456789). Available at: https://doi.org/10.1007/s00592-020-01623-4.

Asche, C. V., Shane-McWhorter, L. and Raparla, S. (2010) 'Health Economics and Compliance of Vials/Syringes Versus Pen Devices: A Review of the Evidence', Diabetes Technology & Therapeutics, 12(S1), p. S-101-S-108. Available at: https://doi.org/10.1089/dia.2009.0180.

Atkinson, M.A. (2012) 'The pathogenesis and natural history of type 1 diabetes', Cold Spring Harbor perspectives in medicine, 2(11), p. a007641. Available at: https://doi.org/10.1101/cshperspect.a007641.

Auzanneau, M. et al. (2021) 'Diabetes in the hospital', Deutsches Arzteblatt International, 118(24), pp. 407–412. Available at: https://doi.org/10.3238/arztebl.m2021.0151.

Balfe, M. et al. (2013) 'What's distressing about having type 1 diabetes? A qualitative study of young adults' perspectives', BMC Endocrine Disorders, 13(1), p. 25. Available at: https://doi.org/10.1186/1472-6823-13-25.

Banck-Petersen, P. et al. (2007) 'Concerns about hypoglycaemia and late complications in patients with insulin-treated diabetes', European Diabetes Nursing, 4(3), pp. 113–118. Available at: https://doi.org/10.1002/edn.91.

Barnard, K.D. et al. (2018) 'Open Source Closed-Loop Insulin Delivery Systems: A Clash of Cultures or Merging of Diverse Approaches?', Journal of Diabetes Science and Technology, 12(6), pp. 1223–1226. Available at: https://doi.org/10.1177/1932296818792577.

Bassi, M. et al. (2022) 'A Comparison of Two Hybrid Closed-Loop Systems in Italian Children and Adults With Type 1 Diabetes', Frontiers in Endocrinology, 12(January), pp. 1–6. Available at: https://doi.org/10.3389/fendo.2021.802419.

Bazdarska, Y. et al. (2020) 'Advantages from "do-it-yourself" loops among children and adolescents in Varna's Diabetes Center', Scripta Scientifica Medica, 52(1), p. 12. Available at: https://doi.org/10.14748/ssm.v51i3.6515.

Beck, R.W. et al. (2017) 'Effect of Continuous Glucose Monitoring on Glycemic Control in Adults With Type 1 Diabetes Using Insulin Injections: The DIAMOND Randomized Clinical Trial', JAMA, 317(4), pp. 371–378. Available at: https://doi.org/10.1001/jama.2016.19975.

Beck, R.W. et al. (2019) 'Advances in technology for management of type 1 diabetes', The Lancet, 394(10205), pp. 1265–1273. Available at: https://doi.org/10.1016/S0140-6736(19)31142-0.

Bekiari, E. et al. (2018) 'Artificial pancreas treatment for outpatients with type 1 diabetes: Systematic review and meta-Analysis', BMJ (Online), 361. Available at: https://doi.org/10.1136/bmj.k1310.

Benford, R. and Snow, D. (2000) 'Framing process and social movements: an overview and assessment', Annual Review of Sociology, 26, pp. 611–639.

Bergenstal, R.M. et al. (2013) 'Recommendations for Standardizing Glucose Reporting and Analysis to Optimize Clinical Decision Making in Diabetes: The Ambulatory Glucose Profile (AGP)', Diabetes Technology & Therapeutics, 15(3), pp. 198–211. Available at: https://doi.org/10.1089/dia.2013.0051.

Best, F. (2018) 'Closing the loop: Nein , wir haben keine Zeit! Drohung mit Haftungsrisiken für Ärzte ist eine „Anmaßung". Ein Kommentar', Diatec Journal, 2(2), pp. 2–2.

Birnbaum, F. et al. (2015) 'Patient engagement and the design of digital health', Academic Emergency Medicine, 22(6), pp. 754–756. Available at: https://doi.org/10.1111/acem.12692.

De Bock, M. et al. (2018) 'Effect of 6 months hybrid closed-loop insulin delivery in young people with type 1 diabetes: A randomised controlled trial protocol', BMJ Open, 8(8), pp. 1–8. Available at: https://doi.org/10.1136/bmjopen-2017-020275.

Bolli, G.B. et al. (2009) 'Comparison of a Multiple Daily Insulin Injection Regimen (Basal Once-Daily Glargine Plus Mealtime Lispro) and Continuous Subcutaneous Insulin Infusion (Lispro) in Type 1 Diabetes', Diabetes Care, 32(7), pp. 1170–1176. Available at: https://doi.org/10.2337/dc08-1874.

van Bon, A.C. et al. (2010) 'Patients' Perception and Future Acceptance of an Artificial Pancreas', Journal of Diabetes Science and Technology, 4(3), pp. 596–602. Available at: https://doi.org/10.1177/193229681000400313.

Van Der Boor, P., Oliveira, P. and Veloso, F. (2014) 'Users as innovators in developing countries: The global sources of innovation and diffusion in mobile banking services', Research Policy, 43(9), pp. 1594–1607. Available at: https://doi.org/10.1016/j.respol.2014.05.003.

Borger, M.A. (2018) 'Aortic Root Support in Marfan Patients', Journal of the American College of Cardiology, 72(10), pp. 1106–1108. Available at: https://doi.org/10.1016/j.jacc.2018.05.073.

Boscari, F. et al. (2018) 'FreeStyle Libre and Dexcom G4 Platinum sensors: Accuracy comparisons during two weeks of home use and use during experimentally induced glucose excursions', Nutrition, Metabolism and Cardiovascular Diseases, 28(2), pp. 180–186. Available at: https://doi.org/10.1016/j.numecd.2017.10.023.

Boughton, C.K. and Hovorka, R. (2019) 'Is an artificial pancreas (closed-loop system) for Type 1 diabetes effective?', Diabetic Medicine, 36(3), pp. 279–286. Available at: https://doi.org/10.1111/dme.13816.

Braune, K., O'Donnell, S., Cleal, B., Lewis, D., Tappe, A., Hauck, B., et al. (2019) 'DIWHY: Factors Influencing Motivation, Barriers, and Duration of DIY Artificial Pancreas System Use among Real-World Users', Diabetes, 68(Supplement 1), pp. 117-LB. Available at: https://doi.org/10.2337/db19-117-lb.

Braune, K., O'Donnell, S., Cleal, B., Lewis, D., Tappe, A., Willaing, I., et al. (2019) 'Real-world use of do-it-yourself artificial pancreas systems in children and adolescents with type 1 diabetes: Online survey and analysis of self-reported clinical outcomes', JMIR mHealth and uHealth, 7(7), pp. 1–9. Available at: https://doi.org/10.2196/14087.

Braune, K. et al. (2020) Why #WeAreNotWaiting - Motivations and Self-Reported Outcomes Among Users of Open-Source Automated Insulin Delivery Systems: A Multinational Survey, SSRN Electronic Journal. Available at: https://doi.org/10.2139/ssrn.3714627.

Braune, K. et al. (2021) 'Open-source automated insulin delivery: international consensus statement and practical guidance for health-care professionals', The Lancet Diabetes and Endocrinology, 10(1), pp. 58–74. Available at: https://doi.org/10.1016/S2213-8587(21)00267-9.

Braune, K. and Wolf, S. (2019) 'Do-It-Yourself-Closed-Loop: Wie alles begann', Diabetes-Forum Schwerpunkt Closed Loop, pp. 14–17. Available at: https://www.diabetologie-online.de/a/schwerpunkt-closed-loop-do-it-yourself-closed-loop-wie-alles-begann-2000199.

Brown, P. (1984) 'The right to refuse treatment and the movement for mental health reform', Journal of Health Policy, Politics, and Law, 9, pp. 291–313.

Brown, P. et al. (2001) 'A Gulf of Difference: Disputes Over Gulf War-Related Illnesses', Journal of Health and Social Behaviour, 42(3), pp. 235–257.

Brown, P. et al. (2004) 'Embodied health movements: New approaches to social movements in health', Sociology of Health and Illness, 26(1), pp. 50–80. Available at: https://doi.org/10.1111/j.1467-9566.2004.00378.x.

Brown, P. and Zavestoski, S. (2004) 'Social movements in health: an introduiction', Sociology of Health & Illness, 26(6), pp. 679–694. Available at: https://doi.org/10.1146/annurev-publhealth-031912-114356.

Bundesinstitut für Arzneimittel und Medizinprodukte (2022a) Benannte Sellen. Available at: https://www.bfarm.de/DE/Medizinprodukte/Ueberblick/Institutionen/Benannte-Stellen/_node.html (Accessed: 9 February 2022).

Bundesinstitut für Arzneimittel und Medizinprodukte (2022b) Inverkehrbringen von Medizinprodukten. Available at: https://www.bfarm.de/DE/Medizinprodukte/Ueberblick/Regulatorischer-Rahmen/Inverkehrbringen/_node.html (Accessed: 9 February 2022).

Burnside, M. et al. (2020) 'Do-It-Yourself Automated Insulin Delivery: A Leading Example of the Democratization of Medicine', Journal of Diabetes Science and Technology, 14(5), pp. 878–882. Available at: https://doi.org/10.1177/1932296819890623.

Burnside, M.J. et al. (2022) 'Open-Source Automated Insulin Delivery in Type 1 Diabetes', New England Journal of Medicine, 387(10), pp. 869–881. Available at: https://doi.org/10.1056/NEJMoa2203913.

CamDiab (2022) Unsere CamDiab Reise. Available at: https://camdiab.com/de/history (Accessed: 5 March 2022).

Cameron, F.M. et al. (2017) 'Closed-Loop Control Without Meal Announcement in Type 1 Diabetes', Diabetes Technology & Therapeutics, 19(9), pp. 527–532. Available at: https://doi.org/10.1089/dia.2017.0078.

Canhao, H., Oliveira, P. and Zejnilovic, L. (2016) 'Patient Innovation – Empowering Patients, Sharing Solutions, Improving Lives', The New England Journal of Medicine – Catalyst [Preprint].

Canhao, H., Zejnilovic, L. and Oliveira, P. (2017) 'Revolutionising Healthcare by Empowering Patients to Innovate', European Medical Journal of Innovations, 1(1), pp. 31–34. Available at: http://www.clsbe.lisboa.ucp.pt/system/files/16-emj-innov-revolutionising-healthcare-by-empowering-patients-to-innovate.pdf.

Cappon, G. et al. (2019) 'Continuous glucose monitoring sensors for diabetes management: A review of technologies and applications', Diabetes and Metabolism Journal, 43(4), pp. 383–397. Available at: https://doi.org/10.4093/dmj.2019.0121.

Castle, J.R., DeVries, J.H. and Kovatchev, B. (2017) 'Future of automated insulin delivery systems', Diabetes Technology and Therapeutics, 19, pp. S67–S72. Available at: https://doi.org/10.1089/dia.2017.0012.

Charmaz, K. (1991) Good Days, Bad Days: the Self in Chronic Illness and Time. New Brunswick, USA: Rutgers University Press.

Chen, N.S. et al. (2021) 'User engagement with the camAPS FX hybrid closed-loop app according to age and user characteristics', Diabetes Care, 44(7), pp. e148–e150. Available at: https://doi.org/10.2337/dc20-2762.

Christiansen, M. et al. (2020) 'Performance of an Automated Insulin Delivery System: Results of Early Phase Feasibility Studies', Diabetes Technology & Therapeutics, 23(4), pp. 1–8. Available at: https://doi.org/10.1089/dia.2020.0318.

Clarke, W. et al. (1999) 'Hypoglycemia and the decision to drive a motor vehicle by persons with diabetes', JAMA : the journal of the American Medical Association, 282, pp. 750–754.

Cobry, E.C., Hamburger, E. and Jaser, S.S. (2020) 'Impact of the Hybrid Closed-Loop System on Sleep and Quality of Life in Youth with Type 1 Diabetes and Their Parents', Diabetes Technology & Therapeutics, 22(11), pp. 1–36. Available at: https://doi.org/10.1089/dia.2020.0057.

Cobry, E.C. and Jaser, S.S. (2019) 'Brief Literature Review: The Potential of Diabetes Technology to Improve Sleep in Youth With Type 1 Diabetes and Their Parents: An Unanticipated Benefit of Hybrid Closed-Loop Insulin Delivery Systems', Diabetes Spectrum, 32(3), pp. 284 LP – 287. Available at: https://doi.org/10.2337/ds18-0098.

Collins, S.E. et al. (2013) 'Online Health Information and Engagement Resources', 31(3), pp. 137–141.

Commissariat, P. V et al. (2019) 'Features to Increase Glycemic Benefits in an Ideal Artificial Pancreas (AP): Perspectives of Young Persons with Type 1 Diabetes (T1D)', Diabetes, 68(Supplement 1), pp. 1361-P. Available at: https://doi.org/10.2337/db19-1361-p.

Corea, G. (1992) The invisible epidemic: The story of women and AIDS. New York, USA: Harper Collins.

CPAP Talk (2020). Available at: https://www.cpaptalk.com/CPAP-Sleep-Apnea-Forum.html (Accessed: 21 July 2020).

Crabtree, T.S.J. et al. (2020) 'Health-care professional opinions of DIY artificial pancreas systems in the UK', The Lancet Diabetes and Endocrinology, 8(3), pp. 186–187. Available at: https://doi.org/10.1016/S2213-8587(19)30417-6.

Crabtree, T.S.J., McLay, A. and Wilmot, E.G. (2019) 'DIY artificial pancreas systems: here to stay?', Practical Diabetes, 36(2), pp. 63–68. Available at: https://doi.org/10.1002/pdi.2216.

Crabtree, T.S.J., Street, T. and Wilmot, E.G. (2019) 'Diabetes technology', The British Journal of Diabetes, 19(2), pp. 136–140. Available at: https://doi.org/https://doi.org/10.15277/bjd.2019.231.

Cranston, I. et al. (1994) 'Restoration of hypoglycaemia awareness in patients with long-duration insulin-dependent diabetes', The Lancet, 344(8918), pp. 283–287. Available at: https://doi.org/10.1016/S0140-6736(94)91336-6.

Cryer, P.E. (2012) 'Severe hypoglycemia predicts mortality in diabetes', Diabetes care, 35(9), pp. 1814–1816. Available at: https://doi.org/10.2337/dc12-0749.

Cummins, E. et al. (2010) 'Clinical effectiveness and cost-effectiveness of continuous subcutaneous insulin infusion for diabetes: systematic review and economic evaluation', Health Technology Assessment, 14(11). Available at: https://doi.org/10.3310/hta14110.

Danne, T. et al. (2017) 'International consensus on use of continuous glucose monitoring', Diabetes Care, 40(12), pp. 1631–1640. Available at: https://doi.org/10.2337/dc17-1600.

Danne, T. et al. (2018) '"Time in Range": neue Zielgröße in der Behandlung von Patienten mit Diabetes Mellitus', in Deutscher Gesundheitsbericht Diabetes 2019. Deutsche Diabetes Gesellschaft (DDG), diabetesDE - Deutsche Diabetes-Hilfe, pp. 201–207. Available at: https://www.deutsche-diabetes-gesellschaft.de/fileadmin/Redakteur/Stellungnahmen/Gesundheitspolitik/20181114gesundheitsbericht_2019.pdf.

Danne, T. et al. (2019) 'Time in Range: Ein neuer Parameter - komplementär zum HbA1c', Deutsches Ärzteblatt, 116(43). Available at: https://www.aerzteblatt.de/archiv/210500/Time-in-Range-Ein-neuer-Parameter-komplementaer-zum-HbA-1c.

Danne, T., Ziegler, R. and Kapellen, T. (2018) 'Diabetes bei Kindern und Jugendlichen', in Deutscher Gesundheitsbericht Diabetes 2019. Deutsche Diabetes Gesellschaft (DDG), diabetesDE - Deutsche Diabetes-Hilfe, pp. 124–135. Available at: https://www.deutsche-diabetes-gesellschaft.de/fileadmin/Redakteur/Stellungnahmen/Gesundheitspolitik/20181114gesundheitsbericht_2019.pdf.

DCCT/EDIC Research Group (2014) 'Effect of intensive diabetes treatment on albuminuria in type 1 diabetes: long-term follow-up of the Diabetes Control and Complications Trial and Epidemiology of Diabetes Interventions and Complications study', The Lancet Diabetes & Endocrinology, 2(10), pp. 793–800. Available at: https://doi.org/10.1016/S2213-8587(14)70155-X.

DCCT Research Group (1997) 'Hypoglycemia in the Diabetes Control and Complications Trial', Diabetes, 46(2), pp. 271–286. Available at: https://doi.org/10.2337/diab.46.2.271.

Delaney, M. (1989) 'Patient access to experimental therapy', Journal of the American Medical Association, 261, pp. 2444–2447.

DelNero, P. and McGregor, A. (2017) 'From patients to partners', Science, 358(6361), p. 414. Available at: https://doi.org/10.1126/science.358.6361.414.

DeMonaco, H. et al. (2018) 'Free Medical Innovation by Patients – No Producers Required', SSRN Electronic Journal, pp. 1–12. Available at: https://doi.org/10.2139/ssrn.3241760.

DeMonaco, H. et al. (2020) 'When patients become Innovators', in R. Tiwari and S. Buse (eds) Managing Innovation in a Global and Digital World. Wiesbaden: Springer Gabler, pp. 121–131. Available at: https://doi.org/10.1007/978-3-658-27241-8_5.

DeMonaco, H., Rosenman, D. and von Hippel, E.A. (2017) 'Democratization of Human Clinical Research: How Peer Production is Changing the Research Paradigm',

SSRN Electronic Journal [Preprint]. Available at: https://doi.org/10.2139/ssrn.2997676.
Deutsche Diabetes Hilfe (2019) Diabetes in Zahlen. Available at: https://www.diabetesde.org/ueber_diabetes/was_ist_diabetes_/diabetes_in_zahlen (Accessed: 27 November 2019).
Diabeloop (2018) Diabeloop obtient le marquage CE du DBLG1TM. Available at: https://www.diabeloop.fr/wp-content/uploads/2018/11/Diabeloop_-marquageCE_Nov18.pdf (Accessed: 4 March 2022).
Diabetes-Forum (2020) 'Stellenwert der Closed-Loop-Systeme', Diabetes-Forum, pp. 38–39.
Diabetes Australia (2019) Position Statement: people with type 1 diabetes and Do It Yourself (DIY) technology solutions, Diabetes Australia. Available at: https://static.diabetesaustralia.com.au/s/fileassets/diabetes-australia/ee67e929-5ffc-411f-b286-1ca69e181d1a.pdf.
Diabetes Ratgeber (2015) Blutzucker-Maßeinheiten.
Diabetes Zeitung (2020) '100 Jahre Insulin. Von ersten Versuchen bis hin zur lebensrettenden Injektion bei Typ-1-Diabetes', Diabetes Zeitung, p. 21.
diabetesDE (2018) '"Diabetes Typ F". Lebenspartner tragen die chronische Erkrankung mit'. Available at: https://www.diabetes-online.de/kommentare/a/diabetes-typ-f-lebenspartner-tragen-die-chronische-erkrankung-mit-1921826 (Accessed: 21 July 2021).
Diabetologie Online (2021) FreeStyle Libre 3 von Abbott jetzt in Deutschland verfügbar. Available at: https://www.diabetologie-online.de/a/glukosemesssystem-freestyle-libre-von-abbott-jetzt-in-deutschland-verfuegbar-2376521 (Accessed: 2 March 2022).
Diabettech (2020) Lyumjev – a fully closed loop case study with oref1. Available at: https://www.diabettech.com/oref1/lyumjev-a-fully-closed-loop-case-study-with-oref1/ (Accessed: 17 March 2022).
DiaExpert (2014) 'Basiswissen Diabetes mellitus', Serie Diabetes-Wissen, Nr.21. Available at: https://www.feelfree-welt.de/downloads?file=files/documents/Downloads/DW21_Basiswissen_Diabetes_mellitus_06_2014_v34.pdf.
DiaExpert (2022a) Accu-Chek Insight Insulinpumpe mmol/L & Diabeloop. Available at: https://www.diaexpert.de/accu-chek-insight-insulinpumpe-mmol-l-diabeloop (Accessed: 4 March 2022).
DiaExpert (2022b) Dana-i Insulinpumpe. Available at: https://www.diaexpert.de/dana-i-insulinpumpe (Accessed: 4 March 2022).
DiaExpert (2022c) MiniMed 770 mmol/L. Available at: https://www.diaexpert.de/minimed-770g-mmol-l (Accessed: 5 March 2022).
DiaExpert (2022d) MiniMed 780 mmol/L. Available at: https://www.diaexpert.de/minimed-780g-mmol-l (Accessed: 5 March 2022).

Digitale, E. (2014) New research shows how to keep diabetics safer during sleep. Available at: https://scopeblog.stanford.edu/2014/05/08/new-research-keeps-diabetics-safer-during-sleep/ (Accessed: 30 March 2022).

Dovc, K. and Battelino, T. (2020a) 'Closed-loop insulin delivery systems in children and adolescents with type 1 diabetes', Expert Opinion on Drug Delivery, 17(2), pp. 157–166. Available at: https://doi.org/10.1080/17425247.2020.1713747.

Dovc, K. and Battelino, T. (2020b) 'Evolution of Diabetes Technology', Endocrinology and Metabolism Clinics of North America, 49(1), pp. 1–18. Available at: https://doi.org/10.1016/j.ecl.2019.10.009.

Dowling, L., Wilmot, E.G. and Choudhary, P. (2020) 'Do-it-yourself closed-loop systems for people living with type 1 diabetes', Diabetic Medicine, 37(12), pp. 1977–1980. Available at: https://doi.org/10.1111/dme.14321.

Ducat, L. et al. (2015) 'A Review of the Mental Health Issues of Diabetes Conference: Table 1', Diabetes Care, 38(2), pp. 333–338. Available at: https://doi.org/10.2337/dc14-1383.

Duden (2022a) Fachkraft. Available at: https://www.duden.de/rechtschreibung/Fachkraft (Accessed: 10 March 2022).

Duden (2022b) Pa-ti-ent. Available at: https://www.duden.de/rechtschreibung/Patient#herkunft (Accessed: 4 April 2022).

Ebert, O. (2019) 'Selbstgebasteltes "Closed Loop"', Diabetes Journal, pp. 56–59.

Edgar, H. and Rothman, D. (1990) 'New rukes for new drugs: The challenge of AIDS to the regulatory process', Milbank Quarterly, 68, pp. 111–142.

Epstein, S. (1993) Impure science: AIDS, activism, and the politics of knowledge. Berkeley, USA: ProQuest Dissertations Publishing.

Epstein, S. (1995) 'The Construction of Lay Expertise: AIDS Activism and the Forging of Credibility in the Reform of Clinical Trials', Science, Technology, & Human Values, 20(4), pp. 408–437.

Epstein, S. (1996) Impure Science: AIDS, Activism, and the Politics of Knowledge. Berkeley: University of California Press.

Epstein, S. (2008) 'Patient Groups and Health Movements', in J.W. Edward J Hackett, Olga Amsterdamska, Michael Lynch (ed.) The Handbook of Science and Technology Studies. 3rd edn. Massachusetts: MIT Press, pp. 499–539.

European Commission (2022) Rare diseases. Available at: https://ec.europa.eu/info/research-and-innovation/research-area/health-research-and-innovation/rare-diseases_en (Accessed: 8 February 2022).

European Medicines Agency (2019) First non-injectable treatment for severe low blood sugar levels, Press release. Available at: https://www.ema.europa.eu/en/news/first-non-injectable-treatment-severe-low-blood-sugar-levels.

Faber-Heinemann, G. et al. (2018) 'Real-time continuous glucose monitoring in adults with type 1 diabetes and impaired hypoglycaemia awareness or severe hypoglycaemia treated with multiple daily insulin injections (HypoDE): a multicentre, randomised controlled trial', The Lancet, 391(10128), pp. 1367–1377. Available at: https://doi.org/10.1016/s0140-6736(18)30297-6.

Farrington, C. (2017) 'Hacking diabetes: DIY artificial pancreas systems', The Lancet Diabetes and Endocrinology, 5(5), p. 332. Available at: https://doi.org/10.1016/S2213-8587(16)30397-7.

FDA (2019a) Certain Medtronic MiniMed Insulin Pumps Have Potential Cybersecurity Risks: FDA Safety Communication. Available at: https://www.fda.gov/medical-devices/safety-communications/certain-medtronic-minimed-insulin-pumps-have-potential-cybersecurity-risks-fda-safety-communication (Accessed: 27 March 2021).

FDA (2019b) FDA authorizes first interoperable, automated insulin dosing controller designed to allow more choices for patients looking to customize their individual diabetes management device system. Available at: https://www.fda.gov/news-events/press-announcements/fda-authorizes-first-interoperable-automated-insulin-dosing-controller-designed-allow-more-choices (Accessed: 4 March 2022).

FDA (2019c) FDA authorizes first interoperable insulin pump intended to allow patients to customize treatment through their individual diabetes management devices. Available at: https://www.fda.gov/news-events/press-announcements/fda-authorizes-first-interoperable-insulin-pump-intended-allow-patients-customize-treatment-through (Accessed: 5 March 2022).

FDA (2019d) FDA Warns People with Diabetes and Health Care Providers Against the Use of Devices for Diabetes Management Not Authorized for Sale in the United States: FDA Safety Communication.

FDA (2022) January 2022 510(K) Clearances. Available at: https://www.fda.gov/medical-devices/january-2022-510k-clearances (Accessed: 5 March 2022).

Finck, H., Holl, R.W. and Ebert, O. (2018) 'Die soziale Dimension des Diabetes mellitus', in Deutscher Gesundheitsbericht Diabetes 2019, pp. 164–169. Available at: https://www.diabetesde.org/system/files/documents/gesundheitsbericht_2017.pdf.

Fisher, M. and Heller, S. (2007) 'Mortality, Cardiovascular Morbidity and Possible Effects of Hypoglycaemia on Diabetic Complications', in, pp. 265–283. Available at: https://doi.org/10.1002/9780470516270.ch12.

Fox, C.S. et al. (2012) 'Associations of kidney disease measures with mortality and end-stage renal disease in individuals with and without diabetes: a meta-analysis', The Lancet, 380(9854), pp. 1662–1673. Available at: https://doi.org/10.1016/S0140-6736(12)61350-6.

Freckmann, G. et al. (2016) 'Accuracy of BG Meters and CGM Systems: Possible Influence Factors for the Glucose Prediction Based on Tissue Glucose Concentration', in Prediction Methods for Blood Glucose Concentration. Springer Cham Heidelberg New York Dordrecht London, pp. 31–42.

Frickel, S. et al. (2010) 'Undone science: Charting social movement and civil society challenges to research agenda setting', Science Technology and Human Values, 35(4), pp. 444–473. Available at: https://doi.org/10.1177/0162243909345836.

Frier, B.M. (2014) 'Hypoglycaemia in diabetes mellitus: epidemiology and clinical implications', Nature Reviews Endocrinology, 10(12), pp. 711–722. Available at: https://doi.org/10.1038/nrendo.2014.170.

Fritsche, A. et al. (2001) 'Avoidance of Hypoglycemia Restores Hypoglycemia Awareness by Increasing β-Adrenergic Sensitivity in Type 1 Diabetes', Annals of Internal Medicine, 134(9_Part_1), p. 729. Available at: https://doi.org/10.7326/0003-4819-134-9_Part_1-200105010-00009.

Fuchs, J. and Hovorka, R. (2020) 'Closed-loop control in insulin pumps for type-1 diabetes mellitus: safety and efficacy', Expert Review of Medical Devices, 17(7), pp. 707–720. Available at: https://doi.org/10.1080/17434440.2020.1784724.

Gallegos, J.E. et al. (2018) 'The Open Insulin Project: A Case Study for "Biohacked" Medicines', Trends in Biotechnology, 36(12), pp. 1211–1218. Available at: https://doi.org/10.1016/j.tibtech.2018.07.009.

Gandhi, G.Y. et al. (2011) 'Efficacy of Continuous Glucose Monitoring in Improving Glycemic Control and Reducing Hypoglycemia: A Systematic Review and Meta-Analysis of Randomized Trials', Journal of Diabetes Science and Technology, 5(4), pp. 952–965. Available at: https://doi.org/10.1177/193229681100500419.

Gawrecki, A. et al. (2021) 'Safety and glycemic outcomes of do-it-yourself AndroidAPS hybrid closed-loop system in adults with type 1 diabetes', PLOS ONE. Edited by O. Moser, 16(4), p. e0248965. Available at: https://doi.org/10.1371/journal.pone.0248965.

Gay, V. and Leijdekkers, P. (2015) 'Bringing health and fitness data together for connected health care: Mobile apps as enablers of interoperability', Journal of Medical Internet Research, 17(11), pp. 1–10. Available at: https://doi.org/10.2196/jmir.5094.

Gehr, B. (2017) 'Moderne Technologien in der Diabetologie', pp. 57–60.

Goeldner, M. et al. (2019) User Entrepreneurs for Social Innovation: The Case of Patients and Caregivers as Developers of Tangible Medical Devices. 108.

Goldstein, M. (1999) Alternative Health Care: Medicine, Miracle, or Mirage? Philadelphia: Temple University Press.

Greshake Tzovaras, B. et al. (2019) 'Open Humans: A platform for participant-centered research and personal data exploration', GigaScience, 8(6), pp. 1–13. Available at: https://doi.org/10.1093/gigascience/giz076.

Griggs, R.C. et al. (2009) 'Clinical research for rare disease: Opportunities, challenges, and solutions', Molecular Genetics and Metabolism, 96(1), pp. 20–26. Available at: https://doi.org/10.1016/j.ymgme.2008.10.003.

Groch, S.A. (1994) 'Oppositional Consciousness: Its Manifestation and Development. The Case of People with Disabilities', Sociological Inquiry, 64(4), pp. 369–395. Available at: https://doi.org/10.1111/j.1475-682X.1994.tb00398.x.

9. Referenzen

Haak, T. et al. (2018) 'S3-Leitlinie Therapie des Typ-1-Diabetes'. Deutsche Diabetes Gesellschaft (DDG). Available at: https://www.awmf.org/leitlinien/detail/ll/057-013.html.

Haak, T. (2019) 'Editorial "Unterschätzte Gefahren"', Diabetes Journal, p. 3.

Haas, P. (1992) 'Introduction: Epistemic communities and international policy coordination', International Organization, 46(1), pp. 1–35.

Habicht, H., Oliveira, P. and Shcherbatiuk, V. (2012) 'User Innovators: When Patients Set Out to Help Themselves and End Up Helping Many', Die Unternehmung, 66(3), pp. 277–295. Available at: https://doi.org/10.5771/0042-059x-2012-3-277.

Hammel, G. et al. (2021) 'Bürgerwissenschaftliche Forschungsansätze in Medizin und Gesundheitsforschung', TATuP - Zeitschrift für Technikfolgenabschätzung in Theorie und Praxis, 30(3), pp. 63–69. Available at: https://doi.org/10.14512/tatup.30.3.63.

Hanaire, H. et al. (2020) 'Efficacy of the Diabeloop closed-loop system to improve glycaemic control in patients with type 1 diabetes exposed to gastronomic dinners or to sustained physical exercise', Diabetes, Obesity and Metabolism, 22(3), pp. 324–334. Available at: https://doi.org/10.1111/dom.13898.

Heinemann, L. (2018) 'Rolle der Diabetes-Technologie in der Diabetestherapie', in Deutscher Gesundheitsbericht Diabetes 2019. Deutsche Diabetes Gesellschaft (DDG), diabetesDE - Deutsche Diabetes-Hilfe, pp. 170–183. Available at: https://www.deutsche-diabetes-gesellschaft.de/fileadmin/Redakteur/Stellungnahmen/Gesundheitspolitik/20181114gesundheitsbericht_2019.pdf.

Heinemann, L. (2021) 'Werden Patientenwünsche ausreichend berücksichtigt? Entwicklung neuer Medizinprodukte', Diatec Journal, p. 4.

Heinemann, L. and Lange, K. (2019) '"Do it yourself" (DIY) Automated Insulin Delivery (AID) Systems: Stand der Dinge', Diabetologie und Stoffwechsel, 14(1), pp. 31–43. Available at: https://doi.org/10.1055/a-0801-1112.

Helfferich, C. (2014) 'Leitfaden- und Experteninterviews', in N. Baur and J. Blasius (eds) Handbuch Methoden der empirischen Sozialforschung. Wiesbaden: Springer VS, pp. 559–574.

Hermanns, N. et al. (2003) 'Emotional changes during experimentally induced hypoglycaemia in type 1 diabetes', Biological Psychology, 63(1), pp. 15–44. Available at: https://doi.org/https://doi.org/10.1016/S0301-0511(03)00027-9.

Hermanns, N. et al. (2019) 'Impact of CGM on the management of hypoglycemia problems: overview and secondary analysis of the HypoDe study', Journal of Diabetes Science and Technology, 13(4), pp. 636–644. Available at: https://doi.org/10.1177/1932296819831695.

Hess, D.J. (2009) 'The potentials and limitations of Civil Society Research: Getting undone science done', Sociological Inquiry, 79(3), pp. 306–327. Available at: https://doi.org/10.1111/j.1475-682X.2009.00292.x.

Hibbard, J.H. et al. (2004) 'Development of the patient activation measure (PAM): Conceptualizing and measuring activation in patients and consumers', Health Services Research, 39(4 I), pp. 1005–1026. Available at: https://doi.org/10.1111/j.1475-6773.2004.00269.x.

von Hippel, C. (2018) 'A next generation assets-based public health intervention development model: The public as innovators', Frontiers in Public Health, 6(SEP), pp. 1–11. Available at: https://doi.org/10.3389/fpubh.2018.00248.

von Hippel, E., de Jong, J.P.J. and Flowers, S. (2012) 'Comparing Business and Household Sector Innovation in Consumer Products: Findings from a Representative Study in the United Kingdom', Management Science, 58(9), pp. 1669–1681. Available at: http://www.jstor.org/stable/23257859.

Hohmann-Jeddi, C. (2019) 'Erstes Closed-Loop-System in Deutschland verfügbar', Pharmazeutische Zeitung, October. Available at: https://www.pharmazeutische-zeitung.de/erstes-closed-loop-system-in-deutschland-verfuegbar/.

Holmes, V.A. et al. (2011) 'Optimal Glycemic Control, Pre-eclampsia, and Gestational Hypertension in Women With Type 1 Diabetes in the Diabetes and Pre-eclampsia Intervention Trial', Diabetes Care, 34(8), pp. 1683–1688. Available at: https://doi.org/10.2337/dc11-0244.

Holt, R.I.G. et al. (2013) 'Diabetes Attitudes, Wishes and Needs second study (DAWN2TM): Cross-national comparisons on barriers and resources for optimal care—healthcare professional perspective', Diabetic Medicine, 30(7), pp. 789–798. Available at: https://doi.org/https://doi.org/10.1111/dme.12242.

IME-DC (2022a) Dana-i. Available at: https://www.ime-dc.de/de/insulintherapie/insulinpumpen/dana-i (Accessed: 5 March 2022).

IME-DC (2022b) Dana Diabecare RS. Available at: https://www.ime-dc.de/de/insulintherapie/insulinpumpen/insulinpumpe-dana-rs (Accessed: 5 March 2022).

Indyk, D. and Rier, D. (1993) 'Grassroots AIDS knowledge: Implications for the boundaries of science and collective action', Knowledge: Creation,Diffusion, Utilization, 15, pp. 3–43.

Jackson, M. and Castle, J.R. (2020) 'Where Do We Stand with Closed-Loop Systems and Their Challenges', Diabetes Technology and Therapeutics, 22(7), pp. 485–491. Available at: https://doi.org/10.1089/dia.2019.0469.

Jansky, B. and Woll, S. (2019) 'The Coded Pancreas: Motivations for Implementing and Using a Do-It-Yourself Medical Technology in Type 1 Diabetes Self-Care', in G. Getzinger and M. Jahrbacher (eds) Conference Proceedings of the STS Conference Graz 2019, Critical Issues in Science, Technology and Society Studies, 6 - 7 May 2019. Graz: Verlag der Technischen Universität Graz, Österreich, pp. 205–224. Available at: https://doi.org/10.3217/978-3-85125-668-0-11.

Jauch-Chara, K. et al. (2008) 'Altered Neuroendocrine Sleep Architecture in Patients With Type 1 Diabetes', Diabetes Care, 31(6), pp. 1183–1188. Available at: https://doi.org/10.2337/dc07-1986.

JDRF (2017) JDRF Announces New Initiative to Pave Way for Open Protocol Automated Insulin Delivery Systems. Available at: https://www.jdrf.org/press-releases/jdrf-announces-new-initiative-to-pave-way-for-open-protocol-automated-insulin-delivery-systems/ (Accessed: 22 October 2021).

Jennings, P. and Hussain, S. (2019) 'Do-It-Yourself Artificial Pancreas Systems: A Review of the Emerging Evidence and Insights for Healthcare Professionals', Journal of Diabetes Science and Technology, 14(5), pp. 868–877. Available at: https://doi.org/10.1177/1932296819894296.

Jeyaventhan, R. et al. (2021) 'A real-world study of user characteristics, safety and efficacy of open-source closed-loop systems and Medtronic 670G', Diabetes, Obesity and Metabolism, 23(8), pp. 1989–1994. Available at: https://doi.org/10.1111/dom.14439.

Johnston, C. (2021) 'Good enough? Parental decisions to use DIY looping technology to manage type 1 diabetes in children', Monash bioethics review, 39(s1), pp. 26–41. Available at: https://doi.org/10.1007/s40592-021-00133-5.

Joubert, M. (2019) 'Continuous Glucose Monitoring Systems', in Y. Reznik (ed.) Handbook of Diabetes Technology. Cham, Switzerland: Springer Nature Switzerland. Available at: https://doi.org/https://doi.org/10.1007/978-3-319-98119-2.

Juhl, C.B. et al. (2016) 'Prevention of Severe Hypoglycemia by Continous EEG Monitoring', in Prediction Methods for Blood Glucose Concentration. Springer Cham Heidelberg New York Dordrecht London, pp. 79–92.

Karch, A. (2021) 'Wer entscheidet, was notwendig ist?', feelfree, pp. 18–19.

Kariyawasam, D. et al. (2021) '98-LB: Diabeloop DBL4K Hybrid Closed-Loop System Improves Time-in-Range without Increasing Time-in-Hypoglycemia in Children Aged 6–12 Years', Diabetes, 70(Supplement_1), pp. 98-LB. Available at: https://doi.org/10.2337/db21-98-LB.

Kaziunas, E. et al. (2017) 'Caring through Data: Attending to the Social and Emotional Experiences of Health Datafication', in CSCW '17: Proceedings of the 2017 ACM Conference on Computer Supported Cooperative Work and Social Computing, pp. 2260–2272. Available at: https://doi.org/10.1145/2998181.2998303.

Kesavadev, J. et al. (2020) 'The Do-It-Yourself Artificial Pancreas: A Comprehensive Review', Diabetes Therapy, 11(6), pp. 1217–1235. Available at: https://doi.org/10.1007/s13300-020-00823-z.

Kitabchi, A.E. et al. (2009) 'Hyperglycemic Crises in Adult Patients With Diabetes', Diabetes Care, 32(7), pp. 1335–1343. Available at: https://doi.org/10.2337/dc09-9032.

Knoll, C. et al. (2021) 'Real-world evidence on clinical outcomes of people with type 1 diabetes using open-source and commercial automated insulin dosing systems: A systematic review', Diabetic Medicine [Preprint]. Available at: https://doi.org/10.1111/dme.14741.

Koebler, J. (2018) 'I'm Possibly Alive Because It Exists:' Why Sleep Apnea Patients Rely on a CPAP Machine Hacker, Vice.com. Vice. Available at: https://www.vice.com/en_us/article/xwjd4w/im-possibly-alive-because-it-exists-why-sleep-apnea-patients-rely-on-a-cpap-machine-hacker (Accessed: 21 July 2020).

Kowalski, A. (2015) 'Pathway to artificial pancreas systems revisited: Moving downstream', Diabetes Care, 38(6), pp. 1036–1043. Available at: https://doi.org/10.2337/dc15-0364.

Kröger, J. and Kulzer, B. (2018) 'Wie Glukosemonitoring die Diabetestherapie und -schulung verändert', in Deutscher Gesundheitsbericht Diabetes 2019. Deutsche Diabetes Gesellschaft (DDG), diabetesDE - Deutsche Diabetes-Hilfe, pp. 193–200. Available at: https://www.deutsche-diabetes-gesellschaft.de/fileadmin/Redakteur/Stellungnahmen/Gesundheitspolitik/20181114gesundheitsbericht_2019.pdf.

Kulzer, B. et al. (2013) 'Psychosoziales und Diabetes (Teil 1)', Diabetologie und Stoffwechsel, 8(03), pp. 198–242. Available at: https://doi.org/10.1055/s-0033-1335889.

Kulzer, B. (2018) 'Psychodiabetologie', in Deutscher Gesundheitsbericht Diabetes 2019. Deutsche Diabetes Gesellschaft (DDG), diabetesDE - Deutsche Diabetes-Hilfe, pp. 158–163. Available at: https://www.diabetesde.org/system/files/documents/gesundheitsbericht_2017.pdf.

Lal, R.A., Basina, M., et al. (2019) 'One Year Clinical Experience of the First Commercial Hybrid Closed-Loop System', Diabetes Care, 42(12), pp. 2190–2196. Available at: https://doi.org/10.2337/dc19-0855.

Lal, R.A., Ekhlaspour, L., et al. (2019) 'Realizing a Closed-Loop (Artificial Pancreas) System for the Treatment of Type 1 Diabetes', Endocrine Reviews, 40(6), pp. 1521–1546. Available at: https://doi.org/10.1210/er.2018-00174.

Laverack, G. (2012) 'Health activism', Health Promotion International, 27(4), pp. 429–434. Available at: https://doi.org/10.1093/heapro/das044.

Lawrence, J.M. et al. (2012) 'Demographic and Clinical Correlates of Diabetes-Related Quality of Life among Youth with Type 1 Diabetes', The Journal of Pediatrics, 161(2), pp. 201-207.e2. Available at: https://doi.org/10.1016/j.jpeds.2012.01.016.

Layne, J.E., Parkin, C.G. and Zisser, H. (2016) 'Efficacy of the Omnipod Insulin Management System on Glycemic Control in Patients With Type 1 Diabetes Previously Treated With Multiple Daily Injections or Continuous Subcutaneous Insulin Infusion', Journal of Diabetes Science and Technology, 10(5), pp. 1130–1135. Available at: https://doi.org/10.1177/1932296816638674.

Lee, J.M., Hirschfeld, E. and Wedding, J. (2016) 'A patient-designed do-it-yourself mobile technology system for diabetes: Promise and challenges for a new era in medicine', JAMA - Journal of the American Medical Association, 315(14), pp. 1447–1448. Available at: https://doi.org/10.1001/jama.2016.1903.

Leelarathna, L. et al. (2021) 'Hybrid closed-loop therapy: Where are we in 2021?', Diabetes, Obesity and Metabolism, 23(3), pp. 655–660. Available at: https://doi.org/10.1111/dom.14273.

Lewis, D. et al. (2018a) 'Detecting Insulin Sensitivity Changes for Individuals with Type 1 Diabetes'. Seattle, WA: American Diabetes Association.

Lewis, D. et al. (2018b) 'Detecting Insulin Sensitivity Changes for Individuals with Type 1 Diabetes', Diabetes, 67(Supplement 1), pp. 79-LB. Available at: https://doi.org/10.2337/db18-79-lb.

Lewis, D. (2018a) 'Opening Up to Patient Innovation', NEJM Catalyst, 4(4), p. 79. Available at: https://doi.org/doi: 10.1056/CAT.18.0136.

Lewis, D. (2018b) 'Setting Expectations for Successful Artificial Pancreas/Hybrid Closed Loop/Automated Insulin Delivery Adoption', Journal of Diabetes Science and Technology, 12(2), pp. 533–534. Available at: https://doi.org/10.1177/1932296817730083.

Lewis, D. (2020) 'Do-It-Yourself Artificial Pancreas System and the OpenAPS Movement', Endocrinology and Metabolism Clinics of North America, 49(1), pp. 203–213. Available at: https://doi.org/10.1016/j.ecl.2019.10.005.

Lewis, D. & OpenAPS Community (2022) OpenAPS Reference Design. Available at: https://openaps.org/reference-design/ (Accessed: 17 March 2022).

Lewis, D. & OpenAPS Community (2022a) OpenAPS. Available at: https://openaps.org/ (Accessed: 17 March 2022).

Lewis, D. & OpenAPS Community (2022b) OpenAPS Outcomes. Available at: https://openaps.org/outcomes/ (Accessed: 17 March 2022).

Lewis, D. and Leibrand, S. (2016) 'Real-World Use of Open Source Artificial Pancreas Systems'. Seattle, WA: American Diabetes Association. Available at: https://ada.scientificposters.com/epsAbstractADA.cfm?id=7.

Lewis, D., Leibrand, S. and #OpenAPS-Community (2016) 'Real-World Use of Open Source Artificial Pancreas Systems', Journal of Diabetes Science and Technology, 10(6), p. 1411. Available at: https://doi.org/10.1177/1932296816665635.

Litchman, M.L. et al. (2020) 'Patient-Driven Diabetes Technologies: Sentiment and Personas of the #WeAreNotWaiting and #OpenAPS Movements', Journal of Diabetes Science and Technology, 14(6), pp. 990–999. Available at: https://doi.org/10.1177/1932296820932928.

Loop Community (2022) Loop. Available at: https://loopkit.github.io/loopdocs/ (Accessed: 17 March 2022).

Lum, J.W. et al. (2021) 'A Real-World Prospective Study of the Safety and Effectiveness of the Loop Open Source Automated Insulin Delivery System', Diabetes

Technology and Therapeutics, 23(5), pp. 367–375. Available at: https://doi.org/10.1089/dia.2020.0535.

Lungenärzte im Netz (2020a) Auswirkungen. Available at: https://www.lungenaerzte-im-netz.de/krankheiten/schlafstoerungen/auswirkungen/ (Accessed: 21 July 2020).

Lungenärzte im Netz (2020b) Therapie. Available at: https://www.lungenaerzte-im-netz.de/krankheiten/schlafstoerungen/therapie/ (Accessed: 21 July 2020).

Lungenärzte im Netz (2020c) Was ist Schlafapnoe. Available at: https://www.lungenaerzte-im-netz.de/krankheiten/schlafstoerungen/was-ist-schlafapnoe/ (Accessed: 21 July 2020).

Marshall, D.C. et al. (2019) 'Do-It-Yourself Artificial Pancreas Systems in Type 1 Diabetes: Perspectives of Two Adult Users, a Caregiver and Three Physicians', Diabetes Therapy, 10(5), pp. 1553–1564. Available at: https://doi.org/10.1007/s13300-019-00679-y.

Martin, B. (2007) 'Activism, social and political', in G.L. Anderson and K. Herr (eds) Encyclopedia of activism and social justice 1. London, UK: SAGE Publications, pp. 19–27.

Medtronic (2021) Medtronic erhält im Bereich Diabetes die CE-Zulassungen für den GuardianTM 4 Sensor und das Smart-Insulinpen-System InPenTM. Available at: https://www.medtronic.com/de-de/ueber/news/pressemitteilungen-medtronic-gmbh/ce-zulassung-guardian4-sensor-und-smart-insulinpen-system.html (Accessed: 2 March 2022).

Medtronic (2022) Medtronic Innovation Milestones. Available at: https://www.medtronicdiabetes.com/about-medtronic-innovation/milestone-timeline (Accessed: 3 March 2022).

Melmer, A. et al. (2019) 'Glycaemic control in individuals with type 1 diabetes using an open source artificial pancreas system (OpenAPS)', Diabetes, Obesity and Metabolism, 21(10), pp. 2333–2337. Available at: https://doi.org/10.1111/dom.13810.

Merolli, M. et al. (2015) 'Patient-Reported Outcomes and Therapeutic Affordances of Social Media: Findings From a Global Online Survey of People With Chronic Pain', Journal of Medical Internet Research, 17(1), p. e20. Available at: https://doi.org/10.2196/jmir.3915.

Mewes, D. et al. (2022) 'Variability of Glycemic Outcomes and Insulin Requirements Throughout the Menstrual Cycle: A Qualitative Study on Women With Type 1 Diabetes Using an Open-Source Automated Insulin Delivery System', Journal of Diabetes Science and Technology, p. 193229682210801. Available at: https://doi.org/10.1177/19322968221080199.

Moeck, J. and Warntjen, M. (2018) Rechtsgutachten 'Looper'. Berlin.

Monecke, A. (2019) Looper: Happy über gute, stabile Werte. Available at: https://www.diabetes-online.de/a/diy-closed-loop-looper-happy-ueber-gute-stabile-werte-2025831 (Accessed: 4 April 2022).

Morera, J. (2019) 'Insulin Injection and Blood Glukose Meter Systems', in Y. Reznik (ed.) Handbook of Diabetes Technology. Cham, Switzerland: Springer Nature Switzerland, pp. 3–22. Available at: https://doi.org/https://doi.org/10.1007/978-3-319-98119-2.

Morgen, S. (2002) Into Our Own Hands: The Women's Health Movement in the United States, 1969-1990. New Brunswick, USA: Rutgers University Press.

Musolino, G. et al. (2019) 'Reduced burden of diabetes and improved quality of life: Experiences from unrestricted day-and-night hybrid closed-loop use in very young children with type 1 diabetes', Pediatric Diabetes, 20(6), pp. 794–799. Available at: https://doi.org/10.1111/pedi.12872.

Nightscout (2022). Available at: https://nightscout.github.io/ (Accessed: 17 March 2022).

Nottingham Trent University (2020) Learning about Looping and DIY Artificial Pancreas Systems.

Ogawa, S. and Pongtanalert, K. (2012) 'Visualizing Invisible Innovation Continent: Evidence from Global Consumer Innovation Surveys', SSRN Electronic Journal, pp. 1–19. Available at: https://doi.org/10.2139/ssrn.1876186.

Oliveira, P. et al. (2015) 'Innovation by patients with rare diseases and chronic needs', Orphanet Journal of Rare Diseases, 10(1), pp. 1–9. Available at: https://doi.org/10.1186/s13023-015-0257-2.

OmniPod (2022) Omnipod® 5: Automated Insulin Delivery System, First Tubeless System with Smartphone Control. Available at: https://www.omnipod.com/what-is-omnipod/omnipod-5 (Accessed: 5 March 2022).

OpenAPS.org (2019) Twitter Statement. Available at: https://twitter.com/OpenAPS/status/1129437395613388802 (Accessed: 11 February 2021).

OpenAPS Data Commons (2021) OpanAPS Data Commons, Open Humans. Available at: https://www.openhumans.org/activity/openaps-data-commons/ (Accessed: 19 February 2021).

Orsini, M. and Smith, M. (2010) 'Social movements, knowledge and public policy: The case of autism activism in Canada and the US', Critical Policy Studies, 4(1), pp. 38–57. Available at: https://doi.org/10.1080/19460171003714989.

Palmer, W. et al. (2020) 'Using a Do-It-Yourself Artificial Pancreas: Perspectives from Patients and Diabetes Providers', Journal of Diabetes Science and Technology, 14(5), pp. 860–867. Available at: https://doi.org/10.1177/1932296820942258.

Patel, R. et al. (2022) 'Safety and effectiveness of do-it-yourself artificial pancreas system compared with continuous subcutaneous insulin infusions in combination with free style libre in people with type 1 diabetes', Diabetic Medicine [Preprint]. Available at: https://doi.org/10.1111/dme.14793.

Patient-Innovation (2020). Available at: https://patient-innovation.com/ (Accessed: 14 February 2022).

Pease, A. et al. (2020) 'Time in range for multiple technologies in type 1 diabetes: A systematic review and network meta-analysis', Diabetes Care, 43(8), pp. 1967–1975. Available at: https://doi.org/10.2337/dc19-1785.

Pedersen-Bjergaard, U. (2009) 'Severe hypoglycaemia in type 1 diabetes: Impact of the reninangiotensin system and other risk factors', Danish medical bulletin, 56, pp. 193–207.

Perez-Nieves, M., Jiang, D. and Eby, E. (2015) 'Incidence, prevalence, and trend analysis of the use of insulin delivery systems in the United States (2005 to 2011)', Current Medical Research and Opinion, 31(5), pp. 891–899. Available at: https://doi.org/10.1185/03007995.2015.1020366.

Peters, T.M. and Haidar, A. (2018) 'Dual-hormone artificial pancreas: benefits and limitations compared with single-hormone systems', Diabetic Medicine, 35(4), pp. 450–459. Available at: https://doi.org/10.1111/dme.13581.

Petersen, C. (2018) 'Patient informaticians: Turning patient voice into patient action', JAMIA Open, 1(2), pp. 130–135. Available at: https://doi.org/10.1093/jamiaopen/ooy014.

Petruzelkova, L. et al. (2018) 'Excellent Glycemic Control Maintained by Open-Source Hybrid Closed-Loop AndroidAPS during and after Sustained Physical Activity', Diabetes Technology and Therapeutics, 20(11), pp. 744–750. Available at: https://doi.org/10.1089/dia.2018.0214.

Phillips, B., Gozal, D. and Malhotra, A. (2015) 'What is the future of sleep medicine in the United States?', American Journal of Respiratory and Critical Care Medicine, 192(8), pp. 915–917. Available at: https://doi.org/10.1164/rccm.201508-1544ED.

Pinsker, J.E. et al. (2020) 'Real-World Patient-Reported Outcomes and Glycemic Results with Initiation of Control-IQ Technology', Diabetes Technology & Therapeutics, (805), pp. 1–28. Available at: https://doi.org/10.1089/dia.2020.0388.

Polletta, F. and Jasper, J. (2001) 'Collective identity and social movements', Annual Review of Sociology, 27, pp. 283–305.

Polonsky, W.H. and Fortmann, A.L. (2020) 'Impact of Real-Time Continuous Glucose Monitoring Data Sharing on Quality of Life and Health Outcomes in Adults with Type 1 Diabetes', Diabetes Technology & Therapeutics, 23(4), pp. 1–8. Available at: https://doi.org/10.1089/dia.2020.0466.

Pumpen-Café (2020) Dr. Katarina Braune: Für offenen Umgang mit Diabetestherapien. Available at: https://www.pumpencafe.de/news-details/items/dr-katarina-braune-fuer-offenen-umgang-mit-diabetestherapien.html (Accessed: 4 April 2022).

Quintal, A. et al. (2019) 'A critical review and analysis of ethical issues associated with the artificial pancreas', Diabetes and Metabolism, 45(1), pp. 1–10. Available at: https://doi.org/10.1016/j.diabet.2018.04.003.

Rabeharisoa, V. et al. (2013) 'Evidence-based activism : Patients ' organisations , users ' and activist ' s groups in knowledge society', Bio Societies, 9(2).

Rabeharisoa, V., Moreira, T. and Akrich, M. (2014) 'Evidence-based activism: Patients', users' and activists' groups in knowledge society', BioSocieties, 9(2), pp. 111–128. Available at: https://doi.org/10.1057/biosoc.2014.2.

Rada, R. (2011) 'Patient Data Acces and Onlne Sleep Apnea Communities', Telemedicine and e-Health, 17(3). Available at: https://doi.org/https://doi.org/10.1089/tmj.2010.0154.

Rankin, D. et al. (2021) 'Adolescents' Experiences of Using a Smartphone Application Hosting a Closed-loop Algorithm to Manage Type 1 Diabetes in Everyday Life: Qualitative Study', Journal of Diabetes Science and Technology, 15(5), pp. 1042–1051. Available at: https://doi.org/10.1177/1932296821994201.

Rawshani, Araz et al. (2018) 'Excess mortality and cardiovascular disease in young adults with type 1 diabetes in relation to age at onset: a nationwide, register-based cohort study', The Lancet, 392(10146), pp. 477–486. Available at: https://doi.org/10.1016/S0140-6736(18)31506-X.

Reinauer, H. and Scherbaum, W.A. (2009) 'Diabetes mellitus: Neuer Referenzstandard für HbA1c', Deutsches Ärzteblatt, 106(17). Available at: https://www.aerzteblatt.de/archiv/64316.

Reiter, F., Kirchsteiger, H. and Freckmann, G. (2016) 'Can We Use Measurements to Classify Patients Suffering from Type 1 Diabetes into Subcategories and Does it Make Sense?', in Prediction Methods for Blood Glucose Concentration. Springer Cham Heidelberg New York Dordrecht London, pp. 57–78.

Renard, E. (2019) 'Closed-Loop Systems', in Y. Reznik (ed.) Handbook of Diabetes Technology. Cham, Switzerland: Springer Nature Switzerland, pp. 57–74. Available at: https://doi.org/https://doi.org/10.1007/978-3-319-98119-2.

Renard, E. (2020) 'Certified Interoperability Allows a More Secure Move to the Artificial Pancreas Through a New Concept: "Make-It-Yourself"', Journal of Diabetes Science and Technology, 14(2), pp. 195–197. Available at: https://doi.org/10.1177/1932296820901612.

Reznik, Y. (2019) 'Foreword', in Y. Reznik (ed.) Handbook of Diabetes Technology. Cham, Switzerland: Springer Nature Switzerland, pp. v–vi. Available at: https://doi.org/https://doi.org/10.1007/978-3-319-98119-2.

Reznik, Y. and Deberles, E. (2019) 'Subcutaneous Insulin Pumps', in Y. Reznik (ed.) Handbook of Diabetes Technology. Cham, Switzerland: Springer Nature Switzerland, pp. 23–36. Available at: https://doi.org/https://doi.org/10.1007/978-3-319-98119-2.

Roberts, J.T.F., Moore, V. and Quigley, M. (2021) 'Prescribing unapproved medical devices? The case of DIY artificial pancreas systems', Medical Law International, 21(1), pp. 42–68. Available at: https://doi.org/10.1177/0968533221997510.

Roche (2021) Roche integriert die Accu-Chek Insight Insulinpumpe in das System zur automatisierten Insulindosierung (AID) von Diabeloop. Available at: https://www.roche.de/aktuelles/news/roche-integriert-die-accu-chek-insight-insulinpumpe-in-das-system-zur-automatisierten-insulindosierung-von-diabeloop/ (Accessed: 5 March 2022).

Rodbard, D. (2017) 'Continuous Glucose Monitoring: A Review of Recent Studies Demonstrating Improved Glycemic Outcomes', Diabetes Technology & Therapeutics, 19(S3), p. S-25-S-37. Available at: https://doi.org/10.1089/dia.2017.0035.

Rodwell, C. and Aymé, S. (2014) 2014 Report on the State of the Art of Rare Disease Activities in Europe Part Iii : European Commission Activities in the Field of Rare Diseases.

Rozenblum, R. and Bates, D.W. (2013) 'Patient-centred healthcare, social media and the internet: The perfect storm?', BMJ Quality and Safety, 22(3), pp. 183–186. Available at: https://doi.org/10.1136/bmjqs-2012-001744.

Sakata, K. et al. (2000) 'Analysis of the intraocular pressure in diabetic, hypertensive and normal patients (glaucoma project)', Arquivos Brasileiros de Oftalmologia, 63(3), pp. 219–222. Available at: https://doi.org/10.1590/S0004-27492000000300009.

Sartore, G. et al. (2012) 'The importance of HbA1c and glucose variability in patients with type 1 and type 2 diabetes: outcome of continuous glucose monitoring (CGM)', Acta Diabetologica, 49(1), pp. 153–160. Available at: https://doi.org/10.1007/s00592-012-0391-4.

Sartore, G. et al. (2013) 'Association between glucose variability as assessed by continuous glucose monitoring (CGM) and diabetic retinopathy in type 1 and type 2 diabetes', Acta Diabetologica, 50(3), pp. 437–442. Available at: https://doi.org/10.1007/s00592-013-0459-9.

Schaepelynck, P. (2019) 'The Implantable Insulin Pump', in Y. Reznik (ed.) Handbook of Diabetes Technology. Cham, Switzerland: Springer Nature Switzerland, pp. 47–56. Available at: https://doi.org/https://doi.org/10.1007/978-3-319-98119-2.

Scheuer, E. (2017) 'Wie Medical-Decision-Support-Systeme die Arzt-Patient-Beziehung verändern – Digitalisierung von Informationen führt zu einer erhöhten Autonomie des Patienten', in Digitale Transformation von Dienstleistungen im Gesundheitswesen I. Wiesbaden: Springer Fachmedien Wiesbaden, pp. 311–321. Available at: https://doi.org/10.1007/978-3-658-12258-4_20.

Schoemaker, M. and Parkin, C.G. (2016) 'CGM - How Good Is Good Enough', in Prediction Methods for Blood Glucose Concentration. Springer Cham Heidelberg New York Dordrecht London, pp. 43–56.

Selam, J.-L. and Charles, M.A. (1990) 'Devices for Insulin Administration', Diabetes Care, 13(9), pp. 955–979. Available at: https://doi.org/10.2337/diacare.13.9.955.

Sen, S., Chakraborty, R. and De, B. (2016a) 'Complicaions of Diabetes Mellitus', in Diabetes Mellitus in 21st Century. Springer Science + Business Media Singapore, pp. 69–100. Available at: https://doi.org/10.1007/978-981-10-1542-7_2.

Sen, S., Chakraborty, R. and De, B. (2016b) 'Diabetes Mellitus: General Consideration', in Diabetes Mellitus in 21st Century. Springer Science + Business Media Singapore, pp. 13–22. Available at: https://doi.org/10.1007/978-981-10-1542-7_2.

Sen, S., Chakraborty, R. and De, B. (2016c) 'Management of Diabetes Mellitus', in Diabetes Mellitus in 21st Century. Springer Science + Business Media Singapore, pp. 153–174.

Sen, S., Chakraborty, R. and De, B. (2016d) 'Pancreatic Hormones and Control of Blood Glucose: A Glance', in Diabetes Mellitus in 21st Century. Springer Science + Business Media Singapore, pp. 1–12. Available at: https://doi.org/10.1007/978-981-10-1542-7_2.

Sen, S., Chakraborty, R. and De, B. (2016e) 'Prevalence of Diabetes and Its Economic Impact', in Diabetes Mellitus in 21st Century. Springer Science + Business Media Singapore, pp. 27–34. Available at: https://doi.org/10.1007/978-981-10-1542-7_2.

Sen, S., Chakraborty, R. and De, B. (2016f) 'Recent Developments in Diabetes Therapy', in Diabetes Mellitus in 21st Century. Springer Science + Business Media Singapore, pp. 175–180.

Shamim-Uzzaman, Q.A. et al. (2021) 'The use of telemedicine for the diagnosis and treatment of sleep disorders: An American Academy of Sleep Medicine update', Journal of Clinical Sleep Medicine, 17(5), pp. 1103–1107. Available at: https://doi.org/10.5664/jcsm.9194.

Shapiro, J. (1993) No Pity: People with Disabilities Forging a New Civil Rights Movement. New York, USA: Random.

Shaw, D. et al. (2020) 'The DIY artificial pancreas system: an ethical dilemma for doctors', Diabetic Medicine, 37(11), pp. 1951–1953. Available at: https://doi.org/10.1111/dme.14270.

Siegel, E.G. (2018) 'Versorgungsstrukturen, Berufsbilder und professionelle Diabetesorganisationen in Deutschland', in Deutscher Gesundheitsbericht Diabetes 2019. Deutsche Diabetes Gesellschaft (DDG), diabetesDE - Deutsche Diabetes-Hilfe, pp. 236–248. Available at: https://www.deutsche-diabetes-gesellschaft.de/fileadmin/Redakteur/Stellungnahmen/Gesundheitspolitik/20181114gesundheitsbericht_2019.pdf.

Singh, P. et al. (2016a) 'Introduction', in Therapeutic Perspectives in Type-1 Diabetes. SpringerBriefs in Applied Science and Technology, Singapore, pp. 1–6.

Singh, P. et al. (2016b) 'Overview', in Therapeutic Perspectives in Type-1 Diabetes. SpringerBriefs in Applied Science and Technology, Singapore, pp. vii–viii.

Singh, P. et al. (2016c) Therapeutic Perspectives in Type-1 Diabetes. SpringerBriefs in Applied Science and Technology, Singapore. Available at: https://doi.org/10.1007/978-981-10-0602-9.

Singh, P. et al. (2016d) 'Triggers Causing Type 1 Diabetes', in Therapeutic Perspectives in Type-1 Diabetes. SpringerBriefs in Applied Science and Technology, Singapore, pp. 7–20.

Singh, P. et al. (2016e) 'Type 1 Diabetes: Past, Present, and Future Therapies', in Therapeutic Perspectives in Type-1 Diabetes. SpringerBriefs in Applied Science and Technology, Singapore, pp. 29–78.

Smith-Palmer, J. et al. (2014) 'Assessment of the association between glycemic variability and diabetes-related complications in type 1 and type 2 diabetes', Diabetes Research and Clinical Practice, 105(3), pp. 273–284. Available at: https://doi.org/https://doi.org/10.1016/j.diabres.2014.06.007.

Solomon, S. (2018) 'His own brain tumor spurs entrepreneur to develop life-saving surgical device', Times of Israel. Available at: https://www.timesofisrael.com/brain-tumor-spurs-entrepreneur-to-develop-life-saving-surgical-device/ (Accessed: 29 April 2022).

SOOIL (2022) History. Available at: https://www.sooil.com/eng/about/history.php (Accessed: 5 March 2022).

SOOIL Development Co. (2020) Dringende Sicherheitsmitteilung. Available at: https://www.bfarm.de/SharedDocs/Kundeninfos/DE/07/2020/17203-19_kundeninfo_de.pdf?__blob=publicationFile&v=4 (Accessed: 27 March 2021).

Šoupal, J. et al. (2014) 'Glycemic Variability Is Higher in Type 1 Diabetes Patients with Microvascular Complications Irrespective of Glycemic Control', Diabetes Technology & Therapeutics, 16(4), pp. 198–203. Available at: https://doi.org/10.1089/dia.2013.0205.

Steineck, I. et al. (2015) 'Insulin pump therapy, multiple daily injections, and cardiovascular mortality in 18 168 people with type 1 diabetes: observational study', BMJ, 350(jun22 1), pp. h3234–h3234. Available at: https://doi.org/10.1136/bmj.h3234.

Street, T.J. (2021) 'Review of Self-Reported Data from UK Do-It-Yourself Artificial Pancreas System (DIYAPS) Users to Determine Whether Demographic of Population Affects Use or Outcomes', Diabetes Therapy, 12(7), pp. 1839–1848. Available at: https://doi.org/10.1007/s13300-021-01071-5.

Suttiratana, S. et al. (2022) 'Qualitative Study of User Experiences with Loop, an Open-Source Automated Insulin Delivery (AID) System', Diabetes Technology & Therapeutics [Preprint]. Available at: https://doi.org/10.1089/dia.2021.0485.

Thabit, H. et al. (2015) 'Home Use of an Artificial Beta Cell in Type 1 Diabetes', New England Journal of Medicine, 373(22), pp. 2129–2140. Available at: https://doi.org/10.1056/NEJMoa1509351.

The Global Alliance for Genomics and Health (2016) 'A federated ecosystem for sharing genomic, clinical data', Science, 352(6291), pp. 1278–1280. Available at: https://doi.org/10.1126/science.aaf6162.

The Lancet Diabetes & Endocrinology (2019) 'Type 1 diabetes technology: advances and challenges - Editorial', The Lancet Diabetes and Endocrinology, 7(9), p. 657. Available at: https://doi.org/10.1016/S2213-8587(19)30269-4.

Thomas, R.J. and Bianchi, M.T. (2017) 'Urgent need to improve pap management: The devil is in two (fixable) details', Journal of Clinical Sleep Medicine, 13(5), pp. 657–664. Available at: https://doi.org/10.5664/jcsm.6574.

Thornton, J. (2019) 'When patients innovate', BMJ (Online), 364(March), pp. 19–21. Available at: https://doi.org/10.1136/bmj.l1474.

Thurm, U. and Gehr, B. (2013) CGM- und Insulinpumpenfibel oder: Bei Dir piept's ja! Mainz: Verlag Kirchheim + Co GmbH.

Torrance, A. and von Hippel, E. (2015) 'The right to innovate', Michigan State Law Review, 793, pp. 793–829.

Treasure, T. et al. (2016) 'Personalized external aortic root support: a review of the current status', European Journal of Cardio-Thoracic Surgery, 50(3).

Treasure, T. and Pepper, J. (2015) 'PEARS: update on research and development plans', Society for Cardiographic Surgery in Great Britain and Ireland Bulletin, December. Available at: https://scts.org/_userfiles/pages/files/bulletins/2015-Dec-SCTS-Bulletin.pdf.

Trevitt, S., Simpson, S. and Wood, A. (2016) 'Artificial Pancreas Device Systems for the Closed-Loop Control of Type 1 Diabetes: What Systems Are in Development?', Journal of Diabetes Science and Technology, 10(3), pp. 714–723. Available at: https://doi.org/10.1177/1932296815617968.

True, M.W. (2009) 'Circulating Biomarkers of Glycemia in Diabetes Management and Implications for Personalized Medicine', Journal of Diabetes Science and Technology, 3(4), pp. 743–747. Available at: https://doi.org/10.1177/193229680900300421.

Verlag Kirchheim + Co GmbH (2020) Digitalisierungs- und Technikreport Diabetes. Available at: https://www.dut-report.de/ (Accessed: 12 October 2020).

Vodicka, E. et al. (2015) 'PCN117. Inclusion of Patient-Reported Outcome Measures In Registered Clinical Trials: Evidence From Clinicaltrials.Gov (2007-2013)', Contemporary Clinical Trials, 18. Available at: https://doi.org/10.1016/j.cct.2015.04.004.

Weaver, K.W. and Hirsch, I.B. (2018) 'The Hybrid Closed-Loop System: Evolution and Practical Applications', Diabetes Technology & Therapeutics, 20(S2), pp. S2-16-S2-23. Available at: https://doi.org/10.1089/dia.2018.0091.

Weisman, A. et al. (2017) 'Effect of artificial pancreas systems on glycaemic control in patients with type 1 diabetes: a systematic review and meta-analysis of outpatient randomised controlled trials', The Lancet Diabetes and Endocrinology, 5(7), pp. 501–512. Available at: https://doi.org/10.1016/S2213-8587(17)30167-5.

Weltgesundheitsorganisation (2019) Diabetes.

Wikman, A., Wardle, J. and Steptoe, A. (2011) 'Quality of life and affective well-being in middle-aged and older people with chronic medical illnesses: A cross-sectional population based study', PLoS ONE, 6(4). Available at: https://doi.org/10.1371/journal.pone.0018952.

Wilmot, E.G. and Danne, T. (2020) 'DIY artificial pancreas systems: the clinician perspective', The Lancet Diabetes and Endocrinology, 8(3), pp. 183–185. Available at: https://doi.org/10.1016/S2213-8587(19)30416-4.

World Health Organization (2022) Diabetes. Available at: https://www.who.int/news-room/fact-sheets/detail/diabetes (Accessed: 16 February 2022).

Wu, Z. et al. (2020) 'Use of a do-it-yourself artificial pancreas system is associated with better glucose management and higher quality of life among adults with type 1 diabetes', Therapeutic Advances in Endocrinology and Metabolism, 11, pp. 1–11. Available at: https://doi.org/10.1177/2042018820950146.

Zejnilovic, L., Oliveira, P. and Canhao, H. (2016) 'Innovations by and for Patients, and their Place in the Future Health Care System', in H. Albach et al. (eds) Boundaryless Hospital: Rethink and Redefine Health Care Management. Berlin, Heidelberg: Springer Berlin Heidelberg, pp. 1–360. Available at: https://doi.org/10.1007/978-3-662-49012-9.

Ziegler, R. et al. (2018) 'Therapieanpassungen mithilfe von Trendpfeilen bei kontinuierlichen Glukosemonitoring (CGM)-Systemen', Diabetologie und Stoffwechsel, 13(05), pp. 500–509. Available at: https://doi.org/10.1055/a-0656-6705.

Zimmerman, C., Albanese-O'Neill, A. and Haller, M.J. (2019) 'Advances in Type 1 Diabetes Technology Over the Last Decade', European Endicronology, 15(2), pp. 70–6.

10 Anhang: Interview-Leitfäden

10.1 Leitfaden L – Loopende

1. Typ-1-Diabetes & Technologien
1.1 Hast du privat/beruflich irgendeinen IT-Hintergrund?
1.2 Seit wann bist du T1Dler:in?
1.3 Kannst du mir erzählen, was für Auswirkungen dein T1D auf deinen Alltag/dein Leben hat?
1.4 Was für Technologien hast du schon genutzt, bevor du mit dem Loopen angefangen hast?
1.5 Welche Technologien für T1D nutzt du aktuell?
1.6 Hast du vorher schon mal irgendwelche (Medizin-)Geräte selbst gebaut oder verändert?
1.7 Was macht für dich den Leidensdruck des T1D so stark, dass du dich auf eine nicht offizielle und aufwendige Technologie einlässt?

2. Das Open-Source-Closed-Loop-System
2.1 Erzähle mir deine Geschichte, wie du zur:m Looper:in wurdest?
→ Mit welchen Erwartungen bist du ans Loopen herangegangen?
2.2 Wie hat das Loopen dann tatsächlich dein Leben verändert?
2.3 Hältst du das Loopen für sicher?
2.4 Hältst du den Loop für effektiver als kommerzielle derzeit erhältliche Systeme?
2.5 Bringt das Loopen auch Risiken oder Nachteile mit sich?
2.6 Wie schwierig und aufwendig ist es, die App/die Anwendung zu erstellen?
2.7 Welche Stellung nimmt die Community für dich ein?
→ Vertraust du der Community und den Technologien?
2.8 Hättest du dir vorher vorstellen können, eine Technologie für T1D zu nutzen, kein offiziell zugelassenes Medizinprodukt ist?
→ Würdest du dem zustimmen, dass das OSCLS nicht geprüft/getestet ist?
2.9 Glaubst du, dass auch nicht-technikaffine Nutzende loopen können?

2.10 Welche Voraussetzungen sollten gegeben sein, damit ein erfolgreiches Loopen überhaupt möglich ist?

3. Gesellschaftliche Einordnung & Gesundheitswesen
3.1 Identifizierst du dich mit der Loop-Bewegung?
3.2 Wie ordnest du deine Aktivitäten gesellschaftlich/politisch ein?
3.3 Wie findest du es, dass die Loop-Bewegung unabhängig ist vom Gesundheitswesen?
3.4 Was denkst du, warum das Loopen vom Gesundheitswesen so kritisch betrachtet und abgelehnt wird?
→ Was für Erfahrungen hast du als Looper:in mit Ärzt:innen gemacht?
3.5 Wie schätzt du die Wirkung der #WeAreNotWaiting-Bewegung ein, z. B. auf Hersteller oder das Gesundheitswesen?
→ Fändest du einen Austausch der Open-Source-Closed-Loop-Community mit Herstellern und/oder Forschenden gut?

4. Letzte Fragen
4.1 Was wäre für dich die perfekte Technologie für T1D?
4.2 Was denkst du, wohin sich die Open-Source-Closed-Loop-Community noch bewegen wird?
4.3 Gibt es irgendetwas, das du noch anmerken möchtest?

10.2 Leitfaden F – Menschen mit Typ-F-Diabetes

1. Typ-1-Diabetes & Technologien
1.1 Haben Sie privat/beruflich irgendeinen IT-Hintergrund?
1.2 Seit wann haben Sie mit T1D zu tun?
1.3 Können Sie mir erzählen, was für Auswirkungen der T1D auf das Leben des MmT1D hat, den Sie unterstützen? Auch auf die Lebensqualität?
→ Auswirkungen auf Ihr eigenes Leben?
1.4 Welche Technologien für T1D finden Sie gut, welche schlecht, und warum?
1.5 Seit wann nutzten Sie das OSCLS?
1.6 Haben vorher schon mal irgendwelche (Medizin-)Geräte selbst gebaut oder verändert?

2. Das Open-Source-Closed-Loop-System
2.1 Erzählen Sie mir Ihre Geschichte, wie Sie zum Loopen kamen?
→ Was waren Ihre Erwartungen?

2.2 Hatten Sie Sorge, es könnte etwas schiefgehen?
2.3 Hätten Sie sich vorher vorstellen können, dass eine Ihnen wichtige Person eine nicht zugelassene Medizintechnologie nutzt?
→ Würden Sie dem zustimmen, dass der Loop nicht geprüft/getestet ist?
2.4 Wie hat das Loopen dann tatsächlich das Leben des MmT1D verändert?
2.5 Halten Sie das Loopen für sicher?
2.6 Bringt das Loopen auch Risiken oder Nachteile mit sich?
2.7 Wie schwierig und aufwendig ist es, die App/die Anwendung zu erstellen und zu pflegen?
2.8 Denken Sie, dass jeder Mensch mit T1D ein OSCLS nutzen kann?
2.9 Welche Stellung nimmt die Community für Sie ein?
2.10 Wie viel Wissen um T1D brauchen Sie, um beim Loopen unterstützen zu können?
2.11 Wie viel Verantwortung übernehmen Sie durch Ihre Unterstützung beim Loopen?
2.12 Haben Sie irgendwelche Befürchtungen, man könnte Sie rechtlich belangen?

3. Gesellschaftliche Einordnung & Gesundheitswesen
3.1 Identifizieren Sie sich mit der Loop-Bewegung?
3.2 Wie finden Sie es, dass die Loop-Bewegung unabhängig ist vom Gesundheitswesen?
3.3 Was denken Sie, warum das Loopen von manchen Beteiligten im Gesundheitswesen so kritisch betrachtet und teilweise abgelehnt wird?

4. Letzte Fragen
4.1 Was wäre für Sie die perfekte Technologie für T1D?
4.2 Was denken Sie, wohin sich die OSCLS-Community noch bewegen wird?
4.3 Gibt es irgendetwas, das Sie noch anmerken möchten?

10.3 Leitfaden E – Eltern

1. Typ-1-Diabetes & Technologien
1.1 Haben Sie privat/beruflich irgendeinen IT-Hintergrund?
1.2 Wie alt ist ihr Kind? Seit wann hat Ihr Kind T1D?
1.3 Können Sie mir erzählen, was für Auswirkungen der T1D auf das Leben Ihrer Tochter hat?
→ Auswirkungen auf Ihr eigenes Leben?
1.4 Welche Technologien für T1D nutzen Sie für Ihre Tochter aktuell?

1.5 Welche der Technologien, die Ihre Tochter nutzt oder genutzt hat, finden Sie gut, welche schlecht, und warum? Welche hat/haben deutlich zur Verbesserung der Lebensqualität Ihrer Tochter beigetragen?
→ Und welche zu Ihrer eigenen Lebensqualität?
1.6 Was macht für Sie den Leidensdruck des T1D so stark, dass Sie sich für ihre Tochter auf eine nicht offizielle und aufwendige Technologie einlassen?

2. Das Open-Source-Closed-Loop-System

2.1 Erzählen Sie mir Ihre Geschichte, wie Sie und Ihre Tochter zum Loopen kamen?
→ Mit was für Erwartungen sind Sie an die Sache mit dem Loopen herangegangen, als Sie damit angefangen haben?
→ Wie fühlt sich das an, wenn zum ersten Mal die App/die Anwendung läuft?
2.2 Glauben Sie, die Entscheidung für den Loop wäre einfacher oder generell anders gewesen, wenn es für Sie selbst gewesen wäre und nicht für Ihre Tochter?
2.3 Hätten Sie sich vorher vorstellen können, dass Ihre Tochter eine Technologie nutzt, die kein offiziell zugelassenes Medizinprodukt ist?
→ Würden Sie dem zustimmen, dass die OSCLS nicht geprüft/getestet sind?
2.4 Wie hat das Loopen dann tatsächlich das Leben Ihrer Tochter verändert?
→ Und Ihr eigenes Leben?
2.5 Halten Sie das Loopen für sicher?
2.6 Bringt das Loopen auch Risiken oder Nachteile mit sich?
2.7 Wie schwierig und aufwendig ist es, die App/die Anwendung zu erstellen?
→ Haben Sie die App ganz ohne Hilfe erstellt?
2.10 Welche Stellung nimmt die Community für Sie ein?
2.11 Haben Sie die Befürchtung, man könnte Sie rechtlich belangen, weil Sie für Ihre Tochter eine nicht-zugelassene Technologie nutzen?

3. Gesundheitswesen

3.1 Wie finden Sie es, dass die OSCLS-Bewegung unabhängig ist vom Gesundheitswesen?
3.2 Was denken Sie, warum das Loopen von manchen Beteiligten im Gesundheitswesen so kritisch betrachtet und teilweise abgelehnt wird?
→ Welche Erfahrungen haben Sie mit Ärzt:innen gemacht?
3.3 Glauben Sie, dass die OSCLS die Herangehensweise von Hersteller und Forschung verändern/verändern werden?
3.4 Fänden Sie einen Austausch der OSCLS-Community mit Herstellern und/oder Forschenden gut?

10. Anhang: Interview-Leitfäden 361

4. Letzte Fragen
4.1 Was wäre für Sie die perfekte Technologie für T1D?
4.2 Was denken Sie, wohin sich die OSCLS-Community noch bewegen wird?
4.3 Gibt es irgendetwas, das Sie noch anmerken möchten?

10.4 Leitfaden Z – Ehemals Loopende

1. Typ-1-Diabetes & Technologien
1.1 Hast du privat/beruflich irgendeinen IT-Hintergrund?
1.2 Seit wann bist du T1Dlerin?
1.3 Kannst du mir erzählen, was für Auswirkungen dein T1D auf deinen Alltag/dein Leben hat?
1.4 Was für Technologien hast du schon alle genutzt, bevor du mit dem Loopen angefangen hast?
1.5 Welche Technologien für T1D nutzt du aktuell?
1.6 Was macht für dich den Leidensdruck des T1D so stark, dass du dich auf eine nicht offizielle und aufwendige Technologie eingelassen hast?

2. Das Open-Source-Closed-Loop-System
2.1 Erzähle mir deine Geschichte, wie du zur Looperin wurdest?
→ Mit welchen Erwartungen bist du ans Loopen herangegangen?
2.2 Wie hat das Loopen dann tatsächlich dein Leben verändert?
2.3 Hältst du das Loopen für sicher?
2.4 Hältst du den Loop für effektiver als kommerzielle derzeit erhältliche Systeme?
2.5 Bringt das Loopen auch Risiken oder Nachteile mit sich?
2.6 Wie schwierig und aufwendig ist es, die App/die Anwendung zu erstellen?
2.7 Welche Stellung nahm die Community für dich ein?
→ Vertraust du der Community und den Technologien?
2.8 Glaubst du, dass auch nicht-technikaffine Nutzende loopen können?
2.9 Welche Voraussetzungen sollten gegeben sein, damit ein erfolgreiches Loopen überhaupt möglich ist?
2.10 Warum hast du aufgehört zu loopen?

3. Gesellschaftliche Einordnung & Gesundheitswesen
3.1 Hast du dich mit der Loop-Bewegung identifiziert?
3.2 Wie findest du es, dass die Loop-Bewegung unabhängig ist vom Gesundheitswesen?

3.3 Was denkst du, warum das Loopen von manchen Beteiligten im Gesundheitswesen so kritisch betrachtet und teilweise abgelehnt wird?
→ Was für Erfahrungen hast du als Looperin mit Ärzt:innen gemacht?

4. Letzte Fragen
4.1 Was wäre für dich die perfekte Technologie für T1D?
4.2 Was denkst du, wohin sich die OSCLS-Community noch bewegen wird?
4.3 Gibt es irgendetwas, das du noch anmerken möchtest?

10.5 Leitfaden A – Aktiv an der Entwicklung der OSCLS beteiligte Loopende

1. Das Open-Source-Closed-Loop-System
1.1 Erzähle mir deine Geschichte, wie du zur:m Entwickler:in dieser Technologie wurdest?
1.2 Was für Veränderungen wolltest du erreichen mit dem OSLCS?
→ Welche Veränderungen sind dann tatsächlich eingetreten?
1.3 Inwiefern ist das OSCLS anders als kommerzielle Optionen?
1.4 Mit welchen Problemen ist das OSCLS konfrontiert?
1.5 Bringt das OSCLS auch Risiken oder Nachteile mit sich?
1.6 Wie viel Zeit hast du ins Schreiben/Testen investiert?
→ Wie viel Zeit steckst du momentan hinein?
1.7 Denkst du, dass jeder Mensch mit T1D ein OSCLS nutzen kann?
1.8 Welche Voraussetzungen sollten gegeben sein, damit ein erfolgreiches Loopen für Loopende ohne technische Kenntnisse wie deine möglich ist?

2. Gesellschaftliche Einordnung & Gesundheitswesen
2.1 Identifizierst du dich mit der Loop-Bewegung?
2.2 Wie ordnest du deine Aktivitäten gesellschaftlich/politisch ein?
→ Was ist generell deine (Haupt-)Motivation?
2.3 Wie können auch Personen, die keine Loopenden sind, zu mehr Mitbestimmung/*Empowerment* für ihre Devices kommen?
2.4 Wie findest du es, dass die Loop-Bewegung unabhängig ist vom Gesundheitswesen?
2.5 Was denkst du, warum das Loopen von manchen Beteiligten im Gesundheitswesen so kritisch betrachtet und teilweise abgelehnt wird?
2.6 Glaubst du, dass das OSCLS die Herangehensweise von Hersteller und Forschung verändert/verändern wird?

2.7 Wie schätzt du die Wirkung der OSCLS/der Bewegung auf das Gesundheitswesen ein?

3. Letzte Fragen
3.1 Gibt es irgendetwas, das du noch anmerken möchtest?

10.6 Leitfaden D – Ärztinnen

1. Typ-1-Diabetes & Technologien
Wie stehen Sie zu den kommerziellen Technologien für T1D?

2. Die Open-Source-Closed-Loop-Systeme
2.1 Welche Open-Source-Technologien für T1D sind Ihnen bekannt?
2.2 Wie stehen Sie zu den OSCLS?
2.3 Inwiefern unterscheiden sich die OSCLS von anderen Technologien für T1D, die derzeit auf dem Markt sind?
→ Und von denen, die derzeit in der Forschung sind?
2.4 Halten Sie die OSCLS für sicher?
2.5 Halten Sie die OSCLS für effektiver als kommerzielle derzeit erhältliche Systeme?
2.6 Halten Sie die OSCLS für effektiver als kommerzielle sich derzeit in der Entwicklung befindliche Systeme?
2.7 Wie viele Patient:innen betreuen Sie, die ein OSCLS nutzen?
2.8 Wie hat sich das Loopen auf die Gesundheit und Lebensqualität Ihrer Patient:innen ausgewirkt?
2.9 Welche Voraussetzungen sollten gegeben sein, damit ein erfolgreiches Loopen überhaupt möglich ist?
2.10 Sind die OSCLS einfach zu verstehen?
2.11 Denken Sie, dass jeder Mensch mit T1D ein OSCLS nutzen kann?
2.12 Was macht aus Ihrer Sicht das Leiden an T1D so stark, dass die Nutzenden sich auf eine inoffizielle und aufwendige Technologie einlassen?
2.13 Was denken Sie, woher das Vertrauen der Nutzenden in diese Technologie kommt?
2.14 Stimmen Sie dem zu, dass OSCLS nicht geprüft/getestet sind?

3. Gesundheitswesen
3.1 Wie schätzten Sie die Wirkung der Bewegung nach außen ein? Z. B. Wirkung auf Hersteller, Krankenkassen, Mediziner, Zulassung?
3.2 Wie stehen Sie dazu, dass die Loop-Bewegung unabhängig ist vom Gesundheitswesen?
3.3 Denken Sie, dass Nutzende von OSCLS mehr Vertrauen in die OSCLS-Community haben als in das Gesundheitswesen?
3.4 Was denken Sie, warum das Loopen von manchen Beteiligten im Gesundheitswesen so kritisch betrachtet und teilweise abgelehnt wird?
3.5 Was denken Sie, sind die Wünsche und Ansprüche, die die Nutzenden der OSCLS an das Gesundheitswesen haben?
→ Was wären Ihre Wünsche und Ansprüche für Menschen mit T1D?
3.6 Halten Sie das Verändern bzw. Selbstbauen eines medizinischen Gerätes für demokratisches Empowerment der Nutzenden?
3.7 Denken Sie, dass die Menschen mit T1D in gewisser Weise vom Gesundheitswesen ignoriert werden bzw. das so empfinden?
3.8 Wie ist ihres Wissens nach die Rechtslage, wie sich Ärzt:innen gegenüber loopenden Patient:innen verhalten dürfen?
3.9 Wie verhalten Sie sich gegenüber loopenden Patient:innen?
3.10 Beeinflusst die Loop-Bewegung in gewisser Weise Ihre Arbeit als Diabetologin?

4. Letzte Fragen
4.1 Was wäre die perfekte Technologie für T1D?
4.2 Wohin wird sich die Forschung noch bewegen?
4.3 Was denken Sie, wohin sich die OSCLS-Community noch bewegen wird?
4.4 Gibt es noch etwas, dass Sie hinzufügen möchten?

10.7 Leitfaden H – Hersteller

1. Typ-1-Diabetes & Technologien
1.1 Was denken Sie, welche kommerziellen Technologien zur Verbesserung der Lebensqualität für Menschen mit T1D beigetragen haben?

2. Die Open-Source-Closed-Loop-Systeme
2.1 Wie stehen Sie zu den OSCLS?
2.2 Wo sehen Sie Unterschiede der OSCLS zu anderen Technologien für T1D, die derzeit erhältlich sind?

2.3 Halten Sie OSCLS für effektiver als kommerzielle derzeit erhältliche Systeme?
2.4 Denken Sie, dass jeder Mensch mit T1D ein OSCLS nutzen kann?
2.5 Halten Sie die OSCLS für sicher?
→ Halten Sie offizielle zugelassene Systeme für un/sicherer?
2.6 Wie beurteilen Sie die Auswirkungen der OSCLS auf die Nutzenden?
2.7 Was denken Sie, macht das Leiden an T1D so stark, dass die Nutzenden sich auf eine inoffizielle, aufwendige und nicht von offizieller Seite geprüfte Technologie einlassen?
2.8 Was denken Sie, woher das Vertrauen der Nutzenden in diese Technologie kommt?
2.9 Stimmen Sie dem zu, dass OSCLS nicht geprüft sind?

3. Gesundheitswesen
3.1 Hat die Entstehung der OSCLS die Firma, für die Sie arbeiten, in irgendeiner Weise beeinflusst?
3.2 Sind Sie in Kontakt mit Loopenden oder generell Patient:innen?
3.3 Können Sie sich vorstellen, dass Ihre Firma mit Loopenden zusammenarbeitet?
3.4 Unternimmt Ihre Firma konkret etwas für oder gegen die Möglichkeit zu loopen?
3.5 Wie könnte eine Beschleunigung von Zulassungsverfahren erreicht werden bzw. was sind Ihrer Meinung nach die Gründe, warum diese so lange dauern?
3.6 Warum gibt es bislang kein in Deutschland zugelassenes Hybrid-CLS?
3.7 Wie schätzten Sie die Wirkung der Bewegung nach außen ein? Z. B. Wirkung auf Hersteller, Krankenkassen, Mediziner, Zulassung?
3.8 Was denken Sie, warum das Loopen von manchen Beteiligten im Gesundheitswesen so kritisch betrachtet und teilweise abgelehnt wird?
3.9 Wie stehen Sie dazu, dass die Loop-Bewegung unabhängig ist vom Gesundheitswesen?
3.10 Denken Sie, dass Nutzende von OSCLS mehr Vertrauen in die Open-Source-Community haben als in das Gesundheitswesen?
3.11 Wie sollten sich Ärzt:innen Ihrer Meinung nach gegenüber loopenden Patient:innen verhalten?
3.12 Halten Sie das Modifizieren der Wirkweise eines medizinischen Gerätes für demokratisches Empowerment der Nutzenden?
3.13 Denken Sie, dass die Loopenden das Gefühl haben, vom Gesundheitswesen ignoriert zu werden?

4. Letzte Fragen
4.1 Wohin wird sich die Forschung noch bewegen?

4.2 Was denken Sie, wohin sich die OSCLS-Community noch bewegen wird?
4.3 Gibt es noch etwas, dass Sie hinzufügen möchten?

10.8 Leitfaden M – Medizininformatikerin

1. Typ-1-Diabetes & Technologien
1.1 Wie stehen Sie zu den kommerziellen Technologien für T1D?

2. Die Open-Source-Closed-Loop-Systeme
2.1 Wie stehen Sie zu den OSCLS?
2.2 Halten Sie die OSCLS für sicher?
→ Halten Sie offizielle zugelassene Systeme für un/sicherer?
2.3 Welche Voraussetzungen sollten gegeben sein, damit ein erfolgreiches Loopen überhaupt möglich ist?
2.4 Denken Sie, dass jeder Mensch mit T1D ein OSCLS nutzen kann?
2.5 Was denken Sie, warum die Nutzenden sich auf eine inoffizielle, aufwendige und ungeprüfte Technologie einlassen?
→ Stimmen Sie dem zu, dass OSCLS nicht geprüft/nicht getestet sind?

3. Gesundheitswesen
3.1 Wie stehen Sie dazu, dass die Loop-Bewegung unabhängig ist vom Gesundheitswesen?
3.2 Was denken Sie, warum das Loopen von manchen Beteiligten im Gesundheitswesen so kritisch betrachtet und teilweise abgelehnt wird?
3.3 Was denken Sie, sind die Wünsche und Ansprüche, die die Nutzenden der OSCLS an das Gesundheitswesen haben?
3.4 Denken Sie, dass die Loopenden das Gefühl haben, vom Gesundheitswesen ignoriert zu werden?
3.5 Halten Sie das Modifizieren bzw. Selbstbauen eines medizinischen Gerätes für demokratisches *Empowerment* der Nutzenden?
3.6 Wie schätzen Sie die Wirkung des der OSCLS-Bewegung nach außen ein?

4. Letzte Fragen
4.1 Was wäre die perfekte Technologie für T1D?
4.2 Wohin wird sich die Forschung noch bewegen?
4.3 Was denken Sie, wohin sich die OSCLS-Community noch bewegen wird?
4.4 Gibt es noch etwas, dass Sie hinzufügen möchten?

Nachwort
von Christopher Coenen und Constanze Scherz

In diesem Beitrag wollen wir die Arbeit unserer Kollegin Silvia Woll im Kontext des inter- und transdisziplinären Feldes der Technikfolgenabschätzung (TA) würdigen und damit auch ihrer gedenken. Ihr Tod im Jahr 2022 hat das Kollegium des Instituts für Technikfolgenabschätzung und Systemanalyse (ITAS) am Karlsruher Institut für Technologie (KIT) erschüttert. Silvia Wolls Studie wird – so hoffen wir - eine interessierte Leser*innenschaft finden: von Patient Innovators und anderen Nutzer*innen von Medizintechnologien über die boomende Community der Citizen Science allgemein und die zu dieser neuen Wissenschaftspraxis Forschenden bis hin zu den im weiten Feld der Gesundheitswissenschaften Arbeitenden. Sie ist aber auch (und vielleicht gerade deshalb) eine bedeutende Arbeit für die TA.

Unser Feld hat sich seit den 1960er Jahren aus einer stark expertenorientierten Praxis der parlamentarischen Politikberatung heraus entwickelt und die Politikberatung ist bis heute ein zentrales Tätigkeitsfeld der TA. Auch wenn medizinethische und -soziologische Themen – vor allem im Kontext bioethischer Debatten – sowie Formen der Stakeholder-Partizipation in einigen Ländern bereits im vergangenen Jahrhundert in der TA-Praxis eine erhebliche Rolle spielten, hat die TA in Deutschland seit gut zwei Jahrzehnten einen doppelten Prozess sowohl der ‚Ethisierung' (Bogner 2011) als auch eine partizipative Wende durchlaufen.

Seit den 2000er Jahren nehmen ethische Aspekte bzw., wie es seit der ‚Begleitforschung' zum Humangenomprojekt in den 1990er Jahren oft heißt, ethical, legal and societal aspects/implications/issues (ELSA/ELSI) neuer Technologien breiten Raum in der TA ein. Hierbei spielten medizin- und gesundheitsnahe ELSA eine zentrale Rolle. Insbesondere bei diesen wurde dabei schnell auch die zunehmende Bedeutung einer möglichst frühzeitigen Einbeziehung von aktuellen und potenziellen zukünftigen Nutzer*innen in die Forschung und Entwicklung (FuE) betont. Treibende Kräfte waren in diesem Zusammenhang nicht nur zivilgesellschaftliche Akteure wie z.B. Patient*innengruppen, sondern durchaus auch forschungspolitische Institutionen und zudem Unternehmen und private Stiftungen.

© Der/die Herausgeber bzw. der/die Autor(en), exklusiv lizenziert an
Springer Fachmedien Wiesbaden GmbH, ein Teil von Springer Nature 2024
S. Woll, *Gesundheitsaktivismus am Beispiel des Typ-1-Diabetes: #WeAreNot Waiting*, Technikzukünfte, Wissenschaft und Gesellschaft / Futures of Technology, Science and Society, https://doi.org/10.1007/978-3-658-43097-9

Wie andere Ansätze wissenschaftlicher Politikberatung und der Wissensschafts- und Technikforschung (science and technology studies, STS) hat die TA „auf Grenzen des Expertenwissens und anhaltende Kritik an Formen technokratisch geprägter und elitistisch begrenzter Politikberatung mit einer ‚partizipativen Wende' reagiert und mit einer Vielzahl von neuen Beteiligungsformen" experimentiert (Grunwald und Saretzki 2020, 14). Hierbei ließ sich Mitte der 2000er Jahre aus der Sicht partizipativer TA die Vielfalt der erprobten Verfahren noch zu zwei Typen zusammenfassen (Hennen et al. 2004, 5):

(1) Stakeholder-Verfahren, bei denen es sich um organisierte Dialogprozesse mit Vertreter*innen gesellschaftlicher Gruppen (z.B. zur Klärung von TA-Untersuchungsschwerpunkten, zur Entwicklung politischer Optionen zur Problemlösung oder zur Diskussion und Bewertung vorliegender wissenschaftlicher Erkenntnisse zu Risiken und Chancen der Nutzung einer bestimmten Technologie),
(2) im engeren Sinne partizipative Verfahren, die nichtorganisierten Bürger*innen eine beratende Rolle im Prozess der Technikbewertung eröffnen.

Neben mehr oder weniger stark formalisierten Verfahren – wie bei ‚Runden Tischen', Planungsverfahren von Großprojekten oder dem laienbasierten Beratungsverfahren der ‚Konsenuskonferenz' – gibt es eine Vielzahl weiterer Formen der Einbeziehung von Bürger*innen und Interessensgruppen in die Arbeit der TA und damit in forschungspolitische Prozesse. Für die TA – aber mittlerweile auch für viele politische Institutionen – ist hier die Ausgangsüberlegung, dass eine „umfassende Bewertung neuer Technologien auf die Einbeziehung der Wertorientierung und Interessen gesellschaftlicher Gruppen angewiesen ist" (Hennen et al. 2004, 4f.): Bei konkreten Anlässen wird dann versucht, eine für alle Beteiligten akzeptable Lösung zu finden, während bei der Behandlung von allgemeinen Fragen der Technikbewertung ohne lokalen Bezug, wie z.B. Chancen und Risiken eines ganzen Technologiefeldes, die argumentative Auseinandersetzung im Vordergrund steht, bei der zumindest Ursachen und Struktur des Dissenses aufgeklärt und somit die normativen und kognitiven Grundlagen der Entscheidungsfindung verbessert werden sollen.

Auch wenn Citizen Science – als laienbasierte Praxis der Generierung von wissenschaftlichen Erkenntnissen bzw. vor allem der Unterstützung von Wissenschaft durch Lai*innen – in gewissen Hinsichten schon seit langer Zeit existiert (z.B. bei naturwissenschaftlichen Sammlungen), ist durch den auch konzeptionellen und förderpolitischen Boom dieses Feldes seit den 2010er Jahren Citizen Science auch zu einem zentralen Bezugspunkt bei der Partizipation in Technikdiskursen geworden.

Nach Vorarbeiten vor allem zu neuen Do-it-yourself- und Hacking-Kulturen, in denen medizinische Ziele nur eines von vielen sind, hat das ITAS insbesondere dank der Arbeit Silvia Wolls mit an der Spitze in Deutschland beim Thema medizinischer Citizen Science gestanden. So war Silvia Woll Gründungsmitglied der AG Citizen Science in Medizin und Gesundheitsforschung innerhalb der vom BMBF geförderten Plattform ‚Bürger schaffen Wissen' und hat diese bis zu ihrem Tod gemeinsam mit Gertrud Hammel vom Institut für Umweltmedizin (Helmholtz Zentrum München) geleitet. Dabei ging es ihr neben der Vernetzung von interdisziplinär Forschenden im Themenfeld stets auch um einen reflektierten wissenschaftlichen Blick auf das Forschungsdesign und die -ergebnisse sowie um die Weiterentwicklung der angewandten Methoden. Sie war die zentrale Figur im ITAS, wenn es um die Konzeption, Ausgestaltung und Beforschung von Bürger*innen-Beteiligung ging. Insbesondere der jährlich stattfindende Bürgerdialog des ITAS, der auch eingebettet ist in die Science Week des KIT, trug ihre Handschrift und wird nun vom ITAS-Kollegium fortgeführt.

Auch zu einem zentralen konzeptionellen Resultat neuerer Arbeit zum Thema medizinischer Citizen Science – einer Studie zu bürgerwissenschaftlichen Forschungsansätzen in Medizin und Gesundheitsforschung (Hammel et al. 2021) – hat unsere Kollegin einen bedeutenden Beitrag geleistet. Ausgangspunkt dieser Studie war die Diagnose, dass Citizen Science mittlerweile in vielen wissenschaftlichen Disziplinen gut etabliert sei. In der medizinischen und Gesundheitsforschung scheine dies auf den ersten Blick nicht der Fall zu sein, aber bei genauerer Betrachtung der Praxis werde deutlich, dass bürgerwissenschaftliche Ansätze dort durchaus verfolgt werden, jedoch häufig unter anderen Namen. In klinischen und epidemiologischen Studien sei der Beteiligungsgrad der Studienteilnehmer*innen niedrig. Bei Letzteren seien diese vor allem Datengeber*innen und könnten nur zuweilen eigene Einschätzungen und Symptome berichten (Patient Reported Outcomes). Auch die Zahl medizinischer Forschungsprojekte, die einen Citizen-Science-Ansatz aufweisen, sei noch klein. Als Beispiel wird die Nutzung von Crowdsourcing angeführt, was die Studie als eine Praxis mit sehr geringem Beteiligungsgrad bezeichnet. Die Beteiligung in klinischen und epidemiologischen Studien erscheine mithin insgesamt bloß als eine Vorstufe von Partizipation; und in der Versorgungsforschung sei zwar der Anspruch der Patient*innenorientierung höher, dies habe aber zumindest in Deutschland in der Förderpraxis noch keinen nennenswerten Niederschlag hinsichtlich Citizen Science gefunden. Partizipation im eigentlichen Sinn, so die Autor*innen, habe die traditionellen Rollen von Expert*innen und Laien wechselseitig verändert und dazu geführt, dass die Laienperspektive als eigenständiges Element neben der wissenschaftlichen Expertise in der Bewertung der Relevanz wissenschaftlichen Wissens für anstehende Entscheidungen anerkannt wurde. Dies entspricht dem Leitbild gegenseitigen Lernens zwischen Stakeholdern und der Einbeziehung diverser Expertise im Konzept der responsible research and innovation (RRI), das auch in der TA in diesem Jahrhundert zentrale Bedeutung erlangt hat.

Als partizipative Ansätze im eigentlichen Sinn werden in der Studie genannt: patient*innenzentrierte Versorgung, Community-based Participatory Research (CBPR), Patient Engagement / Patient Involvement, partizipative Gesundheitsforschung (PGF, im Englischen zumeist Participatory Health Research), Patient Science sowie Patient Innovation. Die drei erstgenannten Ansätze legen den Schwerpunkt auf das Engagement von Patient*innen im gegebenen Rahmen, wobei der Grad der gemeinsamen Entscheidungsfindung unterschiedlich ist und nicht unbedingt in allen Phasen bzw. Elementen des Forschungsprozess Patient*innen „auf Augenhöhe" einbezogen werden. Auf jeden Fall sollen aber deren Bedürfnisse durch aktives eigenes Engagement priorisiert werden, weit über eine Proband*innenrolle hinaus.

Die PGF geht zumindest konzeptionell noch einen Schritt weiter. In der Tradition der sozialwissenschaftlichen Aktionsforschung werden Patient*innen als Mitforschende verstanden, die gleichberechtigt an Forschungsprozessen mitwirken, wobei Forschung als eine gesellschaftsverändernde Koproduktion verstanden wird. Dies entspricht dem Leitbild der Ko-Kreation von Innovation im RRI-Konzept.

Der Ansatz der Patient Science fokussiert hingegen noch stärker das Wissen, über das Patient*innen und ihre Angehörigen mit Blick bestimmte Krankheiten verfügen. Während ältere Ansätze wie PGF oder CBPR vor allem auf Transformationsprozesse in Bezug auf Lebensverhältnisse und das Handeln von Patient*innen insbesondere in lokalen Gemeinschaften abzielen, geht es Patient Science, ganz im Sinne der neueren Citizen-Science-Konzepte, vor allem um ein Empowerment von Patient*innen bei der Produktion wissenschaftlichen Wissens – und zwar eines Wissens, das eine hohe lebenspraktische Relevanz für sie hat und somit erheblich zur Verbesserung der Gesundheitsversorgung beitragen kann.

Der Ansatz der Patient Innovation schließlich löst sich von der akademischen und sonstigen professionellen Forschung. In diesem entwickeln die Patient*innen oder ihre nichtberuflichen Betreuenden selbst und ohne – oder ohne größere – Mitwirkung professionell medizinisch Tätiger Lösungen für ihre spezifischen Probleme. Patient Innovation steht damit in der Tradition der Do-it-yourself- und Open-Source-Bewegungen sowie der sozialen Gesundheitsbewegungen, die bereits Jahrzehnte vor dem neuen Citizen-Science-Boom zeigten, dass medizinische Forschung auch unabhängig von der akademischen Wissenschaft und Industrie möglich sein kann.

Die vorliegende Arbeit Silvia Wolls hat als Fokus eben diese Patient Innovation sowie den Gesundheitsaktivismus. Sie beleuchtet aber zudem deren Kontext, reflektiert – bei erkennbarer, gutbegründeter Sympathie für die analysierten Praktiken und Ideen – auch deren Grenzen und ignoriert in diesem Zusammenhang nicht die Rolle und Ansichten von Menschen in Gesundheitsberufen.

Das wissenschaftliche Herzstück der Arbeit sind zweifelsohne die Interviews. Interviewstudien dieser Art, in denen vor allem aktuelle oder potenzielle Nutzer*innen einer Technologie im Zentrum stehen, sind in der TA – nachdem sie dort noch vor einigen Jahrzehnten als eher exotisch wahrgenommen wurden— recht weit verbreitet, u.a. unter dem Einfluss breiterer STS-Strömungen. Selten aber ist, dass Forschende in der TA ein so intimes Verständnis der Interviewthemen besitzen. Hier wurden die persönlichen Erfahrungen der Autorin im besten Sinne engagierter wissenschaftlicher Arbeit für die Untersuchung fruchtbar gemacht.

In den Interviews wird auch deutlich, weshalb Stimmen von Lai*innen für wissenschaftlich-professionell dominierte Diskurse hilfreich, ja heilsam sein können. Oft erleben wir nämlich als in der TA Tätige, dass Wissenschafts- und Innovationssysteme stark entwickler- und anbietergeprägt sind und dass große Erwartungen und Technikvisionen inflationär von allen Schlüsselakteursgruppen – sowohl in deren (z.B. forschungspolitischen) Interaktionen als auch gegenüber der Öffentlichkeit – in Umlauf gebracht werden. Oft gibt es wissenschaftlich nicht zu rechtfertigende Gründe dafür, dass Expert*innen oder Entscheider*innen über Ressourcen solch klare Aussagen wie die folgenden (über technologische Visionen) vermeiden: „Selbst als ich schon mit Spritzen angefangen habe, im Krankenhaus wurde schon gesagt: [...] zehn Jahre. War immer diese Zahl, die ich im Kopf hatte. Die hat sich alle fünf Jahre, wenn ich wieder mal auf Schulungen war und so weiter, hieß es immer: In zehn Jahren."

Auch in anderen Kontexten als solchen, in denen es um für Gesundheit, Wohlbefinden oder Lebensqualität essentielle Technologien geht, können sog. Hypes und das interessengeleitete Aufbauschen neuer oder ‚emergierender' Technologien sehr problematisch sein. In dem von unserer Kollegin untersuchten Feld gilt dies auf einer auch unter ethischen Gesichtspunkten fundamentalen Ebene: derjenigen der körperlichen Unversehrtheit und basalen Lebensglücks.

Selbstverständlich kann und sollte die TA niemals die gesellschaftliche Systemebene außer Acht lassen, in diesem Fall nicht die der Gesundheitssysteme. Im Sinne sozialen Fortschritts sowie einer inklusiven – und dabei insbesondere unmittelbar Betroffene einbeziehenden – partizipativen TA sind aber normativ begründete „Zumutungen" für ein bestehendes System keineswegs wissenschaftlich irrelevant. Ganz im Gegenteil: Forschung, Entwicklung und Innovation müssen sich im Sinne des obengenannten RRI-Konzepts gerade daran messen lassen, wie in ihnen vielfältige gesellschaftliche Erwartungen berücksichtigt werden. Auch hier kann durch Lai*innen eine nützliche Klarheit in die – z.T. stark ritualisierten und existenzielle sowie Machtfragen eher verdeckenden – wissenschaftlich-professionellen Diskurse gebracht werden: So sagt eine von Silvia Woll interviewte Person, dass sie in diesem Gesundheitswesen gut genug versorgt sei, um nicht zu sterben, aber keine Unterstützung zur Verbesserung ihrer Lebensqualität erhalte, und dass sie das Gefühl habe, man gebe ihr „so viel, dass es zum Überleben reicht, aber wenn es um pure Lebensqualität geht, dann interessiert das keinen".

Wirtschaftlichkeit, insbesondere wenn sie unzureichend mit Gerechtigkeitsaspekten verbunden wird, ist aus Sicht (nicht nur) vieler Betroffener ein zumindest schwer erträglicher Maßstab für Entscheidungen über Fragen der Lebensqualität, die für gleichberechtigte gesellschaftliche Teilhabe essentiell, nach den systemischen Vorgaben aber oft oder regelmäßig von untergeordneter Bedeutung sind (vgl. dazu in anderem technologischen Kontext Baumann et al. 2020). Die Arbeit unserer verstorbenen Kollegin zeigt eindringlich, dass das für Erstattungs- und somit Innovationsfragen zentrale Wirtschaftlichkeitsgebot, das sich am „Maß des Notwendigen" im (engeren) medizinischen Sinn orientiert, weder mit wissenschaftlich auf der Höhe der Zeit befindlichen Verständnissen von Gesundheit und Wohlbefinden noch mit elementaren Bedürfnissen Betroffener im Einklang steht.

Die Studie wirft zudem ein klares Licht auf einen Wandel, der in den Feldern der TA und der STS seit längerer Zeit immer weiter ins Zentrum des Interesses rückt: den des Verhältnisses zwischen professioneller, vor allem akademischer Expertise und des Erfahrungswissens und der Perspektiven von Lai*innen. Hier ist es eine besondere Stärke der Untersuchung, dass auch in medizinischen Berufen Tätige befragt wurden. So bekundet eine Ärztin: „[E]in Stückchen meiner ärztlichen, ich möchte es nicht nennen Autorität, aber Kernkompetenz wird plötzlich von Software übernommen und noch viel ‚schlimmer', in Anführungsstrichen, der Patient übernimmt jetzt auch noch die Führung von Diabetes mithilfe von Software, in die ich gar nicht mehr eingreifen kann. Weil sie nicht mehr in meiner Hand liegt. Ich kann auch nichts verändern, sondern die Pumpe arbeitet für sich." Aussagen wie diese berühren eine Kernfrage der TA, die aktuell gerade wieder (u.a. im Diskurs zur Künstlichen Intelligenz) intensiv diskutiert wird, nämlich die, in welchem Maße neue – und z.T. niederschwelligere Formen der ‚Agency' ermöglichende – Technologien menschliche Arbeit selbst in Bereichen ersetzen können, die bisher durch hohe Expertise gekennzeichnet waren.

Es ließen sich viele weitere Beispiele für die Relevanz des Buchs und anderer Arbeiten Silvia Wolls für die TA nennen. Unsere Kollegin war eine präzise arbeitende und empathische Wissenschaftlerin und hinterlässt nun Untersuchungsergebnisse, die sie leider nicht mehr selber weiter fruchtbar machen kann für die Technikfolgenabschätzung, die Citizen Science, für die wissenschaftliche Community und für Patient*innen und Forschungsinteressierte. Wir werden aber – ein kleiner Trost, den der kollektive wissenschaftliche Erkenntnisprozess bietet – auch in Zukunft mit diesen Erkenntnissen arbeiten, sie weiterentwickeln und zur Anwendung bringen.

Literatur zum Nachwort

Baumann, M. F.; Frank, D.; Kulla, L.-C.; Stieglitz, T. (2020): Obstacles to Prosthetic Care - Legal and Ethical Aspects of Access to Upper and Lower Limb Prosthetics in Germany and the Improvement of Prosthetic Care from a Social Perspective. Societies, 10 (1), Art.-Nr.: 10. doi:10.3390/soc10010010

Bogner, A. (2011): Die Ethisierung von Technikkonflikten. Studien zum Geltungswandel des Dissenses. Weilerswist: Velbrück Wissenschaft

Hammel, G.; Woll, S.; Baumann, M.; Scherz, C.; Maia, M. J.; Behrisch, B.; Borgmann, S. O.; Eichinger, M.; Gardecki, J.; Heyen, N. B.; Icks, A.; Pobiruchin, M.; Weschke, S. (2021): Bürgerwissenschaftliche Forschungsansätze in Medizin und Gesundheitsforschung. Ausgewählte Begriffe mit Fokus auf den Beteiligungsgrad. TATuP - Zeitschrift für Technikfolgenabschätzung in Theorie und Praxis, 30 (3), 63–69. doi:10.14512/tatup.30.3.63

Hennen, L.; Petermann, T.; Scherz, C. (2004): Partizipative Verfahren der Technikfolgen-Abschätzung und parlamentarische Politikberatung: neue Formen der Kommunikation zwischen Wissenschaft, Politik und Öffentlichkeit. Büro für Technikfolgen-Abschätzung beim Deutschen Bundestag (TAB). doi:10.5445/IR/1000102444

Scherz, C.; Woll, S. (2021): Wohin geht die Reise? Bürgerwissenschaften im Wandel. TATuP - Zeitschrift für Technikfolgenabschätzung in Theorie und Praxis, 30 (2), 71–72. doi:10.14512/tatup.30.2.71

Printed by Printforce, the Netherlands